DEUTSCHE DEMOKRATISCHE REPUBLIK
DEUTSCHE AKADEMIE DER LANDWIRTSCHAFTSWISSENSCHAFTEN ZU BERLIN
INSTITUT FÜR LANDWIRTSCHAFTLICHE INFORMATION UND DOKUMENTATION

Landwirtschaftliches Zentralblatt

ABTEILUNG III

TIERZUCHT · TIERERNÄHRUNG FISCHEREI

8. JAHRGANG

1963

AKADEMIE-VERLAG · BERLIN

LZ. III TIERZUCHT · TIERERNÄHRUNG · FISCHEREI · JG. 1963 · NR. 6 · SEITE 1113—1356 · BERLIN · JUNI 1963

LANDWIRTSCHAFTLICHES ZENTRALBLATT

ABTEILUNG TIERZUCHT · TIERERNÄHRUNG · FISCHEREI

INHALTSVERZEICHNIS

NAMENVERZEICHNIS

Seitenzahl in [Klammer] bedeutet Bibliographie, mit Stern * bedeutet Buchbesprechung

LANDWIRTSCHAFTLICHES ZENTRALBLATT

ABT. TIERZUCHT · TIERERNÄHRUNG · FISCHEREI

1963 **NR. 6** **JUNI**

ALLGEMEINES

A. GESCHICHTE, FORSCHUNG, UNTERRICHT

Raum, H.; Weihenstephan. **Die landwirtschaftliche Abteilung der Technischen Hochschule München von 1872–1901.** Bayer. landwirtsch. Jb. **39** (1962) Nr. 6. S. 745–765. – 5 Abb. 40.

Penkner, Gerd. **Rahmenlehrplan für Landwirtschaftliche Fachschulen in Kärnten.** Förderungsdienst [Wien] **10** (1962) Nr. 10. S. 332–337. – 1 Tab. 50.

Wyniki doświadczeń rolniczych rojonowych zakladów doświadczalnych. (Die Ergebnisse der landwirtschaftlichen Versuche der Versuchsanstalten in den einzelnen Gebieten. 1. Bd.) Warszawa: Państw. wyd. roln. i leśne. 1962. 8°. (ZA 4157)

Zestawienie rolniczej tematyki naukowo-badawczej planowanej na 1962 g. (Zusammenstellung der landwirtschaftlichen Forschungsthematik, geplant für 1962.) Warszawa: Państw. wyd. rolnicze i leśne. 1962. (XVIII, 478 S.) 4°. (1962 A 1223)

Jednotny plán vedecko vyzkumnych praci v oboru zemědělstvi a lesnictvi na leta 1959–1960. Sestavený podle odvětvi. (Einheitlicher Plan der Forschungsarbeit in der Land- und Forstwirtschaft in den Jahren 1959–1960; nach Fachgebieten gegliedert.) Praha: Českosl. akad. zeměd. 1959. (116 S.) 4°. (1962 B 251)

Sborník školy vysoké zemědělské. (Arbeiten aus der Hochschule für Landwirtschaft in Brno.) Brno: Hochschule für Landwirtschaft. (Z 948)

Vědecké práce Výzkumného Ústavu pro chov skotu ČSAZV v Rapotíne. (Wissenschaftliche Arbeiten der Forschungsanstalt für Rindviehzucht der TAL in Rapotín.) Praha: Státn. zeměd. naklad. 1961. 8°. (ZA 4183)

B. GRUNDLAGENWISSENSCHAFTEN UND METHODIK

Barynšikov, I. A. (Baryschnikow, I. A.); Leningrad. Fiziologija i problemy životnovodstva. **(Die Physiologie und Probleme der Tierzucht.)** Fiziologičeskij žurnal SSSR imeni I. M. Sečenova, Moskva-Leningrad **48** (1962) Nr. 4. S. 373 bis 377.

Vf. weist an zahlreichen Beispielen nach, wie von der Seite der Physiologie die Probleme der praktischen Tierzucht, z. B. die Erforschung der Milchbildung und -absonderung, die rationelle Fütterung, die Verdauung der Wiederkäuer, der Kampf gegen die Sterilität, das Maschinenmelken usw., erforscht und studiert werden. So gelang es, ein genaues Schema der reflektorischen Regulation der Milchbildung und -abgabe auszuarbeiten und den direkten Einfluß der efferenten Nerven auf die Milchbildung im Euter nachzuweisen. Der Reflex der Milchabgabe verläuft bei Kühen mit verschiedenen typologischen Besonderheiten des höheren Nervensystems unterschiedlich. Bei maschinellem Melken ist daher als beste die Melkmaschine zu bezeichnen, die einen vollwertigen Reflex der Milchabgabe hervorruft, schnell ausmelkt, ohne dem Tier Unruhe oder Schmerz zu verursachen. Vf. fand, daß der Schilddrüse eine große Bedeutung in der Regulation des prozentualen Milchfettgehaltes zukommt. Entfernung der Schilddrüse führt zur Senkung des Fettgehaltes. Der Ersatz der Schilddrüse durch jodiertes Casein oder Tyrosin führt zu starker Erhöhung des Milchfettgehaltes, womit die Bedeutung der innersekretorischen Drüsen in der Regulation des Milchfettgehaltes und der Milchleistung als bewiesen angesehen wird. Die Tätigkeit der Milchdrüse steht auch in enger Beziehung zum Umfang des gasenergetischen Austausches. Es wird daraus die praktische Folgerung gezogen, daß für Milchkühe niedrige Temperaturen (bei 0 °C) und die Haltung im Freilaufstall zweckmäßig sind. W. Strack. 120.

Kadlec, Vladimír und *Hrubeš, Alois.* **Vyuzití samočinných počítaču v socialistické zemědělské velkovýrobe.** (Verwendung automatischer Rechenmaschinen in der sozialistischen landwirtschaftlichen Großproduktion.) Praha: Státní zeměd. naklad. 1962. (183 S.) 8°. (1962 A 1524)
Kosiek, Zdzisław. **Bibliografia polskich bibliografii gospodarstwa wiejskiego.** (Bibliographie der polnischen Bibliographien der Landwirtschaft.) Warszawa: Państw. wyd. roln. i leśne. 1962. (119 S.) 8°. (1962 A 1352)
Zemědělská knihovny v ČSSR. (Landwirtschaftliche Bibliotheken in der ČSSR.) Praha. 1962. (88 S.) 8°. (1962 A 1180)

ALLGEMEINE TIERZUCHT

A. ENTWICKLUNGSLEHRE

Skorkowski, Edward; Kraków, Inst. Zootechn., Zakład Hodowli Koni. Biometryczne określenie typu i pokroju podgatunków konia. **(Biometrische Bestimmung des Typus und des Baues der Pferdesubspecies.)** Roczniki Nauk rolniczych, Ser. B 78 (1962) S. 451–508. – 22 Abb., 9 Tab., 25 Lit. Zus. in Russ., Engl., Dtsch.
Die mit der differentialdiagnostischen Methode nach Czekanowski (1913) durchgeführte Analyse an 605 Stuten der polnischen Gestüte ermöglichte die biometrische Bestimmung des Typus und des Baues der 6 Pferdesubspecies. Das Genauigkeitskriterium der analytischen Arbeit hat die Richtigkeit der gemäß der taxonomischen Methode von Wanke (1955) berechneten Subspecieszusammensetzung von 16 Populationen erwiesen, wodurch die Übereinstimmung der systematischen Ergebnisse des Vf. mit den tatsächlichen Verhältnissen festgestellt wurde. Die kritische Übersicht der analysierten Populationen polnischer Gestüte hat die für unsere Umweltbedingungen optimalen Subspecies herausgestellt: für leichte Pferde *E. c. ewarti*, für schwere *E. c. abeli*. Es wäre daher zweckdienlich, die Selektion in polnischen Gestüten demgemäß auszurichten, wenn es darum geht, für unsere Umweltbedingungen wirtschaftlich optimale Rassen zu züchten: erbgesunde, fruchtbare und langlebige Tiere. Die am Schluß der Arbeit angegebenen 6 Differenztabellen dienen zur Berechnung der Subspecieszusammensetzung des auf Grund der 6 biometrischen Indices zu bestimmenden Individuums bzw. der Population.
E. Skorkowski. 1015.

Herre, Wolf, Frick, Hans und Röhrs, Manfred. **Über Ziele, Begriffe, Methoden und Aussagen der Haustierkunde.** Z. Tierzücht. Züchtungsbiol. **76** (1961) Nr. 1. S. 114–124. – 30 Lit.
In kritischer Weise setzen sich Vff. mit den Grundlagen, Methoden und Zielen der Haustierkunde als zool. Domestikationsforschung auseinander. Aus der Fülle der zusammenfassenden Darstellungen mögen einige grundsätzliche Aussagen festgehalten werden: Individuen der gleichen Art sind vielgestaltig. Die Variationsbreite einer Wildart nimmt im Hausstand zu. Eine Anzahl von Grundfaktoren bestimmen u. a. die Gestaltausprägung einer Art: Größe, Wuchsform, Alter, Geschlecht, Umwelt. Unterschiedlich große Individuen (erwachsene) derselben Art sind verschieden proportioniert. Diese größenkorrelierten Proportionsunterschiede sind häufig regelhaft und lassen sich in vielen Fällen mit der Formel für einfache Allometrie ($y = b \times x^2$) erfassen. Da bei Haustieren die Körpergröße stärker variiert als innerhalb der zugehörigen Wildart, kommen größenkorrelierte Proportionsunterschiede viel deutlicher zum Ausdruck. Deshalb sind diese Unterschiede beim Haustier rein größenabhängig und daher ohne systematischen Wert für eine Aufgliederung in Rassen oder Schläge. Eine Rolle spielen die verschiedenartigen Verhältnisse der Wuchsformen. Eine Koppelung zwischen Wuchsform und Leistungs-

besonderheiten („Konstitutionstypen"), wie sie in der Tierzucht oft gebräuchlich ist, ist nicht zulässig. Die Allometrie des Wachstumsverlaufes ist wesentlich von der Allometrie beim erwachsenen Tier unterschieden. Der Einfluß der Umwelt bestimmt wesentlich die Ausbildung der Körperproportionen. Bes. wichtig ist, daß bei der Rassenentwicklung im Hausstand trotz der dabei ungeheuer gewachsenen innerartlichen Variation die geschlechtliche Affinität und damit die artliche Reinheit erhalten bleibt. Während der Zeit der Haustierhaltung (seit ca. 10 Jahrtausenden) ist durch die Domestikation noch keine einzige neue Art entstanden. J. E. Flade. 1030.

B. ORGANE DES TIERKÖRPERS

Naora, Hiroto, Naora, Hatsuko, Izawa, M., Allfrey, V. G. und Mirsky, A. E. Some observations on differences in composition between the nucleus and cytoplasm of the frog oocyte. **(Einige Beobachtungen über die Unterschiede in der Zusammensetzung des Nucleus und Cytoplasmas vom Froschoocyt.)** Proc. nat. Acad. Sci. USA **48** (1962) Nr. 5. S. 853–859. – 2 Abb., 5 Tab., 5 Lit.

Nuclei können sauber aus gefrorenen Oocyten gewonnen werden. Na- und K-Bestimmungen ergaben, daß der Na-Gehalt (mval/g Wasser) des Nucleus 3,2mal größer war als der des Cytoplasmas, der K-Gehalt 2,4mal höher als im Cytoplasma lag. Das Na:K-Verhältnis im Nucleus betrug 1:1, das im Cytoplasma 1:0,72. Teste mit ^{22}Na, ^{42}K, ^{14}C-Leucin und ^{14}C-Alanin zeigten, daß in jedem Fall eine merkliche Akkumulation im Nucleus erfolgte. Der Einbau von Aminosäuren im Plasma war bei diesen Versuchen sehr gering.

H. H. Budzier. 1115.

Wherrett, J. R. und McIlwain, H.; London, Maudsley Hospital, Inst. of Psychiatry, Dep. of Biochem. Gangliosides, phospholipids, protein and ribonucleic acid in subfractions of cerebral microsomal material. **(Ganglioside, Phosphorlipoide, Protein und Ribonukleinsäure in Unterfraktionen von mikrosomalem Material des Gehirns.)** Biochem. J. **84** (1962) Nr. 2. S. 232–237. – 2 Abb., 3 Tab., 20 Lit.

Frisch bereitete Mikrosomen-Suspensionen aus Meerschweinchengehirn wurden unterschiedlich zentrifugiert (Ultrazentrifuge). Die erforderliche Zentrifugalkraft zur Sedimentation der nachstehenden Komponenten stieg in der Reihenfolge: Ganglioside (**I**), Phosphorlipoide (**II**), Eiweiß (**III**) und RNS an. Der Dichtegradient des zentrifugierten Materials war größer in Gegenwart von viel RNS und niedriger bei hohem **I**- und **II**-Gehalt. Der Dichtegradient nach Kolonnenelektrophorese zeigte eine Zone mit erhöhtem **I**-Anteil, die schneller zur Anode wanderte als eine 2. Zone mit erhöhtem RNS-Gehalt. **II** und **III** waren auf beide Zonen gleichmäßig verteilt. Weiterhin wurden $NaHCO_3$, Harnstoff, Na-Desoxycholat, Lubrol W und Äthylendiamintetraessigsäure in ihrem Einfluß auf die Löslichkeit der einzelnen Bestandteile aus dem mikrosomalen Material untersucht. Die Ergebnisse werden diskutiert.

H. Bergner. 1115.

Soldatenkov, P. F. und Truchina, E. P. (Soldatenkow, P. F. und Truchina, Je. P.); Inst. für Biol. der Ural. Zweigstelle der Akad. der Wiss. der UdSSR. Izmenenija morfologičeskogo sostava krovi u teljat Tagil'skoj porody v ontogeneze v postnatal'nyj period. **(Veränderung der morphologischen Blutzusammensetzung bei Kälbern der Tagiler Rasse in der Ontogenese nach der Geburt.)** Trudy Instituta morfologii životnych im. A. N. Severcova. Akademija nauk SSSR, Moskva **31** (1960) S. 75–84. – 3 Abb., 33 Lit.

Nach der Geburt kam es bis zum 1. Lebensmonat zunächst zu einem Abfall der Leukocytenwerte, dem dann ein Anstieg bis zu einem Maximum im 5.–6. Mon. und wiederum ein leichter Abfall folgten. Gleichzeitig sank der Anteil der Neutrophilen und erhöhte sich der der Lymphocyten. Auch Erythrocytenzahl und Hb-Wert sanken nach der Geburt, um dann wieder anzusteigen, beide Werte stiegen bzw. sanken mit den Gewichtszunahmen. Tiere mit hohem Lgw. hatten höhere Leukocytenwerte als solche mit niedrigem. Es besteht somit ein enger Zusammenhang zwischen Fütterung, Gewichtsentwicklung und morphol. Blutwerten. B. Busch. 1120.

Mäsiar, Pavel; Košice, Univ. of P. J. Šafárik, ČSSR, Fac. of Med., Dep. of Biochem. Analogies and differences between human and horse haemoglobin. **(Gemeinsamkeiten und Unterschiede zwischen dem Hämoglobin von Mensch und Pferd.)** Nature [London] **195** (1962) Nr. 4840. S. 507–508. – 1 Tab., 12 Lit.
7 von 13 Peptiden, welche nach verschiedenen Methoden aus dem Hb von Mensch und Pferd gewonnen wurden, zeigten völlige Übereinstimmung. B. Busch. 1120.

Peraino, Carl und Harper, Alfred E.; Madison, Univ. of Wisconsin, Dep. of Biochem. Concentrations of free amino acids in blood plasma of rats force-fed L-glutamic acid, L-glutamine or L-alanine. **(Konzentrationen an freien Aminosäuren im Blutplasma von Ratten, an die L-Glutaminsäure, L-Glutamin oder L-Alanin zwangsverabreicht wurden.)** Arch. Biochem. Biophysics **97** (1962) Nr. 3. S. 442–448. – 3 Abb., 13 Lit.
Bei Ratten wurden nach einer Zwangsfütterung von L-Glutaminsäure (GS), L-Glutamin (G) oder L-Alanin (A) im Pfortader- (**I**) und Herz-Blutplasma (**II**) die Gehalte an Glutaminsäure, Glutamin, Alanin, Prolin, Threonin, Glykokoll, Valin, Leucin-Isoleucin, Phenylalanin und Lysin papierchromatographisch bestimmt. Die GS-Verabreichung bewirkte einen deutlichen Anstieg von GS und A in **I** und einen etwas geringeren in **II**; die G-Gehalte waren in **I** und **II** in gleichem Maße erhöht. Die Fütterung von G bewirkte in **I** und **II** einen starken Anstieg von G und A; die GS-Gehalte waren in **I** stärker erhöht als in **II**. Die Verabreichung von A resultierte in einer max. Erhöhung des A-Gehalts in **I** und einem sehr viel weniger starken Anstieg in **II**; der GS-Gehalt war in **I** deutlich erhöht, der G-Gehalt jedoch in **II** stärker als in **I**. Die Plasmagehalte der anderen untersuchten Aminosäuren wurden in keinem der Versuche signifikant verändert. J. Wünsche. 1120.

Homma, Kazutaka und Kato, Shunzo; Anzyo, Japan, Nagoya Univ., Fac. of Agric., Dep. of Animal Physics. Levels of lipoproteins in chicken plasma. **(Der Lipoproteinspiegel im Plasma von Hühnern.)** Poultry Sci. **41** (1962) Nr. 2. S. 608–614. – 4 Abb., 3 Tab., 22 Lit.
Die praecipitierten Lipoproteine (L) zeigten eine ziemlich gleichmäßige Zusammensetzung und enthielten keine Albuminfraktion, ihre Konzentration lag bei nichtlegenden Hennen und Hühnern sehr niedrig, bei den legenden Hennen zwischen 1 und 4 g %. Die Eierstocksaktivität entsprach dem Gehalt an L. So wird angenommen, daß die vermehrte Sekretion von oestrogenen Substanzen durch die Follikel einen Anstieg an L bewirkt. B. Busch. 1120.

Apostolakis, M., Grimmer, G., Glaser, A. und Voigt, K. D.; Hamburg, Univ., II. Med. Klin., Hormonlab.; Org.-Chem. Inst., Biochem. Abt. **Zusammensetzung der Cholesterinester in Blut und Lymphe von Ratten.** Biochem. Z. **336** (1962) Nr. 1. S. 1–9. – 1 Abb., 3 Tab., 17 Lit. Zus. in Engl.
In Blut (**I**) und Lymphe (**II**) von normalen und hungernden 180–220 g schweren ♂ Ratten wurden der Gehalt an Gesamtlipoiden (G) sowie an freiem und verestertem Cholesterin (C) bestimmt. Die Fraktionierung der G erfolgte mit einer Silicagelsäule, die Zusammensetzung der C-Fraktion wurde gaschromatographisch ermittelt. Der G-Gehalt von **II** liegt durchschnittl. 5mal, der C-Gehalt 2mal höher als in **I**. Hungern führt zum Anstieg der G in **I** und **II**, während der C-Spiegel konstant bleibt, dsgl. das Verhältnis von freiem zu verestertem C in **I** von 35:65 und in **II** von 20:80. In **I** überwiegen die mehrfach

ungesättigten C-Ester, in **II** die gesättigten. Hunger führt in **II** vor allem zu einem Anstieg der Anteile der Öl- und Arachidonsäureester, in **I** steigt der Arachidonsäureester auf Kosten des Linolensäureesters an. Die Möglichkeit eines selektiven Austausches der C-Ester zwischen Leber und **I** und die Rolle der endogenen C-Estersynthese der Darmwand werden diskutiert.

W. Jentsch. 1120.

Lötsch, D. und Müller, J. **Beziehungen zwischen den Blutsenkungswerten und den papierelektrophoretisch trennbaren Serumeiweißfraktionen sowie der Erythrocytenzahl beim Pferd.** Arch. exp. Veterinärmed. **16** (1962) Nr. 1. S. 129–135. – 3 Abb., 16 Lit.

Es wurden die Seren und das Blut von 58 klinisch gesunden und kranken Pferden verschiedenen Alters, verschiedenen Geschlechts und verschiedener Rassen mit Hilfe der Papierelektrophorese bzw. der Blutsenkungsreaktion untersucht. Die Blutsenkung wurde nach der Methode von Neumann-Kleinpaul und Weyers (1937) durchgeführt. Die elektrophoretischen Untersuchungen erfolgten wie bei Müller (1961) u. a. angegeben. Die Zahl der Erythrocyten wurde nach Hallmann (1947) ermittelt. Die Blutsenkungen wurden nach 10; 20; 30; 40; 50 und 60 Min. abgelesen. Die erhaltenen Werte wurden mit Hilfe der Korrelationsrechnung nach Weber (1956) mit den Fraktionen der Albumine, der α-, β- und γ-Globuline und mit der Zahl der Erythrocyten verglichen. Die höchsten r-Werte wurden beim Vergleich der Blutsenkungswerte mit den Albuminen und der Erythrocytenzahl gefunden. Zwischen den Senkungswerten und den γ-Globulinen ergab sich eine geringere Korrelation. Für die α- und β-Globuline ergab sich unter Zugrundelegung der 99%-Sicherungsstufe keine Korrelation zu den Senkungswerten.

Chr. Garlt. 1120.

Busch, B. **Die Blutkörperchensenkungsreaktion in senkrechten und in um 60° geneigten Westergren-Röhrchen bei Milchkühen.** Mh. Veterinärmed. **17** (1962) Nr. 17. S. 702–703. – 1 Abb., 1 Tab., 26 Lit.

Vf. wendet für die Blutkörperchensenkungsreaktion beim Rind eine modifizierte Westergrenmethode an. Hierbei werden gleiche Teile Blut und 3,8%ige Natriumcitratlösung gemischt und mit der Schrägsenkungs- und Senkrechtsenkungsmethode untersucht. Die Ablesung erfolgt nach 10; 60; 120 und 240 Min. sowie nach 24 Std. Es werden 450 Blutproben von insgesamt 122 Tieren verschiedener Rassen und verschiedener Altersgruppen verwendet. Alle angegebenen Tiere sind zum Zeitpunkt der Untersuchung Tbc-frei, bangfrei und klinisch gesund. Einige Tiere sind leukoseverdächtig bzw. -positiv. Bei der Senkrechtsenkung zeigt die stärkere Blutverdünnung keinen Einfluß auf den Ablauf der Blutsenkung. Die Mittelwerte liegen hierbei nach 240 Min. unter 20% des 24-Stundenwertes. Bei der Schrägsenkung beträgt der entspr. Wert bei Anwendung der gleichen Verdünnung dagegen im Mittel bereits 75% des 24-Stundenwertes. Mit der angewendeten Verdünnung kann der Gesamtzeitraum der Ablesung nach Angaben des Vf. auf 4 Std. verkürzt werden. Für die klinische Eignung der Methode sollen Untersuchungen an kranken Rindern ein endgültiges Urteil geben.

W. Verter. 1120.

Savov, Michail. (Sawow, Michail.) Vŭrchu skorostta na utajvane na eritrocitite pri zdravi kravi, junici i teleta v nakloneni na 60° mikropipeti na Pančenko. **(Über die Erythrocytensenkungsgeschwindigkeit bei gesunden Kühen, Färsen und Kälbern in auf 60° geneigten Mikropipetten nach Pantschenko.)** Veterinarna sbirka, Sofija **59** (1962) Nr. 3. S. 15–17. – 1 Abb., 1 Tab.

Das Blut wird mit 3,8%iger Citratlösung im Verhältnis 1:4 verdünnt. Bei Vergleich der Senkungsgeschwindigkeit in Pipetten mit verschiedenem Neigungswinkel, und zwar 30°, 45°, 60° und 70°, hat sich am zweckmäßigsten die Neigung von 60° erwiesen. Als Versuchstiere dienten 65 Kühe und Färsen, 18 abgesetzte Kälber und 43 Saugkälber. In 60 Min. sinken die Erythrocyten durchschnittl. 18 mm, in 2 Std. – 31 mm und in 24 Std. – 62 mm. Es wurde kein bedeutender Unterschied in der Senkungsgeschwindigkeit bei Kühen und Färsen einerseits und abgesetzten Kälbern andererseits festgestellt. Bei Saugkälbern geht die Blutsenkung langsamer vor sich. N. Iwanow. 1120.

Busch, B. und Rasch, D. **Vergleichende Blutuntersuchungen an Rindern in Offen- und Massivstallhaltung über einen Zeitraum von einem Jahr. 1. Mitt. Der Einfluß der Haltungsweise auf die Erythrocytenzahl, den Hämoglobinwert, den Färbeindex und den Hämatokritwert.** Arch. Tierzucht **5** (1962) Nr. 4. S. 292–298. – 5 Tab.

Um den Einfluß der unterschiedlichen Haltungsweise auf die morphol. Merkmale des Blutes zu klären, wurden an 32 im Offen- und im Massivstall gehaltenen schwarzbunten Kühen hämatologische Untersuchungen angestellt (Erythrocytenzahl, Hb-Wert, Färbeindex und Hämatokrit). Die biometrische Auswertung ergab, daß nur zwischen dem Hb-Gehalt und der Temperatur des Beobachtungstages ein gesicherter Zusammenhang besteht.
H. Winkler. 1120.

Jaussi, A. W., Newcomer, W. S. und Thayer, Rollin H.; Stillwater, Oklahoma State Univ., Dep. of Physiol.; Dep. of Pharmacol.; Dep. of Poultry Sci. Hyperlipemic effect of ACTH injections in the chicken. **(Die hyperlipaemische Wirkung von ACTH-Injektionen bei Küken.)** Poultry Sci. **41** (1962) Nr. 2. S. 528–532. – 2 Tab., 18 Lit.

Bei 6 und 7 Wochen alten Tieren bewirkten ACTH-Injektionen einen Anstieg der Lipide, vor allem der Gesamtfettsäuren, weniger des Cholesterols. Bei 3 Wochen alten Küken wurde der Gesamtfettsäurengehalt nicht erhöht. Es wird vermutet, daß durch die ACTH-Zufuhr eine erhöhte Sekretion von Nebennierensteroiden bewirkt wird, welche den Lipidgehalt erhöhen.
B. Busch. 1120.

Beardwood, Cyril, Gilbert, Christine und Gillman, Joseph; Johannesburg, South Africa, Univ. of the Witwatersrand, Nutrit. Res. Unit. Endocrine control of the plasma albumin/globulin ratio. **(Die endokrine Kontrolle des Albumin:Globulin-Verhältnisses im Plasma.)** Nature [London] **195** (1962) Nr. 4842. S. 710–711. – 3 Tab., 4 Lit.

Der Gehalt an Gesamtprotein und Albumin im Blutplasma hypophysektomierter Paviane war gegenüber unbehandelten Kontrollen signifikant niedriger, der Gehalt an Globulinen höher und das Albumin:Globulin-Verhältnis erniedrigt. Der Anteil der γ-Globuline stieg bei den Versuchstieren an. Bei Verabreichung von Hydrocortison näherten sich die Werte denen der Kontrollen. B. Busch. 1120.

Reynolds, Monica; Philadelphia, Univ. of Pennsylvania, School of Veterin. Med., Lab. of Physiol. Composition of mammary lymph in lactating goats. **(Zusammensetzung der Euterlymphe bei Milchziegen.)** J. Dairy Sci. **45** (1962) Nr. 6. S. 742–746. – 1 Abb., 1 Tab., 16 Lit.

Um zu untersuchen, ob zwischen der Produktion bzw. Zusammensetzung der Euterlymphe und der Milchsekretion Beziehungen bestehen, wurden zum Zwecke der laufenden Gewinnung von Lymphe bei 8 gesunden, nicht trächtigen Milchziegen Kanülen in die Lymphdrüsengänge oberhalb des Euters eingesetzt. Von derselben Ziege wurde jeweils gleichzeitig Euterlymphe und Jugular-Blut gesammelt und auf Protein, Nichtprotein-N (NPN), Glucose, Lactose, verschiedene Mineralstoffe und pH-Wert untersucht. Die Ergebnisse zeigten keine Veränderung der Lymphzusammensetzung bei unterschiedlich hoher Milchsekretion und – außer bei Protein – auch keine Veränderungen bei unterschiedlich starkem Lymphfluß. Bei stärkerem Lymphanfall fiel der Proteingehalt ab. Die NPN- und Glucose-Spiegel in der Lymphe entsprachen etwa denen des Blutes. Lactose konnte in keiner der beiden Flüssigkeiten nachgewiesen werden. J. Wünsche. 1120.

Clegg, R. E. und Ericson, A. T.; Manhattan, Kansas State Univ. The distribution of radioactive phosphorus in the electrophoretic components of chicken blood sera. **(Die Verteilung radioaktiven Phosphors in den elektrophoretischen Bestandteilen von Hühnerblutseren.)** Poultry Sci. **41** (1962) Nr. 3. S. 986–989. – 1 Tab., 7 Lit.

Bei legenden Hennen und mit Diaethylstilboestrol behandelten Hähnchen war die größte Menge an radioaktivem Phosphor in der Fraktion 6 + 7 nachzuweisen, bei unbehandelten Hähnchen in der Fraktion 3.

B. Busch. 1120.

McIndoe, W. M.; Edinburgh, Agric. Res. Council, Poultry Res. Centre. Occurrence of two plasma albumins in the domestic fowl. **(Das Vorkommen von zwei Plasmaalbuminen beim Hausgeflügel.)** Nature [London] **195** (1962) Nr. 4839. S. 353–354. – 1 Abb., 2 Tab., 17 Lit.

Mit der Stärkegelelektrophorese unter Verwendung eines sauren Puffers wurden 3 Plasmaalbumintypen bei Hennen nachgewiesen, welche mit SF, S und F bezeichnet wurden. Die Verteilung der Typen in verschiedenen Inzuchtstämmen wurde untersucht, dabei zeigte sich, daß bestimmte Typen in einzelnen Stämmen, entspr. dem Inzuchtgrad, gehäuft auftreten. Es wurden dann Verpaarungen zwischen Tieren aller Typen vorgenommen und die Vererbung nach den Mendelschen Regeln nachgewiesen. B. Busch. 1120.

Miller, E. R., Ullrey, D. E., Ackermann, Inge, Schmidt, D. A., Luecke, R. W. und Hoefer, J. A.; East Lansing, Michigan State Univ. Swine hematology from birth to maturity. II. Erythrocyte population, size and hemoglobin concentration. **(Schweinehämatologie von der Geburt bis zur Reife. 2. Mitt. Population, Gestalt und Hämoglobinkonzentration der Erythrocyten.)** J. Animal Sci. **20** (1961) Nr. 4. S. 890–897. – 2 Abb., 2 Tab., 44 Lit. 1. Mitt. vgl. LZ. Abt. III **7** (1962) Nr. 9. S. 1779.

Im Rahmen von Anämieuntersuchungen wurden zahlreiche Bestimmungen über Hb-Konzentration (a), Hämatokritwert (b) und Erythrocytenpopulation (c) an Schweinen von der Geburt bis zur Reife durchgeführt. Kurz nach der Geburt zeigt sich ein starker Abfall aller 3 Werte, ebenso nach dem Entwöhnen. Danach steigen die Werte an bis zum 5. Mon. und bleiben danach annähernd konstant. Während des letzten Gestationsabschnitts tritt bei Sauen eine leichte Anämie ein. Jede Anämie wird von einer Reticulocytenreaktion begleitet. Bei weibl. Tieren ist der c-Wert immer etwas niedriger, die Erythrocyten sind dagegen etwas größer als bei kastrierten männlichen Tieren. M. Metze. 1120.

Dimov, D., Todorov, A. und Vŭlov, T. (Dimow, D., Todorow, A. und Wâlow, T.); Sofia, Höheres Landwirtsch. Inst. „Georgi Dimitrow", Zootechn. Fak., Lehrstuhl für Anatomie, Histol. und Embryol. Vŭrchu mikrostrukturata na kožata u agnetata bliznaci i edinaci i izmenenieto í do 4—5-mesečna vŭzrast. **(Über die Mikrostruktur der Haut von Einzel- und Zwillingslämmern und deren Veränderung bis zum 4- bis 5-Monate-Alter.)** Naučni trudove. Visš selskostopanski institut „Georgi Dimitrov". Zootechničeski fakultet, Sofija **11** (1962) S. 171–183. – 2 Abb., 5 Tab., 8 Lit. Zus. in Russ., Dtsch.

Untersucht werden sollte der Einfluß einer unzulänglichen Ernährung auf die Zwillingslämmer während ihrer Entwicklung im Mutterleib sowie der Einfluß unzureichender Muttermilchmenge in der Säugeperiode auf die Mikrostruktur der Haut. Vff. untersuchten die Größe der Schweiß- und Talgdrüsen, Dichte und Stärke der Haarwurzeln, die Dichte der Schweißdrüsenschläuche und die Stärke der Haut sowie ihre Schichten. Ergebnisse: 1. In der Talgdrüsenentwicklung wurde zwischen Einzel- und Zwillingslämmern kein Unterschied festgestellt. 2. Bei Zwillingsgeburten sind die Schweißdrüsen stärker entwickelt als bei Einzelgeburten. 3. Die Dichte der Hauthaarwurzeln ist bei Zwillingen geringer. 4. Im Vergleich zur Haut der Einzellämmer ist sie bei Zwillingen bei der Geburt dünner. N. Iwanow. 1135.

Bligh, J. The delayed polypnoeic response to heat in the shorn sheep. **(Die verzögerte Polypnoe als Hitzereaktion bei geschorenen Schafen.)** J. Physiol. [London] **159** (1961) Nr. 2. S. 84P–85P. – 2 Lit.

Beim Schaf kann eine Polypnoe einsetzen, ohne daß die Temperatur des dem Hirn zufließenden Blutes ansteigt. Dieses Phänomen wurde dem Vorhandensein peripherer, an einer verhältnismäßig freien Stelle des Körpers gelegener Rezeptoren zugeschrieben. – Bei der Schur des Vlieses oder eines beträchtlichen Teiles der Wolle wird bei Raumtemperaturen von 20 °C die Atemfrequenz von ca. 90 Atemzügen je Min. auf ca. 12–20 je Min. vermindert. Steigt die Umgebungstemperatur auf 42 °C, verändert sich innerhalb 50 Min. die Atemfrequenz nicht. Die Polypnoe setzt dann abrupt ein und erreicht schnell dieselbe Atemfrequenz wie beim ungeschorenen Tier bei der gleichen Temperatur. Durch Abdecken der geschorenen Körperstelle mit einem Tuch können diese Erscheinungen in umgekehrter Richtung ausgelöst werden. Wächst das Vlies wieder nach, vermindert sich die Zeitspanne, ehe es bei Temperaturanstieg zur Polypnoe kommt. Hier steigert sich die Atemfrequenz bereits bei einer Temperatur von 20 °C. Hat das Vlies eine Länge von 2 cm erreicht, normalisieren sich diese Verhältnisse wieder. Obwohl die Schur auch eine Verminderung der Körpertemperatur in der Tiefe auslöst, gemessen im Truncus brachiocephalicus, besteht zwischen der Veränderung der Atemfrequenz und der Körpertemperatur anscheinend keine Beziehung, sondern diese ist eindeutig nur mit dem betr. Abschnitt der Körperoberfläche oder der Gesamtlänge des Vlieses vorhanden. H. Busse. 1140.

Botbaev, I. M. (Botbajew, I. M.) Osobennosti razvitija volosjanych follikulov u ovec vjatskoj porody posle roždenija. **(Entwicklungsbesonderheiten der Haarfollikel bei Schafen der Wjatka-Rasse nach der Geburt.)** Trudy Instituta morfologii životnych im. A. N. Severcova. Akademija nauk SSSR, Moskva **35** (1961) S. 148–157. – 4 Abb., 5 Tab., 37 Lit.

An Wjatka-Schafen wurden im Alter von 2 und 14 Tagen und mit 1; 4; 9 und 18 Mon. Untersuchungen der Hautbedeckungen mit folgenden Resultaten durchgeführt. Die Entwicklung der Fasern aus den Follikeln wird in den ersten 1,5 Lebensjahren begründet. Die Dichte der Haarfollikel beträgt bei der Wjatka-Rasse ⌀ 299 Follikel/mm² bei neugeborenen Lämmern mit einer Hautfläche von 16 dm² und einem Lgw. von 3,6 kg. Vergleichsweise beträgt mit 1,5 Jahren das Lgw. das 13fache, die Hautfläche das 5fache, und die Follikeldichte verringert sich um das 4fache (bezogen auf 1 mm²). Eine Haargruppe beträgt bei den Wjatka-Schafen ($n = 32$) ⌀ 12,5 Follikel. Diese Zahl ist ein Rassenmerkmal. Sie verändert sich nicht mit dem Alter. Die Unveränderlichkeit der Follikelzahl in der Haargruppe beweist, daß nach der Geburt keine Follikelneubildung erfolgt. Die Faserbildung (Wolle) vollzieht sich nach dem embryonalen Zustand mit unterschiedlicher Geschwindigkeit, und bes. in den ersten 14 Tagen nach der Geburt sind hohe Entwicklungsgeschwindigkeiten in der Wollfaserbildung zu beobachten. Der Durchbruch der Wollfasern an die Hautoberfläche erfolgt in den ersten 2 Wochen bei den Lämmern 6mal schneller als in den nachfolgenden 14 Tagen bis 4 Mon. Dieser Durchbruch erfolgt in der genannten Zeit 10mal schneller als vom 4.–9. Mon. bzw. 20mal schneller als vom 9.–18. Mon. Der Wachstumsrückstand von Lämmerzwillingen bezogen auf das Lgw. und die Hautfläche im Vergleich zu einzeln geborenen Lämmern gleicht sich bis zum Alter von 1 Jahr aus, während der Rückstand in der Follikelentwicklung erst nach 1,5 Jahren ausgeglichen ist. Bei verschiedenen Feinwollschafen ist die Follikelentwicklung gegen Ende des 6. Mon.

abgeschlossen, beim Wjatka-Schaf sind dann noch 16,4% unentwickelt (Rassenbesonderheit). Im 9. Mon. ist der Abschluß der Follikelentwicklung zu erwarten. M. Achmedowa. 1140.

Gotev, R. (Gotew, R.); Kusminki, Gebiet Moskau, Unions-Inst. für Exp. Veterinärmed., Lab. für Physiol. O vlijanii central'noj nervnoj sistemy na processy obmena u ptic. **(Über den Einfluß des Zentralnervensystems auf die Stoffwechselprozesse bei Geflügel.)** Trudy Vsesojuznogo instituta èksperimental'noj veterinarii, Moskva **26** (1962) S. 198–204. — 1 Tab.
In 2 Gruppen aufgeteilte 20 Tauben und 4 Hühner waren in Gr. II dezerebriert und in Gr. I unbehandelt (Kontrolle). Alle Tiere erhielten i. m. oder peroral radioaktiven Phosphor. Nach 3; 10 und 40 Tagen wurden je 3 Tiere jeder Gruppe zwecks ^{32}P-Bestimmung in den verschiedenen Organen getötet. Die ^{32}P-Dosen waren in den einzelnen Untergruppen je nach Versuchsdauer unterschiedlich (5—25 μc/kg Lgw.) I. m. Eingaben von 25 μc waren bei Tauben nach 14 Tagen letal. Die Dezerebrierung führte zu wesentlichen Änderungen in Verteilung und Umsatz von ^{32}P in Organen und Geweben. Der ^{32}P-Gehalt sinkt 3 Tage nach ^{32}P-Eingabe, bei unbehandelten Tieren in nachstehender Reihenfolge: Knochen, Bauchspeicheldrüse, Dünndarm, Leber, Nieren, Drüsenmagen, Herz, Muskeln, Dickdarm, Muskelmagen, Blut, Gehirn. Beim dezerebrierten Geflügel bleibt i. allg. die gleiche Reihenfolge bestehen, es gelangt nur bedeutend weniger ^{32}P in die Knochen, während die P-Menge in Innenorganen und Blut ansteigt. Die P-Ausscheidung im Kot war bei dezerebrierten Tieren um 22—28% geringer als bei den Kontrolltieren.
E. Kraack. 1250.

Bujnovskij, N. A. (Buinowski, N. A.); Rjasan, Landwirtsch. Kostytschew-Inst. Izmenenie skeleta tabunnoj lošadi v postèmbriogeneze. **(Skelettveränderungen bei Herdenpferden in der Nachembryonalgenesis.)** Trudy Instituta morfologii životnych im. A. N. Severcova. Akademija nauk SSSR, Moskva **31** (1960) S. 170–174. — 2 Tab., 5 Lit.
Mit der Ablösung der physiol. Funktionen in der Entwicklung und Anpassung des Organismus an die neuen Lebensbedingungen ändern sich auch die strukturellen Besonderheiten des Pferdeschädels. Es vergrößert sich der Schneideteil in der Breite und verringert sich der durch die basicraniale und basifaciale Achse bildende Winkel. Das postnatale lineare Wachstum des Pferdeskeletts ist zu dem „Achsenwachstumstyp" zu zählen. Die Wachstumsintensität des Achsenskeletts geht in dieser Zeit in cranialer, das periphere in distaler Richtung. Die Lebensbedingungen stören nicht die Ordnung in der Reihenfolge der Wachstumsintensität der Teile des Achsen- und peripheren Skeletts. Bessere Bedingungen erhöhen die Wachstumsintensität der Schädelteile und wirken um so stärker, je jünger das Tier ist. W. Strack. 1310.

Alexander, Geo. V. und Nusbaum, R. E.; Los Angeles, Calif., Dep. of Biophysics and Nuclear Med. Zinc in bone. **(Zink im Knochen.)** Nature [London] **195** (1962) Nr. 4844. S. 903.
Bei Untersuchungen über die Rolle des Zn in biol. Systemen wurden direkte Zusammenhänge zwischen Zn-Gehalt und Carcinogenese, Alter usw. postuliert. Zur Klärung der letzten Frage führte Vf. Untersuchungen mit Wistar-Ratten durch. Bei kritischer Auswertung der Ergebnisse ergaben sich keine Beziehungen zum Alter. Der Zn-Gehalt des Knochens war lediglich vom Verhältnis Ca:Zn in der Nahrung abhängig. H. Fischer. 1310.

Duckworth, J., Benzie, D., Cresswell, E. und Hill, R. Studies of the skeleton of the sheep. VI. A note on the use of a bone biopsy technique for skeletal studies with sheep. **(Untersuchungen an Schafskeletten. 6. Mitt. Bericht über die Anwendung einer Knochenbiopsietechnik für Skelettuntersuchun-**

gen bei Schafen.) J. agric. Sci. **75** (1961) Nr. 3. S. 393–394. – 1 Tab., 5 Lit. 5. Mitt. vgl. LZ. Abt. III 8 (1963) Nr. 2. S. 230.
Den Anstoß für die Untersuchungen bildete der frühe Verlust der bleibenden Schneidezähne bei Schottischen Schwarzkopfschafen auf einer Gebirgsfarm. Möglicherweise hätte eine zu geringe Ca- und P-Zufuhr bei den Muttertieren diese Erscheinung hervorrufen können. Durch histol. und radiologische Kontrolle des Skelettes sollten die Mineralisierungsvorgänge in der Hälfte der Laktation, zu dem Zeitpunkt also, wo die Folgen der Trächtigkeit und der Laktation am besten ersichtlich sind, der Beobachtung zugänglich gemacht werden. Auf Grund der mit den radiologischen Befunden am lebenden Tiere übereinstimmenden histol. Ergebnisse konnte keine wesentliche Resorption im Skelett der Tiere zu dem erwähnten Zeitpunkte festgestellt werden. Signifikante Unterschiede zwischen den Proben der Muttertiere mit Zwillingslämmern und den Müttern der Einzellämmer bestanden nicht. H. Busse. 1310.

Wood, T.; Sydney, Australia, Univ., Biochem. Dep. The acid-soluble phosphorus compounds of rat muscle. **(Die säurelöslichen Phosphorverbindungen aus Rattenmuskeln.)** J. Chromatogr. [Amsterdam] 8 (1962) Nr. 4. S. 475–478. – 1 Abb., 16 Lit.
Unter Anwendung einer früher beschriebenen chromatographischen Technik (vgl. LZ. Abt. III 7 (1962) Nr. 5. S. 1038.) wurden die in Perchlorsäure löslichen Phosphorverbindungen aus Muskeln normaler Ratten und von Ratten, die mit Natriumjodacetat und Natriumfluorid vergiftet waren, untersucht. In den mit Jodacetat behandelten Tieren fehlte Kreatinphosphat, war jedoch bei den mit Fluorid behandelten vorhanden. Die Ergebnisse der Untersuchungen an normalen Rattenmuskeln wurden verglichen mit denen aus Muskelhomogenaten in Wasser und mit einem löslichen Muskelenzymsystem, das Glucose-1-phosphat glykolysiert. Autoradiogramme der ^{32}-P-markierten Verbindungen in normalen Rattenmuskeln werden gezeigt.
F. Kreienbring. 1320.

Papermaster, B. W., Friedman, D. I. und Good, R. A. Relationship of the bursa of Fabricius to immunologic responsiveness and homograft immunity in the chicken. **(Die Beziehungen der Bursa Fabricii zur serologischen Reaktionsfähigkeit und der Transplantat-Immunität bei Küken.)** Proc. Soc. exp. Biol. Med. **110** (1962) Nr. 1. S. 62–64. – 2 Abb., 3 Tab., 12 Lit.
Vff. untersuchten die Möglichkeit der Antikörperproduktion bei bursektomierten Küken und die Reaktionsfähigkeit auf ein Transplantat bei Küken, die aus mit 19-Nortestosteron vorbehandelten Eiern ausgebrütet worden waren. Die 1. Untersuchungsserie bestand aus a) frisch ausgebrüteten, bursektomierten Tieren, b) schein-operierten Tieren, c) Kontrolltieren. 8 Wochen alte Küken wurden mit 3 Antigenen [Rinderserumalbumin BSA (40 mg/kg); Bruc.-abort.-Antigen (abgetötet, 10^9 Bakterienzellen/kg) und T_2-Coliphagen (10^{10} Virus/kg)] simultan immunisiert. Die Antigene wurden i. v. appliziert. Die Serumantikörper in jeder Gruppe wurden durch Farrs Ammoniumsulfat-Präzipitationstest-Technik für radioiodiertes BSA, den bakteriologischen Agglutinationstest für *Bruc. abort.* und den Neutralisationstest für T_2-Coliphagen bestimmt. In einer 2. Untersuchungsserie waren die Brutküken am 5. Tag ihrer Embryonierung mit 0,63 mg 19-Nortestosteron gelöst in 0,1 ml Maisöl behandelt worden, die Eier der Kontrolltiere hatten nur 0,1 ml Maisöl erhalten. Küken, die aus unbehandelten Bruteiern stammten, bekamen am 1. und 12. Tag nach dem Schlupf homologe Milzzellen i. p. injiziert; Eintagsküken: 10^8 Zellen; 12 Tage alte Küken: $2 \cdot 10^9$ Zellen. Der rel. Grad der Herabsetzung der Transplantat-Immunität wurde mittels Simonsons graft-versus-host assay (GVHR) gemessen. Diese bestand aus dem Verhältnis von Milzgewicht zu Körpergewicht der Empfänger, die am 6. Tag nach der Zellübertragung geopfert wurden. Die bursektomierten Küken zeigten nach dem Schlupf redu-

zierte Antikörperproduktion für BSA, Bruc.-abort.-Antigen und T_2-Coliphagen im Vergleich zu den Kontrolltieren. Die Küken, die aus mit 19-Nortestosteron behandelten Eiern stammten und die keine Bursa mehr hatten, zeigten eine mangelhafte Transplantat-Immunität auf Injektionen von erwachsenen homologen Milzzellen. Es wurden beobachtet: Splenomegalie, histol. Veränderungen, charakteristisch für die GVH-Reaktion, und Zeichen von Zwergwuchssyndrom. Ch. Garlt. 1350.

Heald, P. J. Oxidation of fructose by liver of the domestic fowl. **(Oxydation von Fructose in der Leber des Hausgeflügels.)** Nature [London] **195** (1962) Nr. 4841. S. 603. 1385.

Harrison, F. A. und Hill, K. J. Digestive secretions and the flow of digesta along the duodenum of the sheep. **(Die Sekretion von Verdauungssäften und der Durchfluß des Speisebreies durch das Duodenum beim Schaf.)** J. Physiol. [London] **162** (1962) Nr. 2. S. 225–243. – 10 Abb., 23 Lit.
Durch Anbringung von mehreren Fisteln und einem Gallengang-Katheter war es möglich, die Menge an sezernierter Galle, Pankreassaft, Duodenalsekret und durchfließendem Speisebrei zu bestimmen. Die Versuchstiere erhielten eine bestimmte Futtermenge entweder einmalig oder in 3 Portionen über den Tag verteilt. Das Duodenalsekret wird in der Hauptsache von den Brunnerschen Drüsen gebildet, die beim Schaf vom Pylorusschließmuskel bis zu den Papillae Vateri vorhanden sind. Die ausgeschiedene Menge variierte von 13,3 bis 26,0 ml/h. Die durchschnittl. Menge an Galle und Pankreassaft betrug bei Abwesenheit von Speisebrei 38,8 ml/h, die von Galle allein 16,8 ml/h. Da die Gallenbildung durch die experimentell bedingte Unterbrechung der enterohepatischen Zirkulation von Gallensalzen vermindert ist, wird normalerweise die 2- bis 3fache Menge an Galle im Vergleich zum Pankreassaft produziert. Die 3malige Fütterung am Tag hatte eine vermehrte Bildung von Galle, Pankreassaft und Duodenalsaft zur Folge. Das Gesamtvolumen des Speisebreies stieg hierbei am Beginn des Duodenum von 273 auf 785 ml/h, nach Passage desselben von 263 auf 864 ml/h. Beim Schaf ist der Speisebrei auch nach Zuführung der Verdauungssäfte rel. sauer (pH 4–5). W. Goldbach. 1385.

Davletova, L. V. (Dawletowa, L. W.) Osobennosti postnatal'nogo rosta želudočno-kišečnogo trakta u sovetskogo merinosa, dagestanskoj gornoj i gissarskoj porod. **(Besonderheiten des postnatalen Wachstums des Magen-Darm-Kanals bei den Sowjetischen Merinos, Dagestanischen Bergschafen und der Hissar-Rasse.)** Trudy Instituta morfologii životnych im. A. N. Severcova. Akademija nauk SSSR, Moskva **35** (1961) S. 158-169. – 5 Abb., 4 Tab., 19 Lit.
Vf. untersuchte bei Lämmern von 3 sowjetischen Schafrassen (Sowjetische Merinos (**I**) = Feinwollrasse, Dagestanische Bergschafe (**II**) = Fleisch-Woll-Rasse und Hissar (**III**) = Fleisch-Fett-Rasse) den Einfluß der Leistungsfähigkeit und der Haltungsbedingungen auf die Entwicklung des Verdauungstraktes. In bezug auf Lgw. der Lämmer sowie Gewicht und Länge des Magen-Darm-Kanals liegt **III** über **II** und **I**. **III** zeigt bei reiner Weidehaltung gegenüber **I** bei der günstigeren Weide-Stall-Haltung ein schnelleres Magen- und Darmwachstum. Die bes. Eignung von **III** zur reinen Weidehaltung spiegelt sich in einem intensiven Pansen- und Dickdarmwachstum wider. **II** erreicht früher ein konstantes Verhältnis der einzelnen Darmabschnitte zueinander als **I**. Bei **II** hat der Übergang von der Sommerweide zur kargeren Winterweide und bei **III** die mangelhafte Winterfütterung selbst einen ungünstigen Einfluß auf die Lebendgewichts- und die Magen- und Darmentwicklung.
J. Wünsche. 1385.

Davletova, L. V. (Dawletowa, L. W.) Sravnitel'naja charakteristika gistogeneza stenki želudka i kišečnika u plodov ovec porod sovetskij merinos i

gissar. **(Vergleichscharakteristik der Histogenese von Magen- und Darmwand bei Feten von Schafen der Rassen Sowjetische Merinos und Hissar.)** Trudy Instituta morfologii životnych im. A. N. Severcova. Akademija nauk SSSR, Moskva **35** (1961) S. 258-269. — 8 Abb., 23 Lit.
Vergleichende histol. Untersuchungen der Magen- und Darmwand von ausgereiften Feten und neugeborenen Lämmern der Schafrassen Sowjetische Merinos (**I**) und Hissar (**II**) hatten folgende Ergebnisse: Bei **II** ist die Drüsenregion des Labmagens und auch die Schleimhaut des Pansens stärker und kräftiger ausgebildet als bei **I**. Die Entwicklung der Darmzotten in Duodenum und Colon bleibt bei **II** gegenüber **I** anfangs zurück, bei 3 Mon. alten Lämmern ist der Aufbau der Zotten der beiden Rassen identisch. Die mit dem Alter auftretende dickere Darmwand bei **II** zeigt sich in der Tendenz schon in der etwas stärkeren Schleimschicht der Feten. J. Wünsche. 1385.

Harrison, F. A. Bile secretion in the sheep. **(Gallensekretion beim Schaf.)** J. Physiol. [London] **162** (1962) Nr. 2. S. 212-224. — 12 Abb., 1 Tab., 17 Lit.
Durch Anlegung einer Gallenfistel war die Gewinnung von reiner, mit Pankreassaft unvermischter Galle möglich. Die Galle konnte wahlweise nach außen abgeführt oder durch einen Vinylschlauch und eine Jejunumfistel wieder dem Organismus zugeführt werden. Eine Duodenalfistel gestattete intraduodenale Infusionen. Bei Ableitung nach außen nahmen in den ersten 3 Std. Volumen und Trockengewicht der Galle ab und hielten sich während der Beobachtungszeit (bis zu 30 Std.) auf dieser Höhe. Gesamt-N, Na- und K-Gehalt fielen ebenfalls, die Werte für Cl stiegen, der pH-Wert blieb fast unverändert. Der Abfall von Volumen und Trockengewicht resultierte aus dem unterbrochenen Gallenfluß in das Intestinum, da die intraduodenale Infusion von Gallensalzen wieder zu einem Anstieg derselben führte. Die Infusion von Magensaft bewirkte einen Anstieg des Volumens der sezernierten Galle, die Ausleerung des Netzmagens ein Absinken von Volumen und Trockengewicht. Die Versuche zeigen, daß beim Schaf für die Gallenproduktion in der Leber hauptsächlich die Anwesenheit von Speisebrei im Netzmagen, die fortdauernde Passage durch Labmagen und Duodenum und die enterohepatische Zirkulation von Gallensalzen verantwortlich sind. W. Goldbach. 1385.

Robinson, Roscoe R. und Portwood, Richard M. Mechanism of magnesium excretion by the chicken. **(Der Mechanismus der Magnesiumausscheidung bei Hühnern.)** Amer. J. Physiol. **202** (1962) Nr. 2. S. 309-312. — 2 Abb., 2 Tab., 11 Lit.
Die Mg-Ausscheidung im Harn im Verlaufe von Mg-Salz-Infusionen in eine Beinvene wurde nach der Methode von Sperber untersucht. Nach einer Vorbereitungszeit von 1 Std., bei welcher die Tiere zur Erzielung eines adäquaten Harnflusses eine Infusion von 5% Dextroselösung erhielten, wurde 3- bis 5mal die glomeruläre Filtrationsrate (Inulin-Clearence) und in einigen Fällen der renale Plasmafluß (p-Aminohippursäure-Clearance) bestimmt. Dann wurde die Infusion der Mg-Salze ($MgCl_2$ oder $MgSO_4$) vorgenommen. 6 Tiere erhielten kurzzeitige Injektionen von 1—3 mÄqu der Mg-Salze, und in den nächsten 10—35 Min. wurden aufeinanderfolgende Proben von 1 bis 6 Min. Dauer entnommen. 11 Tiere erhielten Dauerinfusionen von 50 bis 250 μÄqu/Min., um eine fortschreitende Erhöhung des Plasma-Mg-Spiegels zu erzielen. Während der folgenden 35—65 Min. wurden Harnproben von 6—10 Min. Dauer gesammelt. Die kurzzeitigen Injektionen der Mg-Salze führten zu einer vorübergehenden gleichsinnigen Steigerung der Mg-, Na- und K-Ausscheidung, der glomerulären Filtrationsrate und des Harnflusses. Während der ersten 2—4 Min. nach der Injektion konnte auf der Injektionsseite eine größere Ausscheidungsrate von Mg, Na und K sowie eine stärkere Erhöhung der Filtrationsrate und des Harnflusses als auf der Gegenseite festgestellt werden. Späterhin verhielten sich die Nieren beider Körperhälften

gleichsinnig. Die Dauerinfusion führte ebenfalls zu einer Erhöhung der glomerulären Filtrationsrate und der Elektrolytexkretion, die jedoch anhaltend und zu keinem Zeitpunkt nur auf eine Körperhälfte beschränkt war. Die Änderungen der Mg-Ausscheidung im Harn gingen mit denen der filtrierten Menge in den Nieren parallel. Das Verhältnis der korrigierten Mg-Clearance zur Inulin-Clearance stieg auf ca. 1,0 an und blieb auf diesem Niveau trotz kontinuierlichen Anstiegs der filtrierten Menge. Die Ergebnisse lassen den Schluß zu, daß die Mg-Ausscheidung allein von der glomerulären Filtration und tubulären Rückresorption abhängig ist. Eine tubuläre Sekretion konnte nicht nachgewiesen werden. E. Grün. 1390.

Sapsford, C. S.; Sydney, Univ., Dep. of Histol. and Embryol. The development of the testis of the Merino ram, with special reference to the origin of the adult stem cells. **(Die Hodenentwicklung des Merinoschafbockes unter besonderer Berücksichtigung des Ursprungs der reifen Stammzellen.)** Austral. J. agric. Res. **13** (1962) Nr. 3. S. 487-502. — 30 Abb., 41 Lit.

In Auswertung der an 59 Feten (Alter: 29 Tage nach der Befruchtung bis zur Geburt) und 122 Tieren vor und nach der Geschlechtsreife (Alter: Geburt bis zu 8 Jahren) vorgenommenen histo-morphol. Untersuchungen werden Entwicklung und Differenzierung der „primordialen Keimzellen" (Gonocyten) und der „indifferenten Zellen" (Abkömmlinge des Coelomepithels) eingehend beschrieben und diskutiert. Vf. vertritt entgegen älteren Theorien die Auffassung, daß eine separate und unabhängige Entwicklung der „primordialen Keimzellen" zu den „Stammzellen" (Prospermatogonien Typ A) und der „indifferenten Zellen" zu den „Sertoli-Zellen" vorliegt. Einzelheiten sind im Orig. nachzulesen. J. Bergfeld. 1410.

Tutarov, G. A. (Tutarow, G. A.) ; Krasnojarsk, Landwirtsch. Inst. Nekotorye biologičeskie osobennosti v stroenii i razvitii polovych organov molodych svinok. **(Einige biologische Besonderheiten in Bau und Entwicklung der Geschlechtsorgane von Jungsauen.)** Životnovodstvo, Moskva **23** (1961) Nr. 12. S. 55-57. — 2 Abb.

Die inneren Geschlechtsorgane der Jungsauen der Großen Weißen Rasse sind bei Geschlechtsreife im Alter von 6—7 Mon. noch in der Entwicklung und unterscheiden sich wesentlich von denen älterer Muttersauen, während sie im Alter von 8—9 Mon. wesentlich besser entwickelt sind. In der Anpaarung haben daher die älteren Jungsauen eine größere Fruchtbarkeit, höhere Milchleistung und besser entwickelte Absatzferkel. Die geringe Fruchtbarkeit der 6—7 Mon. alten Jungsauen ist durch die geringe Zahl reifer Follikel bedingt. Bei der Paarung ist mit dem Alter auch die Entwicklung des Tieres nach Gewicht und Maßen zu berücksichtigen, da bei schweren Tieren auch die inneren Organe weiter entwickelt sind. Es ist daher sinnvoll, in der Praxis die Sauen nach der Frühreife auszuwählen, und zwar sollen sie mit 7 Mon. mindestens 80—90 kg wiegen. W. Strack. 1415.

Hoover, George N., Smith, Arthur H. und Abbott, Ursula K.; Davis, Calif., Univ., Dep. of Poultry Husbandry. Some mechanical properties of the avian shell gland. **(Mechanische Eigenschaften der Schalendrüse bei Vögeln.)** Poultry Sci. **41** (1962) Nr. 4. S. 1137-1145. — 8 Abb., 8 Lit.

Die Schalendrüse ist bez. ihrer morphol. Struktur und ihrer mechanischen Eigenschaften mit den Intestinalorganen bzw. der Harnblase der Säugetiere zu vergleichen. Untersuchungen an Weißen Leghorn ergaben, daß beim Ausdehnen (bis auf das physiol. Maximum von ca. 55 cm^3) der stärkste Widerstand bei den ersten ca. 5 cm^3 zu überwinden ist, während der Druck für die weitere Ausdehnung konstant bleibt. Bei stärkerer Ausdehnung bis ca. 100 cm^3 steigt der benötigte Druck hyperbolisch an. Die einzelnen Schichten der Drüsenwand werden während des Dehnens verschieden stark beansprucht,

das Bindegewebe wird stärker gedehnt als die Muskelschichten. Die Gefäße bleiben auch bei extremer Ausdehnung (150 cm³) offen bzw. durchgängig. – Es wird angenommen, daß die Eiform eine individuelle Eigenschaft ist und schon vor dem Eintritt in die Schalendrüse fixiert wurde.
F. Lüpnitz. 1500.

Zwaan, J.; Amsterdam, Univ., Lab. for Anatomy and Embryol. Immunoelectrophoresis of bovine growth hormone. **(Immunoelektrophorese von Rinderwachstumshormon.)** Nature [London] **195** (1962) Nr. 4837. S. 179-180. – 1 Abb., 6 Lit.
Vf. findet bei der Immunoelektrophorese von hochgereinigtem Wachstumshormon aus Rinderhypophysen 2 Formen von Präcipitationslinien. Es werden 2 elektrophoretisch verschiedene Formen von Rinderwachstumshormon, die gleiche antigene Eigenschaften besitzen, angenommen.
H. Grychtolik. 1512.

Cherms jun., F. L., Herrick, R. B., McShan, W. H. und Hymer, W. C.; Univ. of Wisconsin, Dep. of Poultry Husbandry and Zool. Prolactin content of the anterior pituitary gland of turkey hens in different reproductive stages. **(Prolactingehalt des Hypophysenvorderlappens von Truthühnern in unterschiedlichen Phasen des Fortpflanzungsgeschehens.)** Endocrinology **71** (1962) Nr. 2. S. 288-292. – 4 Abb., 1 Tab., 10 Lit.
Untersucht wurden legende, nicht legende und brütende Hennen. Der Gehalt an Prolactin, gemessen mit Taubenkropfdrüsen-Test, war bei brütenden Hennen ca. 4mal höher als bei legenden und nicht legenden. Zwischen letzteren bestand keine Differenz. Im elektronenmikroskopischen Bild wiesen die acidophilen HVL-Zellen der brütenden Tiere ein hochentwickeltes endoplasmatisches Epithel mit weniger Granulen auf, bes. im Gegensatz stehend zu den Befunden an den nicht legenden Tieren. Es läßt sich eine hohe Proteinsynthese der acidophilen HVL-Zellen der brütenden Tiere, korreliert mit dem erhöhten Prolactingehalt, vermuten. J. Bergfeld. 1512.

Siegel, H. S.; Blacksburg, Virginia Polytechn. Inst., Poultry Dep. Age and sex modification of responses to adrenocorticotropin in young chickens. 2. Changes in adrenal cholesterol and blood constituent levels. **(Alters- und geschlechtsbedingte Unterschiede junger Küken in der Reaktion auf Adrenocorticotropin. 2. Mitt. Änderungen des Gehalts an Nebennieren-Cholesterol und Blutbestandteilen.)** Poultry Sci. **41** (1962) Nr. 1. S. 321-334. – 10 Abb., 4 Tab., 41 Lit. 1. Mitt. vgl. LZ. Abt. III **8** (1963) Nr. 1. S. 8.
Versuche an insgesamt 360 Küken, denen verschiedene Dosen von ACTH in der Zeit vom 3.–80. Lebenstag injiziert wurden, ergaben, daß 2 U.S.P.-Einheiten von ACTH/100 g Lgw. eine signifikante Cholesterolentleerung der Nebenniere, eine Plasmahypercholesterolaemie und eine Hyperglykaemie bewirkten. Weiterhin wurden signifikante Beziehungen zwischen dem Alter und der Behandlung festgestellt. B. Busch. 1512.

Sybesma, W. und Veen, H. E. v. d.; Utrecht, Inst. voor Veeteeltkundig Onderzoek „Schoonoord". Over de daling van het gehalte aan eosinofiele leucocyten in het bloed na A.C.T.H.-injecties bij de stier. **(Eosinophilie nach ACTH-Injektionen bei Bullen.)** Tijdschr. Diergeneeskunde **87** (1962) Nr. 10. S. 691-698.
Vff. injizierten 6 monozygoten Zwillingsbullen-Paaren, 3–5 Jahre alt, s. c. 80 IE Cortrophin-Z, ein ACTH-Präparat mit Depotwirkung. Alle Tiere wurden unter gleichen Bedingungen gehalten und gefüttert. Parasitäre Erkrankungen lagen nicht vor. Die eosinophilen Leukocyten wurden nach der Eosin-Aceton-Methode ermittelt. Benutzt wurden Leukocytenpipetten und Verdünnungsflüssigkeit nach Dunger sowie die Zählkammer nach Bürker-Türck. 8 Std. nach der ACTH-Injektion war die Anzahl der eosinophilen

Leukocyten um 50% vermindert. Bei 4 Paaren wurde der Test 3—7 Wochen nach dem ersten mit dem gleichen Ergebnis wiederholt. Bei Bullen mit schlechter Spermaqualität, deren Ursache eine Nebenniereninsuffiziens ist, kann der ACTH-Test (Thorn-Test) als diagnostische Untersuchung von Bedeutung sein. H.-J. Rummler. 1535.

Morita, Shigehiro, Daigo, Masayuki und Ogami, Eiichi; Tokyo, Nippon Veterin. and Zootechn. Coll., Dep. of Anatomy. Histological and histochemical studies of adrenal cortex of domestic fowls. I. General histological studies of adrenal cortex and its lipids. **(Histologische und histochemische Untersuchungen der Nebennierenrinde des Hausgeflügels. 1. Mitt. Histologische Grunduntersuchungen der Nebennierenrinde und seiner Lipide.)** Jap. J. veterin. Sci. **23** (1961) Nr. 5. S. 323-328. — 15 Abb., 1 Tab., 30 Lit. Orig.: jap., Ausz.: engl.

Die grundlegenden histol. Veränderungen der Nebennierenrinde (NNR) von Hühnern (40 Tage alt) nach Injektion von 10% Formalin (1—2 ml, i. m.) wurden untersucht; ferner wurden die Änderungen des Lipidgehaltes mit Sudanschwarz-Färbung und mit Schultzs Cholesterin-Test kontrolliert. Eine Zunahme des Gewichts der Nebennieren (NN) sowie eine Abnahme des Gewichts des Thymus und der Milz konnte nur bei Tieren mit wiederholten Injektionen eindeutig nachgewiesen werden, jedoch sind diese Veränderungen nicht so deutlich wie bei Säugetieren. Bei der histol. Untersuchung konnten 2 NNR-Zelltypen festgestellt werden: hell- und dunkelgefärbte Zellen. 12 Std. nach einer lmaligen Injektion ist die Zahl der hellen Zellen erhöht, die Chromatin-Netze der Zellen werden klar und eine Vergrößerung des Cytoplasmas tritt ein — eine Hypertrophie der NNR-Zellen ist erfolgt. Nach wiederholten Injektionen von Formalin ist eine deutliche Hypertrophie der NNR-Zellen, eine Vergrößerung des Nucleolus sowie eine Zunahme der mitotischen Zellen festzustellen. Diese Veränderungen sind nur in der peripheren, nicht aber in der zentralen Region der NN zu beobachten. Bez. des Lipidgehaltes konnten 2 Arten sudanophiler NNR-Zellen unterschieden werden, die mit Typ A und Typ B bezeichnet wurden. 4 bzw. 12 Std. nach einer lmaligen Injektion ist die Zahl der Zellen Typ B in der peripheren Region der NN erhöht, jedoch nicht in der zentralen. Nach wiederholten Injektionen tritt demgegenüber eine Abnahme der sudanophilen Substanzen im peripheren Teil der Drüse — ohne Änderung im zentralen — ein. Diese Veränderungen entsprechen den bei Säugetieren beobachteten, sind jedoch wesentlich schwächer ausgebildet. E. Grün. 1535.

Ainsworth, L., Carter, A. L. und Common, R. H. A chromatographic study of some conversion products of estrone-16-C^{14} in the urine and feces of the laying hen. **(Chromatographische Untersuchungen über einige Konversionsprodukte von Oestron-16-^{14}C im Harn und den Faeces von legenden Hennen.)** Canad. J. Biochem. Physiol. **40** (1962) Nr. 1. S. 123-135. — 3 Abb., 4 Tab., 22 Lit.

An legende Hennen wurde Oestrogen-16-^{14}C (**I**) i. v. injiziert. Der Harn, welcher in den ersten 24 Std. erhalten wurde, ist die Basis des chromatographischen Nachweises für die folgenden radioaktiven Konversionsprodukte: Oestriol, 16-Epioestrol, 17-Epioestrol, 16-Oxoestradiol-17 β (**II**), Oestradiol-17 β und 16-Oxoestron (**III**). 3 andere geringe Konversionsprodukte wurden nicht indentifiziert. Durch die chromatographische Prüfung ihrer Na-Borohydrid-Reduktionsprodukte wurden **II** und **III** vollständig charakterisiert. In einem 2. Versuch wurden die während der ersten 48 Std. nach der Verabreichung erhaltenen Faeces und der Harn gesondert auf radioaktive Konversionsprodukte geprüft. Von der verabreichten Radioaktivität wurden 24,5% in den oestronhaltigen Extrakten dieser Exkrete wiedergefunden; davon entfielen auf den Harn 69%, auf die Faeces 31%. In einem 3. Versuch wurden die wiedergefundenen Metaboliten nach enzymatischer und nach Säure-Hydrolyse verglichen. Nach der Säurehydrolyse wurden 2/3 der nach enzymatischer Hydrolyse festgestellten Radioaktivität wiedergefunden. Die Verteilung der Konversionsprodukte des Harn-Chromatogramms stimmten mit dem Ergebnis der verschiedenen Experimente überein. Keiner der Versuche gibt Anhaltspunkte für die Gegenwart von 2-Methoxy-Oestron, Oestradiol-17 α, Equilin und Equilinin. R. Neseni. 1580.

Lamond, D. R. und Southcott, W. H.; Armidale, New South Wales, C.S.I.R.O., Pastoral Res. Lab., Div. of Animal Physiol. Bioassay of oestrogen using sheep. **(Ein biologischer Oestrogentest am Schaf.)** Austral. J. biol. Sci. **15** (1962) Nr. 2. S. 379-385. — 1 Abb., 3 Tab., 18 Lit.
Aus den Versuchen folgt, daß die Zunahme des Uterusgewichts von Mutterlämmern und ovariektomierten Mutterschafen als quantitatives Merkmal für die Oestrogenaufnahme gewertet werden kann, da nach wiederholten Injektionen von Stilboestroldipropionat signifikante Differenzen zu unbehandelten Tieren gefunden wurden. Am empfindlichsten war ein 3-Tage-Test an ovariektomierten Mutterschafen. B. Busch. 1580.

Lunaas, Torleiv; Oslo, Veterin. Coll. of Norway, Dep. of Reproduct. Physiol. and Pathol. Urinary oestrogen levels in the sow during oestrous cycle and early pregnancy. **(Harnoestrogenspiegel bei der Sau während des Brunstzyklus und der Frühgravidität.)** J. Reproduct. Fertility **4** (1962) Nr. 1. S. 13 bis 20. — 3 Abb., 12 Lit.
Nach der Methode von Brown (1950) wurden bei 3 nulliparen Sauen tägl. Untersuchungen über den Oestrogen (**I**)-Gehalt des 24-Std.-Harns während 1 Zyklus und der ersten 6 Trächtigkeitswochen durchgeführt. Z. Z. des Oestrus trat ein plötzlicher Anstieg des im übrigen Zyklus niedrigen **I**-Spiegels (10 bis 40 μg/24 Std.) auf 60—120 μg/24 Std. ein, der von einem Ausscheidungsminimum gefolgt wurde. Bei 1 Sau war ein 2. Maximum während der C. l.-Phase zu beobachten. Nach der Konzeption verhielt sich die Ausscheidung zunächst ähnlich wie während des Zyklus, um zwischen der 3. und 4. Graviditätswoche plötzlich auf 1200—2400 μg/24 Std. anzusteigen und dann wieder abzufallen. In diesem Zeitraum konnte auch eine 17 β-Oestradiolausscheidung festgestellt werden. F. Döcke. 1580.

Nejedly, Josef und *Sláma, Karel*. **Anatómia a fyziologia hospodárskych zvierat.** (Anatomie und Physiologie der landwirtschaftlichen Nutztiere.) Bratislava: Slov. vyd. pôdhospod. lit. 1962. (198 S.) 8° = Pol'nohospodárske učebnice. Zv. 486. (SR 2720, 486)
Skvorcova, Alevtina Alekseevna und *Chrenov, Ivan Ivanovič*. **Technika issledovanija krovoobraščenija, gazoenergetičeskogo obmena i legočnogo dychanija u sel'skochozjajstvennych zivotnych. Praktičeskoe rukovodstvo.** (Technik der Untersuchung des Blutkreislaufes, des gasenergetischen Austausches und der Lungenatmung bei landwirtschaftlichen Nutztieren.) Hrsg.: Akad. nauk SSSR; Inst. fiziologii im. I. P. Pavlova. Moskva: Izd. Akad. nauk SSSR. 1961. (82 S. m. Kt.) 8°. (1962 A 832)

C. GENETIK

Merfert, W. **Der Meinungsstreit in der modernen Genetik — eine Schule der Dialektik.** Dtsch. Landwirtsch. **13** (1962) Nr. 7. S. 331-333. — 14 Lit.
Die vorliegende Diskussion soll anregen, an der Entfaltung der Mitschurinschen Richtung in der biol. Wissenschaft schöpferisch mitzuwirken. Die Vorzüge der genetischen und Mitschurinschen Arbeitsweise werden herausgearbeitet. Das Umweltproblem wird aus der Sicht des Darwinismus, Neodarwinismus und schöpferischen Darwinismus beleuchtet. Die Vorstellungen der beiden genetischen Richtungen über die Träger der Vererbung, über den Begriff „Vererbung" schließen sich an. Das feste Fundament des dialektischen Materialismus gestattet dem Mitschurinismus, „die experimentellen Lücken, an denen die klassische Genetik scheiterte, mit Hilfe dialektischer Konstruktionen zu überwinden". Die enge Verbindung mit der Produktions-

praxis wird als weiterer Vorzug der Mitschurinschen Genetik herausgestellt. Die starke Depression bei der Propagierung Mitschurinscher Ideen gegen Ende der 50er Jahre müsse überwunden werden. G. Bandlow. 1605.

Krishan, A.; Chandigarh, India, Panjab-Univ., Dep. of Zool. Microchromosomes in the embryonic mitosis of the domestic fowl. **(Die Mikrochromosomen in der embryonalen Mitose beim Haushuhn.)** Experientia [Basel] **18** (1962) Nr. 8. S. 365-367. — 7 Abb., 11 Lit.
Als Untersuchungsmaterial dienten Hühnerembryonen im Stadium von 36 bis 72 Std. Bebrütungsdauer; aus dem Material wurden Colchicin-behandelte Quetschpräparate gewonnen, die anschließend mit Essigkarmin gefärbt wurden. — Im Gegensatz zu anderen Autoren stellt Vf. 6 Paare (nicht 7 oder 8) von Makrochromosomen den übrigen Mikrochromosomen gegenüber. Die geringste Chromosomenzahl betrug 39, die höchste Zahl 76. Mehr als die Hälfte aller untersuchten Chromosomenplatten hatten 60—70 Chromosomen. In den meisten Platten fand man keine Abweichung bei den 6 Paaren der Makrochromosomen, wobei allerdings zu berücksichtigen ist, daß bei den ♀ das 5. Chromosom ungepaart vorliegt. Die starke Schwankung in der Chromosomenzahl wird durch die Mikrochromosomen bedingt. Es werden sowohl techn. Schwierigkeiten als auch die Möglichkeit einer erbbedingten Variationsbreite der Mikrochromosomen erörtert. H. Freye. 1615.

Klingmüller, Walter; New. Haven, Conn., Yale Univ., Dep. of Bot. **Molekulargenetik.** Naturwiss. Rdsch. **15** (1962) Nr. 9/10. S. 363-372.
Eine gründliche und interessante Übersichtsarbeit über diejenigen Vorgänge genetischer Natur, die auf molekularer Ebene ablaufen. Ausgehend von der Mehrstrang-Hypothese des Chromosoms wird darauf hingewiesen, daß die kleinsten Fibrillen nach elektronenmikroskopischen Untersuchungen einen Dmr. von 30-40 Å haben. Bei der Annahme, daß diese Fibrillen noch eine dünne Proteinhülle besitzen, korrespondiert ihr Dmr. mit dem eines DNS-Moleküls, ca. 20 Å. Die Nucleoproteinfibrillen dürften in Querrichtung durch Salzbrücken miteinander zusammenhängen. In Längsrichtung dürften Wasserstoffbrücken oder divalente Metalle, wie Ca und Mg, die Verbindung gewährleisten. Über Kopplungsgruppen und Rekombination kommt Vf. zur Feinstruktur der Gene, welche bes. am Beispiel des „ad-8 locus“ einer Adeninmangelmutante des Pilzes *Neurospora crassa* dargestellt wird. Es werden dann der Aufbau der DNS und das „Coding-Problem“ erläutert. Nach der Meinung von Crick ist der Code kommafrei, d. h. die einzelnen Codesymbole folgen ohne Unterbrechung aufeinander. Man darf weiter annehmen, daß eine Anzahl verschiedener Symbole den gleichen Sinn haben und daß von einem bestimmten Startpunkt ausgehend entlang dem DNS-Strang „gelesen“ wird. Die weiteren Darlegungen gelten den Ansätzen zur Entzifferung des genetischen Code. Die verschiedenen Versuche müssen im Orig. nachgelesen werden. Zweifellos sind die Arbeiten von Nirenberg und von Ochoa, welche ein zellfreies *Escherichia-coli*-System auf seine genetische Aktivität prüften, in dieser Hinsicht bahnbrechend.
H. Fischer. 1656.

Tolokonnikova, E. V., Moiseeva, I. G. und Bogatyreva, S. A. (Tolokonnikowa, Je. W., Moissejewa, I. G. und Bogatyrjowa, S. A.); Moskau, Leninberge, Genet. Inst. der Akad. der Wiss. der UdSSR; Moskau, Biochem. Bach-Inst. der Akad. der Wiss. der UdSSR. Izmenenie okraski operenija u potomstva kur v rezul'tate vvedenija im različnych komponentov čužerodnoj krovi. **(Wechsel der Gefiederfarbe bei Nachkommen von Hühnern, denen verschiedene Komponenten fremden Blutes injiziert wurden.)** Sbornik rabot molodych učenych. Doklady na naučnoj konferencii aspirantov. Vsesojuznyj naučno-issledovatel'skij institut pticevodstva, Moskva **1960** Nr. 3. S. 83-90. — 3 Tab., 18 Lit.

Vff. injizierten 6 Mon. alten Hennen der Rasse Russische Weiße 4 Mon. lang 2mal wöchentlich 5 cm^3 DNS-armes Plasma (Gr. I, 7 Hühner) bzw. 5 cm^3 eines spez. Blutbestandteiles, der die gesamte DNS des Blutes enthielt (Gr. II, 4 Hühner). Als Fremdblutspender wurden New-Hampshire-Hennen benutzt. Bei den weibl. Nachkommen waren im 5-Monate-Alter pigmentiert: Gr. I 10 von 43, Gr. II 1 von 14. In der 2. Generation wurden die weißen und die pigmentierten Nachkommen mit weißen Hähnen aus der gleichen Versuchsgruppe gepaart. Mit und ohne Weiterbehandlung der neuen Generation mit Plasma wurden von den pigmentierten Nachkommen der Gr. I 11% pigmentierte Jungtiere erzeugt. In der 3. Generation stieg der Anteil der teilweise pigmentierten Tiere aus der „Plasmagruppe" auf 20%, und es traten schon 13% graue und schwarze Exemplare auf. Bei den Tieren, die DNS-reiche Blutbestandteile erhielten, waren in allen Generationen die Pigmentierungen schwächer und der Anteil gefärbter Tiere geringer. Auch trat eine unerklärlich hohe Sterblichkeit bei dieser Gruppe auf. Vff. schlußfolgern, daß bei Blutübertragungen die DNS nicht allein für die Farbveränderungen verantwortlich ist, sondern die Eiweißkörper eine bedeutende Rolle spielen. Eine weitere Versuchsserie, bei der isolierte DNS von New Hampshire in das Hahnensperma, in das Eiweiß von Bruteiern und in den Tierkörper (i. v., i. m. und in die Bauchhöhle) von Russischen Weißen und Weißen Leghorn eingeführt wurde, zeigte keine eindeutigen Farbveränderungen.
W. Sommerfeld. 1660.

Searle, S. R. Number of paired observations needed for estimating repeatability and heritability from regression analyses. **(Die Zahl der paarweisen Beobachtungen, die für Wiederholbarkeits- und Heritabilitätsschätzungen aus der Regressionsanalyse benötigt werden.)** J. Animal Sci. 21 (1962) Nr. 3. S. 426-427.
Ausgehend von einer früher entwickelten Formel für die Anzahl der paarweisen Beobachtungen, die bei Vorgabe bestimmter Streuungen benötigt werden, werden für die Heritabilitäts- und Wiederholbarkeitsschätzungen die Anzahlen der Töchter-Mütterpaare tabelliert, die erforderlich sind, um Schätzwerte mit Schätzfehlern von 0,01 (0,01) 0,10, 0,20 bzw. 0,30 zu erhalten. Diese Anzahlen hängen von a-priori-Werten der beiden genetischen Parameter ab. Für Schätzungen aus einer Innerhalb-Klassen-Analyse sind diese Anzahlen mit einem Faktor zu multiplizieren, der von der mittleren Zahl von Tieren pro Klasse abhängt. D. Rasch. 1667.

Le Roy, Henri L.; Zürich, Eidg. TH, Inst. für Tierzucht, Lab. für Biometrik und Populationsgenetik. **Ein korrigierter Heritabilitätskoeffizient.** Z. Tierzücht. Züchtungsbiol. 77 (1962) Nr. 3. S. 312-315. — 2 Lit.
Unter Bezugnahme auf eine in einer früheren Arbeit (LeRoy-Gruhn, 1956) dargestellte approximierte Korrektur bespricht Vf. eine analoge, genauere Korrektur des durch Halbgeschwisteranalyse ermittelten Heritabilitätskoeffizienten für den Fall, daß in einer hierarchischen Struktur a) die verschiedenen Stammherkünfte der Nachkommen bekannt sind, die Familienzugehörigkeit jedoch nicht mehr eruiert werden kann, oder b) die Familien nur 1-3 Nachkommen aufweisen. Es ergibt sich $h^2_{kor.} = \left[\frac{1}{1+K}\right] \cdot h^2_{unkor.}$, wobei K definiert ist als $K = \frac{A\,(N-1) - B\,(N-s) - N\,(s-1)}{k_0\,(N-s)\,(s-1)}$ (N = Tierzahl insgesamt, s = Anzahl Halbgeschwistergruppen). Approximiert ist K einfacher zu berechnen; Beispiele. A. Schaaf. 1667.

Šiler, Rudolf und Váchal, Jan. Studium dědivosti užitkových vlastností domácích zvířat. **(Studium des Erblichkeitsgrades von Nutzungseigenschaften landwirtschaftlicher Haustiere.)** Vědecké Práce ústředního výzkumného

Ústavu Živočišné Výroby v Uhříněvsi 5 (1962) S. 255-274. — 3 Abb., 5 Tab., 74 Lit. Zus. in Russ., Dtsch.
Mit Hilfe der Töchter-Mütter-Regressionsmethode wurden für die hauptsächlichsten Nutzungseigenschaften der tschechoslowakischen Rinder-, Schweine- und Schafrassen folgende Heritabilitätskoeffizienten (h^2) berechnet: Rotfleckvieh — 1. Laktation (nach den Bullen innerhalb der Herden und Jahrgänge): Milch 0,31, Fettprozente 0,57, Fett 0,38; 1. Laktation (nach den Bullen innerhalb der Jahrgänge): Milch 0,36, Fettprozente 0,48, Fett 0,38; — 2. Laktation (nach den Bullen innerhalb der Jahrgänge): Milch 0,39, Fettprozente 0,44, Fett 0,42. — Weißes Edelschwein: Gesamtzahl geborener Ferkel 0,13, Anzahl der Ferkel in 21 Tagen 0,10, Anzahl der Ferkel in 56 Tagen 0,09, Wurfgewicht in 21 Tagen 0,17, Ferkeldurchschnittsgewicht in 56 Tagen 0,21. — Stawropol-Merino: Schweißwolleproduktion 0,37 $\pm$ 0,07.
F. Svoboda. 1667.

Schmid, D. O. **Die genetische Bedeutung erblicher Serumeiweißmerkmale bei Tieren.** Tierärztl. Umschau 17 (1962) Nr. 9. S. 302-306. — 2 Tab.
Vf. geht ausführlich auf die Serumeiweißmerkmale bei Mensch und Tier ein, soweit sie in der Literatur bekannt sind. Außer den Haptoglobinen und Gamma-Globulinen sind vor allem die Transferrine bei den Tieren bekannt. Die Serumtransferrine werden an über 900 Rindern des Deutschen Fleckviehs, Deutschen Braunviehs und Deutschen Gelbviehs untersucht. Die Rinderrassen zeigen in der Genfrequenz signifikante Unterschiede. Die Transferrine spielen, wie die Blutgruppen, bei Familien- und Abstammungsuntersuchungen eine Rolle, vor allem bei der Feststellung der Ein- bzw. Mehreiigkeit sind sie eine wertvolle Ergänzung der Blutgruppen. Es handelt sich bei den Transferrinen um spez. individuelle, genetisch determinierte Molekularstrukturen, die bereits im frühen Embryonalstadium nachweisbar sind. G. Becker. 1690.

Brænd, M., Rendel, J., Gahne, B. und Adalsteinsson, S.; Oslo, Norway, Veterin. Coll. of Norway, Dep. of Internal Med.; Uppsala, Sweden, Roy. Agric. Coll. of Sweden, Dep. of Animal Breeding; Reykjavik, Island, Univ., Res. Inst., Dep. of Agric. Genetic studies on blood groups, tansferrins and hemoglobins in Icelandic cattle. **(Genetische Studien der Blutgruppen, Transferrine und Hämoglobine von isländischen Rindern.)** Hereditas [Lund] 48 (1962) Nr. 1/2. S. 264-283. — 9 Tab., 38 Lit.
Als repräsentativer Querschnitt wurden insgesamt 984 Tiere ausgewählt und deren Blutproben in Oslo bzw. Uppsala untersucht. Im FV-System und in den Transferrintypen wurde eine gute Übereinstimmung zwischen den erwarteten und den gefundenen Typen beobachtet, im Z-System ergaben sich kleine Differenzen, die jedoch nicht signifikant waren. Das genetische Equilibrium war beim Z-System und bei den Transferrintypen gewahrt, im FV-System erlaubte die geringe Zahl der Tiere keine Aussage. Tf^A (0,35) und Tf^D (0,64) waren die häufigsten Transferrinallelen, Tf^E (0,01) war sehr selten. Alle Tiere waren hinsichtlich des Hämoglobintyps homozygot Hb^A. Die Genfrequenzen in den Blutgruppensystemen waren folgende: A 0,276; J 0,126; L 0,341; S_1 0,253; S_2 0,495. Im C-System waren die Faktoren C_1 und W am häufigsten. Die Frequenz von V war sehr niedrig, R, M, U_1 und U_2 wurden nicht gefunden. Bei 64% der untersuchten Tiere konnte der Genotyp des B-Systems bestimmt werden. Die Frequenz der B-Allelen wird in 1 Tab. aufgeführt. Im Vergleich der Frequenzen mit denen anderer Rassen zeigt sich eine enge Beziehung zu den Norwegischen Rassen. Dies läßt einen gemeinsamen Ursprung beider vermuten. B. Busch. 1690.

Shaw, Don H. und Patel, J. R.; Univ. of Wisconsin, Coll. of Agric., Div. of Genetics. Demonstration of antigenic difference between the American Bison (Bison bison) and domestic cattle (Bos taurus). **(Nachweis antigener**

Differenzen zwischen dem Amerikanischen Bison [Bison bison] und dem Hausrind [Bos taurus].) Nature [London] **196** (1962) Nr. 4853. S. 498-499. – 1 Tab., 11 Lit.

Im Gegensatz zu den meisten Testseren zur Blutfaktorenbestimmung, welche bei Bison und Hausrind gleiche Resultate ergeben, konnten Vff. durch Immunisierung von Kanichen mit Bisonblut und nachfolgender Absorption mit Rindererythrocyten ein Serum herstellen, welches spez. mit Bisonerythrocyten reagierte, wie von verschiedenen Untersuchern an 2000 Hausrindern und 400 Bisons nachgewiesen wurde. Im Test der Blutproben von verschiedenen Hybriden konnte gezeigt werden, daß mindestens 3 bisonspezifische Faktoren vorhanden sind. Absorptionen zur Isolierung der Faktoren konnten nicht durchgeführt werden. B. Busch. 1690.

Rendel, Jan, Gahne, Bo und Maijala, Kalle; Uppsala, Sweden, Roy. Agric. Coll. of Sweden, Inst. of Animal Breeding; Tikkurila, Finland, Agric. Res. Centre, Dep. of Animal Breeding. A set of five-egg cattle quintuplets with complicated chimerism. **(Fünfeiige Rinderfünflinge mit kompliziertem Chimärismus.)** Hereditas [Lund] **48** (1962) Nr. 1/2. S. 201-214. – 3 Abb., 5 Tab., 14 Lit.

Nach 257 Tagen Tragezeit wurden die Fünflinge geboren, welche bei der Blutuntersuchung im 7. Lebensmonat mit Ausnahme des Faktors *J* völlig identische Bluttypen hatten. Die Mutter und ein Kalb hatten das Antigen *J* in den Erythrocyten, beim Vater und den übrigen Kälbern war dies nicht nachzuweisen. Bei mehreren Faktoren war ein Mosaik festzustellen. Insgesamt traten bei jedem der Fünflinge 4 Erythrocytentypen auf. 3 der Kälber hatten den Transferrintyp A/D, 2 D/D. Auch in den Postalbuminen zeigten sich Unterschiede, die jedoch nicht denen der Transferrintypen entsprachen. Aus den Untersuchungen folgt, daß die Kälber fünfeiig sind. Im Alter von 13 Mon. wurden morphol. Untersuchungen angestellt, die Unterschiede zwischen den Tieren in den Körpermaßen, im Vorkommen überzähliger Zitzen, in Farbe und Abzeichen, in der Kopfform, Ohrhaltung und im Temperament ergaben. Mißbildungen im weibl. Geschlechtsapparat traten bei den Tieren auf, welche die gleichen Verhältnisse der Blutfaktoren hatten wie ein normales Bullenkalb. B. Busch. 1690.

Tomcsik, J. und Scherrer-Gervai, Mariann; Basel, Schweiz, Univ., Hyg.-Inst. **Cytologische Beobachtungen an Rindererythrocyten mit Hämoglobin-Antikörpern.** Experientia [Basel] **18** (1962) Nr. 8. S. 373-374. – 5 Lit.

Mit kristallisiertem Rinderhämoglobin wurden Kaninchen immunisiert; daraus resultierten Immunsera, welche mit trypsinisierten Rindererythrocyten eine Hämagglutination in der Verdünnung bis 1:400 bzw. 1:6400 ergaben. Das Hb wurde jedoch höchstens in einer Verdünnung von 1:64000 spez. präzipitiert. In einer Kühlzentrifuge wurde Hb-Lösung bei 6000 U/min zentrifugiert. Phasenoptisch waren im Sediment Erythrocytenmembranen nachzuweisen, welche durch Seitzfilter entfernt wurden. Wurde das Hb-Filtrat Kaninchen injiziert, so bildeten diese nur präzipitierende Antikörper gegen Hb, keine agglutinierenden Antikörper gegen trypsinierte Rindererythrocyten. In den Versuchen konnten also ein Hb- und ein Membranantikörper nachgewiesen werden. Vff. schlußfolgern, daß das Hb nicht in die Membran der intakten Erythrocyten strukturell eingebaut ist, sondern daß bei der hypotonischen Hämolyse die Membranen absorbieren. B. Busch. 1690.

Franks, David; Univ. of Cambridge, Dep. of Pathol. Differences in red-cell antigen strength in the horse due to gene interaction. **(Unterschiede in der Stärke der Erythrocytenantigene beim Pferd bedingt durch Geninteraktion.)** Nature [London] **195** (1962) Nr. 4841. S. 580-582. – 1 Abb., 1 Tab., 9 Lit.

Bei den Erythrocytenfaktoren 1; 2 und 5 wurden Unterschiede in der Stärke zwischen Eltern und der Nachzucht beobachtet und als Lewis- (cis-trans) Effekt gedeutet. Wenn ein Tier für ein bestimmtes Gen homozygot ist, dann ist dieses Antigen in voller Stärke nachzuweisen. Der cis-trans-Effekt ist asymmetrisch. Das Gen 5 in trans-Stellung hat einen Einfluß auf die Gene 2 und 1, das Gen 2 in trans-Stellung einen Einfluß auf das Gen 5.

B. Busch. 1690.

Jaffe, W. P. und McDermid, E. M.; England, Univ. of Bristol, School of Veterin. Sci.; Halifax, Thornber Brothers Ltd. Blood groups and splenomegaly in chick embryos. **(Blutgruppen und Splenomegalie bei Hühnerembryonen.)** Science [Washington] **137** (1962) Nr. 3534. S. 984. — 1 Tab., 5 Lit.

Wenn Spender und Empfänger den gleichen Genotyp im B-Locus hatten, wurde keine oder nur geringgradige Splenomegalie beobachtet und umgekehrt eine hochgradige, wenn Spender und Empfänger unterschiedliche Genotypen hatten. Das Auftreten der Splenomegalie kann als Kennzeichen der Verträglichkeit von Transplantaten gewertet werden. B. Busch. 1690.

Ogden, A. L., Morton, J. R., Gilmour, D. G. und McDermid, E. M.; Stock, Essex, Animal Health Trust Livestock Res. Centre; Univ. of Cambridge, School of Agric.; Halifax, Yorks., Thornbeer Bros. Inherited variants in the transferrins and conalbumins of the chicken. **(Erbliche Variationen der Transferrine und Conalbumine bei Hühnern.)** Nature [London] **195** (1962) Nr. 4845. S. 1026-1028. — 2 Abb., 1 Tab., 14 Lit.

Die Stärkegelelektrophorese wurde in 2 Modifikationen in 2 Instituten durchgeführt, wobei sich eine gute Übereinstimmung ergab. Bei männl. Tieren waren im Serum 15 Bänder sichtbar (3-17), bei weibl. Tieren trat bei Einsetzen der Legetätigkeit ein weiteres Band (1) und während der Legeperiode ein zweites (2) auf, das Band 8 ist während dieser Zeit nicht zu erkennen. Weitere durch Geschlecht und Legetätigkeit bedingte Unterschiede sind nur quantitativ. Der Transferrintyp *b* wurde bei insgesamt 167 Tieren von 4 Rassen und mehreren Stämmen als einziger Typ gefunden. Nur in einem Stamm Heller Sussex kamen die Typen *a*, *ab* und *b* vor. Die Typen *a* und *b* repräsentieren die Produkte von Allelen eines Locus. Dies wurde in der Nachzucht der untersuchten Tiere bestätigt. So werden die Bezeichnungen Tf^a und Tf^b für die Allelen und *Tfa*, *Tfb* und *Tfab* für die Phänotypen vorgeschlagen. Die Conalbumine zeigten den Serumtransferrinen entspr. Typen.

B. Busch. 1690.

Buschmann, H.; München, Blutgruppeninst. der Tierzuchtforsch. **Der 8. europäische Kongreß über Blutgruppen bei Tieren in Laibach (21.-24. 8. 1962.)** Tierärztl. Umschau **17** (1962) Nr. 12. S. 442-444. 447. 1690.

D. FORTPFLANZUNG

Šachlamov, V. A. (Schachlamow, W. A.); Moskau, Med. Setschenow-Inst. Soderžanie mukopolisacharidov v jajcekletkach. **(Der Gehalt an Mucopolysacchariden in Eizellen.)** Izvestija Akademii nauk SSSR. Serija biologičeskaja, Moskva **27** (1962) Nr. 2. S. 271–274. — 1 Abb., 7 Lit. Zus. in Engl.

30 weiße Ratten im Gewicht von 120–140 g wurden im Dioestrus getötet und die Ovarien untersucht. Es wurde gefunden, daß die Eizellen der Primärfollikel eine helle Zone haben. Das Cytoplasma enthält ein Netzwerk von Hyaluronsäure. Der Atresie verfallen sowohl primäre als auch reifere Follikel. Dabei kommt es zuerst zu einer Depolymerisation der Säuren der cytoplasmatischen Mucopolysaccharide, später der hellen Zone, und dann tritt Dystrophie ein. Die Reste der Eizellen werden durch Makrophagen beseitigt. B. Busch. 1763.

Hawk, H. W., Turner, G. D. und Sykes, J. F. The leucotaxic properties of uterine exudates as related to the endocrine-controlled uterine defense mechanism. **(Die leukotaxischen Eigenschaften von Uterusexsudaten in Beziehung zum endokrin-abhängigen uterinen Abwehrmechanismus.)** Amer. J. veterin. Res. **22** (1961) Nr. 91. S. 1117–1120. – 2 Tab., 7 Lit. 1764.

Lamond, D. R.; Armidale, New South Wales, C. S. I. R. O., Pastoral Res. Lab., Div. of Animal Physiol. Oestrus and ovulation following administration of placental gonadotrophins to Merino ewes. **(Oestrus und Ovulation beim Merinoschaf nach Verabreichung placentärer Gonadotropine.)** Austral. J. agric. Res. **13** (1962) Nr. 4. S. 707–717. – 5 Tab., 37 Lit.

128 weibl. Merinoschafe erhielten über 14 Tage jeden 2. Tag 12,5 mg Progesteron (I) i. m. injiziert. Am 1. oder 2. Tag nach der letzten I-Behandlung wurden jeweils 4 Tieren 16 unterschiedliche Kombinationen von PMS (s. c.) und HCG (i. m.) appliziert. Die Dosierung des HCG waren 60, 180, 540 und 1620 IE, die des PMS 30, 90, 270 und 810 IE. 2–3 Tage nach der Belegung wurden die Zahl der Ovulationen mittels Laparatomie und zu späteren Zeitpunkten die der Feten und das Auftreten von Endometriumcysten nach Tötung der Tiere bestimmt. – Unabhängig von der PMS-Dosis wurde der Oestrus durch 540 oder 1620 IE HCG bei einem großen Teil der Schafe unterdrückt. Wenn er eintrat, waren an den Ovarien große Follikel zu beobachten. Die Injektion hoher HCG-Dosen am 2. Tag nach der letzten I-Applikation wirkte sich ungünstiger aus als die am 1. Die mittleren PMS-Dosen riefen weniger große Follikel hervor als die hohen und niedrigen. Zwischen dem Auftreten der häufigen Endometriumcysten und den Gonadotropindosierungen konnten keine gesicherten Beziehungen ermittelt werden. Die Gesamtfruchtbarkeit war extrem niedrig und lag bei 10%. Vf. kommt zu dem Schluß, daß die HCG-Wirkung in sehr enger Abhängigkeit von der Dosis und vom Zeitpunkt der Applikation innerhalb der Follikelreifung steht. F. Döcke. 1765.

Menge, A. C., Stone, W. H., Tyler, W. J. und Casida, L. E.; Madison, Univ. of Wisconsin, Dep. of Genetics and Dairy Husbandry. Immunological studies on fertility and sterility. IV. Fertility of cattle and rabbits inseminated with semen treated with antibodies produced against semen, spermatozoa and erythrocytes. **(Immunologische Untersuchungen zur Fertilität und Sterilität. 4. Mitt. Die Fruchtbarkeit von Rindern und Kaninchen, die mit Sperma besamt wurden, das mit Antikörpern gegen Sperma, Spermien und Erythrocyten behandelt worden war.)** J. Reproduct. Fertility **3** (1962) Nr. 3. S. 331–341. – 4 Tab., 27 Lit. 3. Mitt. vgl. LZ. Abt. III 4 (1959) Nr. 4. S. 673.

Nach beschriebenen Methoden hergestellte Immunseren vom Rind (Bullensperma) und Kaninchen (gewaschene Bullenspermien) riefen eine Fruchtbarkeitsminderung hervor, wenn sie Bullensperma vor der Besamung von Färsen zugesetzt wurden. Auch bei Kaninchen wurde eine Befruchtung nach Besamung mit Sperma verhindert, das mit Anti-Kaninchenserum vom Rind behandelt worden war. Die γ-Globulinfraktion dieses Serums hatte die gleiche Wirkung, nicht aber Normalserum oder dessen γ-Globulinfraktion. Durch Absorption der Immunseren mit den Erythrocyten von Bullen oder Kaninchenböcken wurden die Spermienagglutinine bzw. der Sterilitätseffekt nicht beseitigt wohl aber durch Absorption mit den entspr. gewaschenen Spermien. Erythrocyten-Antiseren riefen keine Spermienagglutination bzw. Sterilität hervor, und Sperma- oder Spermienantiseren besaßen keine oder fast keine spez. Erythrocytenagglutinine. Vff. schließen aus den Ergebnissen, daß Antikörper gegen Sperma oder gewaschene Spermien eine Befruchtung verhindern oder embryonale Mortalität hervorrufen können.

F. Döcke. 1790.

Menge, A. C., Kiddy, C. A., Stone, W. H. und Casida, L. E.; Madison, Univ. of Wisconsin, Dep. of Genetics; Beltsville, Md., U. S. Dep. of Agric., A. R. S., Dairy Cattle Res. Branch. Immunological studies on fertility and sterility. V. Effect of antibodies against semen and erythrocytes on rabbit embryos. **(Immunologische Untersuchungen zur Fertilität und Sterilität. 5. Mitt. Die Wirkung von Antikörpern gegen Sperma und Erythrocyten auf Kaninchenembryonen.)** J. Reproduct. Fertility **4** (1962) Nr. 1. S. 87–92. – 2 Tab., 8 Lit. 4. Mitt. vgl. vorst. Ref.

1 bzw. 9 Tage alte Kaninchenembryonen wurden aus den Tuben superovulierter Spendertiere ausgespült, mit Immunserum über verschiedene Zeiten inkubiert und anschließend auf Empfängerkaninchen übertragen bzw. nach Laparatomie intrauterin mit Immunserum behandelt. Die Seren waren hergestellt worden, indem Färsen gegen Kaninchensperma bzw. -erythrocyten immunisiert worden waren. Die Sperma-Immunseren riefen bei den 1 Tag alten Embryonen keinen sicheren Effekt auf das Überleben bis zum 28. Tag hervor, bewirkten aber einen signifikanten Abfall in der Überlebensrate der am 9. Tag behandelten Embryonen. Bei der Anwendung von Anti-Erythrocyten- und von Normalserum zeigten sich keine Wirkungsunterschiede. F. Döcke. 1790.

Gottschewski, G. H. M. **Genetische und entwicklungsphysiologische Ursachen der Sterilität.** Schriftenr. landwirtsch. Fak. Univ. Kiel **1960** Nr. 25. S. 77–93. 1795.

Moore, N. W. und Shelton, J. N.; Jerilderie, New South Wales, McCaughery Memorial Inst.; Sydney, Univ., Dep. of Animal Husbandry. The application of the technique of egg transfer to sheep breeding. **(Die Anwendung der Eitransplantation in der Schafzucht.)** Austral. J. agric. Res. **13** (1962) Nr. 4. S. 718–724. – 4 Tab., 6 Lit.

Im Herbst 1960 und 1961 erhielten insgesamt 86 weibl. hornlose Merinoschafe (2–5 Jahre alt) vom 12. Tag nach der Paarung mit einem vasektomierten Bock beginnend über 3 Tage 6 s. c. Injektionen von insgesamt 100 (ältere) bzw. 75 mg (2jährige) eines Hypophysenvorderlappenextraktes vom Pferd. 78 Tiere wurden innerhalb 96 Std. nach Absetzen der Behandlung belegt, von denen 74 ovuliert hatten. Die 48–80 Std. nach Oestrusbeginn durchgeführte Laparatomie ergab, daß 841 Eizellen freigesetzt worden waren, von denen 667 wiedergefunden wurden. 482 Eizellen waren befruchtet. Von diesen wurden 441 transplantiert, und zwar die mit 8 oder mehr Blastomeren in den Uterus, die anderen in die Tuben. Als Empfänger dienten 262 gehörnte Merinos, die im gleichen Zeitraum wie die Spender mit vasektomierten Böcken gepaart worden waren. Pro Empfänger wurden 1–3 Eier übertragen. 177 Tiere warfen 236 Lämmer. Zwischen den beiden Jahren bestand kein gesicherter Unterschied. Nach Übertragung in die Tuben wurden signifikant weniger Lämmer geboren als nach intrauteriner Transplantation. Die Zahl der übertragenen Eier übte keinen deutlichen Einfluß auf die Fruchtbarkeit aus. Praktische Anwendungsmöglichkeiten der Eitransplantation beim Schaf werden kurz diskutiert. F. Döcke. 1814.

Bogoljubskij, S. N. (Bogoljubski, S. N.); Moskau, Sewerzow-Inst. für Tiermorphol. der Akad. der Wiss. der UdSSR. Problema gibridizacii v životnovodstve. **(Probleme der Hybridisation in der Tierzucht.)** Trudy soveščanija po otdalennoj gibridizacii rastenij i životnych. Sbornik dokladov. Otdalennaja gibridizacija rastenij i životnych, Moskva **1960** S. 263–281.

Die Ansichten über die Verschiedenartigkeit der Ausgangstiere bei Kreuzungen sind stark beeinflußt von der vorherrschenden Systematik im Tierreich. Die Kreuzung von Tieren dient ihrerseits der Verbesserung der Tiersystematik. Der Begriff der Kreuzung wird nicht nur für Paarungen zwischen zwei verschiedenen Tierarten oder -rassen benutzt, sondern auch für die Zusammenführung zweier genetisch unterschiedlicher Linien innerhalb einer Rasse. Unter Kreuzungen innerhalb der Art versteht man heute Linien- und Rassenkreuzungen, als Kreuzungen außerhalb der Art die Kreuzung verschiedener Arten, Untergattungen und Gattungen. Vf. bespricht die Problematik von Grenzfällen und die wechselnden Auffassungen über die Eingruppierung der verschiedenen Formen unserer Haustiere und ihrer wildlebenden Verwandten. Angaben über Kreuzungen verschiedener Gruppen, insbesondere der Gattung Bos, werden an Hand von Beobachtungen in den USA und der UdSSR gemacht. Auch Untersuchungen über den Einfluß von Bluttransfusionen werden besprochen. Wirtschaftlich gute Resultate der Artenkreuzung wurden bei Kreuzung tauriner Rinder mit Zebu und Yak erreicht.

W. Sommerfeld. 1820.

Treus, V. D. und Steklenev, E. P. (Treus, W. D. und Steklenew, Je. P.); Askanija-Nowa, Gebiet Cherson, Ukrain. Iwanow.-Forsch.-Inst. für Tierzucht der Steppengebiete „Askanija-Nowa". Opyty otdalennoj gibridizacii dikich i domašnich životnych. **(Versuche der entfernten Hybridisation von Wild- und Haustieren.)** Trudy soveščanija po otdalennoj gibridizacii rastenij i životnych. Sbornik dokladov. Otdalennaja gibridizacija rastenij i životnych, Moskva **1960** S. 291–306.

Vff. berichten insbesondere über die Kreuzungen von Antilope × Hausrind und Hase × Kaninchen, jeweils in gerader und reziproker Richtung. Die Kreuzung Antilope × Hausrind war in beiden Richtungen sowohl bei natürlicher als auch bei künstlicher Besamung nicht möglich. Aktive Spermien wurden noch in den Uterushörnern beobachtet, eine Vereinigung mit der Eizelle erfolgte auch nicht bei weiterer Heranbringung der Spermien an die Eizellen. Vff. bezweifeln die Richtigkeit der Angaben in der Literatur über Bastarde von Antilope und Hausrind. Bei der Kreuzung Hase × Kaninchen wurde eine normale Entwicklung der Zygoten bis zum 4. Tag nach der Befruchtung beobachtet. Im Morula- oder Blastula-Stadium werden die Zygoten resorbiert. Bei der reziproken Kreuzung findet die Teilung nur bis zum Blastomeren-Stadium statt. Die Erzeugung von Bastarden ist auf beiden Wegen unmöglich. W. Sommerfeld. 1820.

Koržuev, P. A. (Korshujew, P. A.); Moskau, Sewerzow-Inst. für Tiermorphol. der Akad. der Wiss. der UdSSR. Morfofiziologičeskie osnovy žirnomoločnosti v svjazi s problemoj otdalennoj gibridizacii. **(Morphophysiologische Grundlagen des Milchfettgehalts in Verbindung mit dem Problem der entfernten Hybridisation.)** Trudy soveščanija po otdalennoj gibridizacii rastenij i životnych. Sbornik dokladov. Otdalennaja gibridizacija rastenij i životnych, Moskva **1960** S. 330–339.

Vf. hält Versuche zur wirtschaftlichen Ausnutzung der entfernten Hybridisation nur für zweckvoll, wenn vorher die physiol. Grundlagen der angestrebten Produktionsrichtung ermittelt werden. Bes. wird die Physiologie der Milchfettbildung behandelt. Die Theorie der Beeinflussung der Milchfettbildung durch die Fettsäurenbildung im Pansen wird kritisch behandelt. Einführung von Fettsäuren in die Blutbahn brachte keine positive Beeinflussung des Fettgehalts. Andere, pansenlose Tiere zeigen teilweise weit höheren Fettgehalt als Wiederkäuer. Vf. stellt die Theorie der Milchfettbildung auf Grundlage des gelben Knochenmarks in den Vordergrund. Hohen Milchfettgehalt zeigen einige Tiere mit hohem Skelettanteil: Wal 51,0% Fett, Delphin 43,5%, Schneehase 23,6%, Rentier 22,5%, Elch 19,0%, Wildschaf 12,0%, Merinoschaf 6,7%, Kuh 3,5%. Wenn die Theorie des Zusammenhanges zwischen Skelettaufbau und Milchfettgehalt sich als richtig erweist, wäre nach Ansicht des Vf. eine Selektion der Rinder mehr nach Gesichtspunkten des Knochenbaus möglich. W. Sommerfeld. 1820.

Olsen, M. W.; Beltsville, Md., U. S. Dep. of Agric., A. R. S., Agric. Res. Center, Animal Husbandry Res. Div., Poultry Res. Branch. Hybridization of the chicken and turkey. **(Hybridisation von Hühnern und Truthühnern.)** J. Amer. veterin. med. Assoc. **140** (1962) Nr. 7. S. 699–700. – 1 Abb., 2 Lit.

Beschrieben wird die erfolgreiche Hybridisation von domestizierten Hühnern und Truthühnern. Die 1. Hybride wurde 1959 aufgezogen, weitere 30 im Jahre 1960. Von diesen wird ein sehr unterschiedliches Lebensalter angeführt. Die Hybriden zeigen charakteristische Merkmale beider Eltern. Farbmarkierung, die kurzen, schweren Eier, völlig befiederter Nacken sind Erbfaktoren von Hühnern, während das weiße Kinn von den Truthühnern stammt. Alle Hybriden hatten flache, gepolsterte Kämme mit kleinen Spitzen, wobei Kehl- und Ohrlappen gänzlich fehlten. Aus früheren Angaben wird berichtet, daß 100 Truthühnereier zur Erbrütung einer Hybride benötigt wurden. Das geringe Brutergebnis, weiterhin Deformierungen des Schnabels und der Zunge sowie eine bes. zusammengestellte, reichhaltige Fütterung lassen die Hybriden als äußerst unwirtschaftlich erscheinen; diese werden infolgedessen kaum eine Weiterentwicklung erfahren. M. Richter. 1820.

Bujko, A. N. (Buiko, A. N.) Osobennosti polovoj funkcii žerebych kobyl. **(Besonderheiten der Geschlechtsfunktionen trächtiger Stuten.)** Trudy. Vsesojuznyj naučno-issledovatel'skij institut konevodstva, Moskva **23** (1960) S. 81–93. – 6 Abb., 4 Tab., 11 Lit. Zus. in Engl.

Es wurden Untersuchungen an den Eierstöcken von 7 Stuten angestellt, die 1–3 Mon. trächtig waren. Die Eierstöcke von 5 Stuten wiesen eine Vergrößerung durch reifende Follikel auf, es kam meist zum Follikelsprung und anschließender Gelbkörperbildung. Die Follikelreifung war in einigen Fällen mit Rosseerscheinungen verbunden. Es ist anzunehmen, daß die Hormonproduktion durch den Gelbkörper zunächst nicht ausreicht, um die Reifung weiterer Follikel zu verhindern. B. Busch. 1830.

Psychoyos, Alexandre. Le déterminisme de l'ovoimplantation. Recherches complémentaires. **(Der Determinismus der Ovoimplantation. Ergänzende Untersuchungen.)** C. R. hebd. Séances Acad. Sci. **255** (1962) Nr. 4. S. 775–777. – 1 Tab.

Die experimentelle Induktion von Superimplantationen kann durch s. c. Injektion von Oestrogen bei Rattenweibchen erzielt werden, die trächtig, kastriert und mit Progesteron behandelt sind und bei denen die Nidation des ersten Schubs der Blastocysten durch Injektion von Oestrogen in ein Uterushorn [Methode Yochinaga, J. Reproduct. Fertility 2 (1961) S. 35.] erzielt wurde. Bestimmte Anzeichen sprechen für das Bestehen einer extraovariellen Inhibition, die aber nur bei einer foetoplacentären Entwicklung wirkt, die einer Trächtigkeit von 14–15 Tagen entspricht. K. Wohanka. 1840.

Tret'jakov, N. P. und Zaletaeva, T. A. (Tretjakow, N. P. und Saletajewa, T. A.); Sogorsk, Gebiet Moskau, Unions-Forsch.-Inst. für Geflügelzucht der Lenin-Akad. der Landwirtsch.-Wiss. Vlijanie napravlennogo vozdejstvija vnešnich faktorov v ėmbrional'nyj i postėmbrional'nyj periody na razvitie i produktivnost' sel'skochozjajstvennych ptic. **(Der Einfluß gelenkter Wirkung äußerer Faktoren in der embryonalen und postembryonalen Periode auf Entwicklung und Leistungsfähigkeit des Geflügels.)** Trudy Instituta morfologii životnych im. A. N. Severcova. Akademija nauk SSSR, Moskva **31** (1960) S. 195–203. – 11 Tab., 8 Lit.

Für verschiedene Organismen sind bestimmte optimale Temperaturbereiche für die Entwicklung vorhanden. Durch diese optimalen Temperaturbereiche wird die Intensität der Stoffwechselvorgänge beeinflußt. Wesentliche Abweichungen können das Absterben des sich entwickelnden Organismus zur Folge haben. Bei Geflügelarten sind beträchtliche Temperaturschwankungen sowohl im Embryonalzustand während des natürlichen Brutvorganges als auch in der ersten Lebensperiode der Küken zu überwinden. Sie können während der ersten Lebenstage ihre Körpertemperatur nicht auf dem nötigen Niveau halten und bedürfen der Unterstützung durch das Bruttier. Diese Tatsachen sind auch bei der künstlichen Brut und Aufzucht zu berücksichtigen. Bei Versuchen wurden diesbezüglich positive Ergebnisse erzielt. Geminderte und periodisch geänderte Temperaturen haben sich positiv auf das Wachstum im Ei und nach dem Schlüpfen bei verschiedenen Geflügelarten ausgewirkt. Diese Tatsache beweist die richtige Auswertung der in der natürlichen Entwicklung über Generationen erworbenen Eigenschaften. Bes. in der zweiten Entwicklungshälfte im Ei werden die Wachstumsprozesse durch veränderte Temperatur beschleunigt. Die im Ei enthaltenen Nährstoffe werden vollkommener verwertet, die Oxydationsvorgänge im Blut beschleunigt. Charakteristisch ist die Minderung der Embryonalsterblichkeit um 2–6%. Nach dem Schlüpfen aus dem Ei wirken sich veränderliche Temperaturverhältnisse auf die Lebensfähigkeit, den Zeitpunkt der Geschlechtsreife und die Produktivität aus. Die Kükenaufzucht im Alter von 1–30 Tagen unter Bedingungen geringer Temperaturen (gegenüber der festgelegten Norm) und Temperaturabsenkungen nach 60 Lebenstagen auf 0° bis −15 °C (ohne Beheizung im Winter) führte zur Erhöhung des Lgw., der Lebensfähigkeit und des Leistungsvermögens bei den Hühnern.

M. Achmedowa. 1840.

Šachnazarov, G. M. (Schachnasarow, G. M.); Moskau, Sewerzow-Inst. für Tiermorphol. der Akad. der Wiss. der UdSSR. Izmenenie rosta i differencirovki v rannem èmbriogeneze krolika pod vlijaniem biopreparatov. **(Die Wachstumsänderungen und Differenzierungen im frühen Embryonalstadium bei Kaninchen unter dem Einfluß von Biopräparaten.)** Žurnal obščej biologii, Moskva 22 (1961) Nr. 3. S. 210-219. – 3 Abb., 3 Tab., 11 Lit. Zus. in Engl.

Ausgehend von der Auffassung über die Formbarkeit früher Embryonalstadien der Säugetiere wurde nach Möglichkeiten für eine Aktivierung der Embryogenese gesucht. Solche vermutete Vf. in biologischen Präparaten, die sich bereits bei der Wiederherstellung verlorengegangener Organfunktionen, Behandlung von Krankheiten, Erhöhung des Grundtonus, Beschleunigung von Wachstums- und Mastprozessen usw. als hoch wirksam erwiesen hatten. Die Wirkung von Biopräparaten wird als eine organspezifische angesehen in dem Sinne, daß ein Muskelpräparat seine stimulierende Wirkung wahrscheinlich hauptsächlich auf das mesodermale System und auf das Körperwachstum ausüben, leukozytenhaltiges Serum aber die Zellteilung beschleunigen und die Differenzierung des Bindegewebes verändern wird. Es wird allerdings hervorgehoben, daß das auf ein Organ spez. wirkende Präparat gleichzeitig einen Einfluß auf ein Organ oder System ausüben kann, das ihm in bezug auf Herkunft oder Funktion ähnlich ist. Ein Embryonalpräparat dürfte demnach die Entwicklung aller Organe des Organismus stimulieren. Die im Versuch verwendeten Biopräparate wurden aus Muskelfleisch und Rinderembryonen im Alter von 3-4 Mon. hergestellt. Das Material wurde 7 Tage bei +2—4 °C aufbewahrt, danach zerkleinert und 40 Min. bei 120 °C autoklaviert. Nun wurde das Gewebe im Mörser zerrieben, mit physiol. Kochsalzlösung im Verhältnis 1:3 aufgenommen, durch 3fachen Mull filtriert, auf Flaschen gefüllt und erneut autoklaviert. Das leukocytenhaltige Serum wurde fertig bezogen. Die Experimente erfolgten an weibl. Kaninchen der Chinchillarasse in den Jahren 1958 und 1959. 10 Tage nach der letzten Injektion wurden die Tiere gepaart und nach 10tägiger Trächtigkeit die Embryonen entnommen. Diese wurden mit Sublimatlösung fixiert und Totalpräparate davon angefertigt. Nach Anfertigung eines Fotogramms, das als Grundlage für die Berechnung des

Entwicklungsgrades eines jeden Keimes diente, erfolgte diese Berechnung mit Hilfe einer für diesen Zweck aufgestellten Formel. Im Versuch 1 zeigten sich gegenüber der unbehandelt gebliebenen Kontrollgruppe die Keime, deren Mütter das Embryonal- bzw. Muskelpräparat s. c. appliziert erhielten, um 18,6 bzw. 10,4% besser entwickelt. Die Dosis betrug 1,2 ml/Tier einmal in der Woche 3mal hintereinander. Im Versuch 2 wurde anstelle des Muskelpräparates leukocytenhaltiges Serum i. m. angewendet. Gegenüber der Kontrollgruppe zeigten die mit dem Embryonal- bzw. Serumpräparat in einer Dosis von 0,2 ml/Tier in Intervallen von 3 Tagen insgesamt 3mal behandelten Tiere eine um 19,8 bzw. 18,9% günstigere Entwicklung. Höhere Dosen bei zwar gleichen Intervallen, aber häufigerer Applikation führten zu Entwicklungsverzögerungen oder förderten die Entwicklung nur geringgradig. Die Erhöhung des allg. Entwicklungsgrades eines Keimes ist von einer ausgeprägten Verschmälerung desselben in Richtung vom Vorder- zum Hinterende begleitet. L. Hohner. 1840.

Berchtold, M., Leidl, W. und Haeger, O.; München, Univ., Gynäkol. und Ambulator. Tierklin. **Über den Einfluß des Samenalters auf den embryonalen Fruchttod beim Rind.** Dtsch. tierärztl. Wschr. 68 (1961) Nr. 10. S. 553-555. Nach Tilgung der infektiösen Sterilitätsursachen tritt der embryonale Frühtod immer mehr in den Vordergrund. Bei geschlechtsgesunden Rindern ist mit 10-20% embryonaler Mortalität zu rechnen. Bei Tieren mit verlängertem Zyklus, häufigem Umrindern usw. beträgt das embryonale Absterben der Früchte bis zum 34. Tag sogar über 50%. Neben anderen Ursachen wird auch dem Spermaalter eine aetiologische Rolle zugesprochen. Dieser Umstand ist deshalb von Bedeutung, da im Rahmen der KB laufend nach Möglichkeiten gesucht wird, um die Verwendungsdauer des Spermas zu verlängern. Vff. prüfen zu diesem Zwecke die Brunstintervalle von 15251 Kühen. Die Verlängerung des Brunstintervalles über 34 Tage hinaus wird als Zeichen des embryonalen Frühtodes gewertet. Es zeigt sich, daß das Alter des mit Spermasol verdünnten Spermas keinen Einfluß auf die Länge des Brunstintervalles hat. Auch nach der Besamung mit 4 Tage altem Sperma war die Anzahl der bis nach 28 Tagen umrindernden Kühe nicht größer als mit 1 Tag alten Sperma. W. Busch. 1844.

Stratman, F. W. und Self, H. L. Fertility studies with naturally mated or artificially inseminated sows. **(Fruchtbarkeitserhebungen bei gedeckten und künstlich besamten Sauen.)** J. Animal Sci. 21 (1962) Nr. 3. S. 647-650. Zur Besamung der Sauen wird mit Hilfe der künstlichen Vagina gewonnenes, auf Menge und Dichte untersuchtes und mit homogenisierter Vollmilch verdünntes Sperma verwendet. Das Gesamtvolumen der intracervikal infundierten Samendosis beträgt 50 ml, und zwar 20 ml Sperma und 30 ml Verdünner. Die Besamung erfolgt innerhalb 1 Std. nach der Samengewinnung unter Anwendung einer Plastiksonde. Die zu besamenden Tiere werden in Intervallen von 24 Std. mit Probeebern abprobiert. Bei der natürlichen Paarung erfolgt in jedem Falle eine nur einmalige Bedeckung. Der Befruchtungshundertsatz und die Konzeptionsrate wird 3-5 Tage nach der Paarung durch Beurteilung der nach der Schlachtung der Sauen aus den Eileitern und Gebärmutterhörnern gewonnenen Eier bestimmt. Der Prozentsatz gewonnener Eier wird durch Zählung der Gelbkörper ermittelt. In allen Versuchsgruppen können ⌀ 80,8% der ovulierten Reifeier gefunden werden. Die Ovulationsrate ist bei allen Versuchsgruppen gleich. Sie schwankt zwischen 13,2 und 16,3 Eiern. Es bestehen keine Unterschiede hinsichtlich der Anzahl der trächtigen Tiere und dem Prozentsatz befruchteter Eier bei gedeckten und besamten Sauen, wenn die Paarung am 2. Tage innerhalb der ersten Brunst nach der Säugeperiode oder am 2. Tage der zweiten Rauscheperiode nach dem Absetzen der Ferkel erfolgt. Die Ergebnisse verschieben sich nur dann zugunsten der natürlichen Paarung, wenn die Bedeckung oder Besamung am 1. Tage in der 2. Rauscheperiode nach dem Absetzen der Ferkel erfolgt. K. Rothe. 1881.

Anonym. **Zunahme der Rinderbesamung im Bundesgebiet 1961.** Dtsch. tierärztl. Wschr. **69** (1962) Nr. 12. S. 349.
Insgesamt wurden 2189873 Rinder, d. h. 118669 mehr als im Vorjahr, besamt. Der Anteil der besamten Kühe und Färsen liegt bei 33,7% gegenüber 32,1% im zurückliegenden Jahr. Er ist in Schleswig-Holstein mit 67,4% am höchsten, am niedrigsten in Montabaur mit 2%. Die Schwarzbunten stehen mit 902168 Tieren an der Spitze, ihnen folgt das Fleckvieh mit 758647 Tieren. Trotz aller Bemühungen werden immer noch 53,6% der Kühe nicht auf Milchleistung geprüft. Die Zahl der Bullen ist von 2091 im Jahre 1960 auf 2172 im Jahre 1962 gestiegen. Der Anteil der unter 4 Jahre alten Bullen ist zugunsten der älteren von 50,0 auf 43,2% zurückgegangen. Von den meisten Besamungshauptstellen werden jährl. ca. 5000-30000 Erstbesamungen vorgenommen. Die Hauptstelle Neustadt/Aisch hat 204974 Erstbesamungen aufzuweisen. Die Besamung wird überwiegend von nebenamtlich tätigen Tierärzten vorgenommen, ihre Zahl beträgt 3199. Die hauptamtlichen Besamungstierärzte sind mit 134 um 5 zurückgegangen. Die Zahl der Besamungstechniker ist um 28 auf 195 angestiegen. Ein Techniker übte die KB nebenamtlich aus. Das Befruchtungsergebnis liegt nach dem Non-Return-Verfahren bei über 69%, nach rektaler Trächtigkeitsuntersuchung bei 66%. H. Busse. 1882.

Sokolovskaja, I. I., Keršulis, A., Sachno, V. F., Semenova, N. V. und Koretko, V. N. (Sokolowskaja, I. I., Kerschulis, A., Sachno, W. F., Semjonowa, N. W. und Korotko, W. N.) Aseptika vzjatija i obrabotki semeni. **(Antiseptik der Abnahme und der Bearbeitung des Spermas.)** Živothovodstvo, Moskva **23** (1961) Nr. 12. S. 62-67. — 4 Abb., 9 Lit.
Die Voraussetzung für die Antiseptik der Abnahme und Bearbeitung des Samens sieht Vf. in der monatl. Kontrolle der Reinhaltung der Samenerzeuger, wobei der Bulle äußerlich sauber gehalten sein muß. Das Pröputium muß ausgewaschen, der Penis von der Umhüllung des Phantoms isoliert sein, die künstliche Vagina ist durch Kochen steril zu machen. Die hygienischen Bedingungen der Vorbereitung der Instrumente und Gefäße für die Samenabnahme und -bearbeitung sind peinlichst einzuhalten; das muß auch bei der Sameneinführung der Fall sein. Es hat sich gezeigt, daß die prophylaktische Keimfreimachung für die Erhaltung einer längeren Aktivität des Samens günstig ist. Die Keimfreihaltung mit Hilfe von Antibiotica und Sulfonamiden wurde mit 14 verschiedenen Präparaten untersucht, wobei die Eignung der einzelnen Antibiotica und Sulfonamide unterschiedlich war. Durch die Verwendung von Antibiotica konnte die Befruchtung um 12-15% erhöht werden. W. Strack. 1885.

Chubb, L. G. und Cooper, Doreen M.; Houghton, Huntingdons., Poultry Res. Stat. Amino acids in fowl seminal plasma. **(Aminosäuren in Geflügelsamenplasma.)** J. Reproduct. Fertility 4 (1962) Nr. 1. S. 7-12. — 1 Tab., 10 Lit.
Durch Anwendung der Papierchromatographie konnten im Samenplasma von 5 Rhodeländerhähnen verschiedene Aminosäuren nachgewiesen werden. Vorherrschend ist die Glutaminsäure. Ferner sind leicht nachweisbar Alanin, Glycin, Prolin, Serin, Threonin, Taurin und Asparagin. Eine Lösung mit einem Gemisch von Aminosäuren soll als Verdünnungsmittel nur einen geringen Abfall der Befruchtungsrate hervorrufen. H. Pingel. 1887.

Rothschild; Cambridge, Univ., Dep. of Zool. Anaerobic heat production and fructolysis of bull spermatozoa at different temperatures. **(Anaerobe Wärmeproduktion und Fruktolyse von Bullenspermien bei verschiedenen Tem-**

peraturen.) J. exp. Biology **39** (1962) Nr. 3. S. 387-394. – 2 Abb., 5 Tab., 9 Lit.

Die Messungen erfolgten bei Temperaturen von 37 °, 27°, 17° und 7 °C. Die durchschnittl. Temperaturkoeffizienten der Wärmeproduktion (Inkubationszeit 90 Min.) waren 4,07 (zwischen 37° und 27 °C); 3,23 (27° und 17°) und 8,92 (17° und 7°). Die entspr. Temperaturkoeffizienten der Fruktolyse betrugen 3,00 und 3,15. Die Unterschiede zwischen den verglichenen Werten sind statistisch nicht signifikant. H. Cziharz. 1887.

Tampion, D. und Gibbons, R. A.; Shinfield, Nat. Inst. for Res. in Dairying. Effect of mucus on the swimming-rate of sperms. **(Einfluß von Schleim auf die Wanderungsgeschwindigkeit von Spermien.)** Nature [London] **196** (1962) Nr. 4851. S. 290. – 6 Lit.

Es wurde früher festgestellt (vgl. Nature [London] **194** [1962] Nr. 4829. S.695.), daß die Wanderungsgeschwindigkeit von Bullenspermien (in vitro) in Schleim aus dem Gebärmutterhals wesentlich geringer ist als in physiol. Kochsalzlösung. Untersuchungen mit fraktioniertem Oestrus-Schleim lassen jetzt den Schluß zu, daß hierfür weder der höhere pH-Wert, noch die Anwesenheit löslicher Hemmstoffe, sondern vielmehr die hohe Viskosität des Schleims verantwortlich ist. Letztere wird durch sehr große elastische Polysaccharid- und Protein-Moleküle verursacht. H. Cziharz. 1887.

Choong, C. H. und Wales, R. G.; Sydney, Univ., Dep. of Veterin. Physiol. The effect of cold shock on spermatozoa. **(Kälteschock-Wirkung auf Spermien.)** Austral. J. biol. Sci. **15** (1962) Nr. 3. S. 543-551. – 6 Tab., 21 Lit.

Suspensionen von Bullen- und Schafbockspermien wurden innerhalb von 3 Min. auf 0 °C abgekühlt. Bullenspermien, die diese Behandlung überlebten, waren erneuten schnellen Abkühlungen gegenüber weniger empfindlich. Verdünnte Suspensionen von Bullenspermien reagierten auf Kälteschock empfindlicher als konzentriertere Proben. Proteine (1–2%) und Magermilch verhinderten teilweise den Kälteschock-Einfluß. Die günstige Wirkung der Milch während der schnellen Abkühlung ist wahrscheinlich auf ihren Proteingehalt zurückzuführen. Es wird angenommen, daß die extrazellulären Eiweiße auf die durch Kälteschock veränderten Zellmembranen einwirken und den Verlust intrazellulärer Substanzen (Ionen u. a.) verhindern. H. Cziharz. 1887.

Wilcox, F. H. und Clark, R. G.; Univ. of Maryland, Dep. of Poultry Husbandy. Semen dilution during storage and washing. **(Verdünnung des Spermas während der Aufbewahrung und des Waschens.)** Poultry Sci. **41** (1962) Nr. 4. S. 1091-1096. – 1 Abb., 6 Tab., 11 Lit.

Mischsperma wurde in verschiedenen Raten verdünnt und in mit Gummistopfen verschlossenen Röhren im dunklen Raum bei +2 °C aufbewahrt. Nach 2- bis 3tägiger Aufbewahrung wurde das mit Natriumphosphatpuffer verdünnte Sperma zentrifugiert. Das Waschen und die Wiederverdünnung auf das normale Volumen erfolgte mit Lakescher Lösung oder ebenfalls mit Natriumphosphatpuffer. Die optimale Verdünnungsrate für die Aufbewahrung liegt zwischen 1:2 und 1:4, die optimale Verdünnungsrate beim Waschen des Spermas liegt bei 1:4. Eine günstige Auswirkung hat der Zusatz von 50 g Oxytetracyclin, 200 g Dimetylbenzimidazol und 983 g Dihydrostreptomycin zum Natriumphosphatpuffer. Die Überprüfung verschiedener Komponenten als reversible Inhibitoren zur Erhöhung der Befruchtung verlief negativ. H. Pingel. 1891.

Bartlett, jun., F. D. und Demark, N. L. van; Urbana, Univ. of Illinois, Dep. of Dairy Sci. Effect of temperature on the survival of bovine spermatozoa stored in carbonated diluents. **(Der Einfluß der Temperatur auf die Le-**

bensdauer von Rinderspermatozoen bei Aufbewahrung in CO_2-haltigen Verdünnern.) J. Dairy Sci. **45** (1962) Nr. 3. S. 368–374. – 1 Abb., 4 Tab., 18 Lit.
Es wurden 3 Versuchsreihen zur Klärung folgender Probleme durchgeführt: Einfluß der Lagerungstemperatur (5; 15,5; 26,5 und 37 °C); Wechselwirkungen zwischen Temperatur und Art des Verdünners; Einfluß gleichmäßig schwankender Temperaturen. – Die beste Lagertemperatur war die bei 5 °C. Bei 37 °C waren die Spermien bereits nach 4 Tagen restlos abgestorben. Enthielt der Verdünner jedoch kein Eigelb, erwies sich die Aufbewahrung bei 26,5 °C als besser. I. allg. wurden die besten Ergebnisse bei einem Gehalt von 10 und 20% Eigelb erzielt. Ein erhöhter Gehalt an Glucose hatte bes. bei höheren Temperaturen eine längere Lebensfähigkeit des Spermas zur Folge. Die günstigsten Resultate ergaben sich bei einem Zusatz von 0,067 M Glucose. Schwankte die Temperatur in Abständen von 12 Std. zwischen 5 und 26,5 °C, so wurden beim Vergleich dreier verschiedener Verdünner die besten Ergebnisse mit dem IVT-Substrat erzielt, jedoch wurde bei wechselnden Temperaturen eine allg. schlechtere Lebensfähigkeit beobachtet.
K.-H. Heinrich. 1891.

Bartlett jun., F. D. und Demark, N. L. van; Urbana, Univ. of Illinois, Dep. of Dairy Sci. Effect of diluent composition on survival and fertility of bovine spermatozoa stored in carbonated diluents. **(Der Einfluß der Zusammensetzung des Verdünners auf die Lebens- und Befruchtungsfähigkeit von Rinderspermatozoen bei Aufbewahrung mit CO_2-Zusatz.)** J. Dairy Sci. **45** (1962) Nr. 3. S. 360–367. – 1 Abb., 4 Tab., 19 Lit.
Die Zusammensetzung des Illini-Variable-Temperature-Verdünners (IVT-Verdünner) wurde verändert, um für jeden Bestandteil die Konzentration zu finden, die eine optimale Lebensfähigkeit des Spermas ergibt. Dabei hatte die Veränderung der Konzentration von Kaliumchlorid und Sulfanilamid keinen wesentlichen Einfluß. Eine Verbesserung der Lebensfähigkeit wurde durch Erhöhung der Glucosekonzentration von 0,017 M auf 0,067 M erreicht. Bei Verdünnern mit 5; 10 und 20% Eigelbanteil ergaben sich bei Lagerung mit 26,5 °C keine Unterschiede, während bei 5 °C ein Anteil von 20% Eigelb eine längere Lebensdauer bewirkte. Der Zusatz von Katalase erhöhte die Lebensdauer bes. dann, wenn sie in Verbindung mit einem höheren Anteil von Eigelb und Glucose zur Anwendung kam. Stärkere Natriumbicarbonat-Konzentration verbesserte ebenfalls die Lebensfähigkeit der Spermien. Bei einem Gehalt von 0,10 M Natriumbicarbonat, 0,067 M Glucose und 15% Eigelb sowie unter CO_2-Zusatz wurden 47% lebende Spermien nach 60 Tagen (Lagerung bei 5 °C) gefunden. Weiterhin wurde die Befruchtungsfähigkeit des Spermas in 2 unterschiedlich zusammengesetzten IVT-Verdünnern mit einem Eigelb-Citrat-Milch-Verdünner verglichen. Hierbei ergaben sich keine signifikanten Unterschiede, jedoch war die Befruchtungsfähigkeit der IVT-Verdünner besser als in einem im Jahre 1957 mit dem Original-IVT-Verdünner durchgeführten Versuch. – Die Untersuchungen zur Lebens- bzw. Befruchtungsfähigkeit des Spermas wurden nicht mit dem gleichen Bullenmaterial durchgeführt. In jedem Falle jedoch wurde der Samen etwa 1 Std. vor dem Verdünnen gewonnen. – Die genaue Zusammensetzung von 8 verschiedenen Verdünnern ist in Tab. angegeben. Es wird ausführlich über die Zusammenstellung der Einzelkomponenten bis zur fertigen Spermaampulle und deren Aufbewahrung berichtet. K.-H. Heinrich. 1891.

Almquist, J. O.; Pennsylvania State Univ., Dairy Breeding Res. Center, Dep. of Dairy Sci. Diluents for bovine semen. XI. Effect of glycerol on fertility and motility of spermatozoa in homogenized milk and skimmilk. **(Verdünner für Bullensperma. 11. Mitt. Einfluß von Glycerin auf Fruchtbarkeit und Beweglichkeit von Spermien in homogenisierter Milch und Mager-**

milch) J. Dairy Sci. **45** (1962) Nr. 7. S. 911-916. – 5 Tab., 13 Lit. 10. Mitt. vgl. LZ. Abt. III **8** (1963) Nr. 3. S. 466.

10–13% Glycerin im Magermilch-Verdünner erhöhte die Zahl der lebenden Spermien nach 14tägiger Lagerung bei 5 °C ($P < 0{,}01$) und verhinderte die sonst am 4.–6. Tag der Lagerung eintretende starke Bewegungsverminderung. Mit Glycerinmengen von 16–25% konnte keine signifikante Verlängerung der Lebensdauer erzielt werden. Die Fruchtbarkeit der Spermien (21676 Besamungen) konnte bei beiden Milch-Verdünnern durch Zugabe von 10% Glycerin signifikant erhöht werden. Die Erhöhung betrug je nach Aufbewahrungsdauer der Spermien (2; 3 und 4 Tage) 7,4; 12,2 und 19,5%.
H. Ciharz. 1891.

Almquist, J. O. und Wickersham, E. W.; University Park, Pennsylvania State Univ., Dep. of Dairy Sci., Dairy Breeding Res. Center. Diluents for bovine semen. XII. Fertility and motility of spermatozoa in skimmilk with various levels of glycerol and methods of glycerolization. **(Verdünner für Bullensperma. 12. Mitt. Spermienfertilität und -beweglichkeit in Magermilch bei nach verschiedenen Methoden zugesetzten unterschiedlichen Glycerinmengen.)** J. Dairy Sci. **45** (1962) Nr. 6. S. 782-787. – 4 Tab., 16 Lit. 11. Mitt. vgl. vorst. Ref.

Bei der vergleichenden Prüfung verschiedener Magermilch(10 Min. auf 92 bis 95 °C im Wasserbad erhitzt)-Glycerinverdünnungen für Bullensperma wurden folgende Ergebnisse erzielt: Die beste Beweglichkeit resultierte aus einem Glycerinzusatz von 5%, wobei die Zweitverdünnung mit der die doppelte Glycerinendkonzentration enthaltenden Magermilch in 3 Stufen bei 5 °C erfolgte. Direkte Zugabe des Spermas zum Glycerinverdünner wirkte sich ebenso ungünstig auf das Spermienüberleben über 14 Tage aus wie ein Glycerinzusatz bei Zimmertemperatur. Während die Lebensfähigkeit der Spermien mit abnehmender Glycerinkonzentration (von 20 auf 5%) unabhängig von der Art der Zugabe anstieg, bestand in der mit dem Sperma erzielten Fruchtbarkeit (9606 Erstbesamungen mit 1-4 Tage altem Sperma) kein gesicherter Unterschied zwischen Glycerinkonzentrationen von 5 und 10%. Einzelheiten sind dem Orig. zu entnehmen. F. Döcke. 1891.

Radev, G., Lalkov, E. und Dojčeva, M. (Radew, G., Lalkow, E. und Dojtschewa, M.); Sofia, Höheres Landwirtsch. Inst. „Georgi Dimitrow", Zootechn. Fak., Lehrstuhl für Geburtshilfe und Künstl. Besam. Landwirtsch. Nutztiere. Proučvanija vŭrchu oploditelnata sposobnost na sperma ot bici v zavisimost ot srokovete na sŭchranenietò í pri 0 do 5°. **(Untersuchungen über die Befruchtungsfähigkeit des Bullenspermas in Abhängigkeit von seiner Aufbewahrungsdauer bei 0-5 °C.)** Naučni trudove. Visš selskostopanski institut „Georgi Dimitrov". Zootechničeski fakultet, Sofija 11 (1962) S. 335-339. 1 Tab., 5 Lit. Zus. in Russ., Dtsch.

Vff. befassen sich eingehend mit den qualitativen Spermaeigenschaften bei seiner Aufbewahrung und verfolgten außerdem die Befruchtungsfähigkeit des unterschiedlich lange bei Temperaturen von 0-5 °C aufbewahrten Spermas. Es wurden Versuche an 10 Bullen des Sofioter Braunviehs angestellt und dabei 620 Ejakulate untersucht. Als Spermaverdünner diente Eidotter-Glucose-Citrat-Verdünner. Vff. stellten fest, daß die Zahl der unbeweglichen Spermien nach 24stündiger Aufbewahrung 27,8% und nach 48stündiger 36,04% beträgt. Bei kürzerer Aufbewahrungsdauer war die Befruchtungsähigkeit entspr. höher. N. Iwanow. 1892.

Jenichen, W., Schäfer, W. und Dexheimer, J.; Schönow bei Bernau, Inst. für Künstl. Besam. **Tierärztliche Trächtigkeitsdiagnose und Stallanalyse in der künstlichen Besamung. 2. Mitt.** Tierzucht **15** (1961) Nr. 2. S. 54 bis 56. – 3 Tab., 2 Lit. 1. Mitt. vgl. LZ. Abt. III **7** (1962) Nr. 1. S. 38.

1959 wurden von Mitarbeitern des Inst. für KB Stallanalysen in 10 Orten des Harzgebietes durchgeführt und damit 34,7% der von der Besamungsstation Hänichen des Inst. für Tierzuchtforschung Dummerstorf im Jahre 1958 besamten Tiere erfaßt. Da gleichzeitig 34,2% der besamten Tiere tierärztlich auf Trächtigkeit untersucht wurden, wird das Stallanalysenergebnis als „repräsentativ" für den Besamungserfolg der Station angesehen. Während der durchschnittl. Besamungserfolg der Station an Hand tierärztlicher Trächtigkeitsuntersuchungen mit 82-84% erzielter Trächtigkeit angegeben wird, weist das Ergebnis der Stallanalyse eine Gesamtträchtigkeit von 96,2% bei 1328 gesunden erfaßten Tieren auf. Es wurde ein Ansteigen des Besamungserfolges von der I. (63,3%) über die II. (68,9%) zur III. Besamung (78,1%) festgestellt. Der Besamungsindex von 1,52 weist auf die gute Arbeit der Station und die erfolgreiche Sterilitätsbekämpfung hin. G. Koriath. 1897.

Kan, J.; Vayetteville, Univ. of Arkansas, Dep. of Animal and Veterin. Sci. The fertilizing capacity of diluted chicken semen. **(Befruchtungsfähigkeit von verdünntem Hahnensperma.)** Poultry Sci. **41** (1962) Nr. 4. S. 1186 bis 1189. — 2 Tab., 11 Lit.
In einem faktoriellen Versuch wurde die einmalige mit der 2maligen Besamung und die Verdünnung mit Tyrodelösung im Verhältnis 1:3, 1:15 und 1:31 gegenüber unverdünntem Sperma verglichen. Zwischen Häufigkeit der Besamung und unverdünntem bzw. im Verhältnis 1:3 verdünntem Sperma bestand hinsichtlich der Befruchtungsrate eine deutliche Wechselwirkung, denn die Erhöhung der Befruchtungsrate war bei 2maliger Besamung in der Woche mit unverdünntem und mit im Verhältnis 1:3 verdünntem Sperma deutlicher als bei stark verdünntem Sperma. Die Befruchtung nahm mit zunehmender Verdünnung ab. Bedenkt man aber, daß je Besamungsdosis bei unverdünntem Sperma ca. 340 Mill. Spermien, bei Verdünnung 1:3 ca. 86 Mill. Spermien und bei Verdünnung 1:15 ca. 21 Mill. Spermien enthalten waren, so ist die Abnahme der Befruchtungsrate unbedeutend.
H. Pingel. 1897.

Maule, J. P., Ed. **The semen of animals and artificial insemination.** Farnham Royal, Bucks., England: Commonwealth Agricultural Bureaux. 1962. (XVIII, 420 S. m. 33 Abb. u. 39 Tab.) 16 × 26 cm. 60 s = Technical Communication No. 15 of the Commonwealth Bureau of Animal Breeding and Genetics, Edinburgh. Unter fast ausschließlicher Berücksichtigung der bis 1959 in den „Animal Breeding Abstracts" referierten Arbeiten wird von 13 Autoren die KB bei den Haustieren abgehandelt. Der 1., von Melrose bearbeitete Teil ist der KB beim Rind gewidmet und in die Kapitel: Allgemeines: Behandlung, Selektion und Nutzung der Bullen; Spermaproduktion und -gewinnung; Spermabeurteilung; Biochemie, Biophysik und Stoffwechsel des Spermas; Spermaverdünnung; Spermakonservierung und -transport; Antibiotica; Tiefkühlung und Lyophilisation sowie Spermaübertragung und Beeinflussung der Fruchtbarkeit unterteilt. Der 2. Teil beschäftigt sich mit der KB bei anderen Tieren. Bhattacharya behandelt den Büffel, Emmens und Robinson das Schaf, Blockhuis die Ziege, Rowson das Schwein, Swire das Pferd sowie Maultier und Maulesel, Harrop den Hund, Adams die Nagetiere und Lake das Geflügel. Der 3. Teil des Buches umfaßt die Entwicklung der KB in den Tropen (Rollinson, Nunn und Bhattacharya) und den Spermaexport (Smith). Jedem Kapitel ist ein Literaturverzeichnis beigegeben. Ein Autoren- und Sachregister erleichtern den Gebrauch des Buches. F. Döcke. 1897.

Anonym. **XXV. anno dalla fondazione dello Istituto Sperimentale Italiano „L. Spallanzani" per la fecondazione artificiale.** Milano: Istituto Sperimentale Italiano „L. Spallanzani" per la fecondazione artificiale. 1962. (627 S. m. Abb. u. Tab.) 16,5 × 23,5 cm = Zootecnica e Veterinaria la fecondazione artificiale. Band 17. Nr. 5/6. Nach der Aufführung der Grußadressen, die dem Institut „L. Spallanzani" anläßlich seines 25jährigen Bestehens von zahlreichen in- und ausländischen Institutionen und Wissenschaftlern zugingen und die bes. die Verdienste des Wiss. Direktors, Prof. Bonadonna, hervorheben, wird kurz die Entwicklung des Instituts dargestellt. Die 58 Vorträge, die von hervorragenden italienischen und ausländischen Fachgelehrten auf dem wiss. Kongreß gehalten wurden, beschäftigen sich mit Fragen der Fortpflanzungsphysiol. und KB. Sie lassen sich in folgende Rahmenthemen eingliedern: Sexualphysiol. allg. (4), KB allg. (9); Spermaproduktion (3); Biochemie des Spermas (5); Spermakonservierung (8); Fruchtbarkeit und Sterilität (5); Schweinebesamung (2); Physiol. der Genitalorgane (5); Genetik (4); Endokrinologie (3); Sonstiges (10). Das Buch schließt mit einer ausführlichen Übersicht über die wichtigsten Ereignisse aus der Geschichte des Instituts sowie mit einer Titelübersicht der 1324 Arbeiten, die von 1923–61 aus dem Institut veröffentlicht wurden.
F. Döcke. 1897.

Jaśkowski, Lech. **Co daje hodowli sztuczne unasienianie.** (Die Bedeutung der künstlichen Besamung für die Züchtung.) Warszawa: Państw. wyd. rolnicze i leśne. 1962. (67 S.) 8°. (1962 A 1689)
Troickij, Fedor Aleksandrovič. **Akušerstvo, ginekologija i iskusstvennoe osemenenie životnych.** (Geburtshilfe, Gynäkologie und künstliche Besamung der Tiere.) 2. erg. u. verb. Aufl. Moskva: Sel'chozizdat. 1961. (382 S.) 8°. Kop. 81 = Učebniki i učebnye posobija dlja vysšich sel'skochozjajstvennych učebnych zavedenij. (1962 A 872)

E. ZÜCHTUNG

Bogoljubskij, S. N. (Bogoljubski, S. N.); Moskau, Sewerzow-Inst. für Tiermorphol. der Akad. der Wiss. der UdSSR. Problema vozniknovenija, porodnych i produktivnych svojstv ontogeneze sel'skochozjajstvennych životnych. **(Das Problem der Entstehung der Rassen- und Leistungseigenschaften bei landwirtschaftlichen Nutztieren.)** Trudy Instituta morfologii životnych im. A. N. Severcova. Akadmija nauk SSR, Moskva **31** (1960) S. 7-15. – 37 Lit.
Die Leistungseigenschaften sowie andere Domestikationseigenschaften sind entstanden, ohne daß uns die sie bedingenden Faktoren bekannt sind. Auf dieser Grundlage kann man auch an die Klärung der Entstehung auch früher sich gebildeter Eigenschaften herangehen. Die Vorfahreneigenschaften erschweren oft die Entstehung neuer Eigenschaften und ihre erbliche Festigung, so daß ein Kampf mit Rückfallerscheinungen geführt werden muß, der hilft, die gewünschten Anlagen erblich zu festigen. Die Neubildung von Rassen mit bestimmter Leistung ermöglicht, in großen Zügen die Wege der Bildung früher schon existierender Rassen mit analoger Leistung zu erkennen. Es ist erforderlich, vergleichende Untersuchungen der Entwicklung verschiedener Rassen mit gleichen Leistungseigenschaften vorzunehmen. Die Feststellung der produktiven Eigenschaften in der Ontogenese muß eines der wichtigsten Kriterien für die Auswahl der Tiere bei der Züchtung einer Rasse sein. W. Strack. 1915.

Arzumanjan, E. A. (Arsumanjan, Je. A.) Sovremennoe sostojanie i zadači inbridinga v skotovodstve. **(Gegenwärtiger Stand und Aufgaben der Inzucht in der Tierzucht.)** Izvestija Timirjazevskoj sel'skochozjajstvennoj akademii, Moskva **1962** Nr. 1. S. 125-138. – 12 Tab., 7 Lit. Zus. in Engl.
Untersucht wurde der Einfluß der Inzucht auf die Fortpflanzungsfähigkeit, das Exterieur, das Körpergewicht, die Milch- und Milchfettleistung und die Langlebigkeit von Kühen. Ein depressiver Einfluß der Inzucht war bes. auf die Reproduktion und die Langlebigkeit festzustellen. Die ingezüchteten Kühe benötigen 10% Bedeckungen zur Erzielung einer Befruchtung mehr als die nicht ingezüchteten. Das Durchschnittsalter der Inzuchtkühe betrug 7,5 Jahre, das der Fremdzuchtkühe 9 Jahre. Bez. der Produktivität wurde ein negativer Einfluß der Inzucht nur in Herden mittlerer Produktivität, nicht aber in Hochzuchtherden festgestellt, was auf die unterschiedlichen Umweltbedingungen zurückgeführt wird. Auch wurde die Milchleistung stärker beeinflußt als der Milchfettgehalt. Als Maßnahme gegen eine Inzuchtdepression werden Verbesserung von Haltung und Fütterung, rechtzeitige Merzung leistungsschwacher Tiere, geschickte Selektion der Zuchttiere, Blutauffrischung, Spermamischung und Kreuzung genannt. Die Verwendung von Inzuchtbullen erbrachte nur in manchen Fällen einen positiven Effekt. Als zukünftige wichtige Aufgaben werden genannt: 1. Unteruchung der Wirkung der Inzucht auf die Erbanlagen. 2. Untersuchung der Vererbungsstabilität bei In- und Fremdzuchttieren. 3. Untersuchung der Inzuchtwirkung auf reinrassige und Bastardtiere. 4. Wirkung der Inzucht auf Tiere unterschiedlichen Alters. 5. Erforschung der Ursachen der Inzuchtdepression. 6. Untersuchung des Interieurs bei In- und Fremdzuchttieren. 7. Untersuchung der Futterverwertung bei In- und Fremdzuchttieren. 8. Untersuchung des Inzuchteinflusses auf Spezialleistungen, bes. die Fleischleistung. 9. Erforschung der Zwillings-Trächtigkeit bei In- und Fremdzuchtkühen. G. Häßler. 1930.

Barkema, R. M. Heterosis. Achtergronden van een economisch en wetenschappelijk interessant verschijnsel. **(Heterosis. Hintergründe einer ökonomisch und wissensschaftlich interessanten Erscheinung.)** Tijdschr. Diergeneeskunde 87 (1962) Nr. 13. S. 877-893. – 2 Abb., 1 Tab., 73 Lit. Zus. in Engl., Franz., Dtsch.

Nach einer geschichtlichen Übersicht klärt Vf. die Begriffe Heterosis und Heterosis-Effekt und geht dann auf die Theorien über den genetischen Ursprung ein. Es schließen sich Literaturbesprechungen über Untersuchungen des physiol. Mechanismus an. W. Kuhlmann. 1935.

Portnova, M. S. (Portnowa, M. S.) Zaležnist' moločnoï produktyvnosti koriv vid ïch konstytucional'nych osoblyvostej ta bilkovoï struktury syrovatky krovi. **(Abhängigkeit der Milchleistung der Kühe von ihren konstitutionellen Besonderheiten und der Eiweißstruktur des Blutserums.)** Naukovi praci Zootechničnogo fakul'tetu. Ukraïnśka akademija na sil'śkogospodarskych nauk. Učbova častyna, Kyïv **15** (1961) Nr. 2. S. 10-16. – 6 Tab., 8 Lit. Orig.: ukrain., Ausz.: russ.

An 189 Simmentalern und 52 Weißköpfigen Ukrainischen Rindern wurden Lgw., Milchleistung, Milchfettgehalt, Körperbau, allg. Eiweißmenge, Wechselbeziehungen der verschiedenen Eiweißfraktionen im Blutserum und Futter- und Haltungsbedingungen untersucht. Festgestellt wurden Abhängigkeiten zwischen Milchproduktivität der Kühe verschiedener Rassen und konstitutioneller Verschiedenheiten, ihre Eiweißstruktur des Blutserums. Mit Vergrößerung der Eiweißmenge im Blutserum, bes. der Vorschwellen- und Gamma-Globulinfraktionen, wächst auch der Milchertrag. Milchertragsreicher sind Kühe von zartem, festem und breitem Körpertyp. Feste und breite Kühe zeichnen sich durch höheren Eiweißgehalt im Blutserum aus. Verringerung der Gesamtmenge an Eiweiß, bes. der Globulinfraktion und Vergrößerung der Albuminmenge im Blutserum ist im entscheidenden Maße mit der Entwicklung der Trächtigkeit verbunden. K. Neumann. 1940.

Svječyn, Ju. K. (Swjetschyn, Ju. K.) Produktyvnist' svynej riznych konstytucional'nych typiv. **(Die Leistungen von Schweinen verschiedener Konstitutions-Typen.)** Naukovi praci Zootechničnogo fakul'tetu. Ukraïnśka akademija na sil'śkogospodarskych nauk. Učbova častyna, Kyïv **15** (1961) Nr. 2. S. 17-22. – 6 Tab., 9 Lit. Orig.: ukrain., Ausz.: russ.

Vf. berichtet von Versuchen an 155 Schweinen der Großen Weißen Rasse und ihren Kreuzungsprodukten. Die Tiere wurden visuell und nach der Methode der Modellabweichungen von Kolesnik in die Konstitutionstypen (K. T.) grob-fest, grob-locker, zart-fest und zart-locker eingeteilt und dann auf ihre Leistungen hin untersucht. Die Wachstumsintensität war unterschiedlich. Am schnellwüchsigsten erwiesen sich die lockeren K. T. Sauen vom zart-lockeren K. T. beendeten Wachstum und Entwicklung 6 Mon. früher als die Tiere vom grob-festen K. T. Schweine vom zart-lockeren K. T. erreichten das Gewicht von 90 kg 37 Tage früher als die vom grob-festen K. T. Fleisch- und Speckausbeute war beim zart-lockeren K. T. größer als beim entgegengesetzten K. T., ihr Fleisch war dünnfaseriger. Bei der Untersuchung der Fruchtbarkeit an Sauen der Großen Weißen Rasse, die im gleichen Alter vom gleichen Eber gedeckt waren, erwiesen sich die Sauen vom zart-festen K. T. als fruchtbarer. K. Neumann. 1940.

Burda, František. **Základy chovu hospodárských zvierat.** (Grundlagen der Zucht landwirtschaftlicher Nutztiere.) Bratislava: Slov. vyd. pôdohospod. lit. 1962. (329 S.) 8° = Pol'nohospodárske učebnice. Sv. 488. (SR 2720, 488)

Mácha, Josef u. a. **Kontrola užitkovosti a její plemenářské využití.** (Die Leistungskontrolle und ihre züchterische Auswertung.) Praha: Státní zeměd. naklad. 1962. (157 S.) 8° = Knihovnička 3. pětiletky. Bd. 20. (SR 2758, 20)

F. WACHSTUM UND ENTWICKLUNG

Walker, D. E.; Hamilton, Ruakura Animal Res. Stat., Dep. of Agric. A study of the growth and development of Jersey cattle. I. A new carcass dissection technique. **(Eine Untersuchung über Wachstum und Entwicklung des Jersey-Rindes. 1. Mitt. Eine neue Fleischzerlegungsmethode.)** New Zealand J. agric. Res. **4** (1961) Nr. 1/2. S. 99–122. – 21 Abb., 6 Lit.

Während früher nur bei kleineren Versuchstieren, wie Schafen, Schweinen usw. eine vollständige Zerlegung erfolgte, wurde bei Rindern oft nur ein Teilstück bewertet. Um auch hier Zufälligkeiten auszuschalten, wird in dieser Arbeit eine entspr. Zerlegungsmethode für Rinder anschaulich mitgeteilt. Diese als Laborverfahren zu bezeichnende Methode ist aber sehr arbeitsaufwendig, denn 3 geübte Personen benötigen 14–16 Std., um eine 2jährige Färse entspr. zu zerlegen. Auch der gesamte Ablauf der Zerlegung der jeweils nur rechten Schlachthälfte wird eingehend geschildert. Der Zerteilung vor der Kühlung wird der Vorrang eingeräumt. – Diese Methode ist ein Beitrag zur Erarbeitung von Indizes, welche künftig die vollständige Zerlegung der Schlachthälften erübrigen sollen. O. Siegl. 2110.

Tanev, I. und Chinkovski, C. (Tanew, I. und Chinkowski, Z.) Rastež i razvitie na jaretata ot novata bŭlgarska bjala mlečna koza. **(Wachstum und Entwicklung der Lämmer der neuen Bulgarischen Weißen Milchziege.)** Izvestija na Centralnija naučnoizsledovatelski institut po životnovŭdstvo „Georgi Dimitrov" – Kostinbrod, Sofija **14** (1962) S. 141–154. – 7 Tab., 7 Lit. Zus. in Russ., Dtsch.

Bei guter Fütterung und Pflege zeigten Lebendgewicht und Körpermaße der Zwillingslämmer von der durch Kombinationskreuzung (Landziege + Saanenschlag) herausgezüchteten Bulgarischen Weißen Milchziege folgende Werte (die Angaben in Klammern beziehen sich auf die Bocklämmer): Geburtsgewicht 3,220 (3,700) kg, Lgw. mit 6 Mon. 25,200 (35,100) kg, mit 11 Mon. 30,800 (41,800) kg; Widerristhöhe bei der Geburt 34,8 (36,4), mit 6 Mon. 61,6 (66,8), mit 11 Mon. 67,1 (72,7) cm; Rumpflänge – entspr. – 30,5 (31,8), 62,2 (68,2) und 68,4 (74,6) cm; Brusttiefe 10,5 (11,1), 23,2 (25,0) und 25,8 (29,4) cm; Brustbreite 6,2 (6,6), 12,4 (14,1) und 14,9 (15,8) cm; Brustumfang 34,1 (34,5), 66,7 (73,9) und 73,8 (80,4) cm; Röhrbeinumfang 5,4 (5,8), 7,4 (8,6) und 7,9 (9,2) cm. Der Artikel enthält ausführliche Angaben über das Lebendgewicht und die Körpermaße (außer den bereits angegebenen, über 5 weitere Körpermaße) der Einlings-, Zwillings-, Drillings- und Vierlingslämmer nach Mon. von der Geburt bis zum 11. Mon. N. Platikanow. 2110.

Šapovalov, Ja. Ja. (Schapowalow, Ja. Ja.); Zootechn. Stat. der Landwirtsch. Timirjasew-Akad. Sravnitel'noe izučenie rosta i razvitija molodnjaka russkich belych i jubilejnych kur. **(Vergleichendes Studium des Wachstums und der Entwicklung von Jungtieren Russischer Weißer und Kutschinoer Jubiläum.)** Trudy Instituta morfologii životnych im. A. N. Severcova. Akademija nauk SSSR, Moskva **31** (1960) S. 204–214. – 12 Tab.

Das Lebendgewicht bei der Aufzucht verschiedener Geflügelrassen ist bei gleichen Lebensbedingungen von der Rassenbesonderheit abhängig. Die Wachstumsgeschwindigkeit ändert sich in einem bestimmten Rhythmus. Durch Anpassung der Ernährung an die einzelnen Entwicklungsperioden kann das Lgw. beeinflußt werden, wodurch die Wachstumsdauer zum Vorteil der Geflügelhalter verkürzt wird. Dem Körperbau nach unterscheiden sich Eintagsküken verschiedener Züchtungsgruppen wenig. Die Unterschiede vergrößern sich mit dem Wachstum, und im Alter von 6 Mon. bilden sich die Merkmale der einzelnen Gruppen verschiedener Geflügelrassen heraus. Vf. erläutert den Einfluß der verschiedenen Haltungsarten durch die Art der Ernährung. Die äußeren Merkmale sind eng mit dem Entwicklungszustand innerer Organe verknüpft. Die Entwicklung des Kammes z. B. hängt vom

Entwicklungszustand der Hoden und der Samenstränge ab. Durch die Entwicklungsmerkmale ist es möglich, schnellreife Hähne von Weißen Leghorn oder Russischen Weißen im Alter von 1 Mon. auszusondern, während diese Maßnahme bei den Kutschinoer Jubiläum erst nach 2 Mon. möglich ist. Diese Eigenschaften können schnell durch entspr. Ernährung und Auslese gefördert werden. Die Kenntnis der phylogenetischen und ontogenetischen Geflügelentwicklung sowie der Faktoren, die auf Wachstum und Entwicklung Einfluß haben, gestattet im bekannten Maße eine entspr. Beeinflussung der gewünschten Züchtungsmerkmale. M. Achmedowa. 2110.

Savčuk, D. I. (Sawtschuk, D. I.) Osoblyvosti rostu i rozvytku svynej zaležno vid rivnja godivli v rizni vikovi periody. **(Besonderheiten von Wachstum und Entwicklung der Schweine in Abhängigkeit vom Fütterungsniveau auf verschiedenen Altersstufen.)** Naukovi praci Zootechničnogo fakul'tetu. Ukraïnśka akademija na sil'škogospodarskych nauk. Učbova častyna, Kyïv **15** (1961) Nr. 2. S. 69—76. — 2 Abb., 6 Tab., 5 Lit. Orig.: ukrain., Ausz.: russ.
Vf. untersuchte an 56 Schweinen in 6 Gruppen den Einfluß reduzierter Futterrationen in verschiedenen Altersstufen auf Wachstum, Entwicklung, Körperbau, Schnellwüchsigkeit und Futterverwertung. Bei ausreichender Ernährung zeigten die Versuchstiere in den ersten 15 Tagen ein höheres Wachstum als die Kontrolltiere. Nachfolgende reichliche Ernährung konnte bei kastrierten Ebern bis zum 7. Mon. und bei Schweinen bis zum 8. Mon. nicht die teilweise Entwicklungs- und Wachstumsbehinderung kompensieren, mit Ausnahme der Körperlänge bei einigen Schweinen. Auf den Lebendgewichtszuwachs bis zu 100 kg war der Futteraufwand höher als in der Kontrollgruppe. Die Schweine der Versuchsgruppen wiesen eine verzögerte Geschlechtsentwicklung auf. K. Neumann. 2120.

Kudrjavcev, A. A., Zacharova, F. V. und Andreev, M. M. (Kudrjawzew, A. A., Sacharowa, F. W. und Andrejew, M. N.); Kusminki, Gebiet Moskau, Unions-Inst. für Exp. Veterinärmed., Lab. für Normale und Pathol. Physiol. Dejstvie malych doz radioaktivnogo fosfora (P^{32}) na rost i razvitie svinej. **(Die Wirkung geringer Dosen radioaktiven Phosphors [^{32}P] auf Wachstum und Entwicklung der Schweine.)** Trudy Vsesojuznogo instituta ėksperimental'noj veterinarii, Moskva **26** (1962) S. 183—187. — 2 Tab.
Je 10 Jungschweine im Alter von 4 Mon. erhielten 2mal 1 Mon. mit einer 15tägigen Pause tägl. 0,1 (Gr. I) bzw. 0,5 μc/kg ^{32}P (Gr. II). Eine dritte Gruppe, welche normales Natriumphosphat erhielt, diente als Kontrollgruppe (Gr. III). Für alle Tiere herrschten während des Versuchs einheitliche Haltungs- und Fütterungsbedingungen. Die Tiere aller Gruppen, bes. die der Gr. II, wiesen sehr gute Zunahmen auf (736—1043 g). Nur während der 15tägigen Pause gingen die Zunahmen zurück. Eine Verfütterung von 0,5 μc radioaktiven Phosphors für die Dauer von 2 Mon. führt zu einer Erhöhung der Wachstumsintensität bei Absatzferkeln. G. Häßler. 2120.

Konjuchov, B. V. (Konjuchow, B. W.); Moskau, Inst. für Exp. Biol. der Akad. der Med. Wiss. der UdSSR. K voprosu o kritičeskich periodach razvitija. **(Zur Frage der kritischen Perioden der Entwicklung.)** Trudy Instituta morfologii životnych im. A. N. Severcova. Akademija nauk SSSR, Moskva **31** (1960) S. 60—62. — 1 Abb., 8 Lit.
Auf Grund von Untersuchungen an Geweben von Enten und Hühnern haben Vff. festgestellt, daß die morphol.-physiol. Qualitätsunterschiede der Gewebe und Organe in den verschiedenen Etappen der Embryogenese bedingt wurden durch den stadienmäßig unterschiedlichen Typ der Eiweißbiosynthese. Die Perioden der embryonalen Entwicklung, in denen die Änderung der Eiweißbiosynthese erfolgt, fällt zeitmäßig mit der Etappe der beschleunigten Differenzierung und erhöhten Empfindlichkeit der Embryonen zu den Faktoren der äußeren Umgebung zusammen. W. Strack. 2120.

G. ÖKOLOGIE EINSCHLIESSLICH HALTUNG UND PFLEGE

Popov, A. A. (Popow, A. A.); Ukrain. Forsch.-Inst. für Geflügelzucht. Mikroklimat v ptičnikach s glubokoj podstilkoj. **(Mikroklima in Geflügelställen mit Tiefstreu.)** Veterinarija, Moskva **39** (1962) Nr. 2. S. 71–72.
In einem einjährigen Versuch wurde der Einfluß von Tiefstreu aus verschiedenem Streumaterial auf das Mikroklima in schmalen Geflügelställen untersucht. Im Abteil mit Tiefstreu aus zerkleinerten Maisspindeln war die Temperatur im Winter am höchsten und im Sommer am niedrigsten. Im Sommer wird die Tiefstreu trockener (13–18% Feuchtigkeit) gegenüber dem Winter (25–36% Feuchtigkeit), und die wärmebildenden biol. Prozesse werden verlangsamt. Die Tiefstreu wirkt als Feuchtigkeitsregulator der Luft, indem sie Feuchtigkeit aufnimmt und abgibt, entspr. dem Feuchtigkeitsgehalt der Luft. Häckselstrohtiefstreu hatte die ungünstigste Wirkung auf CO_2- und NH_3-Gehalt der Luft, dieser überstieg jedoch nicht 0,3 bzw. 0,001%. Die geringste Legeleistung war im Abteil mit Sägespänetiefstreu zu verzeichnen.
A. Pingel. 2165.

Šachnova, L. V. (Schachnowa, L. W.); Sagorsk, Gebiet Moskau, Unions-Forsch.-Inst. für Geflügelzucht, Abt. für Zücht. Vlijanie teplo-vlažnogo klimata na rost i nekotorye fiziologičeskie pokazateli molodnjaka zagorskoj porodnoj gruppy kur. **(Der Einfluß des feuchtwarmen Klimas auf den Wuchs und einige physiologische Merkmale der Junghühner aus der Rassengruppe Sagorsk.)** Trudy Vsesojuznogo naučno-issledovatel'skogo instituta pticevodstva, Moskva **27** (1961) S. 78-83. – 3 Abb., 3 Tab., 5 Lit.
An zwei Gruppen zu je 10 Tieren wurde die Wirkung eines feucht-warmen Klimas, hervorgerufen in der Klimakammer nach Weiß, mit dem gemäßigten Klima bei gewöhnlichen Bedingungen im Aufzuchtstall verglichen. In der Klimakammer betrug die Temperatur am Tage +35 °C, nachts +25 °C und die rel. Feuchtigkeit 80-90%. Im Aufzuchtstall wurde die Temperatur von 29 °C allmählich auf 18-20 °C gesenkt, und die rel. Luftfeuchtigkeit schwankte zwischen 60 und 80%. Die Versuchstiere in der Klimakammer hatten eine höhere Atemfrequenz, lagen viel herum und breiteten die Flügel aus. Die Gewichtsentwicklung verlief in beiden Gruppen gleich. Der Hb-Gehalt des Blutes der Versuchstiere war niedriger. Auch die Körpertemperatur dieser Tiere war vom 30. Lebenstag an niedriger. H. Pingel. 2165.

Anonym. **Legetätigkeit und Beleuchtung.** Dtsch. landwirtsch. Presse **85** (1962) Nr. 38. S. 392. – 1 Abb.
Vf. geht auf den positiven Einfluß der künstlichen Zusatzbeleuchtung als Mittel zur Steigerung der Legeleistung ein. 2170.

Lowe, Richard W. und Heywang, Burt W. Effect of additional light during growing period on egg production of October hatched White Leghorn pullets. **(Der Einfluß zusätzlicher Beleuchtung während des Wachstums auf die Eiproduktion von im Oktober geschlüpften Weißen Leghorn.)** Poultry Sci. **40** (1961) Nr. 1. S. 177-180. 2170.

Kondra, P. A. The effect of colored light on growth and feed efficiency of chicks and poults. **(Der Einfluß von farbigem Licht auf Wachstum und Futterverwertung bei Hühner- und Putenküken.)** Poultry Sci. **40** (1961) Nr. 1. S. 268-269. 2170.

Flak, Władysław und Czarnocki, Jan; Olsztyn, Katedra Hodowli Ogólnej Zwierząt Użytkowych. Badania nad rozkładem topograficznym oraz zmianami temperatury skóry u świń wielkich białych i puławskich. **(Untersuchung über die topographische Verteilung und die Schwankungen der Haupttemperatur von Schweinen der Großen Weißen und der Puławy-Rasse.)** Zeszyty naukowe wyższej Szkoły rolniczej Olsztynie **12** (1962) S. 89-99. – 2 Abb., 2 Tab., 10 Lit. Zus. in Russ., Engl.

Bei Schweinen der großen Weißen und der Puławy-Rasse (jeweils 2 Stck.) wurde bei einer Umwelttemperatur von 19,4 °C und einer rel. Luftfeuchtigkeit von 82% an verschiedenen Körperstellen die Hauttemperatur gemessen. Weitere Messungen erfolgten an denselben Stellen bei Umwelttemperaturen von −3,5 °C bis +33,2 °C. Dabei wurde festgestellt, daß die einzelnen Hautpartien bei der Wärmeregulierung eine unterschiedliche Rolle spielen und daß die Schweine der Puławy-Rasse hohe Temperaturen besser vertrugen als Schweine der Großen Weißen Rasse. P. Poczopko. 2180.

Adams, R. L., Andrews, F. N., Gardiner, E. E., Fontaine, W. E. und Carrick, C. W.; Lafayette, Ind., Dep. of Poultry Sci.; Purdue Center for Refrigeration Res. and Climate Control. The effects of environmental temperature on the growth and nutritional requirements of the chick. **(Der Einfluß der Umwelttemperatur auf das Wachstum und die Futterverwertung der Küken.)** Poultry Sci. 41 (1962) Nr. 2. S. 588-594. – 4 Tab., 13 Lit.
In 3 Versuchen wurde die Beeinflussung des Kükenwachstums durch eine Umwelttemperatur von 70 °F und 90 °F in dem Entwicklungszeitraum von der 4.-8. Woche und von der 6.-10. Woche studiert. Die höhere Temperatur beeinflußte das Wachstum und die Futteraufnahme negativ. Mit steigendem Energiegehalt der Rationen verbesserte sich die Wachstumsrate und die Futterverwertung in beiden Temperaturgruppen, während allein durch Erhöhung der Eiweiß-Vitamin- und Mineralstoffgaben keine Verbesserung eintrat. Bei Rationen mit steigendem Energie-Eiweiß-Vitamin-Mineralstoffgehalt stieg das Wachstum in der Gruppe mit 90 °F Temperatur vergleichsweise höher als bei 70 °F. Bei weiterer Ergänzung des Futters mit den genannten Nähr- und Wirkstoffen trat in der Gruppe bei 90 °F keine weitere Verbesserung der Leistung ein. E. Urban. 2180.

Campos, A C., Wilcox, F. H. und Shaffner, C. S.; College Park, Md., Univ., Dep. of Poultry Husbandry. The influence of fast and slow drops in ambient temperature on egg production traits. **(Der Einfluß von konstanter und langsam gesenkter Stalltemperaturen auf die Legeleistung.)** Poultry Sci. 41 (1962) Nr. 3. S. 856-865. – 5 Abb., 4 Tab., 11 Lit.
Die Senkung der Temperatur von 88 °F bis auf 32 °F übte einen geringen Einfluß aus. Bei weiterer Senkung bis auf 10 °F ging die Legeleistung wesentlich zurück, die Eischalendicke nahm ebenfalls zeitweilig ab. Während Eigewicht und Haugh-Werte wenig beeinflußt wurden, sanken durch die niedrige Temperatur Futterverbrauch und Körpergewicht. Ein Tier starb infolge der Kälteeinwirkung. Legeleistung, Futterverbrauch und Körpergewicht gingen bei den mittelschweren Rassen weniger zurück als bei den Leghorn, auch traten weniger Frostschäden an den Kämmen auf.
E. Urban. 2180.

Rist, Michael; Zürich. **Eine einfache wärmedämmende Stalldecke.** Bauen auf d. Lande 13 (1962) Nr. 10. S. 264-265. – 3 Abb., 1 Tab.
Aus einer Gegenüberstellung der Materialkosten verschiedener Dämmstoffe bei gleichem Wärmedurchlaßwiderstand von 2,0 m² °C h/kcal ist ersichtlich, daß die preisgünstigste Konstruktion wärmedämmender Stalldecken aus Mineralfaserplatten besteht, die durch gewölbte, 4 mm starke Holzfaserhartplatten getragen werden. Als m²-Preis sind ca. DM 7,60 zu erwarten. Eine zusätzliche Dampfsperre läßt sich durch Kaschieren der inneren Wölbung der Holzfaserhartplatte mit Aluminiumfolie erreichen. Einzelheiten über die Konstruktion verschiedener wärmedämmender Decken mit Holzfaserhartplatten als Trägerschicht werden mitgeteilt. J. Strecke. 2265.

Komarov, N. M., Gromychin, P. S. und Beljajev, A. I. (Komarow, N. M., Gromychin, P. S. und Beljajew, A. I.); Kusminki, Gebiet Moskau, Unions-Inst. für Exp. Veterinärmed., Lab. für Zoohyg. Svobodnoe besstanočnoe soderžanie moločnych korov. **(Die Laufstallhaltung der Milchkühe.)** Trudy Vsesujuznogo instituta èksperimental'noj veterinarii, Moskva **26** (1962) S. 236-249. — 12 Tab.

Im Versuch wurde eine Gruppe von Milchkühen im Laufstall und eine andere Gruppe im Anbindestall gehalten. Die Kühe der Laufstallgruppe nahmen das Futter auf einem kombinierten Auslauf- und Freßplatz durch Selbstfütterung auf. Die Leistungen der Laufstallkühe waren zwar im ersten Jahr der Umstellung geringer, glichen sich aber später denen der Kühe im Anbindestall an. Ein Absinken der Leistung war auch bei sehr niedrigen Temperaturen festzustellen. Insgesamt wird die Laufstallhaltung der Milchkühe im Moskauer Gebiet positiv bewertet, bes. in Verbindung mit der Saugmethode bei der Kälberaufzucht. Abschließend werden wichtige zootechnische Forderungen für eine erfolgreiche Laufstallhaltung der Milchkühe, wie ausreichende Versorgung mit Streu, Futter und Wasser, mechanisches Melken und mechanische Dungbeseitigung, aufgezählt. G. Häßler. 2270.

Wanka, Hans; Meissen, Hochschule für LPG, Inst. für Innenmechanisier. der Landwirtsch. **Neuere Entwürfe für Milchviehställe.** Wiss. Z. Hochschule LPG Meissen **5** (1962) Nr. 3. S. 299-309. — 15 Abb., 6 Lit.

Neue Entwürfe und Technologien von Offen- und Anbindeställen werden erörtert. Die Offenställe sind als Boxenställe ausgeführt. Hierbei können 2 Standsysteme, die Liegeboxen und Liege-Freßboxen, deren Bau im einzelnen beschrieben wird, unterschieden werden. Sie werden zum Einbau in bereits bestehende und z. T. individuelle Typenoffenställe als Komplettierungsmaßnahme empfohlen. An 2 Beispielen aus der Praxis, einem Einraumoffenstall für 96 Kühe und einer Offenstall-Laufhofanlage für 320 GV für Gebirgsgegenden werden die auf der Grundlage des Boxenstalles durchgeführten Komplettierungsmaßnahmen analysiert. Als Übergang zum wärmegedämmten Anbindestall wird ein mit Liege-Freß-Boxen ausgestatteter Melk- und Winterstall aus den Kammlagen des Erzgebirges aufgeführt, der 60 Kühen Platz bietet. Als wärmegedämmter Anbindestall für 90 Kühe wird ein Entwurf der Deutschen Bauakademie vorgestellt und nach bautechnischen, bauhygienischen und technologischen Gesichtspunkten besprochen. J. Strecke. 2275.

Reisch, Friedrich; Frankfurt/M. **Funktionsgerechte Gebäude für Milch- und Mastvieh.** Dtsch. landwirtsch. Presse **85** (1962) Nr. 1. S. 3-4. — 7 Abb., 2 Tab.

Funktionsgerechte Wirtschaftsgebäude sind in Form, Größe und Bautechnik auf den Arbeitsablauf eingestellt und berücksichtigen tierzüchterische und fütterungstechnische Belange. An Modellbeispielen werden die Beziehungen zwischen Bau-, Arbeits- und Fütterungstechnik aufgezeigt und deren Einfluß auf den Kapitalaufwand/GV untersucht. Die gegenübergestellten Ställe sind 1. ein Anbindestall mit Handfütterung für 29 GV, 2. ein Anbindestall mit halbautomatischer Fütterung für 43 GV, 3. ein Mehrraum-Laufstall mit rationierter Selbstfütterung für 43 GV, 4. ein Laufstall mit automatischer Fütterung für 56 GV. Fütterung, Technisierung und Ernteeinlagerung werden für diese Ställe skizziert. Die Relativkosten/GV betragen für die Modellställe (ohne Futterlager) 1. DM 2095, 2. DM 1900, 3. DM 1509, 4. DM 1600. Somit erwies sich der herkömmliche Anbindestall als am teuersten und der Mehrraum-Laufstall mit rationierter Selbstfütterung als am billigsten. Mit Futterlager, einschließlich Rüben, Heu und Silage, betragen die Kosten 1. DM 2680, 2. DM 2600, 3. DM 1975, 4. DM 2760. J. Strecke. 2275.

Forsyth, Robert J. und Walker-Love, J. Manure disposal in German cowhouses. **(Dungbeseitigung in deutschen Kuhställen.)** Agriculture [London] **69** (1962) Nr. 2. S. 68-73. — 1 Abb., 2 Tab.

Vff. berichten über die Eindrücke, die sie während einer Studienreise durch Westdeutschland über das Hölz-Entmistungssystem für Rinderställe sammelten. Dieses besteht aus einem mindestens 40 cm tiefen Kanal, dessen eine Wand von der halbkreisförmigen, 30 cm breiten Sohle senkrecht, die andere schräg nach oben geführt wird, so daß sich eine obere Breite von ca. 80 cm ergibt. Der Kanal befindet sich unmittelbar hinter den Standplätzen der Tiere und ist mit Stahlgittern abgedeckt, durch welche Kot und Urin in diesen gelangen. In regelmäßigen Zeitabständen wird der Kanalinhalt in einen Behälter außerhalb des Stalles entleert, aus welchem der flüssige Kot in einen Vorratsbehälter oder in Verteilerwagen gepumpt werden kann. Konstruktive Einzelheiten des Entmistungssystems und Besonderheiten der Ställe, in die es eingebaut war, werden mitgeteilt. Gleichfalls werden die Vor- und Nachteile dieser Entmistungmethode gegeneinander abgewogen.

J. Strecke. 2275.

King, T. E.; Reading, Agric. Land Serv. Loose housing of dairy cows. **(Laufstallhaltung der Milchkühe.)** Agriculture [London] 67 (1960) Nr. 7. S. 356-362. — 7 Abb.

Es werden allg. Grundsätze der Offenlaufstallhaltung von Milchkühen dargelegt. Nach einem Hinweis auf die bes. Sorgfalt, die einer hygienisch einwandfreien Milchgewinnung Rechnung tragen muß, bespricht Vf. den Bedarf an Gesamtstallgrundfläche je Kuh. Dabei wird auf die Notwendigkeit einer vom Futterplatz, der nach Ansicht des Vf. mit sehr wenig Kosten eingerichtet werden kann, getrennten Liegefläche hingewiesen. Der Strohverbrauch beläuft sich auf ca. 150-200 kg/Kuh/Mon.

K.-H. Heinrich. 2320.

Untersuchungen über die naturgemäße Haltung der Rinder. Forsch.- u. Entwickl.-Stelle Dummerstorf, Institut für Tierzuchtforschung Abschlußber. IV/1962. Plan-Nr.: 170 116 h 2-01/6.

Von 1951-61 wurde in vergleichenden Haltungsversuchen der Einfluß der Offenstallhaltung auf die allg. und spez. Leistungen von Milchkühen untersucht. Die Haltung der Versuchsgruppe erfolgte in einem Offenstall in primitiver Schuppenbauweise, die der Vergleichsgruppe in einem massiven Anbindestall. Sämtliche Versuchstiere wurden ganzjährig im Stall gehalten, jede Gruppe wurde durch die eigene Nachzucht ergänzt. Eine wesentlich bessere Gesundheit und Fruchtbarkeit der Offenstalltiere konnte nicht nachgewiesen werden. Milch- u. Milchfettleistungen waren im langjährigen Durchschnitt im Offenstall um 4,8% niedriger. Der Nährstoffaufwand je kg FCM lag bei den Offenstallkühen um 4,9% höher als bei den Vergleichstieren. Physiol. Untersuchungen zeigten keine eindeutigen Unterschiede zwischen den Gruppen. Temperaturveränderungen beeinflußten den Milchfettgehalt der Offenstallkühe. 2320.

Sidorenko, B. und Lisovik, S. (Sidorenko, B. und Lissowik, S.); Gebiet Tomsk, RSFSR, Sowchos „Tomski“. 3400 korov bez privjazi. **(Die Haltung von 3400 Kühen im Laufstallsystem.)** Kolchoznoe proizvodstvo, Moskva 22 (1962) Nr. 5. S. 26-27. — 3 Abb., 1 Tab.

In 7 Milchfarmen des Sowchos „Tomski“ werden 4200 Kühe in Laufställen gehalten. Die Kühe wurden in melkende, trockenstehende und Ammenkühe eingeteilt. Bei 8 Mon. Stallfütterung sind die Ställe so umgebaut worden, daß die Kühe im Laufstall das Silo- und Rauhfutter über einen beweglichen Lattenrost beliebig aufnehmen können. Das Ausmisten erfolgt alle 2-3 Tage mit dem Traktor. Die Anlage besteht aus dem Kuhstall, dem Melkhaus und der an den Kuhstall angrenzenden Silo- und Rauhfutteranlage. Im Fischgrätenmelkstand können 16 Kühe gleichzeitig gemolken werden, so daß 200-250 Kühe in 1,5 Std. ausgemolken sind. Das Kraftfutter wird beim Melken gereicht. Durch die Mechanisierung der Arbeitsvorgänge und

Spezialisierung der Arbeitskräfte konnte die Zahl der Betreuer für 450-500 Kühe von 63 auf 21 verringert werden. Durch Verwendung von Ammenkühen konnte bei der Aufzucht die Zahl der Arbeitskräfte auf die Hälfte reduziert werden. W. Strack. 2320.

Newrzella, B. **Anlage und Beregnung von Ackerviehweiden.** Tierzucht **16** (1962) Nr. 9. Grünland/Feldfutter **3** S. 33-36. – 3 Abb., 2 Tab., 7 Lit.
Neben der Ausnutzung natürlicher Wasservorkommen ist es bes. das Bestreben, die ständig steigenden Abwassermengen zu reinigen und zu verwerten, welches der Anlage von Weidekombinaten in Abwassergebieten entgegenkommt, da die Abwasserweiden auf trockenen Standorten prädestinierte Dauerabnehmer für anfallende Abwassermengen sind. Unter Berücksichtigung des derzeitigen Standes können 5% der LN (in der Perspektive 10%) mit einer zusätzlichen Gabe von 300 mm bewässert werden. Für die Abwasserweiden werden 11-12 Gaben im Jahr mit je 40-60 mm empfohlen. Während der Weideperiode wird regelmäßig 4-5 Tage nach dem Abtrieb bewässert, um die geforderte Karenzzeit von wenigstens 14 Tagen einzuhalten. Abwasserweiden sollten eine der Intensität entspr. Düngung erhalten. Die Besatzstärke kann 4-6 GV/ha betragen. An tierischen Leistungen wurden bis zu 6448 StE/ha ermittelt. Der volkswirtschaftliche Nutzen der Anlage von Abwasserberegnungsweiden als Ergebnis der Mehrerträge unter Berücksichtigung der Anlagekosten wird mit 25,4% angegeben. E. Buhtz. 2355.

Hojovec, Jiří und Zeman, Jaroslav; Brno. Zoohygienické požadavky na výstavbu a provoz velkokapacitních teletníků. **(Zoohygienische Forderungen für den Aufbau und Betrieb von großen zentralen Kälberstallungen.)** Veterinářství **12** (1962) Nr. 7. S. 193-196.
Im Hinblick auf die in der ČSSR geplante Konzentration der Kälberaufzucht in Großstallungen ist die vom Autor behandelte Frage bes. aktuell. Wichtig sind insbesondere folgende Voraussetzungen: Entsprechende Pflege der trächtigen Muttertiere und die damit zusammenhängende Frage der Errichtung von Abkalbestallungen, Regelung des Transportes der Kälber aus den Quarantäneställen in die Aufzuchtgroßställe, sachgemäße Fütterung der Kälber in den einzelnen Altersperioden, Aufstallung der Kälber bis zum Alter von 30 Tagen grundsätzlich in Einzelbuchten, Haltung der älteren Kälber in Gruppenbuchten zu je 8-16 Kälbern, Errichtung einer Abteilung zur isolierten Haltung von kranken Kälbern, optimale Stallufttemperatur 8-12 °C, optimale rel. Stalluftfeuchtigkeit 60-70%, Lüftungskapazität von 100-150 m^2/Std/GV, d. h. 25 m^2 Luftaustausch je 100 kg Lgw. der Kälber und Stunde, ferner entspr. Desinfektionsmaßnahmen, systematische Fliegenbekämpfung u. a. m. F. Svoboda. 2410.

Krüger, S.; Berlin-Frohnau. **Amerikanische Auffassung zum Problem: Radioaktiver Niederschlag (Fallout) und Haustiere.** Prakt. Tierarzt **1962** Nr. 12. S. 474. 476. 2410.

Westra, P. und Postma, G. Werktijdverkorting in de veehouderij. **(Arbeitszeitverkürzung in der Tierhaltung.)** Inst. Landbouwtechn. Rationalisatie, Wageningen, Publ. **1962** Nr. 65. S. 1–119. – 50 Abb., 30 Tab.
Auf Weidebetrieben in Südwest-Friesland mit vorwiegend Milchviehhaltung wurde durch intensive Betriebsberatung versucht, die Arbeitszeit in der Tierhaltung von ca. 60 auf 48 h/Woche zu senken ohne zusätzlichen Kapitalaufwand bzw. Einsatz von Lohnunternehmen und bei gleichem Betriebseinkommen. Dieses Ziel wurde nahezu in allen Betrieben erreicht, und zwar vorwiegend durch eine bessere Arbeitsorganisation und die Anwendung neuer Arbeitsmethoden. Der Melkbeginn wurde von März-Juni auf 5^{30} und 17^{30}, im Juli und Aug. auf 6^{00} und 17^{30} und von Sept.-Febr. auf 6^{30} und 17^{30} Uhr festgelegt. Viel Arbeitszeit konnte durch maschinelles Nach-

melken eingespart werden. Jedoch ist erforderlich, die Technik der Milchkontrolle in den Molkereien zu verändern, da dort sonst bei dem verkürzten Tages-Melkintervall ein um ca. 40% höherer Aufwand erforderlich ist, dessen Kosten bei ca. 1 Gulden/Kuh liegt. M. Lüpnitz. 2425.

Happ, H.; Münster. **Die Milchanfuhr zur Molkerei in Tankwagen.** Tierzüchter **14** (1962) Nr. 17. S. 633-634. 2425.

Pappritz, v.; Essen. **So arbeitet eine Milchkühlanlage.** Tierzüchter **14** (1962) Nr. 17. S. 632-633. 2425.

Scott, J. D. J. und Hildreth, H. O. Practical experience with herringbone milking sheds. **(Praktische Erfahrungen mit Fischgrätenmelkständen.)** New Zealand J. Agric. **105** (1962) Nr. 3. S. 262-269. – 5 Abb., 7 Tab.
Die Untersuchungen wurden bei 150 Besitzern von Fischgrätenmelkständen (FGM) durchgeführt, und zwar hinsichtlich der Kosten des Umbaus alter Stände und des Neubaus von FGM, der Vorteile der FGM, der Melkgeschwindigkeit, der Kuhbehandlung, der Zahl der je Melker benutzten Melkzeuge, des Einflusses des FGM auf die Milchproduktion. Als Vorteile ergaben sich weniger Anstrengung des Melkers, leichteres Anmelken der Färsen und geringere Melkzeit und weniger Arbeitskräfte. Viele waren der Meinung, daß für eine individuellere Betreuung der Kühe im FGM mehr Zeit zur Verfügung stände, daß besser angerüstet und mehr auf die Mastitis und Euterpocken geachtet würde. Bez. der Zahl der zu bedienenden Melkzeuge ergab sich für den Durchschnitts-Melker die Zahl 4, für gewandtere die Zahl 6. Produktionsvergleiche vor und nach Inbetriebnahme eines FGM wurden in 99 Farmen durchgeführt. Sie ergaben in 32% eine höhere, in 57% eine niedrigere Milchproduktion von ⌀ 28 lb. Fett, während die Erhöhung 17 lb. im Schnitt betrug. Es wird aber darauf hingewiesen, daß solche Vergleiche sehr vorsichtig beurteilt werden müssen, weil u. a. fehlerhafte Installation, die Anwendung falscher Melkmethoden, zu Herdenerkrankungen usw. führen können und damit den Melkerfolg schmälern. Die ersten 2-3 Mon. im FGM gaben vielfach zur Überwindung von Schwierigkeiten Anlaß. Der FGM ist aber in jedem Falle dazu geeignet, den Kuhbestand ohne Erhöhung der Melkkräfte zu erhöhen oder die Produktionskosten durch Senkung des Arbeitsanfalls zu senken. Dabei wird betont, daß die heute meist konstruierten 8/8-plätzigen FGM die Durchführung einer guten Melktechnik unmöglich machen. Es wird empfohlen, die Kühe ebenerdig statt auf Rampen rauflaufen zu lassen. Weitere Prüfungen der Frage der doppelt mit Melkzeugen ausgerüsteten FGM wären erforderlich. Für das Melken großer Herden wäre vielleicht der Bau von 16/16-plätzigen FGM zur besseren Kontrolle der Melktechnik zu erwägen. H. Senger. 2425.

Chramosta, Miroslav. **Zemědělské stavby v tabulkách a číslech.** (Landwirtschaftliche Bauten in Tabellen und Ziffern.) Praha: Státní zeměd. naklad. 1962. (211 S.) 8°. (1962 A 1527)
Landau, L., Peter, V. und *Országh, V.* **Racionalizácia veľkovýroby vajec a mäsa hydiny.** (Rationalisierung der Großproduktion von Eiern und Fleischgeflügel.) Bratislava: Slov. vyd. pôdohospod. lit. 1962. (164 S.) 8° = Edícia knižnica poľnohospodára. Zv. 5. (SR 2991, 5)

H. NUTZUNG UND QUALITÄT TIERISCHER ERZEUGNISSE

Kühn, Christa. **Die Lebensmittelüberwachung in der Deutschen Demokratischen Republik.** Fleischermeister **16** (1962) Nr. 12. S. 316-318. – 1 Abb.
In einem Überblick über die in der DDR gültigen lebensmittelrechtlichen Bestimmungen wird dargelegt, welche Aufgaben den in der Lebensmittelüberwachung tätigen Sachverständigen obliegen. In der DDR haben die Organe der Hygiene-Inspektion die Aufgaben der früheren Lebensmittelpolizei in eigener Verantwortlichkeit übernommen. Die Aufgabengebiete des Lebensmittelchemikers, Kreistierarztes und Kreisarztes werden bespro-

chen, und die Organisation innerhalb der Lebensmittelüberwachung wird erläutert. Auf das neue „Gesetz über den Verkehr mit Lebensmitteln und Bedarfsgegenständen" vom 30. 11. 1962 wird nicht eingegangen.

A. Schwarz. 2505.

Anonym. Quality and economy in milk production. **(Qualität und Ökonomik in der Milchproduktion.)** Farm Mechanizat. **14** (1962) Nr. 159. S. 385-388. – 23 Abb.

Es wird auf einige Neuerscheinungen auf dem Gebiet vornehmlich der Milchgewinnung hingewiesen, die gelegentlich der „Royal Dairy Show" in London vom 23.-26. X. 62 gezeigt wurden. Die Gewinnung von Qualitätsmilch wird durch die neue vom Milk Marketing Board beschlossene Milchbezahlung nach Qualität, Fettgehalt und Gehalt an SNF ab 1. 11. 63 und nach bestimmten Qualitätsanforderungen ab 1. 10. 63 bes. wichtig, und so werden verschiedene kostensparende, aber die Säuberung erleichternde Ausrüstungsstücke gezeigt. Ein Milchmeßgerät aus Plastik, eine leicht zerlegbare Milchpumpe, einen handlichen Melkbecher, einen Spezialpulsator als Anschlußstück an die Vakuum- und Milchleitung, ein neuartiges Verbindungsstück für die Milchrohre mit Einlaßstutzen, 2 Spezialmilchsammeltanks ohne Eis- und Wasserbedarf, ein Spezialreleasergefäß, ein Spezialventil zum Bedienen der Zirkulationsspülung, einen elektrischen fahrbaren Eisbankkühler und Wassererhitzer für Melkstände, 2 Futterautomaten. H. Senger. 2511.

Wittlestone, W. G. Improving the action of the milking machine. **(Die Erhöhung der Leistungsfähigkeit der Melkmaschine.)** Milk Board J. **13** (1962) Nr. 9. S. 17-20. – 5 Abb., 5 Lit.

Versuche in dem Uni-Gut Camden ergaben, daß der Einfluß der Pulsatortätigkeit auf die Zitzen wesentlich größer und komplizierter ist, als man bisher annahm. Ein Drosseln des Pulsators, daß das Einsetzen der Druckphase sanfter wurde, führt zu einer Steigerung des Melkeffekts und, was sehr wesentlich ist, zu einer Minderung Infektionen der Zitze begünstigender Faktoren. Um diesen Effekt bei jedem normalen Pulsator zu erreichen, wurde ein kleiner Kolbenpulsator aus Plastik konstruiert, der an die kurzen Vakuumschläuche vom Verteilerstück zu den Melkbechern zwischengesteckt wird. Die Pulsgeschwindigkeit muß zwischen 40 und 50 liegen, die Anteile Druck, Sog sollen 30 und 70 betragen. Bei Anwendung der Zirkulationsspülung muß eine Umleitung um diesen kleinen Pulsator vorhanden sein.

H. Senger. 2511.

Pyne, G. T.; Cork, Eire, Univ. Coll., Dairy Chem. Dep. Reviews of the progress of dairy science. Section C. Dairy chemistry. Some aspects of the physical chemistry of the salts of milk. **(Ein Überblick über den Fortschritt in der Milchwissenschaft. Sektion C. Chemie der Milch. Einige Gesichtspunkte über die physikalische Chemie der Milchsalze.)** J. Dairy Res. **29** (1962) Nr. 1. S. 101-130. – 133 Lit.

Vf. gibt einen aus neueren Erkenntnissen gewonnenen Überblick über Arbeiten der Milchsalze und deren Gleichgewicht bei verschiedenen Bedingungen sowie deren Beziehungen zur milchverarbeitenden Praxis. Bei der Auswahl des umfangreichen Materials mußte auch auf Referate aus Dairy Science Abstracts zurückgegriffen werden. Folgende kurze Wiedergabe der einzelnen Abschnitte des Artikels vermittelt dem Interessierten einen globalen Einblick: 1. Die Verteilung der Milchsalze, 2. Lösliche Salze, 3. Die Verteilung der Ca-Ionen-Konzentration, 4. Kolloidale Salze, 5. Salzkombination des Proteins, 6. Der Einfluß einer Temperaturänderung auf das Salzgleichgewicht, 7. Acidität, 8. Zugabe von Laugen und Salzen, 9. Die Lab- und Hitzekoagulation der Milch, 10. Der Einfluß der Vorerhitzung auf die Hitzekoagulation der Milch, 11. Evaporierte, getrocknete, gefrorene und Instant-Milch, 12. Dicklegung konzentrierter Milch, 13. Die Säuerung der Milch. Einige Überschneidungen der Materie aus den gleichen Überblicken früherer Arbeiten von Aschaffenburg und Ling waren verständlicherweise unvermeidbar, der Vollständigkeit halber aber unumgänglich. W. Gimmler. 2512.

Whitnah, C. H.; Manhattan, Kansas State Univ., Kansas Agric. Exp. Stat. The viscosity of milk in relation to the concentrations of major constituents, and to seasonal differences in the voluminosity of complexes of sedimentable nitrogen. **(Die Viskosität von Milch im Verhältnis zur Konzentration der Hauptbestandteile und jahreszeitlichen Schwankungen in der Dichte der ausfällbaren Stickstoff-Komplexe.)** J. agric. Food Chem. **10** (1962) Nr. 4. S. 295-296. — 1 Abb., 2 Tab., 11 Lit.
Die Korrelation zwischen Viskosität der Milch und den allg. Analysen und die Dichte der N-haltigen Mizellen in Zentrifugaten von Milch aus verschiedenen Jahreszeiten wurden bestimmt. Fett- und Protein-Gehalt korrelieren mit 0,75-0,80. Die geringen Werte für Gesamtinhaltsstoffe, fettfreie Trockenmasse sowie die protein- und fettfreien Stoffe haben einen geringen Einfluß auf die Lactose. Die Dichte schwankte sowohl unter den Bedingungen einer Zentrifugation des kolloidalen N und der Jahreszeit. Die Ergebnisse bestätigen den Mangel an brauchbaren Methoden, um genauere Kenntnisse über die Zusammensetzung und Struktur solcher Mizellen zu erhalten.
W. Zeller. 2512.

Kisza, Jan und Sobina, Adam. **Einige Veränderungen in den Milchproteinen normaler und anomaler Milch (Colostrum und Mastitis).** Milchwissenschaft **17** (1962) Nr. 10. S. 544-549. — 6 Abb., 2 Tab., 15 Lit. Zus. in Engl.
Untersuchungen der Milch- und Molkenproteine bei 10 mastitiskranken Kühen wurden durchgeführt, von denen 2 erkrankte Tiere eine „Chlor-Milchzuckerzahl" von mehr als 10 und 8 chronisch erkrankte Tiere eine solche von 3-6 (Normalwerte unter 2) hatten. Den höchsten Gesamt-N-Gehalt wies die Milch von den akut kranken Kühen auf (0,777% und 0,828%N); auch bei den chronisch kranken Tieren (Durchschnitt: 0,585% N) waren vergleichsweise zu gesunden (Durchschnitt: 0,406% N) die Werte erhöht. Bei den akut kranken Tieren nahm die Caseinfraktion anteilmäßig stark, bei den chronisch erkrankten etwas ab. Der Gehalt an Albumin-N lag dagegen bei allen erkrankten Tieren geringfügig höher. Ein starker Anstieg betraf bei akut erkrankten Tieren die Globulinfraktion (0,205 bzw. 0,188% N), die auch bei chronischen Erkrankungen (Durchschnitt: 0,048% N) vergleichsweise zu gesunden Kühen (0,02% N) erhöht war. Die Rest-N-Fraktion lag bei erkrankten Tieren gleichfalls etwas höher. Die Molkenproteine zeigten erhebliche Unterschiede: Der Molkeneiweiß-N betrug bei akuter Mastitis 0,354 bzw. 0,4%, bei chronischer Mastitis 0,162% und bei gesunden Tieren 0,099%. Ein Anteil an Serumalbumin von über 20% und ein solcher von mehr als 50% an Pseudo- und Euglobulin deutet auf eine akute Mastitis hin, während ein Gehalt an Serumalbumin von über 10% und von Pseudo- und Euglobulin von über 45% auf eine chronische Form der Mastitis hinweist. Weitere Angaben betreffen die Milch- und Molkenprotein-Komponenten des Colostrums von gesunden Tieren. E. Kolb. 2512.

Cannon, R. Y., Hawkins, George E. und Wiggins, A. M.; Auburn, Univ. of Alabama, Agric. Exp. Stat.; School of Veterin. Med. Duration of secretion of bacteriostatic drugs in milk. I. Penicillin, following oral and parenteral administration. **(Die Ausscheidungsdauer von bakteriostatischen Drogen in Milch. 1. Mitt. Penicillin — nach oraler und parenteraler Verabreichung.)** J. Dairy Sci. **45** (1962) Nr. 6. S. 769-773. — 6 Tab., 15 Lit.
Die Ausscheidungsdauer und Konzentration von Penicillin in Milch wurde bestimmt nach erfolgter Verabreichung i. m. und oral als Procain-Penicillin G in Sesamöl mit 2% Al-Monostereat sowie i. m., i. v. und intrauterin als K-Penicillin G in wäßriger Lösung. Nach erfolgter i. m. Injektion von 3000

IE/lb. Lgw. wurden als max. Zeitraum für die Ausscheidung von Penicillin in Milch bei öliger Lösung 96 Std. und bei wäßriger Lösung 72 Std. ermittelt. Milch von nur 25% der Versuchskühe beider Gruppen enthielt während dieses max. Zeitraums feststellbare Mengen von Penicillin. Nach i. v. Injektion von 2000 IE Penicillin in wäßriger Lösung/lb. Lgw. wird Penicillin in Milch von 25% der Testtiere nach 20 Std. und bei 8,3% nach 44 Std. gefunden. Nach intrauteriner Infusion von 1 000 000 IE Penicillin in wäßriger Lösung wurde Penicillin noch 27-31 Std. in Milch von 16,7% der Testtiere gefunden, in den folgenden Intervallen wurde kein Penicillin mehr in Milch gefunden. Eine einmalige Menge von 10 000 000 IE Penicillin in Öl im Kraftfutter verabreicht, bewirkte einen Penicillin-Nachweis in Milch bei 8,3% der Proben 86 Std. nach der Verfütterung. Korrelationen zwischen Dauer der Penicillin-Ausscheidung, Milchbildung, Fettgehalt der Milch und Körpergewicht waren nicht signifikant ($P > 0,05$) für alle Verabreichungsmethoden.
W. Zeller. 2512.

Haugen, A. E.; Copenhagen, Denmark, Nat. Res. Inst. of Animal Husbandry, Dep. of Animal Physiol. Protein content of cows' milk. Effect of transition from indoor feeding to grazing. **(Proteingehalt der Kuhmilch. Der Einfluß des Überganges von der Stall- zur Weidefütterung.)** VIII. int. Tierzuchtkongr. Hamburg **1961** Schlußber. S. 145-149. — 4 Tab., 16 Lit.
Vf. prüfte bei 3 Rinderrassen den Einfluß des Überganges von der Stall- zur Weidefütterung auf den Milch- und Milcheiweißertrag. Zu den Untersuchungen, die in Intervallen von 14 Tagen durchgeführt wurden, dienten 2 Kontrollen, und zwar eine vor und eine nach dem Weideaustrieb. Der Milchertrag sank um 0,7 kg von der letzten Kontrolle vor bis zur ersten Kontrolle nach dem Weidegang. Dieser Rückgang wird z. T. mit dem Übergang vom 3maligen zum 2maligen Melken je Tag erklärt. Außerdem wird auf genetische Faktoren und örtliche Einflüsse hingewiesen. Der Proteingehalt wurde vom Übergang von der Stall- zur Weidefütterung unwesentlich verändert. Covarianzanalytische Auswertungen sind durchgeführt worden, um festzustellen, ob eine Signifikanz zwischen den Proteinwerten der Kuhmilch mit hohem Eiweißgehalt und solchen von niedrigem Eiweißgehalt beim Übergang von der Stall- zur Weidefütterung auftrat. Die ermittelten Unterschiede werden diskutiert. K. Gruhn. 2512.

Paar, Gary E.; Auburn, Ala., Auburn Univ., Agric. Exp. Stat. Determination of nitrofurazone in milk. **(Die Bestimmung von Nitrofurazon in Milch.)** J. agric. Food Chem. **10** (1962) Nr. 4. S. 291-292. — 1 Abb., 1 Tab., 5 Lit.
Ein schnelles und bequemes photometrisches Verfahren zur Bestimmung von Nitrofurazon (5-nitro-2-furaldehyd semicarbazon) wird beschrieben. Durch Ausfällung von Milcheiweiß mit Natrium-Tungstat und Schwefelsäure können Nitrofuran-Derivate bis zu 0,5 ppm bestimmt werden. — Zwei Verfahren werden miteinander verglichen. Beim ersten Verfahren werden zur Ausfällung Phenylhydrazin-Hydrochlorid und konz. Salzsäure benutzt. — Die Standardabweichung der Ergebnisse liegt bei diesem Verfahren etwa doppelt so hoch wie beim zweiten (Natrium-Tungstat + Schwefelsäure).
W. Zeller. 2512.

George, W. H. S.; Birmingham, Univ., Dep. of Exp. Pathol. Separation of strontium from milk and protein solutions by gel filtration. **(Die Trennung von Strontium aus Milch und Proteinlösungen durch Gel-Filtration.)** Nature [London] **195** (1962) Nr. 4837. S. 155-157. — 2 Abb., 5 Lit.
Die Gel-Filtration wurde zur Trennung von Komplex-Verbindungen aus Schwermetallen und kleinen Molekülen oder Ionen über „Sephadex" (Pharmacia, Uppsala, Schweden) benutzt. Sr wurde bei Versuchsproben nur in der Magermilch gefunden und nicht im abgetrennten Milchfett. An der Gel-Säule konnte durch Zugabe von p-dimethyl-aminobenzyliden-rhodanin eine

Farbreaktion festgestellt werden. Diese Farbreaktion trat nur auf, wenn Sr zur Milch hinzugegeben wurde. Die Gel-Säulen sollten vor der Beschickung mit Ca-Salzen gesättigt werden, um sicher Sr auszutauschen. Ohne vorherige Behandlung kann Sr aus Magermilch über eine Gel-Filtration gewonnen werden. Das Gel wird zur Analyse verascht und die Aktivität gemessen.
W. Zeller. 2512.

Singh, B. S., Yadava, P. C. und Pathak, R. C.; Mathura, India, U. P. Coll. of Veterin. Sci. and Animal Husbandry, U. P. Dep. of Med. A new simple test for differentiation of buffalo milk from cow milk. **(Ein neuer einfacher Farbtest zur Unterscheidung der Büffelmilch von Kuhmilch.)** Veterin. Rec. **74** (1962) Nr. 32. S. 881-882. — 2 Tab.
Verschiedene Forscher haben im Butterfett und Ghee (geklärtes Butterfett) von Büffelmilch Spuren von Carotinen gefunden. Mit Hilfe von Äther werden die Carotine der Kuh- und Büffelmilch extrahiert und mit einem Blaufilter im photoelektrischen Colorimeter gemessen — Äther als Vergleichsprobe—. Die abgelesenen Werte werden an einer Standardkurve mit bekannten Carotinwerten in μg/ml verglichen. Spuren von Carotinen wurden in Büffelmilchproben gefunden, die nicht eindeutig identifiziert werden konnten. Wesentliche Mengen von Carotinen wurden in Kuhmilch gefunden. Innerhalb von 20 Min. lassen sich mit geringstem Aufwand an Reagentien die Ergebnisse vervollständigen. Auch ohne Colorimeter läßt sich der Farbunterschied von Kuh- und Büffelmilchproben klar feststellen.
W. Zeller. 2512.

Mueller, W. S. A study on cleaning and sanitizing a portable milk transfer system. **(Untersuchungen zur Reinigungs- und Sterilisationsfähigkeit eines fahrbaren Milchsammelbeckens.)** J. Milk Food Technol. **25** (1962) Nr. 9. S. 291-294. — 2 Tab., 2 Lit.
Solche Untersuchungen wurden bereits vor 5 Jahren durch die Universität Massachusetts begonnen. Ein derartiges Aggregat besteht aus einem im Kuhstall benutzten Ausgußtank aus Nirostastahl und einer ca. 30 m langen Schlauchleitung aus Plastik zum Überführen der Milch in den großen Vorratstank. Auf Grund der Menschen, die mit diesem Aggregat umgingen, waren die Ergebnisse aus 2 verschiedenen Betrieben widersprechend. Wesentlich erscheint, daß der Bakteriengehalt der Milch deutlich von der Temperatur der zirkulierenden Spüllösung abhängig ist. Ein scharfer Abfall zeigte sich zwischen 130 und 120 °F von 0,15 auf 15,9 Kolonien/ml aus dem Plastikschlauch und Tank nach einer jeweiligen Spüldauer von 15 Min.
H. Senger. 2516.

Major, W. C. T. Influence of stone-like deposits on the sterilizability of farm dairy equipment. **(Der Einfluß milchsteinartiger Niederschläge auf die Qualität der Sterilisation von Melkausrüstungen.)** Queensland J. agric. Sci. **19** (1962) Nr. 1. S. 113-116. — 1 Tab., 4 Lit.
Die Untersuchungen wurden in verschiedenen Farmen durchgeführt und ergaben in jedem Fall, daß bei milchsteinartigen Niederschlägen eine wirksame Sterilisation, d. h. weniger als 30000 Kolonien/ml Milch nur bei Hitzeanwendung möglich war. Die Gummiteile wurden 20 Min. lang in kochendes Wasser gelegt, die Anlage mit 93 °C heißem Wasser durchgespült. Alle chem. Sterilisiermittel ergaben bei Vorhandensein von Milchstein nur 12-22% Proben unter 30000 Kolonien/ml Milch. H. Senger. 2516.

Miles, C. S. High quality in dairy production. **(Die Produktion von Qualitätsmilch.)** Agriculture [London] **69** (1962) Nr. 7. S. 306-309. — 2 Abb., 1 Tab.
Die Arbeit behandelt in kurzer Wiedergabe die verschiedenen Arten der Milchqualität in bezug auf ihre Zusammensetzung, die hygienische Beschaffenheit, die Hygiene der Gewinnung und Behandlung wie die Hauptmethoden

der Feststellung der hygienischen Qualität. Durch züchterische Maßnahmen stieg in den letzten 20 Jahren die Milchleistung. Dies und die meist geringe Qualität der Winterfütterung führten zu einem Absinken der SNF in der Milch, in vielen Betrieben unter die gesetzlich festgelegten Durchschnittssätze. Der Milk Marketing Board stellte Standards auf, bei deren Unterschreitung Preisabschläge erfolgen. Für den Bakteriengehalt der Milch ist der Typ der anwesenden Bakterien mehr entscheidend als die Gesamtzahl. Ähnlich den Antibiotica werfen vorhandene Bakteriophagen neue Probleme auf. H. Senger. 2516.

McFetridge, M. J. Quality faults in milk and cream. **(Qualitätsfehler in Milch und Sahne.)** New Zealand J. Agric. **105** (1962) Nr. 3. S. 201–203. – 1 Abb.
Behandelt werden die Süßgerinnung, Kuhgeschmack, chem. Geschmack, Schleimigkeit, ranziger Geschmack. Die Süßgerinnung hat bakteriellen Ursprung durch Heu- oder anderen Trockenfutterstaub. Kuhgeschmack ergibt sich bei schlechter Lüftung des Melkraumes. Ein direkter Zutritt vom Melk- zum Releaserraum darf nicht erlaubt sein. Die gefüllten Milchkannen dürfen nicht lange geschlossen stehen. Chem. Geschmack stellt sich durch Desinfektionsmittel ein, auch wenn verzinntes Material kurz vor dem Gebrauch mit Hypochloriten behandelt wird. Schleimigwerden der Milch wird durch Bakterien verursacht, die bei 10–15 °C wachsen und durch schlechtes, muffiges, abgestandenes Wasser oder Heustaub an die Melkausrüstungen kommen. Der ranzige Geschmack entsteht durch starkes Schütteln und Luftdurchperlen der Milch vornehmlich von altmelkenden Kühen. Undichtigkeiten in der Milchleitung von Melkmaschinen können also diesen Fehler fördern. Ein häufiger Grund ist auch das Stehenlassen nicht stark genug gekühlter Milch in der Sonne. Allg. wird zur Bekämpfung aller Qualitätsmängel der Milch ein hoher Standard in der Keimfreihaltung und Sauberkeit der Melkstände und deren Umgebung gefordert. H. Senger. 2516.

Anonym. **Die Entwicklung der Erzeugung und des Verbrauches von Milch und Milcherzeugnissen in den Ländern der EWG.** Österr. Milchwirtsch. **17** (1962) Nr. 21. S. 387–389. – 1 Tab.
Es werden für die einzelnen EWG-Länder und die Zeit von 1956–65 die Verbrauchs- und Erzeugungstendenzen bei Milch und Milchprodukten ermittelt und gegenübergestellt. Die Entwicklungstendenzen des Pro-Kopf-Verbrauchs werden auf Grund von 3 Annahmen hinsichtlich der Einkommenssteigerung mit Hilfe verschiedenartiger Verbrauchsfunktionen errechnet, und bei der Ermittlung der Erzeugungstendenzen wird davon ausgegangen, daß sich der techn. Fortschritt in der Landwirtschaft als mehr oder weniger eigenständiger Trend äußert. Der bisher stetig zugenommene Kuhbestand wird sich im Mittel um weitere 1,4% erhöhen, die Milchleistung pro Kuh wird bis 1965 um 11%, die Milchproduktion um 26% steigen. Beim Verbrauch hingegen werden nur Zunahmen zwischen 11 und 16% erwartet, wobei sich von Land zu Land erhebliche Unterschiede ergeben. Einer Zunahme der Ausfuhrüberschüsse in Frankreich, Belgien und Holland von fast 6 Mill. t Milchwert steht voraussichtlich eine Zunahme des Einfuhrbedarfs nur in der BRD (0,3 Mill. t Milchwert) gegenüber. Ein Gleichgewicht zwischen Produktion und Verbrauch in der Milchversorgung der EWG dürfte daher bei unveränderten Preisen auf mittlere Sicht nur zu erwarten sein, wenn die Kuhbestände den Stand der Jahre 1954/58 nicht überschreiten und bei günstigem Wirtschaftswachstum die geschätzten Verbrauchererwartungen realisiert werden. B. Gaßmann. 2518.

Belenki, N. G. **Demotation des Schlachtviehs.** Vortr. 8. europ. Kongr. Fleischforsch.-Inst. 20–27/8. 1962, Moskau. – 4 Abb.

Es wird über ein neues Betäubungsverfahren für Schlachttiere berichtet, das auf der i. m. Injektion des komplexen Präparates „Demotin" beruht. Die Anwendung von „Demotin" bewirkt Bewegungslosigkeit der Tiere unter obligatorisch gelenkter Verschiebung des Stoffwechsels ante mortem. Daraus resultiert das Ausbleiben der bei den üblichen Betäubungsmethoden beobachteten erhöhten Reizbarkeit der Tiere und dabei das Vermeiden von Körperschäden, Blutungen und Blutergüssen, ferner eine bessere Ausblutung und Veränderungen der phys.-chem. Vorgänge im Fleisch. Diese Veränderungen hemmen oder verhindern die Totenstarre, lassen das Fleisch weich, zart und aromatisch bleiben und verbessern seine organoleptischen Eigenschaften. Das Fleisch der mit „Demotin" behandelten Tiere ist haltbarer. Der pH-Wert liegt bei 6,7 (Kontrolltiere: 5,5). Die Hemmung des Austritts von Fleischsaft läßt das Produkt trocken aussehen. Die Fleischfarbe ist röter als gewöhnlich. Als biol. aktiver Stoff kurzfristiger Wirkung verschwindet „Demotin" sehr schnell aus dem Gewebe, so daß das demotierte Fleisch völlig unschädlich ist. Die Zusammensetzung des „Demotin" wird beschrieben. A. Schwarz. 2522.

Silajew, M. P. **Untersuchung der Vorschlachtbestrahlung der Tiere zur Vorbeugung gegen den proteolytischen Verderb des durch Gammastrahlen konservierten Fleisches.** Vortr. 8. europ. Kongr. Fleischforsch.-Inst. 20–27/8. 1962, Moskau. — 4 Lit.

Um die Proteolyse bei strahlenkonserviertem Fleisch, das bei Zimmertemperatur lagert, zu verhindern, wurden Untersuchungen an Kaninchen und Geflügel durchgeführt, die vor dem Schlachten mit Gammastrahlen (bis 1000 rad) behandelt worden waren. Der Glykogenzerfall konnte dadurch beschleunigt, der pH-Wert gesteigert und die proteolytische Aktivität um das 2- bis 3fache gegenüber dem nur postmortem bestrahlten Fleisch verlangsamt werden. Ferner verminderte sich die Exsudation des Fleisches bei der Lagerung, das Wasserbindevermögen erhöhte sich, und das gekochte Fleisch der bestrahlten Tiere wies eine zartere Konsistenz auf. A. Schwarz. 2522.

Tadić, R. und Ĉirić, M. **Untersuchungen über den Einfluß der CO_2-Betäubung auf das Entbluten und physikalisch-chemische Veränderungen im Schweinefleisch.** Vortr. 8. europ. Kongr. Fleischforsch.-Inst. 20–27/8. 1962, Moskau. — 3 Abb., 2 Tab., 6 Lit.

Die Versuchstiere wurden mit 70%iger CO_2-Konzentration, die Kontrolltiere elektrisch mit 0,5 A und 70 V betäubt. Das Entbluten dauerte 30 Sek. Ergebnisse: Bei CO_2-Betäubung können die Entblutungszeit kürzer und die Blutmenge höher sein. Unerwünschte Veränderungen im Fleisch und in den Organen traten nicht auf. Auch punktförmige Blutergüsse konnten nicht nachgewiesen werden. Die pH-Werte lagen niedriger, der Glykogengehalt des Fleisches höher als bei elektrischer Betäubung. Für die Verwendung bei Kochverfahren eignet sich dieses Fleisch also besser. A. Schwarz. 2522.

Savić, J. und Tadić, R. **Ergänzende Angaben über die Schweinebetäubung mit Kohlendioxyd, Untersuchungen über den Zustand der Schweine während und nach der Betäubung mit Kohlendioxyd.** Vortr. 8. europ. Kongr. Fleischforsch.-Inst. 20–27/8. 1962, Moskau. — 7 Abb., 1 Tab., 7 Lit.

Versuche zur Betäubung von Schlachtschweinen mit CO_2 ergaben, daß die optimale CO_2-Konzentration 70% beträgt. Unterschiedliches Gewicht der Tiere beeinflußte bei gleicher Konzentration die Betäubungsdauer nicht. Der Grad der Betäubung wurde ebenso wie die Betäubungsintensität während einzelner Phasen durch die CO_2-Konzentration beeinflußt. Unerwünschte Veränderungen im Organismus der Tiere traten auch nach tiefer Betäubung nicht auf. Es wird vorgeschlagen, die betäubten Tiere nach dem Verschwinden des Kornealberührungsreflexes noch 15 Sek. in der Betäubungskammer zu halten, da das Fehlen des Kornealberührungsreflexes nicht als echtes Merkmal tiefer Betäubung, wie sie zum gründlichen Ausbluten notwendig ist, angesehen werden kann. A. Schwarz. 2522.

Iskandarjan, A. K. **Die Intensivierung der Rotfärbung des Fleisches während der Pökelung.** Vortr. 8. europ. Kongr. Fleischforsch.-Inst. 20–27/8. 1962, Moskau. — 30 Lit.

Die für die Farbbildung bei Schinken verantwortlichen chem. Reaktionen können durch Erhöhung der Pökeltemperatur wesentlich beschleunigt werden. Sowohl Temperaturhöhe als auch Nitrit- und Nitratkonzentration müssen beachtet werden. Nitritpökelung bei 50 °C zerstört das Aroma. Nitratpökelung bei 50 °C läßt weder Farb- noch Aromabildung feststellen. Bei 15 °C Laketemperatur sichern Konzentrationen von 2,0–0,5% Nitrat oder 0,05% Nitrit in der Lake die Farbbildung innerhalb von 5–7 Tagen. In beiden Fällen betrug die Kochsalzkonzentration 25%. Um die teilweise auftretenden nicht ausreichenden Färbungen des Schinkenkerns auszuschließen, wurde mit einer Lake von 35% Kochsalz, 0,5% Nitrat und 0,05% Nitrit gearbeitet. Menge der Spritzlake: 10–12% zum Schinkengewicht. Nach 7 Tagen wurde eine gute Farbe erzielt. Ascorbinsäure- und Natriumascorbatzugaben zur Lake beschleunigen die Färbung, aber nicht die Aromabildung. Die Pökelung bei 15 °C ermöglicht die beschleunigte Salzdurchdringung, Farbbildung und Aromabildung. Gleichzeitig verringern sich der Eiweißverlust um das 2 fache und die Pökeldauer um das 5- bis 6fache gegenüber der Pökelung bei 3–4 °C. A. Schwarz. 2522.

Berg, L. van den, Kha, A. W. und Lentz, C. P. Relation between quality and biochemical changes in poultry meat during storage at above-freezing temperatures. **(Abhängigkeit zwischen Qualität und biochemischen Veränderungen im Geflügelfleisch während der Lagerung bei über dem Gefrierpunkt liegenden Temperaturen.)** Vortr. 8. europ. Kongr. Fleischforsch.-Inst. 20–27/8. 1962, Moskau. — 7 Abb., 19 Lit.

Geflügelbrust- und -keulenfleisch wurde auf das Verhältnis zwischen den organoleptischen und biochemischen Veränderungen bei aseptischer Lagerung in N bei 0 °C untersucht und mit frischem Fleisch verglichen. Geschmack und Geruch wiesen nach 4–5 Wochen Lagerung deutliche Unterschiede gegenüber frischem Fleisch auf. Das Brustfleisch war weniger zart, aber gleich saftig; die Keulen waren zarter und saftiger, wobei das Zartwerden in der 1. Woche der Lagerung zu verzeichnen war. Der Grad an extrahierbaren N-Substanzen änderte sich im Brustfleisch nicht; in den Keulen stieg er in der ersten Lagerungswoche an. Während der Lagerung war eine merkliche Proteolyse zu beobachten, während die Ionen-Bindefähigkeit abnahm. Beim Brustfleisch nahm das Wasserbindevermögen während der 1. Woche merklich ab, während es sich in den Keulen kaum veränderte. Das Verhältnis zwischen diesen biochemischen und den qualitätsmäßigen Veränderungen wird besprochen. A. Schwarz. 2522.

Frumkin, M. L., Pawlowa, G. L. und Dosorez, D. P. **Änderung der proteolytischen Aktivität des bestrahlten Fleisches bei der Lagerung und Wärmebehandlung.** Vortr. 8. europ. Kongr. Fleischforsch.-Inst. 20—27/8. 1962, Moskau. — 6 Abb., 1 Tab., 4 Lit.

Bei der Bestrahlung von Fleisch mit 1,5—2 Mill. rad bleibt die Aktivität der Muskelfermente sehr hoch. Im bestrahlten Fleisch treten daher, wenn es bei Zimmertemperatur gelagert wird, autolytische Vorgänge auf. Versuche ergaben, daß bei Lagerung bei 0 °C bis +4 °C die Autolyse fast aufhört. Um die Fermente zu inaktivieren, wurde Rindfleisch, in Polyäthylenbeutel verpackt, auf 75 °C, 77 °C und 80 °C erwärmt. Die Erwärmungsdauer betrug

3, 8, 13, 23 und 33 Min. Danach wurde mit 2 Mill. rad bestrahlt. Die Fermentaktivität wurde bei Erwärmung auf 77 °C und Erwärmungszeiten über 20 Min. genügend herabgesetzt, um das Fleisch bei Zimmertemperatur lagern zu können, ohne daß es zur Autolyse kommt. A. Schwarz. 2522.

Fredholm, Hugo. **Frischfleisch in evakuierten Plastverpackungen.** Vortr. 8. europ. Kongr. Fleischforsch.-Inst. 20–27/8. 1962, Moskau. – 1 Tab., 6 Lit.
Es wurden verschiedene Verpackungsmaterialien und Verpackungssysteme angewendet. Dabei wurden bes. die Gewichtsverluste während der Lagerung, der Peroxydgehalt und der pH-Wert der Proben untersucht. Die bakteriol. Untersuchungen werden erläutert. Die Reifung von Fleisch in größeren Pakkungen wird untersucht. Die Ergebnisse aus den Versuchsreihen werden gegenübergestellt. Vf. befaßt sich vor allem mit chem. und bakteriol. Veränderungen während der Lagerung von Fleisch in evakuierten Plastverpakkungen. Untersucht werden die Lagerungseinflüsse auf die Fleischsorten und auf die Größe der verpackten Fleischstücke. Zur Verpackung wurden verschiedenartige Verpackungsfolien verwendet. K. Metz. 2522.

Boone, M. A., Morgan, C. L., Ferrier, W. T. und Miles, J. F.; Clemson, Coll., Dep. of Agric. Econ. The effect of season and estrogenic hormones on market grade of turkeys. **(Der Einfluß von Jahreszeit und östrogener Hormone auf den Vermarktungsgrad bei Puten.)** Poultry Sci. **40** (1961) Nr. 6. S. 1528 bis 1533. – 2 Tab., 14 Lit.
Während die Jahreszeit einen starken Einfluß auf die Wachstumsrate ausübt, wird die Vermarktungsqualität nur zu einem geringen Grad beeinflußt. Bei im Herbst und im Winter aufgezogenen Puten waren Wachstum, abdominale Fettablagerung und Fleischansatz besser, die Mast selbst kürzer. Die Verabreichung östrogener Hormone steigert die Fettablagerung und übt auf den Fleischansatz wenig oder keinen Einfluß aus. Die Schlachtreife wurde durch Hormongaben verbessert, eine Geschmacksbeeinflussung des Fleisches war nicht festzustellen. E. Urban. 2522.

Ščennikov, S. T. (Stschennikow, S. T.); Unions-Forsch.-Inst. für Geflügelverarb. Ind. der Staatl. Plankommiss. der RSFSR. Voprosy veterinarnosanitarnoj ėkspertizy tušek pticy i pticeproduktov. **(Fragen der veterinärhygienischen Kontrolle der Geflügelschlachtkörper und Geflügelprodukte.)** Trudy. Vsesojuznyj naučno-issledovatel'skij institut veterinarnoj sanitarii, Moskva **17** (1960) S. 159–167.
Es gibt eine Reihe Zoonosen, die vom Geflügel auf Menschen übertragen werden. Die Ornithose-Psittakose ist eine Viruserkrankung mit tödlichem Ausgang. Das Newcastle-Virus ruft Konjunktivitis hervor. Etwa 100 Fälle von Geflügeltuberkulose beim Menschen sind in der Literatur beschrieben worden. Die Übertragung erfolgt wahrscheinlich über Fleisch und Eier, aber auch auf dem Luftweg. Eine große Gefahr stellen die Mikroben der Paratyphusgruppe dar. Aus hygienischen Gründen dürfen keine nicht ausgenommenen Schlachtkörper auf den Markt kommen. Auch halb ausgenommene Schlachtkörper (nur die Därme entfernt) widersprechen den hygienischen Anforderungen. Bei Cholera, Geflügelpest, hochgradiger Tuberculose und Leukose ist der Schlachtkörper nicht verwertbar. Eier aus Tbc-Herden dürfen nur für Backwarenherstellung verwendet werden. Enten- und Gänseeier dürfen wegen der Paratyphusübertragung nur in Bäckereien und Konditoreien für bestimmte Backwaren verbraucht werden. H. Pingel. 2524.

Otto, E. **Die Messung der Farbe von frischem Fleisch und die Auswertungsmöglichkeiten.** Vortr. 8. europ. Kongr. Fleischforsch.-Inst. 20–27/8. 1962, Moskau. – 2 Abb., 4 Tab., 8 Lit.
Die objektive Farbfeststellung in frischem Fleisch ist eine Methode zur Feststellung der Helligkeit, des Farbtones und der Sättigung. Man wendet mit

gutem Erfolg die Remissionsmessung an, wobei Remissionskurven aufgestellt werden. Die Ergebnisse der Kurve können statistisch nicht ausgewertet werden. Möglichkeiten der Auswertung sind die Angabe der Remissionsgrade bei einem Filterschwerpunkt oder die Ausmessung der Fläche unter der Kurve mittels Planimeter. Die Helligkeitsbestimmung erfolgt nach dem Auswahlordinatenverfahren mittels Schablone. Die Beziehungen zwischen dem zur Kennzeichnung benutzten Filterschwerpunkt 540 mm und der Helligkeit sind so groß, daß in der Praxis keine beachtenswerten Unterschiede auftreten. Ein neues Meßgerät zur schnelleren und genaueren Messung ist das Filter-Remissionsphotometer. K. Metz. 2524.

Hart, P. C.; Zeist, Inst. voor Veeteeltkundig Onderzoek „Schoonoord". Oriënterend onderzoek naar het verschil in eiwitsamenstelling tussen normaal en gedegenereerd varkensvlees. **(Orientierende Untersuchungen über die unterschiedliche Eiweißzusammensetzung normalen und degenerierten Schweinefleisches.)** Tijdschr. Diergeneeskunde **87** (1962) Nr. 15. S. 1020–1026. – 6 Tab., 9 Lit. Zus. in Engl., Franz., Dtsch.

Für die Untersuchungen wurde jeweils ein wäßriger Extrakt aus dem M. longissimus dorsi bereitet. Durch Aussalzen mit 25%iger bzw. 40%iger bzw. 50%iger $(NH_4)_2SO_4$-Lösung oder durch Präzipitation mittels Methylalkohol konnte in normalen Fleischproben stets mehr Eiweiß nachgewiesen werden als in degenerierten. Der Gehalt an Sarkoplasma- und myofibrillärem Eiweiß war gleichfalls bei degeneriertem Fleisch gegenüber dem normalen erniedrigt. W. Kuhlmann. 2524.

Anderson, B. B., Robinson, L. Leon und Hodgkins, Joe E. The „Banco" test: A rapid method for fat in meat and edible meat products. **(Der „Banco-Test": Eine Schnellmethode für Fett in Fleisch und eßbaren Fleischprodukten.)** J. Assoc. off. agric. Chemists **45** (1962) Nr. 1. S. 13–17. – 5. Tab., 5 Lit.

Es wird eine Schnellmethode zur Bestimmung von Fett in Fleisch- und Wurstwaren beschrieben, die auf dem gleichen Prinzip wie die Fettbestimmung in Milch und Milchprodukten nach dem „Detergent Test" beruht. Die Methode ist sicher, ungefährlich, liefert genaue und gut reproduzierbare Ergebnisse und erfordert nur 30 Min. pro Bestimmung. Geräte, Reagenzien und Ausführung werden besprochen. Beleganalysen aus 4 verschiedenen Laboratorien nach dem „Banco-Test" und der AOAC-Methode bewiesen ihre Genauigkeit und Sicherheit. F. Weißbach. 2524.

Urbin, M. C., Zessin, Darrel A. und Wilson, G. D.; Chicago, Univ., Amer, Meat Inst. Foundation, Div. of Food Techn. Observations on a method of determining the water binding properties of meat. **(Beobachtungen an einer Methode zur Bestimmung der Wasserbindeeigenschaft des Fleisches.)** J. Animal Sci. **21** (1962) Nr. 1. S. 9–13. – 3 Abb., 2 Tab., 5 Lit.

In diesem Versuch wurde die Mechanik der Durchführung der Filterpapier-Preßmethode nach Grau und Hamm zur Bestimmung der freien Feuchtigkeit verändert. Dazu wurde an Stelle einer handbetriebenen Pumpe eine elektrische Zentrifugalpumpe eingesetzt, was eine fortlaufende Untersuchung ermöglichte und die Variation durch eine Vielzahl von Wiederholungen einengte. Von anderen Laboratorien wurde vorgeschlagen, zur Bestimmung der Wasserbindeeigenschaft des Fleisches einen Druck von 500 lb./1 sq. in. zu verwenden. Die freie Feuchtigkeit – aus Gelatine gepreßt – erhöhte sich proportional zur Preßzeit, die Methode wurde dann auf eine Zeitdauer von 1 Min. standardisiert. Mit Hilfe dieses veränderten Verfahrens konnte nachgewiesen werden, daß Proben von der Mitte des M. long. dorsi signifikant niedrigere Werte an freier Feuchtigkeit enthielten gegenüber Proben, die von der äußeren Begrenzung dieses Muskels stammten. Diese ersteren Werte werden als zuverlässig angesehen, so daß die Probenentnahme nicht wahllos erfolgen darf. Parallel damit überwiegt auch die Zartheit des Fleisches in der Mitte des Muskelquerschnittes. O. Siegl. 2524.

Pezacki, W. The usefulness of slaughter products as dependent on the physiological development of boars during the castration period. **(Die Qualität der Schlachterzeugnisse in Abhängigkeit von der physiologischen Entwicklung der Eber während der Kastrationsperiode.)** Vortr. 8. europ. Kongr. Fleischforsch.-Inst. 20—27/8. 1962, Moskau. — 6 Tab., 9 Lit.
21 Eber wurden in 3 Gruppen unterteilt, die nach 6 Wochen sowie 3 bzw. 6 Mon. kastriert wurden. Die Tiere wurden gleichmäßig gefüttert. Die Ergebnisse zeigen, daß die Schlachtausbeute bei allen Gruppen kaum Unterschiede aufwies. Lediglich bei den später kastrierten Tieren schien sie sich geringfügig zu erhöhen. Die Rückenfettauflage war bei den mit 6 Wochen kastrierten Tieren am stärksten. Die Verlängerung der Vorkastrationszeit erhöht den Haut- und Knochenanteil der Tierkörper und vermindert damit die Qualität der spätkastrierten Tiere. Bei der technol. Verarbeitung des Fleisches konnten bei keiner Gruppe signifikante Qualitätsunterschiede festgestellt werden. Für die Schlachtung am geeignetsten waren die nach 3 Mon. kastrierten Tiere, da sie die stärkste Muskelbildung (bei 120 kg Gewicht) aufwiesen.
A. Schwarz. 2524.

Schestakow, S. D. **Intensität der autolytischen Vorgänge in ausgebluteten und nicht ausgebluteten Muskeln.** Vortr. 8. europ. Kongr. Fleischforsch.-Inst. 20—27/8. 1962, Moskau. — 8 Tab., 13 Lit.
Es wurden ausgeblutete und nicht ausgeblutete Muskeln von 7- bis 8jährigen mittelfetten Rindern auf pH-Wert (elektrometrisch mittels Potentiometer), Gesamtstickstoffmenge (Kjeldahl-Verfahren), Reststickstoff (Mikro-Kjeldahl-Verfahren), Gehalt an freien Aminosäuren (distributive Papierchromatographie), Milchsäure (Fürt-Embden-Methode), reduzierende Substanzen (Hagedorn-Jensen-Methode) und Gesamt- und anorg. Phosphor (colorimetrisch) untersucht. Die Untersuchung der autolytischen Vorgänge in den Muskeln wurde in 14 Versuchsreihen unternommen. Die Ergebnisse, die ein Ansteigen der untersuchten Substanzen in nicht ausgebluteten Muskeln erkennen lassen, zeigen, daß die Anwesenheit von Blut im Muskel die Autolyse fördert. A. Schwarz. 2524.

Palmin, W. W. **Die Veränderung der Eigenschaften von Stickstoffverbindungen bei Gammabestrahlung von Rindfleisch.** Vortr. 8. europ. Kongr. Fleischforsch.-Inst. 20-27/8. 1962, Moskau. — 5 Abb., 2 Tab., 21 Lit.
Es wurden die Veränderungen von Glutathion, Aminosäuren und wasserlöslichen Eiweißen bei verschiedenen Bestrahlungsdosen untersucht. Die Zerstörung von reduziertem Glutathion steigert sich mit der Höhe der Bestrahlungsdosis und wird durch Anwesenheit von Luftsauerstoff aktiviert. Die Erhöhung der Bestrahlungsdosis vermindert durch die damit verbundene Inhibierung der Cathepsine die Intensität der Autolyse. Der Charakter der Autolyse ändert sich infolge der künstlichen Erhöhung des pH-Wertes. Die Untersuchungen lassen annehmen, daß die Intensität der Proteolyse in eiweißfreien Fleischauszügen durch einen einzigen Wert der optischen Dichte (gemessen bei 278 mμ) nicht immer zu charakterisieren ist. Die elektrophoretische Beweglichkeit von Sarkoplasmaeiweiß sinkt mit der Erhöhung der Bestrahlungsdosis. Mit 5 Mill. rad bestrahltes Fleisch enthielt nur 3 Eiweißfraktionen gegenüber 5 bei gekühltem Fleisch.
A. Schwarz. 2524.

Frumkin, M. L. **Untersuchung der Oxydationshemmung in Fettgewebe des gammabestrahlten Geflügels.** Vortr. 8. europ. Kongr. Fleischforsch.-Inst. 20-27/8. 1962, Moskau. — 2 Tab., 5 Lit.

Durch die Gammabestrahlung von Geflügelkörpern werden die Oxydationsvorgänge im Fettgewebe gefördert. Es kommt zwar nicht zur Ranzigkeit, aber die organoleptischen Eigenschaften verändern sich, und die Oxydationsprodukte können entweder direkt toxisch wirken oder die Vit. A, D und E inaktivieren. Es wurden Versuche mit Hähnchen durchgeführt, deren Futter butyliertes Oxytoluol als Antioxydans zugesetzt wurde. Die Ergebnisse zeigen, daß damit eine Stabilisierung des Fettgewebes erzielt werden konnte. Rückstände des Antioxydans lagerten sich im Fettgewebe nicht ab.
A. Schwarz. 2524.

Jacobson, Marion, Weller, Margaret, Galgan, M. W. und Rupnow, Eugene H.; Washington, Washington Agric. Exp. Stat. Factors in flavor and tenderness of lamb, beef, and pork, and techniques of evaluation. **(Faktoren des Geschmackes und der Zartheit von Lamm-, Rind- und Schweinefleisch und die Methoden der Bestimmung.)** Washington agric. Exp. Stat., techn. Bull. **1962** Nr. 40. S. 1-22. — 3 Abb., 21 Tab., 9 Lit.

Die Prüfungen wurden von einer Gruppe von erfahrenen Prüfern und einer Gruppe von geübten Studenten durchgeführt. Die Einstufung erfolgte nach verschiedenen subjektiven Systemen und objektiv mit chem. Analyse, Shearmeter und Kochversuch. Bei den Schafen wurden männl. und weibl. Lämmer und ältere und jüngere Tiere gegenübergestellt sowie Fütterung mit und ohne Fischmehl. Es ergaben sich Geschlechts- und Altersunterschiede beim Aroma. Bei den Rindern wurden 3 normale Tiere und 3 kleine untersucht. Es wurden Bratenstücke aus dem M. semimembranaceus und M. long. dorsi verwendet. Beim M. semimembranaceus war kein Unterschied, aber beim M. long. dorsi sowohl beim Geschmack als auch bei der Zartheit. Bei den Schweinen wurden verschieden gefütterte Tiere verglichen sowie 2 Rassen. Lendenbraten wurde auf Geschmack, Saftigkeit und Zartheit untersucht. Unterschiedliche Ration hatte keinen Einfluß auf den Geschmack aber verschiedene Fettration. Hampshire waren zarter. Das Fett in der Ration hatte keinen Einfluß auf die Zartheit. E. Otto. 2524.

Dahl, Olle. Content of creatine — an index of the quality of meat products? **(Kreatingehalt — ein Index der Fleischwarenqualität?)** Vortr. 8. europ. Kongr. Fleischforsch.-Inst. 20-27/8. 1962., Moskau. — 5 Tab., 13 Lit.

Untersuchungen verschiedener tierischer Gewebe sowie Wurstwaren ergaben, daß der Kreatingehalt, berechnet als Rohproteinprozente, zur Qualitätsbeurteilung von Fleisch- und Wurstwaren verwendet werden kann. Eine Ausnahme bilden lediglich gekochte Fleischerzeugnisse, wie Leberpastete, Leberwurst, Corned beef u. a. Es wurden 2 Analysenverfahren verglichen. Unter den wasserlöslichen Guanidinverbindungen wurden außer Kreatin noch Arginin gefunden, das sich im Gehirn und der Magenschleimhaut von Schweinen in beträchtlichen Mengen findet. A. Schwarz. 2524.

Maksakow, W. J. Objective determination of meat quality by its „marbleness". **(Marmorierung als ein objektiver Test bei der Beurteilung der Fleischqualität.)** Vortr. 8. europ. Kongr. Fleischforsch.-Inst. 20-27/8. 1962, Moskau. — 5 Abb.

Es werden 2 Verfahren zur Bestimmung der Marmorierung im Fleisch erläutert. 1. Bestimmung der Marmorierung direkt am Muskelschnitt: Sie beruht auf der Schätzung der Fettfraktionsfläche und der Menge der Fetteinschlüsse, die auf dem Querschnitt des untersuchten Muskels längs der 10 cm langen Mittellinie liegen. Die Auszählung erfolgt mittels Millimeter-Netzes. 2. Bestimmung der Marmorierung auf photographischem Wege: Hierbei wird der Muskelschnitt nach Trocknung in natürlicher Größe photographiert, in Vergrößerung projiziert und ebenso ausgezählt wie unter 1. —

Die Formeln für die Berechnung der Fettanteile werden entwickelt. Das photographische Verfahren ist das präzisere und übertrifft die Daten der chem. Analyse. A. Schwarz. 2524.

Otto, E. **Form und Inhalt von Schweineschinken.** Vortr. 8. europ. Kongr. Fleischforsch.-Inst. 20-27/8. 1962, Moskau. — 1 Abb., 7 Tab., 2 Lit.
Vf. vergleicht Form und Inhalt der Schinken beim Deutschen Weißen Edelschwein und beim Veredelten Landschwein. Von einer Anzahl Schweine beider Rassen wurden die Schinkenformen gemessen, die Schinken zerlegt, gewogen, wobei die Muskelgewichte, -längen und -umfänge ermittelt wurden. Zwischen den genannten Kriterien bestehen nur schwache Beziehungen. Schwer und fleischreich können alle Schinken sein. Durch die Gewichtsvergrößerung des Schinkens tritt wahrscheinlich auch eine Vergrößerung des Fleischanteils und eine Verringerung des Fettanteils ein. Die längeren und breiteren Schinken enthalten, bewirkt durch die formgebenden Muskeln, weniger Auflage- und Einlagefett. Die Variabilität der Gewebeanteile ist Ausganspunkt für züchterische Möglichkeiten. K. Metz. 2524.

Gatherum, D. P. und Lawrie, R. A. Preliminary observations on intra- and interlitter differences in the composition of l. dorsi muscles from pigs of two breeds. **(Vorläufige Angaben über die Intra- sowie Inter-Wurfunterschiede in der Zusammensetzung der M. longissimus dorsi bei zwei Schweinerassen.)** Vortr. 8. europ. Kongr. Fleischforsch.-Inst. 20-27/8. 1962, Moskau. — 3 Tab.
Bei Versuchen mit Schweinen der Rasse „Large White“ und „Landrace“ wurden je 4 Tiere von je 4 Würfen, die jeweils von 1 Eber und 4 verschiedenen Sauen abstammten, vom Alter von 8 Wochen bis zum Erreichen eines Lgw. von 90 kg unter den gleichen Bedingungen gehalten. Anschließend wurden das Gewicht, die Querschnittsfläche, der End-pH-Wert und der Gesamt-, sarkoplasmische, myofibrilläre und Stroma-N bei den longissimus-dorsi-Muskeln der Tiere ermittelt. Die festgestellten Unterschiede waren sowohl auf Rasse, Geschlecht und Mutter als auch auf die Individualität der einzelnen Tiere zurückzuführen. A. Schwarz. 2524.

Hill, Fergus; Dublin, Agric. Inst., Meat Res. Dep. Fibre composition of tough and tender muscles of meat animals. **(Faser-Zusammensetzung von zähen und zarten Muskeln von Fleisch-Tieren.)** Nature [London] **196** (1962) Nr. 4849. S. 65-66. — 2 Tab., 2 Lit.
Der Bindegewebegehalt der Muskeln wird oft mit der Zartheit des Fleisches in Verbindung gebracht. Vf. prüfte die Verteilung von N bei typisch zähen (M. semitendineus) und zarten Muskeln (M. long. dorsi). Untersucht wurden 8 Hereford-Shorthorn-Ochsen im Alter von 32 Mon., 8 Lämmer im Alter von 8-15 Wochen und 2 Schweine im Gewicht von 90 kg. Die Ergebnisse zeigen, daß der Bindegewebe-N-Gehalt am höchsten beim Rind und am niedrigsten beim Schwein ist. Beim Vergleich der zähen und zarten Muskeln des Rindes scheint es ohne Zweifel, daß der größere Myofrillen-N-Gehalt und kleinere Sarkoplasma-N-Gehalt die größere Zartheit bedingen. E. Otto. 2524.

Krzywicki, K. und Wismar-Pedersen, J. Some properties of sarcoplasmic proteins of normal and watary pork muscle. **(Einige Eigenschaften des Sarkoplasmas bei normalem und wäßrigem Muskelgewebe des Schweines.)** Vortr. 8. europ. Kongr. Fleischforsch.-Inst. 20-27/8. 1962, Moskau. — 7 Abb., 2 Tab., 11 Lit.
Bestimmt wurde die Menge des extrahierbaren sarkoplasmischen Proteins im M. longissimus dorsi von Schweinen im Verhältnis zum pH-Wert der Proben $^3/_4$ Std. nach dem Stechen (pH_1). Wenn pH_1 im Bereich 6,3-6,4 liegt, ist die Menge bedeutend höher als wenn er unter 6,0 liegt. Papierelektrophoretische Versuche zeigen, daß dieser Unterschied in Beziehung zur Globulin-X-

Fraktion des Sarkoplasmas zu stehen scheint. Bei einem pH_1 über 6,4 nimmt die Menge des extrahierbaren Sarkoplasmas allmählich ab.
A. Schwarz. 2524.

Janicki, M. A. und Kolaczyk, S. Myoglobin and hydration of meat in pigs. **(Myoglobin und Hydration von Schweinefleisch.)** Vortr. 8. europ. Kongr. Fleischforsch.-Inst. 20-27/8. 1962, Moskau. — 3 Tab., 15 Lit.

41 Schweinelenden, die von gleichmäßig gefütterten und unter den üblichen Bedingungen geschlachteten Baconschweinen stammten, wurden untersucht. Myoglobin- und Wassergehalt sowie das Wasserbindevermögen der Lendenmuskel wurden bestimmt. Statistisch signifikante Korrelationen ergaben sich zwischen Myoglobin- und Wassergehalt, Myoglobingehalt und Wasserbindevermögen und auch zwischen Wassergehalt und Wasserbindevermögen. Mit Hilfe eines Teilkorrelationsverfahrens wurde festgestellt, daß eine tatsächliche Korrelation zwischen Myoglobingehalt und Wasserbindevermögen sowie zwischen Wasserbindevermögen und Wassergehalt besteht. — Eine Erörterung über den Zusammenhang zwischen der Fleischhydratation und dem tierischen Stoffwechsel wird gegeben. A. Schwarz. 2524.

Tower, B. A. und Floyd, E. H. Consumer and organoleptic tests with broilers grown on lindane-impregnated litter. **(Verbrauchertests und organoleptische Prüfungen mit auf Lindan-getränkter Streu aufgezogenen Broilern.)** Poultry Sci. 40 (1961) Nr. 1. S. 234-238. 2524.

Field, R. A., Varney, W. Y. und Kamp, James D.; Lexington, Univ. of Kentucky. Processing costs, market values, and consumer acceptance light and normal weight hogs. **(Veredlungskosten, Marktwerte und Verbraucherwünsche bei Schweinen mit normalem und niedrigerem Endgewicht.)** J. Animal Sci. 20 (1961) Nr. 4. S. 742-746. — 7 Tab., 21 Lit.

Zweck dieses Versuches war die Beobachtung des Marktgeschehens an 216 Hampshire-Schweinen, die bei 160 lb. bzw. 220 lb. Lgw. zur Schlachtung kamen. Die Variationsbreite der leichteren Gruppe reichte von 145-172 lb., die der schwereren Gruppe von 210-240 lb. Für jedes einzelne Schwein wurde der Wert pro 100 lb. Lgw. bestimmt. Die Fleischteile wurden nach verschiedenen Qualitäten zubereitet und angeboten. Schließlich wurden 561 Verbraucher bez. Magerkeit, Größe, Zartheit und Geschmack der Fleischteile befragt. Bei 325 °F gebratene Lende wurde von einer 7köpfigen Beurteilungskommission bez. Zartheit und Geschmack geprüft. Kochverlust und Zartheit wurden außerdem objektiv ermittelt. Auch wurden 25 Konservenfabrikanten und 73 Kleinhändler nach dem Vorteil der bei 160 lb. geschlachteten Schweinen interviewt. In der Reihenfolge der angeführten Gewichtsabschnitte sind die Ergebnisse für a) Futterverbrauch je lb. Zuwachs, b) Proteingehalt im Futter, c) Futterkosten angegeben: 44-75 lb.: 2,5 lb., 16%, \$ 3,16; 75-125 lb.: 3,4 lb., 14%, \$ 3,10; 125-160 lb.: 4,2 lb., 12%, S 3,00; 160-220 lb.: 4,8 lb., 12%, \$ 3,00. Die durchschnittl. Tageszunahmen vom Absetzen bis 160 bzw. 220 lb. Gewicht betrugen 1,52 bzw. 1,55 lb. Die Differenz ist signifikant. Bis zu 300 lb. Gewicht waren die Zunahmen um 10% niedriger als bis 200 lb. 83% der Konservenfabrikanten bevorzugten Schweine von 200 bis 225 lb. Bei Schweinen unter 175 lb. wird mit 20% höheren Veredlungskosten gerechnet. Die Fabrikanten stimmten mit den Kleinhändlern bez. des Gewichtes der bevorzugten Teilstücke nicht völlig überein. Die letzteren bevorzugen i. allg. kleinere Schinken, Lenden usw. Die Verbraucherumfrage ergab, daß ein größerer Prozentsatz der Schinken u. a. Fleischteile von den schwereren Schweinen zu fett war. Auch bezeichneten 31,6% der Befragten die Schinken von schwereren Schweinen, jedoch sogar 11,9% die Schinken von leichteren Schweinen als zu groß. Zartheits- und Geschmacksproben des Fleisches ergaben keine signifikante Differenz zwischen den beiden Gewichtsgruppen. Der Kochverlust betrug bei den leichteren Schweinen 23,1%, bei den schwereren 25,3%. Der Unterschied war gesichert. Gegenüber den schwereren ergaben die bei 160 lb. geschlachteten Schweine signifikant mehr magere Fleischteile, so daß sie im Wert pro lb. Fleischgewicht mit $ 1,27 höher lagen, was wiederum einen Ausgleich der höheren Veredlungskosten ermöglicht.

O. Siegl. 2524.

Schön, L. **Möglichkeiten der objektiven Bewertung der Schlachtkörper von Rindern.** Vortr. 8. europ. Kongr. Fleischforsch.-Inst. 20-27/8. 1962, Moskau.
Die Anwendung objektiver Maßstäbe bei der Bewertung von Rindern wird untersucht. Bes. betrachtet werden die Grenzen im Aussagewert verschiedener Beziehungen, die hauptsächlich auf Unterschieden in den Altersabstufungen zwischen und innerhalb der Kategorien und vielleicht auf Typenunterschieden beruhen können. Bei der Vermarktung kommt den Beziehungen zwischen Fettanteil und Gewebe starke Bedeutung zu. Bei einer niedrigen Einstufung im Handelswert, bezogen auf einzelne Teilstücke, liegen die Gewinne weit höher als in der Literatur angegeben. Die aufgelagerten Fette können jederzeit abgetrennt werden, ohne daß dabei eine Wertminderung eintritt. Wachstum und Alter in Verbindung mit Rasse und Typ müssen die Bewertungsfaktoren bilden. K. Metz. 2526.

Hewitt, A. C. T. Where the beef cuts are. **(Wie die Rinder zerlegt werden.)** J. Agric. [Melbourne] **60** (1962) Nr. 5. S. 202-203. — 2 Abb.
In 2 Abbildungen werden die Beziehungen der Teilstücke von Vorder- und Hinterviertel angegeben. Die Angabe der Verwendung der einzelnen Stücke zur Verarbeitung, als Steak, ergänzen die Darstellungen. E. Otto. 2526.

Starke, J. S. und Joubert, D. M.; Pretoria, Univ., Fac. of Agric. A score card for lamb and mutton carcasses. **(Punktbewertungskarte für Lamm- und Hammelfleisch.)** J. Agric. Sci. **57** (1961) Nr. 3. S. 319-323. — 1 Abb., 7 Tab., 10 Lit.
Zur Vermeidung großer visueller Abweichungen bei der Einstufung der Schlachtqualität erarbeiteten die Autoren eine auf der Durchführung von Messungen basierende Punktbewertungskarte. Differenzen zwischen verschiedenen Gutachtern, mehreren Jahren usw. werden dadurch ausgeschaltet. Die Bewertung erfolgt nach dem 100-Punkte-System. Davon können 40 Punkte vergeben werden für die Muskelentwicklung, die sich wiederum in max. 15 Punkte für die Tiefe und 10 Punkte für die Breite des M. long. dorsi gliedern. Die Tiefe des Muskels ist ein besserer Maßstab für die Fleischmenge und wird deshalb stärker betont. Weiterhin sind max. 15 Punkte für den Umfang der Keule vorgesehen. Für weitere Merkmale sind folgende Höchstpunktzahlen festgelegt: Dicke des Rippenauflagefettes 20 Punkte, Dicke des Rückenmuskelauflagefettes 10 Punkte, Fettauflage an der Keule 10 Punkte. Die Rippenfettmessung wird als repräsentativ für die Gesamtmenge des eingelagerten Fettes, die Auflagefettmessung als hoch korreliert mit der Gesamtmenge an s.c. Fett angesehen. Für den Typ des Lammes können max. 10 Punkte vergeben werden, wozu die Keulenlänge als objektiver Maßstab dient. Schließlich werden noch je 5 Punkte für Marmorierung im Rückenmuskel und für Farbe sowie Faserung des Fleisches vergeben. Insgesamt beruhen 80% der Gesamtpunkte auf objektiven Messungen, während nur 20% nach visueller Schätzung vergeben werden. Die einzelnen Punktskalen sind angeführt.

O. Siegl. 2526.

Weber, Adolf; Göttingen, Univ., Inst. für Landwirtsch. Marktlehre. **Marktwirtschaftliche Fragen der Fleischerzeugung.** Arch. dtsch. Landwirtsch.-Ges. **28** (1961) S. 45-66. — 9 Abb., 7 Tab., 17 Lit.
Je 1 kg Körpergewicht des Menschen muß mit einem Bedarf von 1 g Eiweiß gerechnet werden, der durch verschiedene Produkte der Landwirtschaft

gedeckt werden kann. Mit steigendem Einkommen wird Eiweiß in folgender Rangordnung Fisch, Milch, Käse, Eier, Fleisch verzehrt. Damit nimmt das Fleisch unter den tierisches Eiweiß enthaltenen Nahrungsmitteln eine bevorzugte Sonderstellung ein. In den EWG-Ländern stieg von 1950-60 das Pro-Kopf-Einkommen um 48%. Dadurch erhöhte sich der Verzehr wie folgt: Geflügelfleisch von 2,6 auf 4,9 kg, Hauptfleischarten von 30,1 auf 43,5 kg, Eier von 8 auf 11,5 kg/Kopf/Jahr, dagegen stieg der Milchverbrauch nur wenig. Der Fleischverzehr ist in Frankreich am höchsten, in Italien am niedrigsten. Eine Sättigungsgrenze ist im Fleischverbrauch noch nicht abzusehen, bez. Geflügelfleisch besteht eine förmliche Nachfrageexpansion. Dabei beträgt in der BRD der Geflügelfleischverzehr erst 7,9% gegenüber einem Anteil von 16,1-18% am Gesamtfleischverzehr in den USA. Von 1950-60 erhöhte sich in den EWG-Ländern die Erzeugung von Rind- und Kalbfleisch um 4,5%, von Schweinefleisch um 5,1%, und von Geflügel um 7%. Der Umtrieb in der Schweinehaltung ist in der BRD auf 139%, in Dänemark auf 147%, in Holland auf 165% und in Belgien auf 174% des Bestandes gestiegen, während der Ferkelzugang/Zuchtsau/Jahr in diesen Ländern zwischen 11,2 (Holland) und 13,9 (Belgien) lag. Dementsprechend beträgt der Anteil von Zuchtsauen am Gesamtschweinebestand in Holland 15,2, in der BRD 10,1%. Der Einsatz nur noch mastleistungsgeprüfter Eber und eine Arbeitsteilung in Aufzucht und Mast wird empfohlen. Bez. Qualität verlangen die Verbraucher immer mehr zum Braten und Grillen geeignetes Fleisch. Die Fleischvermarktung zeigt zunehmende Tendenz. Dadurch sinken die Kosten für die Warenverteilung, verringern sich kurzfristige Preisschwankungen und wird eine Bezahlung nach Qualität gewährleistet. In der BRD werden gegenwärtig 100000 t Geflügelfleisch erzeugt, davon 32000 t Gänse und Enten und 63000 t Hühnergeflügel, das sich wiederum in 46000 t Althühner und Hähne und nur 17000 t Jungmasttiere gliedert. Für 1965 wird ein Pro-Kopf-Verbrauch an Geflügelfleisch von 8 kg zugrunde gelegt, was bei 58 Mill. Verbrauchern einen Geflügelfleischbedarf von 464000 t ergibt, von denen nur ca. 150000 t importiert werden sollen. O. Siegl. 2528.

Doležahl, B. **Neue Technologie in der tschechoslowakischen Fleischwirtschaft.** Vortr. 8 europ. Kongr. Fleischforsch.-Inst. 20-27/8. 1962, Moskau.

Es werden Verbesserungen und Neuentwicklungen in der Technologie besprochen. Bei der bisherigen Technologie wird durch das Mengen der Übergang zum kontinuierlichen Arbeitsfluß erschwert. Im Hinblick auf die kontinuierliche Herstellung von Räucherwaren werden bes. die Umrötung, Zerkleinerung, Mischung, Dosierung, Gewürzzugabe und Erwärmung der Waren betrachtet. Bei der Wärmebearbeitung von Fleischprodukten soll nach dem Prinzip der Widerstandserhitzung gearbeitet werden. Die gesamten technol. Prozesse vom Rohstoff bis zum Fertigprodukt sind nach den Erkenntnissen der Forschung fixiert. K. Metz. 2528.

Tilgner, Damazy Jerzy; Gdansk, Polen. **Wirtschaftlich-technologische Betrachtungen zur Fleischwirtschaft Nordamerikas. 2. Mitt.** Fleischwirtschaft **12** (1960) Nr. 6. S. 453-456. 459. 460. — 12 Abb., 10 Lit. 1. Mitt. vgl. LZ. Abt. III **6** (1960) Nr. 9. S. 1448. 2528.

Tilgner, Damazy Jerzy; Gdansk, Polen. **Wirtschaftlich-technologische Betrachtungen zur Fleischwirtschaft Nordamerikas. 3. Mitt.** Fleischwirtschaft **12** (1960) Nr. 7. S. 556-563. — 2. Mitt. vgl. vorst. Titel. 2528.

Tilgner, Damazy Jerzy; Gdansk, Polen. **Wirtschaftlich-technologische Betrachtungen zur Fleischwirtschaft Nordamerikas. 4. Mitt.** Fleischwirtschaft **12** (1960) Nr. 8. S. 658-660. 663-666. — 11 Abb., 19 Lit. 3. Mitt. vgl. vorst. Titel. 2528.

Neschew, I. A. und Ignatowsky, I. G. **Die Ausnutzung von Lammfleisch in Bulgarien.** Vortr. 8. europ. Kongr. Fleischforsch.-Inst. 20-27/8. 1962, Moskau. — 4 Tab., 7 Lit.

In der VR Bulgarien ist der Verbrauch an Lammfleisch sehr hoch. Als Mindestgewicht für Schlachtlämmer werden 5 kg genannt. Hierzu durchgeführte Untersuchungen erbrachten als Schlußfolgerungen: 1. Die frühe Schlachtung der Junglämmer ist vorzuziehen. 2. Sie ist volkswirtschaftlich vorteilhaft. Einmal wird eiweiß- und kalorienreiche Nahrung gewonnen und zum anderen techn. Rohmaterial (Lammfell), das im Jungtierstadium wertvoll ist. Es werden verschiedene Fütterungsarten und -zeiten und deren Auswirkungen ökonomisch verglichen. Die Ausbeuten u. a. beeinflussende Faktoren werden aufgezeigt. K. Metz. 2528.

Anonym. **Vier Jahre Institut für Fleischwirtschaft.** Fleischermeister **16** (1962) Nr. 12. S. 322-323. — 4 Abb.

Es wird über die Entwicklung und Struktur des Inst. berichtet. Seine Stellung im Rahmen der Fleischindustrie und die damit verbundenen Aufgaben werden dargelegt, wobei ein Überblick über die wesentlichsten Forschungs- und Entwicklungsarbeiten gegeben wird. In der Perspektive ist eine weitere Verstärkung der Unterstützung für die Betriebe vorgesehen, um bei höchstem ökonomischen Nutzen höchste Qualität zu erzielen. A. Schwarz. 2529.

Knoop, Anne-Marie und Knoop, Ernst. **Elektronenmikroskopische Untersuchungen über die physikalische Struktur der Butter.** Milchwissenschaft **17** (1962) Nr. 11. S. 604-608. 2530.

Goodwin, T. L., Wilson, M. L. und Stadelman, W. J.; Lafayette, Ind., Purdue Univ. Effects of oiling time, storage position, and storage time on the condition of shell eggs. **(Der Einfluß des Zeitpunktes der Ölung auf die Art der Lagerung, die Lagerungsdauer sowie auf die Eischalenbeschaffenheit.)** Poultry Sci. **41** (1962) Nr. 3. S. 840-844. — 5 Tab., 13 Lit.

Der Zeitpunkt der Ölung der Eier übt einen signifikanten Einfluß aus, 1 Std. nach dem Legen geölte Eier waren den erst nach 6 Std. behandelten signifikant überlegen. Die Ölung verbessert neben dem Haugh- auch den pH-Wert und damit die gesamte Eiqualität. Die geringsten pH-Werte traten bei einer Ölung bis zu 6 Std. nach dem Legen auf, während bei längerer Lagerdauer bis zu 96 Std. vor der Ölung die Werte ständig stiegen. Die Lagerdauer betrug 21 Tage bei 45 °F, Eier, die mit dem spitzen Pol nach oben gelagert wurden, hatten bessere Haugh-Werte. E. Urban. 2535.

Becker, Walter A. und Bearse, Gordon E.; Puyallup, Wash., State Univ., Western Exp. Stat. Sulfanilamide, specific gravity of eggs and an interaction. **(Sulfanilamide und ihre Wechselwirkung auf das spezifische Gewicht der Eier.)** Poultry Sci. **41** (1962) Nr. 1. S. 189-200. — 3 Tab., 1 Lit.

Dem Alleinfutter von 400 Leghornhennen wurde zeitweilig 0,03% Sulfanilamide zugesetzt. Außer der Legeleistung wurden Eigewicht, spez. Gew., Höhe des Weißeies, Blutflecken und die Zahl der Knickeier festgestellt. Die Sulfanilamide reduzierten die Legeleistung, das Eigewicht, das spez. Gew., die Haugh-Werte signifikant mit $P < 0{,}01$. Weiter ergab sich eine hohe Signifikanz in der wechselnden Höhe des spez. Gew. Die Eischalendicke als Selektionsmaßstab unter diesen Versuchsbedingungen kann nicht gewertet werden, da die Eier derselben Hennen bei normaler Ration nicht die gleiche Eischalendicke aufweisen. E. Urban. 2535.

Gajewoj, E. W. **Zum Problem der Schaffell-Konservierung.** Vortr. 8 europ. Kongr. Fleischforsch.-Inst. 20-27/8. 1962, Moskau. — 2 Tab., 20 Lit.

Vf. untersucht die Eiweißkonservierung als Problem der Biochemie und der Mikrobiologie. Die Einfluß-Faktoren Fermente und pH-Wert sowie die von

Nikitinskij klassifizierten Prinzipien zur Erhaltung und Konservierung (Biose, Anabiose, Caenoanabiose und Abiose) werden erläutert. Als Methoden der Rohstoffkonzentrierung für techn. Zwecke kommen Gewebeentwässerung, Behandlung mit chem. Reagenzien zwecks Veränderung des pH-Wertes und des osmotischen Druckes, die Antiseptikaanwendung und die Einwirkung von hohen und niedrigen Temperaturen in Betracht. K. Metz. 2545.

Stewart, G. F. und *Abbott, J. C.* **Marketing eggs and poultry.** Rome: FAO. 1961. (XII, 193 S.) 8°. = FAO Marketing guide. No. 4. (SR 2357, 4)
Willemsen, W. **De kostprijs van de melk op de voor-beeld-weidebedrijven.** Wageningen: Proefstation voor de Akker- en Weidebouw 1962. (S. 205-212.) 8°. = Proefstation voor de Akker- en Weidebouw. Overdruk. 34. (SR 2629, 34)
Literatur über Antibiotika in der Milch. Hrsg. Instn.: Medizin. Akademie, Dresden, Wiss. Dok. Dresden. (Lit.-Nr. 06. Titelanzahl: 33. Ber.-Zeit: 1951-60.)

SPEZIELLE GROSSTIERZUCHT

A. ALLGEMEINES

Schäfer, Heinrich. **Tierzucht und Tierhaltung in Steppengebieten.** Mitt. dtsch. Landwirtsch.-Ges. **77** (1962) Nr. 36. S. 1198-1202.
Nach einer Charakteristik des Landes Südwestafrika wird die von Farmgröße, Weideland und Niederschlagsmenge abhängige Bewirtschaftung der Ländereien beschrieben. Während im nördlichen Teil des Landes bei Niederschlagsmengen von 300-500 mm die Rinderhaltung vorherrscht, überwiegt im trockenen Süden die auf die Karakulzucht eingestellte Schafhaltung. Eine Betriebsbeschreibung der fast 80000 ha großen Farm Haribes gibt Einblick in die Produktionsmöglichkeiten im Steppengebiet. Die Veröffentlichung wird fortgesetzt. H. Winkler. 3001.

Snick, G. van. La production animale Belge en 1961. **(Ergebnisse der Tierzucht in Belgien 1961.)** Rev. Agric. [Bruxelles] **15** (1962) Nr. 4. S. 485-491. — 5 Tab.
Der Tierbestand in Belgien umfaßte 1961 ca. 148000 Pferde in der Landwirtschaft sowie weitere 3800 für andere Zwecke, ca. 2,7 Mill. Stck. Rindvieh, ca. 82000 Schafe, ca. 6600 Ziegen, ca. 1,75 Mill. Schweine und ca. 15 Mill. Stck. Geflügel. Gegenüber dem Vorjahr hat sich der Bestand an Pferden, Schafen und Ziegen verringert, während sich die Zahl der Sportpferde erhöht hat. — Es wird befürchtet, daß die Erhöhung des Schweinebestandes zu einem Überangebot an Schweinefleisch in den letzten Monaten des Jahres führen wird. F. Lüpnitz. 3001.

B. PFERDE

Vergote de Lantsheere, W. L'élevage chevalin en 1961. **(Die belgische Pferdezucht 1961.)** Rev. Agric. [Bruxelles] **15** (1962) Nr. 4. S. 493-511. — 25 Abb., 9 Tab.
Während sich von 1960-61 die Zahl der landwirtsch. Traktoren in Belgien von ca. 43000 auf ca. 47600 erhöht hatte, sank die Zahl der Pferde von ca. 159000 auf ca. 148000. Dennoch behalten Pferde als Zugtiere in Klein- und Mittelbetrieben ihre Bedeutung, es ist jedoch erforderlich, daß sich die Zuchtentwicklung den Forderungen dieser Betriebe anpaßt. — Bes. Beachtung findet neben der Gebrauchspferdezucht die Zucht von Kleinpferden (Belgisches Shetland-Pony) sowie die Zucht von Voll- und Halbblut. F. Lüpnitz. 3015.

Popov, B. N. (Popow, B. N.) Razvitie mjasnogo konevodstva v SSSR. **(Die Entwicklung der Fleisch-Pferdezucht in der UdSSR.)** Vestnik sel'skochozjajstvennoj nauki, Moskva **6** (1961) Nr. 12. S. 87-94. — 5 Abb., 3 Tab. Zus. in Engl., Franz., Dtsch.

Um die Pferdefleischerzeugung in der UdSSR auf 500000–600000 t/Jahr steigern zu können, muß der Pferdebestand, bes. der Stutenbestand, vergrößert werden. Für die Pferdefleischerzeugung sind die Kasachischen Dshabe-Pferde bes. geeignet, da sie bei guten Weidebedingungen im Frühjahr und im Herbst stark zunehmen; die Fohlen erreichen mit 7–8 Mon. 60% des Gewichts der erwachsenen Tiere. Sehr gute Ergebnisse bringt die Gebrauchskreuzung von kasachischen Stuten mit Russischen und Sowjetischen Kaltbluthengsten (die Kreuzungstiere wiegen mit 3 Jahren 450–500 kg). Durch Verbesserung der bodenständigen kasachischen Pferde mit Traber-, Don- und Budjonny-Pferden wurde das Kuschumer Pferd herausgezüchtet, das bei günstigen Weidebedingungen schnell wächst und zunimmt (die Tagesdurchschnittszunahmen der Fohlen von 5,5 Mon. betragen ca. 800 g). Bei der Selektion in den bodenständigen Rassen müssen die Hengste mit gutentwickelter Muskulatur, hohem Lgw. und gutem Akklimatisationsvermögen bevorzugt werden.
B. Schenk. 3015.

Grünberg, R. und Călinescu, E. Rezultăte obținute în acțiunea de ameliore în masă a calului din șesul Dunării. **(Ergebnisse der Veredlung des Donauniederungspferdes.)** Lucrările științ. Inst. Cercetări zootehn. **19** (1961) S. 425–440. – 2 Abb., 3 Tab., 18 Lit. Zus. in Russ., Engl., Franz., Dtsch.

In den Jahren 1956–59 sind 1225 erwachsene Stuten aus 12 für die Zucht des Donauniederungspferdes spezifischen Bezirken vom Standpunkt der Herkunft, des Exterieurs, der Arbeitsleistung und Zuchtbedingungen untersucht worden. Es wurde festgestellt, daß sich dieser Bestand aus 68,17% veredelten und 31,83 unveredelten Pferden zusammensetzt. Die Kreuzungen mit Gidran und Trabern erbrachten die besten Ergebnisse, die mit Englischem Vollblut befriedigten am wenigsten. R. Petrovszky. 3170.

Călinescu, E. Cercetări în direcția massivizării corporale a calului huțul și a dezvoltării aptitudinilor de muncă pentru tracțiune și samar. **(Untersuchungen über die Verstärkung und Entwicklung der Arbeitsfähigkeit für Zug und Last beim Huzulen.)** Lucrările științ. Inst. Cercetări zootehn. **19** (1961) S. 385–412. – 14 Abb., 9 Tab., 23 Lit. Zus. in Russ., Engl., Franz., Dtsch.

Die Huzulen des Gestütes Lucina und der betr. Zuchtzone eigneten sich laut früheren Untersuchungen (1950–52) für Arbeiten im Wald und in der Holzindustrie nicht, da sie eine zu kleine Widerristhöhe hatten und mehr auf Lasten als für die Zugleistung spezialisiert waren. Vff. wollten in der Zeitspanne zwischen 1953 und 1958 den Huzulen diesbezüglich veredeln. Das Untersuchungsmaterial umfaßte 160 Zuchtstuten und -hengste sowie 340 Jungpferde beider Geschlechter aus 6 Generationen. Außerdem wurde die Genealogie von 323 Zuchtstuten und -hengsten des Gestütes Lucina während der Jahre 1919–55 untersucht und 96 Huzulen der Region Suceava einer tierzüchterischen Analyse unterworfen. Auf Grund dieser Untersuchungen sind 9 Zuchthengste mit einer durchschnittl. Widerristhöhe (WH) von 142,2 cm und 98 Zuchtstuten mit ⌀ 139,42 cm WH der wertvollsten und zweckentsprechendsten Linien und Familien ausgewählt und in der Zucht eingesetzt worden. Die Untersuchungen ergaben, daß der jetzige Huzule im Vergleich zu dem des Jahres 1952 eine um 2,01 cm größere WH und ein um 37,65 kg höheres Lgw. aufweist. Bei einer Zugleistungsprüfung über 20 km (Last entspr. dem Lgw.) ist ein Rekord von 65 Min. zur Bewältigung der Distanz aufgestellt worden. R. Petrovszky. 3170.

Hellerung, J. **Die Leistungsprüfungsordnung für Hengste der Rasse Edles Warmblut.** Tierzucht **16** (1962) Nr. 9. S. 387–389.

Vf. schlägt eine neue Prüfungsordnung für edle Warmbluthengste vor, die 1961 in der Hengstprüfungsanstalt Redefin erprobt wurde. Diese Prüfungsordnung kennzeichnet das Bemühen, das Hauptgewicht auf die Leistungsfaktoren zu legen, die bei einem Sportpferd vorrangig sind. Die Prüfung gliedert sich in eine Prüfung unter dem Reiter und im Zuge. Die Prüfung unter dem Reiter erstreckt sich auf 1000 m Schritt, 2000 m Trab, 3000 m Jagdgalopp (alte Prüfungsordnung: 1500 m) und 6000 m Geländeritt (früher 3000 m). Für jeden Prüfungsabschnitt sind eine Mindest- und Höchstzeit festgesetzt neben einer bestimmten Anzahl von Schritten, Tritten bzw. Sprüngen. Die Prüfung im Zuge sieht vor eine Strecke von 2 × 200 m vor der Schleppe bei einem Zugwiderstand von 125 kg und einer Höchstzahl von 130 Schritten auf den letzten 100 m. Die bisherige Prüfung vor dem Wagen wurde beibehalten. Die Prüfung der Regenerationsfähigkeit soll nach jeder Teilprüfung von einem Tierarzt durchgeführt und getrennt von der Gesamtnote beurteilt werden. Während des Trainings wird eine Beurteilung hinsichtlich Temperament, Charakter, Konstitution, Futteraufnahme und Futterverwertung vorgeschlagen. Rittigkeit und Stil im Zug werden beurteilt, aber nicht in die Gesamtbewertung einbezogen. Die Prüfungsergebnisse zeigten hinsichtlich der Trittlänge eine Diskrepanz zwischen Prüfungsanforderung von 56 Tritten auf 100 m gegenüber einer durchschnittlichen Trittzahl von 59 und einer Schwankungsbreite von 52–68. Aber Vf. vertritt die Beibehaltung dieser Forderung. Die übrigen Prüfungsergebnisse lagen im Bereich der Prüfungsanforderungen. W. Wussow. 3215.

Stoianovici, V. Unele aspecte ale efectului consangvinităţii iepelor Nonius de la Pădureni. **(Einige Aspekte der Inzuchtauswirkungen auf die Leistungsfähigkeit der Nonius-Stuten aus Pădureni.)** Lucrările ştiinţ. Inst. Cercetări zootehn. **19** (1961) S. 413–423. — 5 Tab., 5 Lit. Zus. in Russ., Engl., Franz., Dtsch.

347 Nonius-Stuten, die im Verlauf des Zeitraumes seit der Begründung des Gestütes Pădureni (1923) bis 1955 dort standen, wurden untersucht. Vff. folgern, daß Inzucht mit 3 freien Generationen zu den besten Ergebnissen führt. Vertreter insbesondere der Linie Nonius XXXVI im Pedigree sichern eine größere Leistungsfähigkeit sowohl bez. der Fruchtbarkeit als auch der Nachkommen. Das Geschlechtsverhältnis wird vom Inzuchtgrad der Mutter wenig beeinflußt, trotzdem ist bei den ingezüchteten Müttern mit 3 und 4 freien Generationen ein höherer Prozentsatz weibl. Fohlen beobachtet worden. Die Anzahl der ersten Sieger bei Leistungsprüfungen fällt mit zunehmendem Inzuchtgrad. R. Petrovszky. 3306.

Sasimowski, Ewald; Lublin, Wyższa Szkoła Rolnicza, Zakład Szczegółowej Hodowli Owiec i Koni. Badania porównawcze na dzielnoscią kopczykow podlaskich i mur-insulanów na tle niektórych wskaźnikow fizjologicznych. **(Vergleichende Untersuchungen über die Leistungsfähigkeit von Kopczyk-Podlaski-Pferden und Murinsulanern auf Grund gewisser physiologischer Indizien.)** Ann. Univ. Mariae Curie-Skłodowska, Sect. E **15** (1960, hrsg. 1962) S. 203–220. — 19 Abb., 12 Lit. Zus. in Russ., Engl. A. Ziołecka. 3350.

Instrukcija po bonitirovke plemennych lošadej. (Anleitung zur Bonitierung der Zuchtpferde.) Moskva: Izd. Minist. sel'skogo choz. SSSR. 1959. (35 S.) 8°. (DA 1421)

C. RINDER

Kint, G. L'élevage bovin en 1961. **(Die belgische Rinderzucht 1961.)** Rev. Agric. [Bruxelles] **15** (1962) Nr. 4. S. 513–534. — 8 Abb., 15 Tab.

In tabellarischen Übersichten wird der Stand der Rinderzucht in Belgien im Jahre 1961 dargestellt: Von fast 10000 Bullen wurden ca. 8500 (ca. 87%) anerkannt; es wurden ca. 870000 Kühe gedeckt; im Durchschnitt wurden bei Trächtigkeitstesten, bei denen 72 Bullen geprüft wurden, 454 Kühe/Bulle besamt. F. Lüpnitz. 3410.

Woermann, Emil; Göttingen, Univ., Inst. für Landwirtsch. Betriebslehre. **Formen und Wirtschaftlichkeit der Rindfleischerzeugung.** Arch. dtsch. Landwirtsch.-Ges. 28 (1961) S. 8–26. — 7 Tab.

In der BRD steht fast die Hälfte der LN als Dauergrünland und Ackerfutter der Rindviehhaltung zur Verfügung. Einschl. der Kraftfuttermengen sind 3,8 Mill. t GE/Jahr zu kalkulieren. Es wird nach dem zweckmäßigsten Verhältnis zwischen Milch- und Fleischerzeugung und im letzteren Falle nach der wirtschaftlichsten Form der Rindermast gesucht. Für die Entwicklung des Nahrungsmittelverbrauches ist in den Ländern der EWG mit einer jährl. Bevölkerungszuwachsrate von 0,7% und einer Bruttosozialproduktzunahme von 3,4 bzw. 2,8% zu rechnen. Trotz Subventionierung der Milch hat sich das Preisverhältnis immer mehr zugunsten des Fleisches verschoben. Dadurch, daß der Markt nach fettarmen Fleischqualitäten verlangt, wird die Preisrelation zwischen Milch und Fleisch einerseits und den Kraftfuttermitteln andererseits immer wichtiger. Von den Gesamtkosten entfallen bei Milch ca. 33%, bei Fleisch nur ca. 10% auf die Arbeitskosten. Seit 1950/51 erhöhte sich die Milcherzeugung um 31%, die Fleischerzeugung bereits um 60%. Bei 6,5 Mill. Kühen wurde ein Abkalbeergebnis von 86% erzielt. Ein 5jähriger Umtrieb wird angenommen. Die durchschnittl. Milchleistung ist in den letzten 6 Jahren von 2910 auf 3400 kg je Kuh und Jahr gestiegen. Die Zahl der Schlachtkälber war rückläufig, jedoch stieg die Rindfleischerzeugung stark an. An dieser waren abgängige Kühe mit ca. 43% und Ochsen mit ca. 5% beteiligt. Die Fleischleistungen von Färsen blieben unverändert, während die aus den Bullenschlachtungen resultierenden Fleischmengen um mehr als das Doppelte anstiegen. Der Bedarf an Rindfleisch wurde bisher zu 87 % aus der eigenen Landwirtschaft gedeckt. Von jährl. 5,6 Mill. geborenen Kälbern gehen 1,3 Mill. zur Kuhbestandsergänzung, 2 Mill. wurden als Kälber geschlachtet und 2,2 Mill. dienten der Bullen- und Färsenmast. Von den Schlachtkälbern wären noch 20–40% für die Rindermast geeignet. Die einzelnen Maststadien unterscheiden sich nach dem zwischen 300 und 550 kg liegenden Endgewicht, dabei erfolgt die Mast bis 450 kg Endgewicht kontinuierlich, während bei darüberliegenden Abgangsgewichten eine Vorbereitungszeit einzuschalten ist. Der Kraftfutteraufwand sinkt mit zunehmenden Endgewichten, der Heuverzehr bleibt unverändert, während der Aufwand an Saftfutter zwischen 300 und 500 kg Endgewicht sich fast verdoppelt. Mit den für 4000 kg Milch notwendigen Nährstoffmengen lassen sich rund 580 kg Lgw. erzielen. Die letztere Position steigt mit sinkenden Milchleistungen. Abschließend werden noch Gedanken über die Wirtschaftlichkeit der Milch- bzw. Fleischerzeugung dargelegt. O. Siegl. 3415.

Gilchrist, J. A. Beef in the South-West of Scotland. **(Die Rindermast im Südwesten Schottlands.)** Trans. Roy. Highland agric. Soc. Scotland [6] **6** (1961, hrsg. 1962) S. 47–58. — 5 Tab.

In Abhängigkeit von der betriebswirtschaftlichen Struktur der Landwirtschaft und den jeweils vorhandenen Erzeugungsbedingungen variieren auch die Formen der Viehhaltung. Insbesondere gilt dies für die Arbeitsteilung zwischen den kälberaufziehenden Gebirgsbetrieben und den Mästern in den fruchtbaren Niederungen mit dem die marktgerechte Ausmästung sichernden Futterbau. 1961 gab es in Schottland 291000 Kühe der Fleischrassen, das sind 22% des gesamten Milchviehbestandes. Im Jahre 1939 belief sich diese Zahl nur auf 19000. Der Jungviehanteil am Bestand ist beträchtlich. So kommen in Argyll auf je 100 Kühe der Fleischrassen 118 Mastrinder unter 1 Jahr, in Renfrew liegt dieses Verhältnis bei 282:100. Unter den Besamungsbullen hat sich die Zahl der Bullen der Fleischrassen verdreifacht. 1960 und 1961 wurde von den Mastshorthorns und den Aberdeen Angus die 2- bis 3fache Menge Samen benötigt als 1955. Gekreuzt werden die Blue-Grays mit Angusbullen, Shorthornbullen mit Ayrshirekühen und die Kühe der verschiedenen anderen Gebirgsrassen mit Shorthornbullen und deren Kreuzungsprodukte wieder mit Shorthorn- oder Angusbullen. Die Kosten variieren je nach den Erzeugungsbedingungen. Auf Grund einer Untersuchung in 11 Herden wurde bei den Kälberpreisen von 1960 je Kuh ein Überschuß von £ 15,7 errechnet. Jedenfalls ist durch die Rindermast neben der Milchvieh- und der Schafzucht in den Schottischen Betrieben manche Futter- oder Weidereserve in eine Ertragsleistung umzuwandeln. H. Busse. 3415.

Flock, D.; Ames, Iowa State Univ. **Aktuelle Fragen der Rindfleischproduktion in den USA.** Züchtungskunde **34** (1962) Nr. 7. S. 296–306. – 1 Abb., 4 Tab., Lit.

Der zunehmende Bedarf an hochwertigen, eiweißreichen Nahrungsmitteln der ständig wachsenden Bevölkerung der USA führte zu einem 10%igen Verbrauchszuwachs bei Rindfleisch in den Jahren 1945–60. Von 1945–62 nahm der Mast-Fleischrinderbestand (beef cattle) um 56% von 44,7 Mill. auf 69,7 Mill. Stck. zu, während im gleichen Zeitraum der Milchrinderbestand (dairy cattle) um 27% von 40,8 Mill. auf 29,8 Mill. Stck. zurückging. Das Rindfleisch wird vorwiegend von spezialisierten Mast-Fleischrindern produziert. Rassenmäßig stehen dabei die Hereford, Angus und Shorthorn im Vordergrund. Die Leistungen der beiden führenden Beef-Rassen Hereford und Angus werden verglichen. Die Schlachtkörperbeurteilung stützt sich auf die vom US-Landwirtschaftsministerium festgelegten Maßstäbe und unterscheidet folgende Klassen: Prime, Choice, Good, Commercial, Utility sowie Cutter und Canner. Hauptkriterien für die Schlachtwertbeurteilung sind nach Cover und Hostetler: „Conformation“ (Form der Schlachthälfte), „Quality“ (Reife oder Alter der Tiere, Marmorierung, Gewebebeschaffenheit, Farbe und Festigkeit des Fleisches) und „Finish“ (Menge, Verteilung und Konsistenz von innerem und äußerem Fett). Versuchsweise wird neuerdings ein weiteres Merkmal beurteilt: „Cutability“ (Prozentsatz verkäuflichen Fleisches, das sich aus einer Schlachthälfte gewinnen läßt). Es wird festgestellt, daß die Verbraucherwünsche offenbar beträchtlich von den Qualitätsvorstellungen, die in der offiziellen Bewertung zum Ausdruck kommen, abweichen. Auf Grund der derzeitigen Kenntnisse über den Zusammenhang von Fütterungsintensität und Fleischqualität wird empfohlen, die Tiere bei reichlicher und konzentrierter Fütterung im Alter von 18–24 Mon. auszumästen, wenn höchste Fleischqualität erzielt werden soll. Als Selektionsmerkmale für Mastrassen werden behandelt: Fruchtbarkeit, Geburtsgewicht, Absatzgewicht des Kalbes, Zuwachsrate nach dem Absetzen, Futterverwertung, Lebend- und Schlachtbeurteilung und Schlachtkörperqualität. Dabei wird ein hohes Absatzgewicht als wichtiges Selektionsmerkmal für Mastrinder herausgestellt. Leistungsprüfungen von Mastrindern werden von verschiedenen Institutionen (Production Registry International [P.R.I.] mit Sitz in Denver, Colorado, und Beef Cattle Improvement Associations auf Ebene der einzelnen Staaten) durchgeführt und erstrecken sich auf 2 Leistungsabschnitte: a) Leistung vor dem Absetzen und b) Leistung nach dem Absetzen. Die Anwendung der Kreuzungszucht zur Erzeugung eines Maximums an Heterosis wird am Beispiel und durch Literaturhinweise behandelt. Das Interesse an einem Zweinutzungsrind ist gegenwärtig in den USA äußerst gering und wird unter den gegebenen Markt- und Preisbedingungen für weder möglich noch wünschenswert gehalten. E. Semisch. 3415.

Bohlken, Herwart. **Der Kouprey, Bos (Bibos) sauveli Urbain 1937.** Z. Säugetierkunde **26** (1961) Nr. 4. S. 193–254. – 48 Abb., 11 Tab.

Die systematische Stellung des Koupreys, eines Wildrindes in Kambodscha, ist noch ungeklärt. Vf. versucht, durch vergleichende Betrachtung (Schädel- und Hornmaße) mit *Bibos gaurus*, *Bibos javanicus*, *Bos primigenius* und *Bos primigenius f. taurus* L. das Problem zu lösen. Er gelangt zu der Feststellung, daß der Kouprey in einigen Merkmalen mit der Gattung Bos, in anderen hingegen mit der Gattung Bibos übereinstimmt. Eine genaue Abgrenzung gegen beide Gattungen hält er z.Z. für unmöglich. Die Frage, ob der Kouprey ein echtes Wildtier oder eine verwilderte Haustierart ist, konnte Vf. nicht beantworten. Im 2. Falle käme als domestizierte Stammform eine Bastardpopulation (Zebu mit Banteng)in Frage. Im Hinblick auf die systematische Einordnung schlägt Bohlken vor, die bisher selbständige Gattung Bibos Hodgson 1837 als Untergattung zu Bos L. 1758 zu stellen. Der Kouprey wird dann als *Bos* (*Bibos*) *sauveli* Urbain 1937 der Untergattung Bibos zugeordnet. D. Stolzenburg. 3429.

Mokeev, A. E. und Bujnaja, P. N. (Mokejew, A. Je. und Buinaja, P. N.); Askanija-Nowa, Gebiet Cherson, Ukrain. Iwanow-Inst. für Tierzucht der Steppengebiete. Razvedenie gibridov, polučennych ot skreščivanija zebu s krasnym stepnym skotom na juge Ukrainskoj SSR. **(Die Zucht der Hybriden von Zebu und rotem Steppenvieh im Süden der Ukrainischen SSR.)** Trudy soveščanija po otdalennoj gibridizacii rastenij i životnych. Sbornik dokladov. Otdalennaja gibridizacija rastenij i životnych, Moskva **1960** S. 307 bis 318.
Das Zebu steht dem Primigeniusrind von allen Rinderarten am nächsten, es ist ohne Schwierigkeiten mit dem Roten Steppenvieh zu kreuzen, und die Bastarde sind mit den Ausgangsrassen fruchtbar. Wertvoll sind die Zebus durch hohen Milchfettgehalt (6,3% im Institut Askanija-Nowa) und Widerstandsfähigkeit gegen Piroplasmose. Mit den Kreuzungsprodukten (F_1) wurdde eine mehrmalige Rückkreuzung auf Rotes Steppenvieh vorgenommen. Die Tiere der 1. und der 2. Rückkreuzung wurden zur Weiterführung der neuen Milchviehrasse „in sich" benutzt. Sie wiesen einen hohen Tr.-Subst.-Gehalt der Milch und eine annehmbare Milchleistung auf. Günstige wirtschaftliche Eigenschaften brachte auch die Kreuzung Zebu × Rotes Steppenvieh × Shorthorn. Diese Bastarde zeigten neben guten Milchfettleistungen (Fett-kg) auch hohes Körpergewicht. W. Sommerfeld. 3434.

Žuravok, N. S. (Shurawok, N. S.); Cherson, Landwirtsch. Inst. Gibridizacija krasnogo stepnogo skota s zebu v Askanii-Nova. **(Hybridisation des Roten Steppenviehs mit Zebu in Askanija-Nowa.)** Trudy soveščanija po otdalennoj gibridizacii rastenij i životnych. Sbornik dokladov. Otdalennaja gibridizacija rastenij i životnych, Moskva **1960** S. 319–329.
Das Zebu kommt in mehreren Rassen vor, die stark variieren. Vom afrikanischen Zebu ist wenig bekannt, vom indischen werden 12 Rassen beschrieben. In der Rückenhöhe schwanken die Rassen von 64–180 cm, im Lgw. von 120–1000 kg. In Indien werden Leistungen von 4000 kg Milch mit 6% Fett erreicht. Vf. macht Angaben über die Leistungen der in Askanija-Nowa gehaltenen Zebus, ihre Geschlechtsaktivität und die Leistung der Hybriden mit Rotem Steppenrind. Bei der Geburt wogen die weibl. Kälber: Zebu 16,4 kg, Rotes Steppenrind 26,8 kg, F_1 22,4 kg und F_1 × Rotes Steppenrind 26,7 kg. Mit 5 Jahren wogen die Kühe: Zebu 338 kg, Rotes Steppenrind 467 kg, F_1 394 kg, F_1 × Rotes Steppenrind 464 kg. Die Milchfettleistung in 300 Tagen betrug: Zebu 80 kg, Rotes Steppenrind 91 kg, F_1 118 kg, F_1 × Rotes Steppenrind 126 kg. Vf. legt seine Vorstellungen über die weitere Entwicklung der Zebukreuzung in der UdSSR dar. W. Sommerfeld. 3434.

Kahoun, J. und Pečeňa, J.; Brno, Katedra Spec. Zootechn. I VŠZ. Průzkum změn tělesných tvarů u českého černevostrakatého skotu v postantálních vývojových obdobích. **(Untersuchung der Veränderung von Körpermaßen beim Tschechischen Rotfleckvieh.)** Sborník Vysoké Školy zemědělské Brně, Řada A **1961** Nr. 3/4. S. 217-240. — 12 Abb., 20 Tab., 16 Lit. Zus. in Russ., Dtsch.

Bisherige Ergebnisse systematischer Untersuchungen der Wachstumsintensität von insgesamt 23 Jungbullen und 32 Färsen des Tschechischen Rotfleckviehs in der Station für Vererbungskontrolle von Zuchtbullen in Zabčice (Mähren) ergaben, daß bei der Geburt der Tiere die Widerristhöhe und der Röhrbeinumfang am weitesten entwickelt waren. Eine mittlere Entwicklung in diesem Stadium wiesen die Hüft- und Rumpflänge, die Beckenbreite und Brusttiefe sowie der Brustumfang auf. Die geringste Entwicklung wurde bei der Hüft- und Rippenbrustbreite festgestellt. Im Wachstumsabschnitt der ersten 6 Mon. wuchsen die bei Geburt der Tiere am geringsten entwickelten Körpermaße am intensivsten, d. h. die Rippenbrust- und Hüftbreite. Im Alter von 6 Mon. erreichten sie durchschnittl. um 70-80% höhere Werte als bei Geburt der Tiere. Die bei der Geburt am weitesten entwickelten Körpermaße vergrößerten sich in 6 Mon. max. um 40%. Die Körpermaße mit mittlerer Entwicklung bei der Geburt der Tiere wiesen ein ebenfalls mittleres Wachstum während der 6 Mon. auf. F. Svoboda. 3480.

Kliment, Jozef; Nitra, VŠZ, Katedra Spec. Zootechn. Jak využít importovaného simenského skotu pro nase plemenářské cíle. **(Das importierte Simmentaler Rind und Möglichkeiten seiner Ausnutzung für unsere Zuchtziele.)** Náš Chov **1962** Nr. 16. S. 505-507. — 3 Abb., 4 Tab.

Das Simmentaler Rind wurde in größerem Ausmaß in die Slowakei in der 2. Hälfte des 19. Jh. eingeführt, wo es durch Kreuzung mit dem einheimischen Vieh wesentlich zur Heranzüchtung des derzeitigen Slowakischen Fleckviehs beitrug. In letzter Zeit wurden aus der Schweiz wiederum Simmentaler Zuchtbullen und Färsen eingeführt. Aus den bisherigen Untersuchungen geht hervor, daß die einheimischen Milchkühe des Slowakischen Fleckviehs in der Milchleistung den importierten Simmentaler Milchkühen bei gleichen Haltungs- und Fütterungsbedingungen gleichkommen, mit Ausnahme der bei den letzteren höheren Milchfettleistung. Die importierten Tiere haben ein ausgeglicheneres Exterieur und einen einheitlicheren Typ, aber einen gröberen Körperbau. Zur vollen Ausnutzung der Simmentaler Rasse bei der Veredelung des einheimischen Rindes wird empfohlen, bei der Zuteilung der importierten Zuchtbullen deren Typ sowie die klimatischen und Haltungsbedingungen der betr. Gebiete bes. zu berücksichtigen. Bes. Aufmerksamkeit ist auch Tieren mit Spitzenleistungen zu widmen. Das betrifft u.a. auch die Nachkommen der importierten Kuh „Gretti 143", welche in der 2. Laktation eine Leistung von 6475 kg Milch mit 3,94% Fett aufwies. Weiterhin ist es nötig, in den Zuchtstationen entspr. Bedingungen zur Gründung von neuen Zuchtlinien und Familiengruppen zu bilden. F. Svoboda. 3480.

Sprague jun., J. I., Magee, W. T. und Nelson, R. H. A predigree analysis of Aberdeen Angus cattle. **(Eine Ahnentafelanalyse vom Aberdeen-Angus-Rind.)** J. Heredity 52 (1961) Nr. 3. S. 129-132. — 3 Tab., 7 Lit.

Vff. stellten an Hand von Stichproben aus den Geburtsjahrgängen 1940, 1945, 1950 und 1955 fest, daß sich der Inzuchtkoeffizient innerhalb von 15 Jahren so gut wie nicht geändert hat. Hingegen zeigte der Verwandtschaftsgrad eine abnehmende Tendenz. Der erwartete Inzuchtkoeffizient betrug im Durchschnitt 44% des tatsächlich ermittelten Inzuchtkoeffizienten. Die Vff. schlagen außerdem eine Methode zur Ermittlung der zu erwartenden Erscheinungsfrequenz eines Verwandten in einer Ahnentafel vor.

D. Stolzenburg. 3480.

Vleck, L. D. van. Sire evaluation from five-month daughter records. **(Zuchtwertschätzung mit 5-Monate-Teilleistungen.)** J. Animal Sci. **21** (1962) Nr. 3. S. 633-638.

Vf. verweist auf die Vorteile, die eine Zuchtwertschätzung auf der Basis von 150-Tage-Teilleistungen hat. Es läßt sich eine Vergrößerung des genetischen

Fortschritts um 10% erreichen. Für die Durchführbarkeit sind eine Reihe von Maßnahmen erforderlich, die ausführlich besprochen werden.
D. Rasch. 3550.

Wilcox, C. J., Pfau, K. O., Mather, R. E., Gabriel, R. F. und Bartlett, J. W.; Sussex, New Jersey Agric. Exp. Stat., Dep. of Dairy Sci. Phenotypic, genetic, and environmental relationships of milk production and type ratings of Holstein cows. **(Phänotypische, genetische und umweltbedingte Beziehungen zwischen Milchleistung und Typbewertung bei Holstein-Kühen.)** J. Dairy Sci. **45** (1962) Nr. 2. S. 223-232. — 6 Tab., 30 Lit.
Vff. analysierten Unterlagen von 233 Holstein-Kühen mit 671 Laktationen und 2272 Klassifikationen. Es ergaben sich Wiederholbarkeiten für Milchmenge, FCM, Fettmenge und Fettgehalt auf der Basis einer Laktation von 0,53; 0,54; 0,56 bzw. 0,75; die entspr. Heritabilitäten waren 0,12; 0,12; 0,14 bzw. 0,69. Die entspr. Werte für die durchschnittl. Laktationszahl pro Kuh (2,88) lagen höher. Die Wiederholbarkeiten der Typnoten auf der Basis einer Einzelklassifikation lagen zwischen 0,24 und 0,56, die entspr. Heritabilitäten zwischen 0,09 und 0,27. Die phänotypischen Korrelationen zwischen Gesamteinstufung und Ertragsmessungen betrugen 0,13-0,15, zwischen Untergruppierungen und Ertrag 0,18-0,20 für Milchtyp und 0,05-0,07 für Rumpf. Die Korrelationen zwischen Fettgehalt und Typ waren praktisch 0. Die Umweltkorrelationen zwischen Typ und Ertragsmessungen waren im wesentlichen positiv, die genetischen ebenfalls, aber niedriger; die höchste betrug 0,26 zwischen Fettmenge und Milchtyp. Genetische Korrelationen zwischen Typnoten reichten von −0,02 bis +1,11, zwischen Leistungsmerkmalen von −0,02 bis +0,96.
A. Schaaf. 3560.

Dittmar, J.; Hannover, Tierärztl. Hochschule, Richard-Götze-Inst., Klin. für Geburtshilfe. **Klinische Untersuchung der Bullen als Grundlage der Selektion auf Fruchtbarkeit.** Züchtungskunde **34** (1962) Nr. 7. S. 307-319. — 8 Abb.
Durch die Bullenprüfstation Nordwestdeutschland und den Bullengesundheitsdienst des Rinderbesamungsverbandes in Niedersachsen werden laufend Zuchtbullen einer klinischen Untersuchung unterzogen. Die klinische Untersuchung auf Zuchttauglichkeit umfaßt eine Prüfung auf im Erscheinungsbild erkennbare nutzungsbeschränkende körperliche Mängel, eine klinische Untersuchung der Geschlechtsorgane und eine Prüfung des Geschlechtsverhaltens. Bei der Prüfung auf nutzungsbeschränkende körperliche Mängel sind bes. auf starke Kieferanomalien, hohen Schwanzansatz, Tiefschwanz, Steilstellung der Hintergliedmaßen im Sprung- oder Fesselgelenk, spastische Parese, hochgradige Tanzmeisterstellung, zu weiche Fesselung, Limaxbildungen, Spreizklauen u. a. Klauenmängel zu achten. Die Ergebnisse der bisherigen Untersuchungen werden dabei angeführt. Bei der klinischen Untersuchung der Geschlechtsorgane ist bes. Wert auf eine ausreichende Größe, möglichst gleichmäßige Entwicklung und gute Konsistenz der Hoden und Nebenhoden zu legen. Lageveränderungen der Hoden sind zu berücksichtigen. Mögliche Erkrankungen und Abweichungen werden geschildert und Hinweise auf die Bedeutung von Mängeln an den Geschlechtsorganen für die Fruchtbarkeit gegeben. Die Prüfung des Paarungsvermögens und auftretende Mängel des Geschlechtsverhaltens werden beschrieben und empfohlen, in unklaren und fraglichen Fällen bei Prüfungen mit der künstlichen Scheide eine zusätzliche Untersuchung bei der natürlichen Paarung an einem brünstigen Tier vorzunehmen. Auf Grund der Untersuchungsergebnisse insgesamt wird die Einstufung der überprüften Bullen in Klassen von 1-4 empfohlen. Dabei liegen eine Gesundheitsnote, die sich aus der Untersuchung auf erkennbare nutzungsbeschränkende körperliche Mängel und sonstige Gesundheitsmängel ergibt, und eine Fruchtbarkeitsnote, resultierend aus den Ergebnissen der Untersuchungen des Geschlechtsverhaltens, der Beschaffenheit der Geschlechts-

organe sowie der biol. und bakteriologischen Samenuntersuchung, zugrunde. Diese Klassifizierung soll die Auswahl und Beurteilung der Bullen wesentlich erleichtern und damit die Rinderzucht fördern. E. Semisch. 3560.

Flock, D. K., Carter, R. C. und Priode, B. M. Linear body measurements and other birth observations on beef calves as predictors of preweaning growth rate and weaning type score. **(Lineare Körpermaße und andere Beobachtungen zum Geburtszeitpunkt bei Mastkälbern als Mittel zur Vorhersage der Wachstumsrate vor dem Absetzen und des Typs.)** J. Animal Sci. **21** (1962) Nr. **3.** S. 651-655.
Es sollte untersucht werden, in wieweit man bei Kälbern aus Beobachtungen kurz nach der Geburt Vorhersagen über die zukünftige Wachstumsrate (gemessen als durchschnittl. tägl. Zunahme) und den Typ machen kann. Das Versuchsmaterial bestand aus 473 Angus-, 514 Hereford- und 438 Shorthornkälbern. Die Beobachtungen wurden auf das Alter der Mutter, auf Geschlecht sowie Geburtsjahr und -monat des Kalbes korrigiert. Es wurden 7 Körpermaße und das Geburtsgewicht ermittelt. Es ergab sich, daß eine Vorhersage auf Grund der Körpermaße nicht möglich ist. Inwieweit das Geburtsgewicht eine Selektion gestattet, ist noch zu prüfen. D. Rasch. 3560.

Robinson, T. J. und Cameron, N. G.; Sydney, Univ., Dep. of Animal Husbandry. The effects of a number of management practices on chiller beef production in Victoria. II. Live measurements. **(Der Einfluß praktischer Methoden auf die Rindfleischproduktion in Viktoria. 2. Mitt. Lebendmessungen.)** Austral. J. agric. Res. **12** (1961) Nr. 6. S. 1216-1238. – 6 Abb., 9 Tab., 12 Lit. 1. Mitt. vgl. LZ. Abt. III **7** (1962) Nr. 2. S. 279.
Die Ermittlungen wurden an Aberdeen-Angus-Rindern durchgeführt. Alle Tiere wurden im Abstand von 4 bzw. 5 Wochen gewogen und im Turnus von 13 Wochen gemessen. Die Versuchstiere stammten von 2 Bullen, von denen der Qualitätsbulle etwas schwerer, geringfügig höher, schmaler und länger war. Die 72 verwendeten Muttertiere wurden ebenfalls gemessen, in 2 etwa typgleiche Kuhgruppen eingeteilt und mit unterschiedlichen Bullen angepaart. Die Nachkommen wurden im Alter von 6, 45 und 84 Wochen gemessen. Folgende Ergebnisse werden mitgeteilt: Die männl. Nachkommen waren bis zur 120. Lebenswoche den weibl. Tieren um 10-15% signifikant überlegen. Die Nachkommen des Qualitätsbullen waren signifikant um 2-3 cm höher, 2 cm länger, 1-3 cm tiefer und um 1 cm länger im Röhrbein. Diese Differenzen wurden bis zur 120. Lebenswoche nachgewiesen. Durch entspr. Ergänzungsfütterung wurden alle Maße mit Ausnahme von Kopfbreite und Röhrbeinlänge signifikant positiv beeinflußt, jedoch war diese Auswirkung geringer als der Einfluß von Geschlecht und Jahreszeit bei Geburt. Die im Herbst geborenen Kälber waren bis zur 84. Lebenswoche in allen Maßen, mit Ausnahme der von Kopf und Röhrbein, den in anderen Monaten geborenen Kälbern überlegen. Die einzelnen Geburtsjahre wiesen nur geringe Einflüsse auf. Die Korrelationen zwischen Geburtsgewicht und Gewicht nach der Milchperiode bzw. bei 88 Wochen betrugen $r = 0{,}801$ bzw. 0,571. Das Vatertier hatte auf den Wachstumsprozeß keinen nachweisbaren Einfluß. Weitere Korrelationen sind angegeben. Der Wachstumskurve am ähnlichsten sind die Maße für Brustumfang und Klauenbreite. Die nachgewiesenen Einflüsse der Vater- und Muttertiere auf die verschiedenen Maße stimmen i.allg. mit dem Erblichkeitsgrad überein. Entspr. dem hohen Aussagewert des Geburtsgewichtes wurde errechnet, daß mit je 10 lb. Überlegenheit im Geburtsgewicht mit einer um 0,115 lb. höheren Tageszunahme gerechnet werden kann, wobei in dieser Tendenz die männl. Tiere überlegen sind. Auch sind die Beziehungen zwischen dem Gewicht der Tiere nach der Milchperiode, bei einem Jahr und dem Schlachtgewicht sehr hoch. Das Gewicht bei Geburt oder nach der Milchperiode kann daher bereits als Selektionsmaßstab angesehen werden. Messungen bieten keinen so zuverlässigen Maßstab für den Zuwachs. O. Siegl. 3560.

Ejlersen Hansen, H. Helårsforsøg med kvaeg. **(Ganzjähriger Versuch mit Rindvieh. 2. Mitt.)** Beretn. Forsøgslab. [Statens Husdyrbrugsudvalg] **1962** Nr. 334. S. 1-39. – 1 Abb., 12 Tab. 1. Mitt. vgl. LZ. Abt. III **6** (1961) Nr. 9. S. 1636.
Im Berichtsjahr 1960 wurden in 26 Betrieben (2 mit Jersey, 5 mit Schwarzbunten, 19 mit Rotvieh) 577 ganzjährig kontrollierte Kühe nach einem weitgehend einheitlichen Futterplan gefüttert. Sie brachten 4934 kg Milch, 4,55% Fett und 224 kg Fett. Diese im Vergleich zum Vorjahr höhere Leistung konnte infolge der besseren Rauhfuttererträge mit wesentlich geringeren Kraftfuttergaben erzielt werden. Die Fleischerzeugung wurde ebenfalls gesteigert. In der Aufzucht wurde bei den Färsen mit Heringsmehl bei sonst gleicher Fütterung mit Rüben und Stroh ein gleich gutes Ergebnis erzielt wie mit einer Ölkuchenmischung. Die zur Mast bestimmten Tiere wurden als schwere Kälber im Gewicht um 220 kg geschlachtet oder erreichten als Mastbullen Endgewichte bis über 500 kg. Wirtschaftlichkeitsberechnungen lassen die Abhängigkeit von den Marktverhältnissen erkennen. Einzelversuche dienten der Klärung spez. Fragen. Vitaminfütterung hatte bei neugeborenen Kälbern keine Wirkung. Eine Erhöhung des Fettanteils im Kraftfutter von 7 auf 9,2% durch Zusatz von tiersichem Fett hatte keine nachteiligen Wirkungen. Die von März-Sept. durchgeführte Jodzahlbestimmung von Butterfett ergab mit 29,0 im Apr. die niedrigsten und mit 39,8 im Sept. die höchsten Werte. Eine Arbeitsstudie zeigte, daß 44% der Arbeitszeit für Melken mit Nebenarbeiten, 31% für Füttern und 25% für Misten und Putzen verbraucht werden. Zwischen den Betrieben bestehen erhebliche Unterschiede.
J. K. Hinrichsen. 3602.

Kahoun, J., Suchardová, J. und Večeřová, E.; Brno, Katedra Spec. Zootechn. I VŠZ. Průzkum dlouhověkosti krav českého červenostrakatého plemene na Moravě. **(Untersuchung der Langlebigkeit der Kühe des Tschechischen Rotfleckviehs in Mähren.)** Sborník Vysoké Školy zemědělské Brně, Řada A **1961** Nr. 3/4. S. 241-252. – 4 Abb., 4 Tab., 21 Lit. Zus. in Russ., Dtsch.
Untersuchungen an insgesamt 104755 Kühen des Tschechischen Rotfleckviehs in Mähren ergaben eine Verminderung des durchschnittl. Lebensalters der Kühe im Zeitabschnitt 1954-60 um 7 Mon. und 27 Tage auf 6,78 Jahre. Den größten Anteil (13,52%) wiesen 3jährige Kühe auf, während die Kategorie von über 10 Jahre alten Kühen mit 12,37% vertreten war. Die Verminderung des durchschnittl. Alters der Kühe kann auf das stärkere Ausmerzen sowie auf die intensivere Ergänzung der Herden mit abgekalbten Färsen zurückgeführt werden. Das Durchschnittsalter der Kühe des Südmährischen Bezirkes beträgt 6,80 Jahre, das der Kühe des Nordmärischen Bezirkes 6,73 Jahre. Aus den Untersuchungen geht allg. ein günstiger Einfluß der natürlichen und züchterischen Bedingungen der Gebirgslagen auf die Lebensdauer der Kühe hervor. Im Südmährischen Bezirk wurde gleichzeitig auch der Einfluß der Tuberkulose auf die Lebensdauer der Kühe ermittelt. Es wurden 78,4% gesunde und 21,6% verseuchte Zuchten festgestellt, wobei zwischen dem durchschnittl. Alter gesunder Kühe (6,80 Jahre) und dem kranker Kühe (6,79 Jahre) kein wesentlicher Unterschied besteht.
F. Svoboda. 3604.

Martjugin, D. D. Kačestvo inbredirovannych životnych chomogorskoj porody na Ėksperimental'noj ferme TSChA. **(Die Qualität der Inzuchttiere der Cholmogoryer Rasse auf der Versuchsfarm der Landwirtschaftlichen Timirjasew-Akademie.)** Izvestija Timirjasevskoj sel'skochozjajstvennoj akademii, Moskva **1962** Nr. 1. S. 139-152. – 12 Tab., 4 Lit. Zus. in Engl.
In der Herde der o.a. Versuchsfarm wurden Fruchtbarkeit, Exterieur, Leistung und Langlebigkeit von Kühen unterschiedlichen Inzuchtgrades und nicht in-

gezüchteter Kühe einander gegenübergestellt. Es zeigte sich, daß alle Inzuchtgrade leistungsfähige Tiere hervorbringen können. Daneben fällt jedoch eine große Anzahl von Versagern an mit Mißbildungen, geringer Leistung und Unfruchtbarkeit. Aus diesem Grund wird die Anwendung einer engen Inzucht nur bei der Schaffung neuer Linien und Familien empfohlen. Die erfolgreiche Durchführung der Inzucht erfordert bes. gute Haltungs- und Fütterungsbedingungen. Zur Blutauffrischung wird eine systematische Zuführung von Bullen aus anderen Aufzuchtbedingungen empfohlen.
G. Häßler. 3606.

Šostak, V. P. (Schostak, W. P.); Charkow, Forsch.-Inst. für Tierzucht des Waldsteppen- und Polessje-Gebietes der Ukrain.SSR. Kačestvo spermy i vosproizvoditel'naja sposobnost' inbrednych proizvoditelej. **(Spermaqualität und Fortpflanzungsfähigkeit von Inzucht-Bullen.)** Vestnik sel'skochozjajstvennoj nauki, Kiev 4 (1961) Nr. 5. S. 114-117. — 5 Tab. Orig.: ukrain., Ausz.: russ.

Vf. untersuchte insgesamt 34 Inzucht- und 32 Reinzuchtbullen der Lebediner und Simmentaler Rasse auf 6 Besamungsstationen in 8 Gruppen zu je 3-6 Bullen. Von jedem Bullen wurden 10-20 Ejakulate untersucht. In Aktivität, Resistenz, Konzentration und Respirationsfähigkeit der Spermien übertrifft das Sperma der Reinzucht-Bullen das der Inzuchttiere. Auch hinsichtlich der Überlebensrate in vitro, dem Anteil pathologischer Formen und der Eignung zur Tiefkühlung ist das Sperma der nicht ingezüchteten Bullen signifikant besser. Das Auftreten des Heterosiseffektes drückt sich bei Kreuzungsbullen in besserem Sperma gegenüber Inzucht- und Reinzucht-Bullen aus. Inzucht in der 2. Generation zeigt kein für die Praxis bedeutungsvolles Zurückbleiben in Spermaproduktion und Befruchtungsfähigkeit.
K. Neumann. 3606.

Branton, Cecil, McDowell, R. E. Frye, J. B. und Johns, D. M. Growth and production characteristics of Holstein-Frisian, Brown Swiss and Red Sindhi crossbred females in Louisiana and Maryland. **(Wachstums- und Leistungsmerkmale bei Holstein-Friesian, Braunvieh und Red-Sindhi-Kreuzungskühen in Louisiana und Maryland.)** J. Dairy Sci. 44 (1961) Nr. 7. S. 1344-1355. — 8 Tab., 23 Lit.

Red Sindhis wurden mit Holstein-Friesians und mit Schweizer Braunvieh gekreuzt, um die Wachstums- und Leistungsanpassungsfähigkeit von Milchvieh in südlichen Regionen der USA zu studieren. Verglichen wurden die Wachstums- und Leistungsergebnisse von 33 F_1- und 21 „$^3/_4$-Holsteiner"-Tieren mit ihren reingezüchteten Holsteiner Alters- bzw. Herdengenossinnen. Weiterhin wurde ein Vergleich von 30 F_1- und 25 „$^3/_4$-Braunvieh"-Kühen mit ihren reingezüchteten Braunvieh-Herdengenossinnen vorgenommen. Die F_1- und die „$^3/_4$-Holsteiner"-Tiere waren bei der Geburt und nach 3; 6; 12 und 18 Mon. signifikant kleiner als die rein gezüchteten Vergleichstiere. Die Wachstumsunterschiede beider Kreuzungsgruppen waren nicht signifikant. Jede der Kreuzungsgruppen lag in der Milch- und Fettproduktion während der 1. Laktation signifikant niedriger. Die Unterschiede zwischen den F_1-Tieren und ihren euroäpischen Altersgenossinnen waren während des Sommers auf 2 Versuchsstationen größer als im Winter. Zusammenfassend kann gesagt werden, daß keine höhere Leistungsanpassungsfähigkeit der Kreuzungstiere an ein feuchtes, heißes Klima besteht. D. Stolzenburg. 3606.

Sakala, Ján; Bratislava, Krajská Plemenárska Správa; Pracovisko Ivanka pri Dunaji. Vzťah stupňa sexuálnej exploatácie býkov k ich spermiogramu a fertilite v závislosti od neurokonštitučného založenia. **(Die Beziehung zwischen dem Grad der sexuellen Beanspruchung von Bullen und Spermiogramm sowie Fertilität in Abhängigkeit von der neuro-konstitutionellen Veran-**

lagung.) Pol'nohospodárstvo **9** (1962) Nr. 8. S. 607–616. – 8 Tab., 4 Lit. Zus. in Russ., Engl.

Untersuchungen an insgesamt 478 Bullen slowakischer Zuchtstationen ergaben eine mit der Steigerung der sexuellen Beanspruchung der Bullen parallel laufende Herabsetzung des Volumens der Ejakulate und der Konzentration der Spermien. Als optimale Ausnutzung der Bullen des lebhaften Neurokonstitutionstyps werden 9-16 Sprünge, von Bullen des gemäßigten Typs 9–12 Sprünge, des ungestümen Typs 9-14 Sprünge und des schwachen Typs 5–8 Sprünge pro Mon.angegeben.Eine Steigerung oder Verminderung der Sprungfrequenz hat eine qualitative Veränderung des Spermiogramms, eine Herabsetzung der Spermienmotilität nach der Verdünnung, eine gesteigerte Tendenz zur Agglutination bei den Spermien und eine Steigerung der Anzahl von Bullen mit zeitweiligen oder andauernden Störungen der Fruchtbarkeit zur Folge
F. Svoboda. 3608.

Kohli, M. L. und Malik, D. D. Breeding season in Murrah buffaloes. **(Zuchtsaison bei den Murrah-Büffeln.)** Indian J. Dairy Sci. **13** (1960) Nr. 4. S. 157 bis 162. – 4 Tab., 8 Lit.

Vff. werteten in einer etwas mehr als 50 Kopf starken Murrah-Büffelherde 321 Abkalbungen und 187 Service-Perioden im Hinblick auf ihre jahreszeitliche bzw. monatl. Verteilung im Zeitraum von 1948–58 aus. Es ergab sich zunächst, daß die Abkalbungen über das ganze Jahr verstreut sind. Die Monate Juli—Nov. hatten die meisten Abkalbungen aufzuweisen, während die wenigsten im Jan. und Febr. zu verzeichnen waren. Die durchschnittl. Serviceperiode betrug 201,6 ± 11,31 Tage. Im Juni kalbende Büffel benötigten die längste Zeit bis zur Aufnahme (303,3 ± 47,20 Tage) und die im April kalbenden die kürzeste mit ⌀ 136,6 ± 15,48 Tagen. Die jahreszeitliche Aufgliederung der Abkalbungen ließ erkennen, daß die im Frühjahr kalbenden Tiere nur 162,6 ± 14,58 Tage bis zur erneuten Befruchtung benötigten, während das Maximum von 249,6 ± 22,07 Tagen bei den Büffeln beobachtet wurde, die in den Sommermonaten abkalbten. Für den Einfluß des Monat und der Jahreszeit auf die Serviceperiode konnte mit Hilfe der Varianzanalyse keine Signifikanz ermittelt werden. D. Stolzenburg. 3610.

Malik, D. D., Sindhu, B. S. und Singh, Sultan. Breeding season in Sahiwal cows. **(Zuchtsaison bei den Sahiwal-Kühen.)** Indian J. Dairy Sci. **13** (1960) Nr. 4. S. 151–156. – 4 Tab., 8 Lit.

Elf Jahre lang (von 1948–58) sammelten Vff. in einer Sahiwal-Herde Daten über Abkalbezeiten und Serviceperioden. Aus einer Analyse, der 252 Abkalbungen und 179 Serviceperioden zugrundegelegt wurden, geht hervor, daß das Sahiwal-Rind zu jeder Jahreszeit abkalben kann. Die meisten Geburten fielen auf die Monate Dez. und Jan., die wenigstens auf den Monat Aug. Die statistische Auswertung ergab eine signifikante Differenz zwischen den einzelnen Monaten. Die durchschnittl. Serviceperiode belief sich auf 194,13 ± 7,92 Tage. Auf die Januar-Kalbungen folgten mit ⌀ 130,8 ± 24,97 Tagen die kürzesten und auf die Juni-Kalbungen mit ⌀ 255,8 ± 29,38 Tagen die längsten Serviceperioden. Die jahreszeitliche Aufgliederung des Materials ergab für die Winterabkalbungen die kürzesten (⌀ 155,2 ± 14,69) und für die Frühjahrsabkalbungen die längsten Perioden (⌀ 229,8 ± 13,91). Vff. konnten außerdem den Nachweis führen, daß die Jahreszeit einen signifikanten Einfluß auf die Serviceperioden ausübt. D. Stolzenburg. 3610.

Wagner, W. C. Improving fertility in dairy cows. **(Die Verbesserung der Fruchtbarkeit bei Milchkühen.)** J. Amer. veterin. med. Assoc. **140** (1962) Nr. 9. S. 939–942. – 5 Lit.

Die Hauptprobleme unter den Fortpflanzungsstörungen der Milchkühe sind die Anoestrie und das Umrindern. Die Anoestrie beruht bei den Kühen entweder auf einer Mangelernährung, wobei Kobalt- und Phosphormangel die Hauptrolle spielen, oder auf Störungen der Gebärmutterfunktionen. Das Umrindern hat entweder infektiöse Ursachen oder beruht auf endokrinen Störungen. Hiervon gibt es 2 Gruppen: 1. mangelhafte Follikelbildung, 2. mangelhafte Gelbkörperbildung. Bez. der Follikelbildung ist die Hauptfrage, ob die Ovulation zeitgerecht, d.h. 12 Std. nach Ende der Brunst erfolgt. Nur wenige Kühe gelangen nicht zur Ovulation. Es sind meist die Tiere mit zystisch entarteten Follikeln. Bei Färsen ist mit zunehmendem Alter eine verzögerte Ovulation zu beobachten. Bei einer gestörten Gelbkörperfunktion wird für die Ausbildung und den Schutz der Schwangerschaft zu wenig Progesteron gebildet. Das Corpus luteum ist klein und enthält einen beträchtlichen Anteil Bindegewebes. Bei diesen Kühen ist die Zyklusdauer verkürzt und beträgt oft nur 9–10 Tage. Theoretisch kann bei Hochleistungskühen infolge der verstärkten Oxytocinausschüttung beim Melken die normale Gelbkörperbildung verzögert sein. H. Busse. 3610.

Maciejowski, Janusz; Lublin, Wyższa Szkoła Rolnicza, Katedra Szczegółowej Hodowli Zwierząt i Katedra Ogólnej Hodowli Zwierząt. Obserwacje nad długością ciąży u krów polskiej rasy czerwonej wa zależności od wieku matek oraz płci i liczby potomstwa. **(Beobachtungen über die Trächtigkeitsdauer der Kühe des Polnischen Rotviehs in Abhängigkeit vom Alter der Kühe sowie dem Geschlecht und der Anzahl der Nachkommen.)** Ann. Univ. Mariae Curie-Skłodowska, Sect. E **16** (1961, hrsg. 1962) S. 203–213. — 1 Abb., 3 Tab., 21 Lit. Zus. in Russ., Engl.

Die Untersuchung beruht auf Aufzeichnungen, die in den Jahren 1926–55 in einem Tierzuchtbetrieb vorgenommen worden waren und aus denen an Hand von 852 Abkalbungen die Trächtigkeitsdauer errechnet werden konnte. Das gesammelte Material wurde der Varianz-Analyse für Gruppen mit ungleicher Zahl von Tieren bei fehlender Interaktion unterzogen, unter Gliederung in Gruppen, und zwar nach Einlings- und Zwillingskalbungen, Anzahl der Abkalbungen sowie nach Geschlecht der Kälber. Die Tragezeit betrug ⌀ 281,83 Tage. Unterschiede zwischen Erstlingskühen und solchen, die mehrere Kälber gebracht hatten, wurden nicht festgestellt. Dagegen war sowohl das Geschlecht des Kalbes von wesentlichem Einfluß auf die Länge der Tragezeit (Bullenkälber um 1,52 Tage länger) als auch die Art der Trächtigkeit (Einlinge wurden um 5,10 Tage länger als Zwillinge getragen). B. Pastuszewska. 3612.

Singh, Sukh Bir und Dutt, Mahesh. Some factors affecting the birth weight in Sahiwal cattle. **(Einige Faktoren, die das Geburtsgewicht beim Sahiwal-Rind beeinflussen.)** Indian J. Dairy Sci. **14** (1961) Nr. 9. S. 37–44.

Auf der staatlichen Viehfarm Ganjaria, Lucknow, wurden die Daten über die Geburtsgewichte von 177 Kälbern, die in der Zeit von Juni 1953 bis Apr. 1960 geboren sind, registriert und anaylsiert. Die Gewichtsermittlung fand so rasch wie möglich innerhalb von 12 Std. statt. Das Geburtsgewicht der Kälber bezogen die Vff. auf das Alter der Mutter und berechneten anschließend die Regression. Die Untersuchungen führten zu folgenden Ergebnissen: 1. Das durchschnittl. Geburtsgewicht der 177 Sahiwal-Kälber betrug 50,22 lb. Die weibl. Tiere waren leichter als die männl. (♂ 52,80 lb., ♀ 47,95 lb.). 2. Der Regressionskoeffizient, bezogen auf das Monatsalter der Muttertiere, betrug bei den männl. Kälbern 0,152 lb. und bei den weibl. 0,214 lb. Bezogen auf 7 Jahre alte Muttertiere betrug der Unterschied zwischen männl. und weibl. Kälbern 0,5 lb. 3. Die Trächtigkeitsdauer belief sich sowohl für die männl. als auch für die weibl. Kälber auf ⌀ 285,92 ± 5,8 Tage. Eine Beeinflussung der Trächtigkeitsdauer durch die Kuh konnte nicht festgestellt werden. D. Stolzenburg. 3614.

Vleck, L. D. van und Henderson, C. R. Improvement in production of New York Holsteins due to artificial insemination. **(Leistungsverbesserung bei den New-York-Holsteinern als Folge der künstlichen Besamung.)** J. Dairy Sci. **44** (1961) Nr. 7. S. 1328–1334. – 4 Tab., 13 Lit.
An einem umfangreichen Material konnten Vff. die Überlegenheit der aus der KB hervorgegangenen Kühe in der Milch- und Fettleistung nachweisen. Zugrundegelegt wurden die 1. Laktationsleistungen von insgesamt 24995 aus der KB und 32831 aus der natürlichen Bedeckung stammenden Tieren. Der Prüfzeitraum erstreckte sich über 9 Jahre von 1951–59.
D. Stolzenburg. 3618.

Neville jun., W. E. Influence of dam's milk production and other factors on 120- and 240-day weight of Hereford calves. **(Der Einfluß der Milchleistung der Mutter und anderer Faktoren auf das 120- und 240-Tagegewicht von Hereford-Kälbern.)** J. Animal Sci. **21** (1962) Nr. 2. S. 315–320. – 4 Tab., 20 Lit.
Vf. prüfte die Einflüsse verschiedener Faktoren, wie Jahreszeit, Fütterung, Vatertier, Geschlecht, mütterliche Milchleistung bei verschiedener Fütterung, Entwicklungszustand des Kalbes bei Geburt, Geburtsgewicht, Gewicht und Alter des Muttertieres. Die Jahreszeit beeinflußte signifikant nur die 4-Mon.-Gewichte, während die Fütterung in allen Abstufungen die Entwicklung der Tiere mitbestimmt. Von den 5 verwendeten Vatertieren ergab sich keine signifikante Abhängigkeit in der Wachstumsrate der Kälber. Zwischen männl. und weibl. Kälbern ließen sich bis 4 Mon. keine gesicherten Gewichtsdifferenzen, bis zum Alter von 8 Mon. jedoch ein signifikant höheres Gewicht bei Bullen erkennen. Kälber mit einem höheren Geburtsgewicht waren auch im Alter von 4 und 8 Mon. signifikant schwerer, dagegen wurde die Zunahme bis zu 8 Mon. durch Geburtsgewichtsdifferenzen nicht signifikant beeinflußt. Während das Alter der Muttertiere ohne Einfluß blieb, wirkte sich das Gewicht des Muttertieres signifikant auf die Gewichtsentwicklung der Kälber aus. Die in diesem Versuch verwendeten Kühe variierten in ihrer 8monatigen Milchproduktion zwischen 400 und 4200 lb. Die Beziehungen zwischen der Milchleistung der Mutter und der Gewichtszunahme der Kälber war während der ersten 2 Lebensmonate am größten und verringerte sich leicht bis gegen Ende der Milchperiode. Diese Korrelationen lagen zwischen r = 0,7 und 0,8.
O. Siegl. 3634.

Jungehülsing, Hans; Kiel, Univ., Inst. für Landwirtsch. Betriebs- und Arbeitslehre. **Zur Wirtschaftlichkeit der Färsenaufzucht.** Tierzüchter **13** (1961)Nr. 20. S. 501–504; Nr. 21. S. 535–536. – 4 Abb., 1 Tab.
Da in der BRD infolge des Zurückdrängens der ansteckenden Rinderkrankheiten der Bedarf an tragenden Färsen zurückgeht, wird die Wirtschaftlichkeit der Färsenaufzucht im Vergleich zur Milchproduktion und der Rindermast untersucht. Im ersten Falle wirken vor allem der Milchpreis, den man mit dem aus dem zur Aufzucht eingesetzten Wirtschaftsfutter erzielt hätte, das Erstkalbealter der Färsen und die Durchschnittsleistung der Herde. Unter Darlegung von einzelnen Beispielen werden folgende allgemeingültige Feststellungen für Betriebe mit Färsenaufzucht getroffen: Das für die Aufzucht von Verkaufsfärsen eingesetzte Futter wird nur in Ausnahmefällen so gut oder besser als bei Umsetzung in Milch verwertet. Für die Erzeugung von Färsen, die mit 36 Mon. erstmalig abkalben, macht sich gegenüber mit 30 Mon. kalbenden Färsen soviel Futter mehr erforderlich, wie man zur Erzeugung von ca. 1300 kg Milch benötigt; daher sollte zur Ergänzung des eigenen Kuhbestandes bei den Färsen unbedingt ein Erstkalbealter von 30 Mon. angestrebt werden. Gebiete mit mehr als 37 Pfg. Milchpreis je kg können unter normalen Voraussetzungen (4000 kg Herdenleistung, 4 Jahre Nutzungsdauer der Kühe) Färsen mit gleicher Wirtschaftlichkeit wie in der Milchproduktion nur erzeugen, wenn sie ca 1500,– DM für 30 Mon. alte Färsen bzw. 1900,– DM für

36 Mon. alte Färsen erhalten. Mit weiterem Einschränken der Rinder-Tbc und -Brucellose und dem damit vorhandenen Sinken des Risikos beim Färsenzukauf wird eine weitere Spezialisierung der Betriebe sich durchsetzen. Betriebe mit guten Milchpreisen könnten dann auf die für sie teure Färsenaufzucht verzichten und tragende Färsen zukaufen, während die Betriebe mit niedrigen Milchpreisen über die Aufzucht von Färsen bei gutem Erlös einen gewissen Ausgleich für den Milchpreis erhalten. An anderen Beispielen wird gezeigt, daß mit der Mast von Rindern (Bullen oder Färsen oder Ochsen) unter bestimmten Umständen die Wirtschaftlichkeit der Milchviehhaltung erreicht und übertroffen werden kann. E. Semisch. 3636.

Bocsor, G. und Guba-Herditzky, E. **Der Einfluß einer reduzierten Nährstoffversorgung auf die Entwicklungsphasen von Zweinutzungsfärsen (Milch- und Mastleistung) sowie auf die Aufzuchtkosten.** Acta agronom. Acad. Sci. hung. **11** (1961) Nr. 1/2. S. 113–128. – Aus: Ung. Agar-Rdsch. **1962** Nr. 4.
Vff. untersuchten an 29 Färsen des Ungarischen Fleckviehs die Wirkung einer Aufzucht mit verringerter Intensität (255 kg Vollmilch, 110 kg Magermilch, 488 kg Kraftfutter). Sie stellten fest, daß die Frohwüchsigkeit und die Entwicklungsenergie der mit beschränkten Milchmengen, jedoch mit entspr. Mengen an voluminösen Futtermitteln aufgezogenen Färsen vollkommen zufriedenstellend war. Die Fütterung entsprach der Entwicklungsenergie der Rasse und verringerte gleichzeitig die Aufzuchtkosten. Infolge einer reichlichen Versorgung mit Wirtschaftsfuttermitteln erreichten die Färsen 3 Mon. früher, d. h. im Älter von 15 Mon., ein für das Zulassen ausreichendes Lgw. von 400 kg. 3636.

Frölich, Allan. Amerikansk och engelsk utfodringsrådgivning. **(Amerikanische und englische Fütterungsberatung.)** Svensk Husdjurssköts el **1962** Nr. 11. S. 396–400. – 3 Tab., 5 Lit.
Nach amer. Empfehlungen soll als Vorbereitungsfutter mit 6–3 Wochen vor der Kalbung beginnend je 100 kg Lgw. 1 kg Kraftfutter gefüttert werden. Die gleiche Menge, die für 13,5 kg Milch ausreicht, wird bis zum 5. Tag nach der Kalbung gefüttert. Im weiteren Verlauf werden über die angegebenen 13,5 kg hinaus je kg Milch 0,33 kg Kraftfutter gegeben. Nach Überschreiten des Höhepunktes der Laktation nach 60–90 Tagen wird die Kraftfuttergabe im gleichen Verhältnis verringert. – In England wird eine Vorbereitungsfütterung empfohlen, die in der 6. Woche vor der Kalbung mit 1,35 kg beginnt und in der Woche vor der Kalbung bei einer Gesamtmenge von 90 kg Kraftfutter 3,2 kg je Ration erreicht. Bei geringen Rauhfuttergaben kann diese Menge auf das Doppelte erhöht werden. Am 1. Tag nach der Kalbung werden 2,7 kg Kraftfutter, ansteigend auf 5,4 kg bis zum 8. Tag gegeben. Danach beträgt die Kraftfuttergabe je kg Milch 0,35 kg. Die amer. und englischen Normen sind im Vergleich zu den skandinavischen um 20–25% knapper. In einem englischen Versuch in Reading ergaben sich die höchsten Milchleistungen bis zum 85. Tag der Laktation und auch noch danach bei den Tieren, die eine höhere Futtergabe als Vorbereitungsfütterung erhalten hatten. Wirtschaftlich am günstigsten war eine starke Vorbereitungsfütterung, gefolgt von einer schwächeren Fütterung während der Laktation. Es wird vorgeschlagen, den Kühen in den ersten 5–6 Mon. der Laktation je kg 4%ige Milch 0,4 FE zuzuteilen und danach auf 0,3 FE zurückzugehen. Bei Gruppeneinteilung müssen die Kühe nach Ablauf der entspr. Zeit in die Gruppe mit der nächst niederen Futtergabe versetzt werden. Die Reidschen Tabellen werden auf Grund eines Umrechnungsschlüssels von 1 FE = 1,1 TDN in FE umgerechnet.
J. K. Hinrichsen. 3638.

Slouková, Eva und Petrovský, Eduard; Praha, Ústřední Plemenářská Stanice; Brno, Pracoviště Vývoje a Výzkumu. Průzkum úrovně výživy býků působících v inseminaci, z hlediska produkce semene a výsledků umělé inseminace. **(Untersuchung der Fütterung bei den in der künstlichen Besamung verwendeten Bullen unter dem Gesichtspunkt der Samenproduktion und der Besamungsergebnisse.)** Živočišná Výroba **7(35)** (1962) Nr. 7/8. S. 503–510. — 8 Tab., 20 Lit. Zus. in Russ., Franz., Dtsch.

In insgesamt 6 Inseminationsstationen des ehemaligen Bezirkes Hradec Králové wurden im Laufe des Jahres 1960 die den Bullen verabreichten Futterrationen sowie die Spermaproduktion der Bullen vermerkt. Aus den gewonnenen Angaben der Futtermenge und -zusammensetzung wurde der durchschnittl. tägl. und jährliche Nährstoffverbrauch je Bulle berechnet. Es wurde festgestellt, daß die Intensität der Fütterung der Bullen auf den besten Stationen des Bezirkes mit den besten Besamungsergebnissen um 16% geringer als die vorgeschriebenen Normen war. Diese Ernährungsintensität hatte keinen ungünstigen Einfluß auf die Befruchtung der Kühe, wenn auch die intensiver gefütterten Bullen eine etwas bessere Qualität des Spermas aufwiesen.
F. Svoboda. 3644.

Valenta, Miloslav, Petrovský, Eduard und Nováková, Eva; Uhříněves, Výzkumný Ústav Živočišné Výroby; Liběchov, Lab. pro Biol Rozmnožování a Osemeňování Hospodářských zvířat. Vliv různé úrovně výživy plemenných býků na chemické složení a biochemické ukazatele ejakulátů. **(Der Einfluß unterschiedlicher Ernährungsintensität von Zuchtbullen auf chemische Zusammensetzung und biochemische Kennziffern von Ejakulaten.)** Živočišná Výroba **7(35)** (1962) Nr. 7/8. S. 481–502. — 7 Abb., 9 Tab., 20 Lit. Zus. in Russ., Franz., Dtsch.

Bei Untersuchung von Ejakulaten unterschiedlich intensiv gefütterter Besamungsbullen konnte kein wesentlicher Einfluß der Ernährung auf den Gehalt an Tr.-Subst., Gesamtstickstoff, Aminosäuren, Gesamtphosphor und Nucleinsäuren in den Spermien festgestellt werden. Bedeutende Schwankungen im Tr.-Subst.-, Gesamtstickstoff- und Gesamtphosphorgehalt der Spermien des gleichen Bullen lassen sich durch die Gegenwart verschieden reifer Spermien in den Ejakulaten erklären. In weiteren Untersuchungen wurde festgestellt, daß eine Herabsetzung der Futterrationen einen nur rel. verringerten Tr.-Subst.-, Stickstoff- und in einigen Fällen auch Phosphorgehalt im Samenplasma zur Folge hatte. Die größten Veränderungen betrafen die Periode der intensivsten Entwicklung der Jungbullen. Im Samenplasma aller Versuchsbullen wurde ohne Rücksicht auf die Ernährungsintensität eine negative Korrelation der wechselseitigen Veränderungen im Gehalt an Stickstoff- und Phosphorverbindungen festgestellt. F. Svoboda. 3644.

Fulka, Josef und Pavlok, Antonín; Uhříněves, Výzkumný Ústav Živočišné Výroby; Liběchov, Lab. pro Biol. Rozmnožování a Osemeňování Hospodářských Zvířat. Množství a kvalita ejakulátů plemenných býků při odlišné výživě a různém stáří, zjištěných ve vyčerpávacích zkouškách. **(Die im Erschöpfungsversuch festgestellte Menge und Qualität der Ejakulate von Zuchtbullen bei unterschiedlicher Ernährung und verschiedenem Alter.)** Živočišná Výroba **7(35)** (1962) Nr. 7/8. S. 473–480. — 1 Abb., 4 Tab., 13 Lit. Zus. in Russ., Franz., Dtsch.

Untersuchungen mit 4 Zwillingspaaren von Bullen des Tschechischen Rotfleckviehs ergaben in sog. Erschöpfungstesten bei unterschiedlicher Ernährung, daß bei älteren Bullen die Gesamtzahl der Spermien im Ejakulat bei herabgesetzter Ernährung mäßig höher, bei jüngeren Bullen dagegen geringfügig kleiner war. Die Ergänzung der Spermareserven nach den Erschöpfungstesten wurde durch unterschiedliche Ernährung praktisch nicht beeinflußt. Bei der intensiv gefütterten Bullengruppe wurden 99,4%, bei der geringer ernährten Gruppe 95,5% der ursprünglichen Spermienmenge gewonnen. Die Menge lebender Spermien war bei beiden Gruppen praktisch gleich (76 und

77%). Der Fructosegehalt des Spermas war bei den intensiver ernährten Bullen höher (280 gegenüber 330 mg%). Im Sauerstoffverbrauch der Spermien wurde kein Unterschied festgestellt. F. Svoboda. 3644.

Richter, K.; Braunschweig-Völkenrode, Forsch.-Anst. für Landwirtsch., Inst. für Tierernähr. **Erfahrungen mit der Jungrindermast.** Arch. dtsch. Landwirtsch.-Ges. 28 (1961) S. 95-106. – 13 Tab.
1960 wurden in der Bundesrepublik ca. 1 Mill. Jungbullen gemästet, wobei sich 2 Formen der Intensivmast bis zum Endgewicht a) 350-400 kg und b) 500-550 kg (bei Höhenvieh 600 kg) herausbildeten. Sparsame Fütterung bei der Aufzucht der Bullenkälber (120 kg Vollmilch, 750 kg Magermilch) führt zur Kostensenkung, dabei wurde im Alter von 4 Lebensmonaten ein Gewicht von ca. 130 kg erzielt. Leitgedanke aller Untersuchungen war der größtmögliche Einsatz voluminösen Wirtschaftsfutters in der Jungbullenmast. Die eigentliche Mast beginnt ab 5. Lebensmonat, wobei im Alter von 13 Mon. ca. 400 kg Gewicht erreicht werden. Neben 1 kg Heu besteht dabei das Grundfutter aus Rübenblattsilage, deren Menge in den einzelnen Mastmonaten von anfangs 4 kg bis auf 30 kg je Tier und Tag anstieg. Je Bulle wurden bis zum 13. Lebensmonat 2,5 dt Heu, 44,6 dt Silage, 2,4 dt Trockenschnitzel, 5,2 dt Getreideschrot und 0,7 dt Sojaschrot verbraucht. Die durchschnittl. Tageszunahmen betrugen 1005 g, der Nährstoffaufwand je kg Zuwachs 630 g verd. Rohprotein in 3500 StE. Die Schlachtausbeute mit 57,3% befriedigte nicht. Als Richtzahlen für die Jungbullenmast von 125-400 kg werden je nach Gewicht zunehmende Nährstoffnormen (500-850 g verd. Rohprotein, 2400 bis 4800 StE) vorgeschlagen. Bei der Jungbullenmast bis 500 kg im Alter von 1,5 Jahren wird zwischen 5. und 12. Lebensmonat eine Vormastzeit, am besten Weidegang, eingeschaltet. Bei Tageszunahmen von 600-650 g werden tägl. 450 g verd. Rohprotein in 2000 StE verabreicht und nach 12 Mon. 280 kg erzielt. Vom 13.- bis 18. Mon. werden je Tier und Tag 900-950 g verd. Rohprotein in 5000-5500 StE veranschlagt und Tageszunahmen von 1200g erwartet. Als Gesamtverbrauch werden angegeben: 1,6 dt Heu, 63,4 dt Blattsilage, 4,3 dt Trockenschnitzel, 3,8 dt Getreideschrot und 0,2 dt Sojaschrot. Die Zunahme betrug ⌀ 1145 g, der Nährstoffaufwand je 1 kg Zuwachs 700 g verd. Rohprotein in 4630 StE bei einer Schlachtausbeute von 59,4%. Der Tagesverzehr von Sauerblatt war mit ⌀ 33 kg sehr hoch, dagegen wurden von Grassilage nur 23,2 kg und von Maissilage nur 27 kg erreicht. Ein Grundfutter aus gleichen Teilen Biertrebersilage und Mais- bzw. Rübenblattsilage hat sich mit Tageszunahmen von 1200 bzw. 1300 g als sehr günstig herausgestellt. Die Ausmast selbst auf guter Weide erscheint zweifelhaft. Bullen von 8-13 Lebensmonaten erzielten trotz intensiver Weide mit Beifütterung nur Tageszunahmen von ⌀ 875 g bei gänzlich unbefriedigender Schlachtausbeute. Bei einer Ausmast bis zu 18 Lebensmonaten ergab sich eine ähnliche Tendenz. Jungochsen erzielten gegenüber Mastbullen um 19% geringere Tageszunahmen bei einem um 18% höheren Nährstoffverbrauch.
O. Siegl. 3652.

Ignatov, I. und Todorov, D. (Ignatow, I. und Todorow, D.) Oborno i oborno-pasištno ugojavana na bičeta ot sofijskata kafjava poroda. **(Stall- und Stall-Weide-Mast von Sofioter Braunviehjungbullen.)** Izvestija na Centralnija naučnoizsledovatelski institut po životnovŭdstvo „Georgi Dimitrov" — Kostinbrod, Sofija 14 (1962) S. 51-59. – 5 Tab., 13 Lit. Zus. in Russ., Engl.
Zwei Gruppen zu je zehn 13 Mon. alten Jungbullen von 268-269 kg mittlerem Lgw. wurden wie folgt gemästet: Gr. I Stallmast, Gr. II vom 23.6.-1.9. Weidemast, danach (bis 24.10.) Stallmast bei gleicher Fütterung wie Gr. I. Ergebnisse (in Klammern Gr. II): tägl. Gewichtszuwachs in der Periode 23.6.-1.9. 593 (659) g bei einem Futteraufwand von 7,493 (7,682) FE je kg

Zuwachs; tägl. Gewichtszuwachs in der Periode 1.9.-24.10. (Stallmast) 1246 (1254) g, entspr. Futteraufwand je kg Zuwachs 6,321 (6,323) FE mit 570 (570) g, verd. Protein; Schlachtausbeute 58,95 (60,24)%; Nierenfett 1266 (1533) g. N. Platikanow. 3652.

Paliev, Ch., Rusev, G. und Kajdžiev, D. (Palijew, Ch., Russew, G. und Kajshiew, D.) Ugojavane na mŭžki teleta, prednaznačeni za klane. **(Mast der zum Schlachten bestimmten männlichen Kälber.)** Životnovŭdstvo, Sofija **16** (1962) Nr. 8. S. 6-13. — 1 Abb., 6 Tab.

Zwei Gruppen zu je zehn 8,5 Mon. alten männlichen Sofioter Braunviehkälbern von 188 kg mittlerem Lgw. wurden gemeinsam gefüttert. Den Tieren der Versuchsgruppe waren bei Versuchsbeginn 2 Vitestrolstiftchen (insgesamt 60 mg Wirkstoff) s.c. hinter das Ohr implantiert worden. Nach 100 Tagen wurden ihnen wieder je 2 Stiftchen implantiert. Der Versuch dauerte bis zu einem Mastendgewicht von ca. 350 kg. Der Gesamtzuwachs während der ganzen Versuchsperiode betrug in der mit Vitestrol behandelten Gruppe 158,0 kg und in der Kontrollgruppe 145,8 kg. Den höchsten Effekt zeitigte das Vitestrol im 1. Mon. nach der Implantation (tägl. Gewichtszuwachs nach der 1. Implantation um 27%, nach der 2. Implantation um 37,5% höher gegenüber der Kontrolle). Das von kompakten Fettmassen gesäuberte Fleisch enthielt in der Versuchsgruppe 4,02% und in der Kontrollgruppe 2,15% Fett in der Tr.-Subst. (Ergebnisse von je 2 Kälbern aus jeder Gruppe).
N. Platikanow. 3652.

Kadijski, E., Christov, V. und Dimitrov, G. (Kadijski, E., Christow, W. und Dimitrow, G.) Sravnitelno ugojavane na mŭžki kastrirani teleta — iskŭrski i krŭstoski I i II pokolenie meždu kravi ot iskŭrska poroda i simentalski bici. **(Vergleichende Mastprüfung kastrierter männlicher Iskârkälber und Kreuzungskälber der 1. und 2. Generation zwischen Iskârkühen und Simmentaler Bullen.)** Životnovŭdstvo, Sofija **16** (1962) Nr. 7. S. 7-13. — 3 Abb., 6 Tab.

Drei Gruppen zu je 5 kastrierten einjährigen Bullenkälbern (Gr.I Iskârrind, Gr. II 1. Generation Iskârrind × Simmentaler, Gr. III 2. Generation aus derselben Kreuzung) von 189,0; 196,5 und 206,7 kg mittlerem Lgw. wurden 163 Tage bei strukturgleichen Rationen gemästet, in denen der Kraftfutteranteil in der 1. Hälfte der Mastperiode 30% und in der 2. Hälfte 26% betrug. Ergebnisse (in der Reihenfolge der Gruppen): tägl. Gewichtszuwachs 888; 1059 und 1047 g; Futteraufwand je kg Zuwachs 7,33; 6,52 und 7,03 FE mit 767; 677 und 730 g verd. Protein; Schlachtausbeute 56,0; 56,4 und 55,8%; Innenfett 13,40; 10,70 und 11,85 kg; Hautgewicht 30,6; 32,5 und 34,1 kg; Hautdicke, seitlich über der letzten Rippe, 5,72; 7,44 und 6,30 mm. In bezug auf die Fleischqualität nehmen die Kreuzungen 1. Generation die erste Stelle ein, gefolgt von den Kreuzungen 2. Generation und — an letzter Stelle — den reinrassigen Iskârkälbern. N. Platikanow. 3652.

Karásek, Václav und Šmerha, Josef; Praha, Vysoká Škola Zemědělská, Katedra Obecné a Spec. Zootechn.; Uhříněves, Výzkumný Ústav Živočišné Výroby. Vliv tréninku na růst, vývin a mléčnou užitkovost červenostrakatého skotu. **(Einfluß des Trainings auf Wachstum, Entwicklung und Milchleistung des Rotfleckviehs.)** Živočišná Výroba **7(35)** (1962) Nr. 7/8. S. 521-548. — 4 Abb., 16 Tab., 44 Lit. Zus. in Russ., Franz., Dtsch.

Trainingsversuche mit insgesamt 84 Kälbern (davon 54 Färsen und 30 Bullen) im Alter von 3-23 Mon. brachten folgende Resultate: Die trainierten Kälber wiesen im Vergleich zu Kontrolltieren einen besser entwickelten Brustkorb sowie eine größere Körperlänge und größere Beckenmaße auf. Bei den nach Abschluß der Versuche geschlachteten Versuchskälbern wurde ein höheres Herz-, Lungen-, Schilddrüsen- und Hypophysengewicht ermittelt. Auch das Hodengewicht der trainierten Bullenkälber war höher als das der Kontrolltiere. Bei den trainierten Kälbern entwickelten sich die mit dem Zitronensäurezyklus verbundenen biochemischen Systeme besser bei gleichzeitiger Steigerung der energetischen Bereitschaft des Organismus. Bei einer kleinen Anzahl der trainierten Färsen war die nach dem Abkalben erreichte Milchleistung um 8,5-11,6% und die Milchfettleistung um 10,8-26,86 kg je Laktation höher als bei den abgekalbten Kontrollfärsen. F. Svoboda. 3662.

Svozil, B.; Brno, Katedra Obecné Zootechn. Příspěvek ke studiu zvyšování mléčné užitkovosti hřbíneckého skotu. **(Beitrag zur Frage der Steigerung der Milchleistung beim Schönhengster Rind.)** Sborník Vysoké Školy zemědělské Brně, Řada A **1961** Nr. 3/4. S. 309-324. — 2 Abb., 5 Tab., 18 Lit. Zus. in Russ., Dtsch.

In einem Vergleichsversuch mit 2 Gruppen zu je 18 Schönhengster Kühen des Staatsgutes Hanušovice wurde der Einfluß einer verbesserten Ernährung auf die Milchleistung der Kühe dieses Schlages verfolgt. Die intensiver gefütterte Versuchsgruppe wies eine durchschnittl. Milchleistung von 2964 kg Milch mit 3,9% Fett bei einem Verbrauch von 223,2 kg verd. E. und 1535,8 kg StW je Kuh und Laktation auf. Die durchschnittl. Leistung der Kontrollkühe betrug 2458 kg Milch mit 3,98% Fett bei einem Verbrauch von 169,4 kg verd. E. und 1203 kg StW. Der Einfluß einer besseren Fütterung der Versuchskühe wirkte sich demnach in einer Steigerung der Milchleistung um 22,2% aus. Die einzelnen Versuchskühe reagierten auf eine verbesserte Fütterung unterschiedlich: 10 Kühe steigerten die Milchleistung um mehr als 25%, 7 Kühe bis zu 25% und eine Kuh verringerte die Milchleistung um 4,9%. Die höchste individuelle Steigerung der Leistung betrug 67,5%. Die durchschnittl. Laktationsdauer betrug bei der Versuchsgruppe 305,8 Tage, die Dauer des sog. Trockenstehens 73,9 Tage, bei der Kontrollgruppe 263,3 bzw. 107,1 Tage. F. Svoboda. 3662.

Šebela, F., Svozil, B., Pavel, J. und Hruška, E.; Brno, Katedra Technol. a Laktol. VŠZ. Vliv individuality dojnic červenostrakatého plemena na složení a produkci mléka. **(Der Einfluß der Individualität der Kuh auf Menge und Zusammensetzung der Milch.)** Šbornik Vysoké Školy zemědělské Brně, Řada A **1961** Nr. 3/4. S. 325-346. — 6 Abb., 11 Tab., 18 Lit. Zus. in Russ., Dtsch.

In Untersuchungen an insgesamt 10 ausgesuchten Milchkühen des Tschechischen Rotfleckviehs schwankte bei den einzelnen Kühen die Milchleistung in den Grenzen von 2828-8412 kg Milch mit einem Variationskoeffizienten von 33,6%. Die rel. Milchleistung schwankte von 412-1335 kg Milch ($v =$ 30,8%). Der Gehalt der hauptsächlichsten Milchbestandteile variierte folgendermaßen: Fettgehalt der Milch von 3,27-4,45%, Eiweißgehalt von 3,23-3,84% Tr.-Subst.-Gehalt von 12,86-14,54%, fettfreie Tr.-Subst. von 8,59-10,09%. Das Fett- Eiweißverhältnis schwankte von 83,6-106,6%. Aus den Untersuchungen geht hervor, daß die Individudalität der Kühe den Faktor darstellt, der Milchleistung und -zusammensetzung im Rahmen der Rasse am stärksten beeinflußt. F. Svoboda. 3662.

Alim, K. A.; Khartoum, Sudan, Dep. of Animal Product. Environmental and genetic factors affecting milk production of Butana cattle in the Sudan. **(Umwelt- und genetische Faktoren, die die Milchleistung der Butanakühe im Sudan beeinflussen.)** J. Dairy Sci. **45** (1962) Nr. 2. S. 242-247. — 3 Abb., 7 Tab., 17 Lit.

Vf. untersuchte Leistungsunterlagen von 353 Butanakühen mit 1311 Abkalbungen aus den Jahren 1943-57 im Nordsudan. Es ergab sich ein Erstkalbealter von ∅ 44 Mon., eine ZKZ von 416 Tagen und eine Milchleistung von 3129 lb. in 253 Tagen, mit einer Standardabweichung von 1709 lb. Die

Differenzen aller Leistungsmerkmale in verschiedenen Jahren waren stark signifikant, während keine Differenzen in der Milchleistung bei verschiedenen Kalbemonaten oder unterschiedlichem Alter der Kuh gefunden wurden. Die Wiederholbarkeiten auf der Basis von Einzellaktationen betrugen für Milchleistung, ZKZ, Laktationsdauer und Trockenperiode 0,42; 0,11; 0,42 bzw. 0,22. Die Heritabilität der Milchleistung wurde auf 0,28, für 2 Laktationen auf 0,30 geschätzt. Der genetische Fortschritt pro Generation durch Selektion der Mutter von Kühen bzw. Bullen betrug 29,7 bzw. 522,6 lb., der jährl. genetische Gewinn 23,5 lb. oder 0,7% des Herdendurchschnitts.
A. Schaaf. 3662.

Rostowzew, N. F. The theoretical and practical fundamentals for increasing the meat productivity of horned cattle. **(Theoretische und praktische Grundlagen zur Steigerung der Fleischleistung bei Rindvieh.)** Vortr. 8. europ. Kongr. Fleischforsch.-Inst. 20-27/8. 1962, Moskau. — 3 Tab., 15 Lit.
An Hand der Literatur wird besprochen, welche Wege in der Sowjetunion zur Steigerung der Fleischleistung bei Rindern beschritten werden. Der Einfluß der Fütterung und der Zucht werden dargestellt. Durch entspr. Fütterung können die Tiere mit 14-16 Mon. ein Lgw. von 350-400 kg, mit 18-20 Mon. 430-460 kg erreichen. Gleichzeitig steigen der Fleischanteil um 10-12%, der Fettanteil um 5-8%. Der Wassergehalt verringert sich während des Wachstums um 10-12%. Gekreuzte Rassen weisen höhere Wachstumsraten und Lgw. auf als die ursprünglichen Rassen. Sie ergaben höhere Ausbeuten an Fett, Fleisch und Häuten. Der Kaloriengehalt des Fleisches liegt ebenfalls höher.
A. Schwarz. 3664.

Brinks, J. S., Clark, R. T., Kieffer, N. M. und Quesenberry, J. R. Mature weight in Hereford range cows — heritability, repeatability, and relationship to calf performance. **(Reifegewicht bei Herefordkühen, Heritabilität, Wiederholbarkeit und Beziehung zum Kälbergewicht.)** J. Animal Sci. **21** (1962) Nr. 3. S. 501-504.
An über 9000 Herefordkühen (von 1926-59) aus der Versuchsstation Miles City (Montana) wurde bez. der Gewichtsentwicklung folgendes festgestellt: Bis zum 8. Lebensjahr sind Gewichtszunahmen zu verzeichnen. Die Heritabilität bzw. Wiederholbarkeit des Reifegewichtes hat beim Frühjahrsgewicht den Wert 0,75 bzw. 0,76, beim Herbstgewicht den Wert von 0,73 bzw. 0,84. Zwischen verschiedenen Gewichten der Kühe und der Kälber bestehen i. allg. geringe positive Korrelationen.
D. Rasch. 3664.

Good, D. L., Dahl, G. M., Wearden, S. und Weseli, D. J.; Manhattan, Kansas Agric. Exp. Stat. Relationships among live and carcass characteristics of selected slaughter steers. **(Beziehungen zwischen Lebend- und Schlachteigenschaften bei selektierten Schlachtochsen.)** J. Animal Sci. **20** (1961) Nr. 4. S. 698-701. — 2 Tab., 6 Lit.
In diesem Versuch wurden 674 Ochsen der Rassen Angus, Hereford und Shorthorn geprüft. Die Tiere waren nach dem Endgewicht in 3 Klassen a) 1025 lb., b) 900 lb. und c) 800 lb. eingeteilt und wurden von der gleichen Kommission im lebenden und geschlachteten Zustand bewertet. An Lebendmaßen wurden ermittelt: Stirnbreite, Flotzmaulbreite, Röhrbeinumfang und Umfang der Keule. Für die Bemuskelung wurden visuell die Noten 1-6 vergeben, wobei 6 ein sehr gut bemuskeltes Tier erhielt. Nach der Ausschlachtung wurde an der linken Schlachthälfte zwischen 12. und 13. Rippe die Fläche des M. long. dorsi sowie des aufgelagerten Fettes planimetriert. Die Flächen des Augenmuskels sowie der Fettauflage wurden weiter in kleinen Quadraten (nach inch) dargestellt, um daraus die Marmorierung nach festgesetzten Normen zu ermitteln. Da es sich um vorselektierte Tiere handelte, sind die festgestellten Abweichungen vom Standard rel. gering, wie die Variationskoeffizienten erkennen lassen. Nahezu alle ermittelten Meßwerte an den Lebendtieren sowie

an den Schlachthälften korrelierten signifikant positiv mit dem Lgw. Nicht signifikant war die Korrelation zwischen dem Marmorierungsgrad und dem Lgw., dieser scheint von letzterem unabhängig zu sein. Die partiellen Korrelationen zwischen Bemuskelung und Ausschlachtungsprozentsatz sowie Lendenmuskelfläche sind gesichert, d. h. Tiere mit einer hohen Bemuskelungsnote (lebend) ließen nach Schlachtung höheren Ausschlachtungsgrad und größere Muskelfläche erwarten. Diese Signifikanz mit 0,05 war jedoch für weitere Schlußfolgerungen nicht ausreichend. Die beiden gleichgerichteten Maße Stirn- und Flotzmaulbreite sowie der Röhrbeinumfang waren signifikant negativ mit Ausschlachtungsprozentsatz und Fettschicht hinter der 12. Rippe korreliert. Tiere mit größerer Stirnbreite ergaben in Übereinstimmung mit Ergebnissen von Lush niedrigere Ausschlachtungsprozente. Eine negative Korrelation zeichnete sich zwischen dem Röhrbeinumfang und dem Marmorierungsgrad sowie dem Auflagefett hinter der 12. Rippe ab. Die Korrelation zwischen Lendenmuskelfläche und der darüberliegenden Fettschicht (12. Rippe) war signifikant negativ, d. h. gut bemuskelte Tiere haben weniger Fett aufzuweisen. Nach McMeekan ergaben feinknochige Tiere der verschiedenen Klassen einen niedrigeren Prozentanteil an mageren Fleischteilen und mehr Fett als Tiere mit einem starken Knochenbau. Der Ausschlachtungsprozentsatz war mit Marmorierungsgrad, Fettschicht und Lendenmuskelfläche positiv korreliert. Für den Ausschlachtungsprozentsatz ist wiederum die Schlachtreife der Tiere ein bestimmender Faktor. O. Siegl. 3664.

Stouffer, J. R., Wallentine, M. V., Wellington, G. H. und Diekmann A.; Ithaca, N. J., Cornell Univ., Dep. of Animal Husbandry. Development and application of ultrasonic methods for measuring fat thickness and rib-eye area in cattle and hogs. **(Entwicklung und Anwendung der Ultraschall-Methode zur Messung der Speckdicke und Muskelfläche bei Rindern und Schweinen.)** J. Animal Sci. **20** (1961) Nr. 4. S. 759-767. — 4 Abb., 4 Tab., 10 Lit.
Diese Untersuchungen wurden an 327 Rindern und 42 Schweinen in 9 Gruppen durchgeführt. Nachfolgend sind die Ultraschall-Meßwerte in der Reihenfolge Rückenspeckdicke — Muskelfläche den nach der Ausschlachtung ermittelten Werten (in Klammern) gegenübergestellt: Gr. I: 0,55 (0,64), 11,40 (9,27); Gr. II: 0,66 (0,74), 10,31 (11,69); Gr. III: 0,73 (0,72), 9,46 (10,22); Gr. IV: 1,20 (1,35), 4,12 (4,08); Gr. V: 0,58 (0,90), 11,74 (12,02); Gr. VI: 0,37 (0,47), 8,47 (11,48). In der Gr. IV waren Schweine, in allen anderen Rinder. Die Differenzen in der Rückenspeckdicke können durch die unterschiedliche Druckausübung bei der Ultraschall-Messung bedingt sein. Der durch Ultraschall ermittelte Muskelflächenwert war überwiegend etwas kleiner als der nach Ausschlachtung ermittelte; dennoch standen beide Maße in enger Beziehung. Die Korrelationen zwischen den durch Ultraschall ermittelten und den nach Ausschlachtung registrierten Werten betrugen für die Dicke des Auflagefettes $r = 0,32$ bis $0,54$ (bei Schweinen in Gr. IV $r = 0,92$), für die Muskelfläche $r = 0,22$ bis $0,85$ (bei Schweinen $r = 0,70$). Die Korrelationen für Tiefe und Länge des Muskels liegen im ähnlichen Bereich. Die Ultraschall-Fettmessungen bei Schweinen waren also weitgehend genauer. Jedoch ist ein Vergleich der auf verschiedene Art gemessenen Muskelwerte nicht immer stichhaltig, weil durch die Zerlegung usw. Verschiebungen in der Muskelfläche auftreten können. In weiteren Versuchsreihen wurde eine signifikante Wiederholbarkeit der Ultraschall-Methode nachgewiesen. O. Siegl. 3664.

Tuma, H. J., Venable, J. H., Wuthier, P. R. und Henrickson, R. L.; Stillwater, Oklahoma Agric. Exp. Stat. Relationship of fiber diameter to tenderness and meatiness as influenced by bovine age. **(Beziehungen zwischen Muskelfaser-Durchmesser und Zartheit sowie Fleischwüchsigkeit unter dem Einfluß des Alters bei Rindern.)** J. Animal Sci. **21** (1962) Nr. 1. S. 33-36. — 1 Abb., 6 Tab., 4 Lit.

An 33 Hereford-Tieren aus 5 Altersgruppen zwischen 6 und 90 Mon. wurden Untersuchungen durchgeführt, um die Beziehungen zwischen dem Durchmesser verschiedener Muskelfasern und der Zartheit sowie Fleischwüchsigkeit zu prüfen. Zu diesem Zweck wurden Muskelproben vom M. long. dorsi und M. semitendineus geprüft. Für den M. long. dorsi wurde mit steigendem Alter des Tieres ein zunehmender Muskelfaser-Durchmesser festgestellt. Demgegenüber erhöhte sich der Faser-Durchmesser des M. semitendineus nur bis zum Alter von 24 Lebensmonaten, um danach wieder abzunehmen. Der Faserdurchmesser des M. long. dorsi war in den Rückenmitte- und Seitenpartien nicht einheitlich, von der Rückenlinie in Richtung der beiden Seiten verringerte er sich. Bei der Untersuchung von Proben 14 Tage nach Schlachtung des betr. Tieres ließ sich eine leichte, jedoch nicht signifikante Abnahme im Faserdurchmesser erkennen. Innerhalb gleicher Altersgruppen scheint kaum eine Beziehung zwischen Faserdurchmesser und Zartheit zu bestehen. Diese bisherige Annahme dürfte mehr auf die Zusammenhänge zwischen Alter der Tiere und ihrer Muskelfaserstärke zurückzuführen sein. Ohne Ausschluß des Alterseinflusses war der Muskelfaser-Durchmesser mit der Fläche des M. long. dorsi eng korreliert, während nach Ausschaltung des Faktors „Alter“ diese Beziehung keine Signifikanz mehr aufwies. O. Siegl. **3664.**

Archangel'skij, I. I., Beljaevskij, Ju. J. und Olenev, V. A. (Archangelski, I. I., Beljajewski, Ju. I. und Olenew, W. A.); Moskau, Unions-Forsch.-Inst. für Veterinärhyg.; Unions-Forsch.-Inst. für Elektrifizier. der Landwirtsch. Veterinarno-sanitarnyj kontrol' za kačestvom moloka pri mašinnom doenii. **(Veterinärhygienische Überwachung der Milchqualität beim maschinellen Melken.)** Veterinarija, Moskva **39** (1962) Nr. 6. S. 62-68. — 5 Abb., 2 Tab.

Für die richtige Organisation des maschinellen Melkens in den Kollektiv- und Sowjetfarmen wird von Vff. die aktive Teilnahme der Veterinärhelfer verlangt. Sie halten es für zweckmäßig, überall 3- bis 4tägige Seminare für die Veterinärhelfer zum Erlernen der fortschrittlichen Methoden des maschinellen Melkens abzuhalten, insbesondere bei Übergang zum Fischgrätenmelkstand, mit der Verpflichtung, in den Wirtschaften direkt mitzuhelfen. Dies würde es ermöglichen, die Melkanlagen richtig auszunutzen, um Qualitätsmilch zu erzeugen. W. Strack. 3677.

Phillips, D. S. M. Production of cows may be affected by small electric „shocks“ from milking plants. **(Die Milchproduktion der Kühe kann durch geringe elektrische „Schläge“ im Melkstand beeinflußt werden.)** New Zealand J. Agric. **105** (1962) Nr. 3. S. 221-225. — 3 Abb., 2 Tab.

Nach einer Erläuterung der Möglichkeiten und des Zustandekommens von Spannungsunterschieden zwischen der Milchleitung und der Erde durch Fehler in der Stromzuführung und Erdung werden Versuchsergebnisse aus der Versuchsstation Ruakura angeführt, die bei einem Spannungsunterschied von 3 V gegen Erde ganz klare Minderleistungen von 0,3-1,7 lb. pro Kuh ergeben haben. Dabei ist auffallend, daß die Kühe während des Melkens äußerlich kein Unbehagen zeigten. Bei Prüfungen von Melkständen ergaben sich Spannungsgefälle bis 20 V, meist zwischen 3-10 V. H. Senger. 3677.

Björkman, G. und Bengtson, H.; Stockholm, Roy. Veterin. Board. Eradication of bovine brucellosis in Sweden. **(Tilgung der Rinderbrucellose in Schweden.)** J. Amer. veterin. med. Assoc. **140** (1962) Nr. 11. S. 1192-1195. — 1 Abb., 1 Tab.

Die Tilgungsaktion begann 1944 und wurde 1957 mit einem Gesamtkostenaufwand von etwas mehr als 22 Mill. Kronen abgeschlossen. In den Anfangsstadien war die Teilnahme freiwillig, in der Schlußphase bestand Tilgungszwang. Diagnostisch wurde Blutserumagglutination, Komplementbindung

und ABR-Test angewendet. Bakteriologisch wurden Feten und Nachgeburten untersucht. Buck-19-Vakzine wurde anfänglich in akut verseuchten Herden verwendet, doch wurde ihr Einsatz 1951 eingestellt. Zukünftige Maßnahmen werden sich auf die bakteriologische Untersuchung von Feten und Nachgeburten verdächtiger Aborte beschränken. Routine-Blut- oder Milchtests werden nicht mehr durchgeführt, da die Seuche als getilgt gilt.
K. Wohanka. 3680.

Gaier, Richard. Programma ufficiale di eradicazione della tubercolosi bovina in Austria. **(Das Tuberkulosetilgungsprogramm in der Rinderzucht Österreichs.)** Zooprofilassi [Rom] **15** (1960) Nr. 11. S. 825-831.

Die Tilgung geschieht auf freiwilliger Basis. Der Durchprüfung der Bestände soll eine ständige Kontrolle folgen. In der Testphase werden in festgelegten Bezirken alle ½ Jahr alten und älteren Rinder sowie die über 1 Jahr alten Ziegen tuberkulinisiert. Reagenten werden dauerhaft markiert und innerhalb einer bestimmten Zeitspanne in bes. Schlachthöfen geschlachtet. Ein finanzieller Ausgleich in festgelegter Höhe wird gewährt. Bez. der Milcherhitzung, Weidenutzung usw. wurden Bestimmungen erlassen. Bis Juli 1960 waren 49,92% der Bestände dem Verfahren angeschlossen. 75,31% des Gesamtrinderbestandes waren tuberkulinisiert und 17,25% Reagenten festgestellt worden. 26,75% der Ziegen wurden ebenfalls getestet, 3,5% erwiesen sich als infiziert. H. D. Hennig. 3680.

Fritzschi, Ernst. L'organizzazione e l'applicazione della lotta ufficiale contro la tubercolosi bovina in Svizzera. **(Organisation und Durchführung der Rindertuberkulose-Bekämpfung in der Schweiz.)** Zooprofilassi [Rom] **15** (1960) Nr. 11. S. 832-842.

Versuche zur Bekämpfung der Seuche auf freiwilliger Grundlage gehen zurück auf das Jahr 1934. Bereits seit 1942 müssen alle klinisch erkrankten Tiere geschlachtet werden. Seit 1951 läuft ein Tilgungsprogramm für das ganze Land unter Beteiligung von Kantonen und Bund. Alle klinisch erkrankten und auf Tuberkulinisierung (intradermal; S-Tuberkulin, Stamm Vallée; 2000-4000 Einheiten) reagierenden Tiere werden geschlachtet und in Höhe von 80-90% des Marktwertes entschädigt. Unterschiedliche Bezahlung der Milch erwies sich als keine große Förderung für das Vorhaben. 393883 von 1,6 Mill. Rindern wurden geschlachtet, bis nach 9jähriger Bekämpfung der Seuche die Bestände Tbc-frei waren. 244 Mill. Schweizer Franken wendete der Staat auf, 138 Mill. steuerten die Tierhalten bei. H. D. Hennig. 3680.

Goor, V. S. Eradicazione e controllo della tubercolosi bovina in Israele. **(Tilgung und Überwachung der Rindertuberkulose in Israel.)** Zooprofilassi [Rom] **15** (1960) Nr. 11. S. 885-887. 3680.

Panisset, Maurice. L'eradicazione della tubercolosi bovina nel Canada. **(Die Tilgung der Rindertuberkulose in Kanada.)** Zooprofilassi [Rom] **15** (1960) Nr. 11. S. 892-901. 3680.

Tanaka, Yoshio. La lotta contro la tubercolosi bovina in Giappone. **(Die Bekämpfung der Rindertuberkulose in Japan.)** Zooprofilassi [Rom] **15** (1960) Nr. 11. S. 888-891. 3680.

Bouvier, G.; Lausanne. Les esthers phosphoriques dans la lutte contre le varron du bétail. **(Die Phosphorsäureester im Kampf gegen den Dassellarvenbefall der Rinder.)** Schweiz. Arch. Tierheilkunde **104** (1962) Nr. 8. S. 459-468. — 11 Lit. Zus. in Engl., Ital., Dtsch.

Die bisherige Bekämpfung mit Derrispräparaten erreichte nur eine Abtötung der frühzeitig unter der Rückenhaut angekommenen Larven, während die von Mai-Sept. nachkommenden Larven nicht erfaßt wurden. Erst die Anwendung der Phosphorsäureester (P.E.) ermöglicht eine Abtötung der Larven in jedem Stadium ihrer Entwicklung und der Wanderung im Tierkörper. Wenn auch die P. E. mehr als 90% aller Dassellarven im Tierkörper abtöten, so gab doch die rel. toxische Nebenwirkung Anlaß zu den folgenden Untersuchungen. Die toxische Wirkung kommt durch eine stabile Bindung von P.E. mit der Cholinesterase des Körpers zustande und zeigt die Symptone der Muscarin- oder der Nikotinvergiftung. Die Erscheinungen gehen meist schnell vorüber. Die Ausscheidung erfolgt zum größten Teil durch den Harn in 2½-5 Std. und nur zu 0,2% in 144 Std. durch die Milch. Im Fleisch wird nach 6 Std. nichts mehr vorgefunden. Indirekte Wirkungen zeigen sich in Form von Lähmungen durch Blutungen im Wirbelkanal, die durch abgetötete Larven auf anaphylaktischer Grundlage entstanden sind. Trotzdem sind diese Fälle nicht vor 10 Tagen zu schlachten, da sie sich meistens noch erholen. Man darf also entweder nur vor Eintritt der Larven in den Kanal (vor Anfang Nov.) oder erst nach Verlassen des Wirbelkanals (ab Ausgang Apr.) mit P.E. behandeln. Ödeme an Augenlidern, Anus und Vulva sind auch anaphylaktischer Natur und vorübergehend. Von den verschiedenen Präparaten wurde als erstes „Neguvon Bayer" in Tablettenform zur oralen Anwendung geprüft. Mit 3maliger Anwendung (Nov., Dez., Jan.) werden bis zu 97,4% der Larven vernichtet. Trotzdem mußte auf die orale Applikation verzichtet werden, da die 3malige Anwendung zu umständlich ist und die auftretenden toxischen Zwischenfälle zu zahlreich sind. Neguvon 2%ig als Pulveraufstreuung oder als Waschung erfordert gewisse Vorsichtsmaßregeln seitens des Personals und hat auch bei einmaliger Durchführung gute Erfolge. Noch besser ist die Aufgußmethode, bei der je nach dem Gewicht des Tieres 70-140-210 ccm Ruelene (Dow), emulgierbar, auf dem Rücken in der Verdünnung 1:2 verteilt werden. Die Behandlung ist leicht, schnell wirksam, ohne bes. Zwischenfälle und vor Nov. oder ab Anfang Apr. durchzuführen. Milchkühe dürfen nicht behandelt werden. Die Anwendung von „Neguvon Bayer" in öliger Lösung in Form der Aufgußmethode ist zwar in der Wirkung sehr gut (98,5-99,5% Abtötung der Larven), aber zu 30-50% mit Intoxikationserscheinungen und Ödemen (jedoch keinen Paralysen) verbunden. Die Milchleistung sinkt öfters für mehr als 1 Woche. Wenn auch Milchkühe und eventuell auch tragende Tiere ab 4. Mon. nicht behandelt werden sollen, meint der Vf., daß nach einigen Jahren der Behandlung aller Bestände mit P.E.-Präparaten der Dassellarvenbefall rapid abnehmen würde. K. Preißler. 3680.

Conev, P. und *Vasilev, A.* (Zonew, P. und Wassilew, A.) Hrsg.: Versuchsstat. für Tierzucht in Smoljan, Bulgarien. **Rodopskoto kūsorogo govedo i rezultati ot krūstosvaneto mu sūs sofijskoto kafjavo govedo.** (Das kurzhornige Rhodopenrind und Ergebnisse aus dessen Kreuzung mit Sofioter Braunvieh.) Sofija: Zemizdat. 1962. (123 S. m. 34 Abb., 44 Tab. u. 49 Lit.) Im Rhodopengebirge, das durch ein stark durchbrochenes Gelände gekennzeichnet ist, wird das kleine kurzhornige Rhodopenrind gezüchtet. Es ist von feiner, kräftiger Konstitution. Die charakteristischen Daten bez. Körperform und Wirtschaftseigenschaften dieses Rindes und seiner Nachkommen aus der Kreuzung mit Sofioter Braunviehbullen sind (die Angaben in Klammern beziehen sich auf die Kreuzungen): mittleres Lgw. der erwachsenen Kühe 221 (331) kg, Widerristhöhe 101 (112,6) cm, Rumpflänge 114,7 (128,5) cm, Brustbreite 29,5 (33,1) cm, Brusttiefe 51,2 (56,1) cm, Röhrbeinumfang 13,1 (14,8) cm; Laktationsleistung 1082 (1723) kg, Fettgehalt der Milch 4,5 (4,2)%; Schlachtausbeute bei mittlerem Futterzustand 43,6 (50) %; Geburtsgewicht der Kuhkälber 14,2 (22,4) kg, Gewicht mit 6 Mon. 72,4 (122,4) kg. Die Monographie enthält noch weitere Angaben über diese Tiere sowie Empfehlungen für die künftige züchterische Arbeit. N. Platikanow. 3606.

Hauptmann, Jaroslav. **Velkovýrobní technologie chovu skotu.** (Technologie der Rinderhaltung im Großbetrieb.) Praha: Státní zeměd. naklad. 1962. (342 S.) 8°. (1962 A 1507)

Kwasieborski, Mieczysław. **Poradnik chowu bydła.** (Handbuch der Rinderzucht.) Warszawa: Panstw. wyd. rolnicze i leśne. 1962. (269 S.) 8°. (1962 A 1224)

Ukazanija po plemennoj rabote. Instrukcija po bonitirovke krupnogo rogatogo skota moločnych i moločno-mjasnych porod. (Hinweise für die züchterische Arbeit. Anleitung zur Bonitierung von Rindern der Milch- und Fleischrassen.) Hrsg.: Minist. sel'skogo chozjajstva SSSR. Moskva. 1959. (63 S.) 8°. (DA 1423)

D. SCHWEINE

Vergote de Lantsheere, W. La production porcine en 1961. **(Die Produktion in der belgischen Schweinezucht 1961.)** Rev. Agric. [Bruxelles] **15** (1962) Nr. 4. S. 535-562. — 16 Abb., 26 Lab.
Die umfangreiche Übersicht gibt einen Einblick in Organisation, Zucht und Haltung auf dem Gebiete der Schweinefleischproduktion. — Im Mai 1961 betrug der Schweinebestand in Belgien ca. 1750000 Stck., er setzte sich hauptsächlich aus einheimischen veredelten Landschweinen, Großen Yorkshires und Piétrains zusammen. In den Mastprüfanstalten Wavre, Bevel, Roulers, Scheldewindeke und Marloie wurden ca. 1700 Tiere geprüft. Bauliche Erweiterungen in diesen Anstalten sollen es ermöglichen, jährl. bis ca. 4000 Tiere zu prüfen. F. Lüpnitz. 3710.

Kündiger, H. **Betriebswirtschaftliche Fragen der Schweinefleischerzeugung.** Arch. dtsch. Landwirtsch.-Ges. 28 (1961) S. 27-44. — 4 Abb.
20% der Verkaufserlöse der westdeutschen Landwirtschaft stammen aus der Schweinemast, wobei 1959 nur 6-7% aller Schweine in Beständen von über 50 Tieren standen. Der Anteil von mageren c- und d-Klassen stieg auf nahezu 80% des Gesamtauftriebes. Der Gewinn wird durch die Schweinepreise, Veredlungs- und Futterkosten bestimmt. Der Schweinepreis ist stark von Saisonschwankungen (bis 32 Dpf/kg) beeinflußt, er ist aber auch auf den einzelnen Großmärkten verschieden und betrug z. B. im Jahresdurchschnitt in München DM 2,44, in Köln DM 2,70/kg. Jahreszeitlich liegt der Höhepunkt im Sept., der Tiefpunkt im Apr. Bei einmaliger Saisonschweinemast unter Ausnutzung der durch Weideaustrieb leer stehenden Rindviehställe ist der Höhepunkt leicht zu erreichen. Bei 2maligem Umtrieb sollen die Monate Aug. und Febr. als Ausstallungszeiten gewählt werden. Unter Veredlungskosten sind die Kosten für Vermarktung, Ferkel, Gebäude, Arbeit, Beifutter und Sonstiges zu sehen. Die durch die Entfernung bedingten Vermarktungskosten (Gewichtsverlust, Transportkosten, Marktunkosten) werden auf ca. DM 35/100 kg Zuwachs beziffert. Bei einem Ferkelpreis von DM 3,12/kg sind durch ein 16 kg schweres Ferkel wiederum ca. DM 10 Kosten je 100 kg Zuwachs anzusetzen. Die Saisonunterschiede in den Ferkelpreisen belaufen sich auf ca. 90 Dpf/kg. Als Grundkosten je Sau/Jahr werden DM 500 gerechnet. Zieht die Sau nur 10 Ferkel/Jahr auf, ist ein Ferkel mit DM 50 belastet, wozu noch DM 15 Aufzuchtkosten kommen. 15 aufgezogene Ferkel je Sau/Jahr werden zur Erzielung einer Rentabilität angestrebt. Als Gebäudekosten sind ca. 8% des Neubauwertes, also ca. DM 8-10/Tier anzusetzen. Als Arbeitszeit werden 2 Min./Tier/Tag oder 3 Std./100 kg Zuwachs im bäuerlichen Betrieb, jedoch nur 0,8 Min./Tier/Tag oder 1,25 Std./100 kg Zuwachs im größeren Betrieb gerechnet, was Arbeitskosten von ca. DM 4/100 kg ergibt, wozu noch ca. DM 1/1 dt Grundfutter für die Futteraufbereitung kommen. Die Kosten für Eiweißkonzentrat in der Getreidemast belaufen sich auf DM 25, die für Eiweißkonzentrat und Getreidebeifutter in der Hackfruchtmast auf DM 70-90/100 kg Zuwachs. Als sonstige Kosten sind DM 10/100 kg Zuwachs nicht zuviel. Weiter sind die Grundfutterkosten noch zu berücksichtigen. Bei einem Endgewicht von 80-100 kg liegen gegenüber einem solchen von 100-120 kg die Veredelungskosten in der Getreidemast um DM 10, in der Hackfruchtmast um DM 20 höher. Das d-Schwein schneidet also geringfügig ungünstiger ab. O. Siegl. 3715.

Lobban, J. M. Are we producing the right pig? **(Produzieren wir das richtige Schwein?)** J. Dep. Agric. South Australia **65** (1962) Nr. 12. S. 520-523. — 4 Abb.
Vf. legt dar, daß künftig mehr mageres Fleisch und weniger Fett in den Schweineschlachtkörpern benötigt wird. Dazu sind die erforderlichen Schweinerassen schon vorhanden. Eine verschärfte Selektion innerhalb der einzelnen

Rassen ist aber notwendig. Von den verschiedenen Kreuzungsmethoden hat sich die Paarung von Large White-Ebern mit Berkshire-Sauen am besten bewährt, um Tiere mit angestrebten Schlachteigenschaften bei begrenzter Proteinzuteilung zu erhalten. Bes. ist aber künftig dem Komplex „Fütterung" mehr Bedeutung beizumessen. Es kommt vorwiegend darauf an, den Schweinen frühzeitig schon höhere Proteinmengen und eine bessere Qualität der Eiweißfuttermittel zu verabreichen, um die genetisch bedingte Wachstumsfähigkeit möglichst voll auszuschöpfen. Hauptsächlich für Tiere vom 2.-4. Lebensmonat ist das der Fall. Mehr Luzerne- oder Kleemehl, in der Ration für die Endmasttiere bis zu 15%, sollte benutzt werden. Schweine, die sich nicht zur Baconerzeugung eignen, sind frühzeitig als Porker abzusetzen.

R. Kürbs. 3740.

Camerlynck, R. Le porc Piétrain à l'étranger. **(Das Pietrainschwein außerhalb Belgiens.)** Rev. Agric. [Bruxelles] **15** (1962) Nr. 2. S. 237-275. — 3 Abb., 25 Tab., 16 Lit.

Vf. gibt einen zusammenfassenden Überblick über die zahlenmäßige und geographische Verbreitung sowie die Zucht-, Mast- und Schlachtleistung des Piétrainschweines in (West-)Deutschland, Holland, Dänemark und Frankreich. In Westdeutschland beschäftigen sich 4 Inst. mit dieser Rasse (Göttingen-Friedland, Bonn-Frankenforst, Hohenheim-Lindenhof, Mariensee); außerdem gibt es einige Zuchtzentren in Westfalen und Schleswig-Holstein sowie einige isolierte Inseln. In Marienseer Versuchen variierten die Leistungen der Piétrains mehr als bei anderen Rassen. Die Kreuzungseignung mit Angler Sattelschweinen soll sehr günstig sein. Die Piétrains eigenen sich gut zur Fleischschweinzüchtung In den Niederlanden schätzt man sie auf Grund von Versuchen sehr, aber die hohen Ferkelkosten erschweren wegen des größeren Aufzuchtrisikos ihre Verbreitung. In Dänemark erwiesen sich ihre geringe Länge, die schweren Schultern und die Rückenspeckdicke als nachteilig für die Baconproduktion. Einkreuzungen werden wegen der vorzüglichen Schinkenbildung vorgenommen. In Frankreich wurden die Piétrains bereits 1956 durch belgische Einwanderer bekannt. A. Schaaf. 3770.

Iordănescu, I. Cercetări asupra porcilor Mangaliţa, varietatea roşie. **(Untersuchungen über das Rote Mangalicaschwein.)** Lucrările ştiinţ. Inst. Cercetări zootehn. **19** (1961) S. 343-358. — 4 Abb., 2 Tab., 3 Lit. Zus. in Russ., Engl., Franz., Dtsch.

Entstehung, Verbreitung sowie Exterieur- und Leistungseigenschaften wurden bei Roten (RM) und Blonden Mangalicaschweinen (BM) vergleichend untersucht. Der Bestand an BM beläuft sich gegenwärtig in der Region Crişana, wo die Rasse Anfang dieses Jh. entstanden ist, auf 10000 Stck. (davon 1500-2000 Zuchtsauen und -eber). Im Exterieur unterscheidet sich das RM von dem BM nur durch die Haarfarbe, die beim RM dunkel kupferrot ist. Ihre Leistungseigenschaften sind ähnlich (Fruchtbarkeit 6,23 bzw. 6,21 Ferkel; Milchleistung 32,3 bzw. 33,9 kg; 8-Wochen-Gewicht 10,7 bzw. 10,3 kg; Futterverwertung 5,38 bzw. 5,42 FE/kg Zunahme; Fett-Fleisch-Verhältnis 1:1,8 bzw. 1:1,6). Das RM zeichnet sich durch eine hohe Schlachtausbeute (77,9%) im Vergleich zum BM (73,5%) aus. R. Petrovszky. 3770.

Korčevoj, P. V. (Kortschewoj, P. W.) Rezul'taty pleminnoï roboty z krolevečkoju porodnoju grupoju svynej. **(Resultate der Zuchtarbeit mit den Schweinen der Krolewezer Rassengruppe.)** Naukovi praci Zootechničnogo fakul'tetu Ukraïnśka akademija na sil'śkogospodarskych nauk. Učbova častyna, Kyïv **15** (1961) Nr. 2. S. 23-53. — 13 Abb., 14 Tab. Orig.: ukrain., Ausz.: russ.

Vf. berichtet über die Zuchtarbeit mit Schweinen der Krolewezer Rassengruppe, die in den Jahren 1945-58 im Wirkungsbereich der Krolewezer Staatlichen Station für Zuchtarbeit und künstliche Besamung durchgeführt wurde.

Angaben über Entwicklung, Leistungen, Schnellwüchsigkeit, Futterverwertung, Mast- und Schlachtleistungen und Akklimatisierung an die örtlichen Bedingungen, die beweisen, daß die Tiere als Hochleistungsrasse den für die Waldzone der Ukrain. SSR geeigneten Gebrauchstyp darstellen, werden gemacht. Eine kurze zootechnische Charakteristik wird für 10 Eberlinien und 18 Muttersauenlinien gegeben. Die hohen Zucht- und Leistungsqualitäten der Krolewezer Rassengruppe erlauben es, zu empfehlen, sie zur ausgedehnten Verbesserung der Land-Schweine im gesamten Waldgebiet der Ukrain.SSR, der Beloruss.SSR und der RSFSR auszunutzen. Die Gruppe hat sich bereits als positiver Faktor in der Rassenkreuzung bewiesen. Vf. macht Vorschläge zur Eberaufzucht. K. Neumann. 3770.

Downey, L. A. Bacon pig carcass competition 1962, Victoria/Australia. **(Bacon-Wettbewerb 1962 in Victoria/Australien.)** J. Agric. [Melbourne] **60** (1962) Nr. 7. S. 333-335. — 3 Abb.

Auf dem 15. Baconwettbewerb in Victoria konkurrierten 99 Lose (Schlachtkörper von Baconschweinen) von 55 Schweinezüchtern. Sie demonstrierten die bisher beste Fleischqualität in dieser Wettbewerbsserie. 45,6% der Lose wurden prämiiert, 1961 nur 35,6%. Die Verbesserungen bestanden in größerem Fleischreichtum, weniger Fett und größerer Länge. Den 1. Preis erhielt ein Landrasseschwein, das in 139 Lebenstagen ein Kaltgewicht von 138 lb. erreichte und mit 88 von 100 möglichen Punkten bewertet wurde. Unter den 14 Preisträgern waren auch alle anderen konkurrierenden Rassen vertreten: Large White, Wessex Saddleback, Large Black und Berkshire. Abschließend folgt ein Verzeichnis der 14 Preisträger und der 47 prämiierten Lose mit ihren Bewertungsergebnissen (Alter, Schlachtgewicht, Punkte).

A. Schaaf. 3825.

Kaczmarczyk, Jan; Kraków, Zakład Hodowli Trzody Chlewnej. Wpływ ruchu i orgraniczonego żywienia w końcowym okresie tuczu na wykorzystanie paszy i jakość tusz bekonowych. **(Der Einfluß von Bewegung und herabgesetzten Futterrationen im Endstadium der Mast auf Futterverwertung und Qualität der Bacon-Schlachtkörper.)** Zeszyty naukowe wyższej Szkoły rolniczej Krakowie **3** (1962) S. 109-125. — 4 Tab., 23 Lit. Zus. in Russ., Engl.

Der Versuch dauerte vom 20. Mai bis 1. Dez. 1959 und umfaßte 32 Läufer der Weißen Schlappohrigen Rasse von durchschnittl. 20,6 kg Lgw. Die Versuchstiere wurden im Rahmen der einzelnen Würfe zufallsmäßig in 2 Gruppen eingeteilt. Die eine Gruppe erhielt Auslauf, die andere wurde dauernd im Stall gehalten. Bei Erreichung von 50 kg Lgw. erfolgte eine weitere Gliederung der Versuchstiere, nämlich in Gr.I, die nach den in den Mastleistungsprüfungsanstalten üblichen Normen gefüttert wurde, und Gr. II, deren Futterration pro Skand. FE 20% weniger Rohprotein enthielt. Die Schlachtleistungskontrolle erfolgte nach der in den Schlachtleistungsprüfungsstationen üblichen Methode. Die Bewegungsfreiheit hatte eine längere Mastdauer und einen geringeren Fettgehalt des Schlachtkörpers zur Folge. Das im Endstadium der Mast herabgesetzte Rohproteinniveau bewirkte eine Verlängerung der Mastdauer um 13 Tage, erhöhte den Verbrauch von FE um 0,248 FE/kg Zunahme und verminderte den Verbrauch von Rohprotein um 11 g. Die Schlachtleistungsprüfung ergab nur geringe Unterschiede zwischen den beiden Fütterungsgruppen, lediglich die Speckdicke war bei Schweinen der Gruppe, die eine höhere Rohproteingabe erhalten hatte, größer. B. Pastuszewska. 3825.

Zessin, Darrel A., Pohl, Carol V., Wilson, G. D., Weir, C. Edith, Breidenstein, B. C., Breidenstein, B. B. und Garrigan, D. S.; Chicago, Univ., Amer. Meat Inst. Foundation; Urbana, Illinois Agric. Exp. Stat. Effect of pre-slaughter dietary stress on the carcass characteristics and palatability of pork. **(Die Wirkung einer Rationseinschränkung vor dem Schlachten**

auf Eigenschaften und Schmackhaftigkeit des Schweinefleisches.) J. Animal Sci. **20** (1961) Nr. 4. S. 871–875. – 4 Tab., 12 Lit.
Dieser Versuch wurde mit 48 Schweinen in 3 Gruppen durchgeführt. Nach einheitlicher Fütterung kam zwischen 240 und 250 lb. Gewicht die Kontrollgruppe sofort zur Schlachtung, während die Versuchsgruppe II nach Erreichen des Schlachtgewichtes noch ca. 4 Wochen auf Erhaltungsfutter gestellt wurde, dagegen erhielt die Versuchsgruppe III selbst das Erhaltungsfutter weiter eingeschränkt, was gegenüber den ersteren beiden Gruppen zu einer Abnahme des Schlachtgewichtes um 12% (225 lb.) führte. Durch diese Behandlung der Tiere vor der Schlachtung zeichnete sich bei den einzelnen Gruppen (**I** = Kontrollgruppe, **II** = Gruppe auf Erhaltungsfutter, **III** = Gruppe Erhaltungsfutter eingeschränkt) folgendes ab: Rückenspeckdicke: **I** = 1,8 in., **II** = 1,7 in., **III** = 1,5 in.; Fettprozente: **I** = 10,8%, **II** = 9,0%, **III** = 7,9%; Proteingehalt: **I** = 20,7%, **II** = 21,6%, **III** = 21,6%; Wassergehalt: **I** = 67,8%, **II** = 68,9%, **III** = 70,1%; Anteil an mageren Fleischteilen: **I** = 46,3%, **II** = 48,8%, **III** = 49,0%; Marmorierungsgrad: **I** = 6,5, **II** = 5,3, **III** = 4,9. Myoglobingehalt und pH-Wert zeigten keine Tendenz. Die prozentuale Zunahme an mageren Fleischteilen ist durch die Reduzierung der Rückenspeckdicke sowie des i.m. Fettes zu erklären. Dafür sprachen auch die Ergebnisse der Marmorierung. Jedoch war die Abnahme des i.m. Fettes mit einer Verschlechterung in Zartheit, Saftigkeit, Duft und Geschmack des gekochten wie auch gebratenen Schweinefleisches verbunden. In Richtung **I–III** erhöhte sich bei den geprüften Gruppen der Kochverlust. Diese Ergebnisse ermöglichen einen Einblick in die Folgeerscheinungen bei einer Futtereinschränkung unmittelbar vor der Schlachtung der Tiere und bestätigten die Resultate anderer Versuchsansteller. O. Siegl. 3825.

North, A. D.; Werribee, Animal Husbandry Res. Centre. Tenth pig progeny test, 1961, Victoria/Australia. **(10. Nachkommenschaftsprüfung bei Schweinen [1961].)** J. Agric. [Melbourne] **60** (1962) Nr. 7. S. 310–315. – 3 Tab., 2 Lit.
In der Welle vom Mai–Sept. wurden 12 Gruppen von 5 Ebern (4 Large White, 1 Berkshire) geprüft. Die Nachkommen der Eber werden in ihren Leistungsergebnissen verglichen. 32 der 50 Schlachtkörper waren in der Speckdicke ideal oder schon zu dünn; innerhalb der Gruppen war die Speckdicke gut ausgeglichen. Die Prüfungsmethodik ähnelt dem dänischen Verfahren, die Bewertung der Schlachtqualität erfolgt nach dem Smithfield-System. Die durchschnittl. Masttagszunahme (im Abschnitt von 64–183 lb.) betrug 1,54 lb., die Futterverwertung 3,50 lb. (Weizen-Hafer-Fleischmehl-Luzernemehl-Magermilch). Alle Einzelergebnisse der Gruppen sind zusammengestellt. A. Schaaf. 3827.

Enfield, Frank D. und Rempel, W. E.; St.Paul, Univ. of Minnesota. Inheritance of teat number and relationship of teat number to various maternal traits in swine. **(Erblichkeit der Zitzenzahl und Beziehungen der Zitzenzahl zu verschiedenen Eigenschaften bei Schweinen.)** J. Animal Sci. **20** (1961) Nr. 4. S. 876–879. – 1 Abb., 4 Tab., 5 Lit.
Diese Untersuchungen wurden im 9jährigen Versuchszeitraum von 353 Würfen (davon 302 auswertbar) mit 108 verschiedenen Vatertiergruppen von Minnesota-Schweinen durchgeführt. Die Schätzung der Heritabilität der Gesamtzitzenzahl wurde mit Hilfe der Varianzanalyse sowie der Regressionsmethode an der Nachkommenschaft vorgenommen. Die verwendeten Formeln und Methoden sind angegeben. Die Regressionskoeffizienten wurden für die Zahl der lebend geborenen und abgesetzten Ferkel, für Geburtsgewicht und Einzel- sowie Wurfabsatzgewicht an der Gesamtzitzenzahl und der Zahl der tatsächlich funktionellen Zitzen ermittelt. Die Gesamtzitzenzahl ist die Zahl der bei der Geburt sichtbaren, während die Zahl der funktionellen Zitzen z. Z. des Ferkelns erkennbar ist. Nur 5,6% der Sauen wiesen insgesamt weni-

ger Zitzen, aber 27,5% der Sauen weniger funktionelle Zitzen auf als die Zahl der jeweils lebend geborenen Ferkel betrug. Je Wurf wurden ⌀ 10,1 Ferkel lebend geboren. Die phänotypischen Korrelationen zwischen Gesamtzitzenzahl und der Zahl an funktionellen Zitzen wurden bei 291 FG mit $r = 0{,}44$ geschätzt, d. h., daß die Gesamtzitzenzahl keinen sicheren Hinweis für die Anzahl an funktionellen Zitzen gibt. Von dem Tiermaterial wiesen ca. 5% 15, 48% 14, 26% 13, 15% 12 Gesamtzitzen auf und nur einige wenige streuten mit 10, 11 und 16. Die Maximalwerte der Heritabilität lagen bei 0,23, die der additiven genetischen Varianz bei 0,16. Gegenüber diesem niedrigen Erblichkeitsgrad ermittelte Allen einen solchen von 0,386. Die Regressionen der Zahl der abgesetzten Ferkel, des durchschnittl. Wurfabsatzgewichtes und des Einzelgewichtes der abgesetzten Ferkel an der Gesamtzitzenzahl waren zwar positiv, aber nicht signifikant different von Null. Damit hat die Gesamtzitzenzahl auf diese Leistungsmerkmale nur einen geringen Einfluß, was mit Ergebnissen anderer Autoren übereinstimmt. Die Regression dieser Leistungsmerkmale an der Zahl der funktionellen Zitzen war abs. höher. Zwischen der Zahl an funktionellen Zitzen und der Zahl an abgesetzten Ferkeln sowie der Wurfabsatzgewichte bestehen signifikante Beziehungen. Für die Praxis wird die Schlußfolgerung gezogen, daß der niedrige Erblichkeitsgrad der Zitzenzahl in Verbindung mit der geringen Beziehung zwischen dieser und den untersuchten mütterlichen Leistungseigenschaften keine Gewähr bietet, diese Leisungsmerkmale der weibl. Tiere durch Selektion nach höherer Zitzenzahl zu verbessern.

O. Siegl. 3854.

Minkema, D., Kroeske, D. und Hart, P. C. De erfelijkheidsgraad van spekhardheid bij selectiemesterij-varkens. **(Der Erblichkeitsgrad der Festigkeit des Speckes bei Schweinen aus Mastprüfungsanstalten.)** Tijdschr. Diergeneeskunde 87 (1962) Nr. 16. S. 1078–1082. — 2 Tab., 5 Lit. Zus. in Engl., Franz., Dtsch.

Mit Hilfe eines Zeiss-Refraktometers wurde der Brechungsindex des Rückenspeckes bestimmt. Der Refraktometerwert hängt von dem Prozentsatz ungesättigter Fettsäuren im Rückenspeck ab, und diese beeinflussen maßgeblich die Konsistenz des Fettes. Durch Varianzanalyse wurden bei Börgen und Sauen erheblich voneinander abweichende Werte erhalten, aus denen auf eine Vererbung nur bedingt geschlossen werden kann. W. Kuhlmann. 3854.

Minkema, D. Nakomelingen-onderzoek op recessieve erfelijke gebreken bij varkens. **(Nachkommenuntersuchungen auf rezessive Erbfehler bei Schweinen.)** Tijdschr. Diergeneeskunde 87 (1962) Nr. 13. S. 908–913. — 5 Lit. Zus. in Engl., Franz., Dtsch.

Die zunehmende Bedeutung der KB beim Schwein zwingt den Tierzüchter zu einer Eignungsprüfung der Eber, um die Vererbung rezessiver Defekte auszuschließen. Für die Nachkommenprüfung gibt es 5 Methoden. Von praktischer Bedeutung sind aber nur die Paarung des Ebers mit Sauen, die als heterozygot bekannt sind, sowie die vollständige Geburtenregistrierung bei vielen Würfen. W. Kuhlmann. 3865.

Želev, A. (Shelew, A.) Proučvane vŭrchu ugoitelnite sposobnosti na praseta krŭstoski meždu bŭlgarskata bjala svinja i landras. **(Untersuchungen über die Mastfähigkeit von Kreuzungsferkeln aus Bulgarischem Weißen Schwein und Schwedischer Landrasse.)** Izvestija na Dobrudžanskija selskostopanski naučnoizsledovatelski institut — Tolbuchin Sofija 2 (1962) S. 165–180. — 2 Abb., 14 Tab., 10 Lit. Zus. in Russ., Engl.

Es wurden 2 wiss. Praxisversuche zur Baconmast durchgeführt: der eine mit 2 Gruppen zu je 5 Ferkeln (Gr. I Bulgarisches Weißes Schwein, Gr. II Bulgarisches Weißes Schwein × Schwedische Landrasse), der zweite mit 3 Gruppen zu je 5 Ferkeln (Gr. I Bulgarisches Weißes Schwein, Gr. II Bulgarisches

Weißes Schwein × Schwedische Landrasse, Gr. III Schwedische Landrasse); Mastendgewicht 92 kg. Alle Tiere erhielten gleiche Rationen aus Kraftfuttergemisch, Magermilch und Saftfutter. Ergebnisse (in der Reihenfolge der Gruppen; die Angaben in Klammern beziehen sich auf den zweiten Versuch): tägl. Gewichtszuwachs 530; 565 (559; 560; 572) g; Futteraufwand je kg Zuwachs 4,6; 4,4 (5,0;5,0; 4,9) FE; Körperlänge 115,6; 118,2 (110,6; 114,5; 118,8) cm; Brustumfang 102,3; 101,4 (99,2; 98,7; 95,3) cm; Schlachtausbeute 78,4; 79,2 (80,7; 80,2; 78,9)%; Länge der fertigen Schlachthälften 73,3; 74,1, (74,9 ; 80,0; 82,3) cm; Anzahl der Rippen 14; 15 (14; 15; 16); Speckschicht zwischen der 6. und 7. Rippe 3,2; 3,4 (2,7; 2,7; 2,2) cm; Höhe des Muskelauges 4,1; 4,2 (4,7; 4,8; 5,2) cm; Breite des Muskelauges 8,0; 8,6 (9,0; 9,1; 9,2) cm; Schmelzpunkt des Fettes (nur beim zweiten Versuch) 41,8; 39,5; 41,0 °C; JZ 58,0; 52,5; 47,3. N. Platikanow. 3906.

Gligor, V., Radu, A., Covaliu, C. und Plăpămaru, V. Primele rezultate asupra creşterii porcului Landrace in RPR şi folosirea lui ca ameliorator al raselor noastre de carne. **(Erste Ergebnisse der Landrasse-Zucht und der damit erfolgten Veredlung der Schweinerassen in der Rumänischen Volksrepublik.)** Lucrările ştiinţ. Inst. Cercetări zootehn. **19** (1961) S. 329–342. — 5 Tab., 7 Lit. Zus. in Russ., Engl., Franz., Dtsch.

Die 3 Jahre dauernden Untersuchungen sowohl der reinrassigen Landrasse-Zucht als auch der damit erfolgten Veredelungskreuzung mit dem Großen Weißen Schwein ergaben, daß sich diese Rasse den natürlichen und Zuchtbedingungen der RVR anpassen kann. Die erzielten Leistungen der reinrassigen Tiere ähneln den Angaben aus anderen Ländern mit langjähriger Landrasse-Zucht (Fruchtbarkeit ⌀ 10 Ferkel, von denen 8–9 abgesetzt werden, Lgw. mit 8 Mon. 110–120 kg ♀ und 130–135 kg ♂) und übertreffen die der im Land gezüchteten Großen Weißen Schweine (25% höheres Lgw. und 6–14 cm größere Körperlänge bei gleichem Alter). Die Landschweine vererben den Kreuzungstieren in starkem Maße die Fleischtypmerkmale (Körperlänge und Frohwüchsigkeit). Sowohl die reinrassigen Landrasse-Schweine als auch die Kreuzungstiere sind Fütterungs- und Haltungsbedingungen gegenüber anspruchsvoller als die in der RVR gezüchteten sonstigen Schweinerassen. R. Petrovszky. 3906.

Combrink, P. M. Comparison of native pigs, landrace pigs and their crosses. **(Vergleiche von Schweinen der Lokalrasse, der Landrasse und ihrer Kreuzungsprodukte.)** Farming South Africa **39** (1962) Nr. 2. S. 33–37. — 4 Abb.

Auf der Versuchsfarm der Univ. Pretoria wurden seit 1956 Landrasse-Schweine mit Tieren der Lokalrasse gekreuzt. Die F_1-Tiere wiesen bessere Ergebnisse bez. der Mast- und Schlachteigenschaften auf als die Vertreter der Lokalrasse. Bei gleicher Fütterung wurden im Mastabschnitt vom 56.–200. Lebenstag folgende durchschnittl. Tageszunahmen erzielt: Landrasse = 1,29 lb., Lokalrasse = 0,77 lb., F_1-Tiere = 1,14 lb. Beim Absetzen mit dem 56. Lebenstag wogen die Tiere in der gleichen Reihenfolge im Mittel: 34,5 lb., 26,9 lb. und 30,3 lb. Während der Mastperiode ergaben sich folgende Futterverwertungsresultate (in derselben Reihenfolge, die auch für die erzielten Schlachtergebnisse benutzt wird): 3,71; 4,46 und 4,29. Schlachtkörperlänge als Porker bzw. Baconer in cm: 67,3 bzw. 81,1; 54,7 bzw. 65,8; 62,3 bzw. 74,8. Ebenfalls als Porker bzw. Baconer: a) Breite und Tiefe des großen Rückenmuskels in cm = 7,1 und 3,8; 5,4 und 3,3; 6,4 und 3,7; b) Speckdicke über dem großen Rückenmuskel und über den Rippen in cm = 2,1 und 2,8; 5,2 und 7,0; 3,4 und 4,2. R. Kürbs. 3906.

Du Mesnil du Buisson, F. und Signoret, J. P (unter techn. Mitarb. von Gautier, J.; Jouy-en-Josas, Centre Nat. de Rech. Zootechn., Stat. de Rech. de Physiol. Animale. Influences de facteurs externes sur le déclenchement de la puberté chez la truie. **(Der Einfluß äußerer Faktoren auf die Auslösung der Pubertät bei Sauen.)** Ann. Zootechnie **11** (1962) Nr. 1. S. 53–59. – 2 Abb., 2 Tab., 36 Lit.

Vff. kauften 1043 junge Large White-Sauen in einem um 90 kg schwankenden Gewicht und führten sie tägl. 2mal zur Kontrolle des Oestrus einem Eber vor. Die Spanne zwischen Ankunft im Versuchsstall und beginnender Brunst schwankte zwischen 0 und 127 Tagen, 89,3% der Jungsauen hatten ihren 1. Brunsttag innerhalb von 50 Tagen. Es ergab sich jedoch eine sehr markante Häufung des 1. Brunsttages am 4.–6. Tag. 277 ♀ (26,5%) begannen mit der Brunst an einem dieser 3 Tage, während nur 67 an den 3 Tagen davor und 121 an den 3 Tagen danach gezählt wurden. Zur Einschätzung des Sexualzustandes wurden außerhalb dieses Versuches 858 Jungsauen im vergleichbaren Gewicht geschlachtet und ihre Geschlechtsorgane geprüft. Davon erwiesen sich nur 265 (28,4%) als geschlechtsreif, während unter den unreifen ein rel. hoher Teil (212 Tiere = 22,8%) eine deutliche Follikelstimulation zeigte. Es wird vermutet, daß bes. bei solchen Tieren eine äußere Stimulation die Reifung der Follikel bewirkt, die mit einer Verzögerung von 4–6 Tagen eine Brunst hervorrufen. Die Stimulation kann entweder auf den Transport bzw. Milieuänderungen oder auf die tägl. 2malige Annäherung an den Eber zurückzuführen sein. A. Schaaf. 3908.

Paredis, F. Een enquete over de vruchtbaarheid van de oostvlaamse varkenstapei bij natuurlijke dekking. **(Eine Erhebung über die Fruchtbarkeit des ostflämischen Schweinebestandes bei natürlicher Bedeckung.)** Vlaams diergeneeskund. Tijdschr. **30** (1961) Nr. 11. S. 253–258. – 1 Abb., 1 Tab., 1 Lit. Zus. in Engl., Franz., Dtsch.

Im Juli 1961 wurde bei 18 Tierärzten eine Fragebogenerhebung durchgeführt, durch die 282 Betriebe erfaßt wurden. Bei Verwendung von Ebern des eigenen Betriebes ergab sich nach der ersten Belegung bei Sauen ein Trächtigkeitsprozentsatz von 77%, bei Jungsauen von 82%. Bei Belegung durch Eber aus anderen Betrieben, meist von gewerblichen Eberhaltern mit „ambulanten" Ebern, lagen die entspr. Werte bei 56 bzw. 62%. Die Betriebe mit eigener Eberhaltung sind durchschnittl. größer und stärker auf die Schweinezucht ausgerichtet als die kleineren Betriebe. In ihnen werden die Eber weniger stark ausgenutzt. Die Unterschiede zwischen Alt- und Jungsauen sind mit $p = 0{,}1$–$0{,}2$ nicht signifikant. Die KB bringt bei Altsauen, nicht aber bei Jungsauen, in Betrieben ohne Eber ein besseres Befruchtungsergebnis als der Einsatz fremder Eber. Bei einer Ejakulatgröße von 40×10^9 Spermien sollen nicht mehr als 8 Samenportionen aus einem Ejakulat hergestellt werden. Bes. bei Jungsauen ist eine sorgfältige Brunstdiagnose notwendig. Der Einsatz von Besamungsebern verringert die Gefahr der Verbreitung von Abortus suis und erlaubt eine längere Zuchtverwendung guter Eber. Es wird vorgeschlagen, die Ferkelaufzucht in größeren hierauf spezialisierten Betrieben mit eigenen Ebern vorzunehmen oder genossenschaftliche Eberhaltungen einzurichten, wobei hygienische Schutzmaßnahmen vorzusehen sind.
J. K. Hinrichsen. 3910.

Nyhan, J. F. A. I. can improve our pigs. **(Die künstliche Besamung kann unsere Schweine verbessern.)** Farm Res. News **3** (1962) Nr. 3. S. 54–55. – 2 Abb.

Die ersten Untersuchungen über die KB bei Schweinen begannen in Irland im Okt. 1961. Fast 100 Sauen der Zuchtstation in Mitchelstown wurden künstlich besamt. Die Konzeptionsrate betrug dabei 80%; sie war damit beinahe so hoch wie die zur gleichen Zeit in der anderen Hälfte derselben Herde mittels des natürlichen Deckaktes erzielte. Einige der künstlich besamten Sauen haben bisher mit befriedigendem Resultat abgeferkelt. Auf Grund dieser Ergebnisse wurde ein Besamungsdienst in Mitchelstown und in Bollyclough eingerichtet (in England existieren z. Z. 6 Schweinebesamungsstationen). Züchter, die sich keinen teuren, positiv erbwertgeprüften Eber leisten können, haben mit Hilfe der KB die Möglichkeit, ihre Zucht zu verbessern. Außerdem lassen sich schwerere ältere Vatertiere länger zur Zucht verwenden als es sonst der Fall wäre. Jungsauen können ferner mit dem Sperma bester Alteber besamt werden. Der Transport von rauschenden Sauen zum Eber fällt weg, was auch vorteilhaft ist, wenn im eigenen Bestand kein Vatertier gehalten wird. Die KB beim Schwein hat sich bisher nicht so schnell durchgesetzt wie bei den anderen landwirtsch. Nutztieren. Über die ersten erfolgreichen künstlichen Besamungen von Schweinen wurde 1935 aus der SU und aus den USA berichtet. Danach machte sich Japan mit der Technik vertraut und dehnte die Schweinebesamung beträchtlich aus. Ab 1955 interessierten sich zahlreiche Institute der Welt für die KB beim Schwein und führten Versuche durch. Die Ergebnisse verbesserten sich laufend. Ungelöst ist gegenwärtig noch das Problem der Samenkonservierung. Mit CO_2 wurden bisher die günstigsten Resultate erzielt, jedoch ist das so konservierte Sperma innerhalb von 24 Std. zu verbrauchen. R. Kürbs. 3918.

Doroškov, V. B. (Doroschkow, W. B.); Poltawa, Forsch.-Inst. für Schweinezucht. Izbiratel'nost oplodotvorenija u svinej, ėksperimental'no osemenennych smešannoj spermoj raznoporodnych chrjakov. **(Die Befruchtung bei Schweinen, die mit gemischtem Sperma verschiedenrassiger Eber experimentell besamt wurden.)** Vestnik sel'skochozjajstvennoj nauki, Kiev 4 (1961) Nr. 9. S. 86–90. — 4 Tab., 6 Lit. Orig.: ukrain., Ausz.: russ.

Bei 60 Mirgoroder-Sauen im Alter von 10–12 Mon. und einem Lgw. von 80 bis 90 kg wurde 30 Std. nach Beginn der Rausche die Bauchhöhle operativ geöffnet und nach einem angeführten Schema verdünntes Sperma (3 reinrassige Mirgoroder, 1 Großer Weißer Eber) in die Gebärmutterhörner eingeführt (Operation wird beschrieben). Um die Keimentwicklung zu studieren, wurden 32 Versuchstiere nach 72 Std. getötet, zum Studium der Embryoentwicklung 2 Mon. nach der Besamung. Bereits im frühesten Stadium der Embryonalentwicklung sind sowohl der Heterosiseffekt bei der Gebrauchskreuzung als auch Inzuchtmerkmale bei Verwandtschaftspaarung vorhanden. Auf Größe und Entwicklung der Feten der Sauen, die mit gemischtem Sperma besamt wurden, hat das mengenmäßige Verhältnis in der Mischung Einfluß. Kleine Mengen fremdrassigen Spermas verbessern die Entwicklung, große Mengen verschlechtern sie. K. Neumann. 3918.

Luscombe, John. To cut or not to cut. **(Schneiden oder nicht.)** Pig Farming **10** (1962) Nr. 10. S. 49. 51. — 1 Abb., 6 Tab.

Vf. gibt eine knappe zusammenfassende Übersicht über 3 Versuche, um den Nachteil der Kastration ♂ Schweine zu demonstrieren. Zunächst wurden von 70 ♂ Schweinen Wurfgeschwister jeweils im Alter von 3 bzw. 16 Wochen kastriert und im Bacongewicht geschlachtet. Die Spätkastraten hatten bessere Zunahmen (172,8 gegenüber 177,4 Masttage bis 200 lb.) und waren in der Schlachtkörperbewertung unterlegen. In einem 3-Gruppenversuch zu je 9 Tieren wurde die 1. Gruppe nicht kastriert, ihre Wurfgeschwister wurden im Alter von 3 Wochen kastriert, und die 3. Gruppe erhielt bei 150 lb. Lgw. 120 mg Hexoestrol implantiert. Während die Kastraten am ungünstigsten bewertet wurden, zeigten die Eber bis 200 lb. noch keinerlei Nachteile, auch nicht in einem 3. Versuch bei Schlachtung im Alter von 6½, 7½ bzw. 8½ Mon. Daraus wird der Schluß gezogen, daß bei ♂ Schweinen, die im Alter von 22 Wochen oder mit 200 lb. geschlachtet werden sollen, die Kastration ohne Nachteile eingespart und damit die Fleischerzeugung verbilligt und verbessert werden kann. A. Schaaf. 3925.

Salmon-Legagneur, E. Alimentation et sevrage des porcelets. **(Ernährung und Absetzen von Ferkeln.)** Schweiz. landwirtsch. Mh. **40** (1962) Nr. 11. S. 421–434. – 2 Abb., 6 Tab.

In einer 8wöchigen Säugeperiode nimmt das Ferkel ca. 40 kg Muttermilch mit einem Tr.-Subst.-Gehalt von fast 20% auf, insgesamt also 7,5 kg Tr.-Subst., die ca. 30% Eiweiß und 35% Fett enthält. Dadurch wird eine Gewichtszunahme von ca. 10 kg ermöglicht, d. h. für die Erzeugung von 1 kg Zuwachs genügen 3,8–4,0 kg Muttermilch (Kalb benötigt dafür 10 kg). In der 2. Laktationshälfte ist die Ausnutzung jedoch weniger günstig. Ergänzungsfutter wird bis zum Alter von 10 Wochen (18 kg Lgw.) kaum mehr als 10 kg aufgenommen; die Verwertung ist beim 6 Wochen alten Ferkel ca. 1,5 bis 2:1. Das 8-Wochen-Gewicht hängt zu 60% von der verzehrten Menge Ergänzungsfutter ab. Bez. des Absetzens wird auf die Fehlschläge beim frühen Absetzen und auf die Tendenz hingewiesen, jetzt ein mittleres Absatzalter von 5–6 Wochen anzustreben. Die Wirtschaftlichkeit dieser Methode ist aber nur gesichert, wenn der Preis des Starterfutters nicht mehr als das 2,5fache des Zuchtschweinefutters beträgt. A. Schaaf. 3936.

Lloyd, L. E., Crampton, E. W., Costain, R. A. und Mowat, D. A. Use of electronically computed least-cost rations in testing the adequacy of the feeding standard for early weaned pigs. **(Die Anwendung elektronisch berechneter Rationen mit Minimalkosten bei der Prüfung der Eignung des Futterstandards für früh abgesetzte Schweine.)** J. Animal Sci. **21** (1962) Nr. 3. S. 467 bis 472.

In 2 Versuchen mit Schweinen wurde die biol. Eignung von optimalen Rationen, die mit Hilfe eines Elektronenrechners zusammengestellt wurden, überprüft. Der erste Versuch wurde mit 96 Kreuzungstieren (Yorkshire × Landrasse), die mit 18–21 Tagen abgesetzt wurden, in 3 Wiederholungen durchgeführt (balanciert bez. der Geschlechter). Bez. der durchschnittl. tägl. Zunahme ergaben sich gegenüber der Kontrollfütterung keine signifikanten Differenzen, die Futterverwertung war jedoch für das Kontrollfutter etwas besser. Auf Grund der Ergebnisse dieses Versuches wurden 3 neue Futterrationen elektronisch berechnet und in einem 2. Versuch dem Kontrollfutter gegenübergestellt. Die Versuchsergebnisse sind in Tab. wiedergegeben und werden eingehend diskutiert. D. Rasch. 3936.

Dimov, Ja. (Dimow, Ja.) Vlijanie na chraneneto vŭrchu stepenta na ovulacija i razvitieto na ploda pri rastjašti majki ot bjalata bŭlgarska svinja. **(Einfluß der Ernährung auf den Ovulationsgrad und die Entwicklung der Frucht bei wachsenden Muttersauen des Bulgarischen Weißen Schweins.)** Izvestija na Centralnija naučnoizsledovatelski institut po životnovŭdstvo „Georgi Dimitrov" – Kostinbrod, Sofija **14** (1962) S. 125–140. – 1 Abb., 7 Tab., 34 Lit. Zus. in Russ., Engl.

In den Rationen von 3 Gruppen zu je 6 Jungsauen von ⌀ 85 kg Lgw. betrug der Kraftfutteranteil in Gr. I und III ca. 80% und in Gr. II ca. 56%. Das Futter wurde den Tieren in Gr. I und II in angefeuchtetem Zustand und in Gr. III trocken aus dem Futterautomaten verabreicht. Bei 112–117 kg Lgw. wurden die Jungsauen belegt und am 75. Tag nach der Befruchtung geschlachtet und untersucht. Ergebnisse (in der Reihenfolge der Gruppen): Gelbkörper in den Eierstöcken 15,0 ± 1,551; 15,6 ± 1,476 und 15,2 ± 1,069; normal entwickelte Embryonen 9,2 ± 0,308; 12,8 ± 1,208 und 11,6 ± 0,948; mumifizierte Embryonen 4; 0 und 1; Verluste an Eizellen 5,83 ± 1,621; 2,80 ± 0,585 und 3,60 ± 1,370. In bezug auf Speckschichtdicke, chem. Zusammensetzung und Güte des Fleisches und Fettes, Entwicklung der inneren Organe usw. waren keine wesentlichen Unterschiede zwischen den 3 Gruppen feststellbar. N. Platikanow. 3940.

Hofmann, P.; Grub, Bayer. Landesanst. für Tierzucht. **Möglichkeiten und Wege zur Verbesserung des Masterfolges bei Schweinen.** Arch. dtsch. Landwirtsch.-Ges. 28 (1961) S. 107–117.

Da die Futterkosten 65–70% der Produktionskosten ausmachen, wird bes. auf die Fütterung eingegangen. Neben der züchterischen Seite ist auf gute Futterverwertung, vor allem durch bestmögliche Zusammensetzung der Futterrationen hinzuwirken. Aus Mastdauer bzw. Tageszunahmen ist schon mit genügender Genauigkeit die Futterverwertung zu erkennen. Zur Ableitung der Futterkosten ist die Angabe des tatsächlichen Mengenbedarfes der Umrechnung in GE vorzuziehen. Bei Hackfruchtmast werden tägl. je Tier nicht 1, sondern 1,5 kg Kraftfutter mit 20% Eiweißkonzentrat vorgeschlagen. Es ist zu vermeiden, in der Mast sofort nach dem Absetzen der Ferkel zu große Mengen voluminöses Futter zu verabreichen, sonst wird das gute Futterverwertungsvermögen in dieser Zeit nicht ausgeschöpft. Der Mast auf Kartoffelbasis stehen immer noch die bis zu 20% bezifferten Konservierungs- bzw. Lagerungsverluste gegenüber, die jedoch bei sorgfältiger Gärung auf 10–15% reduziert werden können. Auch zu heiß eingebrachte Kartoffeln können eine Fehlgärung einleiten. Bei Anwendung von Keimhemmungsmitteln wurden bei der Lagerung von Kartoffeln bis Ende Juli in Kellern und Mieten nur 10,8% Tr.-Subst.-Verluste festgestellt, während sie sonst auf 39,3% anstiegen. Durch schonende Kartoffeltrocknung ist derselbe Futterwert wie bei gedämpften Frischkartoffeln zu erzielen, jedoch wird dadurch eine dt mit DM 5–6 Trocknungskosten belastet. Bei der Mast mit Gehalts- und Zuckerrüben sind größere Mengen erst über 30–35 kg Lgw. zu verfüttern und gegenüber Kartoffelmast zusätzliche Gaben von 3% pflanzlicher Eiweißfuttermittel zu gewährleisten. Bei Zuckerrübenmast liegen die Zunahmen um ca. 80 g, bei Futterrübenmast um 150–180 g niedriger als bei Kartoffelmast. Durch die geringe Haltbarkeit von Rüben bietet sich die Verwendung von Zuckervollschnitzeln an. Mit 2 kg Kraftfutter und dazu Zuckerrübenblatt konnten Tageszunahmen von 640 g erzielt werden. Je weniger Nährstoffe die Grundfuttermittel liefern, um so höher muß der Anteil an hochverdaulichen Futtermitteln sein. Als Anhaltspunkte für die Getreidemast sind bis 30 kg Lgw. ca. 5%, bis 50 kg 4,5–4%, bis 70 kg 4–3,5% und bis 100 kg 3,5–3,2% des Lgw. als tägl. Futtermenge vorzusehen. O. Siegl. 3952.

Steel, N. A. Dairy pigs do better on deep litter. **(Auf Tiefstreu gedeihen Schweine bei Magermilchfütterung besser.)** Agric. Gaz. New South Wales 73 (1962) Nr. 5. S. 233. 253. – 1 Abb.

Die Haltung von Mastschweinen auf Tiefstreu, welche vielfach in Milchviehfarmen anzutreffen ist, wird beschrieben. In einfachen Schuppenstallungen ist diese Haltungsart möglich. Ein Musterstall mit Zeichnung und dazugehörigen Maßen wird erläutert. Dieser Stall hat eine Breite von 3,0 m. Die Länge kann beliebig eingerichtet werden. Pro Bucht für 8–10 Schweine wird eine Gesamtfläche von 3 × 3 m empfohlen. An der Längsfront ist der Stall vorn von unten her 1,05 m hoch geschlossen. Er soll deshalb so errichtet werden, daß die Morgensonne hereinscheinen kann. Die Gesamtstallhöhe beträgt 2,15 m vorn und 1,70 m hinten; das Flachdach fällt also nach hinten ab und ragt vorn 1,20 m und hinten 0,15 m über die senkrechten Stallwände hinaus. An der Hinterwand ist oben ein 10 cm breiter Entlüftungsschlitz angebracht. Zu jeder Bucht führt vorn eine 60 cm breite Tür. Dieser einfache Schuppenstall aus Holz ruht auf einem 50–60 cm hohen Mauersockel. Der Stallfußboden besteht aus Holzplatten. Als Streumaterial werden Säge- und Hobelspäne und evtl. auch Maisstroh benutzt. Anfangs beträgt die Höhe der Tiefstreu 10–12 cm, später bis zu 60 cm. Nicht mehr als 2 mal wöchentl. soll die Tiefstreu aufgeschüttelt und oben erneuert werden. Zu diesen Zeitpunkten wird auch 0,5 kg Superphosphat pro Bucht auf die Tiefstreu gebracht. Vor jeder Neubelegung wird die gesamte Tiefstreu herausgenommen. 8–10 Wochen alte Ferkel eignen sich schon gut für die Tiefstreuhaltung. Da in den Milchviehfarmen die auf Tiefstreu gemästeten Schweine pro Tier und Tag bis zu 6,8 l Magermilch neben anderem Futter erhalten, ist bes. darauf zu achten, daß die Tiefstreu im mer rel. trocken ist. Für eine zweckmäßige Drainage ist zu sorgen. Tränk- und Freßtröge bzw. Automaten sind in den einzelnen Buchten so angebracht, daß sie der verschiedenen Höhe der Tiefstreu angepaßt werden können. Die Tränkgefäße sollen nur eine 10 cm weite Öffnung haben und so installiert sein, daß keine Flüssigkeit auf die Tiefstreu gelangen kann. R. Kürbs. 3978.

Karelin, A. I.; Kusminki, Gebiet Moskau, Unions-Inst. für Exp. Veterinärmed., Lab. für Zoohyg. Primenenie vitaminov A i D_2 — važnoe uslovie gigieny oporosov. **(Der Einsatz von Vitamin A und D_2 als wichtige Voraussetzung für die Abferkelhygiene.)** Trudy Vsesojuznogo instituta ėksperimental'noj veterinarii, Moskva **26** (1962) S. 228–235. — 2 Abb., 3 Tab.
Im Sowchos „Nikonowskoje" und im Sowchos „Bronnizkij" wurden einem Teil des Sauenbestandes während der letzten 2 Trächtigkeitsmonate und der ersten 15 Tage der Säugezeit sowie den Saugferkeln vom 20.–60. Lebenstag Vit. A und D_2 verabreicht. Es wurden in jedem Betrieb 3–4 Untergruppen (s.c. Injektion, Verabreichung im Futter und Kontrollgruppe) gebildet. Durch die Verabreichung der Vit. wurden die Fruchtbarkeit und die Ferkelgewichte erhöht und die Resistenz gegenüber Lungenentzündungen sowie Magen-Darm-Erkrankungen verbessert. Die Überlebensrate erhöhte sich von 93 auf 99,5%. Als effektivste Verabreichungsmethode erwies sich die s.c. Injektion in Verbindung mit einer Quarzlampenbestrahlung in den Winter- und Frühjahrsmonaten. G. Häßler. 3981.

Cox, D. F.; Iowa State Univ., Dep. of Animal Husbandry. Description and measurement of rates of early mortality in the pig. **(Beschreibung und Bestimmung des Vorkommens von Frühmortalität beim Schwein.)** Iowa State Univ. Sci. Technol., agric. Home Econ. Exp. Stat., Res. Bull. **1962** Nr. 500. S. 339–347. — 8 Abb., 4 Tab., 11 Lit.
Wesen und Aufbau einer „Lebenstabelle", ihre Verwendung zur Untersuchung der Mortalität sowie die quantitative Messung der Mortalität wurden bei Ferkeln an Hand von Beispielen erläutert. Überlebenskurven eignen sich vor allem zur Darstellung des allg. Verlaufes der Mortalität in der Postnatalperiode sowie zum Vergleich namentlich bei Untersuchungen der Mortalitätsrate bestimmter Altersstufen. Der Logarithmus der Mortalitätsrate beim Schwein fällt linear mit dem Logarithmus der Zeit vor der Reife in gleicher Form, wie er bei der Mortalitätsrate des Menschen vom 30. Jahr an linear ansteigt. Die quantitative Messung der Mortalität wird durch viele einzigartige Eigenschaften der Lebensdauer in der frühen Postnatalperiode behindert. Die Übertragung der Lebensdauer in eine quantitative Variable auf der Grundlage der Normalverteilung macht es möglich, die Variationen der Mortalität zwischen und innerhalb kleiner Gruppen, z. B. Würfen, zu analysieren.
C.-U. v. Mickwitz. 3985.

Mayr, Anton; Tübingen/Neckar, Bundesforsch.Anst. für Viruskrankh. der Tiere. **Virusseuchen der Tiere, dargestellt am Beispiel der Maul- und Klauenseuche und der Europäischen Schweinepest.** Schlacht- u. Viehhof-Ztg. **62** (1962) Nr. 9. S. 319–327.
In einem Übersichtsreferat behandelt Vf. die Problematik der Bekämpfung der Maul- und Klauenseuche sowie der Schweinepest auf Grund der heutigen Kenntnisse. Bes. wird auf die Gefahr der Übertragung der Seuchen durch das Fleisch hingewiesen. Fleisch, Schlachtprodukte und Schlachtabfälle enthalten das Virus. Bei MKS sind es vor allem alle Organe, darunter auch das Knochenmark, die infiziert sind. Das Virus bleibt hier auch bei Tiefküh-

lung über 150 Tage infektiös. Sinkt der pH-Wert unter 6, so tritt in 24 Std. eine rasche Inaktivierung ein. Nicht aber bei Blut und Knochenmark, da hier der pH-Wert alkalisch bleibt. Somit ist ein Abhängen des Fleisches nach Ansicht des Vf. nutzlos. Er verweist auf die bes. Gefahr, die das Knochenmark darstellt. Eine Freigabe des Fleisches infizierter Tiere ist damit nicht zu vertreten. Bei Keulung ganzer Bestände wird Fleisch freigegeben, das von latent infizierten Tieren stammt, im Stadium der Virämie ist und damit bes. gefährlich. Klinisch ist die Krankheit noch nicht zu erkennen. Bei Schweinepest ist die Lage noch gefährlicher, da das Virus weder durch Pökeln noch durch Salzen und Räuchern, selbst in einem Zeitraum von 6 Mon., abgetötet werden kann. G. Theloe. 3985.

Ukazanija po organizacii plemennoj raboty v svinovodstve. (Hinweise für die Organisation der züchterischen Arbeit in der Schweinezucht.) Moskva: Izd. Minist. sel'skogo choz. SSSR. 1959. (199 S.) 8°. (DA 1420)

E. SCHAFE

Gurău, L. und Nica, Th. Cercetări histologice asupra structurii pielii la oaie Spancă ameliorată. **(Histologische Untersuchung über die Hautstruktur beim veredelten Spanka-Schaf.)** Lucrările ştiinţ. Inst. Cercetări zootehn. **19** (1961) S. 317–328. – 5 Abb., 1 Tab., 20 Lit. Zus. in Russ., Engl., Franz., Dtsch.

Die an 14 Schafen des Staatsgutes Peştera-Dobrogea durchgeführten Untersuchungen ergaben, daß das veredelte Spanka-Schaf auf Grund seiner Leistungseigenschaften (u.a. Oberhautstärke 19,32 $\pm$ 0,18 und Follikeldichte je cm^2 5786, Sekundär/Primärfollikel 15,43/1, Wollfeinheit 24 $\pm$ 0,12 μm) zu den feinwolligen Schafen gezählt werden kann. R. Petrovszky. 4080.

Polách, A.; Brno, Katedra Spec. Zootechn. Příspěvek k hodnocení užitkovosti würtemberských ovcí podle živé váhy a množstvi produkované vlny. **(Beitrag zur Bewertung der Württemberger Schafe nach dem Lebendgewicht und der Wolleistung.)** Sborník Vysoké Škola zemědělské Brně, Řada A **1961** Nr. 3/4. S. 293–301. – 4 Abb., 2 Tab., 12 Lit. Zus. in Russ., Dtsch.

In den vorliegenden Untersuchungen über eine geeignete Methode der züchterischen Bewertung von Württemberger Schafen wurde bei den Jahrgängen 1954/55, 1955/56 und 1956/57 der betr. Herde die Wolleistung mit dem Standard dieser Rasse sowie mit dem Durchschnitt der Herde verglichen. Dasselbe gilt auch für das Lgw. Die dabei gewonnenen Werte wurden graphisch dargestellt. Es zeigte sich, daß diese Methode der graphischen Darstellung der Wolleistung und des Lgw. als Unterlage zur Bewertung der Nutzleistung der beurteilten Zuchttiere ausreichte. Diese Methode bietet auch die Möglichkeit, eine Übersicht über die Leistung der ganzen Herde zu erlangen. Die Intensität der Zuchtwahl richtet sich sowohl nach der Wolleistung als auch nach dem Lgw. Durch Ausrichtung auf diese beiden Merkmale wird die Zuchtwahl nicht nur vereinfacht, sondern sie gewinnt gleichzeitig auch an Genauigkeit. Man erlangt einerseits eine Übersicht über die leistungsmäßige Stellung der Einzeltiere in der Herde, andererseits läßt sich dabei ihr Konstitutions- und Leistungstyp beurteilen. F. Svoboda. 4125.

Mirkov, V., Tanev, I., Karadžov, K. und Penčev, Ch. (Mirkow, W., Tanew, I., Karadshow, K. und Pentschew, Ch.) Polutŭnkorunnoto ovčę stado v Instituta po furažite v Pleven. **(Die mittelfeinwollige Schafherde im Institut für Futterbau in Plewen.)** Životnovŭdstvo, Sofija **16** (1962) Nr. 7. S. 21–30. – 4 Abb., 4 Tab.

Vff. berichten von ihrere Methode zur Schaffung eines in bezug auf Wolle, Fleisch und Milch hochleistungsfähigen mittelfeinwolligen Schafes für das Plewener Gebiet durch Dreirassenkombinationskreuzung des grobwolligen

Plewener Schwarzköpfigen Landschafs bei sehr guter Fütterung und Pflege. Es wird zuerst mit Merinofleischschafböcken gekreuzt, woraus Nachkommen mit kräftiger Konstitution, sehr guten Körperformen, erhöhter und verbesserter Wolleistung hervorgehen, die aber nicht gut genug bewollt sind und nicht selten ein kurzes, trockenes Wollhaar haben. Aus der Paarung dieser schlichtwolligen Tiere mit Kaukasischen Feinwollböcken erzielt man Nachkommen mit besserem Wollkleid und längerem Wollhaar. Durch Einspritzung von Ostfriesenblut lassen sich Körperform und Wollhaar verlängern und die Milchleistung erhöhen. Die Leistungsfähigkeit der dortigen Schafherde steigt von Jahr zu Jahr. In den Jahren 1956, 1958 und 1960 betrug z.B. das Geburtsgewicht der Mutterlämmer 3,6; 4,3 und 4,6 kg und ihr Absatzgewicht 20,8; 24,0 und 26,3 kg. N. Platikanow. 4164.

Kastyak, Lesław; Olsztyn, Katedra Hodowli Ogólnej Zwierząt. Wpływ różnorodnej częstości użytkowaniarozpłodowego tryków na ilość ich nasienia. **(Der Einfluß unterschiedlicher Häufigkeit der Zuchtbenutzung von Schafböcken auf die Menge und Qualität des Samens.)** Zeszyty naukowe wyższej Szkoły orlniczej Olsztynie **12** (1962) S. 67–78. — 3 Tab., 17 Lit. Zus. in Russ., Engl.

Der Versuch erfolgte an 13 Böcken des langwolligen Schafes und der Merinorasse im Alter von 3–4 Jahren und mit ⌀ 82 kg Lgw. Die Versuchstiere wurden in 4 Gruppen eingeteilt je nach der Häufigkeit der Samenentnahme. Die Versuche dauerten insgesamt 25 Tage, jeder Versuch nahm 5 Tage in Anspruch. Während der Versuchszeit erhielten die Böcke gleiche Futterrationen. Die Samenentleerung erfolgte in eine künstliche Vagina. Es wurde festgestellt, daß eine 1- bis 3malige Entnahme von Samen im Laufe des Tages sich auf die Menge des Samens nicht auswirkte. Die Spermienkonzentration fiel langsam im Verlaufe der Samenentnahmetage, lediglich das Tempo des Rückgangs war von der Häufigkeit der Samenentnahme abhängig. Das Spermavolumen, die Konzentration der Spermien, ihre Anzahl im Ejakulat und der Gehalt an Fructose in den einzelnen Versuchsgruppen unterlagen einer ähnlichen Änderung unabhängig von der Häufigkeit der geschlechtlichen Inanspruchnahme. Ein Nachlassen der sexuellen Aktivität der Böcke wurde nicht verzeichnet, die Ejakulationen erfolgten meistens beim 1. Sprung. Das 2. Ejakulat war quantitativ in der Regel am größten, die Spermienkonzentration dagegen beim 1. Sprung am höchsten. Der Gehalt an Fructose ebenso wie die Lebensdauer der Spermatozoen waren im 2. Ejakulat am höchsten, wenn die Samenentnahme in kurzen Zeitabständen erfolgte. Falls die Sprünge in mehrstündigen Abständen vor sich gingen, waren Fructosegehalt und Lebensdauer der Spermatozoen von Ejakulation zu Ejakulation niedriger.
H. Uściłko. 4166.

Stepanov, E. M., Andreev, M. N., Ošarova, E. A., Gerasimova, S. A., Antuševa, R. I. und Turova, R. I. (Stepanow, Je. M., Andrejew, M. N., Oscharowa, Je. A., Gerassimowa, S. A., Antuschewa, R. I. und Turowa, R. I.); Kusminki, Gebiet Moskau, Unions-Inst. für Exp. Veterinärmed., Lab. für Physiol. Vlijanie različnogo urovnaja kormlenija na fiziologičeskoe sostojanie organizme ovec. **(Der Einfluß unterschiedlicher Futterversorgung auf den physiologischen Zustand des Organismus bei Schafen.)** Trudy Vseosjuznogo instituta èksperimental'noj veterinarii, Moskva **26** (1962) S. 190–192. — 2 Tab.

Feststellungen des P-, Ca- und Eiweißgehaltes im Grünfutter und Heu verschiedener Gebiete sowie im Harn und Blut von Schafen ließen erkennen, daß bei der Fütterung von Heu aus Sumpfgebieten eine Störung des Eiweiß-P-Gleichgewichtes im Blut auftrat. Es verringerte sich der Eiweiß- und erhöhte sich der P-Gehalt. Durch Zufütterung von Harnstoff konnte diese Störung vermieden werden. G. Häßler. 4192.

Robinson, J. F., Currie, D. C. und Peart, J. N. Feeding hill ewes. **(Die Fütterung der Gebirgsmutterschafe.)** Trans. Roy. Highland agric. Soc. Scotland [6] **6** (1961, hrsg. 1962) S. 31–46. – 2 Abb., 6 Lit.
Die Bergschäferei findet zwar in Schottland verhältnismäßig günstige Bedingungen vor, muß sich aber sehr verschiedenen klimatischen Verhältnissen und evtl. einer Hungerperiode anpassen. Je nach der Härte des Winters und der Schneedecke müssen z. B. in Nord-Schottland Futterrüben, Heu und Konzentrate zugefüttert werden. Geschieht das nicht, steigen die Verluste an Muttertieren und Lämmern an. Durch das Wachstum der Feten wird der Organismus der Mutterschafe stark in Anspruch genommen. Daher sind die Tiere in der Lammzeit heruntergekommen, die Lämmer sind schwach und erhalten nur wenig Milch. Neben der Zufütterung ist es wichtig, daß die Herden in den tiefer gelegenen, geschützten Hanglagen unter sorgfältigerer Beobachtung zum Ablammen kommen. Als Ergebnis dieser Maßnahme liegen dann die Lämmerverluste nur bei 5%, wobei die Schwarzkopflämmer bes. gut abschneiden. Bei einem späten Frühjahrsbeginn wie im Jahre 1958 soll die Fütterung in den ersten 2–3 Wochen der Laktation fortgesetzt werden. Sonst sind in den betr. Jahren die Absatzgewichte der Lämmer zu schlecht, und die Mutterschafe erholen sich bis zum Herbst nicht. H. Busse. 4202.

Kumanov, S., Aleksiev, A. und Tanev, D. (Kumanow, S., Alexiew, A. und Tanew, D.) Proučvanija za tipa na chranene na razplodnite kočove črez otčitane na izbiratelnostta pri oploždaneto. **(Untersuchungen über die geeignete Fütterung für Zuchtböcke durch Auswertung des Wahlvermögens der Eizelle bei der Befruchtung.)** Izvestija na Centralnija naučnoizsledovatelski institut po životnovůdstvo „Georgi Dimitrov" – Kostinbrod, Sofija **14** (1962) S. 5–17. – 10 Tab., 16 Lit. Zus. in Russ., Dtsch.
Zwei Gruppen zu je 2 Merino- und 2 Karakulböcken wurden mit Rationen aus grüner Luzerne und Kraftfuttergemisch gefüttert. In Gr. I betrug der Luzerneanteil 74,6% und in Gr. II 15,2% vom Gesamtnährwert der Ration (das Kraftfuttergemisch betrug entspr. 25,4 und 84,8%). Zwischen den physiol. Kennwerten des Panseninhalts und des Blutes waren keine nennenswerten Unterschiede feststellbar. Das Spermatogramm der Ejakulate aus Gr. II (Fütterung vorwiegend mit Kraftfutter) war besser. Bei der Besamung von Mutterschafen mit Mischsperma vom Merino- und Karakulbock, die nach dem gleichen Typ gefüttert worden waren, wurden 51 Lämmer vom Karakulbock und 44 vom Merinobock erhalten. Bei der Besamung mit gemischtem Sperma von in verschiedener Weise gefütterten Böcken wurden von dem vorwiegend mit Kraftfutter ernährten Bock 58 und von dem vorwiegend mit Grünfutter ernährten 13 Nachkommen erhalten. Bei Wiederholung des Versuchs unter Einbeziehung einer Gruppe mit mäßigem Kraftfutteranteil in der Ration wurden aus dem entspr. Mischsperma 41 Lämmer von dem mit mäßigem Kraftfutteranteil ernährten Bock und 20 Lämmer von dem vorwiegend mit Grünfutter ernährten Bock erhalten; von dem Mischsperma der mit mäßigem Kraftfutteranteil und der vorwiegend mit Kraftfutter ernährten Böcke wurden 31 bzw. 46 und von dem Mischsperma der nur mit mäßigem Kraftfutteranteil ernährten Böcke 39 bzw. 40 Lämmer erhalten. Die besten Zuchtleistungen zeigten die vorwiegend mit Kraftfutter ernährten Böcke.
N. Platikanow. 4204.

Hamilton, F. J., Manusu, P., Bennett, J. W. und Hutchinson, J. C. D. Observations on the transport of sheep by sea through the tropics. **(Beobachtungen bei einem Schiffstransport von Schafen durch die Tropen.)** Austral. veterin. J. **37** (1961) Nr. 8. S. 297–302. – 4 Abb., 1 Tab., 13 Lit.
Bei Jungschafen, die per Schiff von Syndney (Australien) nach San Diego (USA) transportiert wurden, fanden Vff. durch tägl. Untersuchungen Wechselbeziehungen zwischen meteorologischen Verhältnissen und Gesundheitszu-

stand bzw. Mortalität. Auf Grund der Untersuchungsergebnisse wird vorgeschlagen, beim Entwurf neuer Schiffe, die für Schaftransporte vorgesehen sind, Ventilationsvorrichtungen einzubauen, die selbst bei hoher Außentemperatur über den gesamten Zeitraum des Transportes gestatten, die Luftfeuchtigkeit unter 30 mm Hg Dampfdruck zu halten. Th. Hiepe. 4271.

Watson, R. H. und Elder, E. Marigold. Neonatal mortality in lambs: Further observations in a Corriedale flock with a history of high lamb mortality. **(Neonatale Mortalität bei Lämmern. Weitere Beobachtungen in einer Corriedale-Herde mit hoher Lämmersterblichkeit.)** Austral. veterin. J. **37** (1961) Nr. 8. S. 283-290. — 1 Abb., 5 Tab., 6 Lit.

In einer Corriedale-Herde war Jahre hindurch eine hohe Neugeborenensterblichkeit zu verzeichnen. Zunächst wurden ungünstige Witterungsbedingungen als Hauptfaktor für die entstandenen Verluste angesehen. Die Mortalitätsziffer ging zurück, nachdem die Lammzeit vom Winterausgang in die Mitte des Frühjahrs verlegt worden war. Eingehende Untersuchungen führten zu dem Ergebnis, daß nicht so sehr die Witterungseinflüsse, sondern hauptsächlich matrokline Faktoren das Ausmaß der neonatalen Mortalität bestimmten. Th. Hiepe. 4280.

Radomska, Maria J. **Wychów jarek i tryków.** (Die Aufzucht von Schaflämmern und -böcken.) Warszawa: Panstw. wyd. roln. i leśnc. 1962. (1962 61 S. 8°. (DA 1442)

Ukazanija po bonitirovke tonkurunnych ovec s osnovami plemennogo dela. (Hinweise für die Bonitierung von Feinwollschafen und Grundlagen des Züchtungswesens.) Hrsg.: Minist. sel'skogo chozjastva SSSR. Moskva. 1960. (77 S.) 8°. (DA 1425)

SPEZIELLE KLEINTIERZUCHT

B. ZIEGEN

Rijskens, A. Le petit élevage en 1961: L' élevage caprin et ovin en 1961. **(Die Kleintierzucht in Belgien 1961. Die Zucht von Ziegen und Schafen.)** Rev. Agric. [Bruxelles] **15** (1962) Nr. 4. S. 589-603. — 10 Abb., 6 Tab.

Zusammenstellung der staatlichen Maßnahmen zur Unterstützung der Haltung und Zucht von Schafen und Ziegen in Belgien. Alle diese Maßnahmen gehen von der Bestimmung vom 12. Jan. 1952 aus, in der eine Verbesserung der Zucht, ihre Organisation und auch die finanzielle Unterstützung dekretiert wurden. Bes. Wert wird auf die Entwicklung von Elite-Tieren mit hohen Leistungen sowie auf deren buchmäßige Erfassung gelegt. — Im Jahre 1961 fanden 5 Tierschauen statt, an denen 831 Tiere teilnahmen. F. Lüpnitz. 4508.

C. GEFLÜGEL

Rijskens, A. Le petit élevage en 1961: L'aviculture familiale et la cuniculture — 1961. **(Die Kleintierzucht in Belgien 1961. Die private Geflügelzucht und die Kaninchenzucht.)** Rev. Agric. [Bruxelles] **15** (1962) Nr. 4. S. 581-588. — 3 Abb., 6 Tab.

In Belgien wird organisatorisch zwischen der gewerblichen und der privaten Geflügelzucht unterschieden. Die Geflügelzüchter sind in regionalen Organisationene zusammengefaßt. In diesen finden sie fachliche und auch materielle Unterstützung. Die Zuchtergebnisse werden in jährl. Tierschauen ermittelt. 1961 nahmen an ihnen insgesamt ca. 6000 Stck. Geflügel (Normal- und Zwerghühner, Fasane, Tauben und Wassergeflügel) teil. — Die Kaninchenzüchter sind in der gleichen Form organisatorisch vereinigt. Auf Tierschauen wurden mehr als 3400 Tiere ausgestellt. Durch eine Zentrale wurden ca. 27000 Kaninchenfelle erfaßt. Der Preis für weiße Felle ist ca. 3mal so hoch wie für bunte. F. Lüpnitz. 4601.

Rijskens, A. Le petit élevage en 1961; L'aviculture professionnelle en 1961. **(Die Kleintierzucht 1961. Die gewerbliche Geflügelzucht.)** Rev. Agric. [Bruxelles] **15** (1962) Nr. 4. S. 563-581. — 9 Abb., 13 Tab.
In Belgien ist die gewerbliche von der privaten (familiären) Geflügelzucht organisatorisch getrennt. — In der Produktion werden 3 Gruppen von Schlachtgeflügel unterschieden: Tiere, die im Alter von 9-10 Wochen ein Gewicht von ca. 1,5 kg erreichen, insgesamt wurden 1961 ca. 47000 t Fleisch erzeugt; Fleischhühner, die 13-14 Mon. alt werden, es wurden ca. 18500 t erzeugt; Junghühnchen mit einem Gewicht von ca. 0,8 kg, von ihnen wurden ca. 9200 t erzeugt. Die hauptsächlichsten Kreuzungen sind Cornish × Sussex, Cornish × Plymouth Rock, Blaue Holländer mit Cornish bzw. Plymouth Rock bzw. Sussex. F. Lüpnitz. 4601

Hühner

Mende, D. **Einige Untersuchungsergebnisse über die Ursachen der Brustbeinkammdeformation beim Geflügel.** Garten u. Kleintierzucht, Ausg. B 2 (1963) Nr. 1. S. 8-9. — 2 Abb., 6 Tab.
Nach einer allg. Betrachtung über die möglichen Ursachen der Brustbeinkammdeformation des Geflügels werden die Ergebnisse der vom Inst. für Kleintierzucht der Karl-Marx-Universität Leipzig zur Problemklärung in einigen Zuchtbetrieben durchgeführten Untersuchungen mitgeteilt. Zur Verhinderung bzw. Einschränkung der Brustbeinkammdeformationen sind zusammenfassend der Praxis empfohlen worden: 1. eine gründliche Düngung der Ausläufe mit Phosphorsäure und Kalk (40 mg P_2O_5/100 g Boden, pH-Wert 6,5-7,5); 2. ausreichende Versorgung der Tiere mit Vit. D und E (je kg Futter 10 mg Vit. E); 3. Aufzucht der Tiere in trockenen Ausläufen; 4. ausschließliche Zuchtverwendung gesunder Tiere ohne Brustbeindeformationen. Die Untersuchungen haben ergeben, daß die Brustbeinkammdeformation als Konstitutionskrankheit angesehen werden kann, bei deren Entstehung erbliche und nichterbliche Eigenschaften beteiligt sind. K. Löhle. 4655.

Morita, Takuma. A theoretical analysis of culling the idle layers in the commercial egg farm. **(Eine theoretische Analyse zur Ausmerzung ungenügender Leger in Eierproduktionsbetrieben.)** Bull. Fac. Agric. Tamagawa Univ. **1961** Nr. 2. S. 63-71. — 1 Abb., 4 Lit.
Alle Hennen, die in ihrem 1. Jahr keinen positiven Nutzen bringen, werden als ungenügende Leger bezeichnet, wobei als 1. Jahr die Periode vom 1. Ei bis zu dem Zeitpunkt verstanden wird, an dem der Nutzen sein Maximum erreicht. Dann wird gezeigt, daß die zur Einschätzung eines Huhnes als ungenügender Leger erforderliche Zeit durch Auflösung folgender Gleichung erhalten werden kann, wenn Zahlen eingesetzt werden: $\frac{d}{dh}(k \times b_h \times s_h - k \times s_h - x_h) = 0$. Diese Analyse ist jedoch statisch, und Werte für die obige Gleichung sind in der Praxis schwer zu bestimmen. Deshalb werden abschließend verwandte Probleme vom dynamischen und tatsächlichen Standpunkt erörtert.
A. Schaaf. 4655.

Becker, Walter A.; Puyallup, Washington State Univ., Western Washington Exp. Stat. Comparing entries in random sample tests. **(Gruppenvergleich in Stichprobenleistungsprüfungen.)** Poultry Sci. **40** (1961) Nr. 6. S. 1507-1514. — 1 Abb., 5 Tab., 14 Lit.
Vf. prüfte a) unter Anwendung des multiplen Entscheidungsverfahrens die Aussicht der besten Gruppe einer Hühnerleistungsprüfung, einen einzelnen Stichprobentest zu gewinnen, beschreibt b) eine einfache Methode zum Vergleich der Gruppen aus mehreren Tests und untersucht c) das Material auf Wechselwirkungen Stamm × Test bez. der Legeleistung pro eingestallter

Henne. Das Ergebnis a) wird beeinflußt durch die Stichprobengröße, die wirklichen Differenzen zwischen den Mittelwerten der beiden besten Gruppen und die Variabilität des gemessenen Merkmals. Bei einer wirklichen Differenz von 10 Eiern und einer Gruppengröße von 50 Hennen beträgt die Wahrscheinlichkeit nur 0,33%, daß die tatsächlich beste Gruppe als Sieger hervorgeht; bei einer Gruppengröße von 400 Hennen steigt diese Wahrscheinlichkeit auf 88%. Bei einer genetischen Gruppendifferenz von 5 Eiern ergeben 1000 Hennen erst eine solche Wahrscheinlichkeit von 73%. Es besteht daher ohne Rücksicht auf die Größe einer Stichprobe oder die wirkliche Differenz zwischen den beiden besten Gruppen immer die Möglichkeit, daß eine geringere Gruppe als Sieger hervorgeht. Die Methode b) basiert auf der von Yates (1936) zur Bestimmung von Bodenfruchtbarkeitsunterschieden vorgeschlagenen Methode. Große Wechselwirkungen gemäß c) wurden nicht festgestellt.
A. Schaaf. 4656.

Blackwood, C. A., Bohren, B. B. und McKean, H. E.; Lafayette, Ind., Purdue Univ., Agric. Exp. Stat. A mutation at the I locus in an inbred line of White Leghorns and its effect on growth rate. **(Eine Mutation des Locus I einer Inzuchtlinie Weißer Leghorn und ihr Einfluß auf die Wachstumsrate.)** Poultry Sci. 41 (1962) Nr. 2. S. 488-493. — 4 Tab., 13 Lit.

Der homozygote Genotyp (ii) zeigte eine leichte Erhöhung des Wachstums. Diese Ergebnisse werden zurückgeführt auf pleiotropische Effekte des I Gen sowie auf die Verbindung von I in Wechselwirkung mit E, B und S. Die Mutation von I zu i sowie deren Homozygotie gegenüber E und B ermöglichen die Testung der Pleiotropie und der Wechselwirkungshypothese. Die Resultate dieser 3 und 4 Faktorenanalyse in der F_2 sowie in der Rückkreuzung sind gleichwertig. Keine signifikanten Effekte des Genotypes oder des Schlupfes wurden beobachtet. Bei Kreuzungen dieser Tiere zeigten sich signifikante Einflüsse. Nicht klar ist die Beeinflussung des Wachstums dieser Linien durch die An- oder Abwesenheit des I Gen. E. Urban. 4660.

Griesbach, L.; Fredericton, New Brunswick, Canada Dep. of Agric., Res. Stat., Res. Branch. Body weights of gold and silver segregates in chicken broilers. **(Körpergewichte von Gold- und Silberspaltprodukten bei Broilerküken.)** Poultry Sci. 40 (1961) Nr 6. S. 1763-1764. – 1 Tab., 2 Lit.

Vf. untersuchte den Einfluß des Silberfaktors (S) auf die Depression der Wachstumsgeschwindigkeit und fand an 809 Küken aus der Rückkreuzung von 8 Columbischen Rock × New Hampshire ♂ mit New Hampshire ♀ im Alter von 9 Wochen eine Gewichtsdifferenz von 23,5 g zugunsten der ss- (27 g) bzw. s- (20 g) Tiere. Diese Differenz war schwach signifikant und unabhängig von der Befiederungsbremse K. A. Schaaf. 4660.

Redman, C. E. und Shoffner, R. N.; St. Paul, Minnesota Agric. Exp. Stat., Poultry Dep. Estimates of egg quality parameters utilizing a polyallel crossing system. **(Schätzungen von Eiqualitätsparametern unter Verwendung eines polyallelen Kreuzungssystems.)** Poultry Sci. 40 (1961) Nr. 6. S. 1662-1675. — 4 Abb., 13 Tab., 36 Lit.

Vff. analyasierten polyllale Kreuzungen zwischen 5 Hühnerlinien zur Schätzung der genetischen Varianz von 5 Eiqualitätsmerkmalen: Spez. Gew. (1), Eischalenfarbe (2), Eiform (3), Eigewicht (4) und Haugh-Einheiten (5). Die Analyse der phänotypischen Varianz zeigt, daß sowohl der Untersuchungszeitpunkt als auch die Kreuzung von signifikantem Einfluß auf alle Eiqualitätsmerkmale sind. Die allg. Kombinationsfähigkeit erklärt 100% aller genetischen Beiträge zu (1) und über 60% der genetischen Beiträge zu den anderen Merkmalen. Die spez. Kombinationsfähigkeit bedingte ca. 10% und reziproke Effekte die restlichen 30% der genetischen Beiträge zu den anderen Merkmalen. Geschlechtskoppelung spielte bei 2-4 eine Rolle. Zwischen 185 Heritabilitätsschätzungen bestand eine erhebliche Variabilität, aber es war nicht möglich, zwischen den Kreuzungen signifikante Differenzen zu finden. Dominanzvarianz war für 1-4 ca. 1,5mal so groß wie die additive Varianz, für 5 ca. 15mal. Schätzungen des Umweltanteils an der Vollgeschwistervarianz zeigten, daß etwa die Hälfte der Fehlervarianz auf Umwelteinflüsse zurückzuführen war. Die Ergebnisse deuten darauf hin, daß sich die Züchter bei Linienkreuzungen nicht nur mit der allg. Kombinationsfähigkeit bestimmter Linien, sondern auch mit dem Passereffekt bestimmter Hähne und Hennen innerhalb jeder Linie befassen sollten. A. Schaaf. 4660.

Crittenden, L. B. und Bohren, B. B.; Lafayette, Ind., Purdue Univ., Agric. Exp. Stat. The genetic and environmental effects of hatching time, egg weight and holding time on hatchability. **(Die genetischen und umweltbedingten Einflüsse der Schlupfzeit, des Eigewichts und der Lagerungszeit auf die Schlupffähigkeit.)** Poultry Sci. **40** (1961) Nr. 6. S. 1736-1750. — 1 Abb., 12 Tab., 28 Lit.

Vff. analysierten Schlupfdaten von 22523 Bruteiern aus 673 Hennen in 3 Schlupfen und berechneten Heritabilitäten, Wiederholbarkeiten sowie genetische, phänotypische und umweltbedingte Korrelationen auf Einzelei- bzw. Hennendurchschnittsbasis im Schlupf für 5 Messungen der Schlupfgeschwindigkeit, Eigewicht und Lagerzeit der Eier. Die Heritabilitäten auf Väterbasis schwankten zwischen 0,16 für Schlupf befruchteter Eier und 0,49 für durchschnittl. Schlupfzeit, die Wiederholbarkeiten zwischen 0,29 für Schlupf befruchteter Eier und 0,90 für Eigewicht. Aus den hohen genetischen Korrelationen zwischen den zu verschiedenen Zeitpunkten geschlüpften Kükenzahlen und den hohen negativen Werten zwischen diesen Messungen und der durchschnittl. Schlupfzeit wird gefolgert, daß die Genotypen mit geringerer Schlupffähigkeit auch eine Tendenz zum späteren Schlupf haben. Die negativen Korrelationen zwischen dem durchschnittl. Eigewicht und den Schlupfergebnissen zwischen den verschiedenen Zeitpunkten sowie die positiven Beziehungen zwischen Eigewicht und durchschnittl. Schlupfdauer waren weitgehend genetischer Natur. Jeder Lagerungstag der Eier verursachte eine signifikante Regression von 0,7 Std. in der Schlupfzeit. Vff. weisen darauf hin, daß das summarische Merkmal Schlupffähigkeit in seinen Komponenten deutlich definiert werden muß, wenn erfolgreich selektiert werden soll. A. Schaaf. 4660.

Löhle, Klaus und Mulsow, Dagmar; Jena, Friedr. Schiller-Univ., Inst. für Tierzucht. **Körpergewichtsentwicklung, Futterverzehr und Legeleistung bei Weißen Cornish.** Dtsch. Geflügelztg. **1962** Nr. 18. S. 458-461. — 3 Abb., 12 Tab., 9 Lit.

Von 54 Cornish, die vom 1. Lebenstag bis zur Zuchtreife intensiv aufgezogen wurden, ermittelten Vff. die Körpergewichtsentwicklung und den Futterverbrauch. Bis zur 10. Lebenswoche wurden die gute Futterverwertung und die hohen Körpergewichte der Cornish von keiner unserer Wirtschaftsrassen erreicht. Die Cornish-Hennen wiesen bis zur 14. Lebenswoche noch eine rel. gute Futterverwertung auf, der Mehlfutterverbrauch von der 10.-24. Lebenswoche betrug bei Intensivhaltung ca. 14,5 kg. Für 1000 g Gewichtszunahme wurden im gleichen Entwicklungsabschnitt 9,198 kg Futter benötigt. Die Cornish-Junghähne verbrauchten von der 10.-26. Lebenswoche 21,25 kg Mehlfutter. Das Durchschnittsgewicht betrug mit Abschluß des 6. Lebensmonats 4061 g. Eine Leistungskontrolle an Cornish-Hennen über 407 Tage ergab eine Durchschnittsleistung von 103,1 Eiern pro Tier mit einem durchschnittl. Eigewicht von 55,9 g, dabei lagen die Grenzwerte bei 47 als niedrigste und 153 als höchste Leistung. Beim Körpergewicht war ein ständiger Wechsel zwischen

Zu- und Abnahme zu verzeichnen. Zwischen Legeleistung und Futterverzehr scheinen Zusammenhänge zu bestehen. Zur Produktion von 100 g Eimasse wurden 560,8 g Gesamtfutter benötigt. U. Hofmann. 4667.

Trossen, J. **Soll man von Hy-Lines und Kombinationsprodukten weiterzüchten.** Geflügelhof [Zollikofen-Bern] 24 (1961) Nr. 46. S. 793. 796.
In England, Holland, Frankreich und Belgien nimmt die Gebrauchskreuzungszucht zu, während die Haltung reiner Rassen abnimmt. Gebrauchskreuzungen auf engl. Testhöfen (500-Tage-Test) ergaben Leistungen von: 1958-195 Eier, 1959 – 207 Eier und 1960 – 204 Eier. Gekreuzt wurden Rote Rhodeländer × Sussex und Weiße Leghorn × Rote Rhodeländer. Mit Hybriden soll i.allg. nicht weitergezüchtet werden, da sonst die Wirkung der günstigen Genkombination verlorengeht. Vf. stellt fest, daß bisher unzureichende Versuchsergebnisse über Weiterzucht mit Rassen- bzw. Linienhybriden vorliegen. Ein in der engl. Univ. Relaing durchgeführter Versuch mit Kreuzungsprodukten ergab im Alter von 50 Wochen: Hy-Line × Sussex 120 Eier, 8% Verlust, Hy-Line × Hy-Line 125 Eier, 7% Verlust und Hy-Line × (Rote Rhodeländer × Sussex) 125 Eier, 7% Verlust. Es wird empfohlen, bei dieser Kreuzung Hybridhähne zu verwenden, deren Schwestern eine bessere Legeleistung aufweisen als ihre Eltern. In den USA und in der SU werden gute Erfolge in bezug auf Legeleistung und Sterblichkeitsverluste mit der Criss-Paarung erzielt. Weibl. Tiere der F_1-Kreuzung, die einen Heterosiseffekt deutlich zeigen, werden an eine der beiden Ausgangsrassen angepaart.
H. Sommerfeld. 4669.

Scholtyssek, Siegfried. **Die Grundlagen der Heterosiszüchtung bei Hühnern und die Möglichkeiten ihrer praktischen Durchführung in Baden-Württemberg.** Arb. landwirtsch. Hochschule Hohenheim 9 (1961) S. 5-22. – 10 Abb.
Die Geflügelzucht Baden-Württembergs war bisher wie im ganzen Bundesgebiet nach dem System des alten Geflügelherdbuches organisiert. Es kann im großen und ganzen festgestellt werden, daß die deutschen Zuchten im Vergleich zu den ausländischen Zuchtkonzernen leistungsmäßig zurückgeblieben sind. Eine Erklärung dafür ist heute möglich, nachdem die Vererbungs- und Zuchtvorgänge besser übersehen werden konnten und klare Vorstellungen über Leistungsmerkmale, Selektion und Zuchtwert bestehen. Vf. erörtert im einzelnen die genannten Faktoren und stellt Betrachtungen über das Hybridzuchtverfahren und die Reciprocal Recurrent Selection an. Inzwischen hat man versucht, den Vorsprung der ausländischen Konkurrenz einzuholen. In sorgfältig ausgearbeiteten Programmen sind Reinzucht und Kreuzungen zur Ausnutzung des Heterosiseffektes genannt worden. In einem bes. Kapitel beschreibt Vf. eingehend die Vor- und Nachteile des Bundeszuchtprogrammes und des Hohenheimer Vorschlages. Die Zahl der Selektionsentscheide ist im Hohenheimer Vorschlag doppelt so groß wie im Bundeszuchtprogramm, außerdem ermöglicht er u.a. die Einsparung von Stallräumen und Arbeitszeit.
K. Löhle. 4669.

Lorkiewiczowa, Maria; Lublin, Wyższa Szkoła Rolnicza, Katedra Ogólnej Hodowli Zwierząt. Wpływ dlugiego przechowywania jej wylęgowych na wzrost i żywotność kurcząt oraz użytkowość kur. **(Der Einfluß langer Lagerung von Bruteiern auf die Entwicklung und Lebensfähigkeit der Küken und das Leistungsvermögen der Hennen.)** Ann. Univ. Mariae Curie-Skłodowska, Sect. E 15 (1960, hrsg. 1962) S. 249-267. – 9 Abb., 6 Tab., 25 Lit. Zus. in Russ., Engl.
Es sollte festgestellt werden, inwieweit die Lagerungszeit der Bruteier die Entwicklung der Küken und das Leistungsvermögen der Junghühner und ausgewachsenen Hennen beeinflußt. Dabei wurde ermi telt, daß eine mehr als 10 Tage lange Lagerung die Entwicklung der Keime verzögerte, so daß die Küken später ausschlüpften als die aus Frischeiern. Das Ausschlüpfen

selbst dauerte zuweilen bis zu 60 Std. Die aus gelagerten Eiern ausgeschlüpften Küken entwickelten sich langsamer als die aus Frischeiern. Der Unterschied im Lebendgewicht der Küken bestand um so länger, je länger die Bruteier gelagert hatten. Ein übermäßig langes Lagern (3-4 Wochen) hatte eine höhere Sterblichkeit der Küken zur Folge. Eine Korrelation zwischen dem Reifealter und der Legeleistung der Hennen sowie der Zeit der Eierlagerung wurde nicht festgestellt. Dagegen gelang es nachzuweisen, daß bei der Paarung von Hühnern, die aus unterschiedlich lange gelagerten Eiern gezogen waren, die von ihnen erzeugten Bruteier höhere Schlupfprozente aufweisen, als in dem Fall, wenn beide Eltern aus Eiern stammten, die gleich lange gelagert hatten. Eine mehr als 4 Wochen lange Lagerung der Bruteier wirkte sich sehr ungünstig auf die Schlufprozente und die Lebensfähigkeit der Küken aus ebenso wie auf die Fruchtbarkeit der ausgewachsenen Hühner.
G. Znaniecka. 4676.

Lorkiewiczowa, Maria; Lublin, Wyższa Szkoła Rolnicza, Katedra Ogólnej Hodowli Zwierząt. Próby przywrócenia zdolności wylęgowej jajom długo przechowywanam. **(Versuche zur Regeneration der Bruttauglichkeit von lange gelagerten Eiern.)** Ann. Univ. Mariae Curie-Skłodowska, Sect. E **15** (1960, hrsg. 1962) S. 269-274. — 2 Tab., 11 Lit. Zus. in Russ., Engl.
In Bruteier, die 28 Tage lang gelagert hatten, wurden am 14. Lagerungstage oder am 10. und 20. Tage unterschiedlich konzentrierte Lösungen von Natriumthioglykolat eingespritzt. Die Eier der Kontrollgruppe erhielten die gleiche Menge physiol. Kochsalzlösung auf, in die am 14. Lagerungstage 1 mg Natriumthioglykolat injiziert worden war. Nach Meinung des Vf. ist es möglich, die Bruttauglichkeit von eingelagerten Bruteiern wiederherzustellen. G. Znaniecka. 4676.

Funk, E. M. und Forward, James E. Effect of pre-incubation on the hatchability of chicken eggs. **(Der Einfluß der Vorbrut auf die Schlupffähigkeit von Hühnereiern.)** Univ. Missouri, Coll. Agric., agric. Exp. Stat., Res. Bull. **1960** Nr. 695. S. 1—12. 4676.

Crittenden, L. B. und Bohren, B. B.; Lafayette, Ind., Purdue Univ., Agric. Exp. Stat. The effects of current egg production, time in production, age of pullet, and inbreeding on hatchability and hatching time. **(Der Einfluß von Legeleistung, Stand der Produktion, Alter der Hennen, und dem Inzuchtgrad auf den Zeitpunkt des Schlupfes sowie auf die Schlupffähigkeit.)** Poultry Sci. **41** (1962) Nr. 2. S. 426-433. — 2 Abb., 5 Tab., 23 Lit.
Die genetische Korrelation zwischen Legeleistung in der Periode des Eiersammelns und der Schlupffähigkeit der befruchteten Eier ist positiv, jedoch negativ mit dem Zeitpunkt des Schlupfes. Die phänotypischen Korrelationen sind gering und nicht signifikant. Die Korrelation zwischen der laufenden Leistung und dem Eigewicht sind beständig. Die genetischen und phänotypischen Korrelationen auf der Basis der Wochenleistung und dem Alter der Hennen deuten an, daß bei jungen Hennen die besten Eierproduzenten bessere Schlupffähigkeit und früheren Schlupf aufweisen. Weiter wird angedeutet, daß das Alter bei Eintritt in die Geschlechtsreife eine Beziehung zur Schlupffähigkeit aufweist. E. Urban. 4676.

Kumanov, S. und Vŭlčev, P. (Kumanow, S. und Wâltschew, P.) Vlijanieto na njakoi beltŭčni chrani vŭrchu produktivnostta na kokoškite nosački. **(Einfluß mancher Eiweißfutterstoffe auf die Legeleistung der Hennen.)** Izvestija na Centralnija naučnoizsledovatelski institut po životnovŭdstvo „Georgi Dimitrov" — Kostinbrod, Sofija **14** (1962) S. 79-88. — 9 Tab., 6 Lit. Zus. in Russ., Dtsch.
Fünf Gruppen zu je 25 Rhodeländer-Hennen erhielten zur Grundration aus Mais-, Gersten- und Haferschrot, Weizenkleie, Sonnenblumenextraktions-

schrot, Sojabohnenschrot und Tierkörpermehl (insgesamt ca. 69 g N-freie Nährstoffe und 17-17,5 g verd. E.) folgende Zugaben: Gr. I – 4% Gr. Larvenpuppen, Gr. II – 4% Larvenpuppen und 1 g Harnstoff, Gr. III – 12% getrockneten Hefetrub, Gr. IV – 20 g Fischsilage, Gr. V – 4 g Meerschlamm. Außerdem bekamen die Tiere aller Gruppen je Tag und Kopf 40 g Möhren, Grünfutter und Futterkürbis. Ergebnisse der 244 tägigen Versuchsperiode (in der Reihenfolge der Gruppen): Lgw. der Hennen bei Versuchsabschluß 2,188, 2,156, 2,108, 2,221 und 2,419 kg; Legeleistung (während der Versuchsdauer) 116,9, 121,1 107,2, 139,2 und 131,0 Eier; mittleres Eigewicht 58,0, 55,3, 56,7, 58,1 und 58,6 g; Schlupfergebnis der zur Brut eingelegten Eier 70,2, 79,8, 74,6, 69,1 und 80,3%; Anfall an Eimasse je aufgewendete FE 178, 165, 165, 196 und 192 g. In einem 2. Versuch mit 3 Gruppen zu je 25 Leghorn-Hennen wurde zur Grundration aus Mais-, Gersten- und Haferschrot, Weizenkleie und Sonnenblumenextraktionsschrot folgendes Beifutter gegeben: in Gr. I – 10% Tierkörpermehl, Gr. II – 10% Fischmehl und Gr. III – 15% trockene Biertreber. Der Versuch dauerte 263 Tage. Ergebnisse (in der Reihenfolge der Gruppen): Lgw. bei Versuchsabschluß 2,095, 2,119 und 1,841 kg; Legeleistung 156,1, 173,4 und 90,5 Eier; mittleres Eigewicht 59,0, 57,8 und 55,5 g; Eimasseanfall je FE 220, 222 und 132 g. N. Platikanow. 4688.

Wegner, Rose-Marie; Bonn, Univ., Inst. für Tierzucht und Tierfütter. **Fütterungsversuch mit Legehennen bei Batteriehaltung.** Dtsch. Geflügelwirtsch. **14** (1962) Nr. 46. S. 588-589. – 2 Abb., 4 Lit.

100 Weiße Leghorn-Hennen wurden im 21- bzw. 23-Wochen-Alter in Einzelkäfigen eingestallt und 354 Tage bei Einzelfütterung gehalten. Sie erhielten ständig 16 Std. Licht, die Temperatur sank nicht unter 13 °C ab. Die Futtermischung 1 wies einen hohen Rohproteingehalt von 21% bei niedrigerem Energiegehalt und ein enges Verhältnis von Rohprotein zu Kalorien produktiver Energie (P-C-Verhältnis) von 1:80 auf, während die Futtermischung 2 17% Rohprotein, 200 Cal. mehr und ein weiteres P-C-Verhältnis von 1:111 hatte. Ration 1 enthielt 11000 IE Vit. A, 1375 IE Vit. D_3, 4,4 mg Vit. B_2 und 6,0 mg Pantothensäure und Ration 2 – 6600 IE Vit. A, 825 IE Vit. D_3, 2,6 mg Vit. B_2 und 3,6 mg Pantothensäure je Kilogramm. Mischung 1 entsprach mit 2,3% Ca denen für ein Legehennen alleinfutter. Das Versuchsergebnis führte zu der Schlußfolgerung, daß ein optimales Batteriefutter einen Gehalt an produktiver Energie von ca. 1900 kcal. und einen Rohproteingehalt von 21% aufweisen muß, der Gehalt an Vit. sollte dem eines Legemehl S entsprechen. U. Hofmann. 4688.

Barlett, B. E.; Werribee, Live Stock Res. Offices, Animal Husbandry Res. Centre. Laying rations for poultry. **(Futtermischungen für Legehennen.)** J. Agric. [Melbourne] **60** (1962) Nr. 6. S. 271-276. – 3 Abb., 5 Tab.

An Leghorn- und Australorp-Hennen wurden Futtermischungen mit unterschiedlichem Kleie- und Nachmehlanteil verabreicht. In der Mortalität zeigten sich keinerlei Differenzen. Das Eigewicht wurde nicht beeinflußt. Eine Ration mit mehr als 42% Kleie und Nachmehl wirkte sich senkend auf die Legeleistung aus. Bei den Rationen bis zu dieser Höhe von 42% ergaben sich keine gesicherten Differenzen. Der Futterverbrauch in den Gruppen mit hohem Anteil von Mühlennachprodukten war etwas höher als in der Kontrolle. In der Gewichtsentwicklung der Hennen lagen die Tiere mit hohem Kleieanteil unter dem Gewicht der Kontrollhennen. Eine Kostenberechnung zeigt, daß die Gruppe mit normaler Futterzusammensetzung den höchsten Gewinn brachte. E. Urban. 4688.

Fuller, H. L. und Morris, G. K.; Athens, Univ. of Georgia, Poultry Dep. A study of the effects of ethylene dibromide fumigant components on egg production. **(Eine Studie über die Wirkungsweise von den Getreidebegasungs-**

komponenten Äthylen-Dibromid auf die Legeleistung.) Poultry Sci. **41** (1962) Nr. 2. S. 645-654. – 3 Abb., 11 Tab., 4 Lit.
Für die Untersuchungen standen die Stoffe Äthylendibromid (EDB), Äthylendichlorid (EDC) und Karbontetrachlorid (CTC) in differenzierter Dosierung zur Verfügung. Den Hennen wurden die Chemikalien über eine Sonde in den Kropf verabreicht. 4 mg EDB beeinflußte die Leistung nicht, erst bei 8 mg sank die Leistung signifikant. Eine Senkung des Eigewichtes war bereits von Gaben ab 0,5 mg spürbar, bei Gaben von 1 mg traten gesicherte Differenzen auf. EDC und CTC hatten weder allein noch in Kombination mit EDB einen Einfluß auf die Legeleistung. Das Eigewicht wurde unter Zugabe von EDB leicht gesenkt. Leicht erhöhte Mortalität war bei Verabreichung von CTC festzustellen. Keine der Chemikalien hatte einen direkten Einfluß auf den Futterverbrauch, das Körpergewicht, die Schalenfestigkeit und die Eiqualität. E. Urban. 4700.

Maas, J. J. L. De invloed van blauwe kam ziekte op het eigewicht en de eikwaliteit, een onderzoek met behulp van praktijkmethoden. **(Der Einfluß der Blaukammkrankheit auf das Eigewicht und die Eiqualität, eine Untersuchung mit Hilfe von Praxismethoden.)** Vlaams diergeneeskund. Tijdschr. **30** (1961) Nr. 11. S. 269-277. – 4 Tab., 9 Lit. Zus. in Engl., Franz.
Im Laufe von 3 Mon. wurden in 4 Betrieben, in denen in einer Zeitspanne von ± 3 Mon. die Blaukammkrankheit aufgetreten war, wöchentl. je 500 Eier untersucht. Zum Vergleich dienten Eier aus 4 Betrieben, in denen die Tiere nicht von der Blaukammkrankheit befallen waren. Die Tiere waren hinsichtlich Lebensalter und Abstammung vergleichbar, und es wurde in allen Betrieben Futter gleicher Zusammensetzung verwendet. Von insgesamt 3400 Eiern hatten die aus „Blaukammbetrieben" kommenden ein um ⌀ 1,235 g geringeres Eigewicht. Der Anteil von Schalendefekten war aber bei ihnen geringer als bei den Eiern aus den Vergleichsbetrieben. Dies erklärt sich z.T. aus der geringeren Legeleistung während der Genesung der befallenen Tiere. Hinsichtlich des Anteils an Bluteiern und Eiern mit Blutstippen ergaben sich keine Unterschiede zwischen den Gruppen, ebensowenig bei den Eiern mit abweichender Form, mit bes. großer Luftkammer und mit exzentrisch liegenden Dottern. J. K. Hinrichsen. 4700.

Rauch, W. **Das Ei. Eine Einführung in die Qualitätsbeurteilung von Hühnereiern. 8. Teil.** Dtsch. Geflügelwirtsch. **14** (1962) Nr. 45. S. 576. 4700.

Hunt, J. R. und Aitken, J. R.; Ottawa, Ontario, Canada Dep. of Agric. Studies on the influence of ascorbic acid on shell quality. **(Studien über den Einfluß der Ascorbinsäure auf die Schalenqualität.)** Poultry Sci. **41** (1962) Nr. 1. S. 219-226. – 3 Abb., 5 Tab., 22 Lit.
Die Zugabe von 20 mg/lb. Vit. C. verbesserte nicht die Qualität der Eischale, wenn durch Verabreichen von Kalzium-, Ammoniumchlorid und Methylthiouraxil eine Qualitätsminderung der Eischale und ein Absinken der Legeleistung eingetreten war. Auch bei Anwendung hoher Stalltemperaturen brachte die Verabreichung von Vit. C keine Besserung der Schalenbeschaffenheit. Der Ascorbinsäuregehalt des Blutes scheint ohne Einfluß auf die Eischalenbildung zu sein, dsgl. die Schilddrüsentätigkeit. Bei hohen Temperaturen sinkt der Vit.-C-Gehalt des Blutes, in gleicher Weise wurde das spez. Gew. der Eier signifikant reduziert, die Verabreichung von Vit. C wirkte dem etwas entgegen. Die Eiweißqualität wurde nicht beeinflußt. E. Urban. 4700.

Tucker, H., Reid, B. L. und Kurnick, A. A.; Tucson, Ariz., Univ., Dep. of Poultry Sci. Variance in egg quality measurement data as related to sampling frequency. **(Die Variation der Daten der Eiqualitätsmessungen in Beziehung zur Stichprobenhäufigkeit.)** Poultry Sci. **41** (1962) Nr. 3. S. 999-1002. – 4 Tab., 5 Lit.

25000 Eier wurden nach dem Sammlungsschema von 4, 3, 2 Wochen mit einer Eiersammlung von 2-5 Tagen je Woche auf Eigewicht, Dotterfarbe, Schalenanteil und Schalenindex, Blutflecke, Haugh-Werte und Eiweißhöhe untersucht. Die größten Differenzen ergaben sich zwischen den Ergebnissen einer Woche, während die Unterschiede zwischen den Wochen nur geringe Abweichungen zeigten. Die Variation innerhalb einer Sammlungsperiode lag zwischen 15-30%. Bei 4 Sammeltagen konnten die sichersten Ergebnisse ermittelt werden. Die Sammlung über 3 Tage in 3-Wochen-Perioden brachte Resultate, die alle anderen Variationen in der Aussagekraft übertraf. Es wurde ein Arbeits-Index aufgestellt. E. Urban. 4700.

Edmondson, J.; Upper Hutt, Dep. of Agric. Effect of new carotenoid pigment on egg yolk colour. **(Die Wirkung eines neuen Carotinpigments auf die Eidotterfarbe.)** New Zealand J. Agric. **104** (1962) Nr. 4. S. 299-300.– 1 Abb.

Als Gradmesser für Eidotterprüfungen dient ein Schema mit 12 Stufen von blaßgelb bis tieforange. Die Mindestanforderung des Neuseeländer Marktes ist die Stufe 7, die erreicht wird, wenn das Futter 4% Luzernemehl enthält. In einem früheren Versuch hatte sich bereits b-apo-8-carotinal bewährt. Noch wirksamer ist das b-apo-8-carotinsäure-ethylester. Während bei ersterem Präparat 30 g zu 1 ton einer pigmentarmen Futtermischung zugesetzt werden müssen, um eine zufriedenstellende Eidotterfärbung zu erreichen, reichen bei letzterem schon 20 g je 1 ton Mischfutter aus. H. Pingel. 4700.

Jakabfy, M. A paprikaetetés hatása a tyuktojás sárgájának szinére és A-vitamin tartalmára. **(Einfluß der Paprika-Fütterung auf die Farbe und den Vitamin-A-Gehalt des Hühnereidotters.)** Állattenyésztés [Tierzucht] **11** (1962) Nr. 1. S. 85-88. – Aus: Ung. Agrar-Rdsch. **1962** Nr. 4.

Von Mitte Febr. - Ende Apr. erhielten 25 Junghennen der Gelben Ungarischen Rasse tägl. 100 g eines aus 40% Gerste, 30% Mais, 10% Hafer, 10% Kleie und 10% Sonnenblumenextraktionsschrot bestehenden Futtergemisches. Während der Versuchsperiode (9 Wochen) mischte Vf. unter das Futter von 10 Hennen 2% Gewürzpaprika, dessen Carotingehalt in 1 kg lufttrockenem Material 0,45 g betrug. Infolge der Paprika-Verabreichung wurde die Farbe des Eidotters der Versuchsgruppe entschieden dunkler, sein Carotingehalt erhöhte sich ständig und erreichte in der 9. Woche das 2,5fache des Anfangswertes. Während der Paprika-Verabreichung erhöhte sich der Vit.-A-Gehalt des Eidotters auf folgende Werte: am 3. Tag auf 16,0; am 4. auf 17,1; am 5. auf 18,3; am 7. auf 20,0; am 8. auf 22,1 IE/g. In der tägl. Paprikaration von 2 g erhielt eine Henne tägl. 11,200 IE Vit.-A, von denen sie durchschnittl. 16,8% in ihrem Eidotter ausschied. Zur Erhöhung der Eiqualität der in Großbeständen gehaltenen Hennen schlägt Vf. die Verfütterung des für menschliche Nahrung ungeeigneten, jedoch entspr. reinen Gewürzpaprikas und der Abfälle der Paprikaverarbeitung vor. 4700.

Schwarz, Leopold und Fehse, Friedrich; Hamburg, Hyg. Inst., Lehranst. für Allg. und Soziale Hyg. **Beobachtungen an Eischalen und Eiern. 7. Mitt. Über die Oberflächengestaltung einiger Vogeleier.** Zool. Anz. **167** (1961) Nr. 7/8. S. 309-323. – 15 Abb., 14 Lit. 6. Mitt. vgl. LZ. Abt. III **6** (1961) Nr. 11. S. 1937.

An Hand der kleinen Farbmeßtafel von Ostwald wurde die Farbe und an Hand von Mikrophotographien die Erhabenheiten und Vertiefungen der Eier verschiedener Vogelarten bestimmt. H. Pingel. 4700.

Schwarz, Leopold und Fehse, Friedrich; Hamburg, Hyg. Inst., Lehranst. für Allg. und Soziale Hyg. **Beobachtungen an Eischalen und Eiern. 8. Mitt. Über Auflagerungen auf Eiern von Land- und Wassergeflügel.** Zool. Anz. **167** (1961) Nr. 5/6. S. 206-213. – 6 Abb., 1 Tab., 8 Lit.

Auflagerungen auf Eischalen sind Sekrete der Eischalenbildungsdrüsen des Uterusabschnittes des Eileiters. Die zähflüssigen Sekrete nehmen zunächst

Kugelform an. Während bei der eigentlichen Schale diese Sekretkugeln durch Zusammendrängung während der Kristallisation zu Prismen umgeformt werden, bleibt bei den Auflagerungen die Kugelform erhalten. Diese Auflagerungen wurden an Eischalen von Welsumern, Kreuzungshühnern, Araucanern, Empire White-Puten und Pekingenten untersucht. Die Auflagerungen lassen sich nicht entfernen, ohne in der Eischale einen Defekt zu verursachen. H. Pingel. 4700.

Weiss, Harold S.; New Brunswick, N. J., Dep. of Poultry Sci., Rutgers Physiol. Lab. Capacity of the adult chicken for exercise on the treadmill. **(Übungen ausgewachsener Hühner in der Tretmühle zur Feststellung der Leistungsfähigkeit.)** Poultry Sci. **41** (1962) Nr. 3. S. 760-769. - 3 Abb., 5 Tab., 23 Lit.
Die Untersuchungen galten der Feststellung des phys. und physiol. Leistungsvermögens und wurden gemessen nach Geschlecht, Körpergewicht, Körpertemperatur, Respirationsaktivität, Langlebigkeit, Training, Hunger, Alter und Geschwindigkeit. Tiere aus der Bodenhaltung sind denen aus Käfighaltungen im Verhältnis 2-3:1 überlegen, dsgl. sind Hähne gegenüber Hennen je nach Alter 1,5–1,8:1 leistungsfähiger. Keine signifikanten Beziehungen ergaben sich zwischen dem Zeitraum der Erschöpfung und dem Körpergewicht, der Körpertemperatur, der Respirationsquote, dem Blutdruck, dem Herzschlag und der Herzleistung. Die phys. Leistungen korrelierten nicht mit der Legeleistung. Tiere mit geringerer Leistungsfähigkeit zeigten eine höhere Mortalität. Höhere Temperaturen mindern die Leistung und Bewegungsschnelligkeit. E. Urban. 4706.

Golubničaja, V. Ja. (Golubnitschaja, W. Ja.) Vyraščivanie cypljat na mjaso v kletka i na glubokoj podstilke pri suchom kormlenii. **(Broileraufzucht in Käfigen und auf Tiefstreu bei Trockenfütterung.)** Izvestija Timirjazevskoj sel'skochozjajstvennoj akademii, Moskva **1962** Nr. 1. S. 167-172. – 6 Tab., 26 Lit. Zus. in Engl.
In Käfigen gehaltene Küken sind im 1. Mon. den auf Tiefstreu gehaltenen überlegen, während ab 2. Mon. die letzteren mehr Masse besitzen, was Vf. auf die Aufnahme von Vit. B_{12} aus der Tiefstreu zurückführt. Somit gilt die Tiefstreu als zusätzliche Quelle für die Deponierung von Vit. B_{12} in der Leber und in den Muskeln der Küken. Die Broiler haben nach dem Schlachten bei Käfighaltung mehr Körperfett und weniger Fleisch im Vergleich mit auf Tiefstreu aufgezogenen Küken. Letztere sind auch ökonomisch in Fleischanfall und Futterverwertung den im Käfig gehaltenen Küken überlegen. Die Broileraufzucht in Käfigen hat für die Fleischproduktion eine Perspektive, erfordert aber eine wiss. Bearbeitung der Fragen der Fütterung mit dem Ziel, eine höhere Fleischleistung in kurzer Zeit bei geringstem Futter- und Arbeitsaufwand zu erreichen. W. Strack. 4707.

Müller, H.; Leipzig, Karl-Marx-Univ., Inst. für Kleintierzucht. **Betriebswirtschaftliche Fragen der Intensivgeflügelhaltung.** Tierzucht **15** (1961) Nr. 11. S. 496–498. – 2 Tab.
Im Laufe von 5 Jahren werden die Selbstkosten je Ei und Henne in der Auslauf- und Intensivhaltung der Legehennen berechnet. Diese liegen in der Intensivgeflügelhaltung am niedrigsten. Vf. untersucht die Faktoren, die die Selbstkosten am meisten beeinflussen: Leistung, Futteraufwand, Arbeit. Die Legeleistung darf nicht unter 130 Eiern liegen, um rentabel zu wirtschaften. Je Legehenne müssen bei einer Jahresleistung von 180 Eiern 45 – 50 kg Kraftfutter eingesetzt werden, 14 g Eiweiß tägl. Je kg Mischfutter müssen wenigstens 8000 IE Vit. A, 1000 IE Vit. D_3 und 2 mg Vit. B_2 enthalten sein. Die Stallbaukosten sollen DM 30,— je Hennenplatz nicht überschreiten. Bei guten Arbeitsbedingungen kann 1 AK 3000 Hennen betreuen, 5% der Arbeits-

zeit sollen der Tierbeobachtung und -pflege gelten. Die Junghennenaufzucht mit Freiauslauf ist der intensiven Aufzucht überlegen, die Aufzuchtverluste betragen 18,3 bzw. 28,7%. Aus arbeitsökonomischen Gründen ist der einjährige Umtrieb dem 2jährigen vorzuziehen. Bei der Legehennen- Intensivhaltung betrugen im Jahre 1957/58 die Kosten für Futter 42,4%, für Arbeit 10,4%, für Tiermaterial 22,9% der Gesamtkosten. Die indirekten Kosten lagen fast ebenso hoch wie die Lohnkosten. H. Sommerfeld. 4707.

Kiřjanova, G. V. und Osadčuk, A. D. (Kirjanowa, G. W. und Ossadtschuk, A. D.); Ukrain. Forsch.-Inst. für Geflügelzucht, Abt. für Futtermittel. Sposoby soderžanija mjasnych cypljat. **(Haltungsweisen für Fleischküken.)** Trudy Vsesojuznogo naučno-issledovatel'skogo instituta pticevodstva, Moskva 27 (1961) S. 54–66. – 1 Abb., 15 Tab., 10 Lit.
In 3 Versuchsserien konnte nachgewiesen werden, daß für Mastküken je nach den Möglichkeiten die Tiefstreu-, Käfig- und kombinierte Käfig-Bodenhaltung anwendbar ist. Bei letzterer wurden die Küken bis zum 30-Tage-Alter in Käfigen, bis zum 60-Tage-Alter auf Tiefstreu und bis zum 84-Tage-Alter in Hütten gehalten. Bei dieser Haltungsform wurde in der ersten Versuchsserie ein besseres Schlachtprodukt erzielt als bei ständiger Tiefstreuhaltung, und zwar lag der Anteil eßbarer Teile am Schlachtgewicht bei der kombinierten Haltung bei 70,1% und bei der Tiefstreuhaltung nur bei 66,5%. Bei der durchgehenden Käfighaltung in der zweiten und dritten Versuchsserie waren die 84-Tage-Gewichte um 4,3–10,8% höher als bei den Tiefstreutieren bei 16–20% geringerem Futterverbrauch. Die Rohverwertung betrug bei den Käfigtieren 2,8 und 2,5 kg und bei den Tiefstreutieren 3,4 und 3,2 kg. Die Ausschlachtung ergab keine Unterschiede. H. Pingel. 4707.

Tower, B. A. und Floyd, E. H. The effect of lindane-impregnated litter on the performance of broilers. **(Der Einfluß einer Lindan-getränkten Einstreu auf die Leistung der Broiler.)** Poultry Sci. **40** (1961) Nr. 1. S. 231–233. 4708.

Fankhauser, R. und Klingler, K. **Aviäre Enzephalomyelitis (Epidemic tremor) in der Schweiz.** Schweiz. Arch. Tierheilkunde **103** (1961) Nr. 8. S. 418–423. Bern, Univ., Abt. für Vergleichende Neurol.; Abt. für Geflügel-, Wild und Fischkrankh. – 8 Abb., 11 Lit. Zus. in Engl., Franz., Ital.
Erstmalig wird die aviäre Enzephalomyelitis in der Schweiz beobachtet. Die einzelnen Schlüpfe erkranken zu 0–80%. Natürliche Infektionen bei Küken früherer oder späterer Bruten werden nicht beobachtet. Möglicherweise wurde die Erkrankung durch amer. Leghorn-Bruteier eingeschleppt. E. Wojaczek-Steffke. 4710.

Kolabskij, N. A., Barsukova, T. M., Suźko, S. F. und Tarverdjan, T. N. (Kolabski, N. A., Barsukowa, T. M., Susko, S. F. und Tarwerdjan, N. T.); Leningrad, Veterinärmed. Inst. Sravnitel'naja ocenka lečebnych svojstv nekotorych preparatov pri kokcidioze cypljat. **(Vergleichende Bewertung der Heilwirkung einiger Präparate bei der Coccidiose der Küken.)** Veterinarija, Moskva **39** (1962) Nr. 7. S. 54–56.
Das Furazolidin besitzt hohe Wirksamkeit bei der Coccidiose der Küken und war den anderen geprüften Präparaten überlegen. Die besten Ergebnisse erzielte man, wenn man 5 g des Präparates an 1000 Küken verfütterte und gleichzeitig Furazilin in einer Dosis von 0,2 g/l Wasser verabreichte. W. Plaschke. 4710.

Müller, E. W.; Halle, Rat des Bezirkes, Pflanzenschutzamt. **Gefährdung von Geflügel durch chemische Pflanzenschutzmittel.** Dtsch. Geflügelztg. **1962** Nr. 18. S. 452–453.
Mit quecksilberhaltigen Mitteln gebeiztes Getreide darf nicht an Geflügel verfüttert werden, die neueren org. Beizmittel auf Thiurambasis führen bei

Hühnern zu Darmerkrankungen. Von den Fungiziden wirken sich Ferbam, Ziram und Thiuram, die vor allem im Obstbau eingesetzt werden, schädigend auf Hühner aus. Das ätzende Unkrautbekämpfungsmittel „Hedolit-Konzentrat" kann auf Geflügel tödlich wirken. Für die Winterspritzung wird an Stelle von „Selinon-Konzentrat" das „Duplinon" empfohlen, da durch den Wirkstoff des ersteren Schädigungen des Nierensystems und der Legetätigkeit der Hühner hervorgerufen werden. Versuche mit dem Insekticid Parathion führten bei 5maliger Aufnahme von 1 mg/kg Lgw. bei Hühnern zu Vergiftungen. DDT wird im Tierkörper gespeichert, noch 3 Mon. nach Aufnahme desselben konnten 25% der Menge nachgewiesen werden. Die Phosphorinsekticide besitzen zwar eine hohe akute Giftigkeit, werden aber nicht gespeichert. Amtliche Karenz- oder Wartezeiten geben an, zu welcher Zeit vor der Ernte ein Mittel letztmalig verwendet werden kann.

U. Hofmann. 4710.

Smetana, P. Day-old fowl pox vaccination. **(Vaccinierung gegen Pocken bei Eintagsküken.)** J. Agric. Western Australia [4] **3** (1962) Nr. 5. S. 355–357. – 3 Abb., 1 Tab.

Das Auftreten von Geflügelpocken in Kükenbeständen in der Altersstufe bis 12 Wochen führte zu Untersuchungen mit dem Zweck, eine Immunisierung vom jüngsten Küken bis auf Lebenszeit zu erreichen. Die Impfung wird mit einer Nadel in die Haut zwischen Bein und Körper vorgenommen. Der günstigste Zeitpunkt liegt vor der Einstallung in die Aufzucht. Von 1 AK können 800–1000 Küken/Std. geimpft werden. Bei den behandelten Tieren ergaben sich keine Differenzen in der Gewichtsentwicklung, die etwas höhere Mortalität lag ebenfalls im Bereich des Zufalles. Der Pockenschutz war 100%, dies zeigte sich bei einer Untersuchung im Alter von 14 Wochen.

E. Urban. 4710.

Gänse

Kumanov, S., Vŭlčev, P., Stojanov, V. und Krŭsteva, E. (Kumanow, S., Wâltschew, P., Stojanow, W. und Krâstewa, E.) Proučvanija vŭrchu ugojavaneto na gŭski za polučavane na pasteten čer drob. **(Untersuchungen über die Mast von Lebergänsen.)** Izvestija na Centralnija naučnoizsledovatelski institut po živorovŭdstvo „Georgi Dimitrov" – Kostinbrod, Sofija **14** (1962) S. 89-100. – 9 Tab., 3 Lit. Zus. in Russ., Dtsch.

Fünf Gruppen zu je 13 zweijährigen Emdener Gantern (Kreuzungen) von 5,230–5,240 kg mittlerem Lgw. wurden mit in Wasser eingequollenen Maiskörnern gemästet, die mit Sonnenblumenöl (10 g/Kopf/Tag) angefettet waren. Gr. I (Kontrollgruppe) bekam das Futter vorgesetzt, während die übrigen Gruppen gestopft wurden. Der Kochsalzanteil in der Ration betrug in Gr. I und II – 1%, in Gr. III – 2%, in Gr. IV – 3% und in Gr. V – 4%. Der Versuch dauerte 4 Wochen. Vom Beginn der 2. Woche wurde mit je 3 Gantern aus Gr. I und II ein Versuch zur Bestimmung der Verdaulichkeit der Rationen (Gr. I – 300 g Mais, 10 g Sonnenblumenöl und 3 g Kochsalz; Gr. II – 600 g Mais, 10 g Sonnenblumenöl und 6 g Kochsalz) durchgeführt. Ergebnisse (in der Reihenfolge der Gruppen): Gesamtzuwachs 512, 2850, 3054, 2501 und 3102 g; Lebergewicht 85,5, 245,8, 183,0, 188,3 und 250,7 g; Schlachtausbeute 82,2, 85,2, 85,3, 85,6 und 86,3%; Fleischanteil (ohne Knochen) des ausgeweideten Schlachtkörpers 77,9, 80,7, 82,0, 81,0 und 80,5%; Vit.-A-Gehalt in der Leber 308,9, 165,0, 252,5, 226,2 und 132,5 mg%; Carotingehalt in der Leber: Spuren, 0,10, 0,36, 0,29 und 0 14 mg%; Maisaufwand je kg Zuwachs 11,960, 5,374, 5,592, 6,519 und 5,542 kg; Verdaulichkeit der org. Subst. 88,17 (79,68) %, des Rohproteins 87,37 (79,34) %, der Rohfette 82,45 (56,41) % und der N-freien E. 91,36 (84,27) %. In einem 2. Versuch mit 3 Gruppen zu je 19 jungen Gantern (Landrasse), die 4, 5 und 6 Wochen in der gleichen Weise gemästet wurden, betrug der 6-Wochen-Zuwachs 1235, 2882 und 2876 g und das Lebergewicht in der Kontrollgruppe, bei 4-, 5- und 6wöchiger Mast, 73,0, 83,0 bzw. 72,8 g und in den Versuchsgruppen 148,0 und 149,0, 292,2 und 309,6 bzw. 295,5 und 333,3 g.

N. Platikanow. 4842.

Truthühner

McCartney, M. G.; Wooster, Ohio Agric. Exp. Stat., Dep. of Poultry Sci. Heritabilities and correlations for body weight and conformation in a randombred population of turkeys. **(Heritabilitäten und Korrelationen für Körpergewicht und Körpermaße bei Puten.)** Poultry Sci. **40** (1961) Nr. 6. S. 1694 bis 1700. – 7 Tab., 10 Lit.

Vf. berechnete Heritabilitäten sowie genetische und phänotypische Korrelationen für Gewichte und Körpermessungen von 2178 Puten im Alter von 8, 16 bzw. 24 Wochen. Die Heritabilitätsschätzungen aus Vollgeschwisterkorrelationen lagen für die Körpergewichte sowie für Schenkel- und Kiellänge etwa bei 0,6, für Brusttiefe und Brustbreite etwa bei 0,3. Die Körpergewichte zwischen den 3 Altersstufen waren genetisch und phänotypisch hoch korreliert, ähnlich auch fast alle Korrelationen zwischen den Maßen und Gewichten. Zwischen den Körpermaßen waren bei den ♀ Tieren alle Korrelationen positiv, bei den ♂ Tieren nicht die zwischen Schenkellänge und Körpertiefe sowie die zwischen Körpergewicht und Brustbreite im Alter von 16 Wochen. A. Schaaf. 5085.

Cook, R. E., Blow, W. L., Cockerham, C. C. und Glazener, E. W.; Raleigh, N. C., Poultry Dep., Agric. Exp. Stat. Improvement of reproductive traits and body measurements of turkeys. **(Untersuchungen bei Puten über die Nutzanwendung von Körpermessungen auf die Reproduktionsleistung.)** Poultry Sci. **41** (1962) Nr. 2. S. 556–563. – 7 Tab., 17 Lit.

3043 Bronzeputen wurden nach genetischen und phänotypischen Merkmalen untersucht. Genetische Korrelationen zwischen Legeleistung, % der befruchteten Eier, Schlupffähigkeit und dem Körpergewicht sowie Brustwinkelmessungen im Alter von 6 Mon. standen im Vordergrund. Die genetische Korrelation war gering, sie neigte bei den weibl. Tieren etwas mehr zum positiven. Die Heritabilitätsschätzung war beträchtlich höher bei den Messungen als bei den die Reproduktion beeinflussenden Faktoren. Die geschätzte genetische Korrelation der männl. Tiere war negativ auf Legeleistung, Befruchtung, Legeleistung-Körpergewicht, Befruchtung-Schlupffähigkeit, Schlupffähigkeit-Körpergewicht, Schlupffähigkeit-Brustwinkel. Eine eher höhere Korrelation wurde ermittelt zwischen Körpergewicht-Befruchtung. Ein Selektionsindex wurde aus diesen Studien abgeleitet. E. Urban. 5090.

Rosenwald, A. S. und Adler, H. E.; Davis, Univ. of California. Controlling infectious sinusitis of turkeys. **(Die Bekämpfung der Sinusitisinfektion bei Puten.)** Univ. Calif., Calif. agric. Exp. Stat., Circ. **1962** Nr. 507. S. 1–19. – 10 Abb.

Die Infektion von Mycoplasma Gallisepticum ist bekannt als PPLO und CRD bei Puten, vor allem tritt die CRD bei Putenküken auf und hat eine große wirtschaftliche Bedeutung bei der Jungtieraufzucht. Daneben äußert sich die Erkrankung in einer Reduzierung des Schlupfes, mangelhafter Qualität der Küken und der späteren Schlachttiere. Die Erkrankung ist zu erkennen an der Schwellung des Sinus, am Kopfschütteln und dem Abstreichen des Nasenausflusses. Bei der Luftsackform tritt Luftmangel ein, der Kopf nimmt eine blaue Färbung an, das Luftsackgewebe zeigt Läsionen. Die Übertragung ist möglich durch Kontaktinfektionen, durch Luft bis auf 500 Yards und Ausscheidungen erkrankter Tiere, sowie durch das Brutei. Letztere ist bes.

gefährlich. Zur Bekämpfung wird der Bluttest durchgeführt, jedoch wird nicht jedes infizierte Tier gefunden. E. Urban. 5110.

Coolman, F. **Mechanization of poultry keeping.** Geneva: ECE. 1962. (getr. Pag.) 4° = Economic commission for Europe. AGRI/WP. 2/70.

E. PELZTIERE

Patschke, D. **Der Einsatz von Geflügelschlachtabfällen in der Nerzfütterung.** Dtsch. Pelztierzüchter **36** (1962) Nr. 11. S. 199–200. – 2 Tab., 2 Lit.
In einem Versuch mit 3 Standardnerzfähen, die 15 Welpen warfen und aufzogen, kam an Fähen und Welpen ein Futter zum Einsatz, das 76–83% Geflügelabfälle enthielt. Sämtliche Tiere zeigten gute Entwicklung und gute Fellqualität, so daß eine Verwendung hoher Gaben an Geflügelabfällen im Futter von Alttieren und Welpen möglich ist. Eine weitere Steigerung der Geflügelfleischproduktion bietet die Möglichkeit, neue Futterquellen für die Nerzzucht zu erschließen. H. Zimmermann. 5302.

Venge, O. Kroppsstorlekens nedärvning hos mink. **(Die Vererbung der Körpergröße beim Nerz.)** Våra Pälsdjur **33** (1962) Nr. 12. S. 289–292. – 2 Abb., 2 Tab.
Die Körpergröße ist beim Nerz eine der wichtigsten quantitativen Eigenschaften. Sie hat eine breite Variation und ist in starkem Maße von der Umwelt beeinflußt. 1958–61 wurden in 6 Nerzfarmen Untersuchungen durchgeführt. Insgesamt 15000 Standardnerze verschiedenen Alters und Geschlechts wurden im Nov., also praktisch ausgewachsen, gewogen. Die Unterschiede zwischen den Jahren waren insgesamt gering, in den einzelnen Farmen aber z. T. groß. Die ♂ Welpen wogen ⌀ 1,77 kg, die ♀ 1,04 kg. Die Variationsbreite ist bei den ♂ wesentlich größer als bei den ♀. Die schwerste Fähe war 1,60 kg schwer, der leichteste Rüde 0,94 kg. Mit Hilfe der Varianzanalyse wurden signifikante Unterschiede zwischen den Farmen, zwischen den Vätern und zwischen den Würfen nachgewiesen, nicht aber zwischen den Jahren und innerhalb der Würfe. Für das Körpergewicht der ♂ im Nov. wurde über die Halbgeschwister einer Heritabilität von 40% errechnet, für das der ♀ von 38%. Die Berechnung der Regression zwischen Müttern und Nachkommen ergab, daß einem um 100 g höheren Gewicht der Mütter ein um 50 g höheres der Söhne und ein um 33 g höheres der Töchter gegenübersteht. Über die Kovarianzanalyse wurde nach Ausschaltung der Unterschiede zwischen den Jahren und zwischen den Farmen bei 1571 Mütter-Söhne-Paaren eine Heritabilität des Gewichtes von 72% errechnet; für 1561 Mütter-Töchter-Paare lag der entspr. Wert bei 43%. Bei dieser Höhe der Heritabilität ist ein guter Erfolg einer Zuchtwahl nach Körpergröße zu erwarten. Es sollte keine Schwierigkeiten machen, nur Rüden von mehr als 2 kg zur Zucht zu verwenden; die Fähen sollten ca. 1,1 kg und mehr wiegen, was einer Selektionsschärfe von 33% entspricht. J. K. Hinrichsen. 5302.

Helgebostad, A. Sykdom hos mutasjonsmink. **(Krankheiten bei Mutationsnerzen.)** Norsk Pelsdyrbl. **36** (1962) Nr. 21. S. 329–331.
Die bei einzelnen Mutationen vorkommenden Minusfaktoren äußern sich in einer höheren Sterblichkeit bei Welpen und erwachsenen Tieren, in geringerer Fruchtbarkeit und einem hohen Anteil unfruchtbarer Fähen. Bei Blaufrostanlage in doppelter Dosis sterben die Embryos ab. Bei Zuchtverwendung heterozygoter Anlagenträger untereinander fallen 25% Homozygote mit dieser Letalanlage an. Das Gleiche ist beim Heggedal-Nerz der Fall. Homozygote Stewart-Rüden sind steril, während gleichartige Fähen eine verringerte Fruchtbarkeit zeigen. Hedlundnerze sind taub. Allg. gilt die Feststellung, daß rezessive Mutationen weniger lebenskräftig sind als Standardnerze. Unter den Mutationsnerzen ist die Aleuten- oder Saphirkrankheit

stark ausgebreitet. Alle Träger des Aleutengens sind weniger lebenskräftig als Standardnerze. Die Aleutenkrankheit tritt selten vor dem 4.—5. Lebensmonat auf. Sie zeigt die Kennzeichen einer schwachen Anämie. Im Blutserum ist eine Erhöhung des Gehaltes an γ-Globulin zu erkennen, wie sie auch bei anämischen Standardnerzen zu finden ist. Weitere Symptome sind Eiweißausscheidung im Harn, vermehrte Wasseraufnahme und Gewichtsverlust bei schwankender Futteraufnahme. Eingegangene Tiere haben typische Veränderungen an Nieren und Darm, eine große Milz und geschwollene Lymphdrüsen. Da die Erkrankung durch Organaufschwemmungen kranker Tiere übertragen werden kann, wird ein Virus als Erreger vermutet. Durch Zuchtwahl innerhalb robuster Zuchtstämme kann der Erkrankung entgegengewirkt werden. Andererseits sind Umwelt- und Fütterungsverhältnisse von Bedeutung, dabei bes. die Verfütterung von Leber. J. K. Hinrichsen. 5302.

Lowell, David T. Planning the mink herd for greater production. **(Grundsätze der Zuchttierauswahl zur Steigerung der Fruchtbarkeit.)** Amer. Fur Breeder **35** (1962) Nr. 10. S. 8–9. — 5 Tab. Zus. in Dtsch.
Am Beispiel der „Cherry Valley Nerzfarm" wird ein 5-Stufen-Plan entwickelt, der die Selektion der Zuchtfähen erleichtern soll. Hierbei finden bes. folgende Gesichtspunkte Beachtung: 1. Wie sind die Aussichten für Fähen auf die Wurfgröße nach einem kleinen ersten Wurf? 2. Wie beeinflußt das Alter einer Fähe die Wurfgröße und die Möglichkeit des Leerbleibens? 3. Welches Alter der Fähen garantiert eine max. Produktion? — Die statistischen Untersuchungen zeigen, daß 1jährige Fähen, die im 1. Jahr 2–3 Welpen brachten, i. allg. im 2. Jahr große Würfe brachten. Im 4. Jahr nimmt die Zahl der leeren Fähen stark zu. Die günstigste altersmäßige Zusammensetzung zur Erzielung höchster Leistung wird angeführt. G. Bendrat. 5302.

Schaible, Philip J., Travis, Hugh F. und Shelts, Gordon. Dietary factors in wet belly disease. **(Fütterungsfaktoren bei der „Bauchnässer-Krankheit".)** Amer. Fur Breeder **35** (1962) Nr. 10. S. 18–19. 34. 36. — 1 Tab., 11 Lit. Zus. in Dtsch.
In einem Vorversuch wurden 17 „Urin lassende" Rüden in Hinsicht auf ihre Blut- und Urinzusammensetzung, bakteriol. und histol. untersucht. Unterschiede zwischen befallenen und nicht befallenen Tieren konnten nicht beobachtet werden. Weiterhin wurden eine typische Nerzration wie auch Futterfett für 3 bzw. 10 Tage bei 90 °F gehalten und dann an 5 ausgewachsene Nerze gefüttert. Da sich hiernach das Auftreten des „Urinlassens" und „Bauchnässens" nicht verstärkte, wurde bewiesen, daß diese Erscheinungen nicht von der Haltung der Futtermittel und ihrer Zubereitung abhängig sind. Eine Nerzration mit hohem Fettgehalt wurde mit variiertem Gehalt an Ca und P an wachsende Nerze vom 11. Aug. bis zur Pelzung verfüttert. Wöchentl. Beobachtungen auf „Urinlassen" zeigten einen sporadischen Anstieg Anfang Sept. und im Nov. Zwischen dem „Urinlassen" beim lebenden Tier und dem „Bauchnässen", einer Dunkelfärbung auf der Lederseite des Felles in der Gegend der Harnleiteröffnung, konnte keine Beziehung gefunden werden. Mehr „Bauchnässerfelle", aber nicht soviel „Urinlasser" wurden bei Futter mit einem höheren Ca-Anteil beobachtet.
G. Bendrat. 5302.

Lalor, R. J. Basic nutrient requirements of the mink. **(Der Nährstoffbedarf des Nerzes.)** Amer. Fur Breeder **35** (1962) Nr. 6. S. 16-17. 32. — 1 Tab.
I. allg. ist das Eiweißangebot im Nerzfutter zu hoch. Mit 30% Eiweißanteil bringt es genügend Eiweiß für den Nerz. Der Aminosäurenbedarf wird in 1 Tab. aufgeführt, in der die Zusammensetzung des Nerzkörpers, der Nerzmilch und des Nerzfelles angegeben wird. Ein durchschnittl. Fettgehalt von 15—17% (auf Tr.-Subst. berechnet) im Nerzfutter ist günstig. Vom Ende der Säugezeit an bis zum Herbst kann der Fettanteil 22—23% betragen.

Kohlenhydrate sind ein Füllmittel. Ihr Futterwert hängt von der Art und Verdaulichkeit ab. Das heutige Nerzfutter ist i. allg. knochenarm und erfordert den Zusatz von Ca und P. Mit handelsüblichen Mineralstoffpräparaten wird dieser Mangel schnell behoben. Fertige Cerealienmischungen bringen auch dem lichtarm gehaltenen Nerz genügend Vit. D. Dabei ist Vit. D_2 als pflanzliche Vit. D-Quelle genauso wirksam wie Vit. D_3 der tierischen Quelle. Vit. A ist i. allg. ausreichend im Nerzfutter enthalten. Mangel an Vit. E erhöht den Bedarf an Vit. A. Vit. der B-Gruppe werden genügend angeboten, wenn eine ausreichende Cerealienmischung und dazu Leber verabreicht werden. Mangel an Vit. K tritt kaum auf. Vit. E hat als Antioxydationsmittel zur Verhütung der Gelbfettkrankheit und als Schutz für das Vit. A eine große Bedeutung. Auf weitere Futterschäden wird hingewiesen.

G. Bendrat. 5302.

Leoschke, William L. The economics of protein. **(Die Wirtschaftlichkeit des Proteins.)** Amer. Fur Breeder **35** (1962) Nr. 6. S. 13-15. 36. – 1 Abb., 1 Tab., 6 Lit.

1 lb. Protein im Nerzfutter kostet $ 0,15–0,75 und ist damit 3- bis 10mal teurer als die anderen Nährstoffe. Ein Beispiel für die Kostenberechnung der Nährstoffe für Pferdefleisch mit einem Eiweißgehalt von 20% wird angeführt. In diesem Fleisch kosten 1 lb. Fett = 15 Cent, 1 lb. Asche = 10 Cent, 1 lb. Eiweiß = 56,5 Cent. Im Molkenquark betragen die Proteinkosten 28 Cent je lb. Der Molkenquark wird wegen seiner hohen biol. Wertigkeit und Verdaulichkeit sehr geschätzt. Hinsichtlich ihrer biol. Wertigkeit werden die Futtermittel wie folgt klassifiziert: Eier, Milch, Molkenquark, Innereien, Fleisch, Quark, Fisch. Pflanzliches Eiweiß ist von geringer biol. Wertigkeit und Verdaulichkeit, bes. wenn die Futtermittel erhitzt werden. Hitzebehandlung verbessert aber den Geschmack. Das Protein in Geflügelfüßen ist nur zu 52% verdaulich. Hochverdaulich ist dagegen Gelatine-Eiweiß.

G. Bendrat. 5302.

Schaible, Philip J. Fish and fishery products for the mink diet. **(Fisch und Fischprodukte im Nerzfutter.)** Amer. Fur Breeder **35** (1962) Nr. 6. S. 19–21. 44.

Fische und Fischprodukte differieren im Nährwert durch viele Faktoren: Art, Größe, Alter, Fangsaison, sexuelle Reife, Meeresflora. Das erklärt die manchmal gegensätzlichen Meinungen der Züchter über die Erfolge der Fischfütterung. Die Konservierung von Fischen erfolgt durch Einfrieren, Antioxydationsmittel, Phosphorsäure und Antibiotica. Walfleisch ist ein guter Ersatz für Pferdefleisch und Fisch. Fisch ist bekannt als wertvolle Quelle von enzymatischem Eiweiß, Fetten und Mineralien und ist sehr schmackhaft. Allerdings ist die Proteinverdaulichkeit einiger Fischarten geringer als die von Fleisch und Innereien. Fischöl dagegen wird besser verdaut als Säugetierfette. Der richtige Einsatz der verschiedenen Fischarten in den Zuchtperioden des Nerzes führt zu hohen Leistungen. Futterschäden durch falsche Fischfütterung führen zu mangelnder Fruchtbarkeit, Baumwoll-Nerzen, Gelbfettkrankheit und Chastek-Paralyse. Fischmehle sollten nur nach dem Absetzen der Welpen bis zum Spätherbst verfüttert werden. Auf einige für die Nerzfütterung ungeeignete Fischarten wird hingewiesen.

G. Bendrat. 5302.

Bassett, Charles I. und Warner, Richard G. Antibiotics and mink size. **(Antibiotica und Nerzgröße.)** Amer. Fur Breeder **35** (1962) Nr. 9. S. 18. 36. 38. – 1 Abb., 2 Tab.

In 2jährigen Fütterungsversuchen der Versuchsfarm Ithaca wurde die Wirksamkeit von Antibiotica auf die Körperentwicklung der Nerze untersucht. Die Beimischung eines Antibioticums in das Nerzfutter zeigt eine statistisch gesicherte bessere Entwicklung der Jungnerze gegenüber den ohne Antibiotica gefütterten. Die höchste Wirksamkeit haben Antibiotica in einem Alter der Nerze von 11 – 16 Wochen. Aureomycin zeigt dabei die günstigsten Ergebnisse. G. Bendrat. 5302.

Anonym. The importance of mechanization. **(Die Bedeutung der Mechanisierung.)** Amer. Fur Breeder **35** (1962) Nr. 9. S. 12-13. – 4 Abb.
In einer Farm in Cherokee, Iowa, werden 2reihige Nerzschuppen errichtet, die komplett $ 5,55/lfd. m, also $ 1,11/Nerzplatz kosten. Bei Doppelbesetzung der Nerzgehege, wie es in der Aufzucht üblich ist, verringern sich die Kosten pro Nerzplatz um die Hälfte. Die Futterherstellung ist hoch mechanisiert. 15 weitere Zuchtbetriebe werden von dieser Farm mit fertigem Futter versorgt, so daß eine volle Auslastung der automatischen Futterküche gewährleistet ist. Die Futterverteilung mit Elektrokarren gestattet die Fütterung von 2000 Nerzen pro AK in 1 Std. Bei einem durchschnittlichen Fellpreis von $ 27 arbeitet diese Farm mit hohem Gewinn. G. Bendrat. 5302.

Löliger, H. Ch. **Geschwulstbildungen beim Nerz.** Berliner Münchener tierärztl. Wschr. **75** (1962) Nr. 19. S. 372-375. – 5 Abb., 16 Lit. Zus. in Engl.
In der bisherigen Literatur über Neubildungen bei Nerzen werden insgesamt 7 lokalisierte Adenome bzw. -karzinome in der Lunge, ein Adenokarzinom am Uterus, ein squamöses Karzinom am Schwanzende und ein kavernöses Chylangiom beschrieben. Histomorphologisch sind zwei Teratome, ein Leberzellkarzinom, ein Lymphosarkom und ein kavernöses Hämagiom gesichert. Unter 2322 sezierten Nerzen im Alter zwischen 3 Mon. und 3 Jahren fand Vf. 2 Lungenadenome (-karzinome) und je eine metastasierende Dermoidcyste, ein alveolär-tubulöses Adenokarzinom der Gallenblase, ein metastasierendes lymphoidzelliges Sarkom des Hodens, ein Lymphosarkom im Bereiche des Thymus, eine generalisierende Lymphadenose und ein Fibrosarkom an der Hinterextremität. Die Pathologie und Histopathologie der 8 Fälle werden eingehend beschrieben. Es ist von Interesse, daß eine Häufung des Geschwulstauftretens bei Nerzen trotz der jahrzehntelangen In- und Mutationszucht nirgends beobachtet wurde. C.-H. Becker. 5302.

Jørgensen, Gunnar. Beretning om fodringsforsøg på pelsdyrgården „Trollesminde" I 1961. **(Bericht über Fütterungsversuche auf der Pelztierfarm „Trollesminde" 1961 2.–4. Mitt.)** Dansk Pelsdyravl **25** (1962) Nr. 8. S. 197 bis 203. – 1 Abb., 12 Tab.
Mit 3 Gruppen von 50 Nerzen, je zur Hälfte ♂ und ♀ Tiere, wurden mit einer zu $^2/_3$ aus Fisch bestehenden Ration Fütterungsversuche durchgeführt, in denen gleiche Proteingaben in Höhe von 21 – 33 g/Tier/Tag verabreicht wurden. In Gr. I hatten die Tiere ganztägig Zugang zum Futter, in Gr. II war das Futter in der Zeit zwischen 10 und 15 Uhr nicht zugänglich, während in Gr. III nur zwischen 7 und 15 Uhr Futter aufgenommen werden konnte. Bei der letztgenannten Fütterungsart war die Futteraufnahme geringer als in den beiden anderen Gruppen. Bei den ♂ ergab sich in Gr. III eine geringere Zunahme als in Gr. I und II; bei den ♀ waren die Zunahmen in Gr. I am geringsten. In der Fell- und Hautbewertung ergaben sich nur geringe Unterschiede zwischen den Gruppen. Beim Verkaufspreis ergibt sich eine Einordnung in der Reihenfolge der Gruppennummern von 1 – 3. Bei einer „Leerlaufzeit" von 4 – 7 Std. lassen sich gute Ergebnisse erzielen. – Die Anwendung verschiedener Eiweißnormen zwischen 11,5 und 13,5 g verd. Rohprotein je 100 kcal bei insgesamt 79 angehenden Zuchttieren erbrachte die besten Zunahmen bei der Ration mit dem geringsten Eiweißgehalt. Im Zuchtergebnis waren keine Unterschiede zwischen den Gruppen zu erkennen. – Wegen Platzmangel wurden 1961 je 20 ♂ und ♀ Welpen etwa ab 1. Juli paarweise in Käfigen untergebracht. Bei ♂ und ♀ waren die Zunahmen bis zum Erreichen des Höchstgeswichtes bei paarweiser Haltung größer als bei Einzelhaltung.

Dies ist durch die lebhaftere Bewegung der Tiere zu erklären, in deren Folge ein geringerer Fettansatz und ein besseres Wachstum auftreten. Auch in der Fellqualität waren die paarweise gehaltenen ♂ und ♀ überlegen. Im Verkaufspreis kommt dies nur bei den ♂ deutlich zum Ausdruck.
J. K. Hinrichsen. 5302.

Anonym. Hudens byggnad och hårens tillväxt hos mink. **(Der Bau der Haut und das Wachstum des Haares beim Nerz.)** Våra Pälsdjur **33** (1962) Nr. 11. S. 259-261. — 7 Abb.
An Hand von Abb. mikroskopischer Schnitte aus einer Arbeit von Ethel H. Dolnick, Beltsville, USA, wird eine Darstellung der Struktur der Haut und der Bildung der Haarfollikel gegeben. Dabei werden alle Stadien vom Embryo bis zum reifen Winterfell berücksichtigt. In der Epidermis der jungen Tiere werden noch bis zum Alter von 20—25 Tagen neue Follikel für Wollhaare gebildet. Alle später erscheinenden Haare kommen aus bereits vorhandenen Follikeln. Das Wachstum des Haars erfolgt durch Zellteilung an der Haarwurzel. Alle Haare haben eigene Follikel, aber der Austritt aus der Haut kann zusammen mit anderen Haaren erfolgen. Z. Z. der Pelzreife im Nov. und Dez. sind die neuen Haare bereits bis zur Höhe der Talgdrüsen herangewachsen. Die Qualität des Futtereiweißes und der Futterzustand der Tiere beeinflussen die Haardichte. J. K. Hinrichsen. 5302.

Afanaśev, Ja. I. (Afanasjew, Ja. I.); Jakut. Univ. Avitaminoz C u molodnjaka lisic. **(C-Avitaminose bei Silberfuchswelpen.)** Krolikovodstvo i zverovodstvo, Moskva **4** (1961) Nr. 4. S. 24. — 1 Tab.
Ende Apr. traten in einem Kolchos der Jakutischen Autonomen SSR unter neugeborenen Silberfuchswelpen Erkrankungen an C-Avitaminose auf (Extremitäten verdickten sich, sie waren geschwollen und gerötet, Krallen wurden rot und an den Polstern der Pfoten waren Blutungen zu verzeichnen). Obduktionen ergaben Blutungen der inneren Organe, Brust- und Bauchmuskeln mit einer deutlich ausgeprägten Entartung der Gewebe. Vit.-C-Bestimmungen in Organen und Blutserum von 23 an C-Avitaminose erkrankten und 3 gesunden Kontrolltieren ergaben, daß der Vit.-C-Gehalt bei kranken Welpen bedeutend geringer war als bei gesunden Tieren. Es wird empfohlen, ein Vit.-C-reiches Futter (Grünkraut, Beeren, Gemüse, Lärchennadelaufguß) und reines Vit. C als Heilmaßnahme zu verabfolgen, außerdem Leber, Hefe und Fischlebertran, da Vit. A- und B-Anreicherung des Futters die Vit.-C-Synthese erhöht. Im Kolchos „Kommunism" erhalten alle tragenden Fähen außer Leber, Fleisch, Rentierblut und Roggenmehl tägl. je 100 g Vollmilch, 7 g Hefe, 2 g Fischlebertran, 7 g Knochenmehl und 10 ml Lärchennadelaufguß.
E. Kraack. 5315.

Kostroň, K.; Brno, Katedra Zootechn. I. VŠZ-Ústav pro Chov Kožešinových Zvířat. Případy neplodnosti u lišek černostříbrných ve faremních chovech Československa. **(Fälle von Unfruchtbarkeit bei farmgezüchteten Silberfüchsen in der Tschechoslowakei.)** Sborník Vysoké Školy zemědělské Brně, Řada A **1961** Nr. 3/4. S. 283-291. — 2 Tab., 21 Lit. Zus. in Russ., Dtsch.
Untersuchungen in der tschechischen Farm für Silberfuchszucht in Oldřichov, die mit ihrem 30jährigen Bestehen zu den ältesten Farmen dieser Art in Europa gehört, ergaben eine fortlaufende Verschlechterung der Wirtschaftlichkeit der Zucht mit Hinsicht auf die ansteigenden Fälle von Unfruchtbarkeit der weibl. Zuchttiere. Weiter sind auch Fälle einer Vernichtung der Würfe von seiten der Muttertiere zu verzeichnen. Von allen Mißerfolgen entfallen auf Nichtbefruchtung und Ausbleiben der Ranz 14,2% Fälle, auf die Vernichtung der Würfe 13% der Fälle. Als Maßnahmen zur Bekämpfung die Nichtbefruchtung und des Ausbleibens der Ranz werden empfohlen: Ergänzung des Bestandes der Zuchtfüchse mit frühreifen und konstitutionsstarken Tieren, sachgemäße Fütterungstechnik und Aufzucht. Zur Ver-

·minderung der Verluste an Würfen durch Vernichtung seitens der Muttertiere wird u. a. eine Beschränkung der Anzahl von weibl. Jungfüchsen sowie das Ausmerzen von Muttertieren mit Neigung zum Auffressen der Jungen empfohlen. F. Svoboda. 5315.

Abramov, Michail Dimitrievič. **Razvedenie norok.** (Die Nerzzucht.) Moskva: Sel'chozgiz. 1961. (175 S.) 8°. (1962 A 1190)

G. BIENEN

Oschmann, H.; Tälermühle. **Neue Standardisierungsvorschläge für die Imkerei.** Garten u. Kleintierzucht, Ausg. C 2 (1963) Nr. 1. S. 10. 5402.

Prokosch, K.; Leipzig, Karl-Marx-Univ., Inst. für Kleintierzucht, Abt. Bienenzucht. **Die im Bezirk Karl-Marx-Stadt vorhandenen natürlichen Bedingungen zur Errichtung von größeren Imkereien in der sozialistischen Landwirtschaft.** Garten u. Kleintierzucht, Ausg. C 2 (1963) Nr. 1. S. 6-7. — 1 Abb., 2 Tab., 3 Lit.
Um Fehlinvestitionen beim Aufbau von Großimkereien zu vermeiden, sind die Klima-, Boden- und Trachtverhältnisse sowie die Lage der Industrien mit bienengefährdenden Abgasen sorgfältig zu prüfen. Vf. untersuchte den Bezirk Karl-Marx-Stadt. Das Klima ist mäßig feucht, winterkalt bis gemäßigt mit Kälteeinbrüchen im März und Maifrösten. Mit der „Schafkälte" zwischen 10. und 20. 6. beginnt die Sommerregenzeit. Die Belegstellenbeschickung muß bis dahin abgeschlossen sein. Nach unbeständigem Juli/Aug. folgt ein ziemlich sicherer Altweibersommer. Die Apfel- und Rapsblüte fällt gewöhnlich zusammen und bietet sichere und schleuderfähige Tracht. Nach 8—14 Tagen Trachtpause folgen Saatgutvermehrungsflächen von Klee und Wicke, Weißkleetracht von Dauergrünland, Wald- und Blatthonigtracht. Einzelne Kreise (Zwickau und Freiburg) werden durch Industrien mit arsenhaltigen Abgasen stark geschädigt und können nur kurzfristig zur Blütenbestäubung angewandert werden. In den niedrig gelegenen Kreisen mit hohem Ölfruchtbau ist der Bienenbesatz z. T. zu niedrig. Hier sollten Großimkereien aufgebaut werden, die bei entspr. Betriebsweise, Verbesserung der Trachtbedingungen und Wanderung in die Wälder der höher gelegenen Kreise rentabel arbeiten können. Bei Auswahl des Standortes ist eine Karte der Bienenvölkerdichte anzufertigen, um Überbevölkerung zu vermeiden. G. Droege. 5406.

Rijskens, A. Le petit élevage en 1961: L'apiculture en 1961. **(Die belgische Kleintierzucht 1961. Die Bienenhaltung.)** Rev. Agric. [Bruxelles] **15** (1962) Nr. 4. S. 603-607.
In Belgien stellt die Bienenhaltung keinen bes. Faktor innerhalb des Bereiches der Kleintierzucht dar, dennoch spielen die Honigbienen innerhalb der Landwirtschaft infolge der Bestäubung der Nutzpflanzen eine Rolle. 1961 gab es in Belgien ca. 73000 Bienenvölker, die von mehr als 9000 Imkern gehalten wurden. Diese sind provinzweise organisatorisch zusammengefaßt und erhalten je nach Umfang ihres Volkbestandes staatliche Unterstützungsbeträge. Die Organisation der Bienenhalter sorgt in mehreren Stationen für die Königinnenzucht und unterhält bzw. unterstützt Forschungslaboratorien zur Bekämpfung von Bienenkrankheiten und -schädlingen. Weiterhin werden Schulungs- und Fortbildungskurse abgehalten, und es wird ein Informationsorgan in franz. und flämischer Sprache herausgegeben. F. Lüpnitz. 5406.

Wendt. **Italien fördert seine Bienenzucht.** Westf. Bienztg. **75** (1962) Nr. 11. S. 346-347.
In der BRD kommen auf 1 km² 5,7 Bienenvölker, in Italien nur 2,4. Im Vergleich zur Fläche fehlen Italien 933000 Völker. 1961 fiel die Frühjahrsernte an Honig fast ganz aus, die Jahresernte lag bei ca. 6000 t, je Volk ca. 8,5 kg. Der Honigverzehr ist wesentlich geringer als in der BRD. Der Preis liegt

deshalb niedriger und wird durch Honigeinfuhr noch weiter gedrückt. Eine wichtige Einnahmequelle für die ital. Imker ist die Königinnenzucht. Jährl. werden ca. 30000 Königinnen gezüchtet, die Hälfte davon wird exportiert (L. 1000/Königin). Königinnenfuttersaft wurde in so großen Mengen gewonnen, daß der Preis auf L. 300/g gesunken ist. Nackte Schwärme kosten L. 3000–3500, ein Volk im Korb L. 5000–10000 je nach Größe. Für die Bestäubung der Obstpflanzungen werden je Volk L. 3000 gezahlt. Imkerorganisation und Land arbeiten nach deutschem Vorbild an der Förderung der Bienenzucht. Ein Gesetz wurde verabschiedet, das den Imkern je Volk etwa 6 kg Zucker zur Verfügung stellt. Im Grünen Plan sind weitere Förderungsmaßnahmen festgelegt. G. Droege. 5406.

Kobel, F.; Wädenswil. **Zur Rassenfrage.** Schweiz. Bienen-Ztg. [N.F.] 85 (1962) Nr. 11. S. 490-500.
Bis zur Mitte des vorigen Jahrhunderts wurde in der Schweiz ausschließlich die einheimische Nordbiene gehalten. Dann setzte massenhafter Import von Italienern und Krainern ein. Durch die Unsicherheit der Belegstellen war die Reinhaltung der Nigra fast überall unmöglich. Durch Einfuhrstopp konnten aus der mehr oder weniger verbastardierten Nigra wertvolle Stämme selektioniert werden. Neuerdings wird wieder verstärkt die Carnica eingeführt, weil man von ihr höhere Erträge erhofft. Vf. stellt die Frage nach dem Wert der schweizerischen Zuchtstämme, die bisher nicht auf breiter Grundlage geprüft und verglichen wurden. Ein großangelegter Versuch soll über sie und die Carnica im Vergleich angestellt werden, dessen Ergebnisse in 3 Jahren zu erwarten sind. Vf. warnt vor Minderwertigkeitsgefühlen gegenüber der eigenen Landrasse, die für die schlechten Honigerträge nicht verantwortlich zu machen ist. Einführung fremder Rassen führt zwangsläufig zu wilder Verbastardierung und zu starker Vergrößerung der Variabilität. Durch den Import riskiert man den Verlust der Ausgeglichenheit der heutigen Zuchtstämme. Vf. rät, die Versuchsergebnisse abzuwarten. G. Droege. 5410.

Lobašev, M. E., Lopatina, N. G. Nikitina, I. A. und Česnokova, E. G. (Lobaschew, M. Je., Lopatina, N. G., Nikitina, I. A. und Tschesnokowa, Je. G.) O fiziologičeskom mechanizme orientacii medonosnoj pčely v prostranstve. **(Über den physiologischen Orientierungsmechanismus der Honigbienen im Raume.)** Uspechi sovremennoj biologii, Moskva **53** (1962) Nr. 2. S. 152-168.– 1 Abb., 4 Tab., 35 Lit.
Die zu dem Fragenkomplex der Physiologie der Bienenorientierung von den Vff. seit 1953 durchgeführten Versuche werden z. T. in der vorliegenden Arbeit veröffentlicht. Alle im Raum befindlichen visuellen Erreger, die Sonnenlage, die Windrichtung, verdichten sich während der Orientierungsflüge zu einem Landschaftsstereotyp. Beim Übergang zu selbständiger Sammeltätigkeit wird die Synthese und Analyse der Erregerkomplexe im Raum merklich erweitert. Ein nicht nach einzelnen Faktoren differenzierbarer Raum erscheint als etwas unzergliedertes, ununterbrochenes. Die Raumanalyse vollzieht sich auf der Grundlage einer angeborenen (unbedingten) Zergliederung der Umwelt in positive und negative Agenzien verschiedener Intensität. Gewinnen die einzelnen Umweltfaktoren Signalbedeutung, so ist es, als zerfiele der Raum in seine einzelnen Bestandteile. Die Entstehung dieser ununterbrochenen Landschaftsbilder kann durch Intensitätsschwankungen der bedingten und unbedingten Umweltfaktoren hervorgerufen werden. Die Zergliederung des Raumes kann auch temporal erfolgen. Die Fähigkeit der Bienen, den Sonnenweg im Tagesablauf zu „bestimmen", hängt wahrscheinlich mit der Bildung bedingter Reflexe auf die Tageszeit und den Sonnenstand im Verlauf ihres Lebens zusammen. Bei den Jungbienen oder bei Altbienen beginnt in einer ihnen fremden Umgebung die Orientierung mit kreisenden Orientierungsflügen. Allmählich wird der Kreis der Erreger erweitert

und zu Erregerketten verdichtet. Die stärkste Signalwirkung übt die erste und letzte Komponente aus. Die Bildung der bedingten Reflexe auf die Reihenfolge der Kette erfolgt getrennt beim Flug zum Trachtort und beim Rückflug in die Beute. So wird im ersten Falle die Kette zum bedingten Signal für das Vorhandensein von Nahrung, in umgekehrter Reihenfolge aber zum Signal für den Rückflug in die Beute. Die Bildung des Stereotyps ist verbunden mit einem kontinuierlichen Besuch von Orten mit Reizung nach visuellen oder auch anderen bedingten Signalen. Hat sich einmal ein Stereotyp gebildet, kann allein nach bedingten Signalen — auch ohne Reizfütterung — nach demselben System der Besuch der Erreger ausgeführt werden. H. Oschmann. 5425.

Jordan, R.; Wien, Bundesanst. für Bienenkunde. **Anomale Wachsplättchen.** Bienenvater [Wien] **83** (1962) Nr. 11. S. 299-301. — 8 Abb.

Durch die feinporigen Wachsspiegel der 3.—6. Bauchschuppe sickert das von den Wachsdrüsen erzeugte Wachs und erstarrt. Etwa 3—5 Schichten ergeben ein reifes Wachsplättchen von 0,2—0,5 mm Stärke, das von der Biene mit den Schienenrandborsten der Hinterbeine angestochen und herausgezogen wird. Zuweilen werden die Wachsplättchen aus bisher ungeklärten Gründen nicht rechtzeitig herausgezogen und es entstehen „Wachsblöcke" von 0,9 bis 1,3 mm Stärke, die die Hinterleibsringe weit auseinandertreiben. Man findet dies zuweilen in Einwaben-Beobachtungsstöcken bei Bienen, die bauchseits an der Fensterscheibe laufen. Es handelt sich dabei um keinen krankhaften Zustand des Volkes, sondern um einen anomalen Zustand einzelner Bienen. G. Droege. 5425.

Götz, U. und Götz, E.; Blaufelden. **Wundersames Bienenleben.** Bienenpflege **1962** Nr. 11. S. 256-262. — 7 Abb.

Das Heimkehrvermögen ist bei vielen Tieren stark ausgebildet. Vff. führten als Beispiele den Vogelzug und den Nestbau der Mohnbiene an. Bei der Biene wird das Heimkehrvermögen durch 3 Sinne bestimmt, die in engem Zusammenhang stehen und sich z. T. auch gegenseitig ersetzen können. Ein spez. Ortsinn ist wahrscheinlich in den Fühlern festgelegt. Die Biene registriert damit anscheinend die Kurven, die sie beim Start fliegt und verfolgt diese später rückläufig. Sie findet so, unabhängig von jeder Markierung, einen bestimmten Platz sicher wieder. Wesentlich erleichtert wird das Heimfinden durch den intensiven Stockgeruch. Der Geruchssinn rangiert noch vor dem Gesichtssinn. Auf ihrem Flug richtet sich die Biene gern nach auffallenden Landmarken, nach Straßen, Waldrändern etc. Bes. eindrucksvoll ist die Fähigkeit der Bienen, von weitentfernten Zielen sicher zurückzukehren. Sie teilt im Tanz ihren Stockgenossen mit, um welchen Winkel die Futterquelle von der Richtung Stock-Sonne abweicht. Die Entfernung der Futterstelle wird durch Angabe der für den Flug verbrauchten Energie mitgeteilt. Windstärke und bes. Schwierigkeiten werden dabei mit einkalkuliert. Die Sinnesleistungen der Biene sind außerordentlich wandlungsfähig. So vermag sie einen Direktweg zu finden, wenn sie auf einen Umweg dressiert ist, andererseits macht sie zuweilen selbst Umwege, um mit schwerer Last gefährliche Flugstrecken zu umgehen. G. Droege. 5425.

Weiß, K.; Erlangen, Bayer. Landesanst. für Bienenzucht. **Über die Lebensfähigkeit von offener und gedeckelter Brut außerhalb des Bienenvolkes.** Z. Bienenforsch. **6** (1962) Nr. 4. S. 104-114. — 3 Tab., 17 Lit. Zus. in Engl., Franz.

Brutwaben müssen in der modernen Bienenzucht zu verschiedenen Zwecken vorübergehend aus dem Brutnest herausgenommen werden. Es ist deshalb wichtig zu wissen, ob Maden und gedeckelte Brut bei Abkühlung Schaden erleiden. Vf. bewahrte Maden, gedeckelte Brut- und Weiselzellen aller Altersstufen im Zimmer (18—24 °C, 50—75% rel. Feuchte), im Keller (16—18 °C, 85% rel. Feuchte) und im Kühlschrank (5 °C, 60% rel. Feuchte) 24, 48 und 72 Std. auf und gab sie danach ins Volk zurück. Bis 1 Tag alte Arbeiterlarven überlebten 24 Std. in allen 3 Räumen gut. Die 1- bis 3tägigen Larven kamen bes. im Kühlschrank schlechter durch. Erst nahe am Deckeln überstanden sie die Abkühlung wieder ohne größeren Ausfall. Nach 2tägigem Aufenthalt entwickelten sich nur noch knapp $^1/_4$ der jüngsten Maden, ältere Larven kamen außer denen kurz vor der Verdeckelung nicht mehr durch. Nur wenige der älteren Larven überstanden im Zimmer auch noch einen 3tägigen Aufenthalt. Auch bei der gedeckelten Brut sind die eben gedeckelten und die kurz vor dem Schlupf stehenden am empfindlichsten. Z. Z. der Verpuppung überleben sie nur z. T. 3tägige Abkühlung vor der Verpuppung führt zu verkürztem Rüssel und verkleinertem Cubitalindex, nach der Verpuppung zu Flügelschäden und verkümmerten Rüsseln. Nur die älteste Brut übersteht auch 3tägige Abkühlung, allerdings nicht im Kühlschrank. Gedeckelte Weiselzellen schlüpfen nach 3 Std. noch normal in allen 3 Räumen, in Zimmer und Keller auch noch nach 1 Tag. Z. Z. der Verpuppung sind sie empfindlicher. G. Droege. 5430.

Ruttner, Hans; Wien, Bundesanst. für Bienenkunde. **Königinnenzucht und Vertrauen.** Bienenvater [Wien] 83 (1962) Nr. 11. S. 304-306.
Das Vertrauen in der menschlichen Gesellschaft beruht auf Ausbildung, Kontrolle des Könnens und Moral, nach bestem Wissen und mit Verantwortung sein Können einzusetzen. Auf der 2. Bundeszüchtertagung in Knittelfeld wurden Vorschläge unterbreitet, damit auch in der Königinnenzucht ein echtes Vertrauen gewährleistet ist. Dazu sind notwendig: Gesetzlicher Schutz guter Belegstellen, Ausgabe von Zuchtkarten nur an Züchter, die sich an die Vorschriften der Zuchtordnung des ÖIB halten, freiwillige Meldung zur Kontrolle der Zuchtbetriebe (Seuchen- und Zuchtgutkontrolle und Eignungsprüfung des Züchters), Schaffung von Landeszuchtzentralen mit geeigneter Möglichkeit der Leistungsprüfungen. G. Droege. 5460.

Christov, K. (Christow, K.) Zagubvane na neoplodeni majki. **(Das Abhandenkommen unbegatteter Bienenköniginnen.)** Pčelarstvo, Sofija 8 (1962) Nr. 8. S. 10-11.
Als Ursache für das Abhandenkommen unbegatteter Bienenköniginnen nimmt Vf. die fehlende Weide und die mangelnde Zufütterung während dieser Zeit an. Daher empfiehlt er, Bienenköniginnen von der zweiten Maihälfte bis Ende Juli aufzuziehen, wenn schon die Voraussetzungen für eine regelmäßige Tracht gegeben sind. Wird indessen die Tracht unterbrochen und sind keine Flugbienen vorhanden, so ist den Völkern mit den Pflegebienen bis zur Begattung der Königinnen zusätzliches Futter zu geben.
N. Platikanow. 5460.

Radoev, L. (Radoew, L.); Sofia, Versuchs-Stat. für Bienenzucht. Majkapomoštnica pri dvukorpusno otglеždane. **(Aufzucht einer Hilfskönigin bei zwei Bruträumen.)**. Pčelarstvo, Sofija 8 (1962) Nr. 8. S. 12-17. — 3 Abb., 4 Tab., 10 Lit.
Gegen Ende der Haupttracht stellte Vf. 2 Gruppen von je 4 Bienenvölkern zusammen, die in Magazinbeuten mit je 12 Brutrahmen untergebracht wurden. In den Beuten der Versuchsgruppen wurden 4 Waben mit Brut, Honig und ansitzenden Bienen des Muttervolkes durch eine massive, 0,5 cm dicke hölzerne Trennwand abgesondert und ihnen eine verdeckelte reife Weiselzelle beigegeben, aus der eine Königin (Hilfskönigin) schlüpfte. Im nächsten Jahr stellte Vf. auf den Brutraum einen zweiten Brutraum, der vor der Haupttracht mit dem sich darin gebildeten Ableger entfernt wird. Bei einer derartigen Verwendung von Hilfsköniginnen in Magazinbeuten erzielt Vf. folgende höheren Resultate (im Vergleich zu den Kontrollvölkern): Brut und Eier

65,3%, verdeckelte Brut 65,9%, Bienen 48,3%, Honigertrag 31,7% (= (= 11,510 kg), Wachsertrag 108,3% (= 400 g) und je einen Ableger. Diese positiven Ergebnisse sind auf die verstärkte Eiablage der beiden Königinnen zurückzuführen, die dadurch stimuliert wird, daß dem Hilfsvolk bestiftete Waben sowie Waben mit unverdeckelter Brut genommen und in den Brutraum des Muttervolkes eingehängt werden. N. Platikanow. 5465.

Mel'ničenko, A. N. (Melnitschenko, A. N.); Gorki, Lobatschewski-Univ. Opyt napravlennogo izmenenija priznakov pčelinych matok i trutnej posredstvom vospitanija v sem'jach drugoj porody. **(Ein Versuch zur gelenkten Veränderung der Merkmale bei Bienenköniginnen und Drohnen durch Aufzucht in Bienenvölkern anderer Rassen.)** Agrobiologija, Moskva **1962** Nr. 1. S. 55-58. — 5 Tab.

Zu erheblichen Veränderungen führten die Versuche mit einem Austausch von Larven zwischen Kaukasischen Hochgebirgsbienen und mittelrussischen Bienenrassen zwecks Aufzucht im andersrassigen Volk. Als Hauptfaktoren für diese Veränderungen werden von den Forschern die andersgearteten Umweltbedingungen, vor allem aber die andersartige chem. Zusammensetzung des Futtersaftes benannt. Biometrische Messungen ergaben, daß die in der 1. Generation (F_0V_1) deutlich gewordenen Merkmalsänderungen sich in der 2. Generation (F_1V_2) noch verstärken. So erhöhte sich die Rüssellänge der mittelrussischen Bienen durch die Einwirkung kaukasischer Bienen als Pflegevolk bei F_0V_1 von 6,211 ± 0,029 mm auf 6,521 ± 0,027 mm, bei F_1V_2 auf 6,565 ± 0,034 mm. Entspr. veränderte sich die Rüssellänge der kaukasischen Bienen von 6,565 ± 0,034 mm auf 6,277 ± 0,026 mm. Der Cubitalindex der mittelrussischen Bienen von einem im kaukasischen Volk aufgezogenen Weisel vergrößerte sich von 53,26% auf 56,47%. Sehr deutlich treten diese Veränderungen in den Ausmaßen des 3. Sternits und des Wachsspiegels hervor. Bei Arbeitsbienen (F_1V_2), die aus Weisel und Drohnen hervorgegangen waren, die von andersrassigen Pflegevölkern erzogen worden waren, waren deutliche Veränderungen in der Länge des Vorderflügels und 3. Tergits festzustellen. Beträgt die Zahl der Eischläuche bei mittelrussischen Königinnen ⌀ 264,200 ± 14,110, erhöhte sich ihre Anzahl nach Aufzucht in kaukasischen Völkern bei F_0V_1 auf 305,470 ± 4,760, bei F_1V_2 auf 335,5. Umgekehrt verringerte sich die Anzahl der Eischläuche bei kaukasischen Weiseln, die mittelrussischen Völkern in Pflege gegeben wurden.
H. Gentz. 5465.

Vučkov, P. (Wutschkow, P.) Pčeli-tŭrtovki. **(Afterweiseln.)** Pčelarstvo, Sofija 8 (1962) Nr. 8. S. 6-8.

Vf. berichtet von seiner Erfahrung in der Rettung des Bienenvolkes vor Afterweiseln. Er bedient sich eines Reservebienenstocks oder eines Bienenstocks mit einem schwachen Volk (im Sommer mit Ableger), in denen eine normale Königin vorhanden ist, und versetzt in diese nach und nach die normalen Bienen mit den Waben aus der Beute mit den Afterweiseln.
N. Platikanow. 5480.

Foti, N., Barac, I., Alexandru, V. und Mîrza, E.; Bukarest, Zentralstat. für Bienenkunde. **Untersuchung über die Überwinterung von Weiseln außerhalb der Traube und ihre Verwendung in der Produktion.** Arch. Geflügelzucht Kleintierkunde **11** (1962) Nr. 5/6. S. 340-362. — 1 Abb., 8 Tab., 49 Lit. Zus. in Russ., Engl.

Mit 1808 Weiseln wurden Überwinterungsversuche außerhalb des Volkes angestellt. Sie wurden in Käfigen von 35×30×70 mm bzw. 50 × 40 × 70 mm in Thermostaten bei 17—31 °C oder in ungeheizten Schränken bei Zimmertemperatur gehalten. Dabei wurden 2 charakteristische Zustände der Weisel und Bienen festgestellt: Erregungszustand von kurzer Dauer (Tiere sind beweglich und ernähren sich); Ruhe und Verdauungszustand von längerer

Dauer. Der Ernährungszustand der Weisel hängt von der Qualität des Futtersaftes ab. Die Höchstmenge ist 16,7 mg im Laufe von 27 Min. nach 7 Berührungen mit 6 Arbeitsbienen. Zur optimalen Ernährung sind mindestens 20 Bienen nötig, deren Schlunddrüsen in Tätigkeit sind. Deshalb werden jedem Weisel 40—60 Bienen von überwinternden Völkern zugeordnet. Nach 20—50 Tagen müssen sie ersetzt werden, das bedeutet für 120—150 Überwinterungstage 250—300 Bienen. Unter Thermostatbedingungen bei 23—25 °C ist der Honigverbrauch am geringsten (11,7 mg je Biene in 24 Std.). Bei schwankender Zimmertemperatur liegt er bei 15,9—26,2 mg. Der Futterverbrauch sinkt gegenüber den gebräuchlichen Methoden um 94%, der Bienenverbrauch um 92%. Die Methode ermöglicht ein Zuchtsystem mit hoher Produktivität in der aktiven Saison und geringer Völkerzahl im Winter. G. Droege. 5485.

Markov, E. (Markow, E.) Izpolzuvam prašeca ot lipovija cvjat. **(Ich verwende den Pollen von Lindenblüten.)** Pčelarstvo, Sofija 8 (1962) Nr. 6. S. 14.

Vf. sammelte Blüten von Silberlinden in der Zeit, wenn sie am intensivsten von den Bienen aufgesucht werden. Er trocknete die Blüten, sonderte den Pollen aus, den er in Gläser brachte, mit Honig vermengte und an einem reinen, luftigen Ort aufbewahrte. Zur Zusatzfütterung der Bienen im Febr. März und auch später vermischte Vf. 1 kg Honig mit 4 kg Zucker, worin er 100–150 g Lindenpollen gut verrührte. Hiervon bekam jedes Bienenvolk 300–400 g. Lindenpollen mischte er auch in die Zuckerlösung zur Reizfütterung. Die auf diese Weise mit Lindenpollen gefütterten Bienenvölker entwickelten sich sehr gut. N. Platikanow. 5494.

Lindner, K. E.; Leipzig, Karl-Marx-Univ., Inst. für Bodenkunde und Mikrobiol. **Ein Beitrag zur Frage der antimikrobiellen Wirkung der Naturhonige.** Zbl. Bakteriol., Parasitenkunde, Infektionskrankh. Hyg., II. Abt. **115** (1962) Nr. 7. S. 720-736. — 13 Abb., 4 Tab., 66 Lit.

Die antimikrobielle Wirkung des Honigs ist entspr. seiner Herkunft sehr verschieden. Waldhonige haben durchweg starke Hemmwirkung, bei Blütenhonigen haben Linden-, Fenchel- und Mischhonige gute, Heide- und Rapshonig rel. schlechte Hemmwirkung. Zuckerfütterungshonige sind fast ohne Wirkung. Ursachen der inhibitorischen Wirkung sind verschiedene org. Verbindungen, die der Kolloidfraktion angehören, ätherische Öle, Saccharide und Abwehrstoffe des Bienenorganismus. Die bakteriostatische Wirkung erstreckt sich auf grampositive und -negative, z. T. auf sporenbildende Bakterien und auf penicillinresistente Organismen. Die wirksamen Stoffe sind gegen Erhitzung und Licht empfindlich. Sie lassen sich durch Ultrafiltration abtrennen und auf nichtwirksame Zuckerfütterungshonige und Kunsthonig übertragen. Zwischen antimikrobieller Wirkung und Enzymaktivität ergeben sich z. T. deutliche Beziehungen. Lockere Korrelationen bestehen auch mit dem Mineralstoff- und Kolloidgehalt. G. Droege. 5496.

Ondrejka, Bernard; Liptovská Štiavnica. Kŕmidlo na každé krmivo. **(Fütterungsgerät für jedes Bienenfutter.)** Včelár **36** (1962) Nr. 8. S. 176.— 1 Abb.

Das vom Autor konstruierte Bienenfütterungsgerät ist sehr stabil und ermöglicht die Verabreichung von 3—5 l Süßstoff je nach Größe des Gerätes. Das Futter wird warmgehalten. Den gesamten Inhalt des Futtergerätes saugen die Bienen innerhalb von nur 3 Std. auf. Dieser Vorteil ist den je 60 cm langen Futternäpfchen im Innern des Gerätes zuzuschreiben, welche es ermöglichen, daß die Bienen in einer bedeutenden Anzahl gleichzeitig vom Futter saugen können. Die eingehend beschriebene und in einer Zeichnung dargestellte Futterreinrichtung ermöglicht die Fütterung der Bienen zu jeder Zeit, ohne Wärme- und Zeitverluste. F. Svoboda. 5520.

König. **Steirisches 3 WK (Dreiwabenkästchen).** Bienenwelt [Graz] 4 (1962) Nr. 12. S. 285-288.
Anleitung zum Bau eines Dreiwabenkästchens. 5520.

Thomas, R.; Bermbach, Kreis Schmalkalden. **Selbstgebaute 10-Wabenschleuder.** Garten u. Kleintierzucht, Ausg., C **1** (1962) Nr. 5. S. 4. – 4 Abb. 5520.

Pritsch, G.; Berlin, Humboldt-Univ., Inst. für Geflügel- und Pelztierzucht, Abt. Bienenkunde. **Untersuchung des Pollenangebots im Bienenflugkreis der Abteilung Bienenkunde, Hohen Neuendorf, des Instituts für Geflügel- und Pelztierzucht der Humboldt-Universität Berlin.** Arch. Geflügelzucht Kleintierkunde **11** (1962) Nr. 5/6. S. 363-371. – 5 Tab., 13 Lit. Zus. in Russ., Engl.
Zur Ermittlung der Pollentrachtverhältnisse der Abt. Bienenkunde in Hohen Neuendorf wurden von zwei Bienenvölkern in den Jahren 1957 und 1958 an zusammen 89 Tagen 12244 Pollenladungen mit Hilfe der Böttcherschen Pollenfalle abgefangen und mikroskopisch bestimmt. Die Ergebnisse wurden in Form von Wertigkeitszeichen nach abs. (ohne Berücksichtigung der Witterung) und rel. (in % des jeweiligen Abfangergebnisses) Werten in Tab. zusammengestellt. Die Übersichten stellen zugleich eine Art Pollentrachttabelle dar, da sie die gefundenen Pollenarten in zeitlicher Reihenfolge angeben. G. Droege. 5530.

Akramovskij, M. N. und Kulikov, N. S. (Akramowski, M. N. und Kulikow, N. S.); Grodno, Veterinär-Bakteriol. Gebietslab. Lečenie evropejskogo gnil'ca pčel kul'turoj mikrobov-antagonistov. **(Die Behandlung der Faulbrut bei Bienen mit einer Kultur von Mikroben-Antagonisten.)** Veterinarija, Moskva **39** (1962) Nr. 7. S. 58-59.
Schon seit langem sind Bemühungen darauf gerichtet, bakteriell bedingte Krankheit durch Anwendung antagonistisch wirkender Bakterien zu behandeln. Dies gelang bisher mit Erfolg bei Darmkrankheiten. Bienenstöcke mit der europäischen Faulbrut wurden mit einem bestimmten *Bac. mesentericus*-Stamm behandelt. Dieser Stamm erwies sich als Antagonist für den Erreger der Faulbrut. Von 17 Völkern, die mit einer 4tägigen Kultur behandelt wurden, gesundeten 16. W. Plaschke. 5560.

Janakiev, Ch. (Janakiew, Ch.) Evropejskijat gnilec može da se lekuva. **(Die Europäische Faulbrut ist heilbar.)** Pčelarstvo, Sofija **8** (1962) Nr. 8. S. 8-10.
Im Sept. 1961 war die Europäische Faulbrut in drei Bienenständen ausgebrochen. Die kranken und ihnen benachbarten Bienenvölker wurden nach Vernichtung der befallenen Waben und mechanischer Reinigung und Desinfektion der Beuten im Verlaufe von 15 Tagen 3mal mit kombinierter Lösung von Norsulfazolnatrium, Penicillin und Wasser (mit Zuckersirup 1:1 gut vermischt) behandelt. Die Bienenköniginnen wurden durch Jungköniginnen ausgewechselt. Bis zur Einwinterung der Völker war die Faulbrut verschwunden. N. Platikanow. 5560.

Spielmann, O. **Apistischer Monatsbericht – Oktober 1962.** Schweiz. Bienen-Ztg. [N.F.] **85** (1962) Nr. 12. S. 557-559. 5590.

Spielmann, O.; Balm bei Messen. **Apistischer Monatsbericht – November 1962.** Schweiz. Bienen-Ztg. [N.F.] **86** (1963) Nr. 1. S. 33-34. – 1 Tab. 5590.

Spielmann, O.; Balm bei Messen. **Apistischer Monatsbericht – Dezember 1962.** Schweiz. Bienen-Ztg. [N.F.] **86** (1963) Nr. 2. S. 68-69. – 1 Tab. 5590.

Kraai, A. **How long do honey-bees carry germinable pollen on them?** Wageningen: Inst. voor de veredeling van tuinbouwgewassen. 1962. (S. 53-56.) 8° = **Mededeling, instituut voor de veredeling van tuinbouwgewassen.** 171. (SR 23, 171)

H. SEIDENRAUPEN

Kožucharov, I., Bŭčvarov, A., Christov, D. und Penkov, I. (Koshucharow, I., Bâtschwarow, A., Christow, D. und Penkow, I.) Sravnitelno konkursno izpitvane na novite paškulni tipove i krŭstoski. **(Vergleichende Wettbewerbsprüfung der neuen Kokontypen und Kreuzungen.)** Izvestija na Centralnija naučnoizsledovatelski institut po životnovŭdstvo „Georgi Dimitrov" – Kostinbrod, Sofija 14 (1962) S. 243-258. – 1 Abb., 6 Tab., 5 Lit. Zus. in Russ., Engl.

In den in 4 Gebieten des Landes durchgeführten 3jährigenvergleichenden Untersuchungen wurden geprüft: die gelben Kokontypen der Versuchsstation für Raupenzucht in Wratzka Nr. 371 (Ascoli × Alpen) und Nr. 373 (Ascoli × Var); die Gebrauchskreuzungen Chinesischer Gelbspinner × einheimischer Gelbspinner und SANIIŠ 8 × SANIIŠ 9 sowie die Typen 81 und 86 des Bagdader Weißspinners. Die Untersuchungen führten zu der Feststellung, daß in bezug auf die Rohseidenerträge je Unze Brut und sonstigen Kennwerte die Gebrauchskreuzung Chinesischer Gelbspinner × einheimischer Gelbspinner der Standardrasse in den Donaugebieten um 22,51% (gefolgt vom Typ 373), im nördl. Balkangebirge um 11,92% (gefolgt vom Typ 371) und im östl. Küstengebiet um 10,84% (gefolgt vom Typ 373) überlegen ist. In den südbulgarischen Gebieten steht in bezug auf den Rohseidenertrag je Unze Brut an 1. Stelle die Gebrauchskreuzung SANIIŠ 8 × SANIIŠ 9 (13,57% über dem Standard), gefolgt von der Gebrauchskreuzung Chinesischer Gelbspinner × einheimischer Gelbspinner (4,36% über dem Standard).

N. Platikanow. 5654.

Literatur über Seidenbau, Seidenraupenzucht und Pflege des Maulbeerbaumes. Hrsg. Instn.: Universitätsbibliothek Berlin, Landwirtschaftl. Abt. (Titelanzahl: 33. Ber.-Zeit: 1820–1960.)

TIERERNÄHRUNG

A. ALLGEMEINES

Siebert, K.; Potsdam-Rehbrücke, Inst. für Ernähr.der Dtsch. Akad. der Landwirtsch.-Wiss. zu Berlin. **Zur Klassifikation des Gebietes „Nahrung und Ernährung".** Ernährungsforschung 7 (1962) Nr. 3. S. 469-475.

Vf. erläutert kurz ein System, das für den Aufbau einer Stellkartei geeignet ist. Er vergleicht Loch- und Stellkarten und gibt letzteren den Vorzug.

7010.

B. CHEMISCHE BESTANDTEILE DES TIERKÖRPERS UND DER FUTTERMITTEL

Johansen, Patricia G., Marshall, R. D. und Neuberger, A.; London, St. Mary's Hospital, Med. School, Dep. of Chem. Pathol. Carbohydrates in protein. 3. The preparation and some of the properties of a glycopeptide from hen's-egg albumin. **(Kohlenhydrate im Protein. 3. Mitt. Die Herstellung und einige Eigenschaften eines Glykopeptids von Hühnereialbumin.)** Biochem. J. 78 (1961) Nr. 2. S. 518-527. – 1 Abb., 54. Lit. 2. Mitt. vgl. LZ. Abt. III 7 (1962) Nr. 4. S. 798. 7115.

François, C., Marshall, R. D. und Neuberger, A.; London, St. Mary's Hospital, Med. School, Dep. of Chem. Pathol. Carbohydrates in protein. 4. The determination of mannose in hen's-egg albumin by radioisotope dilution. **(Kohlenhydrate im Protein. 4. Mitt. Die Bestimmung von Mannose im Hühnereialbumin durch Radioisotopenverdünnung.)** Biochem. J. 83 (1962) Nr. 2. S. 335-341. – 2 Abb., 2 Tab., 45 Lit. 3. Mitt. vgl. vorst. Titel.

Zur Bestimmung des Mannosegehaltes im Eialbumin wurde eine gewogene Menge Protein (ca. 2 g) in kaltem Wasser, das markierte ^{14}C-Mannose (25-30mg) enthielt, aufgelöst (ca. 2%). In die zum Sieden erhitzte Lösung wurde unter Rühren konstant siedende HCl bis zur 2-normalen Lösung gegeben. Hydrolyse erfolgte bei 100 ° für einige Std. Das abgekühlte, filtrierte Hydrolysat wurde mit dem schwachen Anionenaustauscher Amberlite IR-4B neutralisiert und bei 40 ° im Vakuum auf 5-10 ml eingeengt. Die Lösung wurde bei Raumtemperatur mit frisch destilliertem Phenylhydrazin (0,3 ml) versetzt, pH 5,5. Das bei 4 ° auskristallisierte rohe Mannosephenylhydrazon wurde abfiltriert, gewaschen, getrocknet und aus heißem Pyridin umkristallisiert, Schmelzpunkt 190–191 ° (Produkt aus reiner Mannose 191-192 °). Die Radioaktivität des erhaltenen reinen Produktes wurde bestimmt und der Mannosegehalt durch Vergleich mit der Radioaktivität der benutzten ^{14}C-Mannose errechnet. Nach der beschriebenen Methode wurden 2% Mannose im Eiprotein gefunden, bei direkter Bestimmung der Mannose als Phenylhydrazon max. 1,77% nach 3 Std. Hydrolyse. Aus den Ergebnissen folgt, daß Eialbumin etwa 5 Mannosereste/Mol enthält. F. Kreienbring. 7115.

Steven, F. S. und Tristram, G. R.; St. Andrews, Univ., St. Salvator's Coll., Dep. of Physiol. and Biochem. The origin of N-terminal residues in acetic acid-soluble calf-skin collagen. **(Die Herkunft der N-endständigen Reste in essigsäurelöslichem Kalbskollagen.)** Biochem. J. **83** (1962) Nr. 2. S. 245-248. — 1 Tab., 11 Lit.

Vff. bestimmten mit Hilfe einer kombinierten Säulen- und Papierchromatographie die N-endständigen Reste von essigsäurelöslichem Kollagen, von Gelatine, die aus dem löslichen Kollagen hergestellt worden ist und von acetonpräzipitiertem Kollagen. Die quantitative Bestimmung erfolgte nach Dinitrophenylierung der Proteine nach einer modifizierten Methode von Sanger. An dinitrophenylierten Aminosäuren wurden in den genannten Proteinen folgende Aminosäuren quantitativ bestimmt: Glycin, Glutaminsäure, Asparaginsäure, Serin, Threonin, Alanin, Valin, Leucin + Isoleucin, Phenylalanin, Lysin. An Spuren: Tyrosin, Prolin und Hydroxyprolin. Der Vergleich der acetonunlöslichen Reste mit jenen des Ausgangskollagens zeigt in allen Fällen mit Ausnahme von Glycin eine geringe Abnahme. Die Wärmeumwandlung von Kollagen in Gelatine bei pH 7 ist mit einer geringen Veränderung des N-endständigen Musters verbunden. Lediglich Serin, Threonin und Phenylalanin nehmen leicht zu, während die anderen endständigen Aminosäuren unverändert bleiben. Die Ergebnisse zeigen, daß die Gelatinebildung aus Kollagen als eine phys. Dissoziation mit einer geringfügigen Spaltung der Peptidbindungen zu verstehen ist. Vff. schlußfolgern aus den Ergebnissen, daß der endständige Rest als Nichtprotein-N gedacht werden muß, der zwar fest mit dem Kollagen verbunden ist, jedoch nicht als „wahrer N-endständiger Rest" zum Kollagen gehört. I. Schröder. 7220.

Steven, F. S. und Tristram, G. R.; St. Andrews, Univ., St. Salvator's Coll., Dep. of Physiol. and Biochem. The presence of non-protein nitrogen in acetic acid-soluble calf-skin collagen. **(Die Anwesenheit von Nichtprotein-N in essigsäurelöslichem Kalbshaut-Kollagen.)** Biochem. J. **83** (1962) Nr. 2. S. 240-244. — 3 Abb., 3 Tab., 20 Lit.

Nach beschriebener Herstellung des löslichen Kollagens und der Nichtprotein-N-Fraktion aus Kalbshaut wurden geringe Mengen eines Nichtprotein-N nachgewiesen. In dieser Fraktion konnten folgende 11 Aminosäuren als Dinitrophenylderivate nachgewiesen werden: Glycin, Glutaminsäure, Asparaginsäure, Serin, Threonin, Alanin, Valin, Leucin + Isoleucin, Phenylalanin, Tyrosin und Prolin. Hydroxyprolin wurde nur in Spuren nachgewiesen. Außerdem wurden 3 Peptide als Dinitrophenylderivate isoliert und ihre Zusammensetzung bestimmt. Der Ursprung der Nichtproteinstickstofffraktion wird diskutiert. I. Schröder. 7220.

Johns, E. W. und Butler, J. A. V.; London, Roy. Cancer Hospital, Chester Beatty Res. Inst., Inst. of Cancer Res. Studies on histones. IV. The histones of wheat germ. **(Untersuchungen an Histonen. 4. Mitt. Die Histone von Weizenkeimen.)** Biochem. J. **84** (1962) Nr. 2. S. 436-439. — 1 Abb., 1 Tab., 15 Lit.

Nach beschriebener Herstellung und Fraktionierung der Weizenkeimhistone mittels Aceton untersuchten Vff. die Fraktionen auf Aminosäurezusammensetzung und mit Hilfe der Stärkegelelektrophorese. Es erfolgt ein Vergleich zwischen der Zusammensetzung der Histone und der Histonfraktionen von Kalbsthymus und Weizenkeimen. Die Ergebnisse zeigen, daß sich die Histone aus Weizenkeimen auffallend von denen aus Kalbsgewebe unterscheiden. Die argininreichen Histone der tierischen Gewebe scheinen zu fehlen, während mehr lysinreiche Histone erhalten wurden. Die wichtigste N-endständige Aminosäure ist statt Prolin (tierisches Histon) Alanin. Stärkegelelektrophoretisch wurden beim Kalbsthymus 3 Proteinbanden erhalten, bei Weizenkeimen nur 1 langsam wandernde Bande und eine diffuse Bande.

I. Schröder. 7225.

Kotaki, Akira; Tokyo, Tokyo Metropolitan Univ., Fac. of Sci., Dep. of Chem. Studies on insulin. III. On the structure of the alanyl chain of bonito insulin. **(Studien über Insulin. 3. Mitt. Über die Struktur der Alanylkette von Bonito-Insulin.)** J. Biochemistry [Tokyo] **51** (1962) Nr. 4. S. 301-309. — 6 Abb., 5 Tab., 19 Lit. Orig.: engl. 2. Mitt. vgl. LZ. Abt. III **7** (1962) Nr. 9. S. 1887.

Die durch tryptische, chymotryptische oder peptische Partialhydrolyse von Perameisensäure oxydierter Alanylkette des Bonito-Insulins II erhaltenen Peptidfragmente wurden papierelektrophoretisch und chromatographisch gereinigt. Die Peptide wurden auf Aminosäurezusammensetzung und N-endständige Aminosäuren untersucht. Vf. schließt aus den Untersuchungen auf folgende Struktur der Alanylkette (B-Kette): H-Ala-Ala-Aspn-(Pro, His, Leu)-$CySO_3H$-(Gly, Ser, His, Leu-Val-Glu-Ala-Leu)-Tyr-Leu-(Val-$CySO_3H$, Gly, Glu)-Arg-Gly-Phe-Phe-Tyr-Glun-Pro-Lys-OH. I. Schröder. 7225.

Norton, Scotty J., Chit Maung, M., Skinner, Charles G. and Shive, William; Austin, Univ. of Texas, Clayton Foundation, Biochem. Inst.; Dep. of Chem. Structural requirements for phenylalanine antagonism. III. Some unsaturated straight-chain amino acids. **(Strukturelle Voraussetzungen für Phenylalaninantagonismus. 3. Mitt. Einige ungesättigte geradkettige Aminosäuren.)** Arch. Biochem. Biophysics **96** (1962) Nr. 2. S. 287-292. — 3 Tab., 14 Lit. 2. Mitt. vgl. LZ. Abt. III **8** (1963) Nr. 2. S. 329.

Vff. untersuchten die biol. Eigenschaften von mehreren geradkettigen olefinischen Aminosäureanalogen, um festzustellen, ob die Verzweigung der Kohlenstoffkette an der γ-Position oder der ungesättigte Charakter notwendig sind, um einen effektiven Phenylalanin-Antagonismus bei einem Antimetaboliten zu bewirken. Es wurden untersucht: Cis-2-amino-5-heptensäure, Trans-2-amino-4-heptensäure und Trans-2-amino-4-hexensäure. Es wird gezeigt, daß die 3 Verbindungen kompetitiv die Verwertung des Phenylalanins in *Leuconostoc dextranicum* 8086 verhindern. I. Schröder. 7230.

Cann, John R.; Denver, Univ. of Colorado, Dep. of Biophysics, Florence R. Sabin Lab. Electrophoretic demonstration of specific enzyme-substrate complex between pepsin and serum albumin. II. Inhibition of complex formation by acetyl-L-tryptophan and fatty acids. **(Elektrophoretischer Beweis des spezifischen Enzym-Substrat-Komplexes zwischen Pepsin und Serumalbumin. 2. Mitt. Hemmung der Komplexbildung durch Acetyl-L-tryptophan und Fettsäuren.)** J. biol. Chemistry **237** (1962) Nr. 3. S. 707-711. — 4 Abb., 1 Tab., 20 Lit. 1. Mitt. vgl. LZ. Abt. III **7** (1962) Nr. 7. S. 1446.

Nach der in der 1. Mitt. bewiesenen Komplexbildung zwischen Pepsin und Rinderserumalbumin (RSA) wird weiter durch elektrophoretische Analysen von Pepsin-Albumin-Mischungen gezeigt, daß genannte Verbindungen die Komplexbildung hemmen. So wird die erhöhte Komplexbildung zwischen Pepsin und fettsäurefreiem RSA und HCl- oder Harnstoff-behandeltem Albumin durch Na-Caprylat-Caprylsäure-Gemisch inhibiert. Vf. liefert nicht nur für die Spezifität des Pepsin-RSA-Komplexes Beweise, sondern gibt auch eine Beziehung zu den allgemeinen proteolytischen Mechanismen.
I. Schröder. 7300.

Krŭsteva, El. (Krâstewa, El.) Proučvanija vŭrchu sŭdŭržanieto na kobalt v njakoi furaži. **(Untersuchungen über den Cobaltgehalt einiger Futtermittel.)** Naučni trudove. Visš selskostopanski institut „Georgi Dimitrov". Zootechničeski fakultet, Sofija **11** (1962) S. 327-333. — 6 Tab., 8 Lit. Zus. in Russ., Dtsch.
Es wurden 13 Grünfutterarten in verschiedenen Vegetationsstadien sowie 8 andere Futtermittel, die für die Winterfütterung bestimmt waren, auf Co untersucht. Den niedrigsten Co-Gehalt enthielten Sonnenblumenextraktionsschrot (0,035 mg/kg Tr.-Subst.) und Maisschrot (0,058 mg/kg Tr.-Subst.). Der Co-Gehalt der übrigen untersuchten Futtermittel schwankte zwischen 0,115 (Maissilage) und 0,411 mg/kg Tr.-Subst. (frischer Klee zu Beginn der Knospung). Mit der fortschreitenden Vegetation nimmt der Co-Gehalt in den Grünfuttern ab. So enthält z. B. frischer Klee zu Beginn der Knospung 0,411, bei Blütebeginn 0,192 und nach der Blüte 0,181 mg Co in 1 kg Tr.-Subst. Die Leguminosen sind im allgemeinen etwas Co-reicher als die Gramineen.
N. Platikanow. 7400.

Schimmel, D. und Kolb, E. **Untersuchungen über den Eisen-, Kupfer- und Mangangehalt verschiedener Organe von Gänsen, unter besonderer Berücksichtigung der Verteilung in der Wandung verschiedener Abschnitte des Verdauungskanals.** Arch. exp. Veterinärmed. **16** (1962) Nr. 4. S. 753-761. — 13 Tab., 12 Lit.
Es werden Mittelwerte für den Fe-Cu- und Mn-Gehalt in Organen und Geweben von Gänsen mitgeteilt. Berücksichtigung finden die verschiedenen Abschnitte des Verdauungskanals sowie Milz, Leber, Niere, Lunge, Knochenmark, Pankreas, Herzmuskulatur, Brust- und Oberschenkelmuskulatur, Haut, Großhirn, Kleinhirn und Rückenmark. H.-A. Ketz. 7400.

C. UNTERSUCHUNGS- UND VERSUCHSMETHODIK

Shapiro, Joseph und Rurainski, Hans; Baltimore, Md., Dep. of Sanitary Engng. and Water Resources. Vacuum filtration of large volumes in the laboratory. **(Vakuumfiltration großer Volumina im Laboratorium.)** Science [Washington] **136** (1962) Nr. 3520. S. 988. — 1 Abb., 3 Lit.
Es wird eine einfache, gefahrlose und billige Methode zur Vakuumfiltration großer Flüssigkeitsmengen beschrieben, bei der weder Pumpen benötigt noch der Rezipient des Filtrates unter Vakuum gesetzt werden muß. Das Prinzip beruht auf der Schaffung eines Torricelli'schen Vakuums durch Verbindung der Fritte mit einem langen (bis 34 ft), mit Wasser gefüllten Rohr, durch welches das Filtrat in einen offenen Behälter abläuft. Besonders hervorgehoben wird, daß bei dieser Methode keinerlei Verluste an flüchtigen Substanzen des Filtrates auftreten. F. Weißbach. 7450.

Albertsson, Uno und Samuelson, Olof; Göteborg, Sweden, Chalmers Tekn. Högskola, Dep. of Engng. Chem. A colorimetric method for the determination of carbonyl groups in cellulose. **(Eine colorimetrische Methode zur Bestimmung von Carbonylgruppen in Cellulose.)** Analyt. chim. Acta [Amsterdam] **27** (1962) Nr. 5. S. 434-440. — 2 Abb., 5 Tab., 9 Lit. Zus. in Franz., Dtsch.

Bei der ausführlich beschriebenen Methode werden die Carbonylgruppen von Baumwollcellulose mit Hydrazin umgesetzt, das gebildete Hydrazon wird nach dem Waschen mit Wasser in H_2SO_4 aufgelöst und hydrolysiert. Das freigewordene Hydrazin wird mit p-Dimethylaminobenzaldehyd colorimetrisch bei 458 mμ bestimmt. Zur Ausarbeitung der Methode wurde der Einfluß der Reaktionszeit zwischen Hydrazin und Cellulose, sowie der Einfluß der Menge des Waschwassers und der Hydrolysezeit bei verschiedenen Temperaturen untersucht. I. Schröder. 7490.

Leibetseder, J.; Wien, Tierärztl. Hochschule, Inst. für Physiol. **Über die Wertbeurteilung von Untersuchungsmethoden mit Hilfe statistischer Analysen.** Z. Tierphysiol., Tierernähr. Futtermittelkunde **17** (1962) Nr. 3. S. 129-131. – 2 Abb., 2 Tab., 1 Lit.

Am Beispiel eines Vergleiches von Makro- und Mikro-Kjeldahl-Methode weist Vf. den Wert statistischer Analysenverfahren für die objektivierte Beurteilung von Untersuchungsmethoden nach. Bei der Bestimmung des Gesamt-N von Ratten erwies sich die Makro- der Mikro-Kjeldahl-Methode überlegen. H.-D. Bock. 7495.

Dorfman, L., Oeckinghaus, R., Anderson, F. und Robertson, G. I. A rapid automatic microdetermination of nitrogen. **(Eine automatische Schnellmethode zur Mikrobestimmung von Stickstoff.)** Analyt. Chem. **34** (1962) Nr. 6. S. 678-682. – 5 Abb., 2 Tab., 11 Lit.

Es wird die Konstruktion eines automatischen Gerätes zur Schnellbestimmung von Stickstoff beschrieben. Das Verfahren beruht auf der Mikro-Dumas-Methode nach Shelberg. Mit dem beschriebenen Gerät sind pro Bestimmung nur 6–15 Min. erforderlich. Zur Beurteilung der Genauigkeit werden Beleganalysen angegeben und die Möglichkeit zur Verminderung der Meßfehler besprochen. F. Weißbach. 7495.

Williams, J.; Cambridge, Univ., Dep. of Biochem. A comparison of conalbumin and transferrin in the domestic fowl. **(Ein Vergleich von Conalbumin und Transferrin im Haushuhn.)** Biochem. J. **83** (1962) Nr. 2. S. 355-364. – 11 Abb., 2 Tab., 33 Lit.

Conalbumin und Transferrin aus Eiern und Serum von Hühnern wurden mittels folgender Methoden auf Identität untersucht: Stärkegelelektrophorese, Peptidanalyse, Immunoelektrophorese, Aminosäure- (Spackmann, Stein und Moore) und Kohlenhydratanalyse sowie Analyse der N-endständigen Aminosäuren (Fluordinitrobenzolmethode). Die Ergebnisse zeigen, daß das Conalbumin und das rosafarbene Transferrin Glykoproteine sind, die sich nur in ihren prosthetischen Gruppen (Kohlenhydrate) unterscheiden. Von den 3 bestimmten Kohlenhydraten (Hexose, Hexosamin und Sialinsäure) bestehen Unterschiede bei der Hexose (0,8 bzw. 2,8%) und bei der Sialinsäure (0 bzw. 0,35%). In ihrem Hauptproteinanteil scheinen sie identisch zu sein. I. Schröder. 7500.

Tarassuk, N. P. und Yaguchi, M.; Davis, Univ. of California, Dep. of Food Sci. and Technol. Chromatography of milk proteins on DEAE cellulose. **(Chromatographie von Milchproteinen an DEAE-Cellulose.)** J. Dairy Sci. **45** (1962) Nr. 2. S. 253-259. – 10 Abb., 1 Tab., 12 Lit.

Symposium: Es wird über folgende Punkte im einzelnen berichtet: Allgemeine Betrachtungen über Cellulose-Ionenaustauscher und Prinzip ihrer Wirkung. Fraktionierung von Magermilchproteinen und Bestimmung der chromatographischen Daten. Das chromatographische Verhalten von einem zu Magermilch direkt zugesetzten Protein. Identifizierung von β-Lactoglobulin A und -B. Die Lage der Gipfel der Kurven bei stufenweiser Elution in Abhängigkeit von der Länge der Kolonne. I. Schröder. 7500.

Thompson, Robert; Washington, Div. of Food and Drug Adm. Identification of fish species by starch gel zone electrophoresis of protein extracts. **(Identifizierung von Fischspecies durch Stärkegelzonenelektrophorese von Proteinextrakten.)** J. Assoc. off. agric. Chemists **45** (1962) Nr. 2. S. 275–276. — 1 Abb., 2 Lit.

Zur Aufdeckung von Fischverfälschungen wird vom Vf. ausführlich eine Methode beschrieben. Sie gestattet mit Hilfe der Stärkegelelektrophorese von Proteinextrakten eine eindeutige Identifizierung der Fischspecies. Die Methode wurde durch 4 Mitarbeiter unabhängig an 3 Fischspecies überprüft. Die Species: Lutianus blackfordii, Epinephalus morio und Cormicrops itajara konnten übereinstimmend identifiziert werden. I. Schröder. 7500.

Tombs, M. P. und Maclagan, N. F.; London, Westminster Med. School, Dep. of Chem. Pathol. The effect of hydrolysis of proteins on their ultraviolet-absorption spectra near 210 mμ. **(Der Einfluß der Hydrolyse der Proteine auf ihre Ultraviolett-Absorptionsspektren bei 210 mμ.)** Biochem. J. **84** (1962) Nr. 1. S. 1-5. — 6 Abb., 15 Lit.

Es wurde der Einfluß von Säurehydrolyse (HCl) und enzymatischer Hydrolyse (Pepsin, Trypsin, Chymotrypsin) auf die UV-Absorptionsspektren einiger typischer Proteine untersucht. Während kalte 6 n HCl die Absorption bei Rinder- und Humanalbumin um 10% erhöht, hat sie keinen Einfluß auf Rinder-ν-Globulin oder Protaminsulfat. Das Erhitzen in 6 n HCl führt bei allen Proteinen zu einem schnellen Sinken der Absorption bis zur Hälfte des Ausgangswertes. Die enzymatische Hydrolyse führt zu einer anfänglichen Steigung und anschließend zu einem Sinken der Absorption. Bei einfacheren Substraten (Protamin) wird keine anfängliche Zunahme beobachtet. Die Korrelation dieser Ergebnisse mit dem Umfang der Spaltung der Peptidbindungen zeigt, daß das Sinken der UV-Absorption auf die Hydrolyse der Peptidbindungen zurückzuführen ist. Die anfängliche Erhöhung der Absorption bei komplexen Proteinen wird durch Strukturänderungen erklärt.
I. Schröder. 7500

Finlayson, A. J. und McConnell, W. B.; Saskatoon, Saskatchewan, Nat. Res. Council of Canada, Prairie Regional Lab. Studies on wheat plants using carbon-14 compounds. XVI. Fractionation of a performic acid oxidized protein. **(Untersuchungen über Weizenpflanzen durch Anwendung von ^{14}C-Verbindungen. 16. Mitt. Fraktionierung eines perameisensäureoxydierten Proteins.)** Canad. J. Biochem. Physiol. **40** (1962) Nr. 2. S. 219-225. — 2 Abb., 2 Tab., 17 Lit.

Zu 18 Weizenpflanzen wurden, wie beschrieben, 48 Tage nach der Aussaat je 0,75 mg Na-Acetat-2-^{14}C, das 50 μc ^{14}C in 0,15 ml einer wäßrigen Lösung enthält, gegeben. Die Pflanzen wurden 110 Tage nach der Aussaat geerntet. Aus den Weizenkörnern wurde nach beschriebener Aufbereitung (Lit.) das Weizengluten und das Gliadin-^{14}C gewonnen (das Gliadin durch Extraktion mit 70%-Äthanol aus dem Gluten.) Es wurden die N-endständigen Aminosäuren (Sanger) bestimmt. Die Bestimmung der spez. Aktivitäten von Glutaminsäure, Prolin und Leucin erfolgte nach der Isotopenverdünnungsmethode. Das Weizengliadin-^{14}C wurde in NH_3-lösliche und alkalilösliche Fraktionen getrennt. Durch Oxydation der NH_3-löslichen Fraktion mit Perameisensäure wurde das Material wasserlöslich und Cystin sowie Cystein quantitativ zu Cysteinsäure oxydiert. Eine Hydrolyse der Peptidbindungen durch die Oxydation wurde nur in geringem Umfange beobachtet. Es konnten 5 proteinähnliche Fraktionen durch Chromatographie an DEAE-Cellulose aus der Oxydationsmischung isoliert werden. Die spez. Aktivitäten der Proteinfraktionen sind sehr unterschiedlich und lassen sich meist leicht durch die Zusammensetzung und spez. Aktivität von Prolin und Glutaminsäure erklären. I. Schröder. 7500.

Reddy, William J. und Hegsted, D. Mark; Boston, Mass., Harvard School of Public Health, Dep. of Nutrit.; Harvard Med. School; Peter Bent Brigham Hospital, Dep. of Med. The measurement and distribution of carnosine in the rat. **(Die Messung und Verteilung von Carnosin in der Ratte.)** J. biol. Chemistry **237** (1962) Nr. 3. S. 705-706. – 16 Lit.

Für die Trennung von Carnosin, Anserin, Histidin und Methylhistidin wurde eine papierchromatographische Technik beschrieben. Die absteigende Methode wurde mit Whatman No. 4 und dem Lösungsmittelgemisch Butanol-Propanol-20%-iges NH_4OH (2:2:1) für 60 Std. durchgeführt. Die Anfärbung erfolgte mit 0,4% Ninhydrin in Butanol (10 Min. bei 100-110°) bzw. Carnosin und Histidin wurden mit diazotierter Sulfanilsäure angefärbt. Beim Studium der Verteilung des Carnosins in der Ratte wurde folgendes gefunden: Carnosin ist ein notwendiger Bestandteil des Skelettmuskels und kommt in Leber und Magenmuskel nur in Spuren vor. Es konnte nicht im Herzmuskel nachgewiesen werden und wurde im Zwerchfell in einer niedrigeren Konzentration gefunden als in den Gliedern oder in den Brustmuskeln. Vff. beweisen mit der Abwesenheit des Carnosins in den anderen Geweben, daß die biochemische Funktion der Verbindung wahrscheinlich im Skelettmuskel lokalisiert ist.

I. Schröder. 7505.

Corfield, M. C. und Robson, A.; Leeds, Wool Ind. Res. Assoc. Automatic analysis of amino acids by polarographic estimation of their copper complexes. **(Automatische Analysen von Aminosäuren durch polarographische Bestimmung ihrer Kupferkomplexe.)** Biochem. J. **84** (1962) Nr. 1. S. 146-151. – 3 Abb., 4 Tab., 14 Lit.

Es wird eine automatische Apparatur zur quantitativen Bestimmung von Aminosäuren beschrieben. Die sauren und neutralen Aminosäuren werden an einer 0,9 × 150 cm Säule (Kationenaustauscher Zeokarb 225 (× 8) getrennt. Die Elution erfolgt mit einem Acetat-Chloracetatpuffer (pH 3,18 bzw. nach 15 Min. pH 4,25) bei 50°. Die basischen Aminosäuren werden an einer 0,9 × 15 cm Säule mit demselben Austauscher bei 50° getrennt. Die Elution erfolgt mit Acetatpuffer bei pH 5,28. Die Bedingungen der Chromatographie sind im wesentlichen wie bei Spackman (1958). Lediglich die Zusammensetzung der Puffer, deren Herstellung ausführlich beschrieben wird, weicht ab. Die Cu-Komplexbildung erfolgt an einer Cu-Phosphat-Säule (10 cm Höhe), die durch Mischung von Cellulosepulver und gepulvertem Cu-Phosphat (14:1) und Phosphat-Borax-Puffer, pH 9,2 hergestellt wird. Eine Durchgangszeit von 20 Min. (Durchflußrate 10 ml/Std.) ist ausreichend, um eine Cu-Komplexbildung zu bewirken. Die Aminosäurebestimmung erfolgt durch Polarographie ihrer Cu-Komplexe. β- und γ-Aminosäuren sowie NH_3 werden nicht mitbestimmt, da keine Komplexbildung erfolgt. Die Empfindlichkeit der Methode entspricht der der Ninhydrinmethode. Die Genauigkeit beträgt 100 ± 3% für alle Aminosäuren. Die Methode wird an Hand eines Insulinhydrolysates durch ein Beispiel belegt. I. Schröder. 7505.

Herndon, J. F., Appert, H. E., Touchstone, J. C. und Davis, C. N.; Malvern, Pa., Malvern Inst. Horizontal chromatography accelerating apparatus. Description of apparatus and applications. **(Eine Apparatur für beschleunigte Horizontalchromatographie. Beschreibung von Apparatur und Anwendung.)** Analyt. Chem. **34** (1962) Nr. 9. S. 1061-1064. – 6 Abb., 25 Lit.

Es wird eine Apparatur beschrieben, die eine Horizontalchromatographie und Ionenaustauschertrennung sowohl auf streifen- und scheibenförmigen Medien, als auch an Säulen gestattet. Die Trennungen können durch eine entsprechende Lösungsmitteldurchflußrate, Temperatur und Zentrifugalkraft beschleunigt werden. Bei den Ionenaustauscher-Trennungen können sowohl Adsorbenzien wie Kieselsäure und Stärke auf Papier (Whatman No. 17 oder Schleicher und Schüll No. 470) als auch geschlossene Säulen (bis 13 cm Länge) mit Adsorbenzien verwendet werden. Es werden Aminosäuretrennungen an Austauscherpapier (Amberlite IRC-50) durchgeführt. Getrennt werden: Arginin, Glycin, Valin und Histamin, sowie ein Gemisch von 10 Aminosäuren in Arginin, Histidin, Lysin, Tyrosin, Isoleucin + Methionin, Cystin + Threonin + Alanin, Asparaginsäure. Die Apparatur ist universell für einen großen Bereich von Trennungen geeignet. I. Schröder. 7505.

Thiele, O. W. und Wober, W.; Göttingen, Univ., Physiol.-Chem. Inst. **Zur papierchromatographischen Trennung von Phosphatiden auf einem neuartigen Kieselgelpapier.** Hoppe-Seyler's Z. physiol. Chem. **326** (1961) Nr. 2/4. S. 89-93. — 1 Tab., 20 Lit. Zus. in Engl.

Bei der beschriebenen Methode wird ein neuartiges Kieselgelpapier verwendet, bei dem das Kieselgel bereits bei der Herstellung in die Papierfaser eingearbeitet wird. Es hat bessere Trenneigenschaften als imprägniertes Papier und läßt sich wie normales Chromatographiepapier handhaben. An Steigflüssigkeiten werden empfohlen: A: Diisobutylketon/Methylisobutylketon/Methyläthylketon/Chloroform/98%ige Ameisensäure/Wasser (30:26:20:110:30:3); B: Tetrahydrofuran/Diisobutylketon/Wasser (45:5:6); C: Diisobutylketon/98%ige Ameisensäure/Wasser (40:15:2). Mit den Steigflüssigkeiten kann ohne Schwierigkeiten ein künstliches Phosphatidgemisch mit bis zu 10 Komponenten oder ein natürliches Rohphosphatidgemisch aufgetrennt werden. Ein besonderer Vorteil der Methode wird darin gesehen, daß die als Verunreinigung häufig in Lipidextrakten vorhandenen Aminosäuren und Oligopeptide in der Nähe der Startlinie zurückbleiben. Die gut reproduzierbaren R_F-Werte einiger Phosphatide werden angegeben. I. Schröder. 7525.

Tada, M., Schweiger, M. und Zachau, H. G.; München, Max-Planck-Inst. für Biochem.; Köln, Univ., Inst. für Genetik **Gegenstromverteilung der löslichen Ribonucleinsäure.** Hoppe-Seyler's Z. physiol. Chem. **328** (1962) Nr. 1/2. S. 85-93. — 2 Abb., 26 Lit.

Lösliche Ribonucleinsäure (l RNS) wurde mittels Phenolextraktion aus Rattenleber und Bäckerhefe gewonnen. Bei den Untersuchungen der Verteilung in den verschiedenen Systemen wurde immer aminosäure-freie l RNS eingesetzt. In den Fraktionen ist durch enzymatischen Einbau radioaktiver Aminosäuren (^{14}C-Tyrosin und ^{14}C-Glycin) die Akzeptoraktivität bestimmt worden. Aus dem Vergleich der Akzeptoraktivität vor und nach der Verteilung ergab sich die Anreicherung. Gute Anreicherungen der in der l RNS enthaltenen Transfer-RNS wurden erzielt durch Verteilung des Tributylammoniumsalzes der l RNS in dem System Butanol/Wasser/Tributylamin/Eisessig/Dibutyläther (100:130:10:2,5:24-31). Wäßrige Lösungen natürlicher und synthetischer Polymerer waren zur Verteilung der l RNS verwendbar, jedoch bei geringerer Trennwirkung. H. Bergner. 7540.

Maros, L., Pintér-Szakács, M. und Schulek, E.; Budapest, L. Eötvös Univ., Inst. für Anorg. und Analyt. Chem. **Die analytische Anwendung der Kohlendioxyddestillation. I. Bestimmung von Ameisensäure (Formiat) über das bei der Oxydation mittels Quecksilber(II)-Chlorid gebildete Kohlendioxyd.** Analyt. chim. Acta [Amsterdam] **25** (1961) Nr. 6. S. 546-550. — 1 Abb., 2 Tab., 4 Lit. Zus. in Engl., Franz.

Ein zur schnellen Bestimmung des bei der Reaktion der Ameisensäure mit Hg(II)-chlorid gebildeten CO_2 geeignetes Verfahren wird beschrieben. Die Reaktion verläuft bei Siedetemperatur in 20-30 Min. quantitativ. Zur Bindung der in der Reaktion entstehenden HCl wird Ca-Citrat angewandt. Stoffe, die Hg-(II)chlorid reduzieren, aber kein CO_2 bilden, stören nicht; das Verfahren ist somit selektiv für Formiate. Die Bestimmung des gebildeten CO_2 erfolgt in einem modifizierten Schulekschen Mikro-Destillationsapparat, dabei wird das CO_2 in eingesteller 0,1 oder 0,01 n $Ba(OH)_2$-Lösung, die mit

Pentan überschichtet ist, absorbiert. Rücktitration des Überschusses an $Ba(OH)_2$ erfolgt mit HCl in Gegenwart von Thymolblau-Indikator. Die Ergebnisse sind sehr gut reproduzierbar und weisen gute Genauigkeit auf.
F. Kreienbring. 7540.

Sakai, Yoshio und Kumagai, Wasako; Tokyo, Univ. of Education, Fac. of Agric. A colorimetric method for the determination of acetic acid in wood hydrolyzate containing a large amount of sulfuric acid. **(Eine colorimetrische Methode zur Bestimmung von Essigsäure im Holzhydrolysat neben großen Mengen Schwefelsäure.)** Agric. biol. Chem. [Tokyo] **25** (1961) Nr. 1. S. 71-73. — 1 Abb., 2 Tab., 4 Lit. Orig.:engl.
Die beschriebene Methode beruht auf der Rotfärbung von Säurelösungen durch Reaktion mit Anilin und Furfurol. Dazu wird zunächst die gesamte H_2SO_4 mit $BaCO_3$ gefällt und $BaSO_4$ sowie der Überschuß an $BaCO_2$ abfiltriert. Nach Zusatz einer adäquaten Menge H_2SO_4 extrahiert man die Essigsäure mit n-Butanol und färbt an. Die durch die überschüssige H_2SO_3 hervorgerufene Färbung wird durch Ausschütteln mit $BaCO_3$ beseitigt und die verbleibende, durch Essigsäure bedingte Färbung im Photometer gemessen. Die Bestimmung wird durch einige andere Säuren, die ebenfalls lösliche Bariumsalze bilden, gestört.
F. Weißbach. 7540.

Jungalwala, F. B. und Cama, H. R.; Bangalore, Indian Inst. of Sci., Dep. of Biochem. Separation of vitamins A_1, A_2 and allied substances by reverse phase paper chromatography. **(Trennung der Vitamine A_1, A_2 und verwandte Substanzen durch Phasenumkehr-Papierchromatographie.)** J. Chromatogr. [Amsterdam] **8** (1962) Nr. 4. S. 535-536. — 1 Abb., 1 Tab., 8 Lit. Orig.: engl.
Eine Auftrennung von Vit. A_1, A_2 und verwandten Substanzen wird durch Imprägnieren des Papiers (Whatman No. 1) mit 3% Vaseline und 90%igem Alkohol als mobile Phase erreicht. Es werden die UV-Fluoreszenzfarben, Rf-Werte u. Absorptionsmaxima (in Petroläther) von Vit. A_1- und A_2-Acetat, -Aldehyd, -Alkohol, Vit. A_1-Palmitat, -Säure, Anhydrovit. A_1 und A_2, Isoanhydrovit. A_1 und β-Carotin angegeben. Im Unverseifbaren des Leberöles von Zygena spez. (Salzwasserfisch) und Wallago attu (Süßwasserfisch) wurden die Vit. A-Komponenten bestimmt.
H. Ackermann. 7562.

Spaeth, Edmund E., Baptist, Victor H. und Roberts, Martin; Pasadena, California Inst. of Technol. Rapid potentiometric determination of ascorbic acid. **(Potentiometrische Schnellbestimmung der Ascorbinsäure.)** Analyt. Chem. **34** (1962) Nr. 10. S. 1342. — 1 Abb., 4 Lit.
Es wird eine automatische potentiometrische Ascorbinsäure-(AS)-Bestimmung beschrieben, die besonders für gefärbte Lösungen geeignet ist. Erforderlich dafür sind ein pH-Meter (Beckman Modell G), ein automatisches Titrimeter (Fisher Modell 36), eine Standardkalomel- und eine Platinelektrode. 2,6-Dichlorphenol-indophenol wird in aliquoten Mengen von jeweils 1 ml zugegeben; 30 Sek. nach Zugabe wird das Potential abgelesen. Der Äquivalenzpunkt liegt im Schnittpunkt zweier sich aus den Meßpunkten ergebenden Kurven und ergibt das Grundpotential; der Endpunkt der Titration liegt 35 mV über dem Grundpotential. Die Bestimmung von Vitaminmischungen mit bekanntem AS-Gehalt ergab eine max. Abweichung von $\pm$ 1%.
H. Ackermann. 7570.

Tokuyama, Keiko und Dawson, Charles R.; New York, Columbia Univ., Dep. of Chem. On the reaction inactivation of ascorbic acid oxidase. **(Über die Reaktion der Inaktivierung von Ascorbinsäureoxydase.)** Biochim. biophysica Acta [Amsterdam] **56** (1962) Nr. 3. S. 427-439. — 8 Abb., 3 Tab., 12 Lit.
In vitro wird die Ascorbinsäureoxydase während ihrer enzymatischen Tätigkeit, der aeroben Oxydation von Ascorbinsäure, inaktiviert. Diese Inaktivie-

rung beruht nicht auf den Reaktionsprodukten Dehydroascorbinsäure und Wasser, sondern auf der Wirkung von H_2O_2, das in einer Nebenreaktion gebildet wird. Verantwortlich für seine Bildung ist offenbar das Cu des Fermentes. Katalase und Gelatine vermögen das Ferment vor Inaktivierung zu schützen. W. Goldbach. 7580.

Jollès, Pierre, Zowall, Halina, Jauregui-Adell, Juan und Jollès, Jacqueline; Paris, France, Fac. des Sci., Lab. de Chim. Biol. Nouvelle méthode chromatographique de préparation des lysozymes. **(Eine neue chromatographische Methode zur Herstellung von Lysozymen.)** J. Chromatogr. [Amsterdam] 8 (1962) Nr. 3. S. 363-368. – 4 Abb., 9 Lit. Zus. in Engl.

Es wird eine Methode zur Herstellung von reinen Lysozymen aus Frauenmilch und Hundemilz durch Chromatographie an Carboxymethylcellulose beschrieben. Unter den Arbeitsbedingungen bleibt die volle biol. Aktivität erhalten. Vff. beweisen die Reinheit der Lysozyme durch Chromatographie an Amberlite CG-50 und durch einige Aminosäurebestimmungen. pH, Molarität und Temperatur wurden während der Chromatographie konstant gehalten. Eine vollständige Entsalzung der Lysozymlösung wurde durch Filtration über Sephadex G-50 erreicht. Die beschriebene Methode wird mit einigen früher publizierten Reinigungsprozessen verglichen. I. Schröder. 7580.

Birk, Yehudith; Rehovot, Israel, Hebrew Univ., Fac. of Agric. Purification and some properties of a highly active inhibitor of trypsin and α-chymotrypsin from soybeans. **(Reinigung und einige Eigenschaften eines hoch aktiven Inhibitors von Trypsin und α-Chymotrypsin aus Sojabohnen.)** Biochim. biophysica Acta [Amsterdam] **54** (1961) Nr. 2. S. 378-381. – 2 Abb., 2 Tab., 9 Lit.

Von den Trypsininhibitoren der Sojabohne wurde bisher nur ein Inhibitor kristallisiert erhalten. Vf. reinigt einen unreinen acetonunlöslichen Trypsininhibitor und vergleicht ihn mit dem bisher kristallisierten. Es wird das Verhalten der beiden Inhibitoren gegen verdünnte HCl, die Pepsinverdauung und eine Hitzebehandlung untersucht sowie ihr chromatographisches und papierelektrophoretisches Verhalten bestimmt. Der vergleichende Einfluß der Inhibitoren auf Trypsin, α-Chymotrypsin, Pepsin und cysteinaktiviertes Papain wurde geprüft. Die Isolierung und Reinigung des Inhibitors wird ausführlich beschrieben. Vf. beweist mit Hilfe der angegebenen Methoden die Homogenität des gereinigten Inhibitors sowie die Nichtidentität der beiden Inhibitoren. Die Stabilität des Inhibitors gegen verdünnte HCl und Pepsin befähigt ihn, den Magen zu passieren und Trypsin wie α-Chymotrypsin zu hemmen. Dem Inhibitor wird daher hinsichtlich der Verdauungsdepression beim rohen Sojabohnenmehl eine große Bedeutung zugemessen.
I. Schröder. 7580.

Schön, H., Rässler, B. und Henning, N.; Erlangen; Nürnberg, Univ., Med. Klin. **Zur Aktivitätsbestimmung von Pankreasfermenten im biologischen Material. 1. Mitt. Bestimmung der Trypsin-Aktivität im Duodenalsaft.** Hoppe-Seyler's Z. physiol. Chem. **327** (1962) Nr. 2/6. S. 166-173. – 4 Abb., 4 Tab., 10 Lit.

Die von Riedel und Wünsch (vgl. LZ. Abt. III **6** [1961] Nr. 3. S. 481.) angegebene Methode wird hinsichtlich ihrer Anwendbarkeit auf Darmsaftuntersuchungen geprüft. Als Substrat wird Nα-Benzoyl-DL-arginin-β-naphthylamid-hydrochlorid verwendet. Die Aktivitätsmessung erfolgt auf Grund der Freisetzung von β-Naphthylamin und Kupplung mit tetrazotiertem Di-o-anisidin (Echtblausalz B) zu einem roten Azofarbstoff. Die Kupplung erfolgt direkt im Inkubationsansatz, und der Farbstoff wird nach Extraktion colorimetrisch gemessen. Zur Bestimmung des Naphthylamins in Gegenwart größerer Proteinmengen diazotierten Vff. in saurer Lösung und führten die Kupplung mit N-α-Naphthyl-äthylendiamin (blauer Farbstoff) im Perchlorsäurefiltrat durch. Mit beiden Methoden wurden gleiche Ergebnisse erzielt. Zur Erzielung reproduzierbarer Ergebnisse muß mit Ca^{2+}-Zusatz gearbeitet werden. Normalwerte für die Trypsinaktivität im menschlichen Duodenalinhalt werden mitgeteilt. I. Schröder. 7580.

Rässler, B., Schön, H. und Henning, N.; Erlangen; Nürnberg, Univ., Med. Klin. **Zur Aktivitätsbestimmung von Pankreasfermenten im biologischen Material. 2. Mitt. Bestimmung der Chymotrypsin-Aktivität im Duodenalsaft.** Hoppe-Seyler's Z. physiol. Chem. **327** (1962) Nr. 2/6. S. 174-181. — 3 Abb., 5 Tab., 21 Lit. 1. Mitt. vgl. vorst. Ref.
Als Grundlage diente das von Seligman (5 Lit.) angegebene Verfahren. Anstelle des N-Benzoyl-DL-phenylalanin-β-naphthylesters, mit dem im biol. Material keine befriedigenden Ergebnisse erzielt werden konnten, wurde der schwerer spaltbare zu diesem Zweck synthetisierte β-Phenyl-propionsäure-β-naphthylester als Substrat verwendet. Die Kupplung erfolgt mit tetrazotiertem Di-o-anisidin (Echtblausalz B) zu einem roten Farbstoff, der colorimetrisch gemessen wird. Der Kationeneffekt des Ca^{2+} wird näher untersucht. Aktivitätswerte für Chymotrypsin im Darmsaft werden mitgeteilt.
I. Schröder. 7580.

Kawada, Minoru, Takiguchi, Hisashi, Kagawa, Yasuo, Suzuki, Kantaro und Shimazono, Norio; Tokyo, Univ., Fac. of Med., Dep. of Biochem. Comparative studies on soluble lactonases. **(Vergleichende Untersuchungen über lösliche Lactonasen.)** J. Biochemistry [Tokyo] **51** (1962) Nr. 6. S. 405 bis 415. — 5 Abb., 10 Tab., 25 Lit. Orig.: engl.
Es wird gezeigt, daß Lactonase-I (aus Rinderleber), Aldonolactonase und Gluconolactonase (beide aus Rattenleber) das gleiche Enzym darstellen. Gereinigte Lactonase-I erwies sich bei elektrophoretischer Untersuchung und bei Untersuchung der Sedimentation in der Ultrazentrifuge als einheitlich. Das Präparat zeigte jedoch immunochemische Heterogenität. Das Vorhandensein von 6-Phosphogluconolactonase (Lactonase-III) in der Leber verschiedener Säugetiere wurde bewiesen. Ein Schema für die Klassifizierung der Lactonasen in der Leber wird vorgeschlagen. F. Kreienbring. 7580.

Copenhaver, John H. und Gawienowski, Anthony M.; Manhattan, Canada, Kansas State Univ., Dep. of Biochem. A paper chromatographic system for estrogens. **(Ein papierchromatographisches System für Oestrogene.)** J. Chromatogr. [Amsterdam] 8 (1962) Nr. 2. S. 274-275. — 1 Tab., 10 Lit.
Vff. beschreiben eine Methode zur Bestimmung von Steroiden im Harn von trächtigen Rindern. Es wird nach der absteigenden Methode mit Whatman No. 1 Streifen und Triäthylenglykol gearbeitet. Die Chromatographiedauer beträgt 4–4½ Std. Es werden die R_F- und die R_E-Werte von 10 bestimmten Steroiden angegeben. (Der R_E-Wert bringt das Verhältnis der zurückgelegten Entfernung zu der eines Standard-Steroids zum Ausdruck, so daß keine Abhängigkeit von Temperatur, Sättigung etc. besteht.) I. Schröder. 7595.

Holden, Margaret; Harpenden, Rothamsted Exp. Stat. Separation by paper chromatography of chlorophylls a and b and some of their breakdown products. **(Die Trennung von Chlorophyll a und b und einige seiner Abbauprodukte durch Papierchromatographie.)** Biochim. biophysica Acta [Amsterdam] **56** (1962) Nr. 2. S. 378-379. — 1 Abb., 5 Lit.
Es wird eine papierchromatographische Trennung von Chlorophylliden, Phäophorbid a und b, Chlorophyll a und b, Phäophytin a und b und Carotin beschrieben. Es wird ein Gemisch von Petroläther, Benzin und Aceton (4 : 1 : 0,5) verwendet, wodurch eine einwandfreie Abtrennung der Phäophytine erreicht wird. Die weitere Abtrennung des Chlorophylls a und b nach Equilibration des Papiers wird mit der gleichen Lösung erreicht.
M. Hoffmann. 7610.

Bhatnagar, R. P. und Poonia, N. S.; Indore, India, Holkar Coll., Dep. of Chem. Studies in paper chromatography of a few cations with solvents containing chloroform. **(Papierchromatographische Studien einiger Kationen mit chloroformhaltigen Lösungsmitteln.)** Analyt. Chem. **34** (1962) Nr. 10. S. 1325-1328. — 5 Abb., 1 Tab., 8 Lit.

Vff. prüften Chloroform und verschiedene Chloroformmischungen als Lösungsmittel zur papierchromatographischen Trennung anorg. Ionen. Die R_F-Werte von Cu^{+2}, Ni^{+2}, Co^{+2} und Fe^{+3} werden für die verschiedenen getesteten Lösungsgemische mitgeteilt. Obwohl Chloroform kein wirksames Lösungsmittel für die anorg. Papierchromatographie ist, trennen Mischungen von Chloroform mit Alkoholen, Ketonen, Estern oder Phenolen die 4 Elemente qualitativ. M. Anke. 7620.

Borst Pauwels, G. W. F. H. und Wesemael, J. Ch. van; Wageningen, Holland, Plant Nutrit. Lab. A new routine method for determination of iodine in plant materials. **(Eine neue Routinemethode zur Jodbestimmung in pflanzlichem Material.)** Analyt. chim. Acta [Amsterdam] **26** (1962) Nr. 6. S. 532 bis 540. — 5 Abb., 4 Tab., 8 Lit. Zus. in Franz., Dtsch.

Vff. beschreiben eine einfache und rasche Methode zur Bestimmung des pflanzlichen Jodgehaltes. 200 mg trockenes Pflanzenmaterial werden in einem 50 ml Aufschlußkölbchen mit 7,5 ml Neumann-Aufschlußlösung (HNO_3 + H_2SO_4; 1:1) und 1 ml Perchlorsäure versetzt. Nach dem Abkühlen wird 1 ml arsenige Säure zugesetzt und mit H_2O auf 50 ml aufgefüllt. In 2 Tagen kann nach Zusatz von arseniger Säure und Cerlösung bei 420 mμ im Lumetron colorimetriert werden. Die Methode eignet sich für Routineuntersuchungen. M. Anke. 7645.

Chow, Tsaihwa J. und Johnstone, M. S.; La Jolla, Univ. of California, Scripps Inst. of Oceanography. Determination of nitrate in sea water. **(Bestimmung von Nitrat in Seewasser.)** Analyt. chim. Acta [Amsterdam] **27** (1962) Nr. 5. S. 441-446. — 4 Abb., 9 Lit. Zus. in Franz., Dtsch.

Bei der im einzelnen beschriebenen Bestimmungsmethode wird das Nitrat im Meerwasser mit Zn in ammoniakalischer Lösung in Gegenwart von $Mn(OH)_4$ (!) zu Nitrit reduziert, mit Sulfanilamid diazotiert und in einen Diazofarbstoff überführt. Die spektrophotometrische Messung erfolgt nach der max. Farbbildung (15 Min.) bei 543 mμ (Beckman DU Spektrophotometer). Mit der Methode wurde eine Anzahl Seewasserproben untersucht. Die Publizierung erfolgt später. I. Schröder. 7650

Pallavicini, Charles; New York City, Columbia Univ., Coll. of Physicians and Surgeons. Determination of magnesium in tissue by the Titan yellow method in the presence of silver and mercury. **(Die Bestimmung des Magnesiums in Geweben nach der Titangelbmethode in Gegenwart von Silber und Quecksilber.)** Proc. Soc. exp. Biol. Med. **110** (1962) Nr. 2. S. 235 bis 237. — 2 Abb., 1 Tab., 2 Lit.

Ag und Hg stören die Bestimmung des Mg nach der Titangelbmethode. Durch Zusatz von 2 ml 12%iger Natriumrhodanidlösung zu veraschtem Gehirn ließ sich der durch Hg und Ag bedingte Fehler beseitigen. M. Anke. 7650.

Platikanow, N. und Tscheschmedschiew, B.; Kostinbrod, Bulg. Akad. der Landwirtsch.-Wiss., Forsch.-Inst. für Tierzucht und Tierernähr. **Zur Frage des mengenmäßigen Verhältnisses der Grundfutterration und des untersuchten Futtermittels in den beiden Futterrationen des Differenzversuches zur Bestimmung der Verdaulichkeit der Futtermittel.** Arch. Tierernähr. **12** (1962) Nr. 4. S. 189-198. — 7 Tab.

Vff. fütterten an 3 Schafe pro Tier und Tag 1200 g Heu (I) oder 1000 g Heu + 200 g Maisschrot (II) oder 800 g Heu + 400 g Maisschrot (III). Ein ähnlicher Vergleich wurde mit 900 g Heu + 1100 g Maissilage (IV) gegen 600 g

Heu + 2200 g Maissilage (V) sowie 900 g Heu + 2000 g Futterrüben (VI) gegen 600 g Heu + 4000 g Futterrüben (VII) durchgeführt. Folgende VK wurden erhalten:

		Tr.-S.	Org.-S.	Rohprot.	Rohfett	Rohfaser	N-fr. E.
Maisschrot	II	81,5	82,3	63,9	53,0	126,5	87,4
	III	87,7	87,2	71,6	84,3	50,8	92,4
Maissilage	IV	73,2	76,0	59,1	96,3	75,1	77,8
	V	67,6	69,7	52,7	81,6	69,4	71,8
Futterrüben	VI	81,6	83,9	55,1	25,9	21,1	92,5
	VII	78,1	80,3	53,6	67,1	11,9	88,4

Auch an Schweinen erhielten Vff. bei der gleichzeitigen Fütterung von Kraftfutter und Futterrüben bei höherem Rübenanteil niedrigere VK für letztere. Vff. empfehlen in Differenzfutterversuchen das zu untersuchende Futtermittel zu 20–30% in die Grundfutterration aufzunehmen. In der 2. Periode sollen dann 50% der Grundfutterration durch das zu untersuchende Futtermittel ersetzt werden. H. Bergner. 7755.

Anwar, A. Evaluation of proteins by in vitro pancreatin digestion. **(Bestimmung der Proteine durch in vitro Pankreatin-Verdauung.)** Poultry Sci. **41** (1962) Nr. 4. S. 1120–1123. — 3 Tab., 9 Lit.

Der Nährwert von Eiweißarten pflanzlicher und tierischer Herkunft wurde mit Hilfe von Pankreatin in vitro bestimmt. Der GPV ("gross protein value") diente als Vergleichsgröße. Im allgemeinen wird diese Methode als hinreichend genau für pflanzliche Eiweißarten und spez. für Fleischmehl angesehen, während für verschiedene Fischmehlproteine Unterschiede im Nährwert mit Hilfe dieser Methode wahrscheinlich wesentlich schwerer zu ermitteln sein dürften. G. Göbel. 7770.

Andreae, U., Teute, H. W. und Unshelm, J. **Eine Apparatur zur kontrollierten Bewegung von Rindern und Schweinen.** Z. Tierphysiol., Tierernähr. Futtermittelkunde **17** (1962) Nr. 3. S. 146–150. — 7 Abb., 7 Lit. Zus. in Engl.

Für Belastungsversuche im Rahmen der experimentellen Konstitutionsforschung beschreiben Vff. eine Bewegungsapparatur, die sich für Schweine und Rinder aller Altersklassen eignet. Die stufenlose Einstellung einer Geschwindigkeit von 2–8 km/Std. ist möglich, ebenso die Ermittlung der zurückgelegten Strecke sowie eine Feststellung des Bewegungsablaufes mit Hilfe von Filmaufnahmen. 7819.

Kempner, E. S. und Miller, J. H.; Bethesda, Md., Nat. Inst. of Health; Nat. Inst. of Arthritis and Metabolic Diseases. Autoradiographic resolution of doubly labeled compounds. **(Autoradiographische Auflösung von doppeltmarkierten Verbindungen.)** Science [Washington] **135** (1962) Nr. 3508. S. 1063–1064. — 1 Abb., 3 Lit.

Vff. berichten über ein autoradiographisches Verfahren zur Verbesserung der Simultaninkorporation von 2 verschiedenen Radionucliden in einem biol. System, da die z. Zt. verwendete chem. Trennung der markierten Verbindungen bzw. die phys. Charakteristik sehr zeitraubend und kostspielig sind. Es wurde die von Ficq beschriebene Technik verwendet (vgl. Lab. Invest. 8 (1959) S. 237). In der ausführlich beschriebenen Methode werden ADP-8-^{14}C und ADP-^{32}P nach Zugabe einer markierten Mischung von AMP-ADP und ATP 1 dimensional absteigend chromatographiert (5% Na_2HPO_4, gesättigt mit Isoamylalkohol). Eine einfache Identifizierung des Materials ist leicht durch visuellen Vergleich von 2 Filmen möglich, wenn ^{14}C-^{32}P- oder ^{35}S-^{32}P-

Chromatogramme nur 1 Radionuclid pro Fleck enthalten. Unter bestimmten Bedingungen können auch doppelt markierte Flecke aufgelöst werden.
I. Schröder. 7830.

D. ERNÄHRUNGSPHYSIOLOGIE

Verdauung und Resorption

Dawson, R. und Holdsworth, E. S.; Shinfield, Reading, Nat. Inst. for Res. in Dairying. An investigation into protein digestion with ^{14}C-labelled protein. I. The general pattern of ^{14}C incorporation in body tissues and fluids of the rat up to 3 h after feeding. **(Die Untersuchung der Proteinverdauung mit ^{14}C-markiertem Protein. 1. Mitt. Das allgemeine Muster der ^{14}C-Inkorporation in Körpergeweben und Flüssigkeiten der Ratte bis 3 Std. nach der Fütterung.)** Brit. J. Nutrit. **16** (1962) Nr. 1. S. 13–25. – 2 Abb., 7 Tab., 23 Lit.

Fett- und kohlenhydratfreies Chlorellaprotein von hoher spez. Aktivität (0,1 mc/mg) wurde nach Verdünnung mit unmarkiertem Chlorellaprotein (erhalten durch Extraktion von Chlorellazellen mit 90% Phenol) an 250 bis 300 g schwere ♀ und ♂ Ratten verfüttert und nach 1, 2 und 3 Std. die Verteilung der ^{14}C-Aktivität im Magen-Darm-Traktus, in den subcellularen Komponenten der Darmmucosa und der Leber, im Portal- und Herzblut, sowie im Harn, Kot, experiertem CO_2 und in der Körpermuskulatur bestimmt. Ergebnis: Die papierchromatographischen (1 und 2dimensional) und autoradiographischen Untersuchungen zeigen die Gegenwart von radioaktiven Peptiden im Darm, während in der Darmmucosa oder im Blut keine Peptide nachgewiesen werden können. Die Plasma-Aminosäurefraktion des Blutes hat die höchste spez. Aktivität. Die Aktivität der Portalplasmaaminosäuren ist 3 Std. nach der Fütterung 50–300% höher als jene des Herzblutes, die Konzentration an Plasmaaminosäuren ist entsprechend 50% höher als im Herzblut und 100% höher als ohne Fütterung. Während im Herz- und in der Körpermuskulatur nur eine sehr geringe Inkorporation festgestellt werden konnte, wurde in der Darmmucosa und in der Leber die höchste Proteinsynthese beobachtet. Von den Proteinfraktionen weisen die Mikrosomen die höchste spez. Aktivität auf. I. Schröder. 7852.

Dawson, R. und Porter, J. W. G.; Shinfield, Reading, Nat. Inst. for Res. in Dairying. An investigation into protein digestion with ^{14}C-labelled protein. II. The transport of ^{14}C-labelled nitrogenous compounds in the rat and cat. **(Die Untersuchung der Proteinverdauung mit ^{14}C-markiertem Protein. 2. Mitt. Der Transport von ^{14}C-markierten N-Verbindungen in Ratte und Katze.)** Brit. J. Nutrit. **16** (1962) Nr. 1. S. 27–38. – 3 Abb., 5 Tab., 19 Lit. 1. Mitt. vgl. vorst. Ref.

Markiertes Chlorellaprotein von hoher spez. Aktivität (0,1 mc-mg) wurde an Ratten und Katzen verfüttert. Nach 0–6 Std. wurden bei Ratten die Verteilung der ^{14}C-Aktivität in verschiedenen Blutfraktionen des Portal- und des Herzblutes bestimmt, nach 3–4 Std. die Verteilung der Aktivität bei Katzen in der Mesenteriallymphe sowie im Portal- und Herzblut. Ergebnis: 1. In der Ratte wurde das Protein schnell verdaut und nach 3 Std. zu 60% assimiliert. 2. Die max. Aktivität wurde in den Plasmaaminosäuren des Portalblutes zwischen 30 Min. und 1 Std. nach der Fütterung gemessen, im Herzblut zwischen 1 und 2 Std. 3. Die Plasmaaminosäuren des Portalblutes haben eine beträchtliche höhere spez. Aktivität als jene des Herzblutes. 4. 41% der resorbierten ^{14}C-Aktivität wird vom Darm in Form der Plasmaaminosäuren transportiert. In der Plasmaproteinfraktion wurden max. nur etwa 5% der absorbierten ^{14}C-Aktivität gemessen. 5. Bei Katzen wurde ähnlich wie bei Ratten im Plasmaprotein des Portalblutes dieselbe spez. Aktivität wie im Herzblut gemessen. Die spez. Aktivität der Lymph-Aminosäuren ist beträchtlich niedriger als jene der Plasmaaminosäuren.

I. Schröder. 7852.

Tsuda, Tsuneyuki; Tohoku, Japan, Tohoku Univ., Dep. of Animal Husbandry. The relationship between rumen motility and the rate of acetic acid absorption from the rumen by the use of rumen pouch method. **(Die Beziehung zwischen Pansenbeweglichkeit und Grad der Essigsäure-Resorption vom Pansen durch Anwendung einer Pansensack-Methode.)** Tohoku J. agric. Res. **13** (1962) Nr. 1. S. 29–42. – 10 Abb., 3 Tab., 16 Lit. Orig.: engl.

Die Beweglichkeit des Pansensackes (isolierter Pansen) der Versuchsschafe war ähnlich der des Pansens der Vergleichstiere. Die Gabe von Na-Salzen der Essigsäure, Propionsäure und Buttersäure in den Pansen bewirkte eine Hemmung der Pansenbeweglichkeit. In dem Maße, wie die Gaben der Na-Salze der Essigsäure, Propionsäure und Buttersäure, die in den Pansen gegeben wurden, anstiegen, so wächst auch die Wirkung der Hemmung der Pansensack-Beweglichkeit. Die hemmende Wirkung der Essigsäure auf die Pansensack-Beweglichkeit war geringer als die der Propionsäure und Buttersäure. Die Hemmung der Beweglichkeit des isolierten Pansens wirkte nicht eindeutig auf den Grad der Essigsäure-Resorption des Pansensackes ein.

J. Rojahn. 7862.

Rojahn, J.; Halle/S., Martin-Luther-Univ., Halle-Wittenberg, Inst. für Tierernähr. **Beiträge zur Frage der symbiontischen Harnstoffverwertung durch Pansenbakterien anhand von Kulturversuchen.** Zbl. Bakteriol., Parasitenkunde, Infektionskrankh. Hyg., II. Abt. **115** (1962) Nr. 1. S. 11–44. – 31 Lit.

Durch in-vitro-Versuche sollte geklärt werden, ob eine zeitlich adaptive Wirkung auf die Ureasebildung der Pansenbakterien auftreten kann, welche Wachstumsintensitäten unter verschiedenen Kulturbedingungen die Pansenbakterien zeigen und welche Urease-positiven Pansenbakterien auf Grund ihrer morphologischen und leistungsphysiologischen Merkmale beschrieben werden können. In mikroskopisch-morphologischen Untersuchungen konnten 22 Leitorganismen der Pansenbakterien charakterisiert werden. In Kulturversuchen mit isolierten Bakterienstämmen konnten 3 harnstoffverwertende Stämme aus dem Pansen isoliert, beschrieben und bestimmt werden (Grampositive Sporenbildner, Gram-negative Kurzstäbchen und Gram-variable Coccen.) Unter den Versuchsbedingungen verwerteten – wie die Wachstumscharakteristica der Stämme auf Selektivnährboden ergaben – die Stämme den Harnstoff nur unter aeroben Bedingungen unter CO_2-Verhältnissen. Während die isolierten Coccen den Harnstoff sehr rasch zersetzten, erfolgte der Abbau durch die isolierten Stäbchen nicht so gut.

W. Holzschuh. 7862.

Warner, A. C. I. Enumeration of rumen micro-organisms. **(Zählung der Mikroorganismen des Pansens.)** J. gen. Microbiol. **28** (1962) Nr. 1. S. 119–128. – 3 Tab., 21 Lit.

Nach einer Übersicht über die bisherigen Methoden der Keimzahlbestimmung (Bakterien und Protozoen) im Panseninhalt wird über vergleichende Untersuchungen an Schafen mit eigenen Methoden berichtet. Die Proben wurden entweder durch eine Pansenfistel oder nach dem Schlachten entnommen. Bei der „Standardmethode“ (1) wurden 100 ml Panseninhalt durch Nylongewebe filtriert und 5 ml Filtrat mit 20 ml Formol-Salz-Lösung (10% Formaldehyd und 0,85% NaCl) verdünnt und fixiert. In Zählkammern wurde die Keimzahl ermittelt. Methode (2) ergab die „Gesamtkeimzahl“ durch Addition der Zahlen von Filtrat, Waschflüssigkeit und Homogenat. Hierzu wurden 50 g Panseninhalt mit 200 ml Formol-Salz-Lösung versetzt, durchmischt und filtriert (= Filtrat), der Rückstand erneut mit 100 ml Lösung versetzt und filtriert (= Waschflüssigkeit) und der Rückstand 7mal mit 50 ml Lösung

homogenisiert. Die 7 Filtrate wurden vereinigt (= Homogenat). Bei der „Flüssigkeitsmethode" wurden 200 g Panseninhalt wie bei (1) filtriert und verdünnt. Untersucht wurden außerdem gefärbte Ausstriche. Wesentliche Unterschiede im Keimgehalt ergaben die Methoden nicht, obwohl Differenzen in einzelnen Organismengruppen vorhanden waren. Bestätigt wurde, daß innerhalb des Pansens Gehalt und Art der Mikroorganismen annähernd gleich sind und damit eine Pansenfistelprobe ein gutes Bild vom Keimgehalt des gesamten Pansens gibt (von gewissen Ausnahmen abgesehen). Das Verhältnis „Gesamtkeimzahl" zu „Standard" scheint vom einzelnen Organismus, von der Art des Futters (Luzerne- und Weizenhäcksel bzw. Grünfutter auf der Weide) und der Zeit nach der Fütterung abzuhängen.
W. Goldbach. 7862.

Warner, A. C. I. Some factors influencing the rumen microbial population. **(Einige Faktoren, die die mikrobielle Population des Pansens beeinflussen.)** J. gen. Microbiol. **28** (1962) Nr. 1. S. 129–146. – 4 Abb., 7 Tab., 42 Lit.
Anzahl und Art der Mikroorganismen (Bakterien und Protozoen) im Pansen von Schafen hängen nicht nur von der Qualität und Quantität des Futters ab. Bestimmend ist auch die unterschiedliche Vermehrungsfähigkeit der einzelnen Mikroben. Keime, die sich relativ schnell teilen, dominieren bereits kurze Zeit nach der Fütterung, langsam wachsende dagegen erreichen ihre höchste Konzentration erst sehr viel später. Zu diesen tägl. Änderungen kommt noch eine individuelle Variabilität. Unterschiedliche Keimzahlen wurden von Tieren erhalten, die das gleiche Futter bekommen hatten und deren Panseninhalt zum gleichen Zeitpunkt analysiert wurde. Hungern oder Unterernährung führten zu einer starken Reduktion und sogar zum Verlust einiger Mikroben. Nach anschließender Fütterung erreichen einige Mikroorganismen ein Maximum mit nachfolgendem geringen Abfall. Bei qualitativer Änderung des Futters (Umstellung von Heu auf Heu + Konzentrat) befindet sich die mikrobielle Pansenflora und -fauna nach etwa 10 Tagen in einem neuen Gleichgewicht.
W. Goldbach. 7862.

McManus, W. R.; Univ. of New South Wales, School of Wool Technol. Oesophageal fistulation studies in the sheep. **(Untersuchungen über Oesophagusfisteln beim Schaf.)** Austral. veterin. J. **38** (1962) Nr. 3. S. 85–91. – 7 Abb.
Es wurden zweierlei Fistelverschlüsse erprobt: einmal Verschlüsse aus einem biegsamen, geformten Stöpsel und zum anderen starre, geschraubte Flauschkanülen. Die ersteren erwiesen sich sowohl unter Weide- als auch unter Stallverhältnissen als geeigneter. Bei 52% der operierten Tiere schlug das Anlegen einer Oesophagusfistel fehl.
O. Dietz. 7862.

Alexander, R. A. und Hentges jun., J. F.; Gainesville, Florida Agric. Exp. Stat. Physical form and composition of hay on lactation, rumen development and digestibility. **(Physikalische Form und Zusammensetzung von Heu auf Laktation, Pansenentwicklung und Verdaulichkeit.)** J. Animal Sci. **21** (1962) Nr. 3. S. 439–443. – 3 Tab., 24 Lit.
In diesen Versuchen wird der Einfluß von langem, gemahlenem sowie pelletiertem Heu bei unterschiedlicher N-Gabe (100 lb. und 200 lb. N/acre) auf Verdaulichkeit, die Entwicklung des Pansenepithels und die FFS-Produktion geprüft. 24 frisch laktierende Färsen (Fleischrasse) wurden 126 Tage lang mit dem genannten Heu verschiedener Form und Düngung sowie mit Mineralstoffen ernährt. Färsen, die gemahlenes Heu ($^1/_4$ inch) erhielten, zeitigten eine signifikant höhere Tr.-Subst.-Aufnahme und die Kälber, die bei ihnen saugten, einen besseren tägl. Zuwachs. Die Gesamtproduktion an FFS erhöhte sich bei gemahlenem Heu (94,6 gegenüber 85,0 Mikromol/ml), ebenfalls das Gewicht des wasser- und fettfreien Pansenepitheliums je 100 lb. Lgw. (54,5 g gegenüber 49,3 g). Bei gemahlenem Heu wurde das Verhältnis von C_2:C_3-

Säure enger. Die VK, die an Schafen und Rindern ermittelt wurden, betrugen bei 100 lb. N, lang; 200 lb. N, lang; 200 lb. N, gemahlen; 200 lb. N, pelletiert: für Tr.-Subst. 53, 54, 56, 53; für Rohprot. 52, 60, 59, 57; für Rohfaser 58, 58, 53, 50; für N-fr. E. 54, 52, 60, 58; TDN (%) 53, 54, 56, 55.

B. Piatkowski. 7862.

Bailey, C. B.; Lethbridge, Alberta, Canada Agric. Res. Stat. Rates of digestion of swallowed and unswallowed dried grass in the rumen. **(Grad der Verdauung von hinuntergeschlucktem und nichthinuntergeschlucktem getrockneten Gras im Pansen.)** Canad. J. Animal Sci. **42** (1962) Nr. 1. S. 49–54. — 1 Abb., 1 Tab., 7 Lit.

Im ventralen Teil des Pansens zweier Ochsen wurden via Fistel Nylonsäckchen zur Fermentation untergebracht, die Proben unvorbehandelten (**I**) oder gekauten sowie eingespeichelten (**II**) getrockneten Grases enthielten. Nach unterschiedlichem, bis zu 72 Std. währenden Aufenthalt im Pansen wurde dann der jeweilige Säckcheninhalt analysiert. Es ergab sich, daß innerhalb der allerersten Fermentationsstunde die für eine 1 stündige Digerierungsdauer größte Verdauungsrate bei der Tr.-Subst., dem Rohprotein und der Asche zu beobachten war, was auf einen raschen Abbau der leichtlöslichen Fraktionen zurückzuführen ist. Die Werte für **II** lagen hierbei beträchtlich höher als für **I**. Dieses war sogar noch bis zur 13. Digerierungsstunde der Fall. Die Verdauung der unlöslichen Gerüstsubstanzen war bis zur 4. Std. unbedeutend, dann war sie bis zur 14. bei **II** stärker als bei **I**. Nach sehr langer Digerierung verwischten natürlich die Differenzen zwischen **II** und **I** mehr oder weniger.

H. H. Budzier. 7862.

Freer, M., Campling, R. C. und Balch, C. C.; Shinfield, Reading, Nat. Inst. for Res. in Dairying. Factors affecting the voluntary intake of food by cows. IV. The behaviour and reticular motility of cows receiving diets of hay, oat straw and oat straw with urea. **(Faktoren, die die freiwillige Futteraufnahme bei Kühen beeinflussen. 4. Mitt. Verhalten und reticulare Motilität von Kühen, die Heu, Haferstroh sowie Haferstroh und Harnstoff erhielten.)** Brit. J. Nutrit. **16** (1962) Nr. 3. S. 279–295. — 4 Abb., 9 Tab., 15 Lit. **3.** Mitt. vgl. LZ. Abt. III 8 (1963) Nr. 3. S. 567.

Die Untersuchungen wurden an 7 Fistelkühen durchgeführt, die Heu ad lib. (ca. 22 lb./tägl.) bzw. begrenzt (15 und 10 lb.) bzw. Haferstroh allein, mit Harnstoff oder Zucker erhielten. Bei einem einmaligen Heuangebot von 4½ Std. fraßen die Tiere 10,9 Min/lb. und käuten 29,5 Min/lb. wieder, bei Haferstroh betrugen die Werte 22,2 bzw. 50,8 Min/lb. Bei intraruminaler Zuführung von Harnstoff lagen die Zeiten zwischen Heu und Stroh. Wurde die Freßdauer bei Heu von 24 auf 2 Std. verkürzt, so waren für Fressen und Wiederkäuen 39 Min/lb. erforderlich. Bei kürzerer Freßdauer war aber der Zeitaufwand je lb. Futter für das Fressen kleiner, der für das Wiederkäuen größer als bei langer Freßdauer. Die Kontraktionshäufigkeit des Reticulums war im Liegen kleiner als im Stehen und bei max. Futteraufnahme deutlich höher als bei niedriger Futtergabe (ebenfalls höher bei gleicher Haferstrohgabe gegenüber einer solchen von Heu). Die Kontraktionsfrequenz ist während des Fressens höher als während des Wiederkäuens. Vff. ermittelten eine lineare Beziehung zwischen der Höhe des Futterverzehrs und der mit jeder Kontraktion in das Omasum beförderte Menge organ. Subst. Die Kontraktionsfrequenz war von geringerer Bedeutung für die Weiterbeförderung der org. Subst. in das Omasum. Die Durchflußrate vom Rumen in das Omasum ist wiederum abhängig von der Abbaugeschwindigkeit der Futterbestandteile.

B. Piatkowski. 7862.

Gilchrist, F. M. C. und Kistner, A.; Onderstepoort, Veterin. Res. Lab.; Pretoria, South African Council for Sci. and Ind. Res., Nat. Chem. Res. Lab. Bacteria of the ovine rumen. I. The composition of the population on a diet of poor teff hay. **(Bakterien des Schafpansens. 1. Mitt. Die Zusammensetzung der Population bei Ernährung mit schlechtem Teff-Heu.)** J. agric. Sci. **59** (1962) Nr. 1. S. 77–83. – 1 Abb., 4 Tab., 17 Lit.

Mit 3 ausgewachsenen, gefistelten Merinohammeln, die 300 g, 600 g bzw. 1200 g schlechtes Teffheu tägl. als Ration erhielten, wurde über 3 aufeinanderfolgende Perioden von 60, 109 und 42 Tagen der ausschließliche Einfluß der Futterquantität bei konstanter Qualität auf die Pansenmikroorganismen untersucht. Es konnte kein Unterschied im Hinblick auf die Menge der mikroskopisch ermittelbaren Cellulose-, Stärke-, Glucose-, Xylose- und Lactatvergärer festgestellt werden. Ebenfalls war der prozentuale Anteil der verschiedenen morphologischen Typen innerhalb der physiologischen Gruppen gleich. Obwohl die Tiere zum Versuchsende völlig entkräftet waren, vermochten die Bakterien der wichtigsten physiologischen Gruppen bei dystrophischer Ernährungsweise ohne weiteres zu überleben. H. H. Budzier. 7862.

Kistner, A., Gouws, L. und Gilchrist, F. M. C.; Pretoria, South African Council for Sci. and Ind. Res., Nat. Chem. Res. Lab.; Onderstepoort, Veterin. Res. Lab. Bacteria of the ovine rumen. II. The functional groups fermenting carbohydrates and lactate on a diet of lucerne (Medicago sativa) hay. **(Bakterien des Schafpansens. 2. Mitt. Die funktionellen Gruppen der Kohlenhydrat- und Lactatvergärer bei Ernährung mit Luzerne [Medicago sativa] -Heu.)** J. agric. Sci. **59** (1962) Nr. 1. S. 85–91. – 4 Tab., 10 Lit.

Luzerneheu wurde in Blatt- und Stengelfraktion getrennt und diese einzeln oder im Gemisch an 3 gefistelte Hammel verfüttert. Die Bakterienpopulationszusammensetzung bei den 3 Hammeln war ähnlich, ebenso die morphologischen Typen, die innerhalb der geprüften physiologischen Gruppen der Cellulose-, Stärke-, Glucose- sowie Xylosevergärer beobachtet werden konnten. Lediglich die Lactatvergärer zeigten quantitative Unterschiede zwischen den 3 Tieren. Gegenüber den mit Teff-Heu (vgl. 1. Mitt.) gefütterten Hammeln waren hier signifikant mehr Kohlenhydratvergärer und auch andere Cellulolyten zu beobachten. Es scheint eine Korrelation zwischen dem Proteingehalt des Luzerneheues und der Zahl der im Pansen vorhandenen lactatvergärenden Bakterien zu bestehen. Da bis zu 8 Std. nach der Heufütterung die Dynamik relativ schwach war, wird die Ansicht bestärkt, daß bei starker Rauhfutterverfütterung sich im Pansen eine ziemlich ausgeglichene und stabile Mikroorganismenpopulation einstellt. H. H. Budzier. 7862.

Friend, D. W., Cunningham, H. M. und Nicholson, J. W. G.; Nappan, Nova Scotia, Canada Dep. of Agric. The production of organic acids in the pig. I. The effect of diet on the proportions of volatile fatty acids in pig feces. **(Die Bildung organischer Säuren im Schwein. 1. Mitt. Der Einfluß der Ration auf das Verhältnis der flüchtigen Fettsäuren im Schweinekot.)** Canad. J. Animal Sci. **42** (1962) Nr. 1. S. 55–62. – 4 Tab., 11 Lit.

In 2 getrennten Versuchen mit Futtermischungen aus 78,27%/88% Gerstenmehl, 10%/6% Sojabohnenölmehl, 5%/0% „meat scrap", 5%/4,3% Fischmehl, 0,5%/0,5% jodiertem Salz, 1%/1% Kalkstein, 0,2%/0,2% Kabeljauleberöl und 0,03%/0,05% Zinksulfat wurde erstere als Normalration und nur in Höhe des Erhaltungsbedarfes sowie mit Zusatz von 40% gereinigter Cellulose verabreicht. Die zweite gelangte als Normalration (**I**) wie auch mit Zusatz von 33% Trockenmolke (**II**) oder 33% Kleie (**III**) zur Verfütterung. Erstere Normalration in Höhe des Erhaltungsbedarfes ließ unabhängig vom Cellulosezusatz den Anteil an Valeriansäure (V.) und Essigsäure (E.) ansteigen, den der Propionsäure (P.) abfallen, die Buttersäure (B.) blieb unverändert. Der Cellulosezusatz reduzierte allgemein den Anteil von V. und B., erhöhte dafür den von E. erheblich, z. T. stieg auch der von P. an. Beim Vergleich von **I**, **II** und **III** erhöhte **II** den Anteil an V., **III** den an E. und **III** reduzierte den von P.

Das Alter und damit das Gewicht der Tiere hatte im Abschnitt vom Absetzen bis zur normalen Schlachtreife offenbar keinen bedeutenden Einfluß auf das Verhältnis der flüchtigen Fettsäuren im Kot. H. H. Budzier. 7870.

Ludvigsen, J. B. und Thorbek, G. Fermentation processes in the caecum of pigs. **(Die Fermentationsprozesse im Blinddarm bei Schweinen.)** VIII. int. Tierzuchtkongr. Hamburg **1961** Schlußber. S. 267–268. – 1 Tab.
In der Ernährung des Schweines spielt der Rohfasergehalt eine bestimmte Rolle. In Bilanzversuchen wurde festgestellt, daß Schweine hiervon eine nicht unbeträchtliche Menge zu verdauen vermögen. Da bei steigenden Rohfasergaben eine Zunahme des Gewichtes des Dickdarmes nachgewiesen werden konnte, ist anzunehmen, daß die Verdauung der Rohfaser überwiegend im Blind- und Grimmdarm stattfindet. Aus den bisherigen Versuchsergebnissen konnten auf den tatsächlichen Gehalt an Milchsäure und flüchtigen Fettsäuren auf Grund des bakteriellen Abbaues der Rohfaser keine endgültigen Schlüsse gezogen werden, da die Absorptionsrate noch nicht bestimmt wurde. H. Busse. 7870.

Winget, Charles M., Ashton, Gordon C. und Cawley, Allan J. Changes in gastrointestinal pH associated with fasting in the laying hen. **(Veränderungen des pH-Wertes im Verdauungstraktus von Legehennen im Zustand des Hungerns.)** Poultry Sci. **41** (1962) Nr. 4. S. 1115–1120. – 4 Abb., 1 Tab., 8 Lit.
Nach einer eingehend beschriebenen Methode wurde bei Legehennen der pH-Wert an verschiedenen Stellen des Verdauungstraktus gemessen, und zwar bis 17 Std. nach dem Füttern im einstündigem Abstand. Der pH-Wert im Schnabel stieg an (6,75–7,15). Im gesamten übrigen Verdauungstraktus zeigte der pH-Wert bei fortdauerndem Hungern eine fallende Tendenz, wobei die pH-Werte im Dickdarm stets höher lagen als im Dünndarm. G. Göbel. 7872.

Bihler, Ivan und Crane, Robert K.; St. Louis, Mo., Washington Univ., School of Med., Dep. of Biol. Chem. Studies on the mechanism of intestinal absorption of sugars. V. The influence of several cations and anions on the active transport of sugars, in vitro, by various preparations of hamster small intestine. **(Untersuchungen über den Mechanismus der intestinalen Resorption der Zucker. 5. Mitt. Der Einfluß einiger Kationen und Anionen auf den aktiven Transport der Zucker durch verschiedene Dünndarmpräparate des Hamsters in vitro.)** Biochim. biophysica Acta [Amsterdam] **59** (1962) Nr. 1. S. 78–93. – 7 Abb., 8 Tab., 26 Lit. Vgl. LZ. Abt. III **5** (1960) Nr. 2. S. 318.
Wie die Untersuchungen der Konzentration und Austauschraten mit T markierter Zucker ergaben, ist der aktive Transport (gegen steigende Konz.) der Zucker im Dünndarm des Hamsters der Na^+-Konz. direkt proportional und von anderen Kationen unabhängig. Ein spez. Bedarf an Anionen liegt nicht vor. Messungen des aktiven Transports der Zucker an verschiedenen Stellen der Darmwand zeigten, daß Na^+ an der gleichen Stelle der Epithelzellen eingreift, wo (in früheren Versuchen festgestellt) die Konzentrationsdifferenz der aktiv transportierten Zucker entsteht. W. Jentsch. 7874.

Bihler, Ivan, Hawkins, Kenneth A. und Crane, Robert K.; St. Louis, Mo., Washington Univ., School of Med., Dep. of Biol. Chem. Studies on the mechanism of intestinal absorption of sugars. VI. The specificity and other properties of Na^+-dependent entrance of sugars into intestinal tissue under anaerobic conditions, in vitro. **(Untersuchungen über den Mechanismus der intestinalen Resorption der Zucker. 6. Mitt. Die Spezifizierung und andere Eigenschaften des Na^+-abhängigen Eintritts der Zucker in intestinales Gewebe unter anaeroben Bedingungen in vitro.)** Biochim. biophysica Acta [Amsterdam] **59** (1962) Nr. 1. S. 94–102. – 3 Abb., 4 Tab., 18 Lit. 5. Mitt. vgl. vorst. Ref.

Untersuchungen in vitro unter anaeroben Bedingungen über den Eintritt der Zucker in Dünndarmgewebe des Hamsters ergaben, daß dies ein Na^+-abhängiger und energieunabhängiger Prozeß ist, der den schnellen Gleichgewichtszustand der Zucker zwischen Gewebe und Medium bewirkt. Dieser Prozeß scheint ein Teil des aeroben aktiven Transportmechanismus zu sein, mit der Abhängigkeit von der Na^+-Konz. im Medium, der gleichen Lokalisation in den Epithelzellen und einer offensichtlich identischen Substratspezifität. Durch den Na^+-abhängigen Eintritt von 6-Desoxy-1,5-Anhydro-D-Sorbit in das Gewebe wird die früher abgeleitete Spezifität des aktiven Transports gefestigt. W. Jentsch. 7874.

Intermediärer Stoffwechsel

Olson, Robert E.; Oxford, Univ., Dep. of Biochem. Effect of pyruvate and acetoacetate on the metabolism of fatty acids by the perfused rat heart. **(Der Effekt von Pyruvat und Acetessigsäure auf den Fettsäurestoffwechsel von durchströmten Rattenherzen.)** Nature [London] **195** (1962) Nr. 4841. S. 597–bis 599. – 1 Tab., 20 Lit.

Der Einfluß von Pyruvat (**I**) und Acetessigsäure (**II**) auf den Stoffwechsel von 1-^{14}C-Palmitinsäure in durchströmten Rattenherzen wurde in vitro untersucht. Durch **I** und **II** wurde die Aufnahme der freien Fettsäuren durch das Herz um etwa 50% reduziert. Die Oxydation der freien Fettsäuren betrug etwa 25% gegenüber der Gruppe ohne **I** und **II**. Die Inkorporation in Neutralfette war bei Gegenwart von **I** und **II** 5–6-fach höher, die Inkorporation in Phospholipoide blieb unbeeinflußt. Erklärungen für den Wirkungsmechanismus der Beeinflussung des Fettsäurestoffwechsels werden gegeben. W. Jentsch. 7910.

Ailhaud, G., Sarda, L. und Desnuello, P.; Marseille, Fac. des Sci., Lab. de Chim. Biol. Formation d'hydroxamates d'acides gras à longues chaînes par une fraction subcellulaire de muqueuse intestinale. **(Die Bildung von Hydroxamaten der Fettsäuren mit langen Ketten durch eine subcellulare Fraktion von Darmmucosa.)** Biochim. biophysica Acta [Amsterdam] **59** (1962) Nr. 2. S. 261–272. – 5 Abb., 2 Tab., 37 Lit.

Die subcellulare Fraktion der Darmmucosa des Schweines verfügt über mehrere Systeme, welche die Bildung von Hydroxamaten aus Langkettenfettsäuren katalysieren. Die Wirkung ist abhängig von ATP und Coenzym A. Die Haupteigenschaften dieses Systems sind: Thermolabilität, pH-Optimum von 8,3, Spez. gegen Fettsäuren, die mehr als 8-C-Atome enthalten. Unempfindlichkeit gegen Stearinsäure. H. Steger. 7910.

Lequin, H. C. und Steyn-Parvé, Elizabeth P.; Utrecht, Univ., Lab. for Physiol. Chem. Some aspects of glucose metabolism in normal and alloxandiabetic rats. **(Einige Aspekte des Glucose-Stoffwechsels normaler und alloxandiabetischer Ratten.)** Biochim. biophysica Acta [Amsterdam] **58** (1962) Nr. 3. S. 439–448. – 1 Abb., 4 Tab., 22 Lit.

An normalen, alloxandiabetischen und mit Insulin behandelten diabetischen Ratten wurde die Inkorporation von ^{14}C aus peroral verabreichter Glucose in Atmungs-CO_2, Glykogen und Fettsäuren untersucht. Bei den diabetischen Ratten war die Inkorporation in alle 3 Produkte niedrig. Die Behandlung diabetischer Ratten mit einer Insulinmenge, die gerade den Blutzuckerspiegel normalisierte, führte zu normaler Glucoseumsetzung zu CO_2 und normaler Glykogensynthese und erhöhte die Fettsäuresynthese über normal. In allen 3 Rattengruppen wurde ein großer Teil des ^{14}C in den untersuchten Verbindungen nicht wiedergefunden. W. Jentsch. 7910.

Formica, Joseph V.; Bethesda, Md., Nat. Inst. of Neurol. Diseases and Blindness; Nat. Inst. of Health. Utilization of citric acid carbon for the biosynthesis of long-chain fatty acids. **(Die Verwertung des Citronensäure-Koh-**

lenstoffs für die Biosynthese langkettiger Fettsäuren.) Biochim. biophysica Acta [Amsterdam] **59** (1962) Nr. 3. S. 739–741. – 2 Tab., 15 Lit.

An präpariertem Lebergewebe der Taube wurde der Einbau von markiertem Citronensäure-C (**I**) in langkettige Fettsäuren im Vergleich zum Einbau von markiertem Acetyl-CoA (**II**) gemessen. Vf. stellte fest, daß **I** unter den angegebenen Bedingungen ein besserer Vorläufer der Synthese langkettiger Fettsäuren ist als **II**. Der Umbau von **I** ist unabhängig von TPNH oder HCO_3^-, aber abhängig von ATP und 2-wertigen Kationen und wird durch Avidin inhibiert. Gaschromatographisch wurde festgestellt, daß hauptsächlich Palmitinsäure gebildet wird. 12–12,6% der Radioaktivität wurde als Carboxyl-C ermittelt. W. Jentsch. 7910.

Marsch, Julian B. und James, A. T.; London, Nat. Inst. for Med. Res. The conversion of stearic to oleic acid by liver and yeast preparations. **(Die Umbildung von Stearinsäure zu Ölsäure durch Leber- und Hefepräparate.)** Biochim. biophysica Acta [Amsterdam] **60** (1962) Nr. 2. S. 320–328. – 6 Tab., 16 Lit.

Rattenleberhomogenate (**I**), Hefezellen (**II**) und zellfreie Hefeextrakte (**III**), die Stearinsäure zu Ölsäure zu etwa 13% umbilden, bilden etwa 1–2% Hydroxystearinsäure. 9- und 10-Hydroxystearinsäure werden durch **I–III** etwa zu 4% zu Ölsäure umgebildet. Daneben entsteht eine nicht identifizierte einbasische, einfach ungesättigte C_{18}-Säure und durch **I** und **III** entstehen etwa 2% Stearinsäure. Die CoA-Derivate werden in gleichem Ausmaß wie die freien Fettsäuren transformiert. Epoxystearinsäure wird durch **I** in Öl- und Stearinsäure übergeführt, nicht durch **II** und **III**, während 9, 10-Dihydroxystearinsäure gegenüber **I—III** inert ist. Die Ergebnisse bestätigen die Hypothese einer Hydrostearinsäurebildung als Zwischenstufe bei der Umformung von Stearin- in Ölsäure nur, wenn die Zwischenstufe irreversibel an ein Enzym gebunden ist. W. Jentsch. 7910.

Carney, Shirley A., Lawrence, J. C. und Ricketts, C. R.; Birmingham, Med. Res. Council; Ind. Injuries; Burns Res. Unit. Carbohydrate substrates for skin cells. **(Kohlenhydrat-Substrate für Hautzellen.)** Biochem. J. 8 (1962) Nr. 3. S. 533–539. – 1 Abb., 2 Tab., 13 Lit.

Von Hautschnitten, die in mit verschiedenen Kohlenhydraten versetzten Pufferlösungen gehalten wurden, wurden die Respirationsrate und die gebildeten Phosphatester bestimmt. Eine Reduzierung der endogenen Respiration durch die geprüften Kohlenhydrate wurde nicht festgestellt. Mit Ausnahme von Maltose konnten die getesteten Poly- und Disaccharide die Atmung der Hautzellen nicht erhalten. Glucose, Mannose, Fructose, Galactose erhöhten die Atmung; durch Allose, Altrose, L-Sorbose und eine Zahl von Pentosen, Tetrosen und Triosen wurde die Zellatmung für längere Zeit gewährleistet. Die Atmung der Zellen in Lösungen von Glucose, Mannose oder Fructose wurde durch 2-Deoxyglucose inhibiert; in Lösungen von Galactose durch 2- und 4-Deoxygalactose. Die Glukoseverwertung wurde durch 2-Deoxygalactose nicht beeinfluß. L. Hoffmann. 7910.

Holt, Claus v. und Bühring, H. (unter Mitarb. von Berndt, H., Hallmann, I. und Morgenstern, H.); Hamburg, Univ., Physiol.-Chem. Inst. **Der Umsatz von Glucose und Fettsäuren im Rattendiaphragma.** Biochem. Z. **335** (1962) Nr. 6. S. 582–594. – 1 Abb., 8 Tab., 12 Lit. Zus. in Engl.

Rattendiaphragma (als Modell für Muskelgewebe) oxydiert bei gleichzeitigem Angebot etwa 3 mal soviel an Fettsäuren als an Glucose. Die C_4–C_{10}-Fettsäuren werden bevorzugt, die Oxydationskapazität der C_{12}- und C_{14}-Fettsäuren sinkt deutlich ab, während die nachfolgenden Kettenlängen wieder etwas besser umgesetzt werden. In Gegenwart von Albumin sinkt der O_2-Verbrauch gegenüber den Werten die in Ringer-Lösung beobachtet wurden. Die Glucoseoxydation und die Gesamtmilchsäurebildung sinken auf die Hälfte und nur noch 12% der Milchsäure werden aus der Mediumglucose gegenüber 30% in Ringer-Lösung gebildet. Das Ausmaß des gleichzeitigen Glucose- bzw. Fettsäureabbaues wird offenbar nicht hormonal, sondern von der Zelle selbst, möglicherweise in Abhängigkeit von den Konz. reguliert. Möglichkeiten des Regelvorganges und die Bedeutung des DPN werden diskutiert. Die Energieproduktion, gemessen an den Phosphorylierungsprozessen, ist bei wahlweisem Angebot von Glucose und Fettsäuren gleich. W. Jentsch. 7910.

Moriwaki, Takeshi und Landau, Bernard R.; Cleveland, O., Western Reserve Univ., Dep. of Med. and Biochem. Fructose and glucose metabolism in the normal and diabetic rat diaphragm in vitro. **(Fructose- und Glucosestoffwechsel im normalen und diabetischen Rattendiaphragma in vitro.)** Arch. Biochem. Biophysics **97** (1962) Nr. 3. S. 544–550. — 6 Abb., 30 Lit.
Im Hemidiaphragma normaler und alloxandiabetischer 200–300 g schwerer Ratten waren die Stoffwechselschemata für Glucose-U-^{14}C und Fructose-U-^{14}C gleich. Insulin erhöhte die Inkorporation von ^{14}C in Glykogen aber nicht die Oxydation zu $^{14}CO_2$. Im intakten diabetischen Diaphragma war die Glucose-Oxydation unter normal erniedrigt und Insulin erhöhte sowohl die Oxydation zu $^{14}CO_2$ als auch den Einbau in Glykogen. Fructose wurde weniger als Glucose umgesetzt. Die Hexose-Aufnahme war im diabetischen und normalen Diaphragma gleich. Während Fructose keinen Einfluß auf den Glucosestoffwechsel hatte, setzte Glucose den Fructosestoffwechsel herab.
W. Jentsch. 7910.

Dole, Vincent P.; New York, N. Y., Rockefeller Inst. Insulin-like actions of ribonucleic acid, adenylic acid, and adenosine. **(Insulinähnliche Wirkung von Ribonucleinsäure, Adenylsäure und Adenosin.)** J. biol. Chemistry **237** (1962) Nr. 9. S. 2758–2762. — 1 Abb., 7 Tab., 18 Lit.
Fetthaltiges Gewebe (Nebenhoden-Fettpolster von Ratten) wurde mit Ribonucleinsäure (RNS), Adenylsäure (AMP) oder Adenosin (A) (1 mg/ml) inkubiert. Die Ausnützung von ^{14}C-Glucose (G) nahm in Gegenwart von RNS zu. Parallel zur Insulinwirkung beschleunigte RNS die G-Oxydation (G-1-^{14}C = 9,7fach und G-6-^{14}C = 1,8fach höher als die Kontrolle). Die Fettbildung aus C_1-markierter G war durch RNS 3fach und aus C_6-markierter G 7,4fach erhöht. Die Fettsynthese aus ^{14}C-Acetat wurde durch RNS = 2,9fach, durch AMP = 1,6fach und durch A = 4,3fach gesteigert (durch 1 Einheit Insulin/ml noch stärker erhöht). Der RNS-bedingte höhere ^{14}C-Acetateinbau wird in den Lipoidfraktionen (Diglyceride, Cholesterin, Fettsäuren und Triglyceride) gesondert untersucht. Die Glycerinsynthese aus ^{14}C-Laktat war durch RNS gehemmt. H. Bergner. 7910.

Martin, Donald B. und Vagelos, Roy P.; Bethesda, Md., Nat. Heart Inst., Lab. of Cellular. Physiol., Enzyme Sect. The mechanism of tricarboxylic acid cycle regulation of fatty acid synthesis. **(Der Mechanismus der Regulierung des Tricarbonsäurecyclus der Fettsäuresynthese.)** J. biol. Chemistry **237** (1962) Nr. 6. S. 1787–1792. — 3 Abb., 5 Tab., 34 Lit.
Die Stimulierung der Fettsäuresynthese erfolgt bei der Stufe der Acetyl-CoA-Carboxylase-Reaktion. Citrat stimuliert diese Reaktion ohne selbst in die Reaktion durch Abgabe von CO_2 einzugreifen. Frühere Inkubation des Enzyms mit Citrat verursacht eine Aktivierung, die nicht durch eine Bildung einer freien, aktivierenden vom Citrat abgeleiteten Verbindung erklärt werden kann. Es wird vermutet, daß die Carboxylase durch die frühere Inkubation selbst aktiviert wird. Propionyl-CoA-Carboxylase wird durch Citrat nicht stimuliert. W. Jentsch. 7910.

Figueroa, Enrique und Pfeifer, Ariana; Santiago, Univ. de Chile, Escuela de Med., Inst. de Quim. Fisiol. y Pathol. Influence of glycogen content on the effect of 2,4-dinitrophenol on glucose-C^{14} incorporation into glycogen in rat liver slices. **(Der Einfluß des Glykogengehaltes auf die Wirkung von 2,4-Dinitrophenol auf die Inkorporation von Glucose-^{14}C in das Glykogen in Leberschnitten der Ratte.)** Arch. Biochem. Biophysics **97** (1962) Nr. 3. S. 565–566. – 1 Abb., 8 Lit.

2,4-Dinitrophenol (DNP) inhibiert die Inkorporation von Glucose-U-^{14}C in Glykogen von Rattenleberschnitten. Bei niedrigem Glykogengehalt beträgt die Inhibition 90%, bei 2% und mehr Glykogen im Gewebe fällt die Inhibition auf 40% ab. Die Wirkung von Glykogen wird damit erklärt, daß die Milchsäurebildung direkt proportional dem Glykogengehalt ist, und es wird vermutet, daß über eine erhöhte Bildung von Diphosphoglycerin und Phosphoenolpyruvat, unbeeinflußt von DNP, energiereiche Phosphate gebildet werden. W. Jentsch. 7910.

Willmer, J. S. und Foster, T. S.; Ottawa, Canada Dep. of Agric., Animal Res. Inst., Res. Branch. Enzymatic and metabolic adaptations. I. Changes in intact rats subjected to dietary modifications. **(Enzymatische und stoffwechselphysiologische Anpassungen. 1. Mitt. Veränderungen in intakten Ratten bei Umstellungen der Diät.)** Canad. J. Biochem. Physiol. **40** (1962) Nr. 7. S. 953–960. – 1 Abb., 4 Tab., 20 Lit.

Der Übergang von einer Standardration zu 2 kohlenhydratreichen erhöhte von den Leberenzymen der Ratte den Gehalt an Enzymen des Hexosemonophosphatweges. Glucose-6-phosphatase, Phosphoglucomutase und Phosphoglucoseisomerase zeigten zunächst einen Abfall in der Aktivität, die später normal oder übernormal wurde. Glucosearme Rationen ergaben die Tendenz zur Erniedrigung der Aktivität aller Enzyme mit Ausnahme von Glucose-6-phosphatase. Die Oxydation von Glucose-1-^{14}C und -6-^{14}C sowie der Glykogenspiegel wurden gemessen und die Beziehungen zu den beobachteten Enzymveränderungen werden diskutiert. W. Jentsch. 7910.

Willmer, J. S. und Foster, T. S.; Ottawa, Canada Dep. of Agric., Animal Res. Inst., Res. Branch. Enzymatic and metabolic adaptations. II. Changes in adrenalectomized rats subjected to dietary modifications. **(Enzymatische und stoffwechselphysiologische Anpassungen. 2. Mitt. Veränderungen in Ratten mit Nebennierenektomie bei Umstellungen der Diät.)** Canad. J. Biochem. Physiol. **40** (1962) Nr. 7. S. 961–972. – 2 Abb., 5 Tab., 13 Lit. 1. Mitt. vgl. vorst. Ref.

Der Einfluß von 3 Rationen (65% Glucose, 55% gemahlenen Mais bzw. 10% Glucose enthaltend) auf die Veränderung der Aktivität von 5 Leberenzymen wurde an Ratten mit Nebennierenektomie untersucht. Die Unterschiede gegenüber intakten Ratten sind beachtlich, wobei einige Veränderungen der Begrenzung der Energieeinnahme beizumessen sind. Die Unterschiede zwischen intakten und operierten Ratten werden auch in der Oxydation von Glucose-1-^{14}C und -6-^{14}C dargelegt. Teilweise Restauration wird durch Hormonbehandlung (Corticosteron, Cortison, Desoxycorticosteron, Hydrocortison und Progesteron) erreicht, wobei Hydrocortison das wirkungsvollste ist. W. Jentsch. 7910.

Hülsmann, W. C.; Amsterdam, Lab. of Physiol. Chem. Fatty acid synthesis in heart sarcosomes. **(Fettsäuresynthese in Herzsarkosomen.)** Biochim. biophysica Acta [Amsterdam] **58** (1962) Nr. 3. S. 417–427. – 9 Tab., 59 Lit.

Herzsarkosomen vermögen Acetat in gesättigte und ungesättigte Fettsäuren einzulagern. Gewisse Zwischenglieder des Krebscyclus, ATP, Co-Enzym A und TPN sind für die max. Aktivität dieser Synthese erforderlich. Als H-Donatoren kommen α-Ketoglutarate, Succinate und Malate bzw. Isocitrate in Frage. Herzsarkosome lagerten Malate schneller in die entsprechenden Fettsäuren ein als Acetate. Daraus läßt sich schließen, daß die Fettsäuresynthese in Herzsarkosomen über Malonylcoenzym A erfolgt. H. Steger. 7910.

Srere, Paul A. und Bhaduri, Amar; Ann Arbor, Univ. of Michigan, Dep. of Biol. Chem. Incorporation of radioactive citrate into fatty acids. **(Inkorporation von radioaktivem Citrat in Fettsäuren.)** Biochim. biophysica Acta [Amsterdam] **59** (1962) Nr. 2. S. 487–489. – 2 Abb., 16 Lit.

Enzyme aus Taubenlebern sind in der Lage, aus Acetat Langkettenfettsäuren zu synthetisieren. Citrat regt diesen Prozeß an. Ist die Konzentration von ATP, Coenzym A und Citrat niedrig, wird die Inkorporation von ^{14}C-Acetat angeregt. Wächst die Konzentration an, vermindert sich die Inkorporation. Es wird angenommen, daß sich dieses Verhalten auf ein in diesem System vorhandenes, citratspaltendes Enzym zurückführen läßt, wobei sich folgende Reaktion abspielt: Citrat + ATP + CoA $\leftrightarrows$ Acetyl-CoA + Oxaloacetat + ADP + P_1. H. Steger. 7910.

Vrba, R.; Carshalton, Surrey, Neuropsychiatric Res. Unit, Med. Res. Council. Glucose metabolism in rat brain in vivo. **(Glucose-Stoffwechsel im Rattengehirn in vivo.)** Nature [London] **195** (1962) Nr. 4842. S. 663–665. – 1 Abb., 5 Tab., 14 Lit.

Mittels Glucose-U-^{14}C (I) wurden einige Stoffwechselwege im Gehirn der Ratte von 1 Min. bis 5 Std. nach der Injektion von I in die Schwanzvene verfolgt. Die Ratten wurden 1, 2, 5, 10 und 30 Minuten nach der Injektion dekapitiert. Ein Teil des Glucose-C, der mit dem Blut ins Gehirn gelangte, verblieb dort 30 Min. bis 5 Std. und länger. Bereits 2 Min. nach der Injektion von I wurden 41% der gesamten Radioaktivität in Form von α-Aminosäuren (hauptsächlich Glutamin- und Asparaginsäure) gefunden, nach 5 Min. etwa 50% und nach 30 Min. 75%. Da im Blut die markierten α-Aminosäuren unter 1% lagen, erfolgte der Einbau von Glucose in α-Aminosäuren im Gehirn. Erst 30 Min. nach der Injektion von I war es möglich, ^{14}C in Nucleinsäuren nachzuweisen. Von den nicht säurelöslichen Substanzen wurden die acetonlöslichen Fette am stärksten markiert. Das vom Gehirn abgegebene CO_2 wurde durch Oxydation von α-Aminosäuren, Fetten, Proteinen und Nucleinsäuren aber nicht durch Oxydation von Glucose erhalten. W. Jentsch. 7910.

Masoro, E. J., Korchak, H. M. und Porter, Edith. Boston, Mass., Tufts School of Med., Dep. of Physiol. A study of the lipogenic inhibitory mechanism induced by fasting. **(Eine Studie über den lipogenen Hemm-Mechanismus, hervorgerufen durch Hungern.)** Biochim. biophysica Acta [Amsterdam] **58** (1962) Nr. 3. S. 407–416. – 3 Abb., 7 Tab., 20 Lit.

Bei Inkubation von homogenisierten Leberzellbestandteilen fastender Ratten wird die Fettsäuresynthese durch Enzyme der supernatanten Flüssigkeit gehemmt. Dagegen wird unter gleichen Bedingungen durch cytoplasmatische Teilchen aus Lebern von gefütterten Ratten die Synthese angeregt. Die Mikrosomen besitzen die stärkste Hemmwirkung. Sie liegt im Bereich der Acetylcocarboxylase-Stufe. Durch eine ATP-ase in den Mikrosomen wird der ATP-Spiegel stark vermindert, so daß der Hemmeffekt in der Hauptsache hierdurch bedingt ist. H. Steger. 7910.

Hurwitz, Jerard, Furth, J. J., Malamy, M. und Alexander, M.; New York, Univ. School of Med., Dep. of Microbiol., The role of deoxyribonucleic acid in ribonucleic acid. synthesis. III. The inhibition of the enzymatic synthesis of ribonucleic acid and deoxyribonucleic acid by actinomycin D and proflavin. **(Die Rolle der Desoxyribonucleinsäure in der Ribonucleinsäuresynthese. 3. Mitt. Die Hemmung der enzymatischen Synthese der Ribonucleinsäure und Desoxyribonucleinsäure durch Actinomycin D und Proflavin).** Proc. nat. Acad. Sci. USA 48 (1962) Nr. 7. S. 1222–1230. – 5 Abb., 2 Tab., 30 Lit.

Actinomycin D (I) hemmte sowohl die enzymatische Ribonucleinsäure (RNS-) Synthese als auch die enzymatische Desoxyribonucleinsäure (DNS)-Synthese.

Es wurde untersucht, ob die Hemmung der RNS-Polymeraseaktivität durch I vom Typ der benutzten DNS, die die Reaktion steuert, abhängig ist. Die Synthese wurde durch I in Gegenwart von DNS aus menschlichem Knochenmark, Kalbsthymus, *Micrococcus lysodeikticus* und aus X 174 gehemmt. Dagegen war die RNS-Synthese, wenn sie vom synthetischen Oligonucleotid Polydesoxythymidylat gesteuert wurde, durch I nicht gehemmt. Die DNS-abhängige Austauschreaktion zwischen anorg. Pyrophsphat und Ribonucleosidtriphosphaten hemmte I nur wenig. Eine Zugabe von I zu E. coli war ohne Wirkung. Dagegen wurde *Bacillus subtilis* im Wachstum gehemmt. Dabei war die RNS-Synthese zu 90–95%, die Eiweißsynthese zu 50–75% und die DNS-Synthese um 25% vermindert. Die Rolle der DNS sowie der RNS bei der Eiweiß- und RNS-Synthese werden diskutiert. H. Bergner. 7910.

Kühnau jun., J.; Hamburg, Univ., Physiol.-Chem. Inst. **Untersuchungen über die Insulinwirkung am Rattendiaphragma.** Biochem. Z. **336** (1962) Nr 1. S. 41–48. — 5 Abb., 1 Tab., 7 Lit. Zus. in Engl.
Mittels Glucose-U-^{14}C wurden Aufnahme und Oxydation von Glucose, Glykogenumsatz und -synthese durch das Rattendiaphragma bestimmt. Die Erhöhung der Glucosekonz. im Inkubationsmedium führte zu vermehrter Aufnahme, die durch Insulin noch ½fach erhöht wurde. In O_2-Atmosphäre lagen die Höchstwerte der Aufnahme bereits bei 600 mg-% Glucosekonz., in Luftatmosphäre erst bei 1500 mg-%. Insulin-Zusatz intensivierte die Glucoseoxydation. Die Glykogensynthese und der -abbau waren ebenfalls von der Glucosekonz. im Medium abhängig, wobei Insulin aktivierend wirkte. Demnach ist die Wirkung des Insulins nicht nur mit einer Steigerung der Glucosepermeation in die Zelle erklärbar, sondern es greift in den Intermediärstoffwechsel ein. W. Jentsch. 7910.

Christ, E. J. und Hülsmann, W. C.; Amsterdam, Univ., Lab. of Physiol. Chem. Synthesis of long-chain fatty acids by mitochondrial enzymes. **(Synthese von Langkettenfettsäuren durch Mitochondrial-Enzyme.)** Biochim. biophysica Acta [Amsterdam] **60** (1962) Nr. 1. S. 72–79. — 4 Tab., 22 Lit.
Die Fettsäuresynthese durch isolierte Mitochondrien aus Kaninchenherzen wurde an eingelagertem 2-^{14}C-Acetat in Langkettenfettsäuren gemessen und gezeigt, daß gewisse Zwischenglieder des Krebscyclus für die max. Aktivität dieser Synthese nötig sind. Die Mitochondrien sind der Sitz des Fettsäuresynthesesystemes. H. Steger. 7910.

Thorp, J. M. und Waring, W. S.; Alderley Park, Macclesfield, Imperial Chem. Ind., Ltd., Pharmac. Div. Modification of metabolism and distribution of lipids by ethyl chlorophenoxyisobutyrate. **(Veränderungen des Stoffwechsels und der Lipoidverteilung durch Äthylchlorophenoxyisobutyrats.)** Nature [London] **194** (1962) Nr. 4832. S. 948–949. — 2 Tab., 11 Lit.
An Rattenversuchen wurde festgestellt, daß eine Reihe von Aryloxyisobuttersäuren und deren Verbindungen die Lipoid- und Cholesterinkonzentrationen in Blut und Leber senkt. Die Ergebnisse werden im Zusammenhang mit dem Stoffwechselgeschehen besprochen. H. Steger. 7920.

Tarrant, M. E., Thompson, R. H. S. und Wright, P. H.; London, Dep. of Chem. Pathol. Some aspects of lipid metabolism in rats treated with anti-insulin serum. **(Einige Erscheinungen des Fettstoffwechsels in Ratten, die mit Anti-Insulin-Serum behandelt wurden.)** Biochem. J. **84** (1962) Nr. 1. S. 6–10. — 5 Tab., 20 Lit.
Bei weißen Whistarratten, die mit Anti-Insulin-Serum diabetisch gemacht wurden, wurde festgestellt, daß sich der Leberfettgehalt innerhalb von 12 Std. verdoppelt. Auch die Konzentration der freien Fettsäuren im Serum steigt rasch an. Bereits nach 1 Std. hatte sich der Gehalt verdreifacht. Gaschromatographische Untersuchungen des Leberfettes solcher diabetischen Ratten

zeigten, daß sich besonders die neutralen Glyceride vermehren. Die Fettsäurezusammensetzung dieser Glyceride besitzt weitgehende Ähnlichkeit mit denen des Depotfettes der normalen Ratte. Daraus kann geschlossen werden, daß die Ansammlung von Triglyceriden in den Lebern diabetischer Ratten aus einer starken Mobilisierung des Fettes aus dem Depotfettgewebe resultiert.
H. Steger. 7920.

Kingsbury, K. J., Heyes, T. D., Morgan, D. M., Aylott, Christine, Burton, Patricia A., Emmerson, R. und Robinson, P. J. A.; London, St. Mary's Hospital, Surgical Unit. The effect of dietary changes on the fatty acid composition of normal human depot fat. **(Wirkung von Ernährungsveränderungen auf die Fettsäurezusammensetzung des normalen menschlichen Depotfettes.)** Biochem. J. 84 (1962) Nr. 1. S. 124–133. — 6 Tab., 9 Lit.
Die Fettsäurezusammensetzung des Plasma und der Plasmacholesterinester und des Depotfettes wurde bei Gruppen verschiedener gesunder Studenten im Alter von 19 bis 23 Jahren untersucht, die über einen Zeitraum von 14 Tagen Kontrolldiäten mit gleichem Fettgehalt aber mit verschiedener Zusammensetzung erhielten. Die einzelnen Fettzusätze waren Äthylarachidonat, Pflanzenöl, Lebertran und eine Lebertranfraktion, die reich an C_{20}-Pentaenen und C_{22}-Hexaenen war. Es zeigte sich, daß die polyungesättigten Fettsäuren sehr schnell in den Plasmafetten, dagegen aber nur spärlich in den Depotfetten erscheinen. Die Fettsäureveränderungen in Plasma- und Depotfett waren nicht gleichartig. Auffallende Veränderungen gab es bei den Monoensäuren und den gesättigten Fettsäuren in Plasma und Depotfett, was allem Anschein nach mit dem Typ des Nahrungsfettes in keinem Zusammenhang steht. Die Fettzusammensetzung des Körpers scheint in dauerndem Wechsel begriffen und oft nicht vom Nahrungsfett beeinflußt zu sein. Ein Wechsel in der Fettzusammensetzung eines Körperteiles braucht noch kein zuverläßliches Anzeichen für eine Änderung in einem anderen zu sein. H. Steger. 7920.

Guroff, Gordon and Udenfriend, Sidney; Bethesda, Md., Nat. Heart Inst., Lab. of Clin. Biochem. Studies on aromatic amino acid uptake by rat brain in vivo. Uptake of phenylalanine and of tryptophan; inhibition and stereoselectivity in the uptake of tyrosine by brain and muscle. **(Studien über die Aufnahme von aromatischen Aminosäuren durch Rattenhirn in vivo. Aufnahme von Phenylalanin und Tryptophan, Hemmung und Stereoselektivität in der Aufnahme von Tyrosin durch Hirn und Muskel.)** J. biol. Chemistry 237 (1962) Nr. 3. S. 803–806. — 3 Abb., 5 Tab., 22 Lit.
Vff. berichten über die Stereoselektivität und die kompetitiven Aspekte der Aufnahme von Aminosäuren. Es werden die Tyrosinaufnahmen durch Hirn und Muskel untersucht sowie die Aufnahme von Tryptophan und Phenylalanin mit jener von Tyrosin verglichen. Ergebnis: Die Tyrosinaufnahme durch Rattenhirn wird in vivo durch aromatische und aliphatische Monoamino- und Monocarbonsäuren, aber nicht durch nahe verwandte N-freie Säuren gehemmt. Die Aufnahme von Tyrosin durch den Muskel ist schwach. D-Tyrosin wurde in großen Mengen im Muskel gefunden. Kleine Mengen von D-Tyrosin werden in der Ratte in 2 Std. racemisiert. D-Tyrosin hemmt nicht die Aufnahme von L-Tyrosin im Hirn. Eine Darreichung von DL-Tyrosin führt zu einer D-Tyrosinanreicherung im Plasma. Die Aufnahme von Tryptophan im Hirn ist stereoselektiv, das Hirnplasmaverhältnis beträgt annähernd 0,25. Phenylalanin wird durch das Hirn aufgenommen, es hemmt die Tyrosinaufnahme.
I. Schröder. 7930.

Sankoff, I. und Sourkes, T. L.; Montreal, Quebec, McGill Univ., Dep. of Biochem.; Allan Memorial Inst. of Psychiatry. The weight-depressing action of α-methyl-DL-tryptophan in the rat. **(Gewichtsdepression durch α-Methyl-DL-tryptophan bei Ratten.)** Canad. J. Biochem. Physiol. 40 (1962) Nr. 6. S. 739–747. — 5 Abb., 1 Tab., 14 Lit.

I. p. in Ratten injiziertes α-Methyl-DL-tryptophan bewirkt bis zu 72 Std. eine Gewichtsdepression. Dosen von 3,3–436 mg/kg Körpergewicht sind wirksam. Zusätze von essentiellen Aminosäuren und B-Vit. heben diese Wirkung nicht auf. Durch Stoffwechselversuche wird gezeigt, daß etwa die Hälfte der injizierten Dosis innerhalb von 24 Std. im Harn ausgeschieden wird. Mit der Injektion wurde gleichzeitig die Tryptophanpyrrolase-Aktivität in der Leber gemessen. Es wurde gefunden, daß die Enzymaktivität 8 Std. nach der Injektion zunimmt und 72 Std. besteht. Injiziertes Tryptophan bewirkt eine Zunahme der Tryptophanpyrrolasehöhe für 1,5 Std. Innerhalb von 24 Std. trat ein Rückgang zur normalen Konzentration ein. Andere getestete α-Methylaminosäuren hatten keinen Einfluß auf das Körpergewicht.
I. Schröder. 7930.

Berlinguet, L., Bégin, Nicole, Babineau, L. M., Martel, F., Vallée, Rita und Laferté, R. O. Québec, Univ. Laval, Fac. de Méd., Dep. de Biochim. Biochemical studies of an unnatural and antitumor amino acid: l-aminocyclopentanecarboxylic acid. I. Toxicity and tissue distribution. **(Biochemische Untersuchungen an einer unnatürlichen und Antitumor-Aminosäure: 1-Aminocyclopentancarbonsäure. 1. Mitt. Toxizität und Gewebeverteilung.)** Canad. J. Biochem. Physiol. **40** (1962) Nr. 4. S. 425–432. – 2 Abb., 3 Tab., 14 Lit.
1-Aminocyclopentancarbonsäure (ACPC) wurde Ratten bei entsprechender Diät i. p. injiziert und die Verteilung der Aminosäure im Gewebe untersucht. Ergebnis: ACPC wirkt bei Ratten bei Konzentrationen > 0,1% in der Diät oder bei tägl. intraperitonealer Injektion von 50 mg/kg toxisch. Eine einfache Injektion von 300 mg/kg wirkt nicht tödlich. Nach der Injektion ist die Konzentration von ACPC im Blut der Tiere konstant niedrig und die Urinexkretion sehr langsam. Durch Anwendung von radioaktivem ACPC wurde gefunden, daß sich die Aminosäure weitgehend im Gewebe verteilt, jedoch nicht in die Proteine inkorporiert wird. Es wird immer in den Cellularflüssigkeiten aufgefunden. I. Schröder. 7930.

Berlinguet, L., Bégin, Nicole, Babineau, L. M. und Laferté, R. O.; Quebec, Univ. Laval, Fac. de Méd., Dep. de Biochim. Biochemical studies of an unnatural and antitumor amino acid: l-aminocyclopentanecarboxylic acid. II. Effects on cellular respiration and amino acid metabolism. **(Biochemische Untersuchungen an einer unnatürlichen und Antitumor-Aminosäure: 1-Aminocyclopentancarbonsäure. 2. Mitt. Einflüsse von Cellularrespiration und Aminosäurestoffwechsel.)** Canad. J. Biochem. Physiol. **40** (1962) Nr. 4. S. 433–436. – 2 Tab., 11 Lit. 1. Mitt. vgl. vorst. Ref.
1. Mitt. vgl. vorst. Ref. Vff. untersuchten die Wirkung der toxisch wirkenden Aminosäure 1-Aminocyclopentancarbonsäure (ACPC) auf das Enzymsystem und den Stoffwechsel durch Bestimmung der Cellularrespiration nach Injektion in Ratten. In den untersuchten Geweben (Leber, Niere und Muskel) war die Cellularrespiration normal. Die Aminosäure wurde nicht decarboxyliert, transaminiert oder oxydiert. Die Transamination und Oxydation von anderen Aminosäuren blieb unverändert. Mit Hilfe radioaktiver Substanzen konnten keine Stoffwechselprodukte von ACPC festgestellt werden.
I. Schröder. 7930.

Patrick, A. D.; London, Inst. of Child Health, Hospital for Sick Children. The degradative metabolism of L-cysteine and L-cystine in vitro by liver in cystinosis. **(Der verlangsamte Stoffwechsel von L-Cystein und L-Cystin in der Leber bei Cystinose in vitro.)** Biochem. J. **83** (1962) Nr. 2. S. 248-256. – 1 Abb., 8 Tab., 27 Lit.
Vf. untersuchte in 3 Fällen die Lebern bei Cystinose und stellte hinsichtlich des verlangsamten Stoffwechsels von Cystin und Cystein, mit besonderer Berücksichtigung der enzymatischen Reduktion des Cystins, Vergleiche mit der normalen Leber an. Die 2 Std. nach dem Tode entnommenen Lebern wur-

den nach entsprechender Vorbehandlung untersucht. Ergebnis: Die Reduktion von Cystin zu Cystein durch Cystinreduktase und durch Glutathion-Cysteintranshydrogenase ist in der cystinotischen Leber normal; ebenfalls die Glutathionreduktase-Aktivität und der reduzierte Glutathion-Gehalt. Cystein, Cystin und Cysteinsulfinat werden vollständig durch die Cystinose-Leber oxydiert, was durch die normale Urinexkretion von anorg. Sulfat bei Cystinose-Patienten bewiesen wird. Die Freisetzung von H_2S aus Cystein und Cystin ist normal. Es wurde keine Abnormalität für die Transamination von Cystein, Cysteinsäure und Cysteinsulfinsäure mit α-Oxoglutarat beobachtet. Die Decarboxylierung von Cystein und Cysteinsulfinsäure ist normal. Die Ergebnisse werden hinsichtlich der Ätiologie der Cystinose diskutiert.
I. Schröder. 7930.

Pigg, C. Joanne, Spence, K. D. und Parks, L. W.; Corvallis, Oregon. State Univ., Dep. of Microbiol. Methionine biosynthesis in yeast. **(Methionin-Biosynthese in Hefe.)** Arch. Biochem. Biophysics **97** (1962) Nr. 3. S. 491 bis 496. — 2 Abb., 4 Tab., 31 Lit.
Vff. geben ein Schema, das den vermutlichen Weg der Methionin-Biosynthese in *Saccharomyces cerevisiae* mit allen genetischen und enzymatischen Daten demonstriert. Der letzte Schritt der Biosynthese des Methionins besteht in der direkten Methylierung des Homocysteins. Verschiedenen methioninbedürftigen Stämmen fehlt das dazu notwendige Transmethylase-Enzym. 2 weitere Schritte der Homocystein-Methylierung wurden definiert und der Beweis für das Serin-Hydroxymethylase-Enzym erbracht.
J. Wünsche. 7930.

Mokrasch, L. C. und Manner, P.; Belmont, Mass., McLean Hospital, Res. Lab. Spontaneous incorporation of amino acids into purified proteolipids. **(Spontane Inkorporation von Aminosäuren in gereinigte Proteolipoide.)** Biochim. biophysica Acta [Amsterdam] **60** (1962) Nr. 2. S. 415-417. — 2 Abb., 1 Tab., 6 Lit.
Wenn frisch bereitete Proteolipoidemulsionen 20-30 Min. mit ^{14}C-markiertem Alanin, Tryptophan, Methionin oder Leucin bebrütet werden, ergibt sich sowohl aus Verteilungsanalysen als auch aus säulenchromatographischen Untersuchungen an Stärke, daß ein wesentlicher Einbau der zugesetzten Aminosäuren in die Proteolipoide erfolgt. Die Bindungen sind stabil gegenüber Trichloressigsäure, 1,0 M Ameisensäure, 0,1 M Ammoniumformiat (pH 3,7), 0,01 M Tris-chlorid (pH 7,58) und 0,01 M $CaCl_2$.
R. Schiemann. 7930.

Kating, Horst; Bonn, Univ., Pharmakognost. Inst. **Untersuchungen über den Stoffwechsel des Harnstoffs bei Mikroorganismen. 1. Mitt. Zur Harnstoffsynthese bei Endomycopsis vernalis und Torulopsis utilis.** Biochem. Z. **335** (1962) Nr. 4. S. 351-365. — 7 Abb., 3 Tab., 19 Lit. Zus. in Engl.
Lebende Kulturen von *Torulopsis utilis* und *Endomycopsis vernalis* bilden aus Ammonium und ^{14}C-Bicarbonat markiertes Citrullin, Arginin und Harnstoff nahezu gleicher spez. Aktivität. Die abgetöteten Zellen beider Mikroorganismenarten bildeten aus Ornithin und Carbamylphosphat Citrullin. Bei beiden Kulturen wurden mit ^{14}C-Bicarbonat außer den Gliedern des Ornithin-Cyclus markierte Oxalessigsäure, α-Ketoglutarsäure, Äpfelsäure, Glycin, Alanin, Serin, Asparaginsäure, Glutaminsäure, Glutamin und Lysin nachgewiesen.
J. Wünsche. 7930.

Kating, Horst; Bonn, Univ., Pharmakognost. Inst. **Untersuchungen über den Stoffwechsel des Harnstoffs bei Mikroorganismen. 2. Mitt. Die Verarbeitung des Harnstoffs bei Endomycopsis vernalis und Torulopsis utilis.** Biochem. Z. **335** (1962) Nr. 4. S. 366-381. — 3 Abb., 3 Tab., 14 Lit. Zus. in Engl. 1. Mitt. vgl. vorst. Ref.

In beiden Mikroorganismen-Species werden durch die Verarbeitung von Harnstoff-^{14}C im wesentlichen die gleichen Substanzen markiert wie in früheren Versuchen bei Angebot von $^{14}CO_2$ + Ammonium: Oxalessigsäure, α-Ketoglutarsäure, Glycin, Alanin, Serin, Asparaginsäure, Glutaminsäure, Glutamin, Citrullin und Arginin. Letzteres wurde jedoch von *Torulopsis* nicht und von *Endomycopsis* nur mit geringerer spez. Aktivität markiert. Die NH_4-Nutzung ist von der Harnstoffnutzung durch quantitative Unterschiede in der Nicht-Eiweiß-N-Fraktion gekennzeichnet. Monojodessigsäure hemmt lediglich bei der Harnstoffnutzung durch *Torulopsis* die Citrullin- und Glutaminsäurebildung. Bei *Torulopsis* wird der Harnstoff ohne NH_3-Freisetzung dem N-Stoffwechsel zugeführt; bei *Endomycopsis* kann auch NH_3 aus dem Harnstoff freigesetzt werden. J. Wünsche. 7930.

Natori, Yasuo, Trowbridge, Henry O., Toreson, Wilfred E. und Tarver, H.; San Francisco, Univ. of California, School of Med., Dep. of Biochem.; Dep. of Pathol. Studies on ethionine. V. Sex difference in incorporation in vivo of ethionine into rat proteins. **(Studien über Äthionin. 5. Mitt. Geschlechtsunterschiede bei der in vivo Inkorporation von Äthionin in Rattenproteinen.)** J. biol. Chemistry **236** (1961) Nr. 10. S. 2821-2823. — 2 Tab., 11 Lit.

Die Geschlechtsunterschiede bei der Inkorporation von radioaktivem Äthionin in verschiedene Proteine der Ratte sowie der Einfluß der Kastration und 17-Äthyl-19-nortestosteroninjektion werden untersucht. Ergebnis: Während die Inkorporation von Äthionin in die Proteine der Mikrosomen, der Gesamtleber und der Pankreas bei den ♀ Ratten größer ist als bei den ♂, ist die Inkorporation von Leucin bei beiden Geschlechtern gleich. Die Kastration der ♂ Ratten bewirkt eine größere Inkorporation des Äthionins als bei den normalen ♀ Ratten. Durch intramuskuläre Injektion von 17-Äthyl-19-nortestosteron (1,0 mg Hormon/kg Körpergewicht) wird bei den kastrierten ♂ Ratten wieder dieselbe Höhe der Äthioninkorporation wie bei den normalen ♂ Ratten erreicht. I. Schröder. 7930.

Energiewechsel

Elliott, K. A. C. und Bilodeau, F.; Montreal, Canada, McGill Univ., Montreal Neurol. Inst., Donner Lab. of Exp. Neurochem.; Dep. of Biochem. The influence of potassium on respiration and glycolysis by brain slices. **(Der Einfluß von Kalium auf Atmung und Glykolyse von Gehirnschnitten.)** Biochem. J. **84** (1962) Nr. 2. S. 421-428. — 7 Abb., 2 Tab., 21 Lit.

Gehirnschnitte von Ratten wurden in der Kälte zur Entfernung des K suspendiert, und an den K^+-verarmten Schnitten wurde der Einfluß von zugesetzten K^+ auf Atmung sowie aerobe und anaerobe Glykolyse unter verschiedenen Substratbedingungen untersucht. Die Respiration der Schnitte wird durch K^+ je nach den Bedingungen und Konzentrationen um 40 bis 150% erhöht. Dabei nehmen die Schnitte annähernd die K^+ auf, die vor der Verarmung im nativen Zustand enthalten waren. Die Höhe der Atmungsstimulierung ist vom Substratzusatz abhängig. Ca^{2+} inhibieren die Atmung; die Inhibierung wird durch K^+ weitgehend wieder aufgehoben. Die aerobe Glykolyse findet auch in K^+-verarmten Schnitten statt; sie wird durch K^+-Konzentrationen im Medium bis zu 10 mäquiv./l inhibiert, steigt aber bei höheren K^+-Konzentrationen wieder an. Bei der anaeroben Glykolyse sind die Verhältnisse umgekehrt. Sowohl Atmung als auch Glykolyse werden durch Na^+ im Medium beeinflußt. Mögliche Mechanismen der Wirkung des K auf den Stoffwechsel der Gehirnzellen werden diskutiert. R. Schiemann. 8007.

Bargoni, N., Luzzati, A., Rinaudo, M. T., Rossini, L. und Strumia, E. **Über die Leberglykolyse von mit Schilddrüse gefütterten Ratten.** Hoppe-Seyler's Z. physiol. Chem. **326** (1961) Nr. 2/4. S. 65-72.

Für eine Überfunktion der Schilddrüse ist neben vermehrtem O_2-Verbrauch auch eine bessere Glucoseverwertung charakteristisch, wobei das Leber- und Hirnglykogen bei hyperthyreotischen Ratten selbst bei Glucosezufuhr vermindert ist. Die vorliegenden Untersuchungen ergaben, daß die anaerobe Glykolyse und der Glucose-6-phosphat-Cyclus in der Leber von mit Schilddrüsen gefütterten Ratten wesentlich beschleunigt werden. Die Aktivität der Enolase, der Lactat-Dehydrogenase, der Glucose-6-phosphat-Dehydrogenase, und der 6-Phosphogluconat-Dehydrogenase sind erhöht, die der Glucosephosphat-Isomerase, Phosphofructokinase und der Aldolase bleiben unbeeinflußt; die Aktivität der Phosphoglucomutase wird erniedrigt. Auch die Glucose-6-phosphatase wird vermehrt, während die Fructose-1,6-diphosphatase unverändert bleibt. Es nehmen somit unter dem Einfluß von Thyroxin die aerobe und anaerobe Glykolyse zu, während die Beeinflussung der Glukoneogenese ungewiß ist. E. Kolb. 8007.

Fawaz, E. N. und Fawaz, G.; Beirut, Lebanon, Amer. Univ. of Beirut, School of Med., Dep. of Pharmacol. Inhibition of glycolysis in rat skeletal muscle by malonate. **(Inhibierung der Glykolyse im Skelettmuskel von Ratten durch Malonat.)** Biochem. J. **83** (1962) Nr. 3. S. 438-445. — 1 Abb., 4 Tab., 15 Lit.
Skelettmuskeln von Ratten wurden tiefgefroren und pulverisiert. An Suspensionen dieses Muskelpulvers wurde der Einfluß von Malonat (I) auf den Phosphatumsatz und die verschiedenen Phosphorsäureester der glykolytischen Kette untersucht. Die Bestimmung dieser Metabolite erfolgte hauptsächlich mittels enzymatischer Methoden über die Redoxzustände der Pyridinnucleotide auf colorimetrischem Wege. In Konzentrationen über 0,06 M inhibierte I die Bildung von Lactat (II) und verursachte eine Akkumulation von 3-Phosphoglycerinsäure (III), Glycerin-1-phosphat (IV) und Phosphoenolbrenztraubensäure (V). Zufuhr von V ergab einen Anstieg von III, ein Zeichen für die Inhibierung der Pyruvatkinase durch Malonat. Zufuhr von Pyruvat ergab stöchiometrisch II; es folgte auch ein Anstieg von III, nicht dagegen von IV. Bei Konzentrationen von 0,03 M an I wurde die Glykolyse nur teilweise inhibiert. Diese Konzentrationsabhängigkeit der Inhibierung der Glykolyse durch I ist in Zusammenhang mit früheren Befunden der Vff. über den Einfluß von Malonat auf Herzpräparate von Hunden diskutiert.
R. Schiemann. 8007.

Robin, Eugene D.; Univ. of Pittsbourgh, Med. School, Dep. of Med. Relationship between temperature and plasma pH and carbon dioxide tension in the turtle. **(Die Beziehungen zwischen Temperatur, Plasma, pH-Wert und der CO_2-Spannung bei der Schildkröte.)** Nature [London] **195** (1962) Nr. 4838. S. 249-251. — 5 Tab., 6 Lit.
An einer Gruppe von 11 Meeres-Schildkröten von 0,5-1,0 kg Gewicht wurde der 24stündige Einfluß von 10, 24 u. 37° auf den Plasma-pH-Wert, die CO_2-Spannung und die Bicarbonatkonzentration gemessen und mit Versuchsergebnissen in vitro verglichen. Die CO_2-Spannung betrug in vivo bei 10° 18,6 mm Hg und bei 24° 28,0 mm Hg, in vitro 14,3 und 30,1 bzw. bei 37° = 57,2 mm Hg, der Plasma-pH-Wert in vivo 7,66 bzw. 7,63 bzw. bei 37° 7,44, in vitro 7,83, 7,64 und 7,44. Da diese Temperaturen unter natürlichen Verhältnissen auftreten, sind die Ergebnisse an diesen wechselwarmen Tieren im Hinblick auf die Bedeutung gleichbleibender Körpertemperatur für das Einhalten einer bestimmten CO_2-Spannung usw. von großem theoretischen Wert. Über die Regulation des Gasstoffwechsels bei Reptilien ist fast nichts bekannt. Unter bloßen Erhaltungsbedingungen atmen sie unregelmäßig, und die Beziehungen zwischen CO_2-Spannung und pH, die bei Säugetieren zentral gesteuert werden, sind vielleicht nicht nur bei der Schildkröte, sondern allen poikilothermen Tieren eine temperaturabhängige Funktion.
C. Engelmann. 8012.

Bensadoun, A. und Reid, J. T.; Ithaca, N.Y., Cornell Univ., Dep. of Animal Husbandry. Estimation of rate of portal blood flow in ruminants. I. Effect of feeding, fasting, and anesthesia. **(Die Bestimmung der Rate des portalen Blutflusses bei Wiederkäuern. 1. Mitt. Die Wirkung der Fütterung, des Fastens und der Betäubung.)** J. Dairy Sci. **45** (1962) Nr. 4. S. 540-543. – 3 Abb., 2 Tab., 14 Lit.

Operativ wurden 2 Sonden in die *V. mesenterica cran.* des Schafes eingebracht, durch die eine wurde eine Salzlösung mit bekannter Temperatur appliziert, durch die andere ein Thermistor in die *V. port.* und so die Temperaturänderungen gemessen und der Blutfluß berechnet. Außerdem wurde ein Katheter direkt in die *V. port.* eingeführt. Der portale Blutfluß nahm 3-7 Std. nach der Fütterung zu, erreichte ein Max. von 56-169%. In der Betäubung betrug der Blutfluß 0,81 ± 0,08 l/Min., nach Fasten 1,3 ± 0,14 l/Min., nach Futteraufnahme 1,82 l/Min. B. Busch. 8012.

Arvidson, Gösta und Olivecrona, Thomas; Lund, Sweden, Univ., Dep. of Physiol. Chem. Fatty acid composition of plasma and tissue lipids of normal and ethionine-treated rats. **(Fettsäurezusammensetzung der Plasma- und Gewebefette normaler und mit Äthionin behandelter Ratten.)** Acta physiol. scand. **55** (1962) Nr. 4. S. 303-312. – 5 Tab., 17 Lit.

Bei hungernden ♀ Ratten wurden die Fettsäurezusammensetzung des Fettgewebes, des Körpers und die freien Fettsäuren des Plasmas durch Äthioninbehandlung beeinflußt. In der Mobilisierung der Fettsäuren im Fettgewebe bestanden keine Anzeichen einer qualitativen Differenz. Die Zusammensetzung der Neutralfettsäuren (N) und Phospholipoidfettsäuren (P) der Leber und der Triglyceridfettsäuren, Cholesterinesterfettsäuren und der P-Gehalt des Plasmas wurden durch Äthioninbehandlung signifikant verändert. Die meisten Verhältnisse zwischen den Fettsäuren, der N von Leber und Fettgewebe waren bei normalen Ratten verschieden, bei den mit Äthionin behandelten Ratten diejenigen nicht, die keine Linolensäure enthielten. Daraus wird die Schlußfolgerung gezogen, daß die erhöhten Gehalte an N der Leber wahrscheinlich im Fettgewebe ihren Ursprung haben, da Linolensäure von der Ratte nicht synthetisiert werden kann. W. Jentsch. 8015.

Korchak, H. M. und Masoro, E. J.; Boston, Mass., Tufts Univ., School of Med., Dep. of Physiol. Changes in the level of the fatty acid synthesizing enzymes during starvation. **(Veränderungen des Gehaltes der Enzyme der Fettsäuresynthese während des Hungerns.)** Biochim. biophysica Acta [Amsterdam] **58** (1962) Nr. 2. S. 354-356. – 2 Tab., 10 Lit.

Die Inkorporationsrate von Acetyl-1-^{14}C-CoA (I) und Malonyl-2-^{14}C-CoA (**II**) in Fettsäuren größerer Kettenlänge wurde bei gefütterten und hungernden Ratten gemessen. Die spez. Aktivität von **II**-Inkorporation ist bedeutend höher als die von **I**. Die Umbildung von **I** zu **II** ist daher eine geschwindigkeitsbegrenzende Stufe der Fettbildung. Durch 24 Std. Hungern wird die spez. Aktivität von **I** um 50%, die von **II** nur wenig reduziert, nach 72 Std. ist die Reduktion bei **I** wiederum stärker. Die Fettbildung in der intakten Rattenleber ist nach 18 Std. Hungern bereits um 90%, nach 24 Std. um 99% vermindert. Die Erniedrigung des Gehaltes an Acetyl-CoA-carboxylase (**III**) beim Hungern ist der Hauptfaktor der verminderten Fettsäurebildung. An der Inkorporationsrate von Acetyl-CoA in Fettsäuren kann die Aktivität von **III** gemessen werden. W. Jentsch. 8015.

Ford, E. J. H.; Babraham, Cambridge, A. R. C., Inst. of Animal Physiol. The effect of dietary restriction on some liver constituents of sheep during late pregnancy and early lactation. **(Die Wirkung einer Nahrungseinschränkung auf einige Leberbestandteile von Schafen gegen Ende der Trächtigkeit und zu Beginn der Laktation.)** J. agric. Sci. **59** (1962) Nr. 1. S. 67-75. – 9 Abb., 11 Tab., 17 Lit.

Mit 3—4jährigen weidenden Clun Forest-Mutterschafen wurde geprüft, welche Veränderungen in der Leberzusammensetzung als mögliche Ursache für Trächtigkeitstoxämien 1. bei normal gefütterten trächtigen, 2. eingeschränkt gefütterten trächtigen und 3. normal gefütterten nicht trächtigen Tieren auftreten. Die Lebern der Schafe von Gruppe 1 wiesen konstante Gehalte an Wasser und extrahierbarem Fett auf; der mittels Färbetechnik nachgewiesene Fettgehalt stieg geringfügig an. Der Proteingehalt zeigte einen Anstieg, der Glykogengehalt einen Abfall. Die Phosphorylase-, alkalische Phosphatase- und Glucose-6-phosphatase-Aktivitäten stiegen an, die Aktivitäten an saurer Phosphatase und β-Glucuronidase fielen ab. Die 3 letztgenannten Enzymaktivitäten wiesen bei Gruppe 3 die gleichen Veränderungen auf. Bei den Schafen der Gruppe 2 ging der Wasser-, Protein- und Glycogengehalt der Lebern zurück, der Gehalt an histologisch nachweisbarem und an extrahierbarem Fett dagegen stieg an. Die Aktivitäten an Glucose-6-phosphatase, Phosphorylase, alkalischer Phosphatase und β-Glucuronidase nahmen ab.

J. Wünsche. 8015.

Eiweißstoffwechsel

Schilling, E.; Mariensee/Trenthorst, Max-Planck-Inst. für Tierzucht und Tierernähr. **Die Auswirkungen einer mehrjährigen Eiweißfütterung auf den Bau der Rinderniere.** Zbl. Veterinärmed. **9** (1962) Nr. 3. S. 282–296. – 2 Abb., 42 Lit.

Bei 13 Versuchskühen, die über eine längere Versuchsdauer (ca. 3½ Jahre) hohe Eiweißmengen bekamen, fiel schon makroskopisch nach der Schlachtung eine enorme Vergrößerung der Nieren auf (durchschnittlich 3,05‰ des Gesamtkörpergewichtes = Zunahme um etwa 23%). Diese Vergrößerung beruht auf einer Hypertrophie des Gesamtorgans bei gleichzeitiger Volumenvergrößerung der Nierenkörperchen und Harnkanälchen, die als Ausdruck einer verstärkten Nierentätigkeit gewertet werden (reine Arbeitshypertrophie). Schädigungen an den Epithelien, die auf die langandauernde Eiweißüberfütterung zurückzuführen wären, konnten dagegen nicht gefunden werden.

J. Martin. 8042.

Höller, H. und Hill, H.; Hannover, Tierärztl. Hochschule, Physiol. Inst. **Beiträge zum Eiweißstoffwechsel des Schweines. 7. Mitt. Aminosäurenzusammensetzung des Muskelfleisches von Schweinen nach langdauerndem Eiweißmangel.** Arch. Tierernähr. **12** (1962) Nr. 4. S. 199–207. – 5 Tab., 6 Lit. 6. Mitt. vgl. LZ. Abt. III **5** (1960) Nr. 1. S. 154.

3 Gruppen je 10 veredelte Landschweine wurden ab 10. Lebenswoche mit folgenden Rationen gefüttert: 1. ca. 11% des Lgw. Sauerkartoffeln, 2. wie 1, dazu 400—500 g Sojaextraktionsschrot, 3. wie 1, dazu 300—400 g Fischmehl. Alle Tiere erhielten ein mit Vit. B_2 angereichertes Mineralstoffgemisch. Die Tiere der Gr. 1 zeigten in der Muskulatur eine Vermehrung des Wassergehaltes um 4% und eine Erniedrigung des Eiweißgehaltes um 8%. Vom Gesamtaminosäuren-N des Muskelfleisches entfielen in Gr. 1 = 28,5% und in Gr. 3 = 34,3% auf die essentiellen Aminosäuren. Die prozentuale Abnahme der 8 essentiellen Aminosäuren in Gr. 1 lag zwischen 8 und 18% in folgender ansteigender Reihenfolge: Phenylalanin, Leucin, Tryptophan, Methionin, Lysin, Threonin, Isoleucin, Valin. Ebenfalls waren Glycin, Serin und Asparaginsäure vermindert. Erhöhte Werte waren bei Cysteinsäure, Prolin, Oxyprolin, Arginin (statist. gesichert) sowie Glutaminsäure, Alanin, Tyrosin und Hystidin (nicht gesichert) zu beobachten.

H. Bergner. 8042.

Tollersrud, Sverre; Oslo, Norges Veterin.-Hogskole, Inst. for Husdyrbruk Genetikk. Forsøk med lysin-tilskudd til slaktegriser. **(Fütterungsversuche mit Lysinzugabe bei Schlachtschweinen.)** Nord. Veterinärmed. **13** (1961) Nr. 5. S. 242—256. – 9 Tab., 17 Lit. Zus. in Engl., Dtsch.

Aus den Gewichtszunahmen der Tiere in den Versuchs- und Kontrollgruppen wurde geschlossen, daß für die Anfangsmast ein Lysingehalt von 0,82% im Futter ausreicht, während die amerikanische Normenangabe von 0,6% als zu niedrig anzusehen ist. Auch war festzustellen, daß ein Zusatz von 0,1% Lysin zu dem in Norwegen üblichen Schweinefutter die Einsparung von 10% verd. Rohprotein ermöglicht. Dieser Befund wurde durch einen 2. mit 20 Schweinen durchgeführten Mastversuch bestätigt. Die Prüfung der Schlachtqualität der Tiere in den beiden Versuchen ließ keinen Einfluß der Lysinzugabe erkennen. Der noch sehr hohe Preis für Lysin macht die Verwendung dieser Aminosäure in der Schweinemast unrentabel.

L. Sperling. 8042.

Kokatnur, M. G. und Kummerow, F. A.; Urbana, Ill., Univ., Dep. of Food Technol. Amino acid imbalance and cholesterol levels in chicks. **(Aminosäuren-Ungleichgewicht und Cholesterin-Niveau bei Küken.)** J. Nutrit. 75 (1961) Nr. 3. S. 319–329. — 12 Abb., 2 Tab., 22 Lit.

An Gruppen von je 5 eine Woche alten Küken wurde die Wirkung nichtessentieller sowie eines Ungleichgewichtes an Aminosäuren in der Nahrung auf das Wachstum und das Cholesterin-Niveau des Serums geprüft. Dazu wurden an die Küken über einen Zeitraum von 7 bzw. 21 Tagen Diäten ad libitum gefüttert, die entweder ein Gemisch verschiedener kristalliner Aminosäuren oder unversehrtes Protein neben der zu testenden Aminosäure enthielten. Diese wurde sowohl in unzureichender wie überreichlicher Menge hinzugegeben. Arginin, Lysin und Leucin beeinflußten sowohl das Wachstum als auch die Höhe des Cholesterin-Gehaltes im Serum. Die durch überreichliche Gabe hervorgerufene Toxizität machte sich bei Lysin und Histidin in einer Erhöhung des Cholesterin-Niveaus und einer Erniedrigung des Wachstums bemerkbar, während Phenylalanin nur das Wachstum verringerte. Durch Ergänzung mit einer Mischung von Glycin und Arginin oder Glycin und Methionin konnte der toxische Effekt von Lysin aufgehoben werden. Die bloße Steigerung des Gehaltes im Futter erniedrigte das Serum-Cholesterin-Niveau fortschreitend. Die Kombinationen der nichtessentiellen Aminosäuren Serin und Asparagin oder Serin, Asparagin und Alanin bewirkten eine Erniedrigung des Cholesterin-Niveaus im Serum. L. Sperling. 8042.

Jenkins, K. J., Hill, D. C., Hutcheson, Lilian M. und Branion, H. D.; Guelph, Canada, Ontario Agric. Coll., Dep. of Nutrit. Relation of arginine and sulphur amino acids to the development of muscular dystrophy in the chick. **(Die Beziehung von Arginin und schwefelhaltigen Aminosäuren zur Entwicklung der Muskeldystrophie beim Küken.)** Poultry Sci. **41** (1962) Nr. 1. S. 61–71. — 4 Tab., 19 Lit.

In 4, mit Eintagsküken (*White Phymouth Rocks*) angesetzten und 5 Wochen dauernden Fütterungsversuchen mit Vit.-E-freien, 20% Casein enthaltenden Rationen wird gezeigt, daß Argininzulagen (1–3%) einen spez. Einfluß auf die Dystrophie des Brustmuskels nicht ausüben, und zwar weder durch Bildung von Guanidinoessigsäure oder Kreatin noch durch Hemmung der Cystinbildung aus Methionin. Die gesteigerte Verwertung der S-haltigen Aminosäuren zur Eiweißsynthese, wodurch diese für die Verhütung von Muskelschäden weniger zur Verfügung stehen, wird bestätigt, jedoch als unspezifisch gedeutet. Arginin und Tryptophan als limitierende Aminosäuren haben zwar weniger häufig aber doch ebenso wie unzureichend angebotene schwefelhaltige Aminosäuren eine schwere Muskeldystrophie zur Folge. Die Schäden lassen sich durch Methionin und Cystein besser regenerieren als durch Cystin und Homocystin. Thiazolidincarbonsäure ist in Bezug auf Gewichtszunahmen und Schutz vor dystrophen Zuständen fast ebenso wirksam wie Cystein. Ascorbinsäure erweist sich als viel weniger wirksam als Vit. E.

B. Gaßmann. 8042.

Muramatsu, Keiichiro und Ashida, Kiyoshi; Anjo, Aichi, Nagoya Univ., Dep. of Agric. Chem., Lab. of Food and Nutrit. Nitrogen balance and some liver enzymes in adult rats. **(Stickstoffbilanz und einige Leber-Enzyme ausgewachsener Ratten.)** Agric. biol. Chem. [Tokyo] **25** (1961) Nr. 9. S. 702–705. – Orig.: engl.

Vff. untersuchten die Wechselwirkungen zwischen N-Bilanz, Leber-N-Gehalt und den Aktivitäten der 2 Leber-Enzyme, Xanthinoxydase und Succindehydrogenase, an ♂ ausgewachsenen Wistar-Ratten, die 3 Wochen lang Diäten mit unterschiedlichem Caseingehalt erhielten. N-Gleichgewicht wurde mit 7% Casein in der Ration erzielt. Dabei trat ein leichtes Absinken der Lebendmasse und des Leber-N-Gehaltes in Erscheinung. Die beiden Leber-Enzyme wiesen im N-Gleichgewicht auch nur geringe Aktivitäten auf. Die Befunde deuten darauf hin, daß der ausgewachsene Organismus mehr Nahrungsprotein aufnehmen muß, als zur Erreichung des N-Gleichgewichtes notwendig ist. H.-D. Bock. 8042.

Schiller, K.; Braunschweig-Völkenrode, Forsch.-Anst. für Landwirtsch., Inst. für Tierernähr. **Untersuchungen zur Frage der Wirkung von Alpha-Amino-Buttersäure auf den Stickstoff-Stoffwechsel.** Z. Tierphysiol., Tierernähr. Futtermittelkunde **17** (1962) Nr. 3. S. 139–146. – 1 Abb., 5 Tab., 9 Lit.

In N-Bilanzversuchen an Wistar-Ratten wurde die Möglichkeit des Ersatzes von Methionin durch Alpha-Amino-Buttersäure (ABS) untersucht. Als methioninarme Eiweißträger wurden Casein, Casein und Gelatine und Sojaextraktionsschrot gewählt. Bei keinem dieser Futtermittel ergab sich nach ABS-Zulagen bis zu 0,4% eine signifikante Verbesserung der BW oder der Futterverwertung. Auch Zusätze von Cholin, Betain oder Na_2SO_4 blieben wirkungslos. Höhere ABS-Gaben ($>$ 0,5%) zeigten eindeutig negative Wirkungen. H.-D. Bock. 8050.

Stoffwechsel stickstofffreier Nährstoffe

Aylward, F. und Wills, Pamela A.; London, Borough Polytechn., Dep. of Chem. and Food Technol. Lipid excretion. I. Sterols and sterol esters. **(Lipidausscheidung. 1. Mitt. Sterine und Sterinester.)** Brit. J. Nutrit. **16** (1962) Nr. 3. S. 339–343. – 1 Tab., 20 Lit.

Vff. extrahieren die über 6–9 Tage gesammelten Faeces von 2 Frauen und 3 Männern im Alter von 40–71 Jahren, die alle dieselbe Krankenhauskost zu sich nehmen, mit Kochsalzlösung sowie mit Alkohol-Äther und bestimmen mit und ohne Verseifung den Steringehalt nach Liebermann-Burchard. Die tägl. Ausscheidung an Sterinen beträgt 388–758 mg, die an Sterinestern 8–104 mg. B. Gaßmann. 8066.

Aylward, F. und Wood, P. D. S.; London, Borough Polytechn., Dep. of Chem. and Food Technol. Lipid excretion. 2. Fractionation of human faecal lipids. **(Lipidausscheidung. 2. Mitt. Fraktionierung menschlicher Faeceslipide.)** Brit. J. Nutrit. **16** (1962) Nr. 3. S. 345–360. – 4 Abb., 2 Tab., 27 Lit. 1. Mitt. vgl. vorst. Ref.

Es wird ein Verfahren zur Auftrennung der Faeceslipide beschrieben, das aus 1. der Extraktion mit Äthanol/Äther und Verteilung des Extraktes zwischen 15%igem Äthanol und Leichtbenzin und 2. der Fraktionierung von Alkohol- und Ätherschicht mittels Kieselsäure-Chromatographie und Ionenaustausch besteht. Auf diese Weise werden Seifen, Fettsäuren, Sterine, Sterinester, langkettige Wachse und Alkohole, Kohlenwasserstoffe, Gallensäuren, Mono-, Di- und Triglyceride sowie eine Reihe von Farbstoffen abgetrennt und bestimmt. Das Verteilungsbild dieser Verbindungen ist in verschiedenen Proben normaler Personen ähnlich. Auffallend ist neben der Bestätigung der Sterin- und Sterinesterausscheidung der hohe Gehalt der Faeces an Kohlenwasserstoffen und der relativ hohe Anteil ungesättigter Fettsäuren in den faecalen Triglyceriden. B. Gaßmann. 8066.

March, B. E. und Biely, Jacob; Vancouver, Canada, Univ. of Brit. Columbia, Dep. of Poultry Sci. The effect of dietary fat level on the rate of mortality in caged layers. **(Der Einfluß des Futterfettspiegels auf die Mortalitätsrate von in Käfigen gehaltenen Legehennen.)** Poultry Sci. **41** (1962) Nr. 1. S. 9–12. – 3 Tab., 3 Lit.

Ausgehend von Eintagsküken werden insgesamt 1259 weiße Leghorn über 3 Jahre mit einer Starter- (20% Protein), einer Wachstums- (16,5% Protein) und einer Legeleistungsration (15% Protein) gefüttert. An verschiedene Gruppen verfüttert, enthält jede Ration bei gleichbleibendem Kaloriengehalt 2,5; 7,5 oder 12,5% Fett. Die Mortalitätsrate infolge Leberstörungen beträgt 5,3% bei 2,5% Fett, 12,3% bei 7,5% Fett und 10,3% bei 12,5% Fett. Die auf andere Ursachen zurückzuführende Mortalität wird nicht beeinflußt. Es wird geschlossen, daß Fett an sich, wenn es in einer gut ausbalanzierten Kost bis zu 12,5% verfüttert wird, deren Energiegehalt nicht übermäßig groß ist, keine nachteiligen Folgen zeitigt. B. Gaßmann. 8066.

Feldman, G. L., Churchwell, L. M., Culp, T. W., Doyle, F. A. und Jonsson, H. T.; Houston, Tex., Metabolic Endocrine Res. Dep., Methodist Hospital; Baylor Univ. Coll. of Med., Div. of Ophthalmol. The lipid content of the subcutaneous fat organs of the chick embryo. **(Der Lipoidgehalt der subcutanen Fettorgane des Kükenembryos.)** Poultry Sci. **41** (1962) Nr. 4. S. 1232–1240. – 1 Abb., 4 Tab., 28 Lit.

Die aus den Befunden früherer Arbeiten abzuleitende Möglichkeit eines Zusammenhanges zwischen der Empfänglichkeit für Katarakt (Trübung der Augenlinse) und der Bildung der s. c. Fettorgane beim Kükenembryo gaben Veranlassung zu umfangreichen Untersuchungen der Lipoide während der Entwicklung des Embryos. Dazu wurde tägl. in der Zeit vom 12. Tag der Bebrütung bis zum Schlüpfen in den seitlichen Brust-Fettorganen von Weißen Leghorn × New Hampshire-Embryos der Gehalt an Gesamtlipoiden nnd an einzelnen Fraktionen von neutralen und Phospholipoiden bestimmt. Die Ablagerung der Lipoide läßt eine ausgesprochene Periodizität erkennen. Vom 13. bis zum 17. Tag wurden fast alle Lipoide rasch und in relativ gleichmäßiger Menge abgelagert. Am 17. und 18. Tag ist die Fettablagerung, besonders die der Reservefett-Komponenten, durch einen relativ statischen Zustand charakterisiert. Dieser spiegelt offenbar Stoffwechselvorgänge wider, die in der nachfolgenden Periode stark zunehmen und den Lipoidgehalt der Fettorgane bestimmen. L. Sperling. 8066.

Edwards jun., H. M., Marion, J. E. und Driggers, J. C. Response of deutectomized chicks to dietary fat supplementation. **(Die Reaktion von deutektomierten Küken auf Fettergänzung im Futter.)** Poultry Sci. **41** (1962) Nr. 4. S. 1050–1052. – 2 Tab., 5 Lit.

Es wurden 3 Versuche durchgeführt, um die Wirkung einer Entfernung der nach dem Schlupf im Küken enthaltenen Reste des Dottersackes zu ermitteln, wobei Futtermischungen mit verschieden hohen Fettzusätzen verabreicht wurden. Die operative Entfernung des Dottersackes wird deutektomieren genannt. Die Versuchsergebnisse zeigen, daß die Entfernung der Dottersackreste bei 12 Std. alten Küken nicht zu einem höheren Bedarf an Fett in den ersten 3 Lebenswochen führt, wenn als Maßzahl der Fettgehalt in der Leber dient. Jedoch bewirkt die Entfernung des Dottersackes eine Verminderung der Gewichtszunahme der Küken bei Verfütterung von Futtermischungen mit niedrigem Fettgehalt. Verfütterung von fettangereicherten Futtermischungen (1%–8% Öl als Zusatz) führte zu höheren Gewichtszunahmen als bei der Kontrollgruppe. G. Göbel. 8066.

Feldman, G. L., Doyle, F. A., Lawler jun., M. R., Rodgers, R. S. und Churchwell, L. M.; Houston, Tex., Baylor Univ. Coll. of Med., Div. of Ophthalmol., Biochem. Sect.; Methodist Hospital, Metabolic Endocrine Res. Dep. Enzymatic activity of the developing subcutaneous fat organs of the chick. **(Enzymatische Aktivität sich ausbildender subcutaner Fettorgane des Kükens.)** Poultry Sci. **41** (1962) Nr. 5. S. 1423–1428. – 5 Tab., 16 Lit.

Es wird festgestellt, daß in den seitlich am Thorax befindlichen Fettorganen von Kükenembryos die enzymatische Aktivität der Lipoproteinlipase, der alkalischen und sauren Phosphatase, der Milch-, Isocitronen- und Malonsäuredehydrogenase, der Glutaminsäure-Oxalessigsäure- sowie der Glutaminsäure-Brenztraubensäure-Transaminase bis zum 16.–18. Tag ansteigt und dann wieder abnimmt. Aus dem charakteristischen Verlauf der Enzymaktivität wird auf eine grundlegende Stoffwechselumstellung in der Embryonalentwicklung geschlossen. Es wird angenommen, daß das embryonale Fettgewebe etwa am 16. Tag eigene Funktionen übernimmt. B. Gaßmann. 8066.

Mineralstoffwechsel

Simon, Shirley E., Muller, Margaret und Satchell, D. G.; Parkville, Australia, Univ. of Melbourne, Depp. of Pharmacol. An integrated study of the effects of external calcium on sodium fluxes and metabolism in muscle. **(Ergänzende Untersuchungen über die Wirkung des Calciums auf den Natriumumsatz und den Stoffwechsel im Muskel.)** Biochim. biophysica Acta [Amsterdam] **60** (1962) Nr. 1. S. 126–142. — 5 Abb., 8 Tab., 33 Lit.

Den Untersuchungen dienten Krötenmuskeln (*Musculus sartorius* von *Bufo marinus*). Ca-freie Ringerlösung (**I**) erhöhte den Na-Gehalt und erniedrigte den K-Gehalt im Muskel. Die Glykolyse blieb hierbei unbeeinflußt und die O_2-Aufnahme des Gewebes war erhöht. Kreatinphosphat und ATP zeigten eine Abnahme. Gleichzeitige EDTA (Äthylendiamintetraessigsäure)-Zugabe zu Ca-freier **I** steigerte den Na-Gehalt weiter. Gemeinsamer Entzug von Ca und Na in **I** verminderte die Wirkungen des Ca-Mangels oder hob sie ganz auf. Ein hoher Ca-Gehalt in **I** bedingte eine Erhöhung des Na-Gehaltes, der O_3-Aufnahme und der Glykolyse, dagegen sank der K-Gehalt ab. Eine Änderung des K-Gehaltes in **I** beeinflußte den Na-Umsatz des Muskels nur wenig. Dagegen war die Atmung, die bei niedrigem Ca- oder hohem K-Gehalt in **I** gesteigert war, stark abhängig vom K^+/Ca^{2+}-Verhältnis. Vff. diskutierten abschließend die Bedeutung der Ionen und der Membranpotentiale für die respiratorischen Kontrollmechanismen. H. Bergner. 8123.

Schmid, Albrecht; München, Univ., Tierärztl. Fak., Inst. für Pharmakol., Toxikol. und Pharmazie. **Über die Gesetzmäßigkeiten des Strontium-Stoffwechsels im Skelett und den Mechanismus der „Fixierung von Strontium im Knochensystem.** Hoppe-Seyler's Z. physiol. Chem. **326** (1961) Nr. 5/6. S. 177–196. — 10 Tab., 52 Lit.

Vf. gibt einleitend eine ausführliche Literaturübersicht über den normalen Sr-Gehalt des Skelets sowie über den Sr-Ein- und -Ausbau und den Mechanismus des Sr-Umsatzes im Skelett. In eigenen Untersuchungen mit einer Sr-haltigen Diät (Ca der Diät durch Sr ersetzt) wird an wachsenden und ausgewachsenen Ratten der Sr- und Ca-Ein- und Ausbau in der Compacta und Spongiosa geprüft. Anhand der Ergebnisse ermittelt Vf. folgende Gesetzmäßigkeiten: Sr-Einbaugesetz: $(Sr)_t = (Sr)_{max}\,(1 - e^{-k_1 t})$ (%), Ca-Ausbaugesetz: $[Ca]_t = [Ca]_a \cdot e^{-k_2 t} + [Ca]_{na}$ (%), Sr-Ausbaugesetz: $[Sr]_t = [Sr]_a\, e^{-k_3 t} + [Sr]_{na}$ (%), Ca-Einbaugesetz: $[Ca]_t = [Ca]_e\,(1 - e^{-k_4 t}) + [Ca]_{na+r} \cdot$

(%). $[Sr]_t$; $[Ca]_t$ = Sr- bzw. Ca-Gehalt zur Zeit t; Index a = austauschbar; na = nichtaustauschbar $[Sr]_{max}$ = maximal erreichbarer Sr-Gehalt des Skeletts; $[Ca]_e$ = einbaubarer Ca-Gehalt in Sr-haltiges Skelet; $[Ca]_{na+r}$ = Ca-Gehalt des Skeletts am Ende der Sr-Fütterung; $k_1 - k_4$ = Konstanten. Aus diesen Gesetzmäßigkeiten wird geschlußfolgert, daß der Mechanismus des Sr-Umsatzes im Skelett als oberflächenchemischer Ionenaustausch an der mineralischen Knochensubstanz betrachtet werden kann. Es ist kein Hinweis für einen intrakristallinen Einbau von Sr in die Knochenminer alien zu finden. Wachsende Tiere fixieren mehr Sr als ausgewachsene. H. Bergner. 8123.

Mraz, Frank R.; Richland, Wash., Biol. Lab., Hanford Lab. Intestinal absorption of Ca-45 and Sr-85 as affected by the alkaline earths and pH. **(Die intestinale Absorption von ^{45}Ca und ^{85}Sr und ihre Beeinflussung durch Erdalkalien und pH-Wert)** Proc. Soc. exp. Biol. Med. **110** (1962) Nr. 2. S. 273–275. – 2 Tab., 10 Lit.
Mittels der Perfusionstechnik wurde in vivo die Resorption von ^{85}Sr und ^{45}Ca im Dünndarm der Ratten in Abhängigkeit vom pH-Wert und verschiedenen Erdalkalielementen bestimmt. Der Zusatz von Ca oder Ba zum Perfusat reduzierte die ^{45}Ca-Resorption mehr als die des ^{85}Sr. Mg und Ba wirkten stärker auf die Resorption des ^{85}Sr als auf die des ^{45}Ca, während Sr die Resorption des ^{45}Ca und ^{85}Sr im gleichen Ausmaß reduzierte. Bei einem pH-Wert zwischen 4 und 2 kam es zu einer deutlich höheren ^{85}Sr-Aufnahme, während die ^{45}Ca-Resorption zurückging. M. Anke. 8123.

Burton, J. D. und Mercer, E. R.; Letcombe Regis, Wantage, Berks., Agric. Res. Council, Radiobiol. Lab. Discrimination between strontium and calcium in their passage from diet to the bone of adult man. **(Die Diskriminierung zwischen Strontium und Calcium beim Übergang von der Nahrung zum Knochen des erwachsenen Menschen.)** Nature [London] **193** (1962) Nr. 4818. S. 846–847. – 1 Tab., 19 Lit.
Vf. teilen den ∅ Ca-Gehalt, das ∅ Sr/Ca-Verhältnis und die geschätzte Sr-Aufnahme mit den verschiedenen Nahrungsmitteln der Jahre 1958 und 1959 der Erwachsenen in Großbritannien mit. Das Sr/Ca-Verhältnis (mg/g) betrug beispielsweise in Milch und Sahne 1958 und 1959 0,29 und 0,36; im Wurzelgemüse 2,63 und 2,95; in Eiern 0,75 und 1,51; im Fleisch 0,56 und 0,72; im H_2O 3,00 und 3,09. Im allgemeinen ist von 1958 zu 1959 eine Vergrößerung des Sr/Ca-Verhältnisses festzustellen. Die geschätzte tägl. Sr-Aufnahme stieg von 1958 zu 1959 an. M. Anke. 8123.

Enda-Marah, Adriana, Paakkola, O. und Merten, D.; Kiel, Bundesforsch.-Anst. für Milchwirtsch., Physikal. Inst. **Über den Diskriminierungsfaktor beim Übergang des Strontiums-90 vom Gras zur Milch.** Kieler milchwirtsch. Forsch.-Ber. **14** (1962) Nr. 3. S. 205–209. – 3 Tab., 6 Lit. Zus. in Engl., Franz.
Die Untersuchung von 48 an verschiedenen Orten der Bundesrepublik gezogenen Grasproben im Zeitraum von Apr. bis Okt. 1960 und von Milchmischproben aus den entsprechenden Gebieten auf den Gehalt von ^{90}Sr pro g Ca ergab für das Gras Werte zwischen 21,6 und 135,8 pc ^{90}Sr/gCa und für die Milch 3,7 bis 7,7 pc ^{90}Sr/gCa. Als Diskriminierungsfaktor für den Übergang des Sr vom Gras in die Milch errechnet sich nach den durchgeführten Messungen für die Bundesrepublik im Mittel ein Wert von 0,09 mit einer mittleren Schwankung von ± 0,03. R. Schiemann. 8123.

Stošič,, D. (Stoschitsch, D.); Kusminki, Gebiet Moskau, Unions-Inst. für Exp. Veterinärmed., Lab. für Physiol. Obmen radioaktivnogo fosfora u kur pri raznych urovnjach belka v racione. **(Der Umsatz radioaktiven Phosphors in Hennen bei unterschiedlichem Eiweißanteil in der Ration.)** Trudy Vsesojuznogo instituta ėksperimental'noj veterinarii, Moskva **26** (1962) S. 205-208.
Im Leghornversuch erhielt Gruppe I ein im Eiweißgehalt normales Futter,

Gruppe II doppelte Eiweißmengen im Vergleich zu I und Gruppe III halbe, Eiweißmengen gegenüber I, und zwar 10, 20, 30, 40, 60 Tage lang sowie 3 Tage vor dem Ende der Versuchsabschnitte peroral ^{32}P in Form von 5 μC Na-Phosphat je kg Lgw. Schlachtversuche ergaben, daß die Ablagerung von ^{32}P im Knochengewebe der Gruppe III weniger intensiv als in den anderen Gruppen war. Sie hing von der Dauer der Versuchsabschnitte ab. Die Konzentration des ^{32}P in den Knochen der Gruppe II war beispielsweise nach 20tägiger Versuchszeit um 30% geringer als in Normalgruppe I und um 20% geringer als in Gruppe III (eiweißarm), nach 30 Tagen aber um 55% geringer als in Normalgruppe I und um 50% geringer als in III. Vf. folgert, daß der P-Umsatz der Hühner vom Eiweißgehalt des Futters abhängt und sich die Ablagerung von ^{32}P im Organismus der Hühner beim hohen Eiweißgehalt der Ration verringert, und zwar besonders stark im Knochengewebe.
E. Kraack. 8124.

Auerbach, Th. und Reichardt, W. **Über die topographische Verteilung von Radiophosphor im Zentralnervensystem, in endokrinen Drüsen und inneren Organen des Kaninchens.** Forsch. u. Fortschr. **36** (1962) Nr. 9. S. 265-268.
Aus den Untersuchungen geht hervor, daß die Verteilung inkorporierten ^{32}P im Zentralnervensystem nicht gleichmäßig ist. Inwieweit diese Ungleichmäßigkeit der Verteilung Ausdruck wirklicher Stoffwechseldifferenzen, d. h. durch die bes. Funktion der verschiedenen Hirnstrukturen bedingt ist, müssen weitere Untersuchungen der verschiedenen P-Fraktionen und ihrer Austauschgeschwindigkeiten erweisen. W. Fleischmann. 8124.

McCall, M. G., Newman, G. E., O'Brien, J. R. P., Valberg, L. S. und Witts, L. J.; Oxford, Dep. of Clin. Biochem., Radcliffe Infirmary; Dep. of Clin. Med. Studies in iron metabolism. 1. The experimental production of iron deficiency in the growing rat. **(Studien des Eisenstoffwechsels. 1. Mitt. Die experimentelle Erzeugung von Eisenmangel bei der wachsenden Ratte.)** Brit. J. Nutrit. **16** (1962) Nr. 3. S. 297-304. – 6 Tab., 21 Lit.
Eine halbsynthetische Nahrung für experimentelle Studien bei Ratten wird eingehend beschrieben. Die nicht mit Fe ergänzte Diät erzeugte bei Ratten Anämie und Gewichtsverluste. Ein Zusatz von 50 mg Fe/kg war für max. Gewichtszunahmen und ausreichende Hämoglobinwerte während der Wachstumsperiode erforderlich. Wachstum und Fortpflanzung wurden während 3 Generationen durch eine Diät mit 240 mg Fe/kg gefördert. Anämische Ratten erholten sich innerhalb von 12 Tagen, wenn sie diese Nahrung erhielten.
M. Anke. 8127.

McCall, M. G., Newman, G. E., O'Brien, J. R. P. und Witts, L. J.; Oxford, Dep. of Clin. Biochem., Radcliffe Infirmary; Dep. of Clin. Med. Studies in iron metabolism. 2. The effects of experimental iron deficiency in the growing rat. **(Studien des Eisenstoffwechsels. 2. Mitt. Wirkung eines experimentell erzeugten Eisenmangels bei der wachsenden Ratte.)** Brit. J. Nutrit. **16** (1962) Nr. 3. S. 305-323. – 8 Abb., 4 Tab., 37 Lit. 1. Mitt. vgl. vorst. Ref.
Vf. verglichen wachsende Ratten mit und ohne ausreichender Fe-Versorgung. Fe-Mangelratten wuchsen langsamer, waren lethargischer, besaßen ein rauhes Fell und weiße Schneidezähne. Die Fe-Konzentration des Rumpfes war bei den Mangelratten niedriger, fiel aber ungeachtet der stärker auftretenden Anämie bei den Mangelratten nicht wesentlich unter die der Vergleichsratten. Der H_2O-Gehalt des Rumpfes beider Gruppen war gleich. Die ausreichend mit Fe ernährten Ratten besaßen mehr Körperfett. Die Cytochrom-c-Konzentration der Leber normal mit Fe ernährter Ratten war während der Hauptwachstumsperiode erhöht, nach dieser fiel sie. Bei den Fe-Mangelratten nahm der Leber-Cytochrom-c-Gehalt ab, als das Organ an Gewicht zunahm. Trotzdem erhöhte sich während dieser Periode der Gesamtgehalt

an Leber-Cytochrom-c. Die Fe-Mangelratten zeigten eine charakteristische Reihenfolge im Wechsel des Blutbildes. Zunächst fiel die Plasma-Fe-Konzentration; lag sie unter 90 μg/100 ml, dann nahm auch die Hämoglobinkonzentration ab. Diese Anämie hatte ihre Ursache in einer Erniedrigung des Hämoglobingehaltes der roten Blutkörperchen. Gleichzeitig fiel das ∅ Korpuscularvolumen. Bei starker Anämie trat auch ein Wechsel in der Zahl der roten Blutkörperchen ein. M. Anke. 8127.

McCall, M. G., Newman, G. E., O'Brien, J. R. P. und Witts, L. J.; Oxford, Dep. of Clin. Biochem., Radcliffe Infirmary; Dep of Clin. Med. Studies in iron metabolism. 3. Cobalt and erythropoiesis in the growing rat. **(Studien des Eisenstoffwechsels. 3. Mitt. Kobalt und die Erythropoese bei der wachsenden Ratte.)** Brit. J. Nutrit. **16** (1962) Nr. 3. S. 325-332. – 2 Abb., 5 Tab., 16 Lit. 2. Mitt. vgl. vorst. Ref.

Zu einer halbsynthetischen Diät für wachsende Ratten, die verschiedene Fe-Mengen enthielt, wurde Co zugesetzt, um die Wirkung dieses Elementes auf Erythropoese und Verteilung des Fe in der Ratte festzustellen. Die Zugabe von 3-10 mg Co je kg der halbsynthetischen Diät, welche 34, 50 und 240 mg Fe/kg enthielt, verursachte eine Erythraemie bei den Ratten. Dauer und Stärke hingen vom Umfang des Co- und Fe-Anteils der Nahrung ab. Die hämatologischen Ergebnisse während der Co-Erythraemie zeigten, daß der Anstieg des Hämoglobingehaltes tatsächlich auf einer Erhöhung der zirkulierenden roten Blutkörperchen und nicht auf einem Wechsel im Hämoglobingehalt beruhen. Keine Unterschiede wurden in der Gewichtszunahme und den Organgewichten bei den Ratten der einzelnen Gruppen gefunden. Auch im Cytochrom-c-Gehalt von Leber und Nieren war kein Unterschied zwischen den einzelnen Gruppen zu bemerken. 10mg Co/kg Futter blieben ohne Wirkung auf die Gewichtszunahme, wenn der Fe-Anteil (34 mg/kg) niedrig war. Bei Erythraemie durch Co ging die Gewichtszunahme zurück. M. Anke. 8127.

Braude, R., Chamberlain, A. G., Kotarbińska, M. und Mitchell, K. G.; Shinfield, Reading, Nat. Inst. for Res. in Dairying. The metabolism of iron in piglets given labelled iron either orally or by injection. **(Der Eisenstoffwechsel der Ferkel, welche markiertes Eisen oral oder injiziert erhielten.)** Brit. J. Nutrit. **16** (1962) Nr. 3. S. 427-449. – 8 Abb., 6 Tab., 34 Lit.

5 Würfe 3 Tage alter „White Large"-Ferkel wurden zur Ermittlung der Retention und Verteilung des markierten Fe verwendet. Das Fe wurde in Mengen von 30, 90 oder 180 mg als $FeSO_4$ oral und in Mengen von 30 oder 180 mg als Fe-Dextran durch Injektion verabreicht. Über 60% einer oralen Gabe von 30 mg markierten Fe war 240 Std. nach der Verabreichung reteniert. 348 Std. nach der Gabe begann die Ausscheidung. Bei einer tägl. Verabreichung von 30 mg markierten Fe an 3 einander folgenden Tagen waren nach 240 Std. über 53% reteniert. Als die Vff. die gleiche Menge an 6 aufeinanderfolgenden Tagen verfütterten, wurden nur 30% im Körper zurückgehalten. 264 Std. nach einer einmaligen Injektion von 30 mg markiertem Fe waren 99% in den Geweben. 768 Std. nach der Injektion begann eine merkliche Fe-Ausscheidung. Diese Exkretion unterblieb nach Injektion von 180 mg markiertem Fe. 93% der injizierten Menge wurden während der Versuchsperiode wiedergefunden. Je kg Lebendgewichtszunahme muß ein Ferkel 21 mg Fe retenieren, um eine ausreichende Fe-Menge im Körper zu behalten. M. Anke. 8127.

Behrens, H.; Hannover. **Die Bedeutung des Eisens für die Ferkelaufzucht und die Möglichkeiten der Applikation.** Mitt. Tierhalt. **1962** Nr. 77. S. 13-16. – 46 Lit.

Fe ist Bestandteil des Hämoglobins, des Myoglobins, der Cytochrome a, b, c, der Katalase, der Peroxydase, des Hämosiderin, des Ferritin, des Transferin und noch unbekannter Verbindungen. Das neugeborene Ferkel enthält 50 mg Fe und hat in den ersten 3-4 Wochen einen tägl. Fe-Bedarf von mindestens 7 mg. Mit der Muttermilch erhalten sie tägl. 1 mg, so daß sich ein Fe-Defizit von 125-150 mg in den ersten 4 Lebenswochen ergibt. Fe-Mangel bei Saugferkeln äußert sich als hypochrome, mikrozytäre Anämie, Anfälligkeit gegen Infektionen, Intoxikationen und Einschränkung der Produktion von Zellhäminen. Es werden die verschiedenen Möglichkeiten der Fe-Verabreichung an Saugferkel besprochen, wobei die parenterale Applikation der oralen überlegen ist. M. Anke. 8127.

Platt, B. S. und Frankul, W.; Mill Hill, London, Nat. Inst. for Med. Res., Human Nutrit. Res. Unit. The influence of a low-protein diet on the level of zinc and iron in the serum and liver of the pig. **(Der Einfluß einer eiweißarmen Nahrung auf die Zink- und Eisenmengen in Serum und Leber der Schweine.)** Proc. Nutrit. Soc. **21** (1962) Nr. 1. S. VII-VIII. – 1 Tab., 8 Lit.
In einem Versuch an 9 Schweinen, welche mit Rationen gleicher Kalorienmenge, 9 mg Zn, 75 mg Fe je Tier und Tag und unterschiedlichen Eiweißmengen gefüttert wurden, führte die proteinarme Diät zu einem sekundären Zn-Mangel. Die Ursache hierfür kann in einer Verminderung des Transportmediums (Serumalbumin war merklich reduziert) oder einer verringerten Resorption oder an beiden liegen. Die Anämie der Proteinmangelschweine beruht mehr auf Eiweiß- als auf Fe-Mangel. M. Anke. 8127.

Dennes, E., Tupper, R. und Wormall, A.; London, St. Bartholomew's Hospital, Dep. of Biochem.; Chem. Med. Coll. Studies on zinc in blood. Transport of zinc and incorporation of zinc in leucocytes. **(Studien des Zinkes im Blut. Der Transport des Zinkes durch die Leukocyten.)** Biochem. J. **82** (1962) Nr. 3. S. 466-476. – 1 Abb., 8 Tab., 26 Lit.
Vff. studierten den Transport des Zn durch das Blut beim Kaninchen nach i. v. Injektion von Zinkglycinlösung und ^{65}Zn als Tracer. Das injizierte Zn wurde innerhalb von 3 Std. zu mehr als 90% aus dem Blutstrom entfernt. Das Blutplasma der Kaninchen enthielt 3-24 Std. nach der Injektion von Zinkglycin das ^{65}Zn in gebundener Form. Über die Hälfte dieses Zn haftete am Plasmaglobin. Die α-Globulin-Fraktion ist für den Transport des Hauptteils des Zn verantwortlich. Es konnte bestätigt werden, daß die Zinkbindekapazität der Kaninchenleukocyten viel größer ist als die der Erythrocyten. Die Rolle der Blutzellen beim Transport und der Speicherung wird kurz diskutiert. Es herrscht Klarheit darüber, daß das Zn in den Blutzellen, und hier hauptsächlich das der Erythrocyten, als ein wichtiger Teil des verfügbaren Zn im Körper zu betrachten ist. M. Anke. 8127.

Raleigh, R. J. und Wallace, Joe D. The influence of iron and copper on hematologic values and on body weight of range calves. **(Der Einfluß von Eisen und Kupfer auf einige Blutwerte und das Körpergewicht von Weidekälbern.)** Amer. J. veterin. Res. **23** (1962) Nr. 93. S. 296-299.
Es werden der Hb-Gehalt und das Erythrocytenvolumen, bestimmt nach der Hämatokritmethode, an Hereford-Kälbern nach der Geburt und im Alter von 3, 6, 15 und 25 Wochen ermittelt. Der Hb-Gehalt ist nach der Geburt am höchsten (11,21 g%), fällt bis zur 15. Woche ab (9,92 g%), um allmählich wieder anzusteigen. Das Erythrocytenvolumen hat bei der Geburt den niedrigsten Wert (37,7%). Es steigt nur allmählich an (40,5%) nach der 25. Woche. Cu-Injektionen von 0,5 ml s. c. nach der Geburt und nach 3 Wochen ergeben keine signifikanten Unterschiede zu den Normalwerten. Dagegen bedingen Fe-Dextran-Injektionen von 10,0 ml i. m. eine Erhöhung der Werte bis zur 6. Woche. Danach bestehen keine Unterschiede mehr zu den Kontrolltieren. Eine schnellere Zunahme des Körpergewichts wird weder durch Cu-, noch durch Fe-Injektionen, noch durch eine Kombination beider Elemente erzielt. Im Versuch standen 72 Kälber. H.-J. Gußmann. 8127.

Ryley, J. W., Harvey, J. M., Watson, J. W. und Levitt, M. S.; Yeerongpilly, Queensland, Animal Res. Inst. A comparison of the copper status of sheep and cattle grazing a predominantly Paspalum dilatatum pasture in South-Eastern Queensland. **(Ein Vergleich des Kupferstatus von Schafen und Rindern, welche auf einer vorherrschend mit Paspalum dilatatum bestandenen Weide gehalten wurden.)** Queensland J. agric. Sci. **18** (1961) Nr. 3. S. 353-366. — 1 Abb., 4 Tab., 21 Lit.

Vf. verglichen die Blut- und Leber-Cu-Konzentration erwachsener Hereford-Rinder mit der von erwachsenen Merinoschafen, welche auf der gleichen, vorherrschend von *Paspalum dilatatum* bestandenen Weide grasten. Während der Dauer von 3 Jahren wurden 15 Proben genommen. Der ⌀ Cu-Gehalt der Rinderleber lag unter 30 ppm/kg Tr.-Subst. Bei 12 von 15 Leberproben der Schafe betrug der Cu-Anteil 100 ppm. Der ⌀ Cu-Gehalt des Blutes betrug bei den Rindern in 13 Fällen weniger als 0,08 mg/100 ml, bei den Schafen lag er nur 3mal unter 0,08 mg/100 ml. Es konnte kein jahreszeitlich bedingter Wechsel im Cu-Gehalt von Leber und Blut weder bei Rindern noch bei Schafen gefunden werden. Sowohl bei Kälbern als auch bei Lämmern war 24 Std. nach der Geburt der Cu-Anteil der Leber höher als bei ihren Müttern.

M. Anke. 8127.

Ščerbina, P. F. (Stscherbina, P. F.); Ukrain. Forsch.-Inst. für Geflügelzucht. Rol' kobal'ta, medi, marganca i cinka v pitanii sel'skochozjajstvennoj pticy i vlijanie ich na ee produktivnost'. **(Die Rolle von Kobalt, Kupfer, Mangan und Zink bei der Fütterung des landwirtschaftlichen Geflügels und ihr Einfluß auf dessen Produktivität.)** Sbornik rabot molodych učenych. Doklady na naučnoj konferencii aspirantov. Vsesojuznyj naučno-issledovatel'skij institut pticevodstva, Moskva **1960** Nr. 3. S. 149-155. — 2 Tab., 10 Lit.

Obwohl die Böden im Gebiet um Borki einen durchschnittlichen bis guten Gehalt an Spurenelementen aufweisen, brachten Beifütterungsversuche von Co, Cu, Mn und Zn bei Hühnern, Puten und Enten eine Verbesserung der reproduktiven Leistungen. Die verabreichte Dosis je 1 kg Lebendmasse betrug täglich 0,5 mg Co-, 0,5 mg Zn-, 0,5 mg Cu- und 1,0 mg Mn-Sulfat. Jedes dieser Elemente erhöhte bei Ukrainischen Enten die Legeleistung, die Befruchtung und die Vitalität der Embryonen. W. Sommerfeld. 8127.

Cotzias, G. C., Borg, D. C. und Selleck, B.; Upton, N. Y., Brookhaven Nat. Lab., Med. Res. Center. Virtual absence of turnover in cadmium metabolism: Cd^{109} studies in the mouse. **(Der eigentliche Mangel bei Änderungen des Cadmiumstoffwechsels. ^{109}Cd Studien bei der Maus.)** Amer. J. Physiol. **201** (1961) Nr. 5. S. 927-930. — 2 Abb., 1 Tab., 28 Lit.

In Versuchen bei Mäusen mit ^{109}Cd zeigte sich, daß Cd der homeostatischen Kontrolle nicht gehorcht. Die Ähnlichkeit zwischen Zn- und Cd-Stoffwechsel führte dazu, daß Cd teilweise die Funktionen des Zn übernehmen konnte und somit zum Antagonisten des Zn wurde. Der Organismus kann physiologisch zwischen Cd und Zn unterscheiden, zumindest bei der Nivellierung der exkretorischen Prozesse. M. Anke. 8127.

Wasserhaushalt

Singh, J. R. und Talapatra, S. K. Effects of hard and soft water on digestibility and mineral nutrition in young Hariana calves. **(Die Wirkungen harten und weichen Wassers auf Verdaulichkeit und Mineralstoffwechsel bei jungen Hariana-Kälbern.)** Indian J. veterin. Sci. Animal Husbandry **31** (1961) Nr. 3. S. 223-233. — 9 Tab., 11 Lit.

Der Einfluß harten und weichen Wassers wurde bei Kälbern im Alter von 6-11 Mon. im Fütterungsversuch überprüft. Nach 60 Tagen wurden bei den gleichen Tieren Verdaulichkeitstests durchgeführt. In der Verdaulichkeit der einzelnen Futterbestandteile konnten keine signifikanten Differenzen nachgewiesen werden. Nur bei den Tieren, die in beiden Versuchsserien weiches Wasser bekommen hatten, war die Verdaulichkeit der Rohfaser stark vermindert. Während in der mit weichem Wasser versorgten Gruppe eine negative Ca-Bilanz vorlag, war bei der mit hartem Wasser getränkten Gruppe bei einer tägl. Aufnahme von 4,0 g Ca die Endbilanz positiv. In ähnlicher Weise konnte bei Verabreichung harten Wassers eine Besserung der P- und Mg-Retention beobachtet werden. H. Busse. 8129.

Kondo, Allan K. und Ross, Ernest; Honolulu, Univ. of Hawaii. The effect of some constituents in molasses on the water metabolism of chicks. **(Der Einfluß einiger Melassebestandteile auf den Wasserhaushalt bei Küken.)** Poultry Sci. **41** (1962) Nr. 4. S. 1126-1132. — 5 Tab., 8 Lit.

Es wurde geprüft, inwieweit der K-Gehalt der Zuckerrohrmelasse den Wasserstoffwechsel und damit die Feuchtigkeit des Kotes beeinflußt. Im 1. Versuch wurden 5; 15; 20 und 30% Zuckerrohrmelasse a) in natürlichem Zustand, b) entsalzen 6 Wochen lang an Küken verfüttert und mit reinen Zusätzen von KCl, K_2CO_3, $MgSO_4$ und MgO verglichen. Die b-Gruppen tranken weniger und ihr Kot war fester. Dabei ging die größte Wirkung vom K aus: es erhöhte den Wasserbedarf; dagegen hatten das Cl-Ion und das Mg keinen Einfluß. Im 2. Versuch wurden Rohrzuckerzusätze, die dem Zuckergehalt der gewählten Melassemengen entsprachen (3,4; 6,9; 9,1 und 13,8%) mit KCl- oder Melassezugaben zum Grundfutter (aus 60% Mais und Sojaextraktionsschrot) verglichen. Beide Faktoren, K wie Zucker, steigerten mit zunehmender Aufwandmenge den Wasserverbrauch und hatten flüssigen Kot zur Folge. Da die Melassegruppen stärker reagierten als die Gruppen mit reinen oder kombinierten Zucker-K-Zusätzen, dürften weitere wirksame Inhaltsstoffe in der Melasse vorhanden sein, die den Durst erhöhen. C. Engelmann. 8129.

Kondo, Allan K. und Ross, Ernest; Honolulu, Univ. of Hawaii. The effect of certain ionic interactions on the water metabolism of chicks. **(Der Einfluß gewisser gegensätzlicher Ionenwirkungen auf den Wasserhaushalt des Kükens.)** Poultry Sci. **41** (1962) Nr. 4. S. 1132-1136. — 4 Tab., 10 Lit.

Es galt zu prüfen, inwieweit der bekannte Antagonismus zwischen Na und K sowie zwischen Ca und K in bezug auf den Wasserstoffwechsel auch beim Huhn zur Geltung kommt. Futtermischungen (vergl. vorst. Ref.) mit 0; 0,5; 1,0; 2,0 und 4,0% NaCl standen mit solchen zum Vergleich, die 0; 15; 28 und 30% Melasse enthielten. Ohne Salz (0,217% Na) und ohne Melasse blieben die Küken im Wachstum zurück, bei 15% Melasse (und darin 0,37% Na) erreichten sie das Lgw. der Kontrollgruppen. 4% NaCl wirkten toxisch; die Küken tranken zwar viel, konnten das Wasser aber nicht ausscheiden. Es kam zu Oedembildungen. Wasserverbrauch und Feuchtigkeit des Kotes nahmen mit der Salzmenge im Futter zu. Verwendeten die Vff. entsalzene Melasse (15%), der sie 0; 0,5 und 1,0% K als KCl und 1; 2 und 3% Ca als $CaCO_3$ zusetzten, wurde der Kot wiederum mit steigender K-Gabe feuchter. Bei hohen K-Gaben schränkte das Ca die Feuchtigkeitszunahme etwas — aber nicht signifikant — ein. C. Engelmann. 8129.

Stoffwechsel der Vitamine und anderer Wirkstoffe

Krause, R. F.; Morgantown, Va., Univ., Dep. of Biochem. In vitro metabolism of C-14 labeled ß-carotene. **(In vitro-Stoffwechsel von β-Carotin, das mit ^{14}C gekennzeichnet wurde.)** Proc. Soc. exp. Biol. Med. **107** (1961) Nr. 2. S. 363-366. — 3 Tab., 10 Lit.

Vf. beschreibt eingehend die Versuchsanstellung und Analysenverfahren. Die Destruktion von ^{14}C-β-Carotin in verschiedenen Gewebehomogenaten von Ratten betrug nach 6-stündiger Inkubationszeit unter anaeroben Verhältnissen 10-20%. Die Fähigkeit der Übertragung der Radioaktivität von

^{14}C-β-Carotin auf andere Verbindungen wird beschrieben. ATP, DPN, Nicotinamid und Mg Cl_2 förderten die Destruktion von β-Carotin. Während der Inkubationszeit wurden bestimmte CO_2-Mengen frei. M. Hoffmann. 8152.

Grifo jun., A. P., Rousseau jun., J. E., Eaton, H. D., Gosslee, D. G.; Storrs, Conn., Agric. Exp. Stat. Conversion of carotene from alfalfa and from water-dispersible gelatin beadlets to vitamin A by calves. **(Die Umwandlung von Carotin aus Luzernegrünmehl und aus wäßriger Gelatine-Dispersion in Vitamin A bei Kälbern.)** J. Dairy Sci. 44 (1961) Nr. 3. S. 556-558. — 1 Tab., 8 Lit.

16 Kälber wurden vom 1. Lebenstag an unter gleichen und genau definierten Bedingungen gefüttert. Nach 73 Tagen (bei 12 μg Vit. A pro 100 ml Blutplasma) wurde in einer 7tägigen Periode folgende Carotinmenge verabreicht: Gruppe 1 48 μg und Gruppe 2 240 μg Carotin pro lb Lgw./Tag aus Luzernegrünmehl. Gruppe 3 48 μg und Gruppe 4 240 μg Carotin aus β-Carotin-Dispersion (2,4% β-Carotin in Pflanzenöl gelöst und unter Zusatz von Antioxydantien in einer Gelatine-Zucker-Stärke-Lösung dispergiert). 12 Wochen nach der Carotin-Supplementation wurden die Kälber geschlachtet (= Versuchsperiode). Als Kriterien für die Umwandlung wurden der Gehalt an Carotin und Vit. A im Blutplasma und in der Leber (jeweils zu Beginn und im Durchschnitt der Versuchsperiode) benutzt. Es ergab sich statistisch gesichert, daß die Gruppen 1 und 2 höhere Carotinkonzentrationen und niedrigere Vit.-A-Gehalte hatten als die entsprechenden Gruppen mit dispergierter Carotinlösung. Es wird die Notwendigkeit der chromatographischen Trennung der einzelnen strukturellen Formen von Carotin diskutiert.
M. Hoffmann. 8152.

Eaton, H. D. und Rousseau, J. E. Association between cerebrospinal fluid pressure und plasma vitamin A concentration of Holstein calves fed fixed intakes of carotene. **(Beziehung zwischen dem Druck der Cerebrospinalflüssigkeit und dem Vitamin- A-Gehalt im Plasma von Holsteinkälbern, die mit bestimmten Carotinmengen gefüttert wurden.)** J. Dairy Sci. 44 (1961) Nr. 7. S. 1368-1370. — 1 Abb., 1 Tab., 10 Lit.

Es wurden gesicherte Beziehungen zwischen dem Druck der Cerebrospinalflüssigkeit und dem Vit.-A-Gehalt im Blutplasma gefunden. Um so niedriger die Vit.-Konzentration ist, desto höher ist der Druck der Cerebrospinalflüssigkeit. Bei einer Konzentration von 0-3,9 μg Vit. A/100 ml Blutplasma ist der Druck (mm Salzlösung — 0,85 %) 355, bei 32-35,9 μg beträgt er 58 mm. Als Normalwert wird ein Druck von 105 mm (80-150) angegeben, was ungefähr einer Konzentration von 12-15 μg Vit. A entspricht. Ist y der allg. Logarithmus des Druckes der Cerebrospinalflüssigkeit im mm Salzlösung und x die Vit.-A-Konzentration in μg 100 ml, so entspricht die Regression der Gleichung $y = 1{,}05 - 0{,}042\ (x - 15{,}6)\ e$, wobei $e = 1$, wenn x kleiner als 15,6; $e = 0$, wenn x größer als 15,6. Die Methodik der Messung und die Versuchsbedingungen wurden beschrieben. M. Hoffmann. 8152.

Swanson, E. W., Carpenter, L. M. und Thomas, R. O.; Knoxville, Univ. of Tennessee. Importance of vitamin A and D supplement for young calves fed skimmilk. **(Die Notwendigkeit eines Vitamin-A- und -D-Zusatzes bei Verfütterung von Magermilch an junge Kälber.)** J. Animal Sci. 21 (1962) Nr. 3. S. 537-542. — 2 Abb., 4 Tab., 13 Lit.

2 Gruppen aus je 41 Jersey- und Holsteinkälbern erhielten ab 8. Lebenstag normale bzw. mit Vit. A und D aufgewertete Magermilch (je lb. 4000 USP Einheiten Vit. A und 500 USP Einheiten Vit. D_2). Außerdem enthielt das Starterfutter, das beide Gruppen bekamen, 2721 USP Einheiten Vit. A und 340 USP Einheiten Vit. D_2. Unter diesen Bedingungen wurde keine Sonderwirkung der vitaminierten Milch festgestellt. Letztere bewirkte lediglich eine leichte

Erhöhung des Vit.-A-Gehaltes im Blutserum bis zur 5. Lebenswoche. Eine Wirkung des Vit. D auch im Hinblick auf die Zusammensetzung der Knochenasche lag nicht vor. B. Piatkowski. 8152.

Braekkan, Olaf R.; Bergen, Norway, Norw. Fisheries Res., Governmental Vitamin Lab. The influence of dietary fat on liver storage of vitamin A in chicks. **(Der Einfluß des Nahrungsfettes auf die Vitamin-A-Speicherung in der Kükenleber.)** Int. Z. Vitaminforsch. [Bern] **32** (1962) Nr. 3. S. 284-296. – 5 Tab., 18 Lit. Zus. in Franz., Dtsch.
Eintagsküken erhielten ein Vit.-A-Mangelfutter mit steigenden Mengen Arachidöl (0, 2, 4, 8%); nach 14 bis 17 Tagen (Leberuntersuchungen zeigten Vit. A.-Mangel an) erhielten die Küken entweder eine einmalige Dosis von 10000 IE (I) bzw. tägl. 150 IE/g Futter (II) Vit.-A-Plamitat oder -Acetat. Bei **I** findet eine gesteigerte Vit.-A-Speicherung bis 4% Ölanteil statt, wobei das Acetat besser gespeichert wird. Bei **II** ist die Steigerung gegenüber den Kontrollen unabhängig vom Ölanteil; signifikante Unterschiede zwischen Acetat und Palmitat bestehen hier nicht. Ferner wurde die Ausscheidung des Vit. A und der Gehalt in der Niere bestimmt. H. Ackermann. 8152.

Tiews, J. und Kring, P. L.; München, Univ., Inst. für Physiol. und Ernähr. der Tiere; Copenhagen, Ferrosan Ltd. Vitamin A liver storage in chickens. **(Vitamin-A-Speicherung in der Kükenleber.)** Int. Z. Vitaminforsch. [Bern] **32** (1962) Nr. 3. S. 258-261. – 1 Abb., 2 Tab., 6 Lit. Zus. in Franz., Dtsch.
Vff. bestimmten die Ausnutzung von Vit. A aus öliger Lösung (I) und aus 2 gelatinestabilisierten Vit.-A-Trockenpräparaten — Größe der Vit.-A-Tröpfchen 5 (II) bzw. 0,5 bis 1 Mikron (III) – nach Verabreichung von 3500 bzw. 7000 IE (in 3 gleichen Dosen). 96 Std. nach der 1. Gabe wurden die Tiere getötet und der Vit.-A-Gehalt der Leber nach der USP XVI-Methode ermittelt. Der mittlere Resorptionsindex steigt von **I** bis **III** signifikant an und liegt bei 7000 IE jeweils über den entsprechenden Werten, die mit 3500 IE erzielt wurden. H. Ackermann. 8152.

Cornwell, David G., Kruger, Fred A. und Robinson, Haynes B.; Columbus, O., Dep. of Physiol. Chem.; Div. of Endocrinol. Studies on the absorption of beta-carotene and the distribution of total carotenoid in human serum lipoproteins after oral administration. **(Studien über die Resorption von β-Carotin und die Verteilung von Gesamtcarotinoiden in menschlichen Serum-Lipoproteinen nach oraler Verabreichung.)** J. Lipid Res. **3** (1962) Nr. 1. S. 65-70. – 6 Abb., 1 Tab., 31 Lit.
Vff. beschreiben die Zunahme des Carotinoidgehaltes in verschiedenen Fraktionen der Lipoproteine (Chylus S_f 10-100, S_f 0-10 und hoch verdichtete Lipoproteine). In allen Fraktionen erfolgte die Bestimmung von Carotinoiden, Cholesterol und Fettsäureestern. Die β-Carotinzulagen erfolgten in wäßrigen oder fetthaltigen Dispersionen zu fett- bzw. protein- und kohlehydrathaltigem Versuchsfutter. Die Resorption von β-Carotin war bei beiden Formen gut und ohne wesentlichen Unterschied. Die Resorption und der Transport von β-Carotin wurden an normalen, hypercholesterolen und hyperlipämischen Organismen untersucht. Die größte Zunahme der Carotinoide erfolgt zuerst in der Chylus- und S_f 10-400 Lipoproteinfraktion und erheblich später in der S_f 0-10-Fraktion. Es wurden die Verhältnisse zwischen Carotinoiden, Cholesterol, Carotinoiden und Fettsäureestern unter verschiedenen Bedingungen der Zufuhr des Carotins beschrieben. Die Resorption und der Transport von Carotinoiden war immer verbunden mit der Resorption und dem Transport von anderen Lipoiden. M. Hoffmann. 8152.

Scott, M. L.; Ithaaca, N. Y., Cornell Univ., Graduate School of Nutrit., Dep. of Poultry Husbandry. Anti-oxidants, selenium and sulphur amino acids in the vitamin E nutrition of chicks. **(Antioxydantien, Selen und schwefelhaltige Aminosäuren in der Vitamin-E-Ernährung von Küken.)** Nutrit. Abstr. Rev. **32** (1962) Nr. 1. S. 1-8. — 1 Tab., 95 Lit.

Übersichtsreferat, bei dem herausgeschält wird, daß von den 3 bekannten biologischen Funktionen des Vit. E die Verhütung von Encephalomalacie durch synthetische Antioxydantien, die Verhütung der exsudativen Diathese und der Muskeldystrophie durch Selen und die Verhütung der Muskeldystrophie allein durch S-haltige Aminosäuren gewährleistet ist. Hinsichtlich der Vit.-E-Wirkung auf das Küken darf jedoch nicht nur eine Stoffwechselfunktion des Vitamins geltend gemacht werden. B. Gaßmann. 8156.

Wal, P. van der und Weerden, E. J. van; Wageningen, Agric. Univ., Lab. for Animal Physiol.; Inst. for Agric. Res. of Biochem. Products. A growth depression caused by added vitamin B_6 in a practical broiler ration and the effect thereon of procaine penicillin. **(Ein Wachstumsrückgang, verursacht durch Zusatz von Vitamin B_6 zu einem praktischen Brathähnchen-Futter und seine Beeinflussung durch Procain-Penicillin.)** Netherl. J. agric. Sci. **10** (1962) Nr. 3. S. 211-216. — 4 Tab., 10 Lit.

In Vorversuchen an 180 Brathähnchen mit Batteriehaltung ist festgestellt worden, daß eine Zulage von 1,8 mg Vit. B_6/kg zu einem 4,2-4,9 mg B_6/kg enthaltenden Grundfutter (0-6 Wochen übliche Starterration, von 6-9 Wochen Wachstumsration) einen leichten Rückgang im Wachstum verursacht. Bei Wiederholung des Versuchs mit insgesamt 3500 Tieren wird unter praktischen Bedingungen nach 6 Wochen ein gleicher signifikanter Effekt beobachtet. Werden dem Futter 7 ppm Procain-Penicillin zugesetzt, dann tritt der B_6-Effekt nicht auf. Eine Erklärung wird nicht gegeben. Es wird lediglich darauf hingewiesen, daß L-Penicillamin bei Ratten die Vit.-B_6-Ausscheidung steigert. B. Gaßmann. 8158.

Herbert, Victor, Cooper, Bernard A. und Castle, William B.; Boston, Mass., Boston City Hospital, Thorndike Memorial Lab.; 2nd and 4th Med. Serv.; Harvard Med. School, Dep. of Med.; Montreal, Canada, Roy. Victoria Hospital, Dep. of Med., Div. of Haematol.; McGill Univ. Clin. The site of vitamin B_{12}-intrinsic factor complex „releasing factor" activity in the rat small intestine. **(Der Ort der Aktivität des Vitamin-B_{12}-Intrinsic-Faktor-Komplexes „Releasing-Faktor" im Rattendünndarm.)** Proc. Soc. exp. Biol. Med. **110** (1962) Nr. 2. S. 315-317. — 1 Tab., 14 Lit.

Der gewaschene Dünndarm von *Sprague-Dawley*-Ratten wird in 10 Teile gleicher Länge zerschnitten und jeweils in 0,9% NaCl-Lösung homogenisiert. Das Homogenat wird bei 3000 U/Min. zentrifugiert und die überstehende Lösung mit einer Mischung von Ratten-Intrinsic-Faktor-Konzentrat, ^{60}Co-Vit. B_{12} und Krebs-Ringer-Trispuffer pH 7,4 in einem Glas zusammengegeben, in dem ein semipermeabler Schlauch mit 10 U/Min. rotiert, der denselben Puffer enthält. Nach 5 Std. wird im Schlauch nur dann radioaktives B_{12} vorgefunden, wenn das proximale Dünndarmzehntel zum Einsatz kommt. Die „Releasing-Faktor"-Aktivität ist demnach in diesem Darmabschnitt lokalisiert. Da Vit. B_{12} vornehmlich im mittleren Ileum resorbiert wird, erheben sich somit Zweifel an der physiologischen Bedeutung eines solchen „Releasing-Faktors" für die B_{12}-Resorption; die Möglichkeit bleibt jedoch nicht ausgeschlossen. B. Gaßmann. 8158.

Okuda, Kunio; Ube, Japan, Yamaguchi Med. Coll., Dep. of Med. Dose dependent effects of d-sorbitol on intestinal absorption of Vit. B_{12}. **(Dosisabhängige Wirkungen von D-Sorbit auf die intestinale Resorption von Vit. B_{12}.)** Proc. Soc. exp. Biol. Med. **108** (1961) Nr. 3. S. 816-819. — 3 Tab., 10 Lit.

Die orale Verabreichung großer Dosen von D-Sorbit fördert nach der Gabe überphysiologischer Mengen $^{60}CoB_{12}$ dessen Resorption aus dem Magendarmkanal normaler Ratten. Dagegen wird die Resorption einer physiologischen Dosis unterdrückt. Da bei der Verabreichung unphysiologisch großer Vit.-B_{12}-Mengen der „Intrinsic factor" für die Resorption keine Bedeutung hat, ist es unwahrscheinlich, daß die resorptionsfördernde Wirkung des Sorbits über denselben erfolgt. Untersuchungen an Tieren mit Darmschlingen und solchen, bei denen das Ende des Ileums direkt in die Bauchwand verpflanzt wurde, zeigen, daß große Sorbitmengen unter diesen Bedingungen die Vit.-B_{12}-Resorption hemmen. Es wird daher vermutet, daß die beobachtete Umfangsvermehrung des Blinddarms und sein flüssiger Inhalt die Physiologie des Darmes in der Weise verändern, daß die Resorption unphysiologischer Vit.-B_{12}-Mengen ohne Beteiligung des „Intrinsic factor" gefördert wird.

H. Gürtler. 8158.

Dryden, L. P., Hartman, A. M., Bryant, M. P., Robinson, I. M. und Moore, L. A.; Beltsville, Md., U. S. Dep. of Agric., A. R. S., Animal Husbandry Res. Div., Dairy Cattle Res. Branch. Production of vitamin B_{12} and vitamin B_{12} analogues by pure cultures of ruminal bacteria. **(Bildung von Vitamin B_{12} und Vitamin B_{12}-Analogen durch Reinkulturen von Pansenbakterien.)** Nature [London] **195** (1962) Nr. 4837. S. 201-202. — 1 Tab., 13 Lit.

48 Stämme 15 definierter Gattungen oder Arten sowie nicht näher identifizierter anaerober Lactobacillen, anaerober Gram-negativer und völlig unbekannter Isolate von Rinderpansenbakterien wurden in vitro auf ihre Synthesefähigkeit von Vit. B_{12} überprüft. Nur 8 Stämme waren hierzu in der Lage, nämlich *Butyrivibrio fibrisolvens* (1), *Peptostreptococcus elsdenii* (2), *Selenomonas ruminantium* (4) und eine unbekannte Art (1). Auffallenderweise konnten nur von *Peptostreptococcus* und *Selenomonas* alle geprüften Stämme Vit. B_{12} produzieren, letztere waren aber erheblich aktiver als erstere. Auch scheinen die *Selenomonas*-Stämme mehr Cyanocobalamin erzeugen zu können. Ganz allgemein lag in vitro aber der prozentuale Anteil des reinen B_{12} am produzierten B_{12}-Gesamtkomplex mit 0,3%-5,6% niedriger als in vivo (etwa 10%), Bei *Selenomonas* setzt sich der Hauptanteil des erzeugten B_{12}-Komplexes möglicherweise im wesentlichen aus den Faktoren A und B zusammen. *Selenomonas*, vorkommend vornehmlich bei erwachsenen Rindern, und *Peptostreptococcus*, vorherrschend bei Kälbern und unter spez. Fütterungsbedingungen, vergären beide Lactat und bilden Propionsäure. Da nun Vit. B_{12} als Coenzymbestandteil im Propionatstoffwechsel fungiert, ist ein offenbar spez. Synthesevermögen beider Gattungen für B_{12} denkbar.

H.-H. Budzier. 8158.

Munro, H. N., Hutchson, W. C., Ramaiah, T. R. und Neilson, Frances J.; Glasgow, Univ., Dep. of Biochem. The influence of diet on the weight and chemical constituents of the rat adrenal gland. **(Der Einfluß der Kost auf das Gewicht und chemische Bestandteile der Nebenniere der Ratte.)** Brit. J. Nutrit. **16** (1962) Nr. 3. S. 387-395. — 1 Abb., 3 Tab., 32 Lit.

In 5 und 11 Tagen dauernden Versuchen erhalten ♂ Albinoratten entweder eine normale oder eine eiweißfreie Diät. Im 11-Tage-Versuch werden beide Futterarten noch einmal in kalorienarm (21 kcal/Tag) und kalorienreich (41 kcal/Tag, Zusatz von Kohlenhydraten oder Olivenöl) unterteilt. Eiweißmangel hat stets eine Abnahme des Gewichts und des Gehalts der Nebenniere an Phospholipoiden, Protein und Ribonucleinsäuren (RNS) zur Folge, die größer ist, als dem Rückgang des Körpergewichts entspricht. Im 11-Tage-Versuch ist die Verringerung des Desoxyribonukleinsäuregehaltes (DNS) weniger ausgeprägt als die der anderen Nebennierenkonstituenten. Verabfolgung von 5 IE ACTH (Cortrophin-ZN, Organon Lab.Ltd.) an jedem der letzten drei Tage hat bei den Eiweißmangeltieren einen größeren Anstieg im Gewicht sowie im Phospholipoid-, Eiweiß- und RNS-Gehalt, nicht aber im DNS-Gehalt zur Folge als bei den normal versorgten Ratten. Es wird geschlossn, daß die Abnahme des Gewichts der Nebenniere sowie des Gehalts an den genannten Bestandteilen vor allem durch einen Rückgang in der ACTH-Sekretion des Hypophysenvorderlappens verursacht wird. B. Gaßmann. 8175.

Miller, Glenn J., Ellis, William W. und Rosenfeld, Irene; Laramie, Univ. of Wyoming, Div. of Agric. Biochem. Hypo- and hyperthyroidism and the lipotropism of diethylstilbestrol in choline-deficient rats. **(Hypo- und Hyperthyreoidismus und der Lipotropismus von Diaethylstilboestrol bei Cholin-Mangel-Ratten.)** J. of Nutrit. **74** (1961) Nr. 4. S. 408-412. — 4 Tab., 16 Lit.
Um festzustellen, ob die lipotrope Wirkung von Diaethylstilboestrol (DES) die Folge von Hypo- oder Hyperthyreodismus ist, wurden diese Zustände bei Versuchsgruppen von entwöhnten ♂ und ♀ Albinoratten unter Einschaltung entsprechender Vergleichsgruppen durch Verfütterung von Thiouracil bzw. Schilddrüsenpulver neben DES zu einer Diät mit Cholinmangel und niedrigem Methioningehalt hervorgerufen. Die Untersuchung von Leber und Nebennieren der Tiere ließ keinen Einfluß der genannten Präparate auf die lipotrope Wirkung des DES erkennen. Dieses verursachte sowohl bei Zugabe zu Diäten mit Cholinmangel als auch zu solchen mit Cholinergänzung eine Zunahme der Gesamt-Leber-„Sterine“, die auch bei Anwesenheit von Thiouracil oder des Schilddrüsen-Präparates eintrat. Bei Zugabe von DES zu einer sowohl an Aminoäsuren als auch Cholin ausreichenden Diät wurde nicht nur ein Ansteigen der Leber-„Sterine“, sondern gleichzeitig auch des Plasma-„Sterin“-Gehaltes festgestellt. L. Sperling. 8175.

Stitch, S. R., Oakey, R. E. und Eccles, Sheila S.; Harwell, Didcot, Berks., Med. Res. Council, Radiobiol. Res. Unit. Biosynthesis of oestrogen by rat ovaries. **(Biosynthese von Oestrogen durch Ratten-Ovarien.)** Biochem. J. **82** (1962) Nr. 3. S. 48P. — 6 Lit.
Mit Hilfe von Ovarien-Schnitten, die von 3 Mon. alten Ratten gewonnen und zusammen mit [$4-{}^{14}C$] Testosteron bebrütet wurden, weisen die Vff. auf radioaktivem, chromatographischem und chemischem Wege nach, daß auch in Rattenovarien die Biosynthese von Oestrogen aus Androgen erfolgt, über die bisher im Gegensatz zu vielen anderen Species nicht berichtet worden ist. L. Sperling. 8175.

Čermák, Oldřich; Boskovice, Ústav pro Další Vzdělávání Zemědělských a Lesních Pracovníků, Učiliště pro Pracovníky Plemenářské Služby. Vztah mezi účinkem gonadotropinů a ukládáním vitamínu C v endokrinních žlázách. **(Zusammenhang zwischen der Wirkung von Gonadotropinen und Ablagerung von Vitamin C in endokrinen Drüsen.)** Živočišná Výroba **7(35)** (1962) Nr. 6. S. 381-394. — 8 Abb., 10 Tab., 12 Lit. Zus. in Russ., Engl.
Untersuchungen an 4 bis 7monatigen Kaninchen ergaben, daß die parenteral verabreichte Ascorbinsäure sich im rechten Eierstock und in den Nebennieren der ♀ Tiere nur bis zur 24. Std. nach der Applikation anhäufte, während in der 48. Std. ein bereits wesentlicher Abfall des Gehaltes dieser Säure in den erwähnten Organen festgestellt werden konnte. Nach einer Injektion von Antephysol (Hypophysen-Vorderlappen-Extrakt) wurde eine Anhäufung der Ascorbinsäure im rechten Eierstock und in beiden Nebennieren erst nach 48 Std. festgestellt, während sich ihr Gehalt im linken Eierstock nicht veränderte. Untersuchungen des Ascorbinsäuregehaltes in den Hoden und Nebennieren ♂ Tiere ergaben, daß eine erhöhte Zufuhr dieser Säure keine gesteigerte Anhäufung derselben in diesen Organen zur Folge hat. F. Svoboda. 8175.

Heinemann, W. W. und Keuren, R. W. van; Prosser, Washington Agric. Exp. Stat., Irrigation Exp. Stat. Effects of progesterone-estradiol implants, grain feeding and kinds of irrigated pastures on steer performance and carcass quality. **(Die Wirkungen einer Progesteron-Oestradiol-Implantation, Getreide-**

fütterung und verschiedene Arten von bewässerten Weiden auf Leistung und Schlachtqualität von Ochsen.) J. Animal Sci. **21** (1962) Nr. **3.** S. 611-614. — 2 Tab., 12 Lit.

Einjährige Hereford-Ochsen erhielten ein kombiniertes Implantat von Progesteron (200 mg) und Oestradiol-Benzoat (20 mg). Dadurch wurde eine um 13—19% bessere Verwertung des vorhandenen Futters erreicht. Die tägl. Gewichtszunahme und die per acre war gegenüber der Kontrolle signifikant besser. Die Beifütterung von Maisschrot hob die Wirkung der Implantation wieder auf. Ein signifikanter Einfluß auf die Fleischqualität lag nicht vor. B. Piatkowski. 8175.

Woods, Walter; Ames, Iowa Agric. and Home Econ. Exp. Stat. Effect of implantation followed by feeding of stilbestrol on steer performance and carcass characteristics. **(Die Wirkung einer Implantation mit folgender Stilboestrol-Fütterung auf Leistung und Schlachtmerkmale von Ochsen.)** J. Animal Sci. **21** (1962) Nr. **3.** S. 533–536. — **3** Tab., 9 Lit.

In 4 Versuchsreihen mit insges. 275 Ochsen erhielten ein Teil der Tiere zu Beginn der Weidezeit a) kein Implantat, b) 12 oder c) 24 mg Stilboestrol. Durch b) bzw. c) wurde die Gewichtszunahme um 17,8% bzw. 14,9% verbessert. Die tägliche Verabreichung von 10 mg Stilboestrol je Tier im Futter bewirkte eine verbesserte Gewichtsentwicklung bei a) um 14,4% und bei b) um 13,6%. In einem anderen Versuch lag der Zuwachs bei oraler Verabreichung bei a) um 11,2% und bei c) um 7,9% höher. Bei einer Implantation von 24 mg Stilboestrol lagen die Mastergebnisse gegenüber der Kontrolle ungünstiger. Die Kombination von Implantation und oraler Verabreichung scheint die Schlachtqualität nicht zu beeinflussen. B. Piatkowski. 8175.

Ivanov, M., Mŭdrov, Ch. und Jolov, I. (Iwanow, M., Mâdrow, Ch. und Jolow, I.) Proučvanija vŭrchu tŭkannite biopreparati. **(Untersuchungen über die Gewebebiopräparate.)** Selskostopanska nauka, Sofija **1(7)** (1962) Nr. 6. S. 665–671. — **3** Tab., 17 Lit. Zus. in Russ., Engl.

Der Artikel enthält eine Zusammenfassung der Ergebnisse der von Vff. in verschiedenen Wirtschaften durchgeführten Versuche, die zur Feststellung des Effekts der Behandlung von wachsenden Tieren und Mastvieh mit verschiedenen Biopräparaten nach Filatow dienten. An den Versuchen waren 1774 Versuchs- und 1632 Kontrolltiere (erwachsene Rinder, Kälber, Büffel und Büffelkälber, erwachsene Schweine, Ferkel, und Geflügel) beteiligt. Geprüft wurden Bioextrakte aus Milz, Leber, Testikeln, Hirn und Embryonen sowie aus einem Gemisch von Milz, Leber, Hirn und Embryo. Den Rindern, Kälbern, Schweinen, Büffeln und Büffelkühen wurden je nach Lgw. in Zeitabständen von 5 bis 7 Tagen 5mal je 3—20 ml, den Ferkeln und dem Geflügel 3mal je 2—5 ml Bioextrakt eingespritzt. In Mastversuchen mit verschiedenen Tierarten und -kategorien wurde festgestellt, daß sich die Verabfolgung des Biopräparats in einem höheren Gewichtszuwachs auswirkt: bei Ochsen um 14,5 bis 26,3%, bei Schweinen um 18,2—34,2%, bei 8- bis 10monatigen Kälbern und Büffelkälbern um 34,6—37,4%, bei Ferkeln um 8,4—25,3%, bei Hähnchen um 7,5%. Den höchsten Effekt ergab die Injektion von Bioextrakten aus Milz, Hirn, Milz + Hirn, Embryo usw. N. Platikanow. 8175.

Washburn, K. W., Siegel, P. B., Freund, R. J. und Gross, W. B. Effect of thiouracil on the body temperatures of white rock females. **(Die Wirkung von Thiouracil auf die Körpertemperatur von White Rock-Hennenküken.)** Poultry Sci. **41** (1962) Nr. **4.** S. 1354–1356. — 1 Abb., 1 Tab., 10 Lit.

An Küken verschiedener Zuchtlinien wurde untersucht, welchen Einfluß eine Thiouracilgabe von 0,1% im Futter, verabreicht vom 1. Lebenstag bis zur Vollendung der 20. Lebenswoche, auf die Körpertemperatur ausübt. Es zeigte sich ein signifikanter Anstieg der Körpertemperatur (um rd. 0,8 °F), wenn thiourazilhaltiges Futter verabreicht wurde, wobei der stärkste Temperaturanstieg nach der Fütterung erfolgte. G. Göbel. 8175.

Grau, R. und Günther, H.; Kulmbach, Bundesforsch.-Anst. für Fleischwirtsch., Inst. für Chem. und Physik. **Wirkung von Chlortetracyclin als Futterzusatz auf die Glykolyse im Schweinemuskel.** Naturwissenschaften **49** (1962) Nr. 14. S. 329–330. – 1 Abb., 13 Lit.

Von 12 Tieren (gleiches Alter, gleiche Rasse, Haltungs-, Fütterungs- und Schlachtbedingungen) erhielten 6 Tiere täglich 30 mg Chlortetracyclin (Aurofac), davon 1 Tier das Antibioticum Bergin B_{12}. Nach Schlachtung bei 110 kg Lgw. wurden in schlachtwarmem Zustand Muskelproben nach 2, 6, 24, 48 und 72 Std. sowie nach 6 und 9 Tagen vom ganzen Tier laufend entnommen. 2–5 g Muskel (*M. adductor*) wurden nach Verreiben mit Seesand mit 50%igem Äthanol extrahiert und nach van Potter aufgearbeitet. Nach der papierchromatographischen Trennung erfolgte mit dem Chromatogrammansatz CA_2 zum Spektralphotometer PMQ II die quantitative Feststellung der Zucker. Gefunden wurden Ribose, Fructose, Glucose, Dextrine, Zuckerphosphate u. a. Die Zucker wurden dann weiter identifiziert. Glucose konnte als β-Pentaacetat, Fructose als 2,4-Dinitrophenylhydrazon, Ribose als Phenylosazon und Maltose als Glucose erkannt werden. Nun erfolgte ein Vergleich aller Substanzen mit den unter gleichen Bedingungen hergestellten Derivaten. In der Endphase der Glykolyse nach 9 Tagen ergaben sich zwischen Versuchs- und Kontrolltieren keine statistisch gesicherten Unterschiede mehr, während bei den Antibioticatieren ein stark verzögerter Abbau von Maltose und Dextrinen nachgewiesen werden konnte. Es ist möglich, daß durch Chlortetracyclin eine Hemmung der α-Glucosidase oder ein Anstieg der Glykogenreserven vor dem Schlachten vorliegt. O. Siegl. 8185.

Dean, B. T. und Tribble, L. F.; Columbia, Univ. of Missouri. Effect of feeding therapeutic level of antibiotic at breeding on reproductive performance of swine. **(Wirkung der Verfütterung therapeutischer Mengen von Antibioticis bei der Aufzucht auf die Fortpflanzungsleistung des Schweines.)** J. Animal Sci. **21** (1962) Nr. 2. S. 207–209. – 2 Tab., 7 Lit.

In 4 Versuchen wurde die Wirkung einer therapeutischen Gabe von tägl. 0,54 g Oxy- oder Chlortetracyclin je Tier, die 10 Tage bis zu 3 Wochen während der Deckzeit im Futter verabreicht wurde, auf die Zuchtleistung von Jung- und Altsauen geprüft. Im Durchschnitt der Versuche war bei den mit Antibioticis gefütterten Sauen die Zahl der geworfenen Ferkel um 18,3%, die der lebendgeborenen um 9,3% und die der entwöhnten um 29,3% größer als bei den Kontrollen. L. Sperling. 8185.

Bernhardt, W. und Priboth, W. **Die Wirkung von Terramycin Complement-Super im Futter auf die Entwicklung und den Futterverbrauch bei an Ferkelgrippe erkrankten Ferkeln und Mastschweinen.** Tierärztl. Umschau **17** (1962) Nr. 9. S. 313–318.

Die „Kümmerergruppe“ (20,5 kg Anfangs- und 105 kg Endgewicht) hatte die höchste Zunahme von 732 g bei einem Verbrauch von 307 g v. E. und 2664 g GN je kg Zuwachs und Zufütterung von 156 g Terramycin-Complement-Super je Tier während des Versuches. Die Mehrzunahme der Versuchsgruppen lag bei 2,6 bzw. 7% bei einem um 4,2 bzw. 11,8% geringerem Nährstoffverbrauch je kg Zuwachs. Die Versuchsgruppe war allerdings sehr klein (8 Tiere). K. Neuffer. 8185.

Barber, R. S., Braude, R. und Mitchell, K. G.; Shinfield, Reading, Nat. Inst. for Res. in Dairying. Effect of including an antimycotic (griseofulvin) in the diet of growing pigs. **(Einfluß des Einbaues eines Antimykoticums [Gri-**

seofulvin] in das Futter auf wachsende Schweine.) Animal Product. 4 (1962) Nr. 2. S. 253–255. – 2 Tab., 3 Lit.
24 Läufer (10 Wochen) werden in 2 Wachstumsperioden zweimal tägl. 30 Min. lang so gefüttert, daß sie individuell je nach Bedarf bis zu 6½ lb/Tag aufnehmen können. Die Versuchsgruppe erhält im Gegensatz zur Kontrollgruppe ein Futter, dem 20 g Griseofulvin/to (20 ppm) beigemischt sind. Der Zusatz des Antimykoticums hat bei geringem Rückgang der Futteraufnahme eine leichte Wachstumsdepression zur Folge. Die Futterverwertung bleibt unbeeinflußt. B. Gaßmann. 8185.

Yates, Jerome D. und Schaible, Philip J.; East Lansing, Michigan State Univ., Dep. of Poultry Sci. Virginiamycin as an antibiotic for poultry feeds. **(Virginiamycin – ein Antibioticum für die Geflügelhaltung.)** Nature [London] **194** (1962) Nr. 4824. S. 183–184. – 1 Tab., 5 Lit.
Virginiamycin ist ein neues Antibioticum, das hauptsächlich gegen grampositive Keime wirksam ist. Es besteht aus 3 Komponenten mit unterschiedlichem Wirkungsspektrum. In Fütterungsversuchen an Hühnerküken (4, 9 und 100 g/t) zeigt es ähnliche nutritive Wirkungen wie Terramycin und Zinkbacitracin (Gewichtszunahme nach 4 und 8 Wochen). Es setzt ebenfalls die Mortalität herab. Der höchste Zusatz (100 g/to) hat die stärkste Wirkung. Die beste Futterverwertung wurde mit 9 g/to erreicht. An Truthähnen wurden entsprechende Wirkungen erzielt. W. Goldbach. 8185.

Linkenheimer, W. H. und Berger, H.; Pearl River, N. Y., Amer. Cyanamid Co., Agric. Div. The effect of continuous antibiotic feeding on X-irradiation mortality in mice. **(Die Wirkung von kontinuierlicher Antibioticafütterung auf die Mortalität nach Röntgenbestrahlung bei Mäusen.)** Proc. Soc. exp. Biol. Med. **108** (1961) Nr. 3. S. 676–680. – 3 Abb., 3 Tab., 7 Lit.
Die Verfütterung subtherapeutischer Dosen von Chlortetracyclin (20 ppm) verringerte die Mortalität nach Ganzkörperbestrahlung von ♀ Mäusen. Die verabreichte Strahlung betrug insgesamt 750 Rad. Sie wurde im Verlauf von 3 Wochen verabfolgt (250 Rad/Woche). Bei Mäusen, die mit *Bartonella muris* infiziert waren, war die Herabsetzung der Mortalität während der ersten 30 Wochen nach der Bestrahlung statistisch gesichert. Bei gesunden Tieren ist dieser Effekt schwächer ausgeprägt und nur während 20 Wochen signifikant. W. Goldbach. 8185.

Stiles, Philip G.; Storrs, Conn., Agric. Exp. Stat., Dep. of Poultry Sci. The effect of furazolidone on egg production, egg quality, fertility and hatchability under commercial farm conditions. **(Die Wirkung von Furazolidon auf die Produktion, die Qualität, die Fruchtbarkeit und Schlupffähigkeit von Eiern unter üblichen Farmbedingungen.)** Poultry Sci. **41** (1962) Nr. 4. S. 1336–1338. – 1 Tab., 7 Lit.
Die Droge (200 g Furazolidon je t Futter während der ersten 14 Tage und 25 bzw. 50 g in der Folgezeit) hatte keine Wirkung auf die prozentuale Eiproduktion, die Sterblichkeit, die innere Eiqualität oder die Schalendicke. Auch die Fruchtbarkeit war nicht signifikant gegenüber der Kontrollgruppe verändert. Dagegen war die Schlupffähigkeit der Eier von den mit Furazolidon behandelten Hennen signifikant erhöht. Die Versuche wurden in 3 Farmen an ca. 2000 Tieren durchgeführt. L. Sperling. 8195.

Glick, Bruce; Mississippi State Univ., State Coll., Dep. of Poultry Husbanddry. The effect of amphenone in the chicken. **(Der Einfluß von Amphenon beim Küken.)** Poultry Sci. **41** (1962) Nr. 1. S. 317–321. – 4 Tab., 15 Lit.
Im 1. Versuch erhalten 3 Wochen alte *New-Hampshire*-Hähnchen in Abständen von 12 Std. i. m. 10, 20 und 50 mg Amphenon (3,3-Bis-p-aminophenyl)-butanon-2-dihydrochlorid, A), in dest. Wasser gelöst, injiziert. Im 2. Versuch wird A 4mal tägl. an 1 Woche alte Hähnchen verabfolgt. Im 3. Versuch werden 25

Junghennen (5 Mon. alt) in 5 Gruppen unterteilt. Im Gegensatz zu einer Kontrollgruppe erhält eine Gruppe im 20 std. Abstand Injektionen von Wasser, eine Injektionen von 20 mg **A**, eine 3malige Injektionen von 20 mg **A**, wobei 2mal gleichzeitig 10 IE ACTH verabfolgt werden und eine 2 Injektionen von 10 IE ACTH allein. Aus der prozentualen Abnahme an Lymphocyten sowie der prozentualen Zunahme an Heterophilen, verbunden mit einem beständigen Rückgang der Größe der Bursa Fabricii nach **A** oder **A**- + ACTH-Verabfolgung wird geschlossen, daß **A** die Nebennierenfunktion beim Küken nicht zu inaktivieren vermag. B. Gaßmann. 8195.

Marsboom, R. und Sierens, G. The effects of feeding haloanisone on the growing chicken. **(Die Wirkungen der Verfütterung von Haloanison auf das Wachstum von Küken.)** Poultry Sci. **41** (1962) Nr. 4. S. 1346–1347. – 1 Tab., 1 Lit.

Um zu untersuchen, ob sich die in früheren Versuchen an 25 Hennen beobachtete wachstumsfördernde Wirkung von Haloanison bestätigen läßt, sind je 20 Gruppen zu 5 ♂ bzw. ♀ Küken von der 3. bis zur 10. Woche mit einem Zusatz von 40 mg Haloanison/kg Futter ernährt worden, während die gleiche Anzahl Gruppen als Kontrolle diente. Wie die Ergebnisse der Gewichtskontrollen zeigen, hat diese Dosis an Haloanison, die ausreicht, evtl. ausbrechenden Kannibalismus zu beherrschen, keine wachstumsfördernde Wirkung. Somit muß die frühere Beobachtung an 25 Tieren als zufällig angesehen werden. R. Maune. 8195.

Nichols, E. L., Marion, W. W. und Balloun, S. L.; Ames, Iowa State Univ., Dep. of Poultry Sci. Influence of triparanol (M/E/R/29) on growth, egg production, and cholesterol metabolism of chickens. **(Einfluß von Triparanol [M/E/R/29] auf Wachstum, Eierproduktion und Cholesterinstoffwechsel bei Hühnern.)** Poultry Sci. **41** (1962) Nr. 5. S. 1494–1499. – 5 Abb., 3 Tab., 9 Lit.

Zulagen von 25, 50 oder 100 mg Triparanol (S. Merrel Co., Cinn., Ohio) pro lb. Futter verzögern bei ♂ Eintagsküken und batteriegehaltenen Mastküken beiderlei Geschlechts das Wachstum und erhöhen die Mortalität. Bei Fütterung an Legehennen geht die Legetätigkeit zurück, und die Eier fallen kleiner aus. Der von anderen Autoren beobachtete Einfluß auf den Serumcholesterinspiegel wird nicht bestätigt. Der Cholesteringehalt des Eidotters ändert sich ebenfalls nicht. B. Gaßmann. 8195.

Morrison, W. D.; Toronto, Ontario, Maple Leaf Mills Ltd. Growth and feed utilization of turkeys as affected by reserpine. **(Wachstum und Futterausnutzung von Truthühnern unter der Wirkung von Reserpin.)** Poultry Sci. **41** (1962) Nr. 4. S. 1210–1213. – 2 Tab., 9 Lit.

Um die Wirkung von Reserpin, das als Therapeuticum gegen den Bruch der Aorta bei Truthühnern benutzt wird, auf das Wachstum und die Futterausnutzung dieser Tiere zu untersuchen, wurden 0; 0,2; 0,4 und 1,0 ppm Reserpin an ♂ und ♀ Truthühner im Alter von 8 bis zu 20 Lebenswochen verfüttert. Es traten keine Verluste durch Bruch der Aorta auf. Das Wachstum wurde durch das Reserpin etwas verringert, doch nicht signifikant. Die Futterausnutzung wurde ebenfalls erniedrigt; Signifikanz bestand nur in der Periode von der 16. bis zur 20. Lebenswoche. L. Sperling. 8195.

E. VERWERTUNG DER NÄHRSTOFFE UND FUTTERMITTEL

Hovorka, Frant; Tschech. Akad. der Landwirtsch.-Wiss., Forsch.-Inst. für Tierprodukt. **Gesetzmäßigkeitsforschung des Wachstums landwirtschaftlicher Nutztiere. IV. Studium der quantitativen Unterschiede im Wachstum von Protein, Calcium und Phosphor bei Schweinen männlichen (Kastraten) und weiblichen Geschlechtes.** Arch. Tierzucht **4** (1961) Nr. 4/5. S. 388–400. – 3 Abb.,

1 Tab., 26 Lit. Zus. in Russ., Engl. 3. Mitt. vgl. LZ. Abt. III 8 (1963) Nr. 5. S. 922.
Mit 4 DE-Wurfgeschwistern (2 Börgen, 2 Sauen) wurden zum Studium des Wachstumsprozesses und der Fettbildung Nährstoffbilanzversuche durchgeführt. Nach Ausschlachtung und Bewertung erfolgte die quantitative Feststellung des Proteins und der angelagerten Ca- und P-Mengen. Im Alter von 114 Tagen wogen die Sauen 2,4 kg mehr, bei 154 Lebenstagen war ein Ausgleich zu verzeichnen, während bei 201 Lebenstagen die Börge 9,2 kg schwerer als die Sauen waren. Die Protein-, Ca- und P-Ablagerung verläuft damit nicht proportional. Der quantitative Wachstumsvorgang von Protein bei Börgen ähnelt einer konvexen, bei Sauen einer konkaven Kurve. Der Wendepunkt liegt bei etwa 154 Lebenstagen; nach 185 Lebenstagen ist bei Sauen die Proteinbildung absolut niedriger als bei Börgen. Im quantitativen Ca- und P-Ansatz waren zunächst die Werte bei Sauen höher, und der Wendepunkt trat bei 145 bzw. 165 Lebenstagen ein. Statistische Berechnungen bestätigen diese Ergebnisse. Die Fettanteile waren bei Börgen um 3% höher.

O. Siegl. 8215.

Mount, L. E. und Rowell, J. G. Body-weight and age in relation to the metabolic-rate of the young pig. **(Körpergewicht und Alter in Beziehung zur Stoffwechselrate bei jungen Schweinen.)** Nature [London] **186** (1960) Nr. 4730. S. 1054–1055. 8215.

McIntosh, J. I., Slinger, S. J., Sibbald, I. R. und Ashton, G. C. Factors affecting the metabolizable energy content of poultry feeds. VII. The effects of grinding, pelleting and grit feeding on the availability of the energy of wheat, corn, oats and barley. VIII. A study on the effects of dietary balance. **(Faktoren, die den Gehalt an umsetzbarer Energie im Hühnerfutter beeinflussen. 7. Mitt. Der Einfluß des Mahlens, Pelletierens und der Gritfütterung auf die Energieausnutzung von Weizen, Mais, Hafer und Gerste. 8. Mitt. Eine Studie über die Einflüsse der Nahrungsbalance.)** Poultry Sci. **41** (1962) Nr. 2. S. 445 bis 456.
Versuch 1: 6 Wochen alte ♂ Plymouth-Rocks-Küken wurden auf 4 × 16 Versuchsgruppen verteilt und 12 Tage hindurch mit Weizen und Gerste gefüttert, wobei das Getreide in ganzer Form, gemahlen, pelletiert und als gemahlene Preßlinge angeboten wurde. Die u. E. war bei ganzem Weizen höher als in anderen Weizenformen, bei der Gerste grundsätzlich gleich. Die Gewichtszunahme und die Futterverwertung waren bei beiden gepreßten Getreidearten am günstigsten. Gritzugaben hatten keine Wirkung. Versuch 2: Um die Feinheit von gemahlenem Korn zu untersuchen, wurden Weizen und Gerste in 4 verschiedenen Feinheitsgraden an 4 × 16 Gruppen mit je 12 acht Wochen alten Kreuzungstieren verfüttert. Wieder hatten die Weizenkörner einen höheren Gehalt an umsetzbarer Energie als die Weizenschrote. Bei der Gerste wurde mit Verfeinerung des Mahlens und auch mit Gritzugaben der Energiegehalt verbessert. Im Versuch 3, der ähnlich wie die ersten beiden Versuche angelegt war, wurden Weizen, Gerste, Hafer und Mais wieder in den verschiedenen Formen, aber gleichzeitig als „balancierte“ (zusammen mit einer physiologisch notwendigen Mischung von Eiweiß, Vitaminen und Mineralien) und als „nicht balancierte“ (ohne Beimischung) Nahrung gegeben mit dem Erfolg, daß keine Beeinflussung der umsetzbaren Energie durch die „Nährstoffbalance“ ersichtlich wurde, daß aber doch in der Tendenz gewisse Zusammenhänge zwischen der „Nährstoffbalance“ und der Form hinsichtlich der Ausnutzbarkeit der Energie bestehen könnten. S. Scholtyssek. 8215.

Sibbald, I. R. und Slinger, S. J. Factors affecting the metabolizable energy content of poultry feeds. 9. Sodium chloride. **(Faktoren, die den Gehalt an umsetzbarer Energie im Hühnerfutter beeinflussen. 9. Mitt. Natrium-Chlorid.)** Poultry Sci. **41** (1962) Nr. 2. S. 573–578. — 7. und 8. Mitt. vgl. vorst. Ref.

♂ weiße Leghorn-Eintagsküken wurden zufällig auf 4 × 8 Gruppen verteilt und bei gleichmäßiger Erwärmung und Belichtung mit einem Küken-Alleinfutter versorgt, das sich in seinem NaCl-Gehalt unterschied. (0,0; 0,25; 0,5; 1,0; 2,0; 4,0; 8,0; 16,0%). Bis zum 28. Tage wurden 3 Kotproben zur Bestimmung der u. E. herangezogen. Anschließend wurde ein Teil der Tiere aus dem Versuch entfernt und der Rest mit Futter ohne Salzbeigaben gehalten, aber dann mit einem salzhaltigen Trinkwasser (0,0; 0,2; 0,4; 0,8%) versorgt. Mit steigendem Salzgehalt ging die Ausnutzbarkeit der Energie im Futter zurück. Bei geringen Veränderungen im Salzgehalt wurde der Energiegehalt im Futter nicht beeinflußt. Mit steigendem Salzgehalt in der Nahrung war jedoch die Kotprobe sehr feucht, so daß beträchtliche N-Verluste eingetreten sein dürften und Korrekturwerte für die Energiezahlen notwendig wurden. S. Scholtyssek. 8215.

Sibbald, I. R. und Slinger, S. J. Factors affecting the metabolizable energy content of poultry feeds. 10. A study of the effect of level of dietary inclusion on the metabolizable energy values of several high protein feedingstuffs. **(Faktoren, die den Gehalt an umsetzbarer Energie im Hühnerfutter beeinflussen. 10. Mitt. Eine Studie über die Wirkung von Futterbeigaben auf die umsetzbare Energie verschiedener eiweißhaltiger Futterstoffe.)** Poultry Sci. **41** (1962) Nr. 4. S. 1282–1289. – 9. Mitt. vgl. vorst. Ref.

♂ Leghorn-Linienhybridküken wurden auf 63 Versuchsgruppen (21 × 3 Wiederholungen) zufällig verteilt und 2 Wochen hindurch zu einem Fütterungsversuch herangezogen, in dem eine Grundmischung von Weizen, Mais und Gerstenschrot verfüttert wurde und als Beigaben verschieden hohe Mengen von Vitamin- und Mineralstoffkonzentraten sowie einige Eiweißfuttermittel (Sojaschrote, Fleischmehl, Maisklebermehl, z. T. mit Zusatz von synthetischem Methionin und Lysin). Die Ausgangsmischung war energiemäßig bekannt, vom beigegebenen Testmaterial sollte die umsetzbare Energie bestimmt werden. Die Ergebnisse zeigten eine Schwankung in Abhängigkeit von der Menge des Prüfungsmaterials (z. B. 2,37 – 2,59 kcal/g für 44%iges Sojaschrot bzw. 1,8 – 2,25 kcal/g für Fleischmehl usw.). Ferner waren von Einfluß die Methoden zur Berechnung des Energiegehaltes, von denen Vff. 3 verschiedene anführten (z. B. Maisklebermehl 3,30 – 3,34 kcal/g, Maisklebermehl mit Lysin 3,02 – 3,12 kcal/g usw.). Im Fütterungserfolg waren die Gruppen mit 50%igem Sojaschrot und Methioninzusatz den übrigen überlegen.

S. Scholtyssek. 8215.

Blaxter, K. L. und Martin, A. K.; Kirkhill, Ayr, Hannah Dairy Res. Inst. The utilization of protein as a source of energy in fattening sheep. **(Die Verwertung des Proteins als Energiequelle bei der Schafmast.)** Brit. J. Nutrit. **16** (1962) Nr. 3. S. 397–407. – 2 Abb., 7 Tab., 19 Lit.

Die Versuche erfolgten an 4 Schafen, von denen 2 mit Labmagenfisteln (2 cm vor Pylorus) und 2 mit Pansenfisteln versehen waren. Alle 4 in Respirationskammern untergebrachten Tiere erhielten eine konstante Grundration, die aus künstlich getrocknetem Gras bestand und eine positive Energie- und N-Bilanz sicherte. Die Energiewechsel-Messung erfolgte während der Perioden, in denen entweder eine Salzlösung oder eine Caseinlösung in den Pansen bzw. Labmagen infundiert wurde. Die Nettoenergie des Caseins zur Fettproduktion (NK_F) betrug nach der Panseninfusion 31,1, nach Labmageninfusion 56,7 kcal/100 kcal Protein-Aufnahme. Nach Panseninfusion war die Casein-N-Verdaulichkeit geringer (93,6%); es traten größere Energieverluste im Harn und als CH_4 auf als nach der Labmageninfusion. Die Verwertung der umsetzbaren Energie des Caseins betrug nach Panseninfusion 50,2 und nach Labmageninfusion 64,7%. Nach Panseninfusion wurde im Harn mehr N als Allantoin und Hippursäure ausgeschieden. Die geringere energetische Verwertbarkeit des Proteins bei Wiederkäuern wird auf die Gärungsprozesse im Pansen zurückgeführt. H. D. Bock. 8225.

Wagle, D. S., Marfatia, Urmila und Sreenivasan, A.; Mysore, India. Centr. Food Technol. Res. Inst. The effect of variation in the calorie: protein ratio of the diet on nitrogen retention and body composition in the rat. **(Der Einfluß einer Änderung des Calorien/Protein-Verhältnisses der Diät auf die Stickstoff-Retention und Körperzusammensetzung der Ratte.)** Brit. J. Nutrit. **16** (1962) Nr. 3. S. 369–377. – 7 Tab., 46 Lit.

♂ entwöhnte Wistar-Ratten erhielten 4 Wochen lang Diäten mit vitaminfreiem Casein und variierendem Calorien/Protein-Verhältnis, das jeweils durch unterschiedliche Gehalte an Protein, Kohlenhydraten und Fett sowie Zusatz von Cellulose (bis zu 30%) zur Diät verändert wurde. Außer Lebendmasse-Zunahme, N-Retention, Körperzusammensetzung wurden N-Gehalt der Leberzellfraktionen, Succinoxydase- und Xanthinoxydase-Aktivitäten, α-Tocopherol- und Ubiquinon-Gehalt der Lebern bestimmt. Zusatz von Cellulose verzögerte das Wachstum und senkte die Futteraufnahme, während steigender Protein- oder Calorien-Gehalt auf Wachstum, Futteraufnahme und N-Retention einen günstigen Einfluß hatte. Mit zunehmendem Calorien/Protein-Verhältnis in der Diät erhöhte sich die Lipoid-Anlagerung im Körper. Bei Zusatz von Cellulose verminderte sich der N-Gehalt in Muskeln und Lebern; diese Veränderungen waren bei den löslichen Proteinen besonders deutlich. Auch die Aktivitäten der beiden Leber-Enzyme wurden bei abnehmendem Calorien/Protein-Verhältnis infolge Cellulose-Zulage reduziert. Die Veränderungen im α-Tocopherol- und Ubiquinon-Gehalt der Lebern entsprachen denen der Succinoxydase-Aktivität. H.-D. Bock. 8265.

Anwar, A.; Cairo, Egypt, Ain Shams Univ., Fac. of Agric., Animal Product. Dep. Estimation of gross protein value. 1. In proteins of animal origin. **(Bestimmung des Gesamtproteinwertes. 1. Mitt. Eiweiße tierischen Ursprungs.)** Poultry Sci. **41** (1962) Nr. 3. S. 937–938. 2 Tab., 7 Lit.

Es werden der „gross protein value“ (G.P.V.) nach Anwar (vgl. Poultry Sci. **40** [1961] Nr. 3. S. 1014.) und der „available lysine value“ (A.L.V.) nach Carpenter und Ellinger (vgl. LZ. Abt. III **1** [1956] Nr. 6. S. 996.) in 10 Fleisch- und 10 Fischmehlproben bestimmt. Die Korrelation zwischen G.P.V. und A.L.V. ist hoch signifikant. Der Korrelationskoeffizient beträgt für Fleischmehl 0,949 und für Fischmehl 0,972; die dementsprechenden Regressionsgleichungen lauten: $y = 15{,}5\,x + 21{,}2$ bzw. $y = 11{,}7\,x + 39{,}5$ (y = G.P.V.; x = A.L.V.). Aus den experimentell ermittelten A.L.V.-Werten werden die G.P.V.-Werte errechnet. Die Differenzen zwischen den errechneten und analytisch ermittelten G.P.V.-Werten sind nicht signifikant. K. Gruhn. 8265.

Hohls, H. W.; Celle, Bundesforsch.-Anst. für Kleintierzucht. **Zur Frage des Stickstoffverlustes bei Küken und Ratten.** Arch. Tierernähr. **12** (1962) Nr. 4. S. 179–187. – 3 Abb., 3 Tab., 7 Lit.

Vf. unternimmt eine statistische Auswertung eigener früherer Versuche, in denen 6 verschiedene Futtermischungen in 5 unterschiedlichen Dosierungen an je einer Hahnen- und Hennenkükengruppe von je 20 Tieren untersucht wurden. Die während der 6. Lebenswoche ermittelten N-Verluste erreichten max. weit über 100% des chemisch festgestellten Harn-N. Vf. berechnet mit Hilfe der Mehrfachkorrelationsrechnung die Abhängigkeit des Eiweißverlustes (N · 6,25) in linearer Abhängigkeit von der Menge des angesetzten und des verdauten Eiweißes. Er erhält: Proteinverlust = 3,40 – 0,842 Proteinansatz + 0,402 verd. Protein. Der Gesamtkorrelationskoeffizient für diese Gleichung ist $r = 0{,}680$. Die Beziehung ist mit $P < 0{,}001$ hoch gesichert. Der Faktor – 0,842 ist mit $P < 0{,}01$ und der Faktor 0,402 mit $P < 0{,}05$ von Null verschieden. Der N-Verlust ist also negativ mit der Menge des angesetzten Eiweißes und positiv mit der Menge des verdauten Eiweißes korreliert. Vf .wertet weiterhin Rattenversuche von Nehring aus und kommt zu analogen

Korrelationen. Aus den beiden entgegengesetzten Korrelationen schlußfolgert Vf., daß der N-Verlust bei bestimmten Stoffwechsellagen verschwindet.
H. Bergner. 8265.

Hess, Carl W., Edwards jun., Hardy M. und Dembnicki, E. F. Growth-rate selection on a methionine deficient diet. **(Wachstumsveränderung bei einer Methioninmangelration.)** Poultry Sci. **41** (1962) Nr. 4. S. 1042–1047. – 4 Tab., 9 Lit.

Über 4 Generationen wurde untersucht, welche Auswirkung eine Methioninmangelfütterung bei Küken auf die Gewichtsentwicklung ausübt. Als Vergleich diente eine Standard-Broilerfuttermischung. Der Versuch umfaßte 3665 Küken verschiedener Zuchten. Die Versuchsergebnisse zeigten, daß bei Methioninmangel im Futter die Tiere der verschiedenen Linien unterschiedlich reagierten. Die Gewichtszunahmen wurden unterschiedlich beeinflußt, lagen aber zwischen der 3. und 8. Lebenswoche immer bei den Tieren niedriger, die das methioninarme Futter bekamen. G. Göbel. 8265.

F. ERNÄHRUNGSSTÖRUNGEN UND MANGELKRANKHEITEN

Reber, Elwood F. Nutritional deficiencies resulting from diarrhoea in pigs. **(Der bei Schweinen infolge Durchfalles entstehende Nährstoffmangel.)** Veterin. Med. **57** (1962) Nr. 1. S. 30–32.

Hauptursache der Erkrankung ist das Virus der infektiösen Gastroenteritis (Transmissible Gastroenteritis, TGE). In großen Zuchtherden spielt das Problem der Dauerausscheider eine Rolle. Durch Verlängerung der Zeitspanne zwischen zwei Abferkelungen wurde die wiederholte Erkrankung unterbunden. In der alimentären Substitutionstherapie versagen der Vitamin B-Komplex- und Mineralstoffgemische. Der Eiweißsubstitution durch Weizen und Hafer und der Aufwertung einer Maisration durch die Aminosäuren Tryptophan und Lysin kommt einige Bedeutung zu. Die durch den Durchfall verursachten Nährstoffverluste ähneln sehr den beim Durchfall der Kinder zu beobachtenden Mangelerscheinungen. In der Hauptsache werden K, Na und Wasser abgegeben. Bei Ferkeln im Alter von 28–49 Tagen zeigen die bisher sehr unsicheren Therapieerfolge, daß der Erforschung der Elektrolyte Bedeutung zukommt. Bei K-reicher Ration muß der Na-Gehalt erhöht werden. Bei Na-reicher Ernährung nimmt die tägl. retinierte K-Menge und der retinierte Anteil des aufgenommenen K stärker zu als bei Na-armer Fütterung. Während der Erkrankung wird durch das Na die K-Retention also begünstigt. In dieser Phase werden N, Na und K ausnahmslos in größeren Mengen im Kote ausgeschieden, als es bei gesunden Tieren der Fall ist. Anscheinend benötigen Saugferkel einen höheren Na-Gehalt in der Futterration als es einem Kochsalzgehalt von 0,45% entspricht. H. Busse. 8330.

Cumings, J. N.; London, Inst. of Neurol., Dep of Chem. Pathol. The metabolism of copper and Wilson's disease. **(Der Kupferstoffwechsel und die „Wilson disease".)** Proc. Nutrit Soc. **21** (1962) Nr. 1. S. 29–34. – 2 Abb., 4 Tab., 28 Lit.

Bei der „Wilson disease" des Menschen kommt es zu einer Cu-Speicherung in Hirn, Leber und anderen Organen des Körpers. Es wird vermutet, daß das Cu besonders im Gehirn entweder direkt als Gift oder durch Einwirkung auf die Zellenzyme seine normale Funktion hemmt und damit den Zelltod herbeiführt. Bei der „Wilson disease" ist die Cu-Exkretion mit dem Harn erhöht, die Serum-Cu-Werte sind erniedrigt, die Cu-Aufnahme aus dem Darm ist verbessert. Es ist ferner bekannt, daß die Menge des direkt reagierenden Cu im Blut erhöht ist. Dieses zeigt einen Überschuß von lose an das Albumin gebundenem Cu. Die Störungen des Stoffwechsels bei der „Wilson disease" liegen demnach in einem abnormen Caeruloplasmin. M. Anke. 8350.

Reid, C. S. W., Johns, A. T. und Vlieg, P.; Palmerston North Plant Chem. Div., Dep. of Sci. and Ind. Res. Bloat in cattle. XXII. Further experiments on treatment and prevention. **(Blähungen im Rind. 22. Mitt. Weitere Experimente der Behandlung und Verhütung.)** New Zealand J. agric. Res. **4** (1961) Nr. 5/6. S. 476–483. – 16. Lit. 21 Mitt. vgl. LZ. Abt. III **8** (1963) Nr. 3. S. 570.
Eine Anzahl von Agentien ist auf ihre Wirksamkeit bei der Verhütung und Behandlung der Blähungen von Rindern getestet worden. Ein wasserlösliches Antischaummittel wurde gesucht, welches die Blähungen eine Zeitlang verhütet und geeignet ist, mit dem Trinkwasser eingenommen zu werden. Als die günstigsten Agentien wurden die neutralen, nicht-ionisierten „Pluronics" Reinigungsmittel L 61 und L 62, welche die Kühe 24 Std. nach Einnahme von 30 ml vor der Blähung schützen, ermittelt. Sie schmecken jedoch viel zu schlecht, als das die Tiere sie mit dem Wasser selbst aufnehmen. Die „Pluronics" L 61 und L 62 sind die wirkungsvollsten Agentien zur Verhinderung bei Blähungen der Tiere. J. Rojahn. 8330.

Thornton, P. A. Brownrigg, Dorothy und Mather, F. B.; Fort Collins, Colorado Agric. Exp. Stat., Dep. of Poultry Husbandry. The influence of dietary ascorbic acid on the severity of beta-aminopropionitrile (BAPN) toxicity in turkeys. **(Der Einfluß von Ascorbinsäure im Futter auf den Grad der β-Aminopropionitril-Toxizität bei Truthähnen.)** Poultry Sci. **41** (1962) Nr. 5. S. 1586–1589. – 5 Tab., 12 Lit.
In 3 Fütterungsversuchen mit insgesamt 61 breitbrüstigen Bronzetruthähnen wird gezeigt, daß 0,1%ige Zulagen von β-Aminopropionitril (APN), dem Giftstoff der spanischen Wicke (*Lathyrus odoratus L.*), zu Wachstumsverzögerung, anatomischen Abnormitäten (gekrümmte Zehen, verkrüppelte Beine) und Aortablutungen führen. Durch gleichzeitige Aufnahme von 20 oder 100 mg Ascorbinsäure pro lb. Futter wird bis auf die Blutungsneigung der APN-Einfluß noch gefördert. Das Tibiaaschegewicht/100 g Lgw. sowie die ^{45}Ca-Incorporation 24 Std. nach oraler Verabfolgung einer Testdosis nehmen unter APN-Einwirkung zu. 100 mg Ascorbinsäure/lb. Futter bewirken hier eine Normalisierung. B. Gaßmann. 8340.

McCall, M. G., Newman, G. E. und Valberg, L. S.; Oxford, Radcliffe Infirmary, Nuffield Dep. of Clin. Med. and Clin. Biochem. Enlargement of the caecum in the rat in iron deficiency. **(Vergrößerung des Rattencaecums bei Eisenmangel.)** Brit. J. Nutrit. **16** (1962) Nr. 3. S. 333–338. – 1 Abb., 4 Tab., 12 Lit.
Erhalten ♂ entwöhnte Wistarratten 42 Tage lang eine halb-synthetische Fe-Mangelkost (1–3 mg Fe/kg), so zeigen sie ein gegenüber Kontrolltieren mit Fe-Zulagen (240 mg Gesamt-Fe/kg) oder normal mit Cakes gefütterten absolut und relativ eine beträchtliche Vergrößerung des Caecums. Wird anschließend 32 Tage lang das Futter mit Fe supplementiert oder werden Cakes gefüttert, so bildet sich das Caecum zurück. Umsetzung von Normalkost auf Fe-Mangelkost hat gleichfalls eine Ausweitung des Blinddarms zur Folge. Bei Fe-Mangelkost und parenteraler Fe-Versorgung nimmt die relative Caecumgröße im Verlauf der Fütterung ebenfalls zu, wenn die Blinddärme auch kleiner sind als bei Fe-Mangelratten. Die Blinddärme von Ratten, deren halbsynthetische Kost einen großen Anteil Lactose (Milchpulver) enthält, sind größer als die von Ratten, die mit handelsüblichen Cakes gefüttert werden. Bakteriologische Unterschiede im Caecalinhalt Fe-arm und normal mit Fe ernährter Tiere werden nicht beobachtet. Vff. bringen die Caecumvergrößerung mit der beobachteten Diarrhoe in Verbindung und nehmen an, daß die anfängliche Verschlechterung der Wasserresorption bei Umstellung auf die neue Kost durch die Vergrößerung des Caecums kompensiert werden soll.
B. Gaßmann. 8350.

H. FÜTTERUNG DER LANDWIRTSCHAFTLICHEN NUTZTIERE

Miller, W. J.; Athens, Univ. of Georgia, Dairy Dep. Comparison of lard, tallow, butter, and hydrogenated cottonseed oil in starters and of pelleted vs. nonpelleted Coastal Bermudagrass hay for calves. **(Vergleich von Speck, Talg, Butter und gehärtetem Baumwollsaatöl im Starterfutter für Kälber sowie von pelletiertem und nichtpelletiertem Heu von Küsten-Bermudagras.)** J. Dairy Sci. **45** (1962) Nr. 6. S. 759–764. – 4 Tab., 12 Lit.

An 99 Kälbern wurde der Einfluß von Fettzusätzen, des Ca-Gehaltes und von Mahlen und Pressen bzw. nur Mahlen von Küsten-Bermudagras-Heu auf das Wachstum der Kälber untersucht. Im 1. Versuch erhielten 56 Tage alte Kälber 8 Wochen lang ein Starterfutter mit jeweils 10% der o. a. Fette. Es konnte keine Wirkung auf Zuwachs, Durchfall und Heuverzehr gegenüber der Vergleichsgruppe festgestellt werden. Eine höhere Ca-Gabe (8,9 anstatt 6,5 g je Tier und Tag) bewirkte lediglich beim Baumwollsaatöl eine Steigerung des Zuwachses. Die Schmackhaftigkeit des Kälbermischfutters nahm in folgender Reihenfolge ab: Butter, Speck, gehärtetes Baumwollsaatöl und Talg. Der höchste Verzehr wurde bei Futter ohne Fett registriert. Pelletiertes Heu war schmackhafter als gemahlenes und bewirkte einen höheren Verzehr (2,5 anstatt 1,6 kg) und einen höheren Zuwachs (135 g mehr) bei älteren Kälbern im Alter von 70–150 Tagen. B. Piatkowski. 8454.

Weniger, J. H. und Engelke, F.; Göttingen, Univ., Inst. für Tierzucht und Haustiergenetik. **Untersuchungen über den Einfluß von Mastendgewicht und Fütterungsmethode auf Mastleistung und Schlachtwert beim Mastkalb. 1. Mitt.** Z. Tierphysiol., Tierernähr. Futtermittelkunde **17** (1962) Nr. 3. S. 150–162. – 1 Abb., 9 Tab.

Vff. untersuchen Nährstoffaufwand, Gewichtsentwicklung, Nährstoffbedarf und Wirtschaftlichkeit bei verlängerter Kälbermast. 71 Kälber, die von 1 Bullen abstammen, werden in 2 Fütterungsgruppen (Tränk- bzw. Kraftfuttermast) unterteilt und bei einem Lgw. von 80, 100, 120, 140, 160 und 180 kg geschlachtet. Die Tiere der sogenannten Tränkemast (sie verzehrten im Gewichtsabschnitt 120–180 kg tägl. 2 kg Vollmilch, 11–14 kg Magermilch und 90 g Mischfutter) waren denen der Kraftfuttermast in der Gewichtsentwicklung unterlegen; letztere erreichten das Endgewicht von 120, 140, 160 bzw. 180 kg um 6,4, 8,5, 9,4 bzw. 8,0 Tage früher. Bei Kraftfuttermast wurden je Tier und Tag im Abschnitt 100–125 kg bzw. 10–12 kg Magermilch, 0,5–1,5 kg Kraftfutter und 100 g Heu, im Abschnitt 125–150 kg 8 kg Magermilch, bis 2,5 kg Kraftfutter sowie 150 g Heu und von 150–180 kg 6 kg Magermilch, bis 4 kg Kraftfutter sowie 150 g Heu verabreicht. Bei der verlängerten Kälbermast ist der verstärkte Einsatz von Kraftfutter wirtschaftlicher als die Tränkmast. Der Nährstoffaufwand je 1 kg Zuwachs betrug in Gewichtsabschnitten 100, 120, 140, 160 bzw. 180 kg bei Tränkmast 441 g verd. Rohprot. und 1369 StE, 438 und 1542, 509 und 1591, 532 und 1655, 520 und 1632, bei Kraftfuttermast 419 und 1269, 432 und 1394, 470 und 1493, 466 und 1619, 485 und 1686. B. Piatkowski. 8458.

Weniger, J. H., Engelke, F. und Steinhauf, D.; Göttingen, Univ., Inst. für Tierzucht und Haustiergenetik. **Untersuchungen über den Einfluß von Mastendgewicht und Fütterungsmethode auf Mastleistung und Schlachtwert beim Mastkalb. 2. Mitt.** Z. Tierphysiol., Tierernähr. Futtermittelkunde **17** (1962) Nr. 3. S. 189–203. – 2 Abb., 10 Tab., 20 Lit. 1. Mitt. vgl. vorst. Ref.

Die Zweihälftenausbeute war bei Tränkkälbern infolge des geringeren Gewichtes der Verdauungsorgane besser. Ein Einfluß der unterschiedlichen Fütterung auf das Fleisch- und Fettbildungsvermögen lag nicht vor. Der Wassergehalt des Fleisches nahm mit zunehmendem Gewicht ab, der an intramuskulärem Fett war in allen Gewichtsklassen gleich. Die Faserstärke der einzelnen Muskeln vergrößerte sich mit steigendem Gewicht. Ein Einfluß der Fütterung auf die bisher genannten Kriterien wurde nicht festgestellt. Das Körperfett älterer und mit Kraftfutter gemästeter Tiere erstarrte schneller.

B. Piatkowski. 8458.

Nicholson, J. W. G., Cunningham, H. M. und Friend, D. W.; Nappan, Nova Scotia, Canada Dep. of Agric. The addition of buffers to ruminant rations. II. Additional observations on weight gains, efficiency of gains and consumption by steers of all-concentrate rations. **(Die Zugabe von Puffersubstanzen zu Wiederkäuer-Rationen. 2. Mitt. Ergänzende Beobachtungen über Gewichtszunahme, Futterverwertung und -verzehr an Ochsen bei Nur-Kraftfutterrationen.)** Canad. J. Animal Sci. 42 (1962) Nr. 1. S. 75–81. — 3 Tab., 16 Lit. 1. Mitt. vgl. LZ. Abt. III 7 (1962) Nr. 7. S. 1487.

60 Mastochsen erhielten eine Kraftfutterration aus 40% Gerste, 40% Hafer, 10% Leinsamenölmehl, 8,5% Melasse, 1% Dicalciumphosphat und 0,5% Mineralstoffgemisch zuzüglich Vit. A und D. Der Zusatz von 5,7% Na-Bicarbonat (I) allein oder zusammen mit 3,6% Na-Propionat zeigte keinen Einfluß auf die Gewichtszunahme, Futterverwertung und Schlachtqualität. Wurde zu **I** zusätzlich 75 ml Kabeljauleberöl einmal tägl. verabfolgt, verschlechterte sich die Schlachtqualität, Schlachtausbeute, der Futterverzehr und die Gewichtszunahme, nicht aber die Futterverwertung. Gewalztes Getreide in der Ration ergab befriedigendere Resultate als wenn es gemahlen verabreicht wurde.

H. H. Budzier. 8458.

Nicholson, J. W. G., Cunningham, H. M. und Friend, D. W.; Nappan, Nova Scotia, Canada Dep. of Agric. The addition of buffers to ruminant rations. III. The effect of additions of sodium bicarbonate, sodium propionate, limestone and cod liver oil on apparent digestibility and nitrogen retention of an all-concentrate ration. **(Die Zugabe von Puffersubstanzen zu Wiederkäuer-Rationen. 3. Mitt. Die Wirkung der Zugabe von Natriumbicarbonat, Natriumpropionat, Kalkstein und Kabeljauleberöl auf die wahrscheinliche Verdaulichkeit und die Stickstoffretention bei einer Nur-Kraftfutterration.)** Canad. J. Animal Sci. 42 (1962) Nr. 1. S. 82–87. — 3 Tab., 10 Lit. 2. Mitt. vgl. vorst. Ref.

An einjährige Ochsen wurden bei Versuchsanstellung in zwei 4 × 4 lateinischen Quadraten 7 verschiedene Nur-Kraftfutterrationen mit nahezu gleichen Gehalten an Rohnährstoffen verfüttert, die sich lediglich durch bestimmte Sonderbestandteile voneinander unterschieden. So ergab 5,7% Na-Bicarbonat (I) einen Anstieg der Harnsekretion. Die Verdaulichkeit der org. Subst. (**II**) und des N sowie die N-Retention wurden nicht beeinflußt. Kabeljauleberöl (60 ml) mit 1200 IE Vit. A und 150 IE Vit. D pro g (**III**) ließ **I** und **II** zurückgehen, 3,6% Na-Propionat verbesserte sie dagegen. Die prozentuale N-Retention war bei **III** gegenüber Na-Propionat signifikant geringer. 5,7% gemahlener Kalkstein reduzierte statistisch gesichert die Verdaulichkeit der Tr.-Subst. und von N, nicht aber **II**.

H. H. Budzier. 8458.

Weiland, G. **Der Verzehr von Grassilage und Futterrüben in einem praktischen Fütterungsversuch mit Milchkühen.** Tierzucht 16 (1962) Nr. 9. Grünland/Feldfutter 3 S. 37–40. — 2 Abb., 4 Tab.

In einem Fütterungsversuch (3 Versuchsperioden mit 2 Versuchsgruppen, 5tägige Vorperioden, 20tägige Hauptperioden, Einzelfütterung) wurde geprüft, ob sich mit Grassilage, die in Behelfssilos hergestellt wurde, ein ausreichender Grassilageverzehr erreichen läßt und ob bei Wegfall der Futterrüben und einer Verminderung der Heuration der Verzehr auf über 40 kg gesteigert werden kann. Ordnungsgemäß in einer Erdgrube hergestellte Grassilage wurde bis max. 45,8 kg aufgenommen. Bei Entzug der Futterrüben und Verminderung der Heuration stieg der Grassilageverzehr an. Der Nährstoffgehalt der mehr aufgenommenen Silage entspricht aber nicht dem StE-

Gehalt der entzogenen Grundfuttermittel, so daß die Leistungen bei Grundfutter mit Rüben höher lagen. Die Einordnung der Kühe in Lebendgewichtsklassen ergibt einen Anstieg des Grassilageverzehrs mit höherem Gewicht, jedoch steigt auch die Milchleistung und der Kraftfutteraufwand an. Der Vorteil eines größeren Grundfutterverzehrs der schwereren Kühe kann nur bei gleichem Leistungsniveau offensichtlich werden. H. Kleiber. 8460.

Gardner, K. E. Heavy grain feeding before calving. Its effect on caked udder and milk yield. **(Starke Körnerfütterung vor dem Kalben. Ihre Wirkung auf Eutererkrankung und Milchleistung.)** Holstein-Friesian Wld. **57** (1960) Nr. 14. S. 1569–1662. 8460.

Woods, Walter und Rhodes, Robert W.; Ames, Iowa Agric. and Home Econ. Exp. Stat. Effect of varying roughage to concentrate ratios on the utilization by lambs of rations differing in physical form. **(Einfluß unterschiedlicher Rauh- und Kraftfutterverhältnisse auf die Verwertung von Rationen durch Lämmer, die in der physikalischen Form differieren.)** J. Animal Sci. **21** (1962) Nr. 3. S. 479–482. – 3 Tab., 12 Lit.
In Wachstums- und Verdauungsversuchen wurde der Einfluß hoher und niedriger Rauhfuttergaben (57–60 bzw. 36–40% Luzerneheu) in Maisrationen in Abhängigkeit vom physikalischen Zustand der Rationen a) unzerkleinert, b) gemischt und zerkleinert und c) pelletiert auf Massenzuwachs, Futterverwertung und Verdaulichkeit geprüft. Sowohl bei hoher als auch niedriger Rauhfuttergabe zeigten die pelletierten Rationen die größte Leistungsfähigkeit. Je 100 lb. Massenzuwachs betrug der Futteraufwand bei hohem Rauhfutteranteil a) 850, b) 910 und c) 778 lb., bei niedrigem Rauhfutteranteil a) 758, b) 718 und c) 685 lb. Die Verdaulichkeit der org. Subst. und des Proteins wurden durch Pelletieren gegenüber Zerkleinern und Mischen nicht beeinflußt. L. Hoffmann. 8474.

Ross, C. V., Karr, M. L. und Pavey, R. L. Creep feeding studies with lambs. **(Studien über die Zufütterung bei Lämmern.)** Univ. Missouri, Coll. Agric., agric. Exp. Stat., Res. Bull. **1961** Nr. 772. S. 1–15. – 1 Abb., 8 Tab., 16 Lit.
In mehreren Versuchsreihen wurde an 318 Lämmern die Schmackhaftigkeit des Lämmerfutters geprüft. Die Untersuchungen befaßten sich mit einzelnen Futtermitteln, mit Futtermischungen, mit der physikalischen Form, in der das Futter gereicht wurde, und mit dem Zusatz von Antibiotica. Als Alleinfuttermittel wurde Sojaschrot von den Lämmern bevorzugt. Von Futtermischungen stand ein solches von 60% Mais, 30% Sojaschrot und 10% Weizenkleie oder Luzernegrünmehl in der Aufnahme an erster Stelle. In allen Fällen wurde pelletiertes Futter am besten aufgenommen. Das Ausbleiben von Erfolgen durch Antibioticabeigabe wird darauf zurückgeführt, daß ausschließlich gesunde, gut entwickelte Lämmer in den Versuchen standen. K.-H. König. 8474.

Wright, P. L., Pope, A. L. und Phillips, P. H.; Madison, Univ. of Wisconsin. Effect of protein and energy intake on lamb production and certain blood constituents of ewes. **(Die Wirkung verschieden hoher Protein- und Energieaufnahmen auf die Lämmerproduktion und bestimmte Blutbestandteile der Mutterschafe.)** J. Animal Sci. **21** (1962) Nr. 3. S. 602–610. – 6 Abb., 3 Tab., 25 Lit.
In Versuchen an 80 Mutterschafen und 87 Lämmern wurde folgender Nährstoffbedarf je Tier und Tag für a) die erste, b) die zweite Trächtigkeitshälfte und c) den ersten Laktationsabschnitt angegeben: a) 0,18 lb. verd. Rohprot. und 1,7 lb. TDN, b) 0,22 lb. und 2,4 lb., c) 0,29 lb. und 2,8 lb. Höhere Gaben bewirkten keine Verbesserung der Lämmerproduktion, niedrigere hingegen verringerten die Gewichtsentwicklung der Muttern während der Trächtigkeit und die der Lämmer. Niedrige Proteingaben verringerten den Albumingehalt

des Plasma, der Globulingehalt war vornehmlich vom Trächtigkeitsstadium abhängig. Der Energiegehalt der Ration übte einen Einfluß auf den Blutzuckergehalt aus. Er stieg in den letzten 40 Tagen der Trächtigkeit an, ebenso der Lipoidgehalt des Blutes. B. Piatkowski. 8490.

Alexander, G., Reid, R. L., Schikel, P. G. und Ferguson, K. A. Nutrition of the pregnant ewe. **(Die Ernährung des tragenden Mutterschafes.)** VIII. int. Tierzuchtkongr. Hamburg **1961** Schlußber. S. 269–273. – 1 Tab., 7 Lit. Zus. in Engl.

Das Versuchsergebnis beweist, daß Mutterschafe im mittleren Ernährungszustand in der Trächtigkeit ihren Stoffwechsel besser auf die Bedürfnisse eines Einzellammes als auf die von Zwillingen auszurichten vermögen. Die zusätzliche Nahrungsmenge, die zur Verhinderung einer schweren Unterernährung, bei der Hyperketonaemie einsetzt, gebraucht wird, ist vom Gewicht des Fötus abhängig. In den letzten beiden Trächtigkeitswochen beträgt er bei Zwillingsmutterschafen 80% des Erhaltungsbedarfes des Muttertieres. Im Endstadium der Trächtigkeit vermochte zusätzliches Futter eine geringe Unterernährung zu verhindern, aber durch die Untersuchung des Blutketongehaltes wurden weitere Gewichtsverluste der Muttertiere so unter Kontrolle gehalten, daß die Unterernährung bei Zwillingsmutterschafen nicht stärker wurde als bei Einzelmuttern. Bei beliebiger Futteraufnahme verringerte sich vom 50. Trächtigkeitstage an der Futterverzehr in den späteren Trächtigkeitswochen. Obwohl er bei Mehrlingsmutterschafen am stärksten war, kann er jedoch nicht mit dem Raumbedarf der wachsenden Föten allein erklärt werden. Bei Mutterschafen dürftiger Körperverfassung, die bis zum Ende der Trächtigkeit knapp ernährt wurden, war er beträchtlich geringer. Der Gebärmutterinhalt der ad libitum und der ausgeglichen ernährten Schafe wog 11,2 bzw. 12,3 kg, wie aus dem Gewichtsverlust bei der Geburt ermittelt wurde. H. Busse. 8490.

Slen, S. B. und Whiting, F. Protein requirements of ewes for lamb and wool production. **(Der Proteinbedarf der Mutterschafe zur Lamm- und Wollproduktion.)** VIII. int. Tierzuchtkongr. Hamburg **1961** Schlußber. S. 97–101. – 1 Tab., 4 Lit. Zus. in Engl.

Die vorliegenden kanadischen Untersuchungen sollten klären, welchen Einfluß Eiweiß verschiedener Menge und Herkunft auf die genannten Faktoren hat, um so zu einer wirtschaftlich vertretbaren Ergänzung einer oft nur 3 bis 5% Eiweiß enthaltenden Futterration tragender und säugender Mutterschafe zu gelangen. Bei Verabreichung von Laktalbumin an die Mutterschafe waren die Lämmer bei der Geburt und im Alter von 6 Wochen, jedoch nicht beim Absetzen schwerer als die Lämmer von Mutterschafen, die Leinsamenmehl, Erbsen, Luzerne und Harnstoff erhalten hatten. In der Wollproduktion übertraf das Laktalbumin den Leinsamen oder das Luzernemehl nicht, aber die Erbsen, den Harnstoff und Harnstoff + Schwefel. Harnstoff war den anderen Eiweißquellen in der Lamm- und Wollproduktion unterlegen. Die Zugabe anorganischen Schwefels zum Harnstoff hatte keine leistungssteigernde Wirkung. Erbsen erwiesen sich dem Leinsamen, der Luzerne und dem Laktalbumin im 1. Versuch unterlegen, aber im 2. Versuch gegenüber Leinsamen, Luzerne und Sojabohnenmehl als gleichwertig. Fleischmehl war in der Wollproduktion dem Leinsamen, der Luzerne und dem Sojaschrot unterlegen, jedoch nicht in der Lammproduktion. Zwischen dem Leinsamen, der Luzerne und dem Sojaschrot bestanden in der Lamm- und Wollproduktion keine Unterschiede. H. Busse. 8490.

Clausen, Hjalmar, Haagen Petersen, F., Højgaard-Olsen, N. J., Hansen, Villy, Madsen, Arne, Nielsen, Henning und Eggum, Bjørn, O. Forsøg med slagterisvin. Dansk eller amerikansk sojaskrå som fuld erstatning for skummetmaelk. **(Versuche mit Schlachtschweinen. Dänisches oder amerikanisches Sojaschrot an Stelle von Magermilch.)** Beretn. landøkon. Forsøgslab. **1961** S. 73–75. – 1 Tab.

In 2 Versuchen wurde neben getoastetem dänischem Sojaschrot ein rohfaserarmes amerikanisches Sojaschrot als einzige Eiweißquelle eingesetzt und mit Magermilch und mit Fleischknochenmehl verglichen. Sojaschrot, und zwar in besonderem Maße die dänische Herkunft, brachte im Vergleich zur Magermilch höhere Zunahmen und eine bessere Futterverwertung. Bei Verfütterung von $^1/_3$ Fleischknochenmehl und $^2/_3$ Sojaschrot wurden gleich gute Zunahmen wie mit Magermilch erreicht. Nach Sojafütterung war die Fleischfülle etwas geringer als nach Magermilch. Es wird darauf hingewiesen, daß diese Ergebnisse unter idealen Stallverhältnissen erzielt wurden und daß die Verwendung selbst besten Sojaschrotes als einziges Eiweißfutter nicht empfohlen werden kann, wenn durchschnittliche Stallverhältnisse vorliegen.

J. K. Hinrichsen. 8536.

Holdas, S. Az eltérö mennyiségü lucernalisztet tartalmazó keverékek etetésének hatása a sertéshus minöségére. **(Der Einfluß von Mischfuttermitteln mit verschiedenem Luzernemehlgehalt auf die Qualität des Schweinefleisches.)** Állattenyésztés [Tierzucht] **11** (1962) Nr. 1. S. 59–63. – Aus: Ung. Agrar-Rdsch. **1962** Nr. 4.

Vf. führte an 4 Gruppen ungarischer Yorkshireschweine, deren Futterrationen 15; 25; 35 und 45% Luzernemehl enthielten, bis zur Erreichung eines Endgewichtes von 110 kg objektive Qualitätsuntersuchungen durch. Er fand in den Gruppen der Reihe nach 23,13; 23,98; 24,06; 24,36% Gesamteiweiß, 64,25; 61,91; 60,72 und 59,89% auspreßbares Wasser, einen Kochverlust von 46,70; 46,14; 46,10; 44,75%, eine Jodzahl des Fettes von 66,34; 60,77; 59,34; 58,51. Auf Grund der Versuchsergebnisse läßt sich der Schluß ziehen, daß sich durch eine Mast, die mit einem an Luzernemehl reichen Futtergemisch durchgeführt wird, ein kalorienärmeres, eiweißreicheres, schmackhafteres, für den Verbrauch und für die industrielle Bearbeitung wertvolleres Fleisch von einer festeren Konsistenz und ein festeres Fett erzielen läßt. 8536.

Anonym. Lean hogs from high-fiber, low-energy ration. **(Magere Schweine mit rohfaserreicheren und energieärmeren Rationen.)** Agric. Res. **9** (1960) Nr. 2. S. 10. 8536.

Kanev, Stojan. (Kanew, Stojan.); Stara Sagora, Bulgarien, Inst. für Tierzuchtforsch. Ugojavane na svine za meso s učastie na bito mljako. **(Fleischmast von Schweinen mit Magermilchanteil in der Ration.)** Selskostopanska misŭl, Sofija **6** (1961) Nr. 12. S. 735–742. – 11 Tab., 7 Lit. 8536.

Andreev, Andrej. (Andreew, Andrej.); Stara Sagora, Bulgarien, Inst. für Tierzuchtforsch. Ugojavane na praseta za bekon ot porodite bŭlgarska bjala, goljama bjala i krŭstoski meždu tjach. **(Baconmast des Bulgarischen Weißen Schweins, des Großen Weißen Schweins und deren Kreuzungen.)** Životnovŭdstvo, Sofija **16** (1962) Nr. 1. S. 19–24. – 3 Abb., 3 Tab. 8536.

Donaldson, W. E. The response of chicks to dietary animal fat in new and old environments. **(Die Reaktion von Küken auf tierisches Fett als Futterzusatz in neuer und alter Umgebung.)** Poultry Sci. **41** (1962) Nr. 4. S. 1106 bis 1108. – 2 Tab., 6 Lit.

Die Untersuchungen wurden an Küken bei verschiedener Haltung durchgeführt. Eine Gruppe von Küken wurde in einer neuentwickelten Batterie („neue Umgebung") und eine Gruppe von Küken in einer Batterie der üblichen Bauweise („alte Umgebung") gehalten. Die neuentwickelte Batterie gestattet eine tägl. einfache Säuberung der Wasserrinnen und der Tropftränken, während dies bei der alten Batterie nicht möglich ist. Futter ohne Fettzusätze führte zu keinem Unterschied in der Gewichtszunahme, während Futter mit einem Fettzusatz von 10% in 4 Wochen zu einer 4–5%igen höheren Gewichtszunahme führte. G. Göbel. 8544.

Campbell, A. J. und Hill, F. W.; Davis, Univ. of California, Dep. of Poultry Husbandry. The effect of protein source on the growth promoting action of soybean oil, and the effect of glycerine in a low fat diet. **(Die Wirkung der Eiweißquelle auf den wachstumsfördernden Einfluß von Sojaöl und die Wirkung von Glycerin in einer Ration mit geringem Fettanteil.)** Poultry Sci. 41 (1962) Nr. 3. S. 881–882. – 3 Tab., 5 Lit.

In Versuchen mit White Plymouth Rock Küken wurden isoliertes Sojabohneneiweiß (**I**), Fischmehl (**II**), autoklaviertes Eialbumin (**III**) und Blutfibrin (**IV**) nach Zusatz von je 10% Sojaöl geprüft. Die Relation zwischen Energie und den anderen Nährstoffen wurde gleich gehalten. Die Ergänzung von 10% Sojaöl ergab nach 4 Wochen zu **I** eine um 37% höhere Lebendmasse, zu **II** eine um 20%, zu **III** eine um 44% und zu **IV** eine um 32% höhere Lebendmasse. Ein Zusatz von 20% Glycerin zur Sojabohneneiweiß-Diät hatte keinen positiven Einfluß auf das Lebendgewicht der Küken. K. Gruhn. 8544.

Slinger, S. J., Pepper, W. F. und Sibbald, I. R.; Guelph, Ontario, Canada, Ontario Agric. Coll., Dep. of Poultry Sci and Nutrit. Interrelationships between methionine, choline, sodium chloride and reserpine in growing turkeys. **(Beziehungen zwischen Methionin, Cholin, Natriumchlorid und Reserpin bei wachsenden Puten.)** Poultry Sci. 41 (1962) Nr. 3. S. 974–982. – 3 Tab., 30 Lit.

In einem praktischen Großversuch mit Jungputen wurde der Einfluß von NaCl, Cholin und Methionin zu einer Grundfutterration geprüft, deren Hauptkomponenten Mais, Weizen und Sojaextraktionsschrot darstellten. Die Mischung I (M I) enthielt für die 3–8 Wochen alten Tiere 28,1%, M II für die 9–16 Wochen alten Puten 20% Rohprotein, M III für die 17–20 Wochen alten Tiere 17,1%, und M IV enthielt für die 21–23 Wochen alten Puten 15,9% Rohprotein. Es wurden 3 verschieden hohe Gaben NaCl (0,25%; 0,75%; 1,25%) u. je 2 verschieden hohe Gaben Methionin bzw. Cholin verabreicht. Nach der 8. Lebenswoche wurde jede Gruppe in 2 Untergruppen geteilt, von denen die eine 0,2 ppm Reserpin erhielt. Die Zunahmen und die Futterverwertung zeigten im Alter von 8 Wochen keinen signifikanten Unterschied zwischen den Zusätzen von 0,25%, 0,75% und 1,25% NaCl zur Ration. Auch die Steigerung des Methioningehaltes von 0,49% (1,74% im Protein) auf 0,54% (1,92% im Protein) in der Mischung, bzw. die Erhöhung des Cholingehaltes von 1,66 g auf 1,90 g/kg Futter hatte kein verbessertes Produktionsergebnis zur Folge. In der 9.–23. Lebenswoche wurde eine signifikante Beziehung zwischen dem NaCl-Zusatz und dem Reserpin festgestellt. 0,2 ppm Reserpin reduzierte die Zunahme und die Futterverwertung. Der Methioninbedarf der Versuchsputen war während der 9.–16., 17.–20. und 21.–23. Lebenswoche nicht groß und betrug 1,75%, 1,75% und 1,79% des Proteins. Die entsprechenden Bedarfszahlen für Cholin lauten 1,16 g/kg, 0,98 g/kg und 0,86 g/kg Futter. K. Gruhn. 8544.

Kurow, B. I., Kalašnikow, A. I., Samoletov, A. I. und Zubcova, R. A. (Kurow, B. I., Kalaschnikow, A. I., Samoljotow, A. I. und Subzowa, R. A.); Sagorsk, Gebiet Moskau, Unions-Forsch.-Inst. für Geflügelzucht, Abt. für Futtermittel; Normy i režim kormlenija molodnjaka kur duchim kormom. **(Normen und Fütterungstechnik von Junghühnern bei Trockenfütterung.)** Trudy Vsesojuznogo naučno-issledovatel'skogo instituta pticevodstva, Moskva 27 (1961) S. 122–129. – 8 Tab., 7 Lit.

Bei verschiedenen Fütterungsmethoden wurden die Normen des Unions-Forschungsinstituts und des Nationalen Forschungsrates der USA für Küken bis zum 60-Tage-Alter (Käfigaufzucht), für Junghennen vom 60.–135. Tag (Weidehaltung) und für Hähnchenmast vom 60.–85. Tag überprüft. Für die Kükenaufzucht wird ein Alleinfutter mit 17,5% verd. Eiweiß, für die Junghennenaufzucht die kombinierte Trockenfütterung (Körnergemisch und Junghennenmehl im Verhältnis 1:1) mit 13,6% verd. Eiweiß empfohlen. In der Legehennenfütterung liegen die Normen für Alleinfutter bei 14,2 bis 15,2% verd. Eiweiß. Bei der Hähnchenmast wurde eine günstige Wirkung auf die Schlachtqualität erzielt durch Verabreichung von Weichfutter in den letzten 5 Masttagen. Das Weichfutter wurde mit Molke und Alleinfutter hergestellt. H. Pingel. 8544.

Maslieva, O. I. (Maslijewa, O. I.); Sagorsk, Gebiet Moskau, Unions-Forsch.-Inst. für Geflügelzucht, Abt. für Futtermittel. Povyšenie biologičeskoj polnocennosti racionov s preobladaniem kukuruzy nikotinovoj kislotoj pri vyraščivanii cypljat na mjaso. **(Erhöhung der biologischen Vollwertigkeit von Rationen mit hohem Maisanteil durch Beigabe von Nicotinsäure bei der Fleischkükenaufzucht.)** Trudy Vsesojuznogo naučno-issledovatel'skogo instituta pticevodstva, Moskva **27** (1961) S. 67–77. — 13 Tab.

Der Nicotinsäurebedarf hängt stark von der Versorgung mit der Aminosäure Tryptophan ab. Mais hat einen niedrigen Tryptophangehalt, macht aber den Hauptanteil des Broilerfutters aus. Von 5 Gruppen mit je 100 Kreuzungstieren zwischen mittelschweren Rassen erhielt I ein Alleinfutter mit 30% Mais und 8% Fischmehl, II und III ein Alleinfutter mit 50% Mais und 8% Fischmehl und IV und V ein Alleinfutter mit 50% Mais und 5,6% Fischmehl. III und V erhielten außerdem je kg Futter 15 mg Nicotinsäure, die 70-Tage-Gewichte betrugen bei I 980 g, bei II 1010 g, bei III 1082 g, bei IV 1018 g und bei V 1040 g. Die beste Rohverwertung hatte III mit 3,0 kg. H. Pingel. 8544.

Il'in, N. M. (Ilin, N. M.); Sagorsk, Gebiet Moskau, Unions-Forsch.-Inst. für Geflügelzucht. Opyt skarmlivanija cypljatam racionov s mineral'nym ispol'zovaniem kormov životnogo proischoždenija. **(Versuch der Fütterung von Küken mit minimalem Einsatz von Futtermitteln tierischer Herkunft.)** Sbornik rabot molodych učenych. Doklady na naučnoj konferencii aspirantov. Vsesojuznyj naučno-issledovatel'skij institut pticevodstva, Moskva **1960** Nr. 3. S. 129–139. — 9 Tab., 16 Lit.

Küken der Rasse Russische Weiße wurden bis zum 60-Tage-Alter in Batterien gehalten, anschließend in Auslaufhaltung bis zum Ende des 5. Lebensmonats. Die tierischen Eiweißfuttermittel wurden in unterschiedlichem Maße durch pflanzliche ersetzt. Die Norm für die Aufzucht vom 1. bis zum 150. Lebenstag beträgt 0,5 kg Fischmehl und 1,5 l Magermilch. Bei 70% dieser Norm und Ersatz durch pflanzliche Eiweißträger wurden noch normale Endgewichte erzielt, wenn Penicillin, Vit. B_{12} oder getrockneter Rinderkot beigefüttert wurden. Vit. B_{12} hat sich in der Dosis 25 μg/kg Futter am günstigsten bewährt. Gemeinsamer Einsatz von Vit. B_{12} und Penicillin brachte keine besseren Resultate. Getrockneter Rinderkot, zu 8% in dem Alleinfuttergemisch enthalten, ergab fast die gleiche Verbesserung der Aufzuchtresultate wie Vit. B_{12} und Penicillin. W. Sommerfeld. 8544.

Donaldson, W. E. Fat tolerance in laying hens. I. Effects of restricted intake of a high animal fat diet. **(Fettverträglichkeit bei Legehennen. 1. Mitt. Wirkungen von zugeteilter Futtermenge mit hohem Anteil an tierischem Fett.)** Poultry Sci. **41** (1962) Nr. 4. S. 1060–1065. — 3 Tab., 16 Lit.

Weiße Leghorn-Hennen, die ad libitum mit Futter gefüttert wurden, das 30,4% tierisches Fett enthielt, antworteten im Vergleich zur Kontrollgruppe, die Futter ohne Fettzusatz verabreicht bekam, mit einem Rückgang der Legeleistung; sie nahmen jedoch eine höhere Energiemenge als die Kontrollgruppe auf und zeigten auch eine höhere Gewichtszunahme. Eine zugeteilte Futtermenge der fettangereicherten Futtermischung verminderte sowohl die Gewichtszunahme als auch die Legeleistung. Die N-Aufnahme der Legehennen, die das fettangereicherte Futter ad libitum verabreicht bekommen hatten, war höher als die N-Aufnahme der Kontrollgruppe, aber die N-Retention war ungünstiger. Die möglichen Gründe für die ungünstigere N-Retention werden diskutiert. G. Göbel. 8548.

Bray, D. J. und Morrissey, D. J. Studies with corn-soya laying diets. 5. Seasonal patterns of performance at marginal levels of dietary protein. **(Studien mit Mais-Soja-Legemehlen. 5. Mitt. Jahreszeitlicher Verlauf der Legeleistung bei verschieden hoher Proteinzufuhr.)** Poultry Sci. **41** (1962) Nr. 4. S. 1078–1081. – 2 Tab., 9 Lit. 4. Mitt. vgl. LZ. Abt. III **8** (1963) Nr. 1. S. 173.

An 4 Gruppen Legehennen (1. Legejahr) wurde ein Alleinfutter, das 18% Rohprotein enthielt, und an 4 Gruppen ein Alleinfutter, das 12% Rohprotein enthielt, verfüttert. In beiden Futtermischungen waren die Hauptfutterkomponenten Mais und Sojaschrot. Die Versuche erstreckten sich über 42 Wochen, und zwar von Sept. 1960 bis Juli 1961. Eine wesentlich geringere Legeleistung ergab sich für die Gruppen, deren Futter nur 12% Rohprotein enthielt, lediglich in den ersten 12 Wochen und in den letzten 6 Wochen des Versuches. Bei Berücksichtigung des gesamten Versuchszeitraumes zeigten sich nur geringfügige Unterschiede in der Legeleistung (3%) und in der Körpergewichtsentwicklung (47 g) zugunsten der Gruppe, die rohproteinreicheres Futter verabreicht bekommen hatte. Von den Versuchsanstellern wird darauf hingewiesen, daß die Futteraufnahme, die Legereife, der physiologische Zustand der Tiere und die erreichbare Leistung wesentlich durch die Kombination der Aminosäuren im Futter beeinflußt werden. G. Göbel. 8548.

Edmondson, J. Alteration of quantities of ground grains in laying mashes. **(Wechselnde Grundfuttermengen in Legemischungen.)** New Zealand J. Agric. **105** (1962) Nr. 3. S. 271–273. – 1 Abb., 4 Tab.

Fütterungsversuche in der Versuchsstat. für Geflügelhaltung in Upper Hutt (Neuseeland) haben gezeigt, daß Getreide als Grundfutter in seinem Mengenanteil an Legemischungen ohne nachteilige Wirkung auf die Legeleistung variiert werden kann. Für den Betrieb von Legeanstalten ist das ein wichtiges Ergebnis, da das Futter somit an die zur Verfügung stehenden Komponenten und an die Preise angepaßt werden kann. W. Fleischmann. 8548.

Gardiner, E. E. und MacIntyre, T. M. The influence of restricted feed intake of confinement-reared pullets in their performance during the laying period. **(Der Einfluß zugeteilter Futteraufnahme intensiv gehaltener Hühner auf die Legeleistung während der Legeperiode.)** Canad. J. Animal Sci. **42** (1962) Nr. 1. S. 95–101. – 4 Tab., 10 Lit.

Verschiedene Futtermischungen, wurden an Küken bzw. an Legehennen bis zum Ende des 1. Legejahres verfüttert, wobei einmal das Futter ad libitum und zum anderen zugeteilt verabreicht wurde. Sowohl der Futterverbrauch für die Erzeugung von 1 kg Eimasse als auch der Futterverbrauch je Tier und Tag lag niedriger, wenn das Futter zugeteilt wurde. Gleichzeitig verringerte sich aber auch die Körpergewichtszunahme. Es wurde somit eine bessere Futterverwertung erzielt, wenn die Körpergewichtsveränderungen unberücksichtigt bleiben. Die Legeleistung lag teils höher und teils niedriger als bei der Kontrollgruppe, die das Futter ad libitum verabreicht bekam. Es ergab sich auch kein signifikanter Unterschied für das Eigewicht.

G. Göbel. 8548.

FUTTERMITTELKUNDE

A. FUTTERSTOFFE, IHRE BEEINFLUSSUNG, KONSERVIERUNG UND ZUBEREITUNG

Hemingway, R. G.; Glasgow, Univ., Veterin. School. Copper, molybdenum, manganese and iron contents of herbage as influenced by fertilizer treatments over a three-year period. **(Die Beeinflussung des Kupfer-, Molybdän-, Mangan- und Eisengehaltes des Weidefutters durch die Düngung während einer dreijährigen Periode.)** J. Brit. Grassland Soc. **17** (1962) Nr. 3. S. 182–187. – 6 Tab., 8 Lit.

Die vorliegenden Ergebnisse zeigen den Einfluß 3jähriger Düngungsversuche mit Ammoniumsulfat, Superphosphat und Kaliumchlorid auf den Mikroelementgehalt von Gras und Klee, die wiederholt im Silierstadium geschnitten wurden. Ausgang des Sommers geschnittene Proben enthielten mehr Cu, Mo, Mn und Fe als die im Mai geernteten. Klee besaß mehr Cu und Fe, aber weniger Mo und Mn als Gras. Die Ammoniumsulfatdüngung erhöhte den Cu-, Mn- und Fe-Gehalt und reduzierte den Mo-Anteil in jedem Jahr und zu jeder Schnittzeit. Superphosphat und Kaliumchlorid halten keinen wesentlichen Einfluß auf die Mikroelementaufnahme. M. Anke. 8630.

Brünner, F.; Aulendorf/Württ., Staatl. Versuchsanst. für Grünlandwirtsch. und Futterbau. **Die Wirkung verschiedener Wechseldüngungen auf den Ertrag von Mähwiesen.** Wirtschaftseigene Futter 8 (1962) Nr. 2. S. 85–97. – 8 Tab.

Die Auswertung der Ergebnisse von 2 größeren und 4 kleinen Versuchen mit verschiedenen Wechseldüngungen auf Wiesen in Württemberg, die über 8 Jahre (zwei 4jährige Perioden) liefen, erlaubte folgende Feststellungen: Die Versuche bestätigen die bisher bekannten Wirkungen der Wiesendüngung und lassen keine besonderen Einflüsse eines regelmäßigen Wechsels von organischer und mineralischer Düngung verschiedener Form und Höhe der Nährstoffgabe erkennen. Ein jährlicher Wechsel zwischen PK- und NPK-Düngung brachte gleiche Ergebnisse, wie sie dem Mittel aus beiden Düngungen jährlich gegeben entsprechen. Die aufgetretenen Unterschiede lassen sich auch beim Wechsel zwischen Handels- und Wirtschaftsdüngung aus der unterschiedlichen Nährstoffzufuhr erklären. F. Weißbach. 8630.

Jones, D. I. H., Griffith ap, G. und Walters, R. J. K.; Aberystwyth, Welsh Plant Breeding Stat. Advance notes on research. The effect of nitrogen fertilizer on the water-soluble carbohydrate content of perennial ryegrass and cocksfoot. **(Fortschritte der Forschung. Die Wirkung von Stickstoffdünger auf den Gehalt an wasserlöslichen Kohlenhydraten von ausdauerndem Raigras und Knaulgras.)** J. Brit. Grassland Soc. **16** (1961) Nr. 4. S. 272–275. – 1 Abb., 2 Tab., 13 Lit.

Von 2 Gräserarten – mit und ohne Na-Nitrat-Düngung – wurde der in verschiedenen Vegetationsstadien geerntete erste Aufwuchs und der monatliche Nachwuchs untersucht. Die Düngung mit Natronsalpeter steigerte den Tr.-Subst.-Ertrag sowie den Rohprotein- und Nitrat-N-Gehalt, senkte jedoch den Gehalt an wasserlöslichen Kohlenhydraten erheblich. Der im Juli geerntete Aufwuchs brachte den höchsten Ertrag und den niedrigsten Rohproteingehalt im Vergleich zu den vorhergehenden und späteren Schnitten. Auch bei diesen jahreszeitlichen Schwankungen verhielt sich der Rohproteingehalt gegensätzlich zum Gehalt an wasserlöslichen Kohlenhydraten. F. Weißbach. 8630.

Mackiewicz, Zygmunt; Szczecin, Wyższa Szkoła Rolnicza. Poplony ścierniskowe na paszę. **(Stoppel-Nachfrucht als Futter.)** Nowe Rolnictwo **11** (1962) Nr. 12. S. 31–34. – 2 Abb., 3 Tab.

Auf Grund von Ergebnissen langjähriger Untersuchungen, die unter unterschiedlichen Boden- und Klimagegebenheiten durchgeführt worden waren, stellt Vf. einige Grundsätze für den Anbau von Stoppel-Nachfrucht zu Futterzwecken auf. B. Pastuszewska. 8640.

Kalben, W. von; Hohenwestedt, Holstein. **Beurteilung der künstlichen Grünfuttertrocknung in finanzieller Hinsicht.** Wirtschaftseigene Futter 8 (1962) Nr. 1. S. 37–47. – 9 Tab., 5 Lit.
Die bisherigen Erfahrungen und die Bedarfslage machen einen Ausbau des Verfahrens wünschenswert. Die techn. Trocknung hat starke Impulse zur Intensivierung der Grünlandwirtschaft gegeben. Andererseits haben sich die wirtschaftlichen Voraussetzungen des Verfahrens verschlechtert. Das preisgünstige ausländische Angebot macht Preiserhöhungen unmöglich. Die oft geringe Kapazität der Anlagen von Trocknungsgenossenschaften verursacht hohe Produktionskosten. Trotzdem haben bisher die Voraussetzungen für die Wirtschaftlichkeit des Gesamtverfahrens auch bei der meist schlechten Kapitalausstattung der Unternehmen bestanden. Die Möglichkeiten der Getreidetrocknung in Katastrophenjahren und der Kartoffeltrocknung können der Kostensenkung dienen. Zur Rationalisierung sind Kapazitätserweiterung und strukturelle Änderungen für kleine Trockenwerke lebenswichtig. Dazu sind staatliche Hilfsmaßnahmen in Form von Investitionszuschüssen, Zinsverbilligungen, Stützungsmaßnahmen für den Trockengrünpreis u. a. unerläßlich. F. Weißbach. 8720.

Murdoch, J. C.; Shinfield, Inst. for Res. in Dairying. A review of silage-making techniques. **(Eine Übersicht über die Gärfutterbereitung.)** J. Brit. Grassland Soc. **16** (1961) Nr. 4. S. 253–259. – 5 Lit.
Der Vf. bespricht den gegenwärtigen Stand der Gärfutterbereitung und faßt die Forschungsergebnisse der letzten 10 Jahre zusammen. Im Einzelnen werden die Nährstoffverluste bei der Silierung, die Bedingungen der Gärung (Bakterienflora des Grünfutters, Zuckergehalt des Grünfutters, Wassergehalt des Grünfutters, die mechanische Behandlung des Grünfutters, der Einfluß der Temperatur) und die Sicherungszusätze bei der Gärfutterbereitung (gärungsstimulierende Zusätze, gärungshemmende Zusätze) behandelt.
F. Weißbach. 8730.

Cordukes, W. E. und Shearer, D. A.; Ottawa, Canada Dep. of Agric. Nutrient preservation and acceptability of forages ensiled with sodium metabisulphite at varying levels of compaction and dry matter. **(Konservierung der Nährstoffe und Schmackhaftigkeit von Silage, die mit Natriummetabisulfit bei unterschiedlicher Verdichtung und verschiedenem Trockensubstanzgehalt bereitet wurde.)** Canad. J. Plant Sci. **41** (1961) Nr. 4. S. 720–727. – 8 Tab., 10 Lit.
In 2jährigen Einsäuerungsversuchen mit Luzerne-Grasgemischen verschiedenen Tr.-Subst.-Gehaltes bei unterschiedlicher Verdichtung in 24 Versuchssilos mit je $^1/_2$ t Fassungsvermögen konnte keine signifikante Verminderung der Nährstoffverluste durch die Zugabe von Na-Metabisulfit beobachtet werden. Der Grad des Festpressens und der Tr.-Subst.-Gehalt hatten einen größeren Einfluß auf die Gärverluste als die Anwendung dieses Sicherungszusatzes. Nur bei niedrigem Tr.-Subst.-Gehalt und geringer Verdichtung des Grünfutters wurde eine Qualitätsverbesserung der Silage festgestellt. Bei Tierversuchen zur Prüfung der Aufnahmewilligkeit erwiesen sich die mit $Na_2S_2O_5$ bereiteten Silagen z. T. als schmackhafter.
F. Weißbach. 8730.

Il'ina, L. D. (Ilina, L. D.) Vlijanie konservantov na processy broženija v silose. **(Einfluß von Konservierungsmitteln auf die Gärprozesse in der Silage.)**

Naučnye trudy. Kievskaja opytnaja stancija životnovodstva 7 (1961) S. 130–137. – 4 Abb., 6 Tab., 16 Lit.

Bei reiner milchsaurer Gärung konnte eine Verwertung von N, der in Form von $(NH_4)_2SO_4$ in die Masse gebracht wurde, nicht festgestellt werden. Die sich bei der Silierung entwickelnden milchsauren Bakterien ziehen dem mineral. N andere N-Verbindungen vor, die sich in den Pflanzen befinden.

K. Neumann. 8730.

Il'ina, L. D. (Ilina, L. D.) Vlijanie dobavok sernokislogo ammonija i močeviny na process silosovanija. **(Einfluß des Zusatzes von schwefelsaurem Ammonium und Harnstoff auf den Silierprozeß.)** Naučnye trudy. Kievskaja opytnaja stancija životnovodstva 7 (1961) S. 112–129. – 9 Abb., 6 Tab., 24 Lit.

Zugabe von 0,5% $(NH_4)_2SO_4$ zu Klee und Mais verändert nicht die Gesetzmäßigkeit des Proteinabbaus. Am 6. Tage des Silierprozesses, in der Periode der max. Anreicherung der Bakterienmasse, wird der schützende Einfluß der Zugabe auf den Proteinabbau bemerkbar. Die Desaminierung der Aminosäure der gärenden Pflanzen sinkt bei Zusatz von $(NH_4)_2SO_4$ um das 2–2,5-fache. Der Zusatz von Harnstoff erzeugt einen zusätzlichen Laugepuffer, der das Zuckerminimum der Pflanzen um 1,27% vergrößert. Der Puffer ist bei ungenügendem Kohlenhydratgehalt die Ursache des Verderbens schwersilierbaren Gärfutters bei Harnstoffzusatz. Bei Mais ist das nicht der Fall. Im Maissilo mit Harnstoffzusatz verringert sich der Proteinabbau um 18,7% im Vergleich zur Kontrolle; die gesamte Menge des org. N der silierten Pflanzen blieb erhalten. Bei Mangel an vergärbaren Kohlenhydraten oder Verletzung der Technologie kann Harnstoffzugabe zur Verschlechterung des Gärprozesses führen. K. Neumann. 8730.

Kumanov, S., Todorov, N. und Krŭsteva, E. (Kumanow, S., Todorow, N. und Krâstewa, E.) Konservirane na zelena ljucerna sŭs suchi chimičeski preparati. **(Konservierung von grüner Luzerne mit trockenen chemischen Mitteln.)** Selskostopanska nauka, Sofija **1(7)** (1962) Nr. 4/5. S. 493–504. – 6 Tab., 29 Lit. Zus. in Russ., Engl.

Gärfutter (Luzerne 2. Schnitt, in Kleinbehältern) von höchster Güte wurde bei Zusatz von Na-Metabisulfit, Na-Bisulfit und Na-Metabisulfit + Na-Bisulfit erhalten. Verhältnismäßig gutes Gärfutter ergab auch der Zusatz von 0,08–0,1% Na-Nitrit, 1,0% Na-Bisulfat sowie 0,4 und 0,5% Phosphorpentachlorid. Die übrigen Gärfutter, einschließlich der Kontrolle (ohne Chemikalien) waren befriedigend. Die niedrigsten Nährstoffverluste (5,91% der Tr.-Subst.) fielen bei der Konservierung mit Phosphorpentachlorid und die höchsten bei der Kontrolle (15,94%) sowie bei der Konservierung mit Na-Nitrit (16,25%) an. Am Gesamtstickstoffgehalt sind der Eiweiß- und der Ammoniakstickstoff wie folgt beteiligt: in der frischen Luzerne mit 80,0 bzw. 1,6%; im Gärfutter ohne Chemikalienzusatz mit 35,65 bzw. 15,53%; im Gärfutter mit Phosphorpentachlorid mit 44,61–50,49 bzw. 8,69–6,92%; in allen übrigen Gärfuttern mit 30,43–42,86 bzw. 10,12–13,82%.

N. Platikanow. 8730.

Friedrich, W.; Braunschweig, TH, Inst. für Mühlenwes. **Weichzerkleinerung von Nahrungs- und Futtermitteln.** Fette, Seifen, Anstrichmittel **64** (1962) Nr. 6. S. 541–551. – 15 Abb., 21 Lit.

Nach eingehender Darlegung der theoretischen Grundlagen der Prallzerkleinerung werden verschiedene Maschinentypen zur Feinstzerkleinerung von Nahrungs- und Futtermitteln besprochen. Die Ergebnisse der Grundlagenforschung an Hammermühlen erlauben konkrete Schlußfolgerungen für die Konstruktion von Maschinen, die alle Voraussetzungen der Prallzerkleinerung erfüllen und hohe Leistung sowie Wirtschaftlichkeit erreichen.

F. Weißbach. 8810.

DIE EINZELNEN FUTTERSTOFFE

Meyer, J. H. und Jones, L. G. Controlling alfalfa quality. **(Die Kontrolle der Luzernequalität.)** Univ. Calif., Calif. agric. Exp. Stat., Bull. **1962** Nr. 784. S. 1–72. – 18 Abb., 54 Tab., 25 Lit.

In zahlreichen Schnittzeit- und Fütterungsversuchen, ergänzt durch chemische Analysen, ist untersucht worden, welche Faktoren die Qualität der Luzerne als Futtermittel beeinflussen und wie eine stets gleichbleibende Qualität, die leicht, aber doch hinreichend sicher zu kontrollieren ist, erzeugt werden kann. Die Untersuchungen umfaßten Nutzungsformen, Ernte- und Werbemethoden sowie Aufbereitung der Luzerne und ergaben folgendes: Der Schnitt im 10%-Blütestadium (10% aller zufällig einem Bestand entnommenen Stengel haben Blüten) wies die günstigste Kombination zwischen hohem Ertrag, hohem Futterwert und geringer Schnittzahl auf. Grünverfütterung war der Heuverfütterung und dem Abweiden überlegen. Künstliche Trocknung war besser als natürliche, aber nicht ökonomischer. Preßlinge aus gemahlenem Heu ergaben die höchsten tierischen Gewichtszunahmen. Zur Untersuchung der Heuqualität reicht die Bestimmung von Tr.-Subst. und Rohfasergehalt aus, da der Gehalt an verdaul. Protein und der Gesamtanteil verdaul. Nährstoffe beigegebenen Tab. entnommen werden können. J. Spanier. 8910.

Penčev, Ch. und Najdenov, T. (Pentschew, Ch. und Najdenow, T.); Plewen, Bulgarien, Zentr. Forsch.-Inst. für Futtermittel. Sŭstav, smilaemost i chranitelna stojnost na njakoi zeleni furaži i silaži. **(Zusammensetzung, Verdaulichkeit und Nährwert einiger Grün- und Gärfutter.)** Izvestija na Centralnija naučnoizsledovatelski institut po furažite – Pleven. Sofija **1** (1961) S. 84–118. – 83 Tab. Zus. in Russ., Engl.

In Versuchen mit je 3 Hammeln in der Gruppe wurde die Verdaulichkeit folgender Futtermittel bestimmt und deren energetischer Nährwert berechnet (in Klammern FE je 100 kg Futter): Grünfutter von künstlicher Weide 1. Schnitt (14,6), 2. Schnitt (19,3); Grünfutter von natürlicher Wiese (20,5), Luzerne 3. Schnitt, in der Knospungsphase (21,8); Runkelrübenblätter, Sorte 'Unikum' (13,4); extrahierte Minze (50,0); Gärfutter von Mais in der Blütephase (14,8), von milchreifem Mais (23,5), von milchwachsreifem Mais (23,8), von Sudangras zu Beginn der Blüte (14,0), von Körnersorghum in der Wachsreife (27,9), von Roggen in der Phase des Ährenschiebens (12,6), von Winterfuttererbsen (16,2), von Gersten-Erbs-Gemenge (16,2), von Hafer-Wickgemenge (28,4), von Luzerne mit Haferstroh (15,0), von Sonnenblumenscheiben (18,7) und von Rübenschnitzeln (6,7). N. Platikanow. 8910.

Holzschuh, W., Knape, G. und Schmidt, W.; Lettin, Fütterungsberatungsstelle der Arbeitsgemeinsch. für Fütterungsberat. Halle/Lettin. **Untersuchungen über die Bereitung und Verfütterung von Grassilage. 1. Mitt. Verdaulichkeit von Grassilage.** Arch. Tierernähr. **12** (1962) Nr. 4. S. 229–239. – 8 Tab., 8 Lit.

Vff. empfehlen bei der Silierung von eiweißreichem Gras einen Teil des Materials anwelken zu lassen, so daß der mittlere Tr.-Subst.-Gehalt der Silage 30–35% beträgt. In Verdaulichkeitsversuchen an Schafen wurden folgende Silageprodukte geprüft: Grassilage ohne Zusatz (I), Grassilage mit einem Zusatz von 3,2% Melasse ($^1/_2$ verdünnt) (II) und Grassilage + 5 l AIV-Säure je dt (III). Folgende mittlere VK wurden erhalten:

	Org. Subst.	Rohprotein	Rohfett	Rohfaser	N-fr. Extr.
I	54,8	56,6	61,8	57,5	49,5
II	59,3	56,1	49,6	58,3	62,5
III	59,9	63,9	52,9	60,6	58,3

Vff. empfehlen eine verstärkte Anwendung von Melasse für eiweißreiche Silagen und das AIV-Verfahren für die Einsäuerung von frischem, nassem Gras. H. Bergner. 8920.

Platikanow, N. und Sandew, S. **Über die bei der Einsäuerung von Grünmais mit und ohne Zusatz von Harnstoff auftretenden Veränderungen im Aminosäuregehalt.** Arch. Tierernähr. **11** (1961) Nr. 5. S. 321–326. – 5 Tab., 13 Lit.
Die Untersuchung von Grünmais und daraus bereiteten Maissilagen ohne und mit Zusatz von 0,5% Harnstoff brachte folgende Ergebnisse: Der Zusatz erhöhte zwar den pH-Wert der Silage geringfügig, verminderte ihre Qualität jedoch nicht. Der während der Silierung erfolgende Abbau von Aminosäuren war bei der Silage mit Harnstoff etwas geringer. Die in 1 kg Frischmasse enthaltene Menge an essentiellen Aminosäuren betrug beim Grünmais 10,26 g, bei der gewöhnlichen Silage 7,71 g und bei der mit Harnstoffzusatz 8,86 g. Das entspricht einem Abbau von 24,8 in der Silage ohne und 13,6% in der mit Harnstoffzusatz. Als EAA-Index ergab sich bezogen auf das Rohprotein 72, 61 bzw. 48 und bezogen auf die Summe der Aminosäuren des Hydrolysats 75, 67 und 69. In Verdauungs- und N-Bilanzversuchen mit Schafen zeigte die Ration mit harnstoffhaltiger Maissilage eine höhere Rohproteinverdaulichkeit. Die Verdaulichkeit des Harnstoff-N berechnete sich auf 94,43%. Durch die Zulage des in der Silage enthaltenen Harnstoffs wurde jedoch unter den angewandten Bedingungen eine Verschlechterung (!) der N-Bilanz festgestellt. F. Weißbach. 8920.

Platikanov, N. und Sandev, S. (Platikanow, N. und Sandew, S.); Kostinbrod, Bulgarien, Zentr. Forsch.-Inst. für Tierzucht „Georgi Dimitrow". Izmenenija v azotnite veštestva na zelena carevica, silažirana sŭs i bez pribavka na karbamid. **(Veränderungen in den Stickstoffverbindungen des mit und ohne Harnstoffzusatz eingesäuerten Grünmaises.)** Izvestija na Centralnija naučnoizsledovatelski institut po životnovŭdstvo „Georgi Dimitrov" – Kostinbrod, Sofija **13** (1962) S. 41–55. – 8 Tab., 15 Lit. Zus. in Russ., Engl.
Der Rohproteingehalt in der Tr.-Subst. des milchwachsreifen Futtermaises betrug 8,42%, der Silage aus demselben Mais 8,54% und des mit 0,5% Harnstoffzusatz eingesäuerten milchwachsreifen Maises 11,72%, bei einem Reineiweißgehalt von 6,42, 5,88 bzw. 6,19%. Der Gesamtgehalt an essentiellen Aminosäuren (ohne Tryptophan) stellte sich auf 10,26, 7,71 bzw. 8,86 g/kg Rohmasse. Durch das Einsäuern haben am meisten geilтten: Cystin (es bleiben nur Spuren übrig), Tyrosin und Phenylalanin, weniger Leucin + Isoleucin und Lysin. Durch den Harnstoffzusatz wird der Verlust an essentiellen Aminosäuren erheblich gemindert. In einem mit einer Gruppe von 3 Hammeln durchgeführten Verdauungsversuch wurden folgende Ergebnisse erhalten: Verdaulichkeit des Rohproteins der aus 600 g Luzerneheumehl und 2700 g Maissilage bestehenden Ration ohne Harnstoffzusatz 68,8%; mit Harnstoffzusatz 72,9%; Verdaulichkeit des Reinproteins 67,03 bzw. 66,96%; N-Bilanz –0,71 bzw. –2,83 g. Ähnliche Resultate wurden auch bei einem Verdauungsversuch mit einer Ration aus 800 g Luzerneheumehl und 2000 g Maissilage ohne und mit Harnstoffzusatz erzielt. N. Platikanow. 8920.

Peteva-Vančeva, Z. (Petewa-Wantschewa, S.) Silažŭt ot zacharna metla v dažbata na mlečni kravi. **(Das Gärfutter aus Zuckermohrenhirse in der Ration der Milchkühe.)** Izvestija na Centralnija naučnoizsledovatelski institut po životnovŭdstvo „Georgi Dimitrov" – Kostinbrod, Sofija **14** (1962) S. 191–201. – 8 Tab., 10 Lit. Zus. in Russ., Engl.
In einem nach dem Perioden-Gruppensystem durchgeführten Fütterungsversuch mit zwei Gruppen zu je 7 Milchkühen (Sofioter Braunvieh) wurde der Einfluß des Gärfutters aus Zuckermohrenhirse (Tr.-Subst. 16,72%, pH = 3,4) im Vergleich zum Gärfutter aus Maissilage (Tr.-Subst. 17,88%,

pH = 3,7) in der Ration der Milchkühe geprüft. Wesentliche Unterschiede zwischen beiden Gruppen waren in bezug auf Leistung, Verdaulichkeit und chem. Zusammensetzung der Milch und den physiol. Kennwerten von Blut und Harn nicht feststellbar. Die Kühe bevorzugten die Ration mit Maissilage. N. Platikanow. 8920.

Miller, W. J., Clifton, C. M. und Cameron, N. W.; Georgia, Univ., Dairy Dep. Nutrient losses and silage quality as affected by rate of filling and soybran flakes. **(Die Beeinflussung von Nährstoffverlusten und Silagequalität durch Fülldauer und Zusatz von „soybran"-Flocken.)** J. Dairy Sci. **45** (1962) Nr. 3. S. 403-407. – 1 Abb., 4 Tab., 9 Lit.

Bei einem Einsäuerungsversuch mit Grünfutter von geringem Tr.-S.-Gehalt wurden 2 Silos langsam und zwei schnell gefüllt, wobei zu je einem als Zusatz „soybran"-Flocken, ein besonders bearbeitetes Produkt aus Sojabohnenschalen von hohem Wasserbindungsvermögen, zur Verminderung der Sickersaftverluste gegeben wurde. Die kürzere Fülldauer führte zu geringerer Gärtemperatur, besserer Silagequalität und niedrigeren Verlusten an Tr.-Subst., Protein und N-fr. E. Der Zusatz verminderte zwar die Sickersaftverluste, erhöhte jedoch die Gärverluste. In einem Fütterungsversuch mit den erhaltenen Silagen an Kühen konnten keine wesentlichen Unterschiede festgestellt werden. F. Weißbach. 8920.

Ulvesli, Ola. Sammensetning og fôrverdi av marikåpehøy. **(Die Zusammensetzung und der Futterwert von Alchemilla vulgaris – Heu.)** Forskn. Forsøk Landbruket **12** (1961) Nr. 3. S. 187-197. – 3 Abb., 2 Tab., 7 Lit. Zus. in Engl.

Während der Jahre von 1956–1958 wurden 9 Heuproben untersucht, die zu 90–98% aus *Alchamilla vulgaris* bestanden. Die Standortbedingungen werden beschrieben. Bei einem Trockensubstanzgehalt von 83% wurden folgende Gehaltswerte festgestellt: Org. Subst. 76,2%, Rohprotein 12,3%, Reinprotein 9,7%, Rohfett 2,6%, N-fr. E. 43,7%, Rohfaser 17,6%, Rohasche 6,8%, Ca 0,93%, P 0,32%, Mg 0,22%. Die Verdaulichkeit der Nährstoffe (bei Schafen) betrug: org. Subst. 71%, Rohprotein 54%, Reinprotein 44%, Rohfett 55%, N-fr. E. 77%, Rohfaser 69%. In 1 kg Heu sind enthalten: 830 g Tr.-Subst., 0,64 F. f. u. (feed units for fattening = 1650 NK_F), 67 g verd. Rohprotein bzw. 42 g verd. Reinprotein. M. Hoffmann. 8930.

Greenhalgh, J. F. D. und Runcie, K. V.; Edinburgh, School of Agric. The herbage intake and milk production of strip- and zero-grazed dairy cows. **(Grasverzehr und Milchleistung von Kühen bei Portionsweide und Stallfütterung.)** J. agric. Sci. **59** (1962) Nr. 1. S. 95-103. – 1 Abb., 5 Tab., 28 Lit.

Das Interesse an der Stallfütterung von Grünfutter (Weidegras) ist gewachsen, da die Verluste (Selektion, Zertreten, Kot) geringer sind. Der Vergleich Weide – Stallfütterung hängt von der Intensität der Weidewirtschaft ab. Vorteilhafter scheint sich die „Nullweide" bei langen Pflanzen (Luzerne) auszuwirken. In vielen Untersuchungen der Literatur konnte keine höhere Milchleistung je ha ermittelt werden. Weiterhin ist eine erhebliche Energieeinsparung (1 bzw. 2 bzw. 3 lb.-StW. bei guter bzw. ⌀ bzw. schlechter Weide) festgestellt worden; die VK sinken um 2 Einheiten bei Stallfütterung. Die Untersuchungen wurden an 2 Gruppen zu je 4 Tieren (2 Ayrshire, 2 Friesian) im Frühjahr (2 10-Tageperioden) und im Sommer (3 10-Tageperioden) durchgeführt. Deutliche Unterschiede hinsichtlich Milchleistung, Verdaulichkeit (Kot-N als Indikator) und Futteraufnahme (Cr_2O_3) konnten nicht ermittelt werden. Der Gehalt an fettfreier Tr.-Subst. war bei den Weidekühen signifikant höher. Vff. stellten fest, daß mit fortschreitender Vegetation die Verdaulichkeit des Grases abnimmt, die Stallkühe aber nicht in der Lage sind, zu selektieren. Deshalb lagen besonders während der Sommermonate Verdaulichkeit und Milchleistung bei Stallfütterung leicht niedriger. Die im Stall gefütterten Tiere benötigten nur 85% der von den Weidekühen beanspruchten Fläche. Die Verzehrsleistung (Tr.-Subst.) war im Sommer trotz geringerer Verdaulichkeit höher. Ein erhöhter Energieaufwand bei Weidegang konnte nicht festgestellt werden. B. Piatkowski. 8940.

Kolari, O. E. und Hanson, L. E.; St. Paul, Univ. of Minnesota. Factors affecting the digestibility of flax plant product by sheep. **(Faktoren, die die Verdaulichkeit eines Flachsproduktes beeinflussen.)** J. Animal Sci. **20** (1961) Nr. 1. S. 58-61. – 2 Tab., 23 Lit.
Es wird die Verdaulichkeit von 11 Rationen untersucht, die ein Flachsprodukt (Anteil der Flachspflanze, der nach der Abtrennung der Samen und Bastfaser übrigbleibt) als Grundlage haben (Anteil in der Ration zwischen 51 und 100%). Der Gehalt und die VK (in Klammern) der Nährstoffe bei diesem Futterstoff betrug: Tr.-Subst. 89,3 (33,6), org. Subst. 84,7 (38,6), Rohfaser 27,0 (13,8), Rohprotein 13,2 (53,8), Rohfett 3,2 (48,4), N-fr. E. 41,3 (49,1), Rohasche 15,3, Lignin 17,8, TDN 34,6%. Bei der Verdaulichkeit ergab sich bei verschiedenen Anteilen und Kombinationen in der Ration: Zusatz von Getreide erhöht die Verdaulichkeit der Nährstoffe. Sojabohnenschrot hatte einen geringen Effekt. Getreide und Sojabohnenschrot führte zu einer erheblichen Erhöhung der Verdaulichkeit der org. Subst. und der N-fr. E. Der Zusatz von 1,75% Harnstoff senkt die Verdaulichkeit der Rohfaser und erhöht die des Rohproteins. Ein Anteil von 4% Luzernegrünmehl erhöht die Verdaulichkeit fast aller Nährstoffe. Die Zunahmen lagen im Durchschnitt aller Versuche bei 0,27 lb pro Tag. M. Hoffmann. 8960.

Creek, R. D. und Vasaitis, Valeria. Detection of an anti-proteolytic substance in raw wheat germ. **(Nachweis einer antiproteolytischen Substanz in rohen Weizenkeimen.)** Poultry Sci. **41** (1962) Nr. 4. S. 1351–1352. – 1 Tab., 4 Lit.
Ausgehend von der Beobachtung, daß rohe Weizenkeime das Wachstum von Küken beeinträchtigen, liegt die Vermutung nahe, daß in Weizenkeimen, ähnlich wie bei rohen Sojabohnen der Antitrypsinfaktor, ein Faktor enthalten sein müßte, der proteolytische Enzyme hemmt. Deshalb sind Weizenkeime verschiedener Herkunft mit Wasser extrahiert worden. Werden die Extrakte mit vitaminfreiem Casein und Pankreatin inkubiert, so haben die aus rohen Weizenkeimen gegenüber den Kontrollen und den aus autoklavierten Weizenkeimen (45 min, 15 atü, 121 °C) erhaltenen Extrakten deutlich eine antiproteolytische Wirkung. R. Maune. 8990.

Creek, R. D., Vasaitis, Valeria, Pollard, W. O. und Schumaier, George.; College Park, Univ. of Maryland, Poultry Dep. Evidence for the presence of a thermolabile growth inhibitor in raw wheat germ. **(Beweis für das Vorhandensein eines thermolabilen Wachstumsinhibitors in unbehandelten Weizenkeimen.)** Poultry Sci. **41** (1962) Nr. 3. S. 901–904. – 4 Tab., 9 Lit.
Die Ergebnisse bestätigen, daß unbehandelte Weizenkeime einen thermolabilen Faktor enthalten, der das Kükenwachstum hemmt. Dieser Faktor scheint im wesentlichen die Ausnutzung des Fettes zu blockieren, wie die bedeutend höhere Fettausscheidung bei den mit den unbehandelten gegenüber den mit autoklavierten Weizenkeimen gefütterten Tieren erkennen läßt. Die N-Retention wird dagegen durch die Hitzebehandlung nur wenig verbessert. L. Sperling. 8990.

Zelinka, Ján, Hůdec, Marius und Pelcová, Libuše.; Boleráz, Czechoslovakia, Slov. Acad. of Sci., Biol. Inst., Dep. of Techn. Microbiol. Amino-acids in corn-steep. **(Aminosäuren in Mais-Weichwasser.)** Nature [London] **195** (1962) Nr. 4840. S. 503–504. – 2 Abb., 2 Tab., 5 Lit.

Vff. beschreiben die Vorbereitung der fermentierten Proben des Weichwassers aus der Maisstärkefabrikation zur biologischen Testung und chemischen Analyse. Die Aminosäuren wurden papierelektrophoretisch in Asparaginsäure, in Glutaminsäure, in die neutralen Aminosäuren, in γ-Aminobuttersäure und in die basischen Aminosäuren getrennt und nach der Methode von Bode (vgl. Biochem. Z. **326** [1955] S. 433.) ausgewertet. Eine Veränderung im Gehalt der Asparaginsäure wurde beobachtet und wird mit dem Vorhandensein einer spez. Mikroflora erklärt. Elektrophoretogramme ergänzen die Mitteilung der Ergebnisse. K. Gruhn. 8990.

Baker, Guy N. und Baker, Marvel L. Wheat for fattening yearling steers. **(Weizen für die Mast von Jährlingsbullen.)** Univ. Nebraska Coll. Agric., agric. Exp. Stat., Circ. **1960** Nr. SB 454. S. 1-27. 8990.

Saxena, H. C., Jensen, Leo S. und McGinnis, James.; Pullman, Wash., State Univ., Dep. of Poultry Sci. Influence of raw soybeans on oxygen consumption and liver and muscle glycogen content of chicks. **(Einfluß von rohen Sojabohnen bei Küken auf den Sauerstoffverbrauch und den Gehalt von Leber und Muskel an Glykogen.)** Poultry Sci. **41** (1962) Nr. 4. S. 1304 bis 1305. — 4 Tab., 2 Lit. Zus. in Engl.
Um den Wirkungsmechanismus der Wachstumsdepression bei Verfütterung von rohem Sojabohnenmehl aufzuklären, wurden in elektrisch beheizten Aufzuchtbatterien gehaltene Küken mit einer halbgereinigten, Soja als einzige Eiweißquelle enthaltenden Diät gefüttert, und zwar erhielt eine Gruppe rohes, für Brauereizwecke extrahiertes Sojabohnenmehl, die 2. Gruppe das gleiche Mehl, ergänzt mit Aminosäuren und eine 3. Gruppe das Produkt nach Autoklavieren. Die Messung des O_2-Verbrauches an 2 Küken jeder Gruppe lieferte für die mit rohem Sojabohnenmehl gefütterten Küken signifikant höhere Werte im Vergleich zu denen der beiden anderen Gruppen. Der Gehalt an Glykogen in Leber und Muskel war dagegen bei den mit rohem Sojabohnenmehl ernährten Tieren niedriger als bei den mit zusätzlicher Beigabe von Aminosäuren oder mit dem autoklavierten Sojaprodukt gefütterten Küken. L. Sperling. 9005.

Hofmann, P.; Grub, Bayer. Landesanst. für Tierzucht. **Der Futterwert von Kartoffeltrockenschnitzeln.** Wirtschaftseigene Futter **8** (1962) Nr. 1. S. 71-82. — 10 Tab., 5 Lit.
Teile einer einheitlichen Futterkartoffelpartie wurden auf 4 verschiedene Arten getrocknet und der Futterwert der trockenen Produkte in Verdauungsversuchen und in einem Schweinemastversuch mit den frischen, gedämpften Kartoffeln verglichen. Obwohl die Kartoffeltrockenschnitzel vom Schrägrosttrockner die geringsten VK und den niedrigsten Verkleisterungs- und Quellungsgrad der Stärke zeigten, waren sie den Trockenschnitzeln vom Schnellumlauf- und Schubwendetrockner in der Mastwirkung deutlich überlegen und den Kartoffelflocken und frisch gedämpften Kartoffeln praktisch gleichwertig. Das Eintrocknungsverhältnis und die Futterkosten waren bei dem Produkt des Schrägrosttrockners gegenüber denen aller anderen Trocknungsverfahren ebenfalls am günstigsten. F. Weißbach. 9030.

Richter, K., Cranz, K. L. und Antoni, J. **Futterwert und Futterwirkung von im Trommeltrockner hergestellten Schnitzeln. 1. Mitt.** Kartoffelbau **13** (1962) Nr. 9. S. 209-211. — 5 Tab., 12 Lit.
Die untersuchten Kartoffelschnitzel waren nach sorgfältiger Reinigung in 2 mit direkten Heizgasen befeuerten Trommeltrocknern bei Eingangstemperaturen in der 1. Trommel von 400 °C und 500-550 °C in der 2. Trommel getrocknet. Die Schnitzel waren von grieß- bis schnitzelartiger Beschaffenheit, ihre Farbe naturhell. Es wurde ein SO_2-Gehalt von 0,028% ermittelt, der damit nicht unerheblich unter der für Schweine angenommenen verträglichen

Toleranz von 0,05% lag. Der Gehalt an verkleisterter Stärke betrug 38,9%. Die Verdauungsversuche ergaben bei guter Übereinstimmung der Werte für die einzelnen Tiere folgende VK: Org. Subst. 97; Rohprotein 81; Rohfaser 97 und N-fr. E. 99. Fütterungsversuche im Abschnitt 23-90 kg gaben im Vergleich zu Sauerkartoffeln gleiche Ergebnisse. Die zögernde Aufnahme von Gemischen mit Kartoffelschnitzel bei den jungen Tieren wurde durch höhere Zunahmen im letzten Drittel der Mast aufgeholt. G. Leisner. 9030.

Kumanov, S. und Stojanov, V. (Kumanow, S. und Stojanow, W.); Sofia, Landwirtsch. Inst. ,,G. Dimitrow". Proučvanija vŭrchu proizvodstvoto i izpolzuvaneto na amidirani cveklovi rezanki. **(Untersuchung über die Herstellung und Verwendung von Amidschnitzeln.)** Selskostopanska nauka, Sofija **1(7)** (1962) Nr. 6. S. 649-664. — 1 Abb., 11 Tab., 9 Lit. Zus. in Russ., Engl.

Nach der von Vff. erarbeiteten Technologie zur industriellen Herstellung von Amidschnitzeln wird Harnstoff im Verhältnis 1:2 in Wasser gelöst und danach etwas Melasse zugegeben. Die erhaltene Lösung von Harnstoff, Wasser und Melasse wird mittels einer spez. Vorrichtung in die Trockenschnitzel eingespritzt. Die auf diese Weise bereiteten Amidschnitzel enthalten 15–40 g Harnstoff je kg. Diese erbrachten im Vergleich zu Trockenschnitzeln bei Milchkühen (3 kg tägl.) und Kälbern höhere Leistungen. Des weiteren wurde festgestellt, daß ein Zusatz von 0,4–0,5% Harnstoff zu frischen Rübenschnitzeln mit 81—86% Wassergehalt die erfolgreiche Konservierung der Schnitzel nicht beeinträchtigt. Der Zusatz von 2–3% Melasse verbessert die Qualität derartigen Gärfutters. N. Platikanow. 9140.

Robertson, J. C. und Barnhart, C. E.; Lexington, Univ. of Kentucky. The growth-promoting factors in dried corn distillers solubles and possible inter-relationships between solubles and certain minerals. **(Die wachstumsfördernden Faktoren von getrockneten Mais-Destillationsprodukten und mögliche Beziehungen zwischen diesen und den Mineralien der Ration.)** J. Animal Sci. **20** (1961) Nr. 1. S. 62-65. — 4 Tab., 8 Lit.

In 3 Versuchen mit 132 Schweinen wurden Zusammenhänge zwischen Ca-Gehalt der Ration, Zufütterung von 5% Mais-Destillationsprodukten und Supplementation mit Zn und dem Auftreten von Parakeratose, den Gewichtszunahmen und der Futterverwertung untersucht. Der Zusatz von Destillationslösungen verbessert die Wachstumsrate bei Rationen, die mit Zn (26,7 ppm) ergänzt sind um 13,4%. Ohne Zusatz von Zn und bei einem Ca-Gehalt der Ration von 1,34% führte die Zufütterung von 5% Destprodukten zu keiner Verbesserung der Wachstumsrate und bei 40% der Schweine trat Parakeratose auf. In Mais-Sojabohnenmehl-Rationen mit einem Ca-Gehalt von 0,50% wurden gute Zunahmen erreicht, bei einem Ca-Gehalt von 1,36% ergaben sich geringere Zunahmen und ein Auftreten von Parakeratose bei 50% der Schweine, was nur durch Zn-Supplementation geheilt wurde. M. Hoffmann. 9155.

Rubach, G. **Einsatz der Rückstände aus gewerblicher Verarbeitung in der Fütterung.** Dtsch. Landwirtsch. **13** (1962) Nr. 12. S. 602-605. — 1 Tab., 21 Lit.

Besprochen werden Melasse, Schlempe, Molke, Biertreber, Bierhefe und Pülpe. Diese Futtermittel stellen eine Bereicherung der Futterrationen dar, wenn sie an die richtige Tierart und in den vorgeschriebenen Mengen verabfolgt werden. W. Fleischmann. 9155.

Berry, T.H., Becker, D.E., Rasmussen, O. G., Jensen, A.H. und Norton, H. W.; Urbana, Univ. of Illinois. The limiting amino acids in soybean protein. **(Die limitierenden Aminosäuren im Sojaprotein.)** J. Animal Sci. **21** (1962) Nr. 3. S. 558-561. — 5 Tab., 8 Lit.

In einer Reihe von Versuchen mit Schweinen und Ratten wurde die Reihenfolge der limitierenden Aminosäuren (AS) im Sojaprotein ermittelt. Aus den AS-Bedarfszahlen der Tiere und dem AS-Gehalt des Sojaproteins wurde für die limitierenden AS die Reihenfolge Methionin, Lysin, Threonin berechnet. Die Schweineversuche bestätigten, daß Methionin die am stärksten limitierende AS ist. Die 2. limitierende AS ist jedoch nicht Lysin, sondern Threonin vor Lysin, wie besonders in den Rattenversuchen bewiesen werden konnte. Ein Versuch, die weiteren limitierenden AS zu bestimmen, führte zu keinem Ergebnis. J. Wünsche. 9170.

Gardiner, E. E. A comparison of the toxicity to poults and chicks of a certain peanut oil meal. **(Ein Vergleich der Toxizität eines bestimmten Erdnußölmehles für Puten- und Hühnerküken.)** Poultry Sci. **41** (1962) Nr. 4. S. 1348-1350. – 1 Tab., 9 Lit.
Erhalten Eintags-Puten- und Hühnerküken 4 Wochen lang eine Kost (je 4 Gruppen zu 12 Tieren), die steigende Mengen (0, 18, 37, 55%) entöltes Erdnußmehl an Stelle der gleichen Menge entölten Sojabohnenmehles enthält, so wird das Wachstum in dem Maße gehemmt, wie der Anteil des Erdnußmehles wächst. Die Wirkung ist bei Puten bedeutend stärker; außerdem steigt die Mortalität bis zu 100%. Die bei beiden Spezies beobachtete Diarrhöe nach Erdnußmehl ist bei den Puten ebenfalls stärker als bei den Hühnern. Die Lebern der mit Erdnußmehl gefütterten Tiere (gestorben oder getötet) sind gelb; histologische Untersuchungen sind nicht durchgeführt worden. R. Maune. 9170.

McDowall, F. H., Dunkin, A. C. und Reynolds, B. A. Sulphuric acid casein whey in the feeding of pigs. **(Schwefelsäure-Caseinmolke in der Schweinefütterung.)** Austral. J. Dairy Technol. **17** (1962) Nr. 2. S. 86-89. – 2 Abb., 3 Tab., 6 Lit.
In einem Fütterungsversuch wurde Schwefelsäure-Caseinmolke, welche 6,49% Tr.-Subst. und 0,27% SO_4-Gehalt aufwies, mit Milchsäure-Caseinmolke, die 6% Tr.-Subst. und 0,01% SO_4-Gehalt besaß, verglichen. Der Tageshöchstverzehr lag bei 35 l Milchsäure-Caseinmolke bzw. bei 27 l Schwefelsäure-Caseinmolke. Die Zunahmen der mit Milchsäure-Caseinmolke gefütterten Schweine waren höher als diejenigen der mit Schwefelsäure-Caseinmolke ernährten. Weiterhin zeigten die mit Schwefelsäure-Caseinmolke gemästeten Schweine Abnormitäten am Verdauungskanal, z. B. gelbe Farbe und nekrotischen Darmkatarrh. R. Kürbs. 9210.

Paczkowski, Tadeusz und Chraszcz, Tadeusz. Sluzowka jelit wieprzowych jako surowiec paszowy dla zwierzat. **(Schleimhaut der Schweinedärme als Futtermittel für Tiere.)** Gospodarka Mięsna **13** (1961) Nr. 4. S. 22-23.
Um den Mangel an tierischem Eiweiß bei der Aufzucht von Tieren zu begegnen, wird vorgeschlagen, die Schleimhaut des Schweinedarmes als wertvolle mineralstoff- und eiweißhaltige Rohstoffquelle einzuschalten. Die Ausbeute von Schleimhaut aus dem Schweinedarm beträgt pro Schwein ca. 700 g. Um die frische Schleimhaut, die sehr leicht und sehr schnell in Fäulnis übergeht, zu konservieren, muß ihr sofort die Feuchtigkeit entzogen werden. Das geschieht durch 2–3 stündiges Erhitzen in offenen Kesseln, wobei gleichzeitig pasteurisiert und teilweise sterilisiert wird. Sie verliert in dieser Zeit ca. 15% Wasser, und die Haltbarkeit wird bis zu 2 Tagen verlängert.
F. Rathmann. 9220.

Carpenter, K. J., Morgan, Clare B., Lea, C. H. und Parr, L. J.; Cambridge, Univ., School of Agric.; Low Temperature Res. Stat. Chemical and nutritional changes in stored herring meal. 3. Effect of heating at controlled moisture contents on the binding of amino acids in freeze-dried herring press cake and in related model systems. **Chemische und Nährwertverände-**

rungen in gelagertem Heringsmehl. 3. Mitt. Wirkung der Erhitzung bei kontrollierten Feuchtigkeitsgehalten auf die Bindung von Aminosäuren in gefriergetrocknetem Heringspreßkuchen und in verwandten Modellsystemen.) Brit. J. Nutrit. **16** (1962) Nr. 3. S. 451-465. — 6 Abb., 4 Tab., 33 Lit. 2. Mitt. vgl. LZ. Abt. III **6** (1961) Nr. 8. S. 1470.

In gefriergetrocknetem Heringspreßkuchen, der auf einen bestimmten Feuchtigkeitsgehalt eingestellt und in verschlossenen Röhren auf 85—145 °C erhitzt wurde, wurden das verfügbare Lysin mit Dinitrofluorbenzol und auch verfügbares Methionin, Arginin und Tryptophan nach einer mikrobiologischen Methode bestimmt. Die Verfügbarkeit einzelner Aminosäuren ging dabei um 75% des Ausgangswertes zurück und war bei einem mittleren Feuchtigkeitsgehalt von 5–14% der fettfreien Substanz am geringsten. Die Lipide (20,6%) in frischem Heringspreßkuchen hatten keinen Einfluß auf den Rückgang der Lysinverfügbarkeit. Als „Modellsubstanz" benutztes Rinderplasmaalbumin (14,1% Feuchtigkeit) verlor sein verfügbares Lysin und verfärbte sich bei der Erhitzung in einem dem Preßkuchen ähnlichen Grad. Bei Zugaben von 0,3 bzw. 1,0% Ribose zum Albumin verstärkten sich die Veränderungen etwas. Etwa 0,8 Mol Lysin wurden pro Mol zugegebener Ribose gebunden. Aus den Modellversuchen wird geschlossen, daß die geringen Mengen freien oder gebundenen Zuckers, die im Heringsmehl vorhanden sind, nur einen geringen Beitrag zu den bedeutenden Verlusten an verfügbaren Aminosäuren liefern, die aus der starken Überhitzung herrühren.

H. Kreienbring. 9230.

March, B. E., Biely, J., Claggett, F. E. und Tarr, H. L. A.; Vancouver, Univ. of Brit. Columbia, Poultry Nutrit. Lab.; Fisheries Res. Board, Technol. Stat. Nutritional and chemical changes in the lipid fraction of herring meals with and without antioxidant treatment. **(Ernährungsmäßige und chemische Veränderungen in der Lipoidfraktion von Heringsmehlen bei und ohne Behandlung mit Antioxydantien.)** Poultry Sci. **41** (1962) Nr. 3. S. 873-880. — 4 Tab., 11 Lit.

Um festzustellen, ob die aus frischem oder gelagertem Heringsmehl isolierte Lipoidfraktion mit und ohne Beigabe von Antioxydantien toxische Eigenschaften in der Diät von Küken zeigt, wurden Versuche an Gruppen von je 30 Küken, die in Aufzuchtbatterien gehalten wurden, bis zum Alter von 5 Wochen bei ad libitum-Fütterung durchgeführt. Der mit einem Gemisch von Chloroform-Methanol aus dem Heringsmehl erhaltene Extrakt bewirkte bei Verfütterung in Höhe von 10% in einer Vitamin-Mangel-Diät gemeinsam mit Heringsöl eine Wachstumsdepression, die bei Stabilisierung mit Butylhydroxytoluol (BHT) am stärksten war. Bei angemessener Zugabe von Vitaminen zur Diät war keine nachteilige Wirkung auf das Wachstum zu beobachten. Die nach besonderem Verfahren bestimmte Ausnutzung der Lipoidfraktion durch die Küken betrug zwischen 70 und 91% der von Heringsöl je nachdem, ob der Extrakt aus frischem oder mit und ohne BHT gelagertem Heringsmehl stammte.

L. Sperling. 9230.

Poppe, S.; Rostock, Univ., Inst. für Agrikulturchem. und Bodenkunde. **Fischsilage in der Hähnchenmast.** Tierzucht **16** (1962) Nr. 10. S. 453-455. — 11 Tab., Lit.

Nach diesen Versuchen liegt die obere Grenze des Fischsilageanteils an der Fütterung etwas unter 15%. In einem 2. Versuch erzielte man bei einer Fischsilagebeigabe schon vom 10. Lebenstage an bedeutend bessere Zunahmen und Ausschlachtungsergebnisse als bei der Kontrollgruppe, wobei eine gleichzeitige Futtereinsparung beobachtet werden konnte. Bei einem Anteil von 12% Fischsilage traten keine unerwünschten Nebenwirkungen auf.

B. Rempel. 9230.

FISCHEREI

A. ALLGEMEINES

Pirožnikov, P. L. (Piroshnikow, P. L.); Leningrad. Gosudarstvennyj naučno-issledovatel'skij institut ozernogo i rečnogo rybnogo chozjajstva (GosNIORCH). **(Das Staatliche Forschungsinstitut für Binnenfischerei [GosNIORCH].)** Rybnoe chozjajstvo, Moskva **36** (1960) Nr. 9. S. 7-12. — 2 Abb. 6010.

Kulow, H.; Storkow-Hubertushöhe. **Das Fachschulstudium Binnenfischerei.** Dtsch. Fischerei-Ztg. **9** (1962) Nr. 1. S. 18-19. — 3 Lit.
Die Einführung des Fachschulstudiums „Binnenfischerei" schließt eine bisher spürbare Lücke zwischen der Berufsschul- und Hochschulausbildung. Für die Durchführung dieses Studiums sind die Fachschulen Storkow-Hubertushöhe und Königswartha verantwortlich, die Ausbildung erfolgt in Hubertushöhe. In Zyklen von 3 Jahren können jeweils 25 Schüler den Titel „staatlich geprüfter Fischwirt" erhalten. Das kombinierte Direkt-Fernstudium mit einer Dauer von $2^1/_2$ Jahren ermöglicht eine unmittelbar mit der Praxis verbundene Ausbildung. Aufnahmebedingung ist die bestandene Meisterprüfung in der Seen- und Flußfischerei oder Teichwirtschaft. Der Studienverlauf setzt sich aus Direkt- und Fernstudium, Konsultationen und Seminaren zusammen, die vorgesehenen Lehrfächer werden aufgeführt. G. Seifert. 6010.

Caldwell, David K. und Carlin, Charles R.; Brunswick, Ga., U.S. Bureau of Commercial Fisheries. A photomicrographic adapter for stereomicroscopes useful in photographing fish larvae. **(Ein mikrophotographischer Halter für Binokulare zum Gebrauch bei der Photographie von Fischlarven.)** Copeia [Philadelphia] **1962** Nr. 2. S. 445-446. — 1 Abb.
Vff. beschreiben einen Halter für den Anbau einer Spiegelreflexkamera an einen Tubus eines Binokulars, um ca. 15 mm große Fischlarven photographieren zu können. Der Halter besteht aus einer Schelle zur Befestigung am Tubus und einer darauf aufschraubbaren Filterhalterung zum Anschluß der Kamera. M. Hegemann. 6010.

Herold, H.; Berlin-Friedrichshagen, Satzfischleitstelle. **Die Bedeutung der Mechanisierungskonferenz anläßlich der Internationalen Tagung der Binnenfischerei 1961.** Dtsch. Fischerei-Ztg. **9** (1962) Nr. 1. S. 1-3.
Zur Verbesserung der internationalen Zusammenarbeit auf dem Gebiet der Mechanisierung der Binnenfischerei fand während der internationalen Tagung der Binnenfischerei 1961 eine Mechanisierungskonferenz statt, an der Vertreter der Volksrepubliken Bulgarien, Ungarn und Polen, der ČSSR, Jugoslawiens und der DDR teilnahmen. Die Hauptaufgabe dieser Konferenz bestand in Besprechungen über die Koordinierung der Produktion und Entwicklung von Maschinen für die Binnenfischerei. Eine Expertengruppe soll nach dem Studium einer Dokumentation prüfen, welche Maschinen und Geräte für den Austausch zwischen den RGW-Ländern besonders geeignet und welche in Zukunft vorrangig zu entwickeln sind. Die Koordinierung dieser Aufgaben wird mit dazu beitragen, die Arbeitsproduktivität in der Binnenfischerei zu erhöhen. G. Seifert. 6020.

Svetovidov, A. N. (Swetowidow, A. N.) Pamjati Nikolaja Lazareviča Čugunova (1889- 1939). **(Zur Erinnerung an Nikolai Lasarewitsch Tschugunow [1889 bis 1939].)** Voprosy ichtiologii, Moskva **1959** Nr. 13. S. 189-196. — 55 Lit.
Vf. würdigt Leben und wiss. Leistung eines der führenden sowjet. Fischereiwissenschaftler. Seine Arbeiten erstreckten sich sowohl auf fischereibiol. als auch auf fischwirtsch. und fangtechnische Probleme. Eine Liste von 55 Veröffentlichungen Tschugunows wird angeführt.
G. Predel. 6030.

Levašov, M. M. (Lewaschow, M. M.); Perm, Univ. Arvid Liborevič Bening 1890-1943. **(Arwid Liborjewitsch Bening 1890-1943.)** Bjulleteň Instituta biologii vodochranilišč. Moskva – Leningrad **1960** Nr. 8/9. S. 91-94. – 1 Abb. Vf. gibt einen Überblick über das Lebenswerk des bekannten Hydrobiologen. A. L. Bening begann seine wiss. Tätigkeit in der Biol. Station der Wolga in Saratow, deren Leitung er später übernahm. Er hinterließ zahlreiche Veröffentlichungen, die vor allem der Fauna der Wolga und anderer Gewässer der UdSSR gewidmet sind. H.-W. Hattop. 6030.

Borgstrom, Georg, Ed. **Fish as Food. Vol. 1. Production, biochemistry, and microbiology.** New York; London: Academic Press. 1961. (XVI, 725 S. m. Abb., Tab., Lit. u. Reg.) 16 × 24 cm. $ 24, –. Der o.a. Verlag hat mit der Veröffentlichung eines dreibändigen Werkes, das den Fisch als Nahrungsmittel zum Inhalt hat, begonnen. Als Herausgeber zeichnet G. Borgstrom (East Lansing, Michigan). Im 1. Band werden Produktion, Biochemie und Mikrobiologie behandelt. Der umfangreiche Stoff ist in 17 Kapitel gegliedert, die von verschiedenen Autoren stammen und jeweils mit Literaturverzeichnissen ausgestattet sind. Kapitel 1 ist den biol. Grundlagen der Fischproduktion im Meer gewidmet (G. Hempel). Einen Überblick über die Weltfischerei gibt D. Riedel im 2. Abschnitt. Es folgen Ausführungen über Fischzucht und Teichwirtschaft in Europa (H. Mann) und Japan (T. Tamura). Das 5. Kapitel beschäftigt sich mit der Aufzucht von Süßwasserfischen in Südostasien (R. A. Drews). Abschnitt 6 unterrichtet über die org. Bestandteile der Fische und anderer Wassertiere, die der Ernährung dienen (R. Jacquot). T. Tsuchiya ist der Autor des Kapitels über die Biochemie der Fischöle, und O. Notevarp macht mit neuen Ergebnissen auf dem Gebiet der Fettsäurezusammensetzung mariner Öle bekannt. Im 9. Abschnitt befassen sich W. J. Dyer und J. R. Dingle mit dem Fischeiweiß unter bes. Berücksichtigung des Gefriervorganges. Ausführungen über das Histaminproblem (M. Kimata) und die nicht eiweißgebundenen Stickstoffbestandteile (W. Simidu) finden sich in den nächsten beiden Kapiteln. Abschnitt 12 über die Totenstarre verfaßte E. Amlacher. Der Vitamingehalt der Fische, in erster Linie der der eßbaren Teile, ist Gegenstand des folgenden Abschnittes (H. Higashi). Die 4 abschließenden Kapitel sind mikrobiol. Fragen gewidmet: Mikrobiologie der Meeresfische (J. M. Shewan), Mikrobiologie der Qualitätsminderung von Schaltieren (E. A. Fieger, A. F. Novak), Verderb der Süßwasserfische (F. Bramstedt, M. Auerbach) und chem. Verhütung des mikrobiol. Verderbs (H. L. A. Tarr). Englisch-lateinische und lateinisch-englische Listen der Namen der wichtigsten Fischarten und ein Sachverzeichnis bilden den Abschluß des Bandes. W. Steffens.

B. BIOLOGIE DER FISCHEREILICHEN NUTZTIERE

Biologie der Fische

Anonym. **Weiteres vom Buckel-Lachs.** Fisch u. Fang **3** (1962) Nr. 8. S. 169-171.
Die ersten Versuche, *Oncorhynchus*-Arten in den Flüssen der Kola-Halbinsel auszusetzen, wurden 1935-1939 vorgenommen und mißglückten, da die Larven zu früh in die Flüsse kamen. Spätere Versuche der SU waren erfolgreicher. Von 1956-1959 wurden 48,4 Mill. *O. gorbuscha* und 12,7 Mill. *O. keta* in atlantischen Gewässern ausgesetzt. Seit 1960 wird *O. gorbuscha*, der Buckellachs, bereits in Norwegen gefangen. Er steigt dort auch zum Laichen in die Flüsse auf. *O. gorbuscha* wird mit 2, *O. keta* mit 4 Jahren geschlechtsreif. Die normalen Größen sind 1,5-2,5 kg (– 5 kg) bzw. 4-9 kg (– 15 kg). Die Jungfische verlassen die Flüsse im ersten Lebenssommer. Nach dem Laichen sterben die Elternfische ab. W. Steffens. 6080.

Hopfner, Hellmuth; Vilshofen. **Erfahrungen mit Bachsaiblingen.** Allg. Fischerei-Ztg. **87** (1962) Nr. 15. S. 431-433.
Der Bachsaibling (*Salvelinus fontinalis*) wurde 2 Jahre nach der Regenbogenforelle 1884 in Deutschland eingebürgert. Er schätzt zwar auch wie die Bachforelle Unterstände, hält sich aber in begradigten Bächen ebenfalls, wenn diese nahrungsreich sind, z. B. durch insektenreiche Wiesen fließen. Die Wassertemperatur darf 20 °C nicht überschreiten. Ph-Werte bis 4,5 werden noch ertragen, weswegen sich der Bachsaibling auch für leicht durch Industrieabwässer verunreinigte Bäche eignet. Der kleine Bachsaibling lebt gesellig, die größeren Exemplare sind Einzelgänger. In nahrungsarmen Gewässern verbuttet der Bachsaibling schnell. Das gilt insbesondere für die Nachkommen ausgesetzter Fische. In nahrungsreichen Bächen werden im

1. Jahr 10-11-15 cm, im 2. Jahr bis 32 und evtl. darüber und im 3. Jahr 40-46 cm Länge erreicht. Danach läßt das Wachstum stark nach. An tiefen Stellen kleiner Bäche können 1000 g schwere Fische vorkommen. In ungeeigneten Gewässern erreichen viele Exemplare nach 6-7 Jahren Lebenszeit nur 28-30 cm Länge. Folgende Längen-Gewichts-Relationen wurden festgestellt: 21 cm 105 g, 21,5 cm 105 g, 22,5 cm 120-125 g, 23,5 cm 120-125 g, 24 cm 160 g, 24,5 cm 170 g, 25 cm 165 g, 25,5 cm 195 g, 26,5 cm 165-190 g, 27,5 cm 220 g, 29,5 cm 255 g, 30 cm 300 g, 34 cm 365 g. Überschneidet sich die Laichzeit des Bachsaiblings mit der der Bachforelle, so können sterile Bastarde (Tigerfische) entstehen. W. Steffens. 6080.

Lobovikova, A. A. (Lobowikowa, A. A.); Sibir. Abt. des Staatl. Forsch.-Inst. für Binnenfischerei zu Leningrad. O nachoždenii teleckogo siga (Coregonus lavaretus pidshian natio Smitti Warpachowski) v ozere černom bassejna srednego Eniseja. **(Über das Vorkommen der Telezker Maräne [Coregonus lavaretus pidshian natio Smitti Warpachowski] im Schwarzen See des mittleren Jennissei-Gebietes.)** Voprosy ichtiologii, Moskva **1959** Nr. 13. S. 55-58. – 2 Tab., 2 Lit.

Der Schwarze See ist ein oligotropher Bergsee von ca. 2000 ha Größe und einer Maximaltiefe von 170 m. Es wurden die morphol. Merkmale der im See vorkommenden Maränen untersucht. Auf Grund dieser Daten wurde der Fisch als *Coregonus lavaretus pidshian* natio *Smitti Warpachowski* bezeichnet. Er zählt zu den wenig fruchtbaren Fischen, die Geschlechtsreife tritt bei beiden Geschlechtern im 5.-6. Lebensjahr ein. G. Predel. 6080.

Maksunov, V. A. (Maxunow, W. A.); Inst. für Zool. und Parasitol. der Akad. der Wiss. der Tadshik.SSR. O biologii lešča Farchadskogo vodochranilišča. **(Über die Biologie des Bleis im Farchadsker Stausee.)** Voprosy ichtiologii, Moskva **1959** Nr. 13. S. 75-82. – 3 Abb., 3 Tab., 21 Lit.

Im Farchadsker Stausee kommt der östliche Blei (*Abramis brama orientalis*) vor. Dieser unterscheidet sich vom typischen Blei durch eine Reihe von Merkmalen (geringere Wirbelzahl, weniger Schuppen in der Seitenlinie u. a.). Die Biologie des östlichen Bleis ist noch wenig erforscht. Vf. untersuchte den Bleibestand des Stausees und vergleicht die Daten mit denen von Fischen aus anderen Gewässern. Im Farchadsker Stausee ist der Blei infolge seines schlechten Ernährungszustandes ein wenig wertvoller Fisch. G. Predel. 6080.

Kuranova, I. I. (Kuranowa, I. I.); Kaliningrad, Techn. Inst. für Fischerei und Fischwirtsch. Izmenenija v biologii donskoj čechoni. **(Die Veränderungen in der Biologie des Don-Sichlings [Pelecus cultratus].)** Rybnoe chozjajstvo, Moskva **36** (1960) Nr. 10. S. 11-15. – 3 Tab. 6080.

Troickij, S.K. (Troizki, S. K.); Asow-Forsch.-Inst. für Fischwirtsch. Bobyrec (Leuciscus borysthenicus [Kessler]) v bassejne Kubani. **(Bobyrez [Leuciscus borysthenicus] im Kuban-Fluß.)** Voprosy ichtiologii, Moskva **1959** Nr. 13. S. 51-54. – 2 Tab., 4 Lit.

Bei Untersuchungen im Kuban-Fluß wurden etwa 10000 Exemplare von *L. borysthenicus* gefunden. Die Fische hatten meist eine Länge zwischen 40 und 90 mm, die maximale Länge betrug 112 mm. Es handelte sich um 1-, 2- und 3jährige Fische. Die Geschlechtsreife tritt mit 2 Jahren ein. Diese noch wenig untersuchte Fischart wird mit ihren meristischen Merkmalen im Vergleich zu *L. aphisi* und *L. borysthenicus* aus dem Dnepr aufgeführt. G. Predel. 6080.

Whitehead, P. J. P.; London, Brit. Museum, Dep. of Zool. Abdominal scutes in the round herrings (Dussumieriidae). **(Abdominalfortsätze bei Rundheringen [Dussumieriidae].)** Nature [London] **195** (1962) Nr. 4840. S. 511-512. – 3 Abb., 6 Lit.

Vf. untersuchte mehrere Gattungen und Arten der Familie Dussumieriidae im Hinblick auf die Unterschiede in der Ausbildung der Fortsätze des Beckengürtels und der Kielschuppen. Dabei konnten 2 Typen festgestellt werden. Die Fische des ersten oder monifizierten Typs zeichnen sich durch ein W-förmiges Schildchen an der Basis der Bauchflossen aus. Dazu gehören die Gattungen *Etrumeus*, *Dussumieria*, *Spratelloides* und *Jenkinsia*. Die Fische des zweiten oder unveränderten Typs sind in diesem Merkmal dem normalen Clupeidentyp ähnlich. Dazu werden die Arten *Spratellomorpha bianalis*, *Gilchristella aestuarius* und *G. madagascariensis* gezählt. K. Anwand. 6085.

Harder, Wilhelm. **Zur Anatomie des Darmtraktes von Raniceps raninus L. (Osteichthyes, Pisces).** Kurze Mitt. Inst. Fischereibiol. Univ. Hamburg **1961** Nr. 11. S. 41-46. — 1 Abb., 1 Tab., 5 Lit.
Vf. gibt eine eingehende Schilderung der anatomischen Verhältnisse in der Leibeshöhle der Froschquabbe (Gadiformes) und geht dann auf die Besonderheiten des Darmtraktes ein. Hervorzuheben sind: 1 Blinddarm (Caecum) an der Grenze zwischen Mittel- und Enddarm; nur 2 Appendices (sehr gering für die Gadiformes); doppelte Anlage der Harnblase, die bes. groß ist; Schließapparat am Eingang des Oesophagus (bisher bei den Gadiformes nicht beobachtet); eingeschnürte Schwimmblase (bei den Gadiformes und Macruriformes sonst nicht beobachtet). F.-K. Löwe. 6085.

Schneider, Hans; Madison, Wis., Univ., Hydrobiol. Lab.; Tübingen, Univ., Zoophysiol. Inst. The labyrinth of two species of drumfish (Sciaenidae). **(Das Labyrinth zweier Arten der Umberfische [Sciaenidae].)** Copeia [Philadelphia] **1962** Nr. 2. S. 336-338. — 2 Abb., 5 Lit.
Bei *Aplidonotus grunniens* und *Micropogon furnieri*, die beide zur Lauterzeugung befähigt sind, ist das Labyrinth untersucht worden. Der lautperzipierende Teil ist sehr groß und enthält einen gut ausgebildeten Otolithen. Die große Macula sacculi wird durch einen starken Nerv innerviert. Zwischen der Pars inf. und der Pars sup. besteht keine offene Verbindung. Ein bes. Fortsatz verbindet die Pars sup. von *A. grunniens* mit dem Schädel, während bei *M. furnieri* nur ein Apex vorhanden ist. Die Entwicklung des Hörteils im Labyrinth läßt vermuten, daß die akustischen Signale auch wahrgenommen werden. M. Hegemann. 6085.

Hazlett, Brian und Winn, Howard E.; College Park, Md., Univ., Zool. Dep. Sound producing mechanism of the Nassau grouper, Epinephalus striatus. **(Der lauterzeugende Mechanismus des gestreiften Zackenbarsches, Epinephalus striatus.)** Copeia [Philadelphia] **1962** Nr. 2. S. 447-449. — 1 Abb., 2 Lit.
Epinephalus striatus erzeugt einen gut hörbaren lauten Grunzton. Durch die Entfernung verschiedener Teile der Körpermuskulatur sollten die für die Lauterzeugung maßgeblichen Mechanismen gefunden werden. Voraussetzung für den Laut ist eine intakte Schwimmblase. Die Muskeln in der Region direkt hinter den Opercula ließen bei der Lautgebung Kontraktionen erkennen. Diese Muskeln stehen mit der Oberfläche der Schwimmblase in Verbindung, die anscheinend so in Vibration versetzt wird und den Laut erzeugt. Die Zahl der Schwingungen bei den einzelnen Lauten variiert zwischen 3 und 6. In 2,2 Sek. wurden 8 Laute registriert. M. Hegemann. 6085.

Soin, S. G.; Moskau, Lomonossow-Univ., Lehrstuhl für Ichthyol. Ėmbrional'no-ličinočnyj period razvitija verchogljada (Erythroculter erythropterus [Basilewsky]). **(Die Periode der Embryonal- und Larvenentwicklung bei Erythroculter erythropterus.)** Voprosy ichtiologii, Moskva **1959** Nr. 13. S. 112-129. — 5 Abb., 4 Tab., 8 Lit.
Erythroculter erythropterus gehört zur Unterfamilie Cultrinae, Fam. Cyprinidae. Er besiedelt die Flüsse Chinas und das Flußgebiet des Amurs und stellt hier

einen wichtigen Wirtschaftsfisch dar. Vf. beschreibt Embryonal- und Larvenentwicklung und vergleicht die Angaben mit denen nahe verwandter Fische aus der Fam. Cyprinidae. G. Predel. 6085.

Aliev, A. D. (Alijew, A. D.) K voprosu postėmbrional'nogo razvitija kurinskoj belugi. **(Zur Frage der postembryonalen Entwicklung des Kura-Hausens.)** Doklady Akademii nauk Azerbajdžanskoj SSR, Baku **16** (1960) S. 1003-1005. – 1 Abb., 6 Lit. Orig.: aserbaidshan., Ausz: russ. 6085.

Zyrjanova, N. I. (Syrjanowa, N. I.); Kirow, Staatl. Pädagog. Lenin-Inst. Vozrastnaja izmenčivost' nekotorych morfologičeskich priznakov plotvy. **(Die Veränderung einiger morphologischer Merkmale der Plötze in Abhängigkeit vom Alter.)** Voprosy ichtiologii, Moskva **1959** Nr. 13. S. 134-138. – 3 Tab., 5 Lit.

Bei Plötzen (*Rutilus rutilus*) verschiedener Altersgruppen (von 1tägiger Brut bis zu 6jährigen Fischen) wurde die Veränderlichkeit einiger morphol. Merkmale untersucht. Es können gering veränderliche und stark veränderliche Merkmale unterschieden werden. Zur ersten Gruppe gehören: Basis der unpaarenFlossen, geringste Körper- und Kopfhöhe. Zur zweiten Gruppe zählen: Größte Körperhöhe, Höhe der unpaaren und Länge der paarigen Flossen sowie Kopflänge und Augendurchmesser, die mit zunehmendem Alter im Verhältnis zur Körperlänge kleiner werden. Auch bei den Geschlechtern werden Unterschiede beobachtet. G. Predel. 6085.

Gordon, Malcolm S. und Rosen, Donn Eric; Los Angeles, Calif., Univ., Dep. of Zool.; New York, Amer. Museum of Nat. History., Dep. of Ichthyol. A cavernicolous form of the poeciliid fish Poecilia sphenops from Tabasco, Mexico. **(Eine Höhlenform des Poeciliiden Poecilia sphenops von Tabasco, Mexiko.)** Copeia [Philadelphia] **1962** Nr. 2. S. 360-368. – 8 Abb., 5 Tab., 11 Lit.

Der erste bekanntgewordene Fund eines Vertreters der Poeciliidae, *Poecilia sphenops*, aus einem an Calciumsulfat reichen Höhlenfluß in Tabasco, Mexiko, wird beschrieben. Die extremsten Höhlenfische sind fast farblos, haben ein dicklippiges, endständiges, waagerechtes Maul und verkleinerte Augen. Zwischen der Entfernung des Vorkommens der Tiere vom Höhleneingang und der rel. Augengröße, der Länge des Schwanzstiels und der Schuppenzahl auf einer Seitenlinie bestehen enge Beziehungen. M. Hegemann. 6085.

Bodrova, N. V. (Bodrowa, N. W.) Stroenie organa obonjanija u nekotorych presnovodnych ryb. **(Der Bau der Geruchsorgane bei einigen Süßwasserfischen.)** Bjulleteń Instituta biologii vodochranilišč, Moskva **1960** Nr. 6. S. 47-49. – 1 Abb., 5 Lit. 6085.

Šul'man, G. E. (Schulman, G. Je.); Kertsch, Forsch.-Inst. für Hochseefischerei und Ozeanogr. des Asow-Schwarzmeergebietes. Chimičeskij sostav azovskoj chamsy v prednerestovyj, nerestovyj i predmigracionnyj periody godovogo žiznennogo cikla. Soobščenie I. Izmenenie otnositel'nogo i absoljutnogo količestva žira. **(Die chemische Zusammensetzung der Asow-Sardelle in der Vorlaich-, Laich- und Vorwanderperiode im Lauf des jährlichen Lebenszyklus. 1. Mitt. Die Veränderung der relativen und absoluten Fettmenge.)** Voprosy ichtiologii, Moskva **1959** Nr. 13. S. 170-181. – 5 Abb., 1 Tab., 11 Lit.

Bei Untersuchungen im Asowschen Meer wurde nachgewiesen, daß zwischen Nahrungsangebot und Fettgehalt der Asow-Sardelle (*Engraulis encrasicholus ponticus*) ein enger Zusammenhang besteht. So war der Fettgehalt der Fische in den Jahren 1954 und 1955 geringer als vor der Regulierung des Dons. Nach der Regulierung sank auch das Nahrungsangebot im Gewässer. Die Verminderung des Nahrungsangebotes wirkt sich auf den Fettstoffwechsel bei älteren Fischen stärker aus als bei jüngeren Altersgruppen. G. Predel. 6085.

Morawa, F.; Oldenburg. **Fettgehaltsschwankungen bei der Quappe (Lota lota L).** Fischwirt **12** (1962) Nr. 3. S. 84-85. – 1 Tab.

Die Quappe gehört als Gadide zu den typischen Magerfischen. Der Fettgehalt des Fleisches schwankt von 0,6-1,3% bei einem Mittel von 0,8%. Das einzige Fettdepot ist die Leber, deren Gewichtsanteil von 3,6-11,8% des Körpergewichtes (ohne Gonaden) bei einem Fettgehalt von 12,7-54,3% schwanken kann. Am meisten Fett enthält die Leber Ende des Sommers. Vom Herbst bis zur Laichzeit im Winter nimmt der Ölgehalt des Rogens und dessen Gesamtmasse stark zu. Skelett und Haut der Quappe sind fettarm.

Wolfgang Müller. 6085.

Smirnova, L. I. (Smirnowa, L. I.); Borok, RSFSR, Inst. für Biol. der Stauseen der Akad. der Wiss. der UdSSR. O metodike issledovanija formennych ėlementov krovi ryb. **(Über die Methodik der Untersuchung der geformten Bestandteile des Fischblutes.)** Bjulleteń Instituta biologii vodochranilišč, Moskva- Leningrad **1960** Nr. 8/9. S. 89-90. – 2 Tab., 2 Lit.

Vf. beschreibt eine Methode zur Konservierung von Blutgproben für die Dauer von mehreren Tagen, die zur Untersuchung der geformten Bestandteile dienen sollen. Die mit der angegebenen Lösung behandelten Proben werden im Kühlschrank aufbewahrt; die Bestimmungsergebnisse weisen keine Unterschiede zu den an frischen Proben erhaltenen Resultaten auf.

H.-W. Hattop. 6085.

Boyar, H. C.; Boothbay Harbor, Me., Bureau of Commercial Fisheries, Biol. Lab. Blood cell types and differential cell counts in Atlantic herring, Clupea harengus harengus. **(Blutzelltypen und verschiedene Zellzahlen beim Atlantischen Hering, Clupea harengus harengus.)** Copeia [Philadelphia] **1962** Nr. 2. S. 463-465. – 1 Abb., 2 Tab., 4 Lit.

8 Blutzelltypen sind bei 3 Größengruppen des Atlantischen Herings (75 bis 100 mm, 101-200 mm und 201-290 mm) gefunden worden. Es sind unreife und reife Erythrozyten, „ghost"-Zellen, Lymphozyten, Spindelzellen, Eosinophile, Basophile und Neutrophile. Im Gegensatz zum Murmansk-Hering sind beim Atlantischen Hering zusätzlich Basophile vorhanden. Die Maße der Lymphozyten stimmen mit denen des Murmansk-Herings überein, während die Eosinophilen und Neutrophilen um 2 bzw. 5 μ größer sind.

M. Hegemann. 6085.

Fijan, N. und Habeković, D.; Zagreb. Prilog poznavanju krvne slike šaranskog mlađa. **(Ein Beitrag zur Kenntnis des Blutbildes einsömmriger Karpfen.)** Veterin. Arh. [Zagreb] **32** (1962) Nr. 3/4. S. 55-64. – 2 Tab., 12 Lit.

Vff. untersuchten das Blut von 152 Teichkarpfen (*Cyprinus carpio*) im Alter von ca. 140 Tagen. 75 Fische wogen 160-170 g, 77 hatten ca. 70 g Gewicht. Die größeren Karpfen (Durchschnitt von 30 Fischen) hatten 1214000 (815000 bis 1560000) Erythrozyten/mm³ sowie 57800 (33000-79000) Leukozyten und Thrombozyten/mm³. Der Hb-Gehalt betrug im Durchschnitt aller Fische 48,7% (nach Sahli). Bei den weißen Blutkörperchen herrschten Lymphozyten und heterophile Granulozyten vor, es folgten zahlenmäßig basophile Granulozyten und Monozyten. Auf 100 Leukozyten kamen im Mittel 3,92 (0,5-20) Thromboblasten und 152,8 (28,5-552) Thrombozyten. Von Erythrozyten waren alle Stadien zu finden, reife machten ca. 90% der Gesamtzahl aus. Zwischen den beiden Größengruppen waren gewisse Unterschiede im weißen Blutbild vorhanden. Bei den großen Karpfen dominierten die Lymphozyten (73,5%), bei den kleineren die heterophilen Granulozyten (60,84%). Die kleineren Fische hatten auch einen etwas höheren Hb-Gehalt.

W. Steffens. 6085.

Gončarov, G. D. (Gontscharow, G. D.) Kartina krovi lešča kak pokazatel' fiziologičeskogo ego sostojanija v Kamskom vodochranilišče osen̆ju 1957 goda. **(Das Blutbild des Bleies als Kennzeichen seines physiologischen Zustandes in der Kamatalsperre im Herbst 1957.)** Bjulleten̆ Instituta biologii vodochranilišč, Moskva **1959** Nr. 4. S. 41-43. – 1 Tab., 5 Lit. 6085.

Ivanova-Berg, M. M. und Sokolova, M. M. (Iwanowa-Berg, M. M. und Sokolowa, M. M.); Akad. der Wiss. der UdSSR, Inst. für Evolutionsphysiol. Sezonnye izmenenija sostava krovi rečnoj minogi (Lampetra fluviatilis L.). **(Jahreszeitlich bedingte Veränderungen der Blutzusammensetzung beim Flußneunauge [Lampreta fluviatilis].)** Voprosy ichtiologii, Moskva **1959** Nr. 13. S. 156–162. – 4 Tab., 9 Lit.

Die Blutzusammensetzung des Flußneunauges ist im Herbst und Frühjahr unterschiedlich. Im Frühjahr sind Erythrozytenzahl, Hämoglobingehalt, sowie der Gehalt an Eiweiß und Fett im Blut geringer als im Herbst. Das hängt mit der Hungerperiode im Winter und der Entwicklung der Geschlechtsprodukte zusammen. Die Zahl der Leucozyten und der Färbeindex sind dagegen im Frühjahr größer, was sich vor allem aus der geringeren Zahl der roten Blutkörperchen und ihrer geringeren Aktivität erklärt. Die Gesamtmenge des Blutes ist in beiden Jahreszeiten gleich. G. Predel. 6085.

Maljukina, G. A. und Flerova, G. N. (Maljukina, G.A. und Flerowa, G. N.), Moskau, Univ., Lehrstuhl für Tierphysiol. Novye dannye o funkcijach perednego mozga kostistych ryb. **(Neue Unterlagen über die Funktion des Vorderhirns der Knochenfische.)** Žurnal obščej biologii, Moskva **21** (1960) Nr. 5. S. 381–382. – 2 Abb., 10 Lit. Zus. in Engl. 6085.

Bianki, V. L. (Bianki, W. L.) Prostranstvennyj analiz i bilateral'naja simmetrija golovnogo mozga ryb. I. Zritel'nyj prostranstvennyj analiz. **(Raumanalyse und bilaterale Symmetrie des Fischhirns. 1. Mitt. Die optische Raumanalyse.)** Vestnik Leningradskogo universiteta **15** (1960) Nr. 15. Serija biologii Nr. 3. S. 107–119. – 5 Abb., 14 Lit. Zus. in Engl. 6085.

Bianki, V. L. (Bianki, W. L.) Prostranstvennyj analiz i bilateral'naja simmetrija golovnogo mozga ryb. II. Sluchovoj prostranstvennyj analiz. **(Raumanalyse und bilaterale Symmetrie des Fischhirns. 2. Mitt. Gehör-Raumanalyse.)** Vestnik Leningradskogo universiteta **16** (1961) Nr. 3. Serija biologii Nr. 1. S. 118–132. – 9 Abb., 35 Lit. Zus. in Engl. 1. Mitt. vgl. vorst. Ref.

Bei Cypriniden kann die Gehöranalyse zur Raumorientierung ausgebildet werden. Die Raumorientierung beruht dabei auf der funktionellen Wechselwirkung der symmetrischen Zentren des Mesencephalons. Ihre Zerstörung verhindert die Raumanalyse. Von geringerer Bedeutung für die Raumorientierung sind das Cerebellum, die Medulla oblongata und das Vorderhirn.

H.-W. Hattop. 6085.

Baylor, Edward R. und Shaw, Evelyn; Woods Hole, Mass., Oceanographic Inst.; New York, Amer. Museum of Nat. History. Refractive error and vision in fishes. **(Brechungsfehler und Sehvermögen bei Fischen.)** Science [Washington] **136** (1962) Nr. 3511. S. 157–158. – 1 Abb., 1 Tab., 15 Lit.

Die Messungen über die Lichtbrechungsfehler der Gesichtsorgane von *Alosa pseudoharengus* und *Menidia menidia* wurden im Zusammenhang mit Studien über die Funktion des Fischauges und die Orientierung von Fischschwärmen ausgeführt. Diese und andere Arten sind weitsichtig. Mit Hilfe eines Retinoskops konnte nachgewiesen werden, daß das seitliche Sehen eine größere hypermetropische Korrektur erfordert als das Sehen nach vorn. Durch den Linsen-Retina-Abstand von gefrorenem Material und die Brennweite der Linse konnte der Grad der Hyperopie des rechten und linken Auges und beider Augen festgestellt werden. K. Anwand. 6085.

Šubina, A. V. (Schubina, A. W.); Moskau, Techn. Mikojan-Hochschule für Fischerei und Fischerei-Wirtsch. Dejstvie nekotorych faktorov na fagocitoz u ryb. **(Die Wirkung einiger Faktoren auf die Phagozytose bei Fischen.)** Voprosy ichtiologii, Moskva **1959** Nr. 13. S. 163–169. — 3 Tab., 12 Lit.

Bei Untersuchungen am Schlammpeitzger (*Misgurnus fossilis*) wurde nachgewiesen, daß bei männl. Fischen während der Reifung der Geschlechtsprodukte unter dem Einfluß einer Hypophysen-Injektion die phagozytäre Eigenschaft der Leucozyten stark vermindert wird. Starke Abkühlungen des Gewässers rufen ebenfalls eine Verminderung der phagozytären Tätigkeit der Leucozyten hervor, während schwache Abkühlungen im Gewässer zu einer Verstärkung der Phagozytose führen. G. Predel. 6085.

Ophel, I. L. und Judd, J. M.; Chalk River, Ontario. Absorption of radiostrontium by the gills of freshwater fish. **(Die Absorption von Radiostrontium durch die Kiemen von Süßwasserfischen.)** Nature [London] **194** (1962) Nr. 4834. S. 1187–1188. — 1 Tab., 6 Lit.

In einem spez. dafür konstruierten Apparat wurde eine Gruppe Goldfische (*Carassius auratus*) nur mit Kopf und Kiemen für bestimmte Zeiten in verschiedene Konzentrationen von ^{90}Sr in destilliertem Wasser gebracht, während die Kontrollgruppe in der ^{90}Sr-Lösung schwamm. Nach der Aufbereitung der Fische erfolgte die Zählung der β-Teilchen. Beim Vergleich der Zählungen ergab sich nur eine kleine Erhöhung der Werte bei völlig untergetauchten Fischen gegenüber den Werten bei nur bis zu den Kiemen im Wasser befindlichen Fischen. ^{90}Sr wurde durch die zusätzlich exponierte Körperoberfläche nur gering aufgenommen. Th. Mattheis. 6085.

Matty, A. J.; St. Andrews, Scotland, Wellcome Lab. of Pharmacol., Gatty Marine Lab. Effects of mammalian growth hormone on Cottus scorpius blood. **(Wirkungen des Wachstumshormons der Säugetiere auf das Blut von Cottus scorpius.)** Nature [London] **195** (1962) Nr. 4840. S. 506–507. — 4 Lit.

Wachstumshormone der Säugetiere beeinflussen den Gehalt an Glukose, Eiweiß und Harnstoff im Blut von *Cottus scorpius*. „Somar A" ist 12 Fischen von 300–500 g Gewicht i. p. in einer Dosis von 1 mg/kg jeden dritten Tag über 15 Tage hin injiziert worden. Die Blutentnahme erfolgte am Ductus Cuvieri. In den ersten 3 Tagen nach der Injektion veränderte sich der Blutzuckerspiegel nicht, stieg jedoch innerhalb von 6 Tagen von 6,6 $\pm$ 0,34 mg /100 ml Blut auf 12,6 $\pm$ 1,1 mg an. Das Gesamtplasmaeiweiß war in 15 Tagen von 34,1 auf 24,5 mg/ml vermindert. Der Harnstoff im Blutplasma nahm von 109 auf 65,8 μg/ml ab. Es wird vermutet, daß die Wachstumshormone der Fische bei Säugetieren Antigenwirkung haben, die der Säuger auf Fische jedoch nicht. M. Hegemann. 6085.

Randall, D. J.; Southampton, Univ., Dep. of Zool. Effect of an anaesthetic on the heart and respiration of teleost fish. **(Wirkung eines Anaestheticums auf Herz und Atmung eines Knochenfisches.)** Nature [London] **195** (1962) Nr. 4840. S. 506. — 1 Abb., 3 Lit.

An der Schlei (*Tinca tinca*) ist der Einfluß des Anaestheticums „M. S. 222", eines m-Amino-Benzoesäure-Aethylesters in Form eines löslichen Salzes, erprobt worden. Den in kleinen Becken befindlichen Fischen sind nach einstündiger Anpassung und Beruhigung (Herzfrequenz 15–30/min.) 6 verschiedene Konzentrationen von „M. S. 222" zwischen 25 und 200 mg/l geboten worden. Die Schlagfrequenz des Herzens nahm zu und zeigte Abhängigkeit von der Konzentration des Anaestheticums. Die Respirationsrate und -amplitude stiegen ebenfalls an. Konzentrationen von 100–200 mg/l hatten allg. Atmungskollaps und Unregelmäßigkeit des Herzschlages zur Folge. Es wird eine Wirkung über den Parasympathicus angenommen.
M. Hegemann. 6085.

Hubbs, Clark und Delco jun., Exalton A.; Austin, Tex., Univ., Dep. of Zool. Courtship preferences of Gambusia affinis associated with the sympatry of the parental populations. **(Balzbevorzugung von Gambusia affinis in Verbindung mit der Sympatrie der Elternpopulationen.)** Copeia [Philadelphia] **1962** Nr. 2. S. 396–400. – 3 Tab., 18 Lit.

Männchen der Fischgattung *Gambusia* aus den Arten *G. affinis*, *G. geiseri* und ein F_1-Hybride zwischen *G. affinis* und *G. hurtadoi* wurden isoliert in Beobachtungsbecken gehalten. 2 Weibchen sind gleichzeitig in das Becken eingesetzt und die auftretende Balzaktivität der Männchen ist notiert worden. Jene in isolierten Kulturen aufgewachsenen Männchen bevorzugten Weibchen der eigenen Art. Männchen von *G. affinis*-Populationen, die zusammen mit einer anderen Art (*G. geiseri*) gehalten wurden, waren bei der Balz charakteristischer als allopatrische Männchen. Weibchen aus Mischkulturen verhielten sich weniger charakteristisch als die in Isolation aufgezogenen. Zwischenartliche Kopulationen konnten bei sympatrischen Stämmen aus Mischkulturen nicht beobachtet werden. M. Hegemann. 6090.

Brawn, Vivien M.; Durham, Univ., King's Coll., Dove Marine Lab. Reproductive behaviour of the cod (Gadus callarias L.). **(Das Fortpflanzungsverhalten des Dorsches [Gadus callarias].)** Behaviour [Leiden] **18** (1961) Nr. 3. S. 177–198. – 3 Abb., 4 Tab., 17 Lit.

An einer Gruppe von 13 Dorschen ist 3 Wochen vor dem Ablaichen das Angriffs- und Fortpflanzungsverhalten beobachtet worden. Kräftige Männchen grenzten durch Angriffe Reviere ab. Langsam in das Revier einschwimmende Weibchen lösen das Fortpflanzungsverhalten des Männchens aus, das sofort dem Weibchen von breitseits zu imponieren suchte. Die unpaaren Flossen wurden voll aufgerichtet. Das Männchen schwamm vor dem Weibchen hin und her und grunzte leise. Laichbereite Weibchen folgten dem werbenden Männchen nach 10–15 Min. Kam das Weibchen am Beckengrund zur Ruhe, wurde es vom Männchen durch Stöße in die Bauchgegend zum gemeinsamen Aufsteigen zur Oberfläche veranlaßt, wo das Männchen in Rückenlage unter dem Weibchen her schwamm und beide zusammen ablaichten. Die anderen noch im Becken befindlichen Tiere kümmerten sich nicht um die Laichenden. Nach dem Laichakt stieß das Weibchen wieder zu der Gruppe der anderen Dorsche. Die Verhaltenskette brach bei Versagen des Weibchen vorzeitig ab. Die weiteren Versuche wurden bis zum Erfolg fortgesetzt.
M. Hegemann. 6090.

Greenberg, Bernard; Chicago, Roosevelt Univ., Dep. of Biol. Spawning and parental behavior in female pairs of the jewel fish, Hemichromis bimaculatus Gill. **(Laich- und Brutpflegeverhalten bei Weibchenpaaren des Roten Buntbarsches, Hemichromis bimaculatus.)** Behaviour [Leiden] 18 (1961) Nr. 1/2. S. 44–61. – 1 Tab., 13 Lit.

Die Beobachtung von Weibchenpaaren von *H. bimaculatus* haben gezeigt, daß die Tiere entweder gemeinsam oder getrennt ablaichten. Im letzteren Fall wurden von später laichenden Weibchen die Eier der ersten gefressen. Nur wenige Paare mit getrennten Laichzeiten ließen Brutpflegeverhalten des noch nicht verlaichten Tieres erkennen. Männl. Verhalten eines Partners trat nicht auf. Unterblieben die „Brunsthaltung" und das die Angriffslust des Partners dämmende Zittern, so kam es zur Einzelrevierbildung. In 11 von 17 Fällen befächelten die Weibchen die Eier und verhielten sich damit wie normale verschiedengeschlechtliche Paare. Das Vertauschen der Eier gegen solche von *Aequidens portalagrensis* gelang ohne Einschränkung. Da typisch männl. Verhalten nicht beobachtet werden konnte, ist es wahrscheinlich, daß dem Paarungsverhalten ein neurophysiol. Mechanismus zu Grunde liegt. M. Hegemann. 6090.

Webster, Dwight A.; Ithaca, N. Y., Cornell Univ. Artificial spawning facilities for brook trout, Salvelinus fontinalis. **(Künstliche Laichgelegenheiten für Bachsaiblinge, Salvelinus fontinalis.)** Trans. Amer. Fisheries Soc. **91** (1962) Nr. 2. S. 168–174. — 4 Abb., 1 Tab., 11 Lit.

Die Vermehrung der Bachsaiblinge wird durch den Verlust geeigneter Laichplätze stark beeinträchtigt. Das Vorhandensein von Grundwasser oder Quellen hält man für eine Hauptbedingung zum erfolgreichen Ablaichen dieser Art. Zur Verbesserung der Laichplätze wurden 1. auf ungeeignetem Bodenmaterial Kiesaufschüttungen vorgenommen und 2. Wasser über Rohrleitungen in kiesgefüllte Behälter gepumpt, die als Laichplatz dienen sollten. Beide Methoden sind unter verschiedenen Bedingungen erprobt worden. Für die Ermittlung der Zuverlässigkeit dieser Maßnahmen zur Erhöhung des Saiblingsaufkommens sind weitere Untersuchungen erforderlich. G. Seifert. 6090.

Delisle, Glenn; California Dep. of Fish and Game. Water velocities tolerated by spawning kokanee salmon. **(Die von laichenden Kokanee-Lachsen ertragenen Strömungsgeschwindigkeiten.)** Calif. Fish and Game **48** (1962) Nr. 1. S. 77–78. — 1 Tab.

An einer Flußerweiterung wurde beobachtet, daß sich die laichenden Kokanee-Lachse (*Oncorhynchus nerka kennerlyii*) nur in einem bestimmten Gebiet aufhielten, während eine andere Fläche gemieden wurde. Beide Gebiete unterschieden sich nur durch die Strömungsgeschwindigkeit am Boden voneinander. Die daraufhin erfolgten näheren Untersuchungen zeigten, daß die Lachse Strömungsgeschwindigkeiten von mehr als 2,2 Fuß pro Sekunde (= 67 cm/s) während der Laichzeit meiden. G. Seifert. 6090.

Meister, Alfred L.; Orono, Me., Univ., Atlantic Sea-Run Salmon Commiss. Atlantic salmon production in Cove Brook, Maine. **(Die Produktion an atlantischen Lachsen im Cove-Bach, Maine.)** Trans. Amer. Fisheries Soc. **91** (1962) Nr. 2. S. 208–212. — 4 Tab., 18 Lit.

Die Eiablage von *Salmo salar* im Cove-Bach wurde 1955 auf 226 Eier/100 Quadrat-Yard (1 sq. yd. = 0,8361 m^2) und 1956 auf 293 Eier/100 sq. yd. geschätzt. Der Bestand an Lachsbrut betrug 1956 im Durchschnitt 20 Stck. und im Sommer 1957 33 Stck./100 sq. yd. Einjährige Lachse fanden sich 1956 26–34, 1957 12–15 und 1958 14–18/100 sq. yd. Im Durchschnitt wurden 3 Smolts/100 sq. yd. gefunden, dieses Stadium erreichen etwa 5,3 % der Lachsbrut. Ungefähr 3 % der Smolts kehren als geschlechtsreife Tiere in die Flüsse zurück. G. Seifert. 6090.

Solovkina, L. N. (Solowkina, L. N.); Komi-Zweigstelle der Akad. der Wiss. der UdSSR. Nekotorye dannye o sigach reki Usy v period nerěsta. **(Einige Angaben über die Schnäpel des Ussa-Flusses während der Laichperiode.)** Voprosy ichtiologii, Moskva **1959** Nr. 13. S. 59–70. — 7 Abb., 9 Tab., 5 Lit.

Im Ussa-Fluß kommen 5 Coregonen-Arten vor. Es handelt sich um *Coregonus sardinella maris-albi*, *C. lavaretus pidshian*, *C. peled*, *C. autumnalis* und *C. nasus*. Vom letztgenannten Fisch ist die Laichzeit nicht bekannt. Die übrigen 4 laichen von Ende Sept. bis zur 1. Okt.-Hälfte. Durch das Überschneiden der Laichzeiten und -plätze wird die Bildung von Hybriden begünstigt. Die Anforderungen, die die Fische an den Untergrund beim Laichen stellen, sind allerdings etwas unterschiedlich. G. Predel. 6090.

Goremykin, V. Ja. (Goremykin, W. Ja.); Astrachan, Forsch.-Inst. für Hochseefischerei und Ozeanogr. des Kasp. Meeres. Puti ulučšenija uslovij razmnoženija ryb v del'te Volgi. **(Wege zur Verbesserung der Fortpflanzungsbedingungen bei den Fischen des Wolgadeltas.)** Rybnoe chozjajstvo, Moskva **36** (1960) Nr. 10. S. 17–20. 6090.

Bückmann, Adolf. **Über die Bedeutung des Schollenlaichens in der südöstlichen Nordsee.** Kurze Mitt. Inst. Fischereibiol. Univ. Hamburg **1961** Nr. 11. S. 1–40. — 14 Abb., 20 Lit.
Für den Zeitraum vom 7.–9. 3. 1955 wird die Verteilung der Scholleneier (*Platessa platessa*) in dem „Borkum-Laichgebiet" nördl. der Ost- und Westfriesischen Inseln (zwischen 54° und 55° n. Br. und 4° und 8° ö. L.) angegeben. Durch die in der Handhabung vereinfachte Interpolationsmethode von Buchanan-Wollaston war es möglich, Umrißlinien gleicher Eihäufigkeit zu zeichnen und Angaben über die Integration der Eimengen zu machen. Es wurden Eier in einem größeren Gebiet gefunden, als erwartet, und die Eimenge war bes. groß. Im Untersuchungsgebiet wurden in 1 Mon. ca. 3 Bill. Eier erzeugt. Im Borkum-Laichplatz hat wahrscheinlich, wie vergleichende Untersuchungen zeigen, in den 1930er Jahren das Laichen zugenommen, so daß neuerdings sogar die guten Werte der Flämischen Bucht übertroffen werden. Ob dieser Zustand anhält bleibt offen und sollte dringend überprüft werden. F.-K. Löwe. 6090.

Krupauer, Vladimír. Také u kapra se můžeme setkat s hermafroditismen. **(Hermaphroditismus beim Karpfen.)** Československ. Rybářství **1961** Nr. 9. S. 134–135. — 1 Abb.
Es wird ein 6jähriger Zwitterkarpfen (*Cyprinus carpio*) mit einem Lebendgewicht von 6232 g beschrieben, den Vf. im Jahre 1960 zwischen einigen ausgemerzten Laichkarpfen vorfand. Der Karpfen hatte beide Geschlechtsorgane voll entwickelt. Im Umfang überwogen die Ovarien. Die Hoden lagen caudal, näher zur Geschlechtsöffnung. Die Eierstöcke enthielten Eier, welche vollständig mit Dotter gefüllt und mit einer mehrschichtigen Hülle versehen waren. Die Hoden enthielten reife und bewegungsfähige Spermien.
F. Svoboda. 6090.

Tromp-Blom, N.; Leiden, State Univ., Zool. Lab. The ovaries of Gasterosteus aculeatus (L.) (Teleostei) before, during and after the reproductive period. **(Die Ovarien von Gasterosteus aculeatus vor, während und nach der Eiablage.)** Proc., Kon. nederl. Akad. Wetensch., Ser. C **62** (1959) Nr. 3. S. 225–237. — 13 Abb., 1 Tab., 15 Lit.
Vf. beschreibt zunächst die Ovarien von *G. aculeatus*. Sie bestehen aus 2 Teilen, die sich caudal vereinigen (endovarialer Oviduct). Innen werden sie ausgekleidet von der Keimschicht. Es werden 6 verschiedene Entwicklungsstadien von Eiern beschrieben, beginnend mit dem ganz jungen und endend mit dem dottergefüllten, reifen Ei. Vor und während der reproduktiven Phase gibt es keine aberranten Stadien in den Ovarien. Am Ende können Resorptionserscheinungen beobachtet werden. Corpora lutea ließen sich jedoch entgegen den Beschreibungen von Brettschneider und Duyvené de Wit (1947) nicht feststellen. W. Steffens. 6090.

Ivanov, M. F. und Dodzina, F. I. (Iwanow, M. F. und Dodsina, F. I.) Gistologičeskij analiz polovych želez volžskich prochodnych sel'dej v period migracii i neresta. **(Die histologische Analyse der Geschlechtsdrüsen der Wolga-Wanderheringe in der Wanderperiode und Laichzeit.)** Učenye zapiski Leningradskogo gosudarstvennogo universiteta imeni A. A. Ždanova. **1957** Nr. 228. Fiziologičeskij institut im. A. A. Uchtomskogo. Serija biologičeskich nauk Nr. 44. S. 155–180. — 15 Abb., 16 Lit. 6090.

Sakun, O. F. Analiz sostojanija polovych želez u syrti, prochodjaščej čerez Kegumskij rybochod. **(Analyse des Zustandes der Geschlechtsdrüsen der Zährten, die den Fischweg Kegum passieren.)** Učenye zapiski Leningradskogo gosudarstvennogo universiteta imeni A. A. Zdanova. **1957** Nr. 228. Fiziologičeskij institut im A. A. Uchtomskogo. Serija biologičeskich nauk Nr. 44. S. 181–191. — 9 Abb., 6 Lit. 6090.

Olivereau, Madeleine und Ridgway, George J.; Paris, Inst. Oceanographique, Lab. de Physiol.; Seattle, Wash., U. S. Bureau of Commercial Fisheries. Cytologie hypophysaire et antigène sérique en relation avec la maturation sexuelle chez Oncorhynchus species. **(Zytologie der Hypophyse und Serumantigen in Beziehung zur Geschlechtsreife bei Oncorhynchus spec.)** C. R. hebd. Séances Acad. Sci. **254.** (1962) Nr. 4. S. 753–755. – 11 Lit.
Auf Grund papierelektrophoretischer Untersuchungen kommen Vff. zu dem Schluß, daß die Entwicklung der gonadotropen Zellen der Hypophyse bei *Oncorhynchus* spec. in enger Beziehung zu verschiedenen anderen Vorgängen der Geschlechtsreife bes. beim Weibchen steht. M.-L. Albrecht. 6090.

Negonovskaja, I. T. (Negonowskaja, I. T.); Sewan, Hydrobiol. Stat. der Akad. der Wiss. der Armen.SSR, Lab. für Ichthyol. Citomorfologičeskie dannye o processach sozrevanija jaic sevanskoj foreli gegarkuni. **(Cytomorphologische Unterlagen über die Reifungsprozesse bei den Eiern der Sewanforelle [Selmo ischchan var. gegarkuni].)** Citologija, Moskva 2 (1960) Nr. 5. S. 536 bis 546. 6090.

Nejfach, A. A. und Doncova, G. V. (Neifach, A. A. und Donzowa, G. W.); Moskau, Sewerzow-Inst. für Tiermorphol. der Akad. der Wiss. der UdSSR. Radiacionnoe issledovanie roli jader v uveličenii aktivnosti citochromoksidazy u zarodyšej ryb. **(Radiologische Untersuchungen über die Rolle des Kerns bei der Zunahme der Cytochromoxydase-Aktivität in Fischembryonen.)** Biochimija, Moskva **27** (1962) Nr. 2. S. 339–348. – 7 Abb., 2 Tab., 7 Lit. Zus. in Engl.
Die Cytochromoxydase-Aktivität nimmt progressiv während der normalen Entwicklung von *Misgurnus fossilis* zu. Hohe Strahlendosen (40000 r) inaktivieren die genetische Funktion der Kerne völlig, bewirken aber nur eine Inaktivierung des Enzyms um 20–30% und beeinflussen nur wenig die spätere Aktivitätszunahme. Röntgeninaktivierung der Kerne vor der Blastula oder nach der frühen Gastrula beeinflußt die Aktivitätszunahme des Enzyms fast nicht. Jedoch blockiert eine Bestrahlung zwischen mittlerer Blastula und früher Gastrula die Aktivitätszunahme völlig. Die Bedeutung dieser Ergebnisse wird diskutiert. Röntgeninaktivierung der Gameten zeigte, daß die Kerne beider Gameten eine ähnliche Rolle bei der Sicherung der Cytochromoxydase-Aktivitätszunahme spielen, indem jeder der beiden die Hälfte zu diesem Effekt beiträgt. Es wird angenommen, daß diese Funktion der Kerne von der gewöhnlichen genetischen Funktion verschieden ist und in der Bildung eines „Ur"-Mitochondriums besteht, das sich danach im Cytoplasma identisch redupliziert. Th. Mattheis. 6090.

Krishna, Daya; Ajmer, India, Government Coll., Dep. of Zool. Histochemical studies of the lipoids in the developing eggs of the common English trouts (Salmo trutta and Salmo irideus). III. Phospholipines: their location and role. **(Histochemische Untersuchungen über die Lipoide in Eiern von Salmo trutta und Salmo irideus während der Entwicklung. 3. Mitt. Phospholipine: Vorkommen und Bedeutung.)** Proc. nat. Acad. Sci., India, Sect. B **31** (1961) Nr. 2. S. 133–142. – 5 Abb., 1 Tab., 15 Lit.
Während die 1. Mitt. der Technik (1950) und die 2. Mitt. den Triglyceriden (1956) gewidmet war. beschäftigt sich Vf. in der 3. Mitt. mit dem Vorkommen und der Bedeutung der Phospholipine. Phospholipine sind im Zentrum des Dotters konzentriert. Sie finden sich außerdem an dessen Oberfläche. Zwischen beiden Regionen fehlen sie jedoch. An den Stellen des Kontaktes zwischen Dotter und embryonalen Zellen sind Phospholipine immer vorhanden. An bestimmten Punkten treten sie nur in Erscheinung, wenn ein derartiger Kontakt hergestellt wurde. Die Phospholipine scheinen eine sehr wichtige Rolle im Fettstoffwechsel zu spielen. Bei ihrer Abwesenheit wird der Fettstoffwechsel entweder gestoppt oder stark reduziert, während ihre Anwesenheit eine Beschleunigung bewirkt. W. Steffens. 6090.

Krishna, Daya; Ajmer, India, Government Coll., Dep. of Zool. Histochemical studies of the lipoids in the developing eggs of the common English trouts (Salmo trutta and Salmo irideus). IV. Lipo-proteins: their location and role. **(Histochemische Untersuchungen über die Lipoide in Eiern von Salmo trutta und Salmo irideus während der Entwicklung. 4. Mitt. Lipoproteine: Vorkommen und Bedeutung.)** Proc. nat. Acad. Sci., India, Sect. B **31** (1961) Nr. 3. S. 261–267. – 1 Abb., 10 Lit. 3. Mitt. vgl. vorst. Ref.

In der 4. und abschließenden Mitt. der Reihe werden die Lipoproteine behandelt. In Forelleneiern gibt es eine Vielzahl von Typen; einige werden leicht, andere nur schwer gespalten. Der Lipoidanteil besteht hauptsächlich oder vollständig aus Phospholipinen. Die Lipoproteine kommen im gesamten Eidotter vor und werden als erste Fette vom Embryo genutzt. Leicht spaltbare Proteine werden zuerst verwendet. Bevor sich der extraembryonale Keimbezirk schließt, werden die Lipoproteine ungespalten absorbiert. Später erfolgt eine Spaltung in ihre Komponenten und nach der Absorption im Embryo eine Synthese in abgewandelter Form. Am Schluß der Arbeit wird ein Schema über den gesamten Fettstoffwechsel im Forellenei gegeben.

W. Steffens. 6090.

Nikoljukin, N. I.; Saratow, Abt. des Unions-Forsch.-Inst. für Binnenfischerei. Otdalennaja gibridizacija v rybovodstve. **(Die entfernte Hybridisation in der Fischzucht.)** Trudy soveščanija po otdalennoj gibridizacii rastenij i životnych. Sbornik dokladov. Otdalennaja gibridizacija rastenij i životnych, Moskva **1960** S. 461–474. – 4 Abb. 6090.

Romašov, D. D. und Golovinskaja, K. A. (Romaschow, D. D. und Golowinskaja, K. A.); Moskau, Inst. für Biol. Physik der Akad. der Wiss. der UdSSR; Forsch.-Inst. für Teich- und Fischwirtsch. der RSFSR. Ginogenez i otdalennaja gibridizacija u ryb. **(Gynogenese und entfernte Hybridisation bei Fischen.)** Trudy soveščanija po otdalennoj gibridizacii rastenij i životnych. Sbornik dokladov. Otdalennaja gibridizacija rastenij i životnych, Moskva **1960** S. 496–510. – 4 Abb. 6090.

Romašov, D. D., Golovinskaja, K. A., Beljaeva, V. N., Bakulina, È. D., Pokrovskaja, G. L. und Čerfas, N. B. (Romaschow, D. D., Golowinskaja, K. A., Beljajewa, W. N., Bakulina, E. D., Pokrowskaja, G. L. und Tscherfas, N. B.); Moskau, Inst. für Biol. Physik der Akad. der Wiss. der UdSSR; Inst. für Teichwirtsch. der RSFSR. O radiacionnom diploidnom ginogeneze u ryb. **(Über die durch Bestrahlung hervorgerufene diploide Gynogenese.)** Biofizika, Moskva **5** (1960) Nr. 4. S. 461–467. – 2 Abb., 3 Tab., 15 Lit. 6090.

Volodin, V. M. (Wolodin, W. M.); Borok, Inst. für Biol. der Stauseen der Akad. der Wiss. der UdSSR. Partenogenetičeskoe razvitie ikry nalima. **(Parthenogenetische Eientwicklung bei der Quappe.)** Voprosy ichtiologii, Moskva **1959** Nr. 13. S. 130–133. – 9 Abb., 11 Lit.

Vf. führt eine Anzahl von Beispielen parthenogenetischer Eientwicklung bei verschiedenen Fischarten an. U. a. gelang es 1953 aus unbefruchteten Eiern des Ostseeströmlings normale Larven zu gewinnen. Im Winter 1955/56 wurden unbefruchtete Eier der Quappe (*Lota lota*) in garantiert spermienfreiem Wasser zur Entwicklung gebracht. Vf. beschreibt die einzelnen Entwicklungsstadien. Nach 60 Tagen schlüpften die Embryonen und nach 90 Tagen ging die Brut zur aktiven Ernährung über, nachdem der Dottersack aufgebraucht war. In diesem Stadium wurden die Versuche abgebrochen.

G. Predel. 6090.

Kirpičnikov, V. S. (Kirpitschnikow, W. S.); Leningrad, Unions-Forsch.-Inst. für Binnenfischerei. Genetičeskie metody selekcii gibridov ryb. **(Genetische Methoden der Selektion von Hybriden bei Fischen.)** Trudy soveščanija po otdalennoj gibridizacii rastenij i životnych. Sbornik dokladov. Otdalennaja gibridizacija rastenij i životnych, Moskva **1960** S. 475–495. – 8 Abb. 6090.

Schwartz, Frank J.; Solomons, Md., Chesapeake Biol. Lab. Artificial pike hybrids, Esox americanus vermiculatus × E. lucius. **(Künstliche Hechthybriden, Esox americanus vermiculatus × E. lucius.)** Trans. Amer. Fisheries Soc. **91** (1962) Nr. 2. S. 229–230. – 1 Abb., 1 Tab., 9 Lit.
Bei 10 Hybriden von *E. americanus vermiculatus* ♀ × *E. lucius* ♂ zeigten die taxionomischen Merkmale eine Mittelstellung zwischen den Elternformen. Die Anzahl der Sinnesporen, der suboculäre Streifen und die Zeichnung waren bei *E. a. vermiculatus*, die Zahl der Radii branchiostegi, der Seitenlinienschuppen, der Dorsal- und Analflossenstrahlen wie bei *E. lucius*. Ist bei den Hybriden die Zahl der Seitenlinienschuppen und Dorsalflossenstrahlen hoch, tendiert der Hybride nach *E. lucius*, ist die Zahl niedrig, geht die Tendenz nach *E. a. vermiculatus*. Die Merkmale dieser Hybriden werden mit denen früher beschriebener Kreuzungen verglichen. G. Seifert. 6090.

Lemanova, N. A. (Lemanowa, N. A.); Leningrad, Shdanow-Univ., Lab. für Grundlagen der Fischzucht der Staatl. Hauptverwalt. der RSFSR für Fischzucht. Sravnitel'nyj i ėksperimental'nyj analiz meždvidovych gibridov roda Coregonus (♀ ripus × ♂ ludoga i ♀ ludoga × ♂ ripus). **(Eine vergleichende und experimentelle Analyse zwischenartlicher Hybriden der Gattung Coregonus [♀ C. albula × ♂ C. lavaretus ludoga und ♀ C. lavaretus ludoga × C. albula].)** Trudy soveščanija po otdalennoj gibridizacii rastenij i životnych. Sbornik dokladov. Otdalennaja gibridizacija rastenij i životnych. Moskva **1960** S. 511–519. – 2 Abb., 2 Tab. 6090.

Pomerancev, G. P. und Nesterenko, N. V. (Pomeranzew, G. P. und Nesterenko, N. W.); Swerdlowsk, Ural. Abt. des Unions-Forsch.-Inst. für Binnenfischerei. O gibridizacii sigovych na Urale. **(Über die Hybridisation von Coregonen im Ural.)** Trudy soveščanija po otdalennoj gibridizacii rastenij i životnych. Sbornik dokladov. Otdalennaja gibridizacija rastenij i životnych, Moskva **1960** S. 532–536. 6090.

Garside, E. T. und Christie, W. J.; Toronto, Ontario, Univ., Dep. of Zool.; Picton, Ontario Dep. of Lands and Forests, Glenora Fisheries Stat. Experimental hybridization among three coregonine fishes. **(Experimentelle Hybridisation zwischen drei Coregoninae-Arten.)** Trans. Amer. Fisheries Soc. **91** (1962) Nr. 2. S. 196–200. – 3 Tab., 4 Lit.
Zwischen *Coregonus clupeaformis*, *Leucichthys artedii* und *Prosopium cylindraceum* wurden diallele Kreuzungen durchgeführt. Die Kreuzungen *Coregonus* ♂ × *Leucichthys* ♀, *Coregonus* ♂ × *Prosopium* ♀ und *Leucichthys* ♂ × *Coregonus* ♀ verliefen erfolgreich. Für *Coregonus* × *Prosopium* ist dies der erste bekannte Fall. Embryonen der Kreuzungen *Leucichthys* ♂ × *Prosopium* ♀, *Prosopium* ♂ × *Coregonus* ♀ und *Prosopium* ♂ × *Leucichthys* ♀ durchliefen einen großen Teil der Entwicklung, starben aber vor dem Schlupftermin ab. Bei den Embryonen dieser drei Kreuzungen traten Deformationen auf. G. Seifert. 6090.

Ioganzen, B. G. und Moiseev, P. A. (Iogansen, B. G. und Moissejew, P. A.) Vsesojuznoe soveščanie po dinamike čislennosti ryb. **(Unionskonferenz über die Dynamik der Fischbestandsdichte.)** Rybnoe chozjajstvo, Moskva **36** (1960) Nr. 9. S. 17–22. 6095.

Šaronov, I. V. (Scharonow, I. W.); Kuibyschew, Stat. des Inst. für Biol. der Stauseen der Akad. der Wiss. der UdSSR. Nekotorye čerty formirovanija ichtiofauny Kujbyševskogo vodochranilišča. **(Einige Grundzüge der Bildung der Ichthyofauna der Kuibyschewer Talsperre.)** Bjulleteń Instituta biologii vodochrailišč. Akademija nauk SSSR, Moskva-Leningrad **1960** Nr. 8/9. S. 38–41. — 2 Tab., 5 Lit.

In der Kuibyschewer Talsperre waren die Lebens- und Fortpflanzungsbedingungen für die Fischbestände in den beiden ersten Jahren nach der Errichtung sehr günstig. Hiervon zeugt unter anderem die Tatsache, daß sich auch der Sterlet (*Acipenser ruthenus*) mit Erfolg fortpflanzte. Später wurde die Vermehrung der Fische durch die Verschlammung des Gewässers beeinträchtigt. Trotzdem sind die Aussichten für die fischereiliche Nutzung gut, es werden jedoch Maßnahmen zur künstlichen Erbrütung und zur Schonung der Raubfischbestände notwendig. H.-W. Hattop. 6095.

Ljašenko, A. F. und Suchojvan, P. G. (Ljaschenko, A. F. und Suchoiwan, P. G.); Inst. für Hydrobiol. der Akad. der Wiss. der Ukrain.SSR. Rezultaty ichtiologičeskich issledovanij na Kachovskom vodochranilišče v pervyj god suščestvovanija. **(Die Ergebnisse der ichthyologischen Untersuchungen in der Kachowkaer Talsperre im ersten Jahr ihres Bestehens.)** Bjulleteń Instituta biologii vodochranilišč, Moskva **1959** Nr. 4. S. 33–37. — 2 Tab. 6095.

Birman, I. B.; Kamtschatka-Abt. des Forsch.-Inst. für Hochseefischerei und Ozeanogr. des Pazifiks. Ešče o vlijanii Kuro-sio na dinamiku čislennosti lososej. **(Nochmals über den Einfluß des Kuroshio auf die Dynamik der Lachsbestände.)** Voprosy ichtiologii, Moskva **1959** Nr. 13. S. 16–18. — 1 Abb., 5 Lit.

Auf Grund langjähriger Beobachtungen konnte nachgewiesen werden, daß in Teilen des NW-Pazifiks ein enger Zusammenhang zwischen der Größe der Lachsbestände und der Erwärmung bzw. Abkühlung des Wassers in den einzelnen Jahren besteht. In warmen Jahren sind die Bestände des Keta-Lachses (*Oncorhynchus keta*) größer als in kalten Jahren, beim Gorbuscha-Lachs (*O. gorbuscha*) ist es umgekehrt. Da für die Wassertemperaturen der Kuroshio-Strom mitverantwortlich ist, besteht hier ein enger Zusammenhang. G. Predel. 6095.

Anwand, Karl und Waldmann, Johannes; Saßnitz, Zweigstelle für Ostseefischerei des Inst. für Fischerei der Dtsch. Akad. der Landwirtsch.-Wiss. zu Berlin. **Über Beziehungen zwischen Laichfischbestand, Larvenmenge und Jahrgangsstärke beim Rügenschen Frühjahrshering.** Dtsch. Fischerei-Ztg. **9** (1962) Nr. 10. S. 310–313. — 2 Abb., 1 Tab., 4 Lit.

Untersuchungen über den Laichfischbestand des Rügenschen Frühjahrsherings (*Clupea harengus*) in den Jahren 1958 und 1959 und über die Larvendichte in seinem Hauptlaichgebiet ergaben eine gute Übereinstimmung zwischen der Häufigkeit der Laichfische und der von ihnen hervorgebrachten Larven. Die Larven fanden in beiden Jahren gute Entwicklungsmöglichkeiten, so daß auf Grund der Larvenzahlen ein guter Jahrgang 1958 und ein noch besserer Jahrgang 1959 zu erwarten war. Die biol. Analysen der Laichfischbestände in den Jahren 1960 und 1961 bestätigen die erwartete Bestandszusammensetzung des Rügenschen Frühjahrsherings. Da die Faktoren, die die Larvenentwicklung beeinflussen können, vielfältig sind, sind weitere Untersuchungen notwendig. K. Anwand. 6095.

Babajan, K. E. (Babajan, K. Je.) Ryby Cejlona. **(Die Fische Ceylons.)** Priroda, Moskva **49** (1960) Nr. 10. S. 69–73. — 7 Abb. 6100.

Fadeev, N. S. (Fadejew, N. S.); Sachalin, Abt. des Unions-Forsch.-Inst. für Hochseefischerei und Ozeanogr. des Pazifiks. Spisok kambal materikovoj otmeli vostočnogo poberež'ja južnogo Sachalina i ich kratkaja biologičeskaja charakteristika. **(Liste der Plattfische der kontinentalen Bänke an der Ostküste Süd-Sachalins und ihre kurze biologische Charakteristik.)** Voprosy ichtiologii, Moskva **1959** Nr. 13. S. 26–34. — 1 Abb., 7 Tab., 2 Lit.

An der Ostküste Süd-Sachalins kommen 24 Plattfischarten vor, die in vorliegender Arbeit kurz charakterisiert werden. Wirtschaftliche Bedeutung hat hauptsächlich *Limanda aspera*, die am Gesamtplattfischfang des Gebietes einen Anteil von 90 bis 98% hat. G. Predel. 6100.

Beteševa, E. I. (Beteschewa, Je. I.); Moskau, Inst. für Ozeanol. der Akad. der Wiss. der UdSSR. Kambala-erš (Hippoglossoides plattessoides limandoides [Bloch.] Karskogo morja. **(Die Doggerscharbe [Hippoglossoides platessoides limandoides] des Kara-Sees.)** Voprosy ichtiologii, Moskva **1959** Nr. 13. S. 35–38. – 2 Tab., 3 Lit.
In der Kara-See wurden 1945 und 1946 insgesamt 83 Exemplare der Doggerscharbe gefunden. Die Fische wachsen im Gebiet sehr langsam. Die Tatsache ihres Auftretens in so hohen Breiten wird mit der Erwärmung der Arktis in Zusammenhang gebracht. Früher waren im Gebiet höchstens vereinzelte Doggerscharben beachtet worden. G. Predel. 6100.

Michin, V. S. (Michin, W. S.); Leningrad, Staatl. Forsch.-Inst. für Binnenfischerei. Sig-pyž'jan reki Olenek. **(Die Pidschianmaräne des Olenek-Flusses.)** Voprosy ichtiologii, Moskva **1959** Nr. 13. S. 71–74. – 2 Tab.
Untersuchungen der meristischen und plastischen Merkmale der Pidshianmaräne (*Coregonus lavaretus pidshian*) aus dem Olenek-Fluß und ein Vergleich dieser Daten mit denen des gleichen Fisches aus anderen sibirischen Flüssen ergaben in einigen Fällen deutliche Unterschiede. Die Differenzen werden angeführt und beziehen sich u. a. auf die Zahl der Kiemenreusenzähne, Zahl der Schuppen in der Seitenlinie, maximale Körperhöhe u. a.
G. Predel. 6100.

Gol'čik, Ju. (Goltschik, Ju.); Prag, Karls-Univ., Lehrstuhl für Systemat. Zool.; Bratislava, Komenski-Univ. Sistematičeskoe položenie evropejskogo gorčaka Rhodeus sericeus amarus (Bloch, 1783). **(Die systematische Stellung des europäischen Bitterlings Rhodeus sericeus amarus.)** Voprosy ichtiologii, Moskva **1959** Nr. 13. S. 39–50. – 1 Abb., 8 Tab., 21 Lit.
Vf. stellte auf Grund umfangreicher Untersuchungen fest, daß die Ansichten von Swetowidow und Jeremejew, die *Rhodeus sericeus* und *Rhodeus amarus* zu einer Art *Rh. sericeus* mit der Unterart *R. sericeus amarus* vereinigten, richtig sind. Die Gesichtspunkte, die andere Ichthyologen bewogen, 2 selbständige Arten aufzustellen, sind fehlerhaft. G. Predel. 6100.

Anonym. Novaja ryba. **(Ein neuer Fisch.)** Rybnoe chozjajstvo, Moskva **36** (1960) Nr. 9. S. 28–33. – 9 Abb.
Kreuzung von *Huso huso* mit *Acipenser ruthenus*. 6100.

Burmakin, E. V. und Tjurin, P. V. (Burmakin, Je. W. und Tjurin, P. W.); Leningrad, Staatl. Forsch.-Inst. für Binnenfischerei. O biologičeskoj klassifikacii ryb. **(Über die biologische Klassifikation der Fische.)** Voprosy ichtiologii, Moskva **1959** Nr. 13. S. 19–25. – 17 Lit.
Auf Grund von Untersuchungen der Rolle der biol. Faktoren, die das Siedlungsgebiet der Fische bestimmen, wird folgende Klassifikation vorgeschlagen: 1. Nicht wandernde Fische; zu dieser Gruppe gehören: Meeresfische, Salzwasserfische, Süßwasserfische, (unterteilt in Seenfische, Flußfische, allgemeine Süßwasserfische) und Fische, die in unterschiedlichem Wasser leben können. 2. Wanderfische; dazu zählen: Meereswanderfische, Salzwasserwanderfische, Süßwasserwanderfische und katadrome Wanderfische. Es wird näher erläutert, was im einzelnen unter den genannten Bezeichnungen zu verstehen ist.
G. Predel. 6100.

Brawn, Vivien M.; Durham, Univ., King's Coll., Dove Marine Lab. Aggressive behaviour in the cod (Gadus callarias L.). **(Angriffsverhalten beim Dorsch [Gadus calarias].)** Behaviour [Leiden] **18** (1961) Nr. 1./2. S. 107–147. – 12 Abb., 5 Tab., 10 Lit. Zus. in Dtsch.

Angriffsverhalten ist bei Dorschen zwischen 7 und 70 cm Totallänge, die in Gruppen gehalten werden, nach schnellerer Annäherung zu finden. Mindestens 20 cm lange Fische drohen zusätzlich durch Senken des Mundbodens, Krümmen des Rückens, Niederlegen der ersten Rückenflosse und Vorwölben der Bauchflossen. Zuweilen sind Grunzlaute zu hören. Bes. Angriffsbereitschaft bestand bei 45 cm langen Dorschen von Sept. bis Nov. und von Febr. bis März. Während der Fütterung ruhte das Angriffsverhalten völlig. Bes. angriffslustige Fische machten untereinander eine Rangordnung aus, die über 2 Jahre beibehalten wurde. Die verstärkte Aggressivität der Dorsche im Herbst wird mit dem Fangminimum in der Nordsee in Verbindung gebracht, da in dieser Zeit eine Auflockerung der Schwärme erfolgt. Die Kampfruhe von Dez. bis Febr. entspräche der Zeit der Schwarmbildung vor dem Laichen. Die Abnahme der Angriffe nach dem Ablaichen fällt mit der Rückwanderung der Fische zu den Nahrungsgründen zusammen. In einem Anhang werden Einzelheiten zu dem verwendeten Aquarium und der Hälterung der Fische mitgeteilt. M. Hegemann. 6105.

Talbot, F. H. und Penrith, J. J.; Cape Toron, South African Museum. Spearing behaviour in feeding in the black marlin, Istiompax marlina. **(Speerverhalten bei der Nahrungsaufnahme des Schwarzen Marlins, Istiompax marlina.)** Copeia [Philadelphia] **1962** Nr. 2. S. 468. – 6 Lit.

Ein 580 Pfund (engl.) schwerer Schwarzer Marlin, der 30 Meilen westl. vom Kap Peninsula, Südafrika gefangen wurde, hatte einen 75 Pfund schweren *Thunnus albacares* gefressen. Der Beutefisch wies zwei Stichwunden auf: eine seitlich durch den Körper, die andere schräg von hinten in Richtung des Kopfes. Durch diese Beobachtung ist erwiesen, daß das Schwert beim Nahrungserwerb mit eingesetzt wird. M. Hegemann. 6105.

Kuenzer, Eva und Kuenzer, Peter; Göttingen, Univ., Zool. Inst.; Freiburg/Br., Univ., Zool. Inst. **Untersuchungen zur Brutpflege der Zwergcichliden Apistogramma reitzigi und A. borellii.** Z. Tierpsychol. **19** (1962) Nr. 1. S. 56–83. – 8 Abb., 18 Tab., 40 Lit.

Die Schlüsselreize für das Schwarmverhalten der Jungfische von *A. reitzigi* und *A. borellii* enthalten weder Art- noch Gattungsmerkmale, während die Nachfolgereaktionen artspezifisch sind und dem Brutkleid der Weibchen entsprechen. Zuschwimmen wird bei *A. reitzigi* durch Gelb, bei *A. borellii* durch einen Gelb-Schwarz-Kontrast ausgelöst. Form- und Größenmerkmale haben keinen Einfluß. Lernvorgänge rufen keine Veränderung der auslösenden Wirkung der Schlüsselreize hervor. Mit zunehmenden Alter der Jungfische steigert sich das Auswahlvermögen in Bezug auf die gebotenen Reizkombinationen. Vom 4. Freischwimmtag an läßt sich bei beiden Arten die Schreckreaktion beobachten. *A. borellii* reagiert bereits auf das Eintauchen beliebig gefärbter Gegenstände, während *A. reitzigi* vorwiegend vor dunklen Gegenständen flieht. M. Hegemann. 6105.

Šentjakov, V. A. (Schentjakow, W. A.); Borok, RSFSR, Inst. für Biol. der Stauseen der Akad. der Wiss. der UdSSR. O povedenii ryby pered tralom pri vozdejstvii na nee ėlektričeskogo polja peremennogo toka i mechaničeskogo razdražitelja. **(Über das Verhalten der Fische vor dem Schleppnetz bei Einwirkung von elektrischen Wechselstromfeldern und mechanischen Reizen.)** Bjulleteń Instituta biologii vodochranilišč. Akademija nauk SSSR, Moskva – Leningrad **1960** Nr. 8/9. S. 46–49. – 1 Tab., 12 Lit.

Vf. ordnete vor einem mit elektrifizierter Unterleine versehenem Schleppnetz eine straff gespannte Leine an, die als mechanischer Reiz wirkte und die Fische vor dem heranrückenden Schleppnetz aufscheuchte. Befand sich die Leine in 2,5 m Entfernung vor dem Netz, so war die Fängigkeit gering, weil die Fische vorzeitig verscheucht wurden, die Wirkung des Wechselstromes wurde aufgehoben. War die Leine nur 1 m entfernt oder wurde sie ganz weggelassen, so stieg der Fangerfolg auf das 2–3fache. Hieraus geht hervor daß die Stromstärke so eingestellt werden muß, daß die Wirkung etwa 2,5 m weit reicht. Die Fische bemerken das heranrückende Schleppnetz demnach auf die genannte Entfernung von 2,5 m. H.-W. Hattop. 6105.

Bogdrova, N. V. und Krajuchin, B. V. (Bogdrowa, N. W. und Krajuchin, B. W.); Borok, RSFSR, Inst. für Biol. der Stauseen der Akad. der Wiss. der UdSSR. O roli bokovoj linii v reakcijach ryb na vozdejstvie ėlektričeskim tokom. **(Über die Bedeutung des Seitenlinienorgans für die Reaktion der Fische auf Einwirkung elektrischen Stromes.)** Bjulleteń Instituta biologii vodochranilišč. Akademija nauk SSSR, Moskva – Leningrad **1960** Nr. 8/9. S. 50–52. – 2 Tab., 13 Lit.
Vff. durchtrennten das Seitenlinienorgan bei verschiedenen Fischarten und stellten fest, daß nach der Operation höhere Spannungswerte zur Erzielung von Reaktionen auf Stromeinwirkung notwendig waren. Die Versuche zeigten, daß das Seitenlinienorgan bes. bei der Wahrnehmung geringer Spannungswerte bei den einzelnen Fischarten je nach der Entwicklung des Organs eine unterschiedliche Rolle spielt. Werden Spannungswerte verwendet, die zur Galvanonarkose führen, so wirkt sich die Durchtrennung des Organs nicht mehr merklich auf die Reaktion aus. H.-W. Hattop. 6105.

Flick, William A. und Webster, Dwight A.; Ithaca, N. Y., Cornell Univ., Dep. of Conserv. Problems in sampling wild and domestic stocks of brook trout (Salvelinus fontinalis). **(Probleme beim Fang von wilden und domestizierten Bachsaiblingsbeständen [Salvelinus fontinalis].)** Trans. Amer. Fisheries Soc. **91** (1962) Nr. 2. S. 140–144. – 9 Tab., 6 Lit.
Im Bärenteich, Adirondack Mountains N. Y., zeigten zwei wilde und zwei domestizierte Bachsaiblingsbestände Unterschiede beim Fang mit Reusen und mit der Angel. Alle Populationen hatten annähernd die gleiche Länge. Im Sommer 1960 konnten mit der Flugangel über 30% der domestizierten und nur 12% der wilden Saiblinge gefangen werden. Nach 24 Std. Reusenfischerei waren 46% des Bestandes an eingesetzten domestizierten Saiblingen herausgefangen. Nach drei Wochen Reusenfischerei waren gefangen: 84% eines Bestandes eingesetzter domestizierter Fische, 64% des im See heimischen domestizierten Bestandes, 66% Wildsaiblinge, Besatz aus dem Long-Pond-Fluß und 44% Wildsaiblinge aus dem Honnedaga-See. Beim Fang mit Kiemennetzen fanden sich keine Unterschiede. Es wurde gefunden, daß sich die Wildformen näher am Boden, die domestizierten dagegen mehr an der Oberfläche aufhalten. G. Seifert. 6105.

Vavilkin, A. S. (Wawilkin, A. S.) Pitanie linej v uslovijach prudovogo chozjajstva. **(Die Ernährung der Schleie unter den Bedingungen der Teichwirtschaft.)** Izvestija Timirjazevskoj sel'skochozjajstvennoj akademii, Moskva **1960** Nr. 3. S. 187–195. – 4 Abb., 3 Tab., 7 Lit. Zus. in Engl. 6110.

Assman, A. V. (Assman, A. W.); Moskau, Sewerzow-Inst. für Tiermorphol. der Akad. der Wiss. der UdSSR. Izmenenie dostupnosti ličinok Chironomidae pri vyedanii rybami. **(Die Veränderung der Zugänglichkeit der Chironomidenlarven für die Aufnahme durch Fische.)** Izvestija Akademii nauk SSSR. Serija biologičeskaja, Moskva **25** (1960) Nr. 5. S. 670–685. – 9 Abb., 6 Tab., 18 Lit. Zus. in Engl. 6110.

Sokolov, L. I. (Sokolow, L. I.); Moskau, Univ., Lehrstuhl für Ichthyiol. Letnee pitanie ščuki v srednem tečenii Amura. **(Sommernahrung der Hechte im Mittellauf des Amur.)** Vestnik Moskovskogo universiteta. Serija biologija, počvovedenie **17** (1962) Nr. 3. S. 44–48. – 7 Tab., 3 Lit.
Die jungen Amurhechte (*Esox reicherti*) nähren sich im Mittellauf des Flusses vorwiegend von wirtschaftl. wertlosen Fischarten. Verschiedene Nutzfische

und wirbellose Wassertiere werden ebenfalls aufgenommen, wobei die letzteren sogar einen bedeutenden Teil der Sommernahrung ausmachen. Der Mageninhalt älterer Jahrgänge setzt sich meist aus erbeuteten Karauschen (*Carassius carassius*) (74%) und jungen Hechten (5,8%) zusammen. Die Invertebraten sind hauptsächlich durch Palaeomonidae (3,9%) und *Cambaroides* (1%) vertreten. A. Kozianowski. 6110.

Schreiber, Max R.; California Dep. of Fish and Game, Inland Fisheries Branch. Observations on the food habits of juvenile white sturgeon. **(Nahrungsuntersuchungen bei juvenilen Acipenser transmontanus.)** Calif. Fish and Game **48** (1962) Nr. 1. S. 79–80. — 1 Tab., 1 Lit.
Bei 30 *Acipenser transmontanus* der Altersgruppe 0 (Durchschnittslänge: 20,3 cm) wurden Magenuntersuchungen durchgeführt. 21 dieser Mägen enthielten Nahrung. Den Hauptanteil der Nahrung bildete *Corophium spinicorne*, *Neomysis mercedes* sowie larvale und adulte Tendipediden wurden weniger zahlreich gefunden. G. Seifert. 6110.

Johnson, W. E.; Nanaimo, Brit. Columbia, Fisheries Res. Board of Canada. Aspects of the ecology of a pelagic, zooplankton-eating fish. **(Gesichtspunkte zur Ökologie eines pelagischen, zooplankton-fressenden Fisches.)** Verh. int. Verein. theoret. angew. Limnol. **14** (1959, hrsg. 1961) S. 727–731. — 3 Abb., 1 Tab., 4 Lit.
Vf. untersuchte Brutaufkommen und -wachstum des anadromen *Oncorhynchus nerka* in den Babine- und Nilkitkwa-Seen, wo sich die Jungfische in der Regel 1 Jahr aufhalten, ehe sie meerwärts abwandern. In den einzelnen Seebecken kommen verschieden starke Populationen vor, in der Nähe der bevorzugten Laichplätze sind sie am stärksten. Zur Dämmerung hin werden die Fische in Tiefen bis zu 1 m, am Tage bis zu 5 m gefunden. Letzteres entspricht der Zooplankton-Verteilung. Die Korrelation zwischen Fischwachstum und Zooplanktonmasse ist positiv, die zwischen Fischdichte und Fischwachstum bzw. Zooplanktonmasse von einer Fischdichte von ca. 5000 Stck/ha an negativ. G. Merla. 6110.

Levanidov, V. Ja. (Lewanidow, W. Ja.); Amur-Abt. des Forsch.-Inst. für Fischwirtsch. und Ozeanogr. des Stillen Ozeans. Pitanie i piščevye otnošenija ryb v predgornych pritokach nižnego tečenija Amura. **(Nahrung und Nahrungsbeziehungen der Fische in Vorgebirgszuflüssen des unteren Amurs.)** Voprosy ichtiologii, Moskva **1959** Nr. 13. S. 139–155. — 10 Tab., 17 Lit.
Die Vorgebirgszuflüsse des Amurs haben im Gegensatz zum Hauptfluß keine Planktonnahrung, sondern lediglich Benthosnahrung zur Verfügung. Die Zuflüsse stellen aber als Lebensräume wichtige Gebiete für die Jugendstadien der pazifischen Lachse (*Oncorhynchus*) dar. Die Benthosnahrung ist zwar rel. reichlich vorhanden, aber z. T. für die Fische schwer erreichbar. Vf. untersuchte die Nahrung von 15 Fischarten aus einem Amurzufluß im Hinblick auf die Nahrungskonkurrenz für den Keta-Lachs (*O. keta*). Dabei wurde festgestellt, daß zwei Fische gefährliche Nahrungskonkurrenten der jungen Keta-Lachse sind. Die Bestände dieser Nahrungskonkurrenten sollten mit allen Mitteln vermindert werden. G. Predel. 6110.

Deubler jun., Earl E. und White jun., John C.; Morehead City, N. C., Univ., Inst. of Fisheries Res. Influence of salinity on growth of postlarvae of the summer flounder, Paralichthys dentatus. **(Einfluß des Salzgehalts auf das Wachstum des postlarvalen Sommerbutts, Paralichthys dentatus.)** Copeia [Philadelphia] **1962** Nr. 2. S. 468–469. — 4 Lit.
Vier Serien von postlarvalen *P. dentatus* mit je 20 Tieren sind in Konzentrationsstufen von 10, 20, 30 und 40‰ Salzgehalt bei ausschließlicher Ernährung mit Artemien 33 Tage gehalten worden. Die durchschnittl. Gewichtszunahme in den 4 Salzgehaltsstufen war folgende: 10‰ S — 186,5%; 20‰ —

198,5%; 30‰ – 203%; 40‰ – 177,5%. Die signifikante Reduktion der Gewichtszunahme in der 40‰-Stufe fällt in einen unter natürlichen Bedingungen nie besiedelten Salzgehaltsbereich, wogegen das optimale Wachstum in der dem natürlichen Vorkommen des Sommerbutts in den Ästuaren entsprechenden Salzgehaltsstufe vorhanden ist. M. Hegemann. 6110.

Herrmann, Robert B., Warren, Charles E. und Doudoroff, Peter; Corvallis, Oregon State Univ., Pacific Cooperative Water Pollution and Fisheries Res. Lab. Influence of oxygen concentration on the growth of juvenile coho salmon. **(Einfluß der Sauerstoffkonzentration auf das Wachstum juveniler Coho-Lachse.)** Trans. Amer. Fisheries Soc. **91** (1962) Nr. 2. S. 155 bis 167. – 3 Abb., 2 Tab., 15 Lit.

Juvenile Coho-Lachse (*Oncorhynchus kisutch*) wurden bei 20 °C in 45 l-Gefäßen bei Fütterung unter verschiedenen O_2-Konzentrationen gehalten. Bei Verringerung des O_2-Gehaltes von 8,3 auf 6 und 5 mg/l wurde bei der Altersgruppe 0 ein leichter und bei weiterer Verringerung des O_2-Gehaltes ein rapider Rückgang des Wachstums und der Nahrungsaufnahme verzeichnet. In entsprechender Weise verschlechterte sich das Verhältnis von aufgenommener Nahrung zur Gewichtszunahme. Bei O_2-Konzentrationen von 2,1 bis 2,3 mg/l starben viele Fische, die überlebenden nahmen nur wenig Nahrung auf und verloren an Gewicht. Verursacht durch toxische Wirkung von Latexanstrichen traten 1955 in den Versuchsgefäßen plötzliche Fischsterben auf. G. Seifert. 6110.

Mantejfel', B. P. (Manteufel, B. P.); Moskau, Sewerzow-Inst. für Tiermorphol. der Akad. der Wiss. der UdSSR, Lab. für Ichthyol. Adaptivnoe značenie periodičeskich migracij vodnych organizmov. **(Die Adaptionsbedeutung der periodischen Wanderungen von Wasserorganismen.)** Voprosy ichtiologii, Moskva **1959** Nr. 13. S. 3–15. – 58 Lit.

Die Kenntnis der Ursachen und der Gesetzmäßigkeiten der Fischwanderungen ist ein wichtiger Faktor bei der Entwicklung des Fischfanges, für ein besseres Verständnis der biol. Prozesse und hat großes Interesse auf theoretischem Gebiet. Vf. setzt sich mit den bisher üblichen Methoden zum Studium der Fischwanderungen auseinander und betont, daß sie in der Mehrzahl der Fälle nicht den Kern der Dinge treffen, ungeachtet der Tatsache, daß ein umfangreiches und vielseitiges Material vorliegt. Vf. versucht das Problem der Wanderungen der Fische und anderer Wasserorganismen allseitig als eine dialektische Einheit im Kampf der Widersprüche zu betrachten. G. Predel. 6110.

Gerbil'skij, N. L. (Gerbilski, N. L.) Puti razvitija vnutrividovoj biologičeskoj differenciacii, tipy anadromnych migrantov i vopros o migracionnom impul'se u osetrovych. **(Die Entwicklungswege der innerartlichen biologischen Differenzierung der anadromen Wanderfische und das Problem des Wanderimpulses bei Stören.)** Učenye zapiski Leningradskogo gosudarstvennogo universiteta meni A. A. Ždanova. **1957** Nr. 228. Fiziologičeskij institut im. A. A. Uchtomskogo. Serija biologičeskich nauk Nr. 44. S. 11–32. – 41 Lit. 6110.

Evropejceva, N. V. (Jewropeizewa, N. W.) Perechod v pokatnoe sostojanie i skat molodi lososej. **(Der Übergang in den Wanderzustand und die Abwanderung der Lachsjungfische.)** Učenye zapiski Leningradskogo gosudarstvennogo universiteta imeni A. A. Ždanova. **1957** Nr. 228. Fiziologičeskij institut im. A. A. Uchtomskogo. Serija biologičeskich nauk Nr. 44. S. 117–154. – 9 Abb., 16 Tab., 20 Lit. 6110.

Hartman, Wilbur L., Strickland, Charles W. und Hoopes, David T.; Auke Bay, Alas., U. S. Bureau of Commercial Fisheries, Biol. Lab. Survival and behavior of sockeye salmon fry migrating into Brooks Lake, Alaska. **(Überleben und Verhalten der in den Brooks-See, Alaska, wandernden Brut des Sockeye-Lachses.)** Trans. Amer. Fisheries Soc. **91** (1962) Nr. 2. S. 133 bis 139. – 3 Abb., 1 Tab., 13 Lit.

Das Verhalten der Lachslarven (*Oncorhynchus nerka*) während ihrer Wanderung aus den Laichflüssen in die Abwachsgebiete der Jungfische wird beschrieben. Die Brut ist negativ phototaktisch und hält sich tagsüber in strömungsarmen Gebieten auf, sie verläßt ihre Verstecke zwischen Kies und Steinen nur während der dunkelsten Nachtstunden. Einige Gesichtspunkte des Wanderverhaltens der stark von Raubfischen bedrohten Brut, die im Zusammenhang mit der Überlebensrate stehen, werden diskutiert. Die Zahl der abwandernden Lachslarven betrug 8,5% der insgesamt abgelegten Eimenge. G. Seifert. 6110.

Poddubnyj, A. G. (Puddubny, A. G.) Pervye rezul'taty mečenija ryb v Rybinskom vodochranilišče. **(Die ersten Ergebnisse der Fischmarkierungen in der Rybinkser Talsperre.)** Bjulleteń Instituta biologii vodochranilišč, Moskva **1960** Nr. 6. S. 43–46. – 2 Abb., 1 Tab., 6 Lit. 6115.

Novotny, Anthony J. und Esterberg, Gordon F.; Seattle, Wash., Bureau of Commercial Fisheries, Biol. Lab. A 132-kilocycle sonic fish tag. **(Ein Sender als Fisch-Anhängermarkierung.)** U. S. Dep. Interior, Fish Wildlife Serv., progr. Fish-Culturist **24** (1962) Nr. 3. S. 139–141. – 2 Abb., 2 Lit.

Die Entwicklung dieser Markierungsart begann 1955. 1957 wurden Sender und Empfangsanlagen zur Beobachtung geschlechtsreifer *Salmo salar* genutzt. Vorliegende Arbeit beschreibt die jüngsten Fortschritte mit dieser Markierung. Der verbesserte Sender, dessen techn. Einzelheiten näher mitgeteilt werden, wird ebenfalls an den Fisch angehängt. Er hat einen Durchmesser von ca. 2 cm, ist ca. 4,5 cm lang und wird durch Nickel-Cadmium- oder Quecksilber-Zellen gespeist. Die Sendedauer kann 3–10 Tage betragen bei einer Reichweite von ca. 140–170 m. G. Merla. 6115.

Ivlev, V. S. **Experimental ecology of the feeding of fishes.** New Haven: Yale University Press. 1961. (302 S. m. 63 Abb., 89 Tab., 155 Lit. u. Reg.) 14,5 × 22 cm. $ 7,50. 1955 erschien das Werk über die experimentelle Ökologie der Ernährung der Fische von dem bekannten Fischereiwissenschaftler V. S. Ivlev erstmalig in russischer Sprache. Es basiert auf Einzelveröffentlichungen des Vf. über Untersuchungen, die von ihm von 1939–1949 an verschiedenen Forschungsinstitutionen der UdSSR durchgeführt wurden. Von der außerordentlich umfangreichen Weltliteratur über die Ernährung der Fische wurde bewußt nur ein geringer Teil berücksichtigt, in erster Linie werden die Laboratoriumsversuche des Autors wiedergegeben. Die Bedeutung, die dieser Darstellung beigemessen wird, geht nicht zuletzt daraus hervor, daß jetzt diese amerikanische Übersetzung von D. Scott vorliegt, die das Buch den englischsprechenden Fachkreisen erschließt. Nach der Schilderung von Inhalt und Aufgaben der Ernährungsökologie der Tiere geht Vf. im 2. Kapitel auf Methodik und Material ein. In vielen Fällen wurde die Mathematik als wertvolles Hilfsmittel benutzt. Hauptversuchsobjekt war der Karpfen (*Cyprinus carpio*), es wurden aber auch einige andere Fischarten bei den Experimenten verwendet. Im Abschnitt 3 wird die Intensität der Ernährung behandelt. Hier werden u. a. der Einfluß von Futterkonzentration und Futterverteilung auf die Menge der aufgenommenen Nahrung behandelt. Den Fragen der Nahrungswahl ist das 4. Kapitel gewidmet. Im 5. Abschnitt werden die indirekten Nahrungsbeziehungen bei Fischen geschildert. Das 6. Kapitel hat die ökologischen Aspekte des Hungerns zum Inhalt. Am Ende des Werkes werden 155 Literaturhinweise gegeben. Zur Hälfte handelt es sich dabei um sowjetische Publikationen. Den Abschluß des Buches, das im Text mit 63 graph. Darstst. und 89 Tab. ausgestattet ist, bildet ein Sachregister. W. Steffens.

Maksunov, Viktor Aleksandrovič. **Materialy k morfologo-biologičeskoj charakteristike ryb Farchadskogo vodochranilišča.** (Materialien zur morphologisch-biologischen Charakteristik der Fische des Farchad-Stausees.) Dušanbe. 1961. (157 S.) 8° = Trudy. Akademija nauk Tadžikskoj SSR. Institut zoologii i parazitologii Bd. 23. (SR 1425, 23)

Ryby bassejna r. Usy i ich kormovye resursy. (Die Fische des Ussa-Flußbeckens und ihre Futterreserven.) Hrsg.: Akad. nauk SSSR. Komi filial. Moskva: Izd. Akad. nauk SSSR. 1962. (274 S.) 4°. (1962 B 258.)

Biologie der Meeressäuger

Popov, L. A. (Popow, L. A.) Materialy po biologii razmnoženija morža morja Laptevych. **(Beiträge zur Biologie der Fortpflanzung des Walrosses im Laptew-Meer.)** Bjulleteń Moskovskogo obščestva ispytatelej prirody [N. S.] **131** (1960) Otdel biologičeskij **65** Nr. 2. S. 25–30. — 2 Abb., 3 Tab., 6 Lit. Zus. in Engl. 6120.

C. LEBENSRAUM DER FISCHE

(Hydrographie und Hydrobiologie)

Ulomskij, S. N. (Ulomski, S. N.); Ural. Abt. des Unions-Forsch.-Inst. für Binnenfischerei. O sezonnych izmenenijach čislennosti i biomassy organizmov v vodoemach Urala. **(Über die jahreszeitlichen Veränderungen der Zahl und Biomasse der Organismen in den Gewässern des Ural.)** Trudy Vsesojuznogo gidrobiologičeskogo obščestva, Moskva **10** (1960) S. 136–157. — 2 Abb., 16 Tab., 18 Lit. 6130.

Kuznecov, S. I. und Gambarjan, M. E. (Kusnezow, S. I. und Gambarjan, M. Je.) Opredelenie produkcii organičeskogo veščestva v processe fotosinteza v ozere Sevan. **(Die Bestimmung der Produktion organischer Stoffe im Prozeß der Photosynthese im Sewan-See.)** Izvestija Akademii nauk Armjanskoj SSR. Biologičeskie nauki, Erevan **13** (1960) Nr. 4. S. 63–69. — 3 Abb., 2 Tab., 9 Lit. Orig.: russ., Ausz.: armen. 6135.

Samarina, A. V. (Samarina, A. W.) Nekotorye dannye o produkcii kisloroda pri fotosinteze v ozere Bajkal. **(Einige Unterlagen über die Sauerstoffproduktion bei der Photosynthese im Baikalsee.)** Trudy Vsesojuznogo gidrobiologičeskogo obščestva, Moskva **10** (1960) S. 158–169. — 7 Tab., 16 Lit. 6135.

Overbeck, Jürgen; Plön, Hydrobiol. Anst. **Untersuchungen zum Phosphathaushalt von Grünalgen. 1. Mitt. Phosphathaushalt und Fortpflanzungsrhythmus von Scenedesmus quadricauda (Turp.) Bréb. am natürlichen Standort.** Arch. Hydrobiol. **58** (1962) Nr. 2. S. 162–209. — 22 Abb., 9 Tab., 71 Lit. Während der Sommermon. 1955 und 1956 wurden in einem Freiland-Zementbecken von ca. 1000 m² und 70 cm Tiefe, dem Orangerie-Teich in Potsdam-Sanssouci, Untersuchungsreihen über die Phytoplanktonpopulation, in der *Scenedesmus quadricauda* vorherrschte, durchgeführt. Regelmäßig war ein Absinken bei Tage und Aufsteigen bei Nacht festzustellen. Die Vermehrungsvorgänge finden im wesentlichen nachts statt. Mehr als 90% des vorhandenen Phosphats sind org. gebunden. Schon mit geringer Tiefenzunahme gibt es starke Unterschiede im Phosphatgehalt. Das anorg. Phosphat nimmt mit dem Beginn der nächtlichen Teilungsphase ab; auch das gelöste org. Phosphat wird zu gleicher Zeit durch Aufnahme vermindert, wenn auch anorg. deutlich bevorzugt wird. Im Laufe des Tages scheiden die Zellen org. P aus. Bei sehr hoher Planktondichte sinkt der P-Gehalt der Einzelzelle, der sonst im Mittel $1{,}5 \cdot 10^{-6}\,\mu g\, PO_4$ betrug. In Übereinstimmung mit der P-Ausscheidung unterliegt der intrazelluläre P-Gehalt einem Tagesrhythmus.
Wolfgang Müller. 6135.

Overbeck, Jürgen; Plön, Hydrobiol. Anst. **Untersuchungen zum Phosphathaushalt von Grünalgen. 2. Mitt. Die Verwertung von Pyrophosphat und organisch gebundenen Phosphaten und ihre Beziehung zu den Phosphatasen von Scenedesmus quadricauda (Turp.) Bréb.** Arch. Hydrobiol. **58** (1962) Nr. 3. S. 281–308. — 1. Mitt. vgl. vorst. Ref.
In Laborversuchen mit bakterienfreien Reinkulturen von *Scenedesmus quadricauda* in sterilen Nährlösungen, die als P-Quelle Pyrophosphat, Natriumglycerophosphat, Natriumnucleinat oder Calziumphytat enthielten, konnte

gezeigt werden, daß weder Pyro- noch die org. Phosphate verwertet wurden. Auch nach 7-wöchiger Adaption erfolgt die P-Aufnahme aus den angegebenen Phosphaten nur sehr zögernd. Da verschiedene Bakterien und *Chlorella pyrenoidosa* Pyro- und Glycerophosphat stark spalten, kann *Scenedesmus* in Mischkultur diese P-Quellen verwerten. Versuche mit Extraktion ergaben, daß der Versuchsstamm 6 Phosphatasen zur Spaltung der angegebenen Phosphate besitzt, daß diese jedoch im Zellinnern lokalisiert sein müssen und die Substrate nicht dorthin permeieren können. Wolfgang Müller. 6135.

Mineeva, L. A. (Minejewa, L. A.); Moskau, Lomonossow-Univ., Biol.-Bodenkundl. Fak. Vlijanie intensivnosti sveta na avtotrofnoe i geterotrofnoe pitanie Chlorella vulgaris i Scenedesmus obliquus. **(Einfluß der Lichtintensität auf die autotrophe und heterotrophe Ernährung von Chlorella vulgaris und Scenedesmus obliquus.)** Mikrobiologija, Moskva **31** (1962) Nr. 3. S. 411 bis 416. — 2 Abb., 4 Tab., 13 Lit. Zus. in Engl.
Im Bereich unterhalb der Lichtsättigung und bei Lichtsättigung wurde die Lichtabhängigkeit des Wachstums und des Stoffwechsels untersucht. Eine Vermehrung des heterotrophen Stoffwechsels erfolgt unterhalb der Lichtsättigung. Danach wird das Verhältnis zwischen dem Verbrauch org. Stoffe (Glukose — Acetat) und der Photosynthese für einen weiten Lichtintensitätsbereich konstant. Ein spez. Einfluß von sehr geringen Lichtintensitäten auf den Glukoseverbrauch von *Scenedesmus*-Kulturen wurde beobachtet, der nicht in Beziehung zur Photosynthese gebracht werden kann. Es wird angenommen, daß das Licht den heterotrophen Stoffwechsel vermutlich durch eine Zunahme der Permeabilität des Protoplasmas beeinflußt.
Th. Mattheis. 6135.

Sorokin, Ju. I. Opredelenie veličiny izotopičeskogo ėffekta pri fotosinteze v kul'turach Scenedesmus quadricauda. **(Die Bestimmung des Umfanges des Isotopeneffektes bei der Photosynthese in Kulturen von Scenedesmus quadricauda.)** Bjulleteń Instituta biologii vodochranilišč, Moskva **1959** Nr. 4. S. 7–9. — 1 Tab., 6 Lit. 6135.

Gorjunova, S. V. und Ovsjannikova, M. N. (Gorjunowa, S. W. und Owsjannikowa, M. N.); Moskau, Inst. für Mikrobiol. der Akad. der Wiss. der UdSSR. O metodach vydelenija iz prirody aktivnych štammov Chlorelly. **(Über Methoden zur Isolierung aktiver Chlorella-Stämme aus der Natur.)** Mikrobiologija, Moskva **31** (1962) Nr. 3. S. 520–525. — 14 Lit. Zus. in Engl.
Der entscheidende Test für aktive aus der Natur isolierte *Chlorella*-Stämme ist die Feststellung ihres Heterotrophiegrades gegenüber Kohlenstoff- und Stickstoffverbindungen. In den meisten Fällen kommen aktive, thermophile *Chlorella*-Stämme an der Oberfläche nasser Böden oder in schwach mit Harnstoff und anderen Formen org. Stickstoffs verunreinigten Gewässern vor.
Th. Mattheis. 6135.

Hassall, K. A.; Reading, Univ., Dep. of Physiol. Chem. A specific effect of copper on the respiration of Chlorella vulgaris. **(Eine spezifische Wirkung von Kupfer auf die Atmung von Chlorella vulgaris.)** Nature [London] **193** (1962) Nr. 4810. S. 90. — 2 Tab., 1 Lit.
Wurde eine Suspension von *Chlorella* mit 10^{-1} Mol $CuSO_4$ geschüttelt, trat keine Atmungshemmung ein; in stillstehenden Kulturen wirkten dagegen schon 10^{-3} Mol $CuSO_4$ bald toxisch. Es zeigte sich ferner, daß O_2-Mangel zu einer starken Giftigkeit des Kupfers führt. Vf. nimmt an, daß die Verteilung des Cu in den Algen unter anaeroben Bedingungen eine andere ist als unter aeroben oder daß ein Atmungssystem existiert, für das unter anaeroben Verhältnissen Cu ein spez. Gift ist. Die Wirkung von Cu ist von Interesse da Kupferverbindungen vom Pflanzenschutz verwendet werden.
M. Schlüter. 6135.

Strietelmeier, D. und Koch, Robert B.; Chicago, Quartermaster Food and Container Inst. for the Armed Forces, Chem. and Microbiol. Branch, Food Div. Modifications of green algae to be used as food. **(Veränderungen von Grünalgen, die als Futter benutzt werden.)** Nature [London] **195** (1962) Nr. 4840. S. 474–476.
Es wird versucht, ein Eiweißkonzentrat aus einem Stamm von *Chlorella* (Sorokin) mit einem hohen Temperaturoptimum zur Streckung von eiweißarmen Futtermitteln zu entwickeln. Den nachteiligen bitteren Geschmack und die dunkelgrüne Farbe der Trockensubstanz beseitigten Vff. durch Methanolextraktion. Dabei wurden außerdem die festen Zellwände der Algen zerbrochen, so daß die Nährstoffaufnahme bei Albino-Ratten von 54,5% auf 81,7% und die Eiweißverdaulichkeit von 46,2% auf 65,5% stiegen. Der Rohproteingehalt der gewonnenen Algen betrug 65%. M. Schlüter. 6135.

Staub, Robert; Zürich, Eidg. TH, Anst. für Wasserversorg., Abwasserreinig. und Gewässerschutz. **Ernährungsphysiologisch-autökologische Untersuchungen an der planktischen Blaualge Oscillatoria rubescens DC.** Schweiz. Z. Hydrol. **23** (1961) Nr. 1. S. 82–198. — 19 Abb., 18 Tab., 180 Lit.
Nach einem Überblick über den Stand der heutigen Blaualgenkulturmethodik wird eingehend die vom Vf. benutzte Methode zur Reinkultivierung von *O. rubescens* beschrieben. Mit Hilfe des Antibiotikum Actidion (50 mg/l), welches Pilze, Grünalgen und Diatomeen unterdrückt, gelingt es dem Vf., gute *Oscillatoria-rubescens*-Rohkulturen herzustellen. Ausgehend von Klonkulturen, wird schließlich durch eine kombinierte UV-Bestrahlung und Antibiotika-Einwirkung (bes. Aureomycin) ein bakterienfreier Oscillatorien-Stamm 51 R erhalten, welcher für die ernährungsphysiologischen Untersuchungen benutzt wird. Die Nährstoffansprüche von *O. rubescens* stimmen weitgehend mit denen anderer Mikrophyten überein. Die Alge läßt sich in anorg. Nährlösungen ziehen, bevorzugt allerdings einen etwas höheren pH-Wert (pH 8–10) als Grünalgen. *O. rubescens* ist autotroph, nicht auf äußere Zufuhr org. Stoffe angewiesen und nicht zur Bindung von N_2 in der Lage. Für optimales Wachstum werden nur Spuren von Natrium, 4 mg/l Calcium, jedoch 10 mg/l Kalium benötigt. Die optimale Anfangskonzentration an Stickstoff in der Nährlösung betrug 30 mg/l und an Phospor 3 mg/l. Als wachstumsbegrenzend im Algentrockengewicht wurden 5–6% N und 0,1–0,3% P gefunden. Diesen Grenzwerten nähert sich während der Sommerstagnation im Zürichsee der Stickstoffgehalt von *O. rubescens.* Eine Verminderung der Burgunderblutalge in eutrophierten Alpenseen kann nur durch Senkung der Zufuhr von Nährstoffen erreicht werden. M. Schlüter. 6135.

Truchin, N. V. (Truchin, N. W.) Optimal'nye značenija pH dlja rosta nekotorych sinezelenych vodoroslej. **(Die optimalen pH-Werte für das Wachstum einiger Blaualgen.)** Bjulleteń Instituta biologii vodochranilišč, Moskva **1960** Nr. 6. S. 7–9. — 1 Tab., 7 Lit. 6135.

Schumacher, George J.; New York, Harpur Coll. Some fresh-water algae of New York. **(Einige Süßwasseralgen von New York.)** Conservationist **16** (1962) Nr. 6. S. 22–25. 36. — 20 Abb.
Vf. charakterisiert kurz in allgemeinverständlicher Art die Cyanophyta, Chlorophyta, Chrysophyta, Rhodophyta und ihre Standorte; die häufigsten Gattungen aus dem Gebiet von New York werden genannt und abgebildet. Vf. behandelt weiterhin die Bedeutung der Algen im Stoffkreislauf der Gewässer und nennt spez. die Gattung *Chlorella* als Eiweißlieferant.
M. Schlüter. 6135.

Smirnov, N. N. (Smirnow, N. N.) Rastvorennye vitaminy i ich značenie dlja vodnych organizmov. **(Gelöste Vitamine und ihre Bedeutung für die Wasserorganismen.)** Bjulleteń Instituta biologii vodochranilišč, Moskva **1959** Nr. 4. S. 21–25. — 46 Lit. 6135.

Kožov, M. M. (Koshow, M. M.) O vidoobrazovanii v oz. Bajkal. **(Über die Artbildung im Baikalsee.)** Bjulleteń Moskovskogo obščestva ispytatelej prirody [N. S.] **131** (1960) Otdel biologičeskij **65** Nr. 6. S. 39–47. — 1 Tab., 25 Lit. Zus. in Engl. 6135.

Woynárovich, Elek; Tihany, Ungarn. **Sauerstoffverbrauch einiger Wassertiere bei verschiedener Temperatur.** Verh. int. Verein. theoret. angew. Limnol. **14** (1959, hrsg. 1961) S. 1014–1018. — 2 Abb., 1 Tab., 6 Lit.
Vf. untersuchte den Sauerstoffverbrauch von *Palingenia longicauda*, *Ephemera danica* und *Gammarus roeseli* bei verschiedenen Temperaturen. Der O_2-Verbrauch stieg nicht stetig mit der Temperatur, sondern wies bei allen Arten über eine gewisse Strecke der Temperaturskala keine Steigerung auf. Dieser Temperaturbereich wird für die Optimaltemperatur der Art gehalten. Die Adaptionszeit der einzelnen Arten an verschiedene Temperaturen ist sehr unterschiedlich. Die Angabe des O_2-Verbrauches/g Trockengewicht weist infolge des chitinösen Exosklelettes einen Fehler auf, so daß der O_2-Bedarf bei kleineren Individuen stets größer ist als bei größeren Individuen der gleichen Art. W. v. Tümpling. 6135.

Morduchaj-Boltovskaja, Ė. D. (Morduchai-Boltowskaja, E. D.) O pitanii chiščnych kladocer Leptodora i Bythotrephes. **(Über die Ernährung der räuberischen Cladoceren Leptodora und Bythotrephes.)** Bjulleteń Instituta biologii vodochranilišč, Moskva **1960** Nr. 6. S. 21–22. — 6 Lit. 6135.

Morduchaj-Boltovskaja, Ė. D. (Morduchai-Boltowskaja, E. D.) K voprosu o sistematike roda Bythotrephes Leydig (Cladocera). **(Zur Frage der Systematik der Art Bythotrephes Leydig [Cladocera].)** Bjulleteń Instituta biologii vodochranilišč, Moskva **1959** Nr. 4. S. 29–32. — 2 Tab., 13 Lit. 6135.

Novskij, V. A. (Nowski, W. A.); Jaroslawl, Pädagog. Inst. Nachodka Dreissena polymorpha v četvertičnych Rybinskogo rajona Jaroslavskoj oblasti. **(Ein Fund von Dreissena polymorpha in Quartärablagerungen des Rybinsker Rayons im Gebiet Jaroslawl.)** Bjulleteń Instituta biologii vodochranilišč. Akademija nauk SSSR, Moskva-Leningrad **1960** Nr. 8/9. S. 28–29. — 3 Lit.
Funde der Dreikantmuschel in Ablagerungen aus dem Quartär, in 3–4 m Tiefe beweisen, daß diese Molluske in dem genannten Raum bereits in prähistorischer Zeit vorkam. Vf. beschreibt die Fundstelle und geht auf die Umstände ein, die dazu geführt haben können, daß die Dreikantmuschel bereits im Quartär Lebensmöglichkeit in diesem Gebiet fand.
H.-W. Hattop. 6135.

Brinkhurst, R. O.; Liverpool. Alary polymorphism in the Gerroidea. **(Über den Flügel-Polymorphismus bei den Gerroidea.)** Verh. int. Verein. theoret. angew. Limnol. **14** (1959, hrsg. 1961) S. 978–982. — 1 Abb., 2 Tab., 9 Lit.
Vf. untersuchte bei verschiedenen *Gerris*-Arten den Flügel-Polymorphismus in Abhängigkeit vom Lebenszyklus der Art. Meist überwintern an Land langflügelige Formen, deren Nachkommen im Frühjahr und Sommer kurzflügelig sind oder „gemischte" Populationen bilden. Das Auftreten langflügeliger Individuen steht somit in engem Zusammenhang mit der Verbreitung und der Erhaltung der Art. Die Möglichkeiten der Determination beider Formen im Jahreszyklus auf genetischem Wege sowie die Rolle der Temperatur als möglicher auslösender Faktor der Modifikation werden diskutiert.
W. v. Tümpling. 6135.

Guseva, K. A. (Gussewa, K. A.) Vozmožnost' razmnoženija kišečnoj paločki v vodoeme. **(Die Möglichkeiten der Vermehrung der Colibakterien im Wasser.)** Bjulleteń Instituta biologii vodochranilišč, Moskva **1959** Nr. 4. S. 10–13. — 1 Abb., 5 Tab., 1 Lit. 6135.

Beljackaja-Potaenko, Ju. S. (Beljazkaja-Potajenko, Ju. S.); Minsk, Belo-russ. Lenin-Univ. Intensivnost' gazoobmena u vodnych bakterij. **(Intensität des Gasaustauschs bei Wasserbakterien.)** Mikrobiologija, Moskva **31** (1962) Nr. 1. S. 135–139. – 4 Tab., 20 Lit.

Bei Untersuchungen im eutrophen Batorin-See wurde der Sauerstoffverbrauch einer einzigen Bakterienzelle mit $0,10 \times 10^{-9}$ mg O_2/Tag bei 20 °C bestimmt. Wasserbakterien unter natürlichen Bedingungen verwerten für ihr Wachstum etwa 40–60% des org. Materials aus dem Substrat. Th. Mattheis. 6135.

White, A. Joan; Wellington, City Council Lab. The occurrence of actinomycetes in Wellington water supplies. **(Das Vorkommen von Actinomyceten in der Wasserversorgung von Wellington.)** New Zealand J. Sci. **5** (1962) Nr. 1. S. 54–63. – 1 Tab., 12 Lit.

Von 14 Probestellen (teils wöchentl., teils monatl. Entnahme) der Wasserversorgung von Wellington konnten mit dem Plattenverfahren insgesamt 49 Actinomyceten-Kulturen isoliert werden. Die Hauptmenge gehört zu 17 *Streptomyces*-Typen, die in 4 Hauptgruppen fallen. Der Rest wurde als *Micromonospora globosa* identifiziert, die sehr häufig vorkam. Von den insgesamt 18 Typen (*Streptomyces, Micromonospora*) widerstand nur eine *Streptomyces*-Type der Chlorierung. Th. Mattheis. 6135.

Scotten, H. L. und Stokes, J. L.; Pullman, Washington State Univ., Dep. of Bacteriol. and Public Health; Bloomington, Indiana Univ., Dep. of Bacteriol. Isolation and properties of Beggiatoa. **(Isolierung und Eigenschaften von Beggiatoa-Stämmen.)** Arch. Mikrobiol. **42** (1962) Nr. 4. S. 353–368. – 5 Abb., 2 Tab., 10 Lit.

5 *Beggiatoa*-Stämme wurden aus Schlamm von Teichen, Seen und Flüssen isoliert und zu Reinkulturen gezüchtet, 2 weitere entstammten Sammlungen. *Beggiatoa*-Fäden setzen sich aus hintereinanderliegenden stäbchenförmigen Zellen zusammen. Die Zellen enthalten lipoide und metachromatische Granula und kernähnliche Körper. Eine Zellmembran und ein Schleimwall konnten beobachtet werden, aber keine Zellwand. Geißeln fehlten, obwohl die Fäden schnell über feste und in flüssigen Nährböden glitten. Sämtliche 7 Stämme waren heterotroph. H_2S stimulierte das Wachstum oder war essentiell für heterotrophes Wachstum. Sowohl Nitrate und Ammoniumsalze als auch org. N-haltige Substanzen können den Stickstoffbedarf von *Beggiatoa* decken. Das optimale Wachstum erfolgte bei 28 °C und pH 7,2–8,2. Die Stämme waren aerob oder mikroaerophil. Sie wuchsen unter anaeroben Verhältnissen nicht. *Beggiatoa* dehydriert und oxydiert eine Reihe von Zuckern, org. Säuren und Aminosäuren. Th. Mattheis. 6135.

Dzjuban, N. A. (Dsjuban, N. A.); Kuibyschew, Stat. des Inst. für Biol. der Stauseen der Akad. der Wiss. der UdSSR. O rajonirovanii Kujbyševskogo vodochranilišča. **(Über die Gebietsaufteilung der Kuibyschewer Talsperre.)** Bjulleteń Instituta biologii vodochranilišč. Akademija nauk SSSR, Moskva-Leningrad **1960** Nr. 8/9. S. 53–56. – 1 Abb., 4 Lit.

Vf. teilt die Kuibyschewer Talsperre in 8 Bezirke ein, von denen eine kurze Beschreibung gegeben wird. Es werden außerdem 4 große Buchten erwähnt, welche teilweise während des Winters trockenfallen und in denen die Fischbestände daher zu Grunde gehen. H.-W. Hattop. 6138.

Kudrin, V. P. (Kudrin, W. P.); Borok, RSFSR, Inst. für Biol. der Stauseen der Akad. der Wiss. der UdSSR. O klassifikacii i proischoždenii gruntov vodochranilišč. **(Über die Klassifikation und den Ursprung der Talsperrenböden.)** Bjulleteń Instituta biologii vodochranilišč, Moskva-Leningrad **1960** Nr. 8/9. S. 57–61. – 2 Abb., 1 Tab., 3 Lit.

Vf. gibt an Hand von Bodenuntersuchungen in einer Reihe von Talsperren eine Übersicht über die Bodenverhältnisse in den Staubecken des mittleren

Streifens der UdSSR. Es werden primäre und sekundäre Böden unterschieden; diese beiden Gruppen werden ihrerseits wieder in solche org. und anorg. Ursprungs unterteilt. Untersucht werden außerdem die quantitative Verteilung der einzelnen Bestandteile, die mechanische Zusammensetzung, die Farbe und die Konsistenz. H.-W. Hattop. 6138.

Iźjurova, A. I. (Isjurowa, A. I.) Vzvešennye vesčëstva i donnye otloženija Kljaźminskogo vodochranilišča. **(Schwebestoffe und Bodenablagerungen in der Kljasmatalsperre.)** Trudy Vsesojnznogo gidrobiologičeskogo obščestva, Moskva **10** (1960) S. 25–35. – 2 Abb., 5 Tab., 9 Lit. 6138.

Potapov, A. A. (Potapow, A. A.) O značenii donnych otloženij pri prognozach zarastanija vodochranilišč. **(Über die Bedeutung der Bodenablagerungen für die Prognosen über die Verwachsung der Talsperren.)** Trudy Vsesojuznogo gidrobiologičeskogo obščestva, Moskva **10** (1960) S. 43–51. – 2 Abb., 2 Tab., 9 Lit. 6138.

Sorokin, Ju. I. O soderžanii sul'fidov v gruntach Čeremšanskogo i Suskanskogo zalivov Kujbyševskogo vodochranilišča. **(Über den Sulfidgehalt in den Böden der Tscheremscha- und Suskabucht der Kuibyschewer Talsperre.)** Bjulleteń Instituta biologii vodochranilišč, Moskva **1960** Nr. 6. S. 3–6. – 2 Abb., 1 Tab., 6 Lit. 6138.

Bakastov, S. S. (Bakastow, S. S.) Režim gruntovych vod v pribrežnoj zone Rybinskogo vodochranilišča. **(Die Grundwasserverhältnisse in der Uferzone der Rybinsker Talsperre.)** Bjulleteń Instituta biologii vodochranilisc, Moskva **1959** Nr. 4. S. 49–54. – 3 Abb. 6138.

Petrenko, M. V. (Petrenko, A. W.); Nowosibirsk, Abt. des Unions-Forsch.-Inst. für Binnenfischerei. Gidrochimičeskij režim Novosibirskogo vodochranilišča v pervyj god ego napolnenija. **(Die hydrochemischen Verhältnisse der Nowosibirsker Talsperre im ersten Jahr ihres Bestehens.)** Bjulleteń Instituta biologii vodochranilišč, Moskva **1959** Nr. 4. S. 46–48. – 4 Lit. 6138.

Ėkzercev, V. A. (Ekserzew, W. A.) Klassifikacija rastitel'nych gruppirovok zony vremennogo zatoplenija Ugličskogo vodochranilišča. **(Die Klassifikation der Pflanzengruppen in der Überschwemmungszone der Uglitscher Talsperre.)** Bjulleteń Instituta biologii vodochranilišč, Moskva **1960** Nr. 6. S. 10–13. – 2 Tab., 3 Lit. 6138.

Ėkzercev, V. A. und Trifonova, N. A. (Ekserzew, W. A. und Trifonowa, N. A.) O svjazi nekotorych rastitel'nych gruppirovok Ivańkovskogo vodochranilišča s ėlementami okružajuščej sredy. **(Über den Zusammenhang einiger Pflanzengruppen der Iwankowoer Talsperre mit den Elementen des umgebenden Mediums.)** Bjulleteń Instituta biologii vodochranilišč, Moskva **1959** Nr. 4. S. 17–20. – 2 Tab., 1 Lit. 6138.

Ėkzercev, V. A. (Ekserzew, W. A.) Nekotorye zakonomernosti v raspredelenii zaroslej gigrofitov na melkovod'jach Kujbyševskogo vodochranilišča. **(Einige Gesetzmäßigkeiten in der Verteilung der Hygrophytenflora in den Flachwasserbezirken der Kuibyschewer Talsperre.)** Bjulleteń Instituta biologii vodochranilišč, Moskva **1959** Nr. 4. S. 14–16. – 2 Lit. 6138.

Vertebnaja, P. I. (Wertebnaja, P. I.) Nabljudenija nad intensivnosťju fotosinteza i dychanija planktona Kljaźminskogo vodochranilišča kanala imeni Moskvy. **(Beobachtungen über die Intensität der Photosynthese und der Atmung des Planktons in der am Moskwa-Kanal gelegenen Kljasmatalsperre.)** Trudy Vsesojuznogo gidrobiologičeskogo obščestva, Moskva **10** (1960) S. 8–24. – 3 Abb., 15 Tab., 19 Lit. 6138.

Sorokin, Ju. I.; Borok, Forsch.-Inst. für Biol. der Stauseen der Akad. der Wiss. der UdSSR. Opredelenie popravočnych koėfficientov na samopogloščenie izlučenija C^{14} pri opredelenii produkcii fotosinteza i chemosinteza v vodoemach. **(Bestimmung der Korrekturkoeffizienten für die Selbstabsorption der ^{14}C-Strahlung bei der Bestimmung der photosynthetischen und chemosynthetischen Produktivität in Stauseen.)** Mikrobiologija, Moskva **31** (1962) Nr. 1. S. 121–128. – 3 Abb., 4 Tab., 12 Lit.
Es wird eine Methode zur Aufzeichnung der Selbstabsorptionskurven von Bariumkarbonatsedimenten beschrieben, die auf der Bestimmung der anfänglichen ^{14}C-Aktivität in einer dünnen Schicht org. Materials beruht. Die gefundenen Selbstabsorptionskurven und der Korrekturkoeffizient zur Bestimmung der Original-^{14}C-Aktivität in Bariumkarbonaten werden angegeben. Unter verschiedenen Bedingungen durchgeführte Bestimmungen der photosynthetischen und chemosynthetischen Produktivität in Staubecken ergaben i.allg. Kurven ähnlichen Charakters. Der Einfluß der Eigenstreuung auf die Form der Selbstabsorptionskurven der ^{14}C-Aktivität in Bariumkarbonatsedimenten wird diskutiert. Th. Mattheis. 6138.

Strojkina, V. G. (Stroikina, W. G.); Kuibyschew, Stat. des Inst. für Biol. der Stauseen der Akad. der Wiss. der UdSSR. Čislennost i biomassa sinezelenych vodoroslej v poverchnostom gorizonte vody Kujbyševskogo vodochranilišča v period cvetenija 1957 i 1958 gg. **(Zahl und Biomasse der Blaualgen in den Oberflächenschichten der Kuibyschewer Talsperre während der Wasserblüte in den Jahren 1957 und 1958.)** Bjulleteń Instituta biologii vodochranilišč, Moskva-Leningrad **1960** Nr. 8/9. S. 9–13. – 3 Tab., 2 Lit.
In der Kuibyschewer Talsperre finden in den Sommermonaten (Juli und Aug.) gewöhnlich Massenentwicklungen der Blaualgen statt. Die Wasserblüte resultiert in den meisten Fällen aus der starken Vermehrung von *Aphanizomenon*. Die Verteilung der Wasserblüte über das gesamte Gewässer ist ziemlich unregelmäßig. H.-W. Hattop. 6138.

Vasil'eva, G. L. und Kožova, O. M. (Wassiljewa, G. L. und Koshowa, O. M.); Irkutsk, Shdanow-Univ.; Baikal, Limnol. Stat. der Ostsibir. Filiale der Sibir. Abt. der Akad. der Wiss. der UdSSR. Nekotorye dannye o bakterio-, fito i zooplanktone Irkutskogo vodochranilišča v gody ego obrazovanija (1957 bis 1958 gg.) **(Einige Unterlagen über das Bakterio-, Phyto- und Zooplankton der Irkutsker Talsperre in den Jahren ihrer Entstehung [1957–1958].)** Bjulleteń Instituta biologii vodochranilišč, Moskva-Leningrad **1960** Nr. 8/9. S. 5–8. – 2 Abb., 1 Tab., 4 Lit.

Die an der Angara gelegene Irkutsker Talsperre wurde in der Zeit von 1956 bis 1958 in Betrieb genommen. Das Plankton dieses Gewässers befand sich noch 1958 in der Entwicklung, es zeichnete sich durch eine sehr geringe Biomasse im Vergleich zu demjenigen der Talsperren im europäischen Teil der UdSSR aus. Die Biomasse des Phytoplanktons betrug z.B. nicht mehr als höchstens 0,5 g/m³. H.-W. Hattop. 6138.

Vasil'eva, G. L., Kožova, O. M., Gosmer, N. A., Putjatina, T. N. und Mišarina, Ė. N. (Wassiljewa, G. L., Koshowa, O. M., Gosmer, N. A., Putjatina, T. N. und Mischarina, E. N.); Irkutsk, Univ. Plankton Irkutskogo vodochranilišča v pervye gody ego suščestvovanija. **(Das Plankton des Irkutsker Stausees in den ersten Jahren seines Bestehens.)** Izvestija Sibirskogo otdelenija Akademii nauk SSSR, Novosibirsk **1960** Nr. 10. S. 103–113. – 2 Abb., 4 Tab., 18 Lit. 6138.

Voronina, N. M. (Woronina, N. M.) O vertikal'nom raspredelenii zooplanktona v Rybinskom vodochranilišče. **(Über die vertikale Verteilung des Zooplanktons in der Rybinsker Talsperre.)** Trudy Vsesojuznogo gidrobiologičeskogo obščestva, Moskva **10** (1960) S. 36–42. – 1 Abb., 1 Tab., 37 Lit. 6138.

Tribuš, T. M. (Tribusch, T. M.) Nekotorye nabljudenija nad kolovratkami semejstva Asplanchnidae Rybinskogo vodochranilišča. **(Einige Beobachtungen über die Rotatorien der Familie Asplanchnidae in der Rybinsker Talsperre.)** Bjulleteń Instituta biologii vodochranilišč, Moskva **1960** Nr. 6. S. 18–19. – 2 Lit. 6138.

Žuravel', P. A. (Schurawel, P. A.); Dnepropetrowsk, ·Univ., Inst für Hydrobiol. O pojavlenii gidroidnogo polipa Cordylophora caspia Pall. v Samarskom otroge Dneprovskogo vodochranilišča. **(Über das Auftreten des Hydroidpolypen Cordylophora caspia in der Samarabucht der Dnepr-Talsperre.)** Bjulleteń Instituta biologii vodochranilišč, Moskva **1959** Nr. 4. S. 26–28. – 4 Lit. 6138.

Šilov, A. I. (Schilow, A. I.) O sezonnych izmenenijach čislennosti i biomassy tendipedid v Rybinskom vodochranilišče. **(Über die jahreszeitlichen Veränderungen der Zahl und Biomasse der Tendipediden in der Rybinsker Talsperre.)** Bjulleteń Instituta biologii vodochranilišč, Moskva **1960** Nr. 6. S. 30–32. – 2 Abb., 12 Lit. 6138.

Gromov, V. V. (Gromow, W. W.); Perm, Gorki-Univ. Ličinki tendipedid vodnych rastenij Kamskogo (Permskogo) vodochranilišča. **(Die Tendipedidenlarven der Wasserpflanzen in der Kama-[Permer]Talsperre.)** Bjulleteń Instituta biologii vodochranilišč, Moskva **1960** Nr. 6. S. 26–29. – 3 Tab., 1 Lit. 6138.

Vajnštejn, B. A. (Wainstein, B. A.) Vodjanye klešči Rybinskogo vodochranilišča i prilegajuščich vodoemov. Soobščenie 1. **(Die Wassermilben der Rybinsker Talsperre und der umliegenden Gewässer. 1. Mitt.)** Bjulleteń Instituta biologii vodochranilišč, Moskva **1960** Nr. 6. S. 23–26. – 1 Abb., 3 Lit. 6138.

Greze, V. N. (Grese, W. N.); Sewastopol, Biol. Stat. der Akad. der Wiss. der UdSSR. Cholodostojkost' litoral'noj fauny Kamskogo vodochranilišča i ego biologičeskaja produktivnost', **(Die Kältebeständigkeit der Litoralfauna der Kama-Talsperre und ihre biologische Produktivität.)** Zoologičeskij žurnal, Moskva **39** (1960) Nr. 12. S. 1761–1773. – 8 Tab., 36 Lit. Zus. in Engl. 6138.

Sorokin, Ju. I. Biomassa bakterij i chimičeskij sostav gruntov Rybinskogo vodochranilišča. **(Die Biomasse der Bakterien und die chemische Zusammensetzung des Bodens in der Rybinsker Talsperre.)** Bjulleteń Instituta biologii vodochranilišč, Moskva **1959** Nr. 4. S. 3–6. – 1 Tab., 6 Lit. 6138.

Kuznecov, S. I. und Dzjuban, I. N. (Kusnezow, S. I. und Dsjuban, I. N.); Borok, RSFSR, Inst. für Biol. der Stauseen der Akad. der Wiss. der UdSSR. Ispol'zovanie pektinovych veščestv v kačestve istočnika ugleroda pri razvitii mikobakterij. **(Die Verwendung von Pektinsubstanzen als Kohlenstofflieferanten bei der Kultivierung von Mykobakterien.)** Bjulleteń Instituta biologii vodochranilišč, Moskva-Leningrad **1960** Nr. 8/9. S. 3–4. – 1 Tab., 2 Lit.
Die Zellmembranen der meisten Planktonalgen bestehen aus Alginsäure, die zu den Pektinsubstanzen gehört. Zu den wenigen Bakterienformen, die diese Stoffe zersetzen, gehören die Mykobakterien, welche in der Rybinsker Talsperre bes. dann häufig sind, wenn das Plankton abstirbt. Vff. untersuchten verschiedene Vertreter dieser Gruppe und stellten fest, daß *Mykobacterium luteum* und *M. filiforme* vermutlich eine große Rolle bei der Mineralisation des abgestorbenen Phytoplanktons spielen. H.-W. Hattop. 6138.

Rodina, A. G.; Leningrad, Zool. Inst. der Akad. der Wiss. der UdSSR. Drožževye gribki v rybovodnych prudach i ich piščevoe značenie. **(Hefepilze in Teichen und ihr Futterwert.)** Izvestija Akademii nauk SSSR. Serija biologičeskaja, Moskva **25** (1960) Nr. 5. S. 661–669. – 3 Abb., 1 Tab., 16 Lit. Zus. in Engl. 6140.

Pannier, Federico; Caracas, Venezuela, Univ. Centr. Fac. de Cie., Escuela de Biol. Physiological responses of Podostemaceae in their natural habitat. **(Physiologische Reaktionen von Podostemaceen an ihrem natürlichen Fundort.)** Int. Rev. ges. Hydrobiol. **45** (1960) Nr. 3. S. 347–354. – 8 Abb., 14 Lit.

Vf. untersuchte den O_2-Verbrauch und die CO_2-Quelle bei der Photosynthese von einigen Vertretern der Podostemaceen. Der O_2-Verbrauch erreichte bei *Tristicha* 15 mg O_2/1 g Frischgewicht/1 Std., den höchsten bei Wasserpflanzen je gemessenen Wert. Die Podostemaceen können für die Photosynthese nur gelöstes CO_2 ausnutzen. Daraus erklärt sich ihr Vorkommen in extrem schneller Strömung, wo ein CO_2-Gleichgewicht zwischen Atmosphäre und Wasser herrscht. M. Schlüter. 6145.

Zelikman, A. L. (Selikman, A. L.); Kostroma, Pädagog. Inst. Količestvennaja charakteristika zooplanktona vodoemov Volžsko-Kostromskoj pojmy. **(Eine quantitative Charakteristik des Zooplanktons der Gewässer des Wolga-Kostroma-Überschwemmungsgebietes.)** Trudy Vsesojuznogo gidrobiologičeskogo obščestva, Moskva **10** (1960) S. 86–101. – 7 Abb., 3 Tab., 25 Lit. 6145.

Lepneva, S. G. (Lepnewa, S. G.); Leningrad, Zool. Inst. der Akad der Wiss. der UdSSR. K izučeniju potamobiontov Amura. Kukolki Macronematinae (Trichoptera, Hydropsychidae). **(Zur Untersuchung der Potamobionten des Amurs. Puppen der Macronematinae [Trichoptera, Hydropsychidae].)** Trudy Vsesojuznogo gidrobiologičeskogo obščestva, Moskva **10** (1960) S. 175–181. – 5 Tab., 2 Tab., 7 Lit. 6145.

Morduchaj-Boltovskoj, F. D. (Morduchai-Boltowskoi, F. D.) O rasprostranenii v bassejne Volgi Paramysis (Metamysis) ullskyi Czern. (Crustacea, Mysidacea). **(Über die Verbreitung von Paramysis (Metamysis) ullskyi [Crustacea, Mysidacea] im Wolgabecken.)** Bjulleteń Instituta biologii vodochranilišč, Moskva **1960** Nr. 6. S. 14–17. – 11 Lit. 6145.

Kosova, A. A. (Kossowa, A. A.); Astrachan, Staatl. Naturschutzgebiet. Sezonnye izmenenija planktona i bentosa na polojach nižnej zony del'ty Volgi. **(Die jahreszeitlichen Veränderungen des Planktons und des Benthos auf den Hochwasserflächen des unteren Abschnittes des Wolgadeltas.)** Trudy Vsesojuznogo gidrobiologičeskogo obščestva, Moskva **10** (1960) S. 102–135. – 9 Abb., 8 Tab., 34 Lit. 6145.

Artjuch, E. S. (Artjuch, Je. S.); Krasnodar, Landwirtsch. Inst. des Kubangebietes. Presnovodnaja meduza v staroj Kubani. **(Eine Süßwassermeduse im Alten Kuban.)** Priroda, Moskva **49** (1960) Nr. 11. S. 110–111. – 1 Abb., 2 Lit. 6145.

Schwarz, Siegfried; Hiddensee, Biol. Forsch.-Anst.; Greifswald, Bezirks-Hyg.-Inst. **Produktionsbiologische Untersuchungen am Zooplankton der Rügenschen, Hiddenseer und Darßer Boddengewässer (1953 bis 1955).** Z. Fischerei Hilfswiss. [N. F] 10 (1962) Nr. 6/7. S. 401–428. – 11 Abb., 7 Tab., 15 Lit.

Nach einleitender topographischer Beschreibung der Untersuchungsgebiete und ihrer Hydrographie werden die einzelnen Planktongruppen eingehend besprochen. Dabei stellte es sich heraus, daß in den Rügenschen und Hiddenseer Gewässern die Tintinnodeen den Hauptanteil der Protozoen stellen. Die Massenentwicklungen der einzelnen Arten sind reihenfolgemäßig wahrscheinlich durch Temperatureinfluß festgelegt. Die zweitwichtigste Gruppe wird von gehäuselosen Ciliaten gebildet, die bes. die Darßer Bodengewässer beherrschen. Quantitativ schwer erfaßbare Kleinformen können mit großen Individuenzahlen auftreten. *Dileptus saaleri* wird als wahrscheinliche neue Art beschrieben, ebenfalls scheint *Cyclotrichium* spec. neu zu sein. Die in den

Bodden festgestellten Ceratien stammen stets aus der Ostsee und sind als Indikator für den Einstrom von Ostseewasser in die Bodden verwendbar.

F.-K. Löwe. 6148.

Burbanck, W. D.; Georgina, Emory Univ. The biology of Cyathura sp., an estuarine isopod of Eastern North America. **(Die Biologie von Cyathura spec., einem Brackwasser-Isopoden der nordamerikanischen Ostküste.)** Verh. int. Verein. theoret. angew. Limnol. **14** (1959, hrsg. 1961) S. 968-971. – 11 Lit.

Vf. berichtet über ca. 75 Funde einer *Cyathura*-Art, deren letztes Abdominalsegment im Gegensatz zu *C. carinata* frei ist. Die nördl. Verbreitungsgrenze liegt bei Neu-Schottland, die südl. bei New Orleans. Die Art kommt entlang der gesamten Ostküste der USA in einer durchschn. Dichte von 100 bis 200 Individuen/m^2 vor. Cytologische Untersuchungen über die Chromosomenzahl sowie über das dorsale Muster der Chromatophoren lassen vermuten, daß es sich im gesamten Verbreitungsgebiet um nur 1 Art handelt. Die Art kommt nur im Gezeiten-Gebiet vor, sie lebt vorzugsweise im Bereich stärkerer Strömung und bewohnt selbstgebaute Röhren im sandigen Schlamm. Der Salzgehalt der Standorte schwankt zwischen 1‰ und 18‰. Die ungewöhnlich weite Verbreitung der an sich südl. Art wird auf die in den letzten 20 Jahren so häufigen Hurricans an der Ostküste der USA zurückgeführt.

W. v. Tümpling. 6148.

Beklemišev, K. V. (Beklemischew, K. W.) Rol' glubinnych vod poljarnogo i subpoljarnogo proischoždenija v obogaščenii abissal'nogo planktona. **(Die Bedeutung des Tiefenwassers polaren und subpolaren Ursprunges für die Bereicherung des abyssalen Planktons.)** Bjulleteń Moskovskogo obščestva ispytatelej prirody [N. S.] **131** (1960) Otdel biologičeskij **65** Nr. 3. S. 46-52. – 2 Abb., 2 Tab., 23 Lit. Zus. in Engl. 6150.

Simonsen, Reimer und Kanaya, Taro; Kiel, Univ., Inst. für Meereskunde; La Jolla, Calif., Scripps Instn. of Oceanography. Notes on the marine species of the diatom genus Denticula Kütz. **(Bemerkungen über die marinen Arten der Diatomeen-Gattung Denticula Kütz.)** Int. Rev. ges. Hydrobiol. **46** (1961) Nr. 4. S. 498-513. – 31 Abb., 2 Tab., 38 Lit.

Vff. führen im 1. Teil eine taxonomische Revision der marinen Gattung *Denticula* durch. Die Gattung scheint auf das indo-pazifische Areal beschränkt zu sein. Es werden 5 Arten unterschieden, 4 davon sind fossil, nur *D. Seminae* nov. nom. (= *D. marina* Semina) kommt rezent im subarktischen Plankton des Pazifiks vor. Im 2. Teil wird das erdgeschichtliche Vorkommen der revidierten Arten im Mio- und Pliozän an der pazifischen Küste Kaliforniens untersucht. In den untersten Schichten ist nur *D. lauta* vertreten, es folgen *D. Hustedtii* und *D. kamtschatica*; *D. Seminae* tritt erst im Quartär auf, kommt noch rezent vor und ist in den Sedimenten des nördlichen Pazifiks weit verbreitet.

M. Schlüter. 6150.

Beljaeva (Sečkina), T. V. (Beljajewa [Setschkina], T. W.) Diatomovye v poverchnostnom sloe osadkov Japonskogo morja. **(Die Diatomeen in der Oberflächenschicht der Ablagerungen des Japanischen Meeres.)** Trudy Instituta okeanologii. Akademija nauk SSSR, Moskva **46** (1961) S. 247-262. – 8 Abb., 1 Tab., 33 Lit.

Die vorliegende Arbeit gibt erstmalig eine umfassende Darstellung der Diatomeenflora in den Ablagerungen großer Teile des Japanischen Meeres. Charakteristisch für die dortigen Diatomeen ist die enge Abhängigkeit von den hydrologischen Besonderheiten des Gebietes, das durch den warmen Zusimsker Strom gespeist wird. Die im Plankton massenhaft vorhandenen Arten überwiegen auch in den Ablagerungen. Sowohl in der Häufigkeit des Auftretens als auch mengenmäßig dominieren unter den Diatomeen die südlich-borealen Formen.

G. Predel. 6150.

Castenholz, Richard W.; Eugene, Univ. of Oregon, Dep. of Biol. The effect of grazing on marine littoral diatom populations. **(Untersuchungen über die Fraßwirkung marinen, litoralen Diatomeen-Populationen gegenüber.)** Ecology **42** (1961) Nr. 4. S. 783–794. – 6 Abb., 3 Tab., 16 Lit.

Vf. untersuchte in der Gezeitenzone an der Küste von Oregon an kleinen, durch Draht abgeschirmten Flächen den Einfluß von Gastropoden auf die Entwicklung der Diatomeenüberzüge. Die Menge der Kieselalgen wurde durch Bestimmung ihres Chlorophyllgehaltes ermittelt, die als Versuchstiere verwendeten Schnecken (*Littorina scutulata* und *Acmaea*) gezählt und das Volumen festgestellt. Während des Sommers wird im oberen Litoral die reichliche Diatomeen-Entwicklung durch Schnecken begrenzt; ca. 3 Vertreter von *Littorina*/dm^2 hielten eine Versuchsfläche 2 Wochen lang frei von Kieselalgen. Im unteren Litoral bestimmen mehr Sukzessionserscheinungen, im Supralitoral extreme ökologische Bedingungen die Diatomeen-Entwicklung. Die zahlreichen Kieselalgen im Winter im Supralitoral und oberen Litoral werden u. a. auf geringere Dichte und Aktivität der Schnecken zurückgeführt. Als Nahrung der untersuchten Schnecken werden Diatomeen angesehen. M. Schlüter. 6150.

Guŕjanova, E. F. (Gurjanowa, Je. F.); Leningrad, Zool. Inst. der Akad. der Wiss. der UdSSR. Fauna beregov Chajnanja. **(Die Fauna der Küste von Hainan.)** Priroda, Moskva **49** (1960) Nr. 11. S. 35–41. – 13 Abb., 1 Lit. 6150.

Barsanova, N. G. (Barsanowa, N. G.) Nekotorye sravnitel'nye dannye po faune skalistoj litorali Barencova i Belogo morej. **(Einige vergleichende Angaben über die Fauna des Felslitorals der Barents-See und des Weißen Meeres.)** Trudy Instituta okeanologii. Akademija nauk SSSR, Moskva **46** (1961) S. 140–146. – 2 Abb., 2 Tab., 9 Lit.

Beide Uferzonen wurden in 3 Horizonte eingeteilt und die dort siedelnde Fauna verglichen. Die drei Zonen sind: Mittleres Hochwasser bis minimales Hochwasser, minimales Hochwasser bis mittleres Niedrigwasser und mittleres Niedrigwasser bis maximale Ebbe. Ungeachtet der Unterschiede der Lebensräume in beiden Meeren und der unterschiedlichen Fauna sind die Gesetzmäßigkeiten in der Faunenverteilung in den einzelnen Horizonten gleich. Eine max. Entwicklung erfolgt im 2. Horizont. Auch die Biomasse in den Horizonten war für beide Meere etwa gleich, wenn auch teilweise Unterschiede in den vorkommenden Arten bemerkt werden konnten. G. Predel. 6150.

Kuznecov, A. P. (Kusnezow, A. P.) Materialy po količestvennomu učetu donnoj fauny Kamčatskogo zaliva. **(Angaben über die quantitative Berechnung der Bodenfauna der Kamtschatka-Bucht.)** Trudy Instituta okeanologii. Akademija nauk SSSR, Moskva **46** (1961) S. 103–123. – 9 Abb., 8 Tab., 38 Lit.

Die mittlere Biomasse an Benthos im Gebiet liegt bei 174 g/m^2. Vorherrschend sind Stachelhäuter, Muscheln und Polychäten, bes. arktisch-boreale und nördlich-boreale Arten. Von 7 Benthosgemeinschaften sind 6 typische sublitorale und nur 1 bathyale Gemeinschaft vorhanden. Der Anteil der Fischnährtiere im Benthos ist rel. hoch, jedoch fallen einige der hochproduktiven Teile infolge der ungünstigen Temperaturverhältnisse als Nahrungsgebiete für Plattfische aus. Auf Grund der vorhandenen und erreichbaren Bodennahrung wird angenommen, daß ein jährlicher Plattfischertrag von ca. 3000 t ohne Schaden aus der Bucht entnommen werden kann. G. Predel. 6150.

Lus, V. Ja. und Kuznecov, A. P. (Lus, W. Ja. und Kusnezow, A. P.) Materialy po količestvennomu učetu donnoj fauny v Korfo-Karaginskom rajone (Beringovo more). **(Angaben zur quantitativen Berechnung der Bodenfauna im Korfo-Karaginsker Gebiet [Bering-Meer].)** Trudy Instituta okeanologii. Akademija nauk SSSR, Moskva **46** (1961) S. 124–139. – 11 Abb., 2 Tab., 3 Lit.

Die mittlere Biomasse dieses bedeutenden Fischereigebietes des Bering-Meeres liegt bei 369 g/m². An dieser Menge sind die wichtigsten systematischen Gruppen wie folgt beteiligt: Crustacea 28%, Echinodermata 28%, Mollusca 25.3%, Polychaeta 6,9%. Die Epifauna verhält sich zur Infauna wie 90.1 zu 9,9 (berechnet nach Gewicht). Ein bes. gutes Nahrungsgebiet für die Fische ist die Korfo-Bucht. Hier beträgt der Anteil, der von den Fischen aus dem Benthos verwertet wird, 50 bis 100%. G. Predel. 6150.

Kuznecov, A. P. (Kusnezow, A. P.) Materialy po ėkologii nekotorych massovych form bentosa iz rajona Vostočnoj Kamčatki i severnych Kuril'skich ostrovov. **(Angaben zur Ökologie einiger massenhaft vorkommender Benthosformen aus dem Gebiet östlich Kamtschatkas und der nördlichen Kurilen.)** Trudy Instituta okeanologii. Akademija nauk SSSR, Moskva **46** (1961) S. 85–97. – 10 Abb., 35 Lit.

Untersucht wurde im Gebiet die Verteilung von *Echninarachnius parma*, *Briaster townsendi*, *B. latifrons*, *Astarte alaskensis*, *A. ioani* und *Acila castrensis* in Abhängigkeit von der Tiefe, der Bodenart, der Temperatur, dem Salzgehalt, den O_2-Bedingungen, dem Charakter der Ernährung und der Beeinflussung durch trophische Faktoren. Als Ausgangsmaterial dienten Untersuchungen von 246 Stationen des Untersuchungsgebietes über einen Zeitraum von 6 Jahren. Die vorhandenen Werte wurden mit Hilfe der Kurvenmethode für das gesamte Gebiet konstruiert und verglichen. Für jede einzelne Art werden die Verhältnisse geschildert. G. Predel. 6150.

Savilov, A. I. (Sawilow, A. I.) Ėkologičeskaja charakteristika donnych soobščestv bespozvonočnych Ochotskogo morja. **(Ökologische Eigenschaften der wirbellosen Benthosgemeinschaften des Ochotsker Meeres.)** Trudy Instituta okeanologii. Akademija nauk SSSR, Moskva **46** (1961) S. 3–84. – 21 Abb., 19 Tab., 51 Lit.

Von der „Witjas" wurden von 1949 bis 1954 im Ochotsker Meer auf 303 Stationen Materialien über die Benthosfauna gesammelt. Neben der Frage der Ökologie der einzelnen Benthosgemeinschaften wurde der quantitativen Verteilung des Benthos im Gebiet bes. Aufmerksamkeit gewidmet. Für das gesamte Ochotsker Meer wurde eine Biomasse an Benthos von ca. 308 Mill. t berechnet; das entspricht einem Durchschnittswert von 195 g/m². Die einzelnen Benthosgemeinschaften werden in ihrer Zusammensetzung und in ihren Beziehungen zur Umwelt eingehend beschrieben. G. Predel. 6150.

Kuznecov, A. P. und Sokolova, M. N. (Kusnezow, A. P. und Sokolowa, M. N.) O charaktere pitanija i raspredelenii Ophiopholis aculeata (L). **(Über den Charakter der Ernährung und die Verteilung von Ophiopholis aculeata.)** Trudy Instituta okeanologii. Akademija nauk SSSR, Moskva **46** (1961) S. 98–102. – 2 Abb., 2 Tab., 12 Lit.

Auf Grund von Untersuchungen der Mageninhalte von 40 Exemplaren des Schlangensterns *Ophiopholis aculeata* aus dem Gebiet der nördl. Kurilen kommen Vff. zu der Ansicht, daß das Tier dem Charakter seiner Ernährung nach zu den Sestonophagen-Sedimentatoren gehört. Die Nahrungsteilchen werden mit Hilfe eines durch Flimmerhaare erzeugten Wasserstromes aufgenommen. Diese Eigenschaft bestimmt auch weitgehend die Besonderheiten der Verbreitung des Tieres auf Böden, wo eine große Dynamik des Wassers, harter Grund und sestonophage Biozönosen vorhanden sind. G. Predel. 6150.

Bitjukov, Ė. P. (Bitjukow, E. P.); Leningrad, Staatl. Forsch.-Inst. für Binnenfischerei. Ob ėkologii Limnocalanus grimaldii (Guerne finskogo zaliva.

(Über die Ökologie von Limnocalanus grimaldii im Finnischen Meerbusen.) Zoologičeskij žurnal, Moskva **39** (1960) Nr. 12. S. 1783–1789. – 5 Abb., 12 Lit. Zus. in Engl. 6150.

Saenkova, A. K. (Sajenkowa, A. K.) Cvetnaja 'Monodakna v Kaspijskom More. **(Die farbige Monodakna [M. colorata] im Kaspischen Meer.)** Priroda, Moskva **49** (1960) Nr. 11. S. 111. – 3 Lit. 6150.

Capriotti, Augusto; Miami, Fla., Univ. of Miami. Inst. of Marine Sci. Yeasts of the Miami, Florida, area. III. From sea water, marine animals and decaying materials. **(Pilze aus dem Gebiet von Miami, Florida. 3. Mitt. Aus Meerwasser, Meerestieren und faulenden Pflanzen.)** Arch. Mikrobiol. **42** (1962) Nr. 4. S. 407–414. – 4 Tab., 8 Lit.

Als Nährboden zur Isolierung diente eine Traubensaftgelatine und ein Fischglukoseagar. Von 57 untersuchten Individuen verschiedener Arten von Fischen und Krebsen hatten nur 10 (weniger als 20%) Pilze im Darmkanal. Bei 3 Fischarten fehlten Pilze völlig. In 17 von 36 Meerwasserproben (47%) konnten 4 Pilzgattungen nachgewiesen werden (*Candida, Rhodotorula, Aureobasidium, Saccharomyces*). Von 4 faulenden *Thalassia*- und *Sargassum*-Proben konnten 4 Arten aus 4 Gattungen isoliert werden. In allen Proben kam *Candida tropicalis* vor. Der Austausch zwischen Arten terrestrischer und küstennaher mariner Herkunft ist augenscheinlich vorhanden.

Th. Mattheis. 6150.

Sorokin, Ju. I.; Borok, Inst. für Biol. der Stauseen der Akad. der Wiss. der UdSSR. Ėksperimental'noe issledovanie bakterial'noj redukcii sul'fatov v Černom more pri pomošči S^{35}. **(Experimentelle Erforschung der bakteriellen Reduktion der Sulfate im Schwarzen Meer mit Hilfe von ^{35}S.)** Mikrobiologija, Moskva **31** (1962) Nr. 3. S. 402–410. – 3 Abb., 7 Tab., 8 Lit. Zus. in Engl.

Die Sulfatreduktion ist am intensivsten in der Oberflächenschicht der Sedimente in den Randzonen des Meeres und auf dem Kontinentalabhang. Im zentralen Becken des Meeres nimmt die Sulfatreduktion deutlich ab. Im Meeresboden tritt eine lebhafte Sulfatreduktion nur in einer ca. 5 cm dicken Schicht auf. Es konnte bewiesen werden, daß im Schlamm selbst keine sulfatreduzierenden Bakterien vorkommen. Im Wasserkörper wurde Sulfatreduktion im oberen Teil der Schwefelwasserstoffzone und in geringerer Stärke in den unmittelbar über dem Boden liegenden Schichten festgestellt.

Th. Mattheis. 6150.

Dzjuban, N. A. (Dsjuban, N. A.); Kuibyschew, Stat. des Inst. für Biol. der Stauseen der Akad. der Wiss. der UdSSR. Batometr (novaja konstrukcija). **(Ein Bathometer [neue Konstruktion].)** Bjulleteń Instituta biologii vodochranilišč, Moskva – Leningrad **1960** Nr. 8/9. S. 84–88. – 3 Abb.

Vf. beschreibt einen Wasserschöpfer, dessen Boden und Deckel beim Herablassen des Gerätes vollständig geöffnet werden können. Das Gerät hat den Vorzug, daß es ohne Federzug arbeitet und sich durch das Eigengewicht schließt. Der Wasserinhalt beträgt 10 l. H.-W. Hattop. 6200.

Sorokin, Ju. I. Batometr dlja otbora prob vody na bakteriologičeskij analiz. **(Ein Bathometer zur Entnahme von Wasserproben für bakteriologische Analysen.)** Bjulleteń Instituta biologii vodochranilišč, Moskva – Leningrad **1960** Nr 6. S. 53–54. – 1 Abb. 6200.

Sorokin, Ju. N. O metodike opredelenija pervičnoj produkcii morja pri pomošči C^{14}. **(Über die Methodik der Bestimmung der Urproduktion des Meeres mit Hilfe von ^{14}C.)** Trudy Vsesojuznogo gidrobiologičeskogo obščestva, Moskva **10** (1960) S. 235–254. – 15 Abb., 3 Tab., 15 Lit. 6200.

Sorokin, Ju. I. O metodike opredelenija serovodoroda i sul'fidov v ilovych otloženijach. **(Über die Methodik der Bestimmung von Schwefelwasserstoff und Sulfiden in Schlammablagerungen.)** Bjulleteń Instituta biologii vodochranilišč, Moskva – Leningrad **1960** Nr. 6. S. 50–52. – 1 Abb., 2 Tab., 1 Lit. 6200.

Podgornyj, L. N. (Podgorny, L. N.); Zentral. Kasachstaner Geol. Verwalt. Polevoj ionnoobmennyj metod opredelenija sul'fatov v prirodnych vodach. **(Die Ionenaustauschmethode zur Felduntersuchung der Sulfate in natürlichen Gewässern.)** Bjulleteń Instituta biologii vodochranilišč, Moskva – Leningrad **1959** Nr. 4. S. 60–62. – 3 Tab., 5 Lit. 6200.

Monakov, A. V. und Morduchaj-Boltovskoj, F. D. (Monakow, A. W. und Morduchai-Boltowskoi, F. D.) K metodike issledovanija pridonnoj mikrofauny. **(Zur Methodik der Untersuchung der Bodenmikrofauna.)** Bjulleteń Instituta biologii vodochranilišč, Moskva – Leningrad **1959** Nr. 4. S. 55–59. – 2 Abb., 1 Tab., 6 Lit. 6200.

Grasshoff, Klaus; Kiel, Univ., Inst. für Meereskunde. **Untersuchungen über die Sauerstoffbestimmung im Meerwasser. 1. Teil.** Kieler Meeresforsch. **18** (1962) Nr. 1. S. 42–50. – 1 Abb., 15 Lit.

Vf. ermittelte die systematischen Fehler bei der chem. Sauerstoffbestimmung im Meerwasser nach der Winkler-Methode. Fehler, die durch das Eindringen von Luftsauerstoff beim Öffnen der Probeflasche zur Reagenzzugabe entstehen (bei 25% Sauerstoffsättigung) sind zu vernachlässigen. Gleiches gilt für das unsaubere Fixieren der Probe. Eine geringfügige Abhängigkeit des Sauerstoffwertes von der Dauer des Umschüttelns der Reagenzien scheint gegeben. Eine längere Schüttelzeit als 1 Min. ist jedoch nicht erforderlich. Erwärmung der fixierten Probe führt zu keinem Fehler, dagegen wird der O_2-Gehalt beim Abkühlen durch das Eindringen einer Luftblase erhöht. In der unfixierten Probe fallen die O_2-Werte nach Erwärmung zu niedrig aus. Ferner treten durch Lagerung der angesäuerten Probe Jodverluste auf. Die fixierte Probe wird dagegen von einer Lagerung nicht beeinflußt. Sofern ein ausreichend niedriger pH-Wert erreicht wird, ist der O_2-Wert von der verwendeten Säure unabhängig. Um Jodverluste zu vermeiden, muß ein Überschuß an Jodidionen in der Lösung vorhanden sein. Weitere Versuche ergaben, daß Luftsauerstoff nach dem Ansäuern nicht mehr auf das Kaliumjodid einwirkt. Abschließend wird eine Methode zur automatischen Titration bei der O_2-Bestimmung beschrieben. D. Nehring. 6200.

Djačenko, I. P. (Djatschenko, I. P.); Borok, RSFSR, Inst. für Biol. der Stauseen der Akad. der Wiss. der UdSSR. Predvaritel'nye rezul'taty sravnitel'nych issledovanij ulovistosti orudij lova planktona. **(Vorläufige Ergebnisse der vergleichenden Untersuchung der Fängigkeit von Planktonfanggeräten.)** Bjulleteń Instituta biologii vodochranilišč, Moskva – Leningrad **1960** Nr. 8/9. S. 79–83. – 6 Tab., 3 Lit.

Vf. untersuchte die Fängigkeit eines Planktonnetzes sowie eines kleinen und eines großen Planktongreifers. Die besten Ergebnisse wurden dabei mit dem großen Planktongreifer erzielt. Untersuchungen der Fängigkeit verschiedener Schöpfer sollen folgen. H.-W. Hattop. 6200.

Baranov, Ivan Vasil'evič. **Limnologičeskie tipy ozer SSSR.** (Limnologische Typen der Seen der UdSSR.) Leningrad: Gimiz. 1962. (275 S.) 8°. (1962 A 1202)

Kožov, Michail Michajlovič. **Biologija ozera Bajkal.** (Die Biologie des Baikalsees.) Hrsg.: Akad. nauk SSSR. Sibirskoe otdelenie. Limnolog. inst. Irkutskij gosud. univers. imeni A. A. Ždanova. Moskva: Izd. Akad. SSSR. 1962. (314 S.) 4°. (1962 B 243).

Biologija vnutrennich vodoemov Pribaltiki. (Die Biologie der Binnengewässer im Baltischen Gebiet.) Moskva – Leningrad: Izd. Akad. nauk SSSR. 1962. (288 S.) 4°. Rbl. 1,72 = Trudy 7 naučnoj konferencii po izučeniju vnutrennich vodoemov Pribaltiki (Petrozavodsk, 1959 g.). Akademija nauk SSSR. Karel'skij filial. Ichtiologičeskaja komissija. (1962 B 182)

D. FISCHEREIWIRTSCHAFT

Binnenfischerei

Tjurin, P. V. (Tjurin, P. W.); Leningrad, Staatl. Forsch.-Inst. für Binnenfischerei. Opredelenie vozmožnoj ryboproduktivnosti ozer severo-zapadnoj časti SSSR. **(Die Bestimmung der möglichen Fischproduktivität der Seen des NW-Teils der UdSSR.)** Voprosy ichtiologii, Moskva **1959** Nr. 13. S. 83–89. – 2 Tab., 12 Lit.
Es werden die Seentypen für eine rationelle Bewirtschaftung der Seen im NW-Teil der UdSSR aufgeführt. 7 Seentypen sind dabei unterschieden: Kleinmaränen-Maränen-Bleigewässer, 40 bis 60 kg/ha; Stint-Maränen-Bleigewässer, 30 bis 70 kg/ha; Kleinmaränen-Bleigewässer, 40 bis 60 kg/ha; Stint-Bleigewässer, 40 bis 60 kg/ha; Blei-Ukeleigewässer und Karpfen-Karauschengewässer, 80 bis 120 kg/ha für beide Typen; Hechtgewässer, 15 bis 25 kg/ha. Zu den bereits in den Seen vorhandenen Fischen werden als Besatzfische Aal, Maränen und Schlei empfohlen. G. Predel. 6235.

Gerbil'skij, N. L. (Gerbilski, N. L.) Glavnye napravlenija rabot ėkspedicii po vosproizvodstva rybnych zapasov v svjazi s gidrostroitel'stvom (1952–1955 gg.). **(Die Hauptarbeitsrichtung der Expedition zur Hebung der Fischbestände im Zusammenhang mit dem Wasserbau [1952–1955].)** Učenye žapiski Leningradskogo gosudarstvennogo universiteta imeni A. A. Ždanova. **1957** Nr. 228. Fiziologičeskij institut im. A. A. Uchtomskogo. Serija biologičeskich nauk Nr. 44. S. 3–10. – 42 Lit. 6240.

Bondarenko, A. F. Uporjadočit' rybolovstvo v Obskom bassejne. **(Der Ausbau der Fischerei im Ob-Becken.)** Rybnoe chozjajstvo, Moskva **36** (1960) Nr. 9. S. 34–36. 6240.

Černov, P. G., Bizjaev, I. N. und Surkov, P. G. (Tschernow, P. G., Bisjajew, I. N. und Surkow, P. G.) Rybovodno-meliorativnye raboty v Rumynii. **(Meliorative Fischzuchtarbeiten in Rumänien.)** Rybnoe chozjajstvo, Moskva **36** (1960) Nr. 9. S. 80–86. – 3 Abb. 6240.

Vajnštejn, A. S. (Wainstein, A. S.); Inst. für Hydrobiol. der Akad. der Wiss. der Ukrain.SSR. Rasširit' vosproizvodstvo zapasov ruč'evoj foreli v prikarpatskich rekach. **(Hebt die Bestände der Bachforelle in den Karpatenflüssen.)** Vestnik sel'skochozjajstvennoj nauki, Kiev **3** (1960) Nr. 6. S. 86–88. 6240.

Potapov, A. A. (Potapow, A.A.); Marzinowski-Inst. für Med. Parasitol. und Tropenmed. des Min. für Gesundheitswes. der UdSSR. Bor'ba s vysšej vodnoj rastitel'nost'ju na vodochraniliščach metodami vykašivanija i s pomošč'ju gerbicidov. **(Die Bekämpfung der höheren Wasserpflanzen in den Talsperren durch Schnitt und mit Hilfe von Herbiciden.)** Bjulleteń Instituta biologii vodochranilišč, Moskva—Leningrad **1960** Nr. 8/9. S. 14–16. – 1 Abb., 1 Tab., 3 Lit.
Vf. verwendete zur chem. Bekämpfung der Wasserflora verschiedene Präparate (Buthyläther, 2.4 D, ein Gemisch aus Buthyl- und Aktyläther, 2.4 D Natriumsalz, 2.4 D, Ammoniumsulfamat und Simasin, granuliert, 2%). Mit den genannten Präparaten konnten gewisse Erfolge bei der Bekämpfung von Überwasserpflanzen erzielt werden, wobei jedoch zu bemerken ist, daß das Ammoniumsulfamat nur bei Anwendung rel. großer Mengen (300–600 kg/ha) wirksam wurde. Die Bekämpfung von Unterwasserpflanzen (*Elodea*) mit Hilfe von Simasin führte nicht zu dem gewünschten Erfolg. H.-W. Hattop. 6240.

Munro, W. R.; Pitlochry, Scotland. The effect of mineral fertilizers on the growth of trout in some Scottish lochs. **(Der Einfluß mineralischer Düngemittel auf das Forellen-Wachstum in einigen schottischen Seen.)** Verh. int. Verein. theoret. angew. Limnol. **14** (1959, hrsg. 1961) S. 718–721. – 2 Abb., 2 Tab., 3 Lit.

Je 1 See von ca. 2–8 ha Größe erhielt entweder NPK + $CaCO_3$, NPK, Superphosphat + $CaCO_3$ oder nur Superphosphat. Ein 5. See diente als Kontrolle. Pro ha wurden verabreicht: ca. 59–69 kg N, 23–27 kg P, 29–35 kg K, 1250 kg $CaCO_3$. Als Bezugsgröße für das Wachstum von *Salmo trutta fario* dienten Längen- und Gewichtsmessungen aus dem Jahr vor der Düngung. Die Längen- und Gewichtsveränderungen bei den Fischen innerhalb einzelner Altersklassen wurden in den folgenden 4 Jahren untersucht und als Folge der Düngung der oligotrophen Seen verbessertes Fischwachstum festgestellt. Die Düngewirkung in den einzelnen Seen trat zu verschiedener Zeit auf, zeigte sich jedoch bei zweijährigen Fischen zunächst am stärksten. Die Besatzdichten waren nicht bekannt. G. Merla. 6240.

Smith, M. W.; St. Andrews, Canada. Bottom fauna in a fertilized natural lake and its utilization by trout (Salvelinus fontinalis) as food. **(Die Bodenfauna in einem gedüngten, natürlichen See und ihre Nutzung durch Salvelinus fontinalis.)** Verh. int. Verein. theoret. angew. Limnol. **14** (1959, hrsg. 1961) S. 722–726. — 3 Abb., 2 Tab., 10 Lit.
Ein 20 ha großer See erhielt 1946 und 1951 Düngergaben von jeweils 0,39 mg P, 0,21 mg N und 0,27 mg K/l. Von 1946 an wurde die Entwicklung der Bodenfauna 10 Jahre lang verfolgt. Die Werte für die Bodanfauan waren im 2. und 3. Jahr nach der Düngung bes. hoch, im 5.–6. Jahr klang die Wirkung ab. Starke Blaualgenblüten lieferten viel Detritus. U. a. beantworteten Mückenlarven und Oligochaeten diese Zufuhr org. Materials nach 1–2 Jahren mit stärkerer Entwicklung. Vf. gibt die qualitative Zusammensetzung der Bodenfauna in % an und stellt sie den Ergebnissen der Fischmagenuntersuchungen gegenüber. G. Merla. 6240.

Sheridan, W. L. und Weir, Charles; Kodiak, Alas., Dep. of Fish and Game, Kitoi Bay Res. Stat. Tank for air transport of fish. **(Ein Behälter für den Fisch-Lufttransport.)** U.S. Dep. Interior, Fish Wildlife Serv., progr. Fish-Culturist **24** (1962) Nr. 3. S. 111. — 1 Abb.
Eine Hauptarbeit der Station erstreckt sich auf die Untersuchung des Raubfisch-Einflusses auf die Produktion von *Oncorhynchus nerka.* Der Besatz mehrerer schwer zugänglicher Seen erforderte die Entwicklung eines näher beschriebenen Aluminium-Behälters, der im hinteren Teil eines Flugzeuges untergebracht werden kann. Der verschließbare Behälter mißt ca. 90 × 37 × 53 cm und nimmt für kurze Flüge gewöhnlich 26 600 Stück Brut oder 30 laichreife Fische auf. Er hat eine Grundablaßvorrichtung, durch die das Wasser über ein Rohr durch den Boden des Flugzeuges abgelassen werden kann. Die Fisch-Transportverluste sind sehr gering. G. Merla. 6240.

Harrison, Richard S. und Moore, Keith D.; Sandy, Oregon, Fish Commiss. Shipping small chinook salmon in closed plastic containers. **(Der Versand kleiner Oncorhynchus tshawytscha in verschlossenen Plastik-Beuteln.)** U.S. Dep. Interior, Fish Wildlife Serv., progr. Fish-Culturist **24** (1962) Nr. 3. S. 135–136. — 1 Abb., 1 Tab., 3 Lit.
Zur Steigerung der Transport-Rentabilität war es nötig, Versuche mit Plastik-Beuteln, in denen sich mit O_2 überschichtetes Wasser befand, durchzuführen. 4 Beutel (je ca. 35 × 35 × 60 cm) erhielten je ca. 5,5 l vorgekühltes Wasser und je einen Fischbesatz von 200–500 Stück. Die über dem Wasser befindliche Luft wurde durch O_2 verdrängt, bis ein Karton, in dem sich der Beutel befand, gefüllt war. Die Fische blieben 5–23 Std. in den Beuteln. Das Ergebnis war bei äußerst geringen Stückverlusten sehr befriedigend und konnte später durch einen praktischen Versuch bestätigt werden. G. Merla. 6240.

Baranowski Piotr und Dembiński, Wiktor; Poznan, Polytechnikum; Olsztyn, Inst. für Binnenfischerei. **Die polnische Kombine für Zugnetzfänge unter dem Eise.** Dtsch. Fischerei-Ztg. **9** (1962) Nr. 1. S. 3–7. — 4 Abb., 2 Tab.

Zur mechanischen Ausführung der kraftraubendsten Arbeiten bei der Eisfischerei, das Schlagen der Löcher und das Heranwinden der Zuggarnflügel, wurde der einachsige Schlepper „Dzik" mit einer Windetrommel und einem Eisbohrer versehen. Der Eisbohrer ist hinten und die Winde vorn befestigt, der Antrieb erfolgt über zwei getrennte Kraftrelaiswellen durch den 8,5 PS-Motor dieses Schleppers. Die Arbeiten können mit 3 verschiedenen Untersetzungen durchgeführt werden. Die Windetrommel besitzt ein Schneckengetriebe und erreicht eine Geschwindigkeit bis zu 22,5 m/min. Mit dem Eisbohrer von 350 mm Durchmesser konnten 25 cm starke Eisschichten in 9 Sek. durchbohrt werden. Durch die Arbeit dieser Kombine können die Zuggarnbrigaden von 13 auf 8 Fischer vermindert, die Zahl der Fangzüge erhöht und die Arbeit erleichtert werden. Der Netz- und Fischtransport mit den Anhängern dieser Kombinen bringt weitere Vorteile. G. Seifert. 6245.

Mel'nikov, G. B. und Lubjanov, I. P. (Melnikow, G. B. und Lubjanow, I. P.); Dnepropetrowsk, Univ., Forsch.-Inst. für Hydrobiol. Prognoz biologičeskogo režima Dneprodzeržinskogo vodochranilišča. **(Eine Prognose der biologischen Verhältnisse des Dneprodsershinsker Stausees.)** Voprosy ichtiologii, Moskva **1959** Nr. 13. S. 90–107. — 3 Tab., 21 Lit.

Von 1953 bis 1956 wurde eine umfangreiche Arbeit über die hydrobiol. und fischereiwirtschaftl. Verhältnisse im mittleren Dnepr durchgeführt. Die Arbeit diente der Schaffung wichtiger Grundlagen für die fischereiliche Bewirtschaftung der zukünftig in diesem Gebiet zu bauenden Stauseen. Vorliegende Arbeit gibt eine Prognose der zu erwartenden hydrochem. und biol. Verhältnisse einschließlich der fischwirtschaftl. Möglichkeiten im Dneprodsershinsker Stausee. Danach kann sich der Fischertrag auf ca. 40 kg/ha belaufen. G. Predel. 6255.

Egorov, A. G. (Jegorow, A. G.); Irkutsk, Univ., Lehrstuhl für Darwinismus, Genetik und Agronomie. Perspektivy rybochozjajstvennogo osvoenija angarskich vodochranilišč. **(Perspektiven der fischereilichen Nutzung des Angarsker Stausees.)** Voprosy ichtiologii, Moskva **1959** Nr. 13. S. 108–111.

Im Rahmen der weiteren wirtschaftlichen Entwicklung Sibiriens wachsen auch die Bevölkerung und mit ihr der Bedarf an Nahrungsmitteln. Im Zusammenhang damit ist auch die fischereiliche Nutzung aller Gewässer von großer Bedeutung. Vf. beschreibt die Möglichkeiten, die sich hierbei im Angarsker Stausee ergeben. Das Ziel muß sein, den Bestand an wertvollen Fischen zu erhöhen. Dabei kommt u. a. der künstlichen Bestandsvergrößerung der wertvollen Wirtschaftsfische eine bes. Bedeutung zu. Weiter gilt es, einen konsequenten Kampf gegen die Verunreinigungen durch Abwässer zu führen. G. Predel. 6255.

Komissarenko, G. Rabota ryboloveckich kolchozov Krasnodarskogo kraja v novych uslovijach. **(Die Arbeit der Fischerei-Kollektivwirtschaften der Region Krasnodar unter neuen Bedingungen.)** Rybnoe chozjajstvo, Moskva **36** (1960) Nr. 8. S. 75–79. 6255.

Sorokin, S. M. Usilit' rybochozjajstvennoe osvoenie malych ozer Leningradskoj oblasti. **(Verstärkt die fischereiliche Erschließung der kleinen Seen des Leningrader Gebietes.)** Informacionno-techničeskij listok VNIORCh (Vsesojuznyj naučno-issledovatel'skij institut ozernogo i rečnogo rybnogo chozjajstva), Leningrad **1956** Nr. 2. S. 3–6. — 1 Tab. 6255.

Berdičevskij, L. S. (Berditschewski, L. S.) O neobchodimosti biologičeskogo obosnovanija minimal'nych promyslovych razmerov na ryb, dopuskaemych k vylovu po pravilam rybolovstva. **(Über die Notwendigkeit der biologischen Begründung der Mindestmaße.)** Rybnoe chozjajstvo, Moskva **36** (1960) Nr. 9. S. 23. — 2 Tab., 1 Lit. 6255.

Regier, Henry A.; New York, Cornell Univ. Bass, bluegills, shiners and farm ponds. **(Bass, Bluegills, Shiners und Farmteiche.)** Conservationist **14** (1960) Nr. 6. S. 18–20. 35. – 3 Abb.

Vf. erörtert Probleme der Bewirtschaftung von kleineren Einzelgewässern in biol.-ökonomischer Hinsicht und klärt daneben einige kulturelle, politische und juristische Fragen. Eine Reihe von Maßnahmen zur Verbesserung der Wirtschaftlichkeit der Einzelgewässer wird vorgeschlagen. Unerwünschte Fischbestände sollen durch wirksame Methoden, wie Absenken des Wasserspiegels oder durch Vergiften, aus den Gewässern entfernt werden. Für den Staat New York wird, soweit keine Salmonidenwirtschaft in Frage kommt, vorgeschlagen, die Gewässer kombiniert mit *Micropterus salmoides* und *Lepomis macrochirus* zu bewirtschaften. Wird letzterer nicht gewünscht, kann allein mit dem Forellenbarsch gewirtschaftet werden, wobei ein Besatz mit *Notemigonus chrysoleucas* als Nahrungsgrundlage für den Barsch dient.

G. Seifert. 6255.

Regier, Henry A.; Ithaca, N. Y., Cornell Univ., Dep. of Conserv. On the evolution of bass-bluegill stocking policies and management recommendations. **(Zur Entwicklung der Micropterus salmoides – Lepomis macrochirus — Besatzmaßnahmen und Bewirtschaftungsempfehlungen.)** U.S. Dep. Interior, Fish Wildlife Serv., progr. Fish-Culturist **24** (1962) Nr. 3. S. 99–111. – 2 Tab., 51 Lit.

Von Seiten einiger Staaten und übergeordneter Stellen werden Privatteiche mit Fischbesatz versorgt. Fischarten und Besatzzahlen unterscheiden sich etwas in den einzelnen Gebieten. Bis kürzlich sollten z. B. Warmwasserteiche in New York mit ca. 250 Stück *M. salmoides* und ca. 2500 Stück *L. macrochirus* je ha zu besetzen sein. Oft waren die Fische jedoch bald in schlechtem Zustand. Es traten daher die Fragen auf: Wie kam es zu diesen Besatzempfehlungen? Weshalb befriedigen die Ergebnisse nicht? Ist Abhilfe zu schaffen? u. a. Vorliegende Arbeit untersucht anhand der Literatur vornehmlich die erste Frage. Vf. empfiehlt verstärkte Berücksichtigung örtlicher Gegebenheiten und bessere Zusammenarbeit der Biologen zum Nutzen der Praxis.

G. Merla. 6255.

Shetter, David S.; Lewiston, Mich., Inst. for Fisheries Res., Dep. of Conserv. Recoveries by anglers of legal-sized trout stocked during different seasons of the year in Michigan streams. **(Besatz einiger Flüsse Michigans mit Forellen von fangfähiger Größe zu verschiedenen Jahreszeiten und deren Wiederfang durch Angler.)** Trans. Amer. Fisheries Soc. **91** (1962) Nr. 2. S. 145–150. – 1 Abb., 4 Tab., 6 Lit.

Zur Bestimmung der günstigsten Jahreszeit für den Besatz mit *Salvelinus fontinalis, Salmo trutta* und *S. gairdneri* wurden im Frühjahr und Herbst gleiche Mengen markierter Fische von fangfähiger Größe ausgesetzt. Bei 6 Versuchen mit *Salmo gairdneri* und 4 mit *S. trutta* brachte der Frühjahrsbesatz bedeutend höhere Wiederfänge als der Herbstbesatz. In zwei Tests mit *S. trutta* brachte der Frühjahrsbesatz ebenfalls höhere Wiederfänge, aber die Überlegenheit über den Herbstbesatz ist nicht statistisch gesichert.

G. Merla. 6255.

Kirpičnikov, V. S., Mosevič, N. A., Protasova, V. I. und Bauer, O. N. (Kirpitschnikow, W. S., Mossewitsch, N. A., Protassowa, W. I. und Bauer, O. N.) Optimal'nyj režim zimoval'nych prudov dlja segoletkov karpa, amurskogo sazana i ich gibridov. **(Die optimalen Verhältnisse in den Winterteichen für einsömmrige Karpfen, Amur-Wildkarpfen und deren Hybriden.)** Trudy Vsesojuznogo gidrobiologičeskogo obščestva, Moskva **10** (1960) S. 52–85. – 12 Abb., 19 Tab., 42 Lit. 6315.

Prieditis, A. und Kondratovičs, E. Proizvodstvo obogaščennogo kombikorma dlja karpa i foreli v Latvijskoj SSR. **(Die Zubereitung angereicherter Kombinationsfuttermittel für Karpfen und Forellen in der Lettischen SSR.)** Izvestija Akademii nauk Latvijskoj SSSR, Riga **1960** Nr. 10 . S. 111–116. – 1 Abb., 1 Tab., 26 Lit. Orig.: lett., Ausz.: russ. 6320.

Asaj, A., Fijan, N. und Malnar, J.; Zagreb, Veterin. Fak.. Inst. Zootechn. i Hig., Neki podaci o količini dušika, fosfora i kalcija u vodi različito gnojenih ribnjaka. **(Einige Angaben über Stickstoff-, Phosphor- und Kalziummengen im Wasser verschieden gedüngter Fischteiche.)** Veterin. Arh. [Zagreb] **32** (1962) Nr. 3/4. S. 83–91. – 5 Tab., 13 Lit. Zus. in Engl., Dtsch.

In 5 Teichwirtschaften in Končanica, Kroatien (45° n. Br., 17° ö. L., 100 m über NN, 800 mm Niederschlag, 11,5 °C Jahrestemperaturmittel) wurden O_2, NH_4, NO_2, P und Ca 8mal im Jahr bestimmt. Es bestanden Unterschiede zwischen den Teichen, doch zeigte sich zu Beginn der Saison eine Tendenz zur Senkung, gegen Ende eine zur Zunahme der Elemente. Zwischen verschieden gedüngten Teichen bestanden keine klaren Unterschiede. Im Teich mit dem größten Fischzuwachs (2367 kg/ha) wurden die niedrigsten N und Ca-Mengen bei hohen P-Werten gefunden. Das Unterlassen der Kalkung hatte keine sichtbare Wirkung auf Zuwachs, pH und Ca-Gehalt.
Wolfgang Müller. 6325.

Bank, Otto; Höchstadt/Aisch, Außenstelle für Karpfenteichwirtsch. der Staatl. Lehr- und Versuchsanst. für Fischerei Starnberg. **Der Kalk in der Teichwirtschaft.** Allg. Fischerei-Ztg. **87** (1962) Nr. 20. S. 589–590.

Die Düngungskalkung soll Kalkreserven bilden und den Teichboden beleben. Zur Reservebildung sind alle Kalksorten geeignet; für die Bodenbelebung ist Branntkalk wesentlich wirksamer als kohlensaurer, wenn er durch ausreichende Feuchtigkeit als Lauge wirken kann. Eine anhaltende Aktivierung des Bodens, worunter verstärkte CO_2-Bildung durch Mikroorganismen verstanden wird, ist nur bei ausreichendem Vorkommen org. Substanz oder deren Ergänzung durch org. Düngung zu erreichen. Die CO_2-Bildung sorgt dann für ausreichende Kalziumbikarbonatbildung. Wolfgang Müller. 6325.

Wunder, Wilhelm; Erlangen, Univ., Zool. Inst., Teichwirtsch. Untersuchungsstelle. **Beobachtungen und Betrachtungen über das Trockenlegen und das Kalken von Karpfen-Teichen.** Fischbauer **12** (1961) Nr. 155. S. 627–628.; (1962) Nr. 156. S. 630–632.

Beim Trockenlegen der Teiche gehen Zooplankter und Bodentiere oft in großen Mengen verloren. Bodentiere, vor allem Chironomiden, ziehen sich aber bei richtiger Trockenlegung tief in den Schlamm zurück, wo sie Frost gut überdauern können. In staunassem Boden, in dem O_2-Mangel und H_2S-Bildung eintritt, können die Tiere nicht in der Tiefe bleiben und gehen dicht unter der Oberfläche wegen der Kälte zugrunde. Vollständige Trockenlegung ist auch das wirksamste Mittel zur Vernichtung von *Elodea canadensis*. In Teichen mit saurem Wasser und Boden erscheint Kalkung vom Kahn aus zweckmäßig. Bei kalkreichem Boden und alkalischem Wasser kann CaO als Desinfektionsmittel benutzt werden. Sind die Teiche schon besetzt, so ist große Vorsicht geboten, um Fischschäden zu vermeiden. Wolfgang Müller. 6330.

Špet, G. I. und Voznesenskij, V. S. (Schpet, G. I. und Wosnessenski, W. S.) Aėracija vody v rybovodnych prudach v bor'be s letnim zamorom. **(Die Belüftung des Wassers von Teichen zur Bekämpfung der sommerlichen Erstickungsgefahr.)** Vestnik sel'skochozjajstvennoj nauki, Kiev **3** (1960) Nr. 7. S. 109–110. 6335.

Brudastova, M. A. und Kondrat'ev, T. T. (Brudastowa, M. A. und Kondratjew, T. T.); Forsch.-Inst. der RSFSR für Teichwirtsch. Mechanizacija rabot v prudovych rybovodnych chozjajstvach. **(Die Mechanisierung der Arbeiten in den Teichwirtschaften.)** Rybnoe chozjajstvo, Moskva **36** (1960) Nr. 10. S. 20–27. – 6 Abb., 1 Tab. 6350.

Smirnov, A. I. (Smirnow, A. I.) Lososevodstvo Dal'nego Vostoka. **(Lachszucht im Fernen Osten.)** Rybnoe chozjajstvo, Moskva **36** (1960) Nr. 10. S. 30–37. – 16 Abb. 6450.

Markus, Henry C.; Boston, Mass., Bureau of Sport Fisheries and Wildlife. Hatchery-reared Atlantic salmon smolts in ten months. **(In der Zuchtanstalt aufgezogene Salmo salar-Setzlinge in zehn Monaten.)** U.S. Dep. Interior, Fish Wildlife Serv., progr. Fish-Culturist **24** (1962) Nr. 3. S. 127–130. – 1 Abb., 1 Tab.
Die Temperatur ist ein Hauptfaktor, der Schlüpfzeit, Dottersack-Absorption, Zeitpunkt der Nahrungsaufnahme und Wachstum vom Brut- zum Setzlingsstadium beeinflußt. Eier von *S. salar* entwickeln sich normal bei Temperaturen bis 10 °C, bei Beginn der Nahrungsaufnahme sind ca. 15–18 °C günstig. Bei 4–5 °C ist die Brutaufzucht gefährdet. Da viele Zuchtanstalten nur über Wasser von 1–3 °C verfügen, wurden Versuche durchgeführt, bei denen das Wasser von ca. 2 auf 10 °C erwärmt wurde. Heiz-, Misch-, Belüftungs- und Regulationsanlagen werden beschrieben. Die auf diese Weise aufgezogenen Fische entwickelten sich auch weiterhin gut. Wahrscheinlich steigt die Überlebensrate der Jährlinge mit ihrer Größe. G. Merla. 6450.

Ščupakov, I. G. und Charčenko, L. N. (Stschupakow, I. G. und Chartschenko, L. N.); Swerdlowsk, Ural. Abt. des Unions-Forsch.-Inst. für Binnenfischerei; Univ. Ob anomalijach u meždvidovych gibridov sigovych v uslovijach promyslovogo vyraščivanija na Urale. **(Über die Anomalien, die bei zwischenartlichen Coregonenhybriden auftreten, welche im Ural unter Produktionsbedingungen gezogen werden.)** Trudy soveščanija po otdalennoj gibridizacii rastenij i životnych. Sbornik dokladov. Otdalennaja gibridizacija rastenij i životnych, Moskva **1960** S. 520–531. – 3 Abb., 1 Tab. 6450.

Nosal', A. D. und Tarasova, O. M. (Nossal, A. D. und Tarassowa, O. M.) Opyt perevozki sigovych ryb na dal'nie rasstojanija. **(Erfahrungen beim Transport von Coregonen über weitere Entfernungen.)** Rybnoe chozjajstvo, Moskva **36** (1960) Nr. 7. S. 60–61. 6450.

Snow, J. R.; Marion, Ala., Bureau of Sport Fisheries and Wildlife. A comparison of rearing methods for channel catfish fingerlings. **(Ein Vergleich von Aufzuchtmethoden für Setzlinge von Ictalurus punctatus.)** U.S. Dep. Interior, Fish Wildlife Serv., progr. Fish-Culturist **24** (1962) Nr. 3. S. 112–118. – 2 Tab., 11 Lit.
Bei der Annahme, die beim Vergleich von 5 Aufzuchtmethoden verwendete Brut gehöre zur selben Population, schienen die Stückverluste bereits von der Sorgfalt der Brutaufzucht abzuhängen. Frisch geschlüpfte Brut wuchs gleich gut, wenn sie statt in Bruttröge, direkt in Aufzuchtteiche gebracht und dort 7 Tage in Schutzkästen gehalten wurde. Die Anzucht im Trog erforderte zudem mehr Arbeitsaufwand. Die Fischaufzucht in durchströmter Rinne war vielversprechend und erfordert weitere Untersuchungen, da hier nur sehr geringe Stückverluste eintraten. Die Verwendung handelsüblichen Forellenfutters führte zu ausgezeichnetem Fischwachstum bei vertretbaren Kosten. G. Merla. 6450.

Knjazev, A. K. und Mitjuškin, V. A. (Knjasew, A. K. und Mitjuschin, W. A.) Sbor i transportirovka ikry ozernogo sudaka pri akklimatizacionnych rabotach. **(Gewinnung und Transport von Zanderlaich bei Akklimatisierungsarbeiten.)** Rybnoe chozjajstvo, Moskva **36** (1960) Nr. 7. S. 53–60. – 7 Abb., 1 Tab. 6450.

Kaushik, D. K.; Logan, Ut., State Univ., Coll. of Forest, Range and Wildlife Management. Fish seed collection and hatching techniques in India. **(Satzfisch-Gewinnungs- und Aufzuchtmethoden in Indien.)** U.S. Dep. Interior, Fish Wildlife Serv., progr. Fish-Culturist **24** (1962) Nr. 3. S. 142–143. – 4 Abb.
Während in Europa und Amerika verfeinerte Aufzuchtmethoden gebräuchlich sind, wird in Indien an ursprünglicheren, wenn auch verbesserten Methoden festgehalten. Die Indischen Karpfen (*Catla catla, Labeo rohita* u. a.) laichen von Juni bis Aug. nur wild in Flüssen. Besatzmaterial für Teiche – Eier und Brut – wird von dort mittels reusenartiger Geräte entnommen. Die Fischeier werden in kleine, durchströmte Brutteiche oder neuerdings in Brutkästen gebracht. Letztere sind terrassenförmig hintereinander angeordnet und werden gleichfalls von Wasser durchströmt. Die Schlüpfergebnisse sind hier besser als in den Teichen. G. Merla. 6450.

Kazanskij, B. N. (Kasanski, B. N.) Vodostrujnyj apparat dlja inkubacii ikry osetrovych. **(Wasserströmungsapparat zur Erbrütung des Störrogens.)** Učenye zapiski Leningradskogo gosudarstvennogo universiteta imeni A. A. Ždanova. **1957** Nr. 228. Fiziologičeskij institut im. A. A. Uchtomskogo. Serija biologičeskich nauk Nr. 44. S. 87–93. – 4 Abb. 6450.

Persov, G. M. (Persow, G. M.) Metodika raboty s proizvoditeljami sterljadi. **(Die Methodik der Arbeit mit Sterlet-Laichfischen.)** Učenye zapiski Leningradskogo gosudarstvennogo universiteta imeni A. A. Ždanova. **1957** Nr. 228. Fiziologičeskij institut im. A. A. Uchtomskogo. Serija biologičeskich nauk Nr. 44. S. 72–86. – 4 Abb., 12 Tab., 13 Lit. 6450.

Kazanskij, B. N. (Kasanski, B. N.) Racionalizacija kurinskogo osetrovodstva na osnove analiza vnutrividovych biologičeskich grupp. **(Die Rationalisierung der Störzucht an der Kura auf Grund der Analyse der innerartlichen biologischen Gruppen.)** Učenye zapiski Leningradskogo gosudarstvennogo universiteta imeni A. A. Ždanova. **1957** Nr. 228. Fiziologičeskij institut im. A. A. Uchtomskogo. Serija biologičeskich nauk Nr. 44. S. 33–53. – 5 Abb., 25 Lit. 6450.

Barannikova, I. A. (Barannikowa, I. A.) Biologičeskaja differenciacija stada volgokaspijskogo osetra (v svjazi s zadačami promyšlennogo osetrovodstva v del'te Volgi). **(Die biologische Differenzierung der Wolga-Kaspischen Störbestände [im Zusammenhang mit den Aufgaben der Störzucht im Wolga-Delta].)** Učenye zapiski Leningradskogo gosudarstvennogo universiteta imeni A. A. Ždanova. **1957** Nr. 228. Fiziologičeskij institut im. A. A. Uchtomskogo. Serija biologičeskich nauk Nr. 44. S. 54–71. – 12 Abb., 1 Tab., 18 Lit. 6450.

Gerbil'skij, N. L. (Gerbilski, N. L.) Vtoroj variant prudovogo sposoba vyraščivanija molodi osetrovych. **(Eine andere Variante des teichwirtschaftlichen Verfahrens bei der Aufzucht der Störbrut.)** Učenye zapiski Leningradskogo gosudarstvennogo universiteta imeni A. A. Ždanova. **1957** Nr. 228. Fiziologičeskij institut im. A. A. Uchtomskogo. Serija biologičeskich nauk Nr. 44. S. 94–102. – 11 Lit. 6450.

Belogolovaja, L. A. (Belogolowaja, L. A.) Sostav i dinamika kormovoj bazy v prudach Kizanskogo osetrovodnogo zavoda. **(Die Zusammensetzung und Dynamik der Futterbasis in den Teichen der Störzuchtanstalt Kisan.)** Učenye zapiski Leningradskogo gosudarstvennogo universiteta imeni A. A. Ždanova. **1957** Nr. 228. Fiziologičeskij institut im. A. A. Uchtomskogo. Serija biologičeskich nauk Nr. 44. S. 103–116. – 4 Abb., 17 Lit. 6450.

Küsten- und Hochseefischerei

Schlumpberger, W.; Saßnitz, Zweigstelle für Ostseefischerei des Inst. für Fischerei der Dtsch. Akad. der Landwirtsch.-Wiss. zu Berlin. **Einige Gedanken über Möglichkeiten zur Steigerung des Feinfischertrages in unseren Küstengewässern.** Dtsch. Fischerei-Ztg. **9** (1962) Nr. 10. S. 303–310. – 1 Abb., 4 Tab., 8 Lit.

Auf Grund der allg. Lage der engeren Küstengewässer der DDR ist die fischereiliche Nutzung dieser Gebiete schwieriger als die Bewirtschaftung der meist kleineren und abgeschlossenen Binnengewässer. Trotzdem liegen hier noch viele Reserven, die bei eingehender Untersuchung und Beherrschung der Fischbestände genutzt werden können. In erster Linie ist dabei der richtigen fischereiwirtschaftlichen Nutzung der Fischbestände Beachtung zu schenken sowie der Einsatz von neuen Fangmethoden anzustreben. Vf. weist bes. auf neue Aalfanggeräte und die Perspektiven der akustischen Fischerei hin. Das Problem des Mindestmaßes für den Zander (*Lucioperca lucioperca*) des Kleinen Haffs wird diskutiert und eine Erhöhung des Maßes auf 40–45 cm vorgeschlagen, da bei dem jetzigen Maß von 35 cm die Zander in diesem Gewässer vor Erreichung ihres rentabelsten Zuwachses und der Laichreife herausgefangen werden. Zur Steigerung der Hechterträge (*Esox lucius*) ist der Bau von Hechtvorstreckteichen notwendig. Als weitere Möglichkeit zur Steigerung der Feinfischerträge gilt die Einbürgerung von Fischen in dafür geeignete Gewässer. Für den Großen Jasmunder Bodden auf Rügen ist der Neubesatz mit Zandern geplant, denen zu gegebener Zeit Laichmöglichkeiten geschaffen werden sollen, da die ehemaligen Laichplätze verschlammt sind.

W. Schlumpberger. 6475.

Pax, Ferdinand. **Meeresprodukte. Ein Handwörterbuch der marinen Rohstoffe.** Berlin-Nikolassee: Gebrüder Borntraeger. 1962. (459 S. m. 215 Abb., Tab., Lit. u. Reg.) 18 × 25 cm. DM 78,—. Das umfangreiche Werk wurde von F. Pax herausgegeben und schließt eine Lücke im Schrifttum. Es handelt sich um ein Lexikon, in dem die marinen Rohstoffe tierischen, pflanzlichen und mineralischen Ursprungs, die in der Wirtschaft des Menschen Verwendung finden, dargestellt werden. Da es sich um eine Gemeinschaftsarbeit von 8 Fachleuten handelt, ist die Gewähr dafür gegeben, daß alle Stichworte dem heutigen Stand unseres Wissens entsprechen und den Leser in knapper Form über das Wesentliche informieren. Der Herausgeber bearbeite die Schwämme, Hohltiere, Würmer, Stachelhäuter, Manteltiere und Rundmäuler. Von C. R. Boettger stammen die Ausführungen über die Mollusken, während H.-E. Gruner die Crustaceen behandelte. D. Riedel ist der Vf. der Abschnitte über die Fische. G. Krefft bearbeitetete die Reptilien und K. Schubert die marinen Säugetiere. Autor der Stichworte über die Meerespflanzen ist J. Gerloff, die mineralischen Bestandteile des Meerwassers schilderte K. Kalle. Im Anschluß an die Einleitung wird eine Literaturübersicht gegeben, die 140 Nummern umfaßt. Der Text wird durch 215 Abbildungen ergänzt, bei denen es sich zu einem Teil um Fotografien handelt. Bes. hervorzuheben ist, daß dem Werk ein Sachregister von 23 Seiten Umfang angefügt ist, das die Benutzung des inhaltsreichen Bandes erleichtert. W. Steffens.

E. BEEINFLUSSUNG DER FISCHEREI DURCH DIE UMWELT

Skadowskij, S. N.; Moskau. **Über die Aufgaben der Hydrobiologie bei der Reinigung der Gewässer von Verschmutzungen und über die Entwicklung der Biozönologie.** Verh. int. Verein. theoret. angew. Limnol. **14** (1959, hrsg. 1961) S. 1075–1079.

Vf. untersucht die Zusammenhänge zwischen der org. Belastung des Wassers und dem Gehalt der org. Substanz im sandigen Sediment der Moskwa. Mit zunehmendem Gehalt an org. Substanz im Sediment sinkt in dessen oberen Schichten das Redoxpotential, eine Veränderung, die unmittelbar auf das Mikrobenthos einwirkt. So herrschen bei einem Gehalt von 2 bis 3% und mehr org. Stoffe im Sediment saprobe Formen, vor allem Aktinomyceten und Oscillatorien vor. Die damit verbundenen geschmacklichen Beeinträchtigungen des Wassers und ihre Verhinderung durch Algenbewuchs werden in Verbindung mit allg. Fragen der Biocoenologie besprochen.

W. v. Tümpling. 6655.

Eckoldt, Martin; Koblenz, Bundesanst. für Gewässerkunde. **Zur Einführung der „Vorläufigen Richtlinien zur Aufstellung von Reinhalteordnungen für die Bundeswasserstraßen“.** Dtsch. gewässerkundl. Mitt. **6** (1962) Nr. 4. S. 73–76. – 3 Tab., 7 Lit.

Reinhalteordnungen für Bundeswasserstraßen können auf Grund des Gesetzes zur Ordnung des Wasserhaushalts (Wasserhaushaltsgesetz) vom 27. Juli 1957 (§ 27) und des Gesetzes zur Reinhaltung der Bundeswasserstraßen (Wasserstraßenreinhaltegesetz) vom 17. Aug. 1960 (§ 2) erlassen werden. Einzelheiten über den Aufbau der Reinhalteordnungen geben diese Gesetze nicht. Deshalb werden vom Bundesminister für Verkehr vorläufige Richtlinien eingeführt, die eine rasche und gleichmäßige Bearbeitung der Reinhalteordnungen an den Bundeswasserstraßen ermöglichen sollen. Als vorläufig sind diese Richtlinien bezeichnet worden, weil für eine endgültige Fassung, die bei der erstmaligen Anwendung gesammelten Erfahrungen ausgewertet werden sollen. Über die diesen Richtlinien zugrunde liegenden Gedankengänge und über den dort vorgesehenen Aufbau einer Reinhalteordnung wird berichtet.

D. Nehring. 6655.

Mann, Hans; Hamburg, Bundesforsch.-Anst. für Fischerei. **Die Förderung der Geschmacksbeeinflussung bei Fischen durch Detergentien.** Fischwirt **12** (1962) Nr. 8. S. 237–239. – 10 Lit.

Durch häusliche und industrielle Abwässer gelangen in zunehmendem Maß Detergentien in unsere Vorfluter. Beobachtungen deuten darauf hin, daß diese Stoffe eine sogenannte „Schlepperwirkung“ für das Eindringen von Fremdstoffen in das Gewebe und die Organe des Körpers ausüben. Wie die durchgeführten Versuche mit Karpfen (*Cyprinus carpio*) und Forellen (*Salmo* spec.) zeigen, wird durch Zusatz von Detergentien (Dodecylbenzolsulfonat und Tetrapropylenbenzolsulfonat) die Speicherung von Phenolen im Fischkörper erhöht. Dabei spielte es keine Rolle, wie hoch der Gehalt an Detergentien im Wasser war. Gleiche Resultate wurden bei Verwendung eines Bilgenöles und eines Ölraffinerieabwassers erhalten, der Mißgeschmack des Fischfleisches war in Gegenwart von Detergentien stets höher, als wenn die Abwasserinhaltsstoffe allein im Wasser vorhanden waren.

D. Nehring. 6665.

Bauer, Karl; Hohenheim, Landwirtsch. Hochschule, Inst. für Pflanzenschutz. **Studien über Nebenwirkungen von Pflanzenschutzmitteln auf Fische und Fischnährtiere.** Mitt. biol. Bundesanst. Land- u. Forstwirtsch. Berlin-Dahlem **1961** Nr. 105. S. 1–72. – 8 Tab., 327 Lit.

Nach einer allg. Einführung in die Beurteilung des Giftigkeitsgrades und die Wirkung giftigkeitsbeeinflussender Faktoren werden Untersuchungsergebnisse über die toxische Wirkung von Pflanzenschutzmitteln auf Fische mitgeteilt. Berücksichtigt werden Fungizide, Insektizide und Akarizide sowie Herbizide. Bei den Insektiziden und Akariziden wurde unterteilt in a) Winterspritzmittel, b) chlorierte Kohlenwasserstoffe wie DDT, HCH, Aldrin, Chlordan, Endrin, Heptachlor, Isodrin, Methoxychlor, Thiodan, Toxaphen u. a., c) org. Phosphorverbindungen wie Parathion, Chlorthion, Diazinon, Malathion, Dipterex, Systox, Metasystox u. a., d) Insektizide aus pflanzlichen Rohstoffen wie Nikotin, Pyrethrum und Derris. An Herbiziden werden behandelt: Chlorate, TCA, CMU, Simazin, Dalapon, DNOC, 2,4-D, 2,4,5-T, MCPA, CIPC und andere Carbamate, kombinierte Mittel und Mittel zur Bekämpfung von Algen und anderen Wasserpflanzen wie Arsenverbindungen, Kupfersulfat, Natriumfluoracetat und Phygon. Abschließend wird auf die Auswertung der Versuchsergebnisse und die Fischverluste als Folge von Pflanzenschutzmaßnahmen eingegangen. D. Nehring. 6665.

Staack, Hans Heinrich und König, Dietrich; Kiel, Landeshaus, Gesundheitsabt.; Landesamt für Wasserwirtsch. **Fleischwarenabwässer und Vorfluter**

in zwei Beispielen. Dtsch. gewässerkundl. Mitt. 6 (1962) Nr. 4. S. 80–84. – 1 Abb., 5 Tab., 4 Lit.
Es wird zunächst der biol. Zustand zweier Gewässer des nordöstlichen Schleswig-Holsteins beschrieben, die durch Abwässer von 2 großen Fleischwarenfabriken belastet werden. Durch die Einleitung dieser Abwässer wurde der vorher oligosaprobe Zustand der Gewässer schlagartig in den polysaproben Zustand umgewandelt. Für die eine Fabrik, in der vorwiegend Schweine (150 Stück pro Tag) geschlachtet und verarbeitet werden, wurde eine durchschnittl. Abwassermenge von 1,3 m^3 und eine Schmutzmenge von 920 g BSB_5 je Schwein und Tag ermittelt. Zur Reinigung der Abwässer erwies sich eine Schreiber-Kläranlage, bestehend aus zwei Klärwerken zu je 10000 EGW in Zwillingsanordnung mit Möglichkeit der Hintereinander- und Parallelschaltung sehr geeignet. Weniger gut arbeitete der vorgeschaltete Fettabscheider. Für die Berechung der anderen Kläranlage wurde als neue Bezugsgröße die sogen. Arbeitseinheit verwendet. D. Nehring. 6665.

Järnefelt, H.; Helsinki. **Die Einwirkung der Sulfitablaugen auf das Planktonbild.** Verh. int. Verein. theoret. angew. Limnol. **14** (1959, hrsg. 1961) S. 1057 bis 1062. – 1 Abb., 13 Tab., 4 Lit.
Vf. stellt nach Untersuchungen an 2 durch eine Sulfit-Zellstoffabrik und 2 Ortschaften belasteten Gewässern die Abhängigkeit des Planktons von der Verunreinigung dar. Es sind im Plankton deutlich die 5 Phasen des reinen Wassers, der Verunreinigung durch häusliche, durch die Sulfit-Abwässer und der beginnenden wie der abschließenden Selbstreinigung zu erkennen. Dabei zeigen *Closterium macilentum, C. pronum* und *Anuraeopsis fissa* bereits geringe Mengen von Sulfitablauge an. Die weitere Verunreinigung durch Abwässer einer Sulfat-Zellstoffabrik wird durch das Fehlen bestimmter Arten angezeigt. So läßt sich durch biol. Untersuchungen der Weg der verunreinigten Wassermassen in einem Gewässersystem genau verfolgen.
W. v. Tümpling. 6665.

Nazarenko, I. V. (Nasarenko, I. W.); Syssin-Inst. für Allg. und Kommunale Hyg. der Akad. der Med. Wiss. der UdSSR. Vlijanie formal'degida na vodnye organizmy. **(Die Einwirkung des Formaldehyds auf Wasserorganismen.)** Trudy Vsesojuznogo gidrobiologičeskogo obščestva, Moskva **10** (1960) S. 170–174. – 2 Abb., 3 Tab., 4 Lit. 6665.

Stiller, J.; Budapest. **Durch Einwirkung von Umweltfaktoren entstehende Modifikationen bei peritrichen Ciliaten und ihre Bedeutung bei der Beurteilung des Wassers.** Verh. int. Verein. theoret. angew. Limnol. **14** (1959, hrsg. 1961) S. 1071–1074.
Vf. beschäftigt sich mit den Modifikationen von *Vorticella microstoma* unter den Bedingungen wechselnder org. Belastung ihres Standortes. Die verschiedenen Modifikationen treten in Abhängigkeit vom Saprobiegrad des Habitates auf. Die typische Form ist an α-mesosaprobe Verhältnisse gebunden, während im polysaproben Bereich die *f. hians* und *f. turgescens* vorherrschen.
W. v. Tümpling. 6665.

Dorfner, K.; Regensburg. **Einstufung des Wertes von Fischgewässern und Vergeltung von Fischereischäden.** Allg. Fischerei-Ztg. 87 (1962) Nr. 15. S. 426 bis 430. – 4 Abb., 6 Lit..
In der Diskussion über die Einstufung des Wertes von Fischgewässern werden vom Vf. einige neue Gesichtspunkte in die Debatte geworfen. Bei der Vergeltung von Fischereischäden müssen neben vorübergehenden Schäden und Dauerschäden auch noch sogen. Umstellungsschäden vergütet werden, die sich aus den Umstellungen des Fangbetriebes durch Errichtung von Stauhaltungen, Wasserkraftwerken und Wehrschützen ergeben. Weiterhin kann die Schätzung von fischereilichen Schäden nicht durch Herausgabe einer Art

Formel nach Schema F vorgenommen werden, da hierbei den Belangen der Fischerei in keiner Weise Rechnung getragen wird. Anhand von Beispielen über die Bewertung von Fischereirechten, Fließgewässerbewertungen und Bewertung von Teichen wird dargelegt, welche Gesichtspunkte bei Schätzungen von Fischereischäden berücksichtigt werden müssen. D. Nehring. 6665.

Saunders, J. W. und Smith, M. W.; St. Andrews, Fisheries Res. Board of Canada, Biol. Stat. Physical alteration of stream habitat to improve brook trout production. **(Physikalische Veränderung der Gestalt eines Fließgewässers zur Verbesserung der Bachsaiblingsproduktion.)** Trans. Amer. Fisheries Soc. **91** (1962) Nr. 2. S. 185–188. – 3 Tab., 8 Lit.
In einem 410 m langen Abschnitt des Hayes-Baches, Prince-Edward-Insel, wurden durch den Einbau von Dämmen Ableitvorrichtungen zur Regulierung der Strömung und durch Schaffung von Abdeckungen als Verstecke günstige Laichmöglichkeiten für die Bachsaiblinge (*Salvelinus fontinalis*) geschaffen. Alle Vorrichtungen wurden in einfacher Weise aus den Materialien des Waldes hergestellt. Nach 1 Jahr war ein überdurchschnittl. Bestand an Saiblingen der Altersgruppe 0 in diesem Gewässer vorhanden. Die Anzahl der älteren Saiblinge hatte sich etwa verdoppelt. Im Wachstum konnte kein sichtbarer Einfluß verzeichnet werden. G. Seifert. 6685.

Luferova (Lochanina), L. A. (Luferowa [Lochanina] L. A.) Vlijanie GĖS na zooplankton Gor'kovskogo vodochranilišča. **(Der Einfluß des Wasserkraftwerkes auf das Zooplankton der Gorkitalsperre.)** Bjulleteń Instituta biologii vodochranilišč, Moskva – Leningrad **1960** Nr. 6. S. 38–39. – 1 Lit. 6685.

F. FISCHKRANKHEITEN

Ward, J. W.; Jackson, Miss., Univ., Med. Center, Dep. of Anatomy. Description of the eyes of a blind specimen of the red drum, Sciaenops ocellata. **(Beschreibung der Augen eines blinden Exemplars des roten Umberfisches, Sciaenops ocellata.)** Copeia [Philadelphia] **1962** Nr. 2. S. 440–442. – 4 Lit.
Ein 68,6 cm langer und 7 Pfund schwerer roter Umberfisch wies in der Augenregion eine Reihe von Anomalien auf. Die Region der Augenhöhle war auf der rechten Seite mit einem 1 mm starken Plättchen verdeckt. Den dorsalen vorderen Quadranten der Orbitalregion schloß eine weiche Membran ab, den ventralen hinteren dagegen eine Platte von der Konsistenz einer Schuppe. Das unter der Abdeckung liegende Auge hatte keine Linse, zeigte aber sonst normalen Aufbau. Das linke Auge fehlte ganz. Die Augenhöhle war durch eine dreieckige Kalkplatte verschlossen und mit einem lockeren Gewebe ausgefüllt. Die Nahrungsaufnahme des Fisches war anscheinend nicht beeinträchtigt, da er normal abgewachsen war. M. Hegemann. 6710.

Finkel'štejn, E. A. (Finkelstein, Je. A.); Semipalatinsk. O nekotorych zakonomernostjach rasprostranenija opucholej v klasse ryb. **(Über einige Gesetzmäßigkeiten der Verbreitung von Geschwülsten bei Fischen.)** Uspechi sovremennoj biologii, Moskva **53** (1962) Nr. 2. S. 208–236. – 1 Tab., 91 Lit.
Die Geschwulstbildung bei Fischen hängt nicht von der phylogenetischen Stellung der einzelnen Individuen in ihrer Klasse ab, obwohl zwischen den Familien und zwischen den kleineren systematischen Gruppen grundsätzliche Unterschiede in der Anfälligkeit bestehen. Die Bildung von Geschwülsten wird durch die Fähigkeit zu hochadaptiven phänotypischen Veränderungen und durch erbliche Anfälligkeit begünstigt. Hingegen ist noch nicht bewiesen, daß bei einer gegebenen Art die Nahrungs- und Sauerstoffverhältnisse sowie die chem. und phys. Eigenschaften der Umwelt einen Einfluß auf die Geschwulstbildung ausüben. Bei einigen Geschwulstformen wird den Viren eine Initiativ-Rolle zugeschrieben, jedoch sind für ihre universelle Bedeutung noch keine Beweise erbracht worden. A. Kozianowski. 6710.

Svetovidov, A. N. und Šul'man, S. S. (Swetowidow, A. N. und Schulman, S. S.); Leningrad, Zool. Inst. der Akad. der Wiss. der UdSSR. Svjaz sostava parazitofauny nekotorych grupp ryb s parallelizmom v ich ėkologii i rasprostranenii. **(Der Zusammenhang zwischen der Zusammensetzung der Parasitenfauna einiger Fischgruppen und dem Parallelismus in ihrer Ökologie und Verbreitung.)** Zoologičeskij žurnal, Moskva **39** (1960) Nr. 12. S. 1866–1870. – 2 Abb., 10 Lit. Zus. in Engl. 6730.

Rakova, V. M. (Rakowa, W. M.); Moskau, Techn. Mikojan-Hochschule für Fischerei-Wirtsch. O parazitofaune orfy. **(Über die Parasitenfauna der Goldorfe.)** Voprosy ichtiologii, Moskva **1959** Nr. 13. S. 182–188. – 1 Abb., 3 Tab., 17 Lit.
Das gute Wachstum und die guten Geschmackseigenschaften der Goldorfe (*Leuciscus idus*) lassen sie als brauchbaren Beifisch für Karpfenteichwirtschaften erscheinen. Vf. untersuchte die Parasitenfauna der Goldorfe und führt sie im einzelnen an. Hinsichtlich der Parasitenfauna stellt die Goldorfe keine Gefahr für die Karpfenteichwirtschaften dar. Gegenüber einigen wirtschaftlich bedeutenden Karpfenerkrankungen (z. B. Bauchwassersucht) ist die Goldorfe rel. unempfindlich und deshalb auch bes. für stark krankheitsgefährdete Teichwirtschaften geeignet. G. Predel. 6730.

Izjumova, N. A. (Isjumowa, N. A.) K formirovaniju parazitofauny ryb Rybinskogo vodochranilišča. **(Zur Bildung der Parasitenfauna der Fische in der Rybinsker Talsperre.)** Bjulleteń Instituta biologii vodochranilišč, Moskva **1959** Nr. 4. S. 38–40. – 7 Lit. 6730.

Myers, Betty J. und Kuntz, Robert E.; Quebec, Canada, McGill Univ., Inst. of Parasitol.; Taipei, Taiwan, U. S. Naval Med. Res. Unit. Nematode parasites from vertebrates taken on Lan Yü, Formosa. II. Nematodes from fish, amphibians, reptiles, birds. **(Parasitäre Nematoden von Vertebraten aus Lan Yü, Formosa. 2. Mitt. Nematoden von Fischen, Amphibien, Reptilien, Vögeln.)** Canad. J. Zool. **40** (1962) Nr. 2. S. 135–136. – 1 Lit.
Bei Fischen wurden 4 Nematoden gefunden, die mit ihren Wirten genannt werden. Es sind dies *Cucullanus* sp. (*Chaetodon triangulum*), Larven des *Contracaecum*-Typs (*Coryphaena hippurus*), *Rhabdochona cascadilla* (*Ctenogobius* sp.) und unreife *Cucullanus* sp. (*Dampieria spilopterus*).
W. Steffens. 6750.

Luferov, V. P. (Luferow, W. P.) O nachoždenii skrebnja Acanthocephalus lucii (Müller) v bentose Rybinskogo vodochranilišča. **(Über das Vorkommen von Acanthocephalus lucii im Benthos der Rybinsker Talsperre.)** Bjulleteń Instituta biologii vodochranilišč, Moskva **1960** Nr. 6. S. 20. – 3 Lit. 6750.

Musselius, V. A. (Musselius, W. A.); Forsch.-Inst. der RSFSR für Teichwirtsch. Profilaktika i lečenie botriocefaleza. **(Prophylaxe und Behandlung des Bothriocephalus-Befalls.)** Rybnoe chozjajstvo, Moskva **36** (1960) Nr. 10. S. 28–29. 6750.

Mann, K. H.; Reading. The oxygen requirement of leeches considered in relation to their habitats. **(Der Sauerstoffbedarf von Egeln, betrachtet in Beziehung zu ihrem Habitat.)** Verh. int. Verein. theoret. angew. Limnol. **14** (1959, hrsg. 1961) S. 1009–1013. – 2 Abb., 2 Tab., 7 Lit.
Vf. untersuchte den Sauerstoffverbrauch bei 5 Egelarten in Abhängigkeit vom Sauerstoffgehalt des Mediums. Bei *Piscicola* und *Erpobdella* verringert sich der Sauerstoffbedarf mit dem O_2-Gehalt des Mediums, während er bei *Glossiphonia complanata* und *Helobdella stagnalis* über einen bestimmten Bereich vom Medium unabhängig ist. Diese Unabhängigkeit trat bei *Erpobdella testacea* nach 18stündiger Akklimatisation an die Versuchsbedingung ebenfalls – allerdings nur im Sommer – auf. Der O_2-Verbrauch von *Pis-*

cicola geometra ist doppelt so hoch wie bei den anderen Arten. Die experimentellen Ergebnisse stehen in guter Übereinstimmung mit den Lebensweisen und Lebensstätten der verschiedenen Arten. W. v. Tümpling. 6750.

Qadri, Syed Shamsuddin; Hyderabad, Andhra Pradesh, India, Osmania Univ., Dep. of Zool. New Myxosporidia from Indian freshwater fish, Labeo fimbriatus. I. Gyrospora crucifila gen. n., sp. n. **(Neue Myxosporidien von Labeo fimbriatus aus Indien. 1. Mitt. Gyrospora crucifila gen. n., sp. n.)** Z. Parasitenkunde **21** (1962) Nr. 6. S. 513–516. – 4 Abb., 5 Lit.
Von den Kiemen eines *Labeo fimbriatus* wird eine neue Myxosporidienart in einem neuen Genus beschrieben. Die neue Gattung ist durch eine fadenförmige Struktur gekennzeichnet, die beide Polkapseln miteinander verbindet. Das Vorderende der Spore ist breit und das Hinterende schmal. Die Polfäden sind sehr dick, ihr distaler Teil ist deutlich dünner und wellig. Im ausgeschleuderten Zustand überkreuzen sie sich. Th. Mattheis. 6760.

Qadri, Syed Shamsuddin; Hyderabad, Andhra Pradesh, India, Osmania Univ., Dep. of Zool. New Myxosporidia from Indian freshwater fish, Labeo fimbriatus. II. Thelohanellus andhrae sp. n. **(Neue Myxosporidien von Labeo fimbriatus aus Indien. 2. Mitt. Thelohanellus andhrae sp.n.)** Z. Parasitenkunde **21** (1962) Nr. 6. S. 517–520. – 7 Abb., 6 Lit. 1. Mitt. vgl. vorst. Ref.
Auf den Kiemen von Jungfischen und adulten Exemplaren von *Labeo fimbriatus* konnte die neubeschriebene Art gefunden werden. Ihre Hauptmerkmale sind folgende: die länglich-birnenförmige Spore ist am oberen Ende abgeplattet, die im oberen Teil der Sporen liegende Polkapsel ist ebenfalls abgeplattet. Der distale Teil des Polfadens ist peitschenartig. Th. Mattheis. 6760.

Jankov, G. (Jankow, G.) Lečenie na ichtioftiriazisa pri pŭstŭrvite. **(Behandlung des Ichthyophthirus-Befalls bei Forellen.)** Ribno stopanstvo, Sofija **1962** Nr. 5. S. 15–17. – 7 Lit.
Vf. beobachtete *Ichthyophthirius*-Befall bei Regenbogen (*Salmo gairdneri*)- und Bachforellen (*S. trutta fario*) in verschiedenen Fischzuchtanstalten im Juli und Aug. bei Wassertemperaturen im Teich von 19–22 °C. Die Parasiten befielen die Fische im 1. Lebensjahr. In der 1. Woche des Befalls wurde keine Sterblichkeit festgestellt, jedoch verendeten in der 2. Woche bis zu 500 Forellen und in der 3. Woche starb der ganze Bestand. Bei den kranken Forellen konnten typische klinische Symptome beobachtet werden. Mikroskopisch wurde ein Massenbefall von Haut und Kiemen mit *Ichthyophthirius multifiliis* gefunden. Vf. hat erfolgreiche Behandlungsversuche durchgeführt, wobei er die erkrankten Fische innerhalb von 3 Min. in einer 3%igen Natriumchlorid- und einer 1%igen Natriumbicarbonat-Lösung badete. Darauf müssen die Forellen in einen sauberen Teich gesetzt werden. G. Radew. 6760.

Redaktionsschluß: 20. 3. 1962

Herausgeber: Deutsche Demokratische Republik · Deutsche Akademie der Landwirtschaftswissenschaften zu Berlin, Institut für Landwirtschaftliche Information und Dokumentation, Berlin W 8, Krausenstr. 38/39; Fernsprecher: 22 51 61. Chefredakteur: Dr. Ursula Wittbrodt, stellvertretender Chefredakteur: Dr. Werner Kleeberg, Berlin W 8, Krausenstr. 38/39; Fernsprecher: 22 51 61. Redaktion der Abteilung III – Tierzucht · Tierernährung · Fischerei: Dr. Hans Dieter Hennig. Dr. habil. Bernhard Piatkowski und Dr. Werner Steffens, Berlin W 8, Krausenstraße 38/39; Fernsprecher: 22 51 61. Verlag: Akademie-Verlag GmbH, Berlin W 8, Leipziger Straße 3—4; Fernsprecher: 22 04 41, Telex-Nr. 011773, Postscheckkonto: Berlin 350 21. Bestellnummer dieses Heftes: 1030 III – VIII/6. Das Landwirtschaftliche Zentralblatt, Abt. Tierzucht · Tierernährung · Fischerei, erscheint monatlich. Einzelheft DM 20,–; einseitig bedruckte Ausgabe DM 24,–. Jahresbezugspreis DM 240,–; einseitig bedruckte Ausgabe DM 288,– einschl. Register, zuzüglich Porto- und Versandkosten. Gesamtherstellung: VEB Druckerei „Thomas Müntzer" Bad Langensalza. Veröffentlicht unter der Lizenznummer 1290 des Presseamtes beim Vorsitzenden des Ministerrates der Deutschen Demokratischen Republik.

32404

Bei Fragen zur Produktsicherheit wenden Sie sich bitte an:
If you have any questions regarding product safety,
please contact:

Walter de Gruyter GmbH
Genthiner Straße 13
10785 Berlin
productsafety@degruyterbrill.com